中国科学院大学研究生教材系列

力学实验原理与技术

Principles and Techniques in Experiments of Mechanics

李战华　段　俐　谢季佳　余西龙　编著

科学出版社

北　京

内 容 简 介

本书是中国科学院大学“力学实验原理与技术”课程研究生教材。全书共10章。第1章为绪论。第2章介绍相似理论和相似参数。第3章重点介绍实验结果的不确定度评估。第4~9章分别介绍固体力学、材料力学、流体力学和高速空气动力学中常用的实验方法与设备。为了使研究生在理论学习后尽快与科研接轨，本书在介绍测量原理和技术之后，在第10章提供了19个实习课题。这些实习课题均由中国科学院力学研究所的科研人员提出，尽量体现基础知识与前沿科研的结合。

本书主要作为综合性工程科学院校研究生的教材，也可供从事材料、航天、环境等工程力学测量技术人员参考。

图书在版编目(CIP)数据

力学实验原理与技术/李战华等编著. —北京：科学出版社，2020.6
中国科学院大学研究生教材系列
ISBN 978-7-03-065251-5

Ⅰ. ①力… Ⅱ. ①李… Ⅲ. ①力学-实验-研究生-教材 Ⅳ. ①O3-33

中国版本图书馆 CIP 数据核字(2020) 第 088901 号

责任编辑：牛宇锋 纪四稳／责任校对：王萌萌
责任印制：吴兆东／封面设计：蓝正设计

科学出版社 出版
北京东黄城根北街 16 号
邮政编码：100717
http://www.sciencep.com

北京中科印刷有限公司印刷
科学出版社发行 各地新华书店经销
*
2020 年 6 月第 一 版 开本：720 × 1000 B5
2025 年 1 月第五次印刷 印张：28 1/2
字数：553 000

定价：168.00 元
(如有印装质量问题，我社负责调换)

序

为了探索复杂纷繁自然现象的奥秘，人为设计的力学实验往往成为人类获得定量自然规律的重要途径。回顾力学发展的历史，16 世纪末伽利略的自由落体等实验是建立牛顿运动定律的基石，同时亦开创了科学实验研究的先河。在近代力学史上，雷诺圆管实验、平板边界层实验、卡门涡街实验、格里菲斯玻璃脆断实验等是开拓湍流、边界层理论、流动分离与涡旋脱落、断裂力学方向的里程碑工作。20 世纪 50 年代，旋转、分层流体中诸多地球物理现象是在英国剑桥大学应用数学与理论物理系 (DAMTP) 精心设计的小型实验装置中发现的。力学实验无疑是创新思想的源泉和科学研究的支柱。

到 20 世纪后期现代力学阶段，由于先进计算机的涌现，理论、计算、实验成为科学研究的三大手段。尽管计算力学在力学的各个领域里发挥着愈来愈重要的作用，但计算结果的确认和验证离不开力学实验。尤其是随着技术进步和数字化普及，人们设计制造了各种先进的装置、仪器和传感器，进一步提高了力学实验测试的精准度、分辨率和灵敏度，改进了数据传输和分析方法，使力学实验仍然在发现新现象、新规律方面毫不逊色，发挥了愈益不可替代的作用。

中国科学院大学工程科学学院面向 21 世纪学科前沿和国家重大需求，以工程科学家和工程科学领军人才为培养目标，始终把学生的创新思维和实践能力放在首位，因此“力学实验原理与技术”是工程科学学院研究生必修的核心课程。该课程在教学过程中，以“工程科学思想”为指导，充分利用中国科学院大学“科教融合”机制的优势，理论结合实际。授课老师除了在课堂上集中讲述相似理论、不确定度分析、实验装备、测试仪器、实验方法和数据分析的基本原理外，还要求学生用 18 个学时到研究所的国家重点实验室参观和实习，在先进的实验装置上进行测试和完成实验报告，使他们亲历前沿科学和重大工程领域力学实验的全过程。十年的教学实践表明，该课程教学对于学生扩充交叉领域知识和提高独立工作能力取得了良好的效果。

《力学实验原理与技术》是讲授该课程的诸位老师多年的心血结晶和经验积累，在多年试用的基础上，被列入“中国科学院大学研究生教材系列”，并由科学出版社正式出版。目前，有关实验力学的书籍和教材凤毛麟角，各高等院校相关专业学生对此类教材有迫切需求。本书涉及固体力学、流体力学、高速空气动力学中的强度、硬度、应力、应变、载荷、疲劳、断裂、流速、黏度、温度、压力、密度、组分、传热等物理量的测量和分析，内容丰富、充实、系统、完整，可供力学和工程各专业的高等院校师生与相关研究所、工程部门科研和技术人员学习参考。

李家春

2019 年 4 月于北京

前　言

中国科学院大学工程科学学院自 2009 年开设 "力学实验原理与技术" 课程至今已有十余年。本课程涵盖固体力学、材料力学、流体力学和高速空气动力学的实验原理与测量技术，理论教学仅有 42 学时。为了使学生在有限的教学时间内掌握力学各领域的实验技术，授课组自编相关课件。目前在中国科学院大学教材出版中心的资助下，该课件作为教材出版。

力学实验教学简单讲有三个内容：测什么量、怎么测和测量的质量。首先是测什么量？第 2 章介绍相似理论和相似参数，主要讲解微分方程无量纲化和 π 定理推导相似参数的方法，使学生学会面对物理问题时如何选择实验模拟参数。测量的质量如何判断？第 3 章在简单回顾经典误差分析的基础上，着重讲解测量结果的不确定度评估。至于怎么测？本书第 4~9 章分别介绍固体力学、材料力学、流体力学和高速空气动力学中传统和前沿的实验方法与设备。其中，第 4 章固体力学实验，在介绍传统应变片电测法的基础上，着重讲解光纤布拉格光栅、数字散斑图像相关、柔性曲率传感器等前沿技术。从传统的弹性变形测力到 X 射线测量应力。第 5 章材料力学实验，以弹塑性材料为主介绍准静态拉伸测量，并系统介绍材料的断裂参数测量。在往复载荷和动态应力作用下，介绍材料疲劳和冲击特性的测量。最后增加材料的微结构表征技术。第 6 章低速流体力学实验，在介绍传统风洞、水洞等实验设备的基础上，引入汽车风洞及多功能水槽等新型实验设备。介绍传统的流动显示、流场压强及流量的测量，着重讲解从经典的热线 (热膜) 到多普勒测速仪以及粒子图像测速技术。第 7 章温度、密度和浓度测量，重点介绍测温热像仪和浓度测量技术，最后简单介绍流体黏性及多相流测量技术。第 8 章高速空气动力学实验设备，介绍高超声速实验设备的特点以及复现式风洞、超燃发动机实验台等高超声速的特种装备。第 9 章高速空气动力学实验测量技术，重点介绍压力敏感漆压力测量技术和气体组分测量技术，超声速燃烧采用的可调谐二极管激光吸收光谱技术和激光诱导荧光技术。第 10 章汇集了 19 个实习课题，均由中国科学院力学研究所多个实验室的科研人员撰写。部分实习课题是在科研实验台上进行的，如高速列车动模型表面压力测量、毫牛级微小推力测试、含水合物土的三轴剪切实验等。这种院所融合教学的方式，有利于学生尽早接触前沿科学研究。

本课程教学及书稿的撰写一直得到中国科学院大学工程科学学院院长李家春

院士、常务副院长倪明玖研究员和教学督导组组长洪友士研究员的支持及指导，中国科学院力学研究所各个实验室对指导学生实习提供了大力支持，使得院所融合教学得以实施。在书稿修改过程中，我们与上海大学戴世强教授、清华大学谢惠民教授、中国科学院力学研究所康琦研究员、天津大学姜楠教授及上海同济大学单希壮研究员等专家进行了有益的交流和讨论，在此一并对他们表示衷心的感谢。

本书第 1~3 章由李战华执笔，第 4、5 章由谢季佳执笔，第 6、7 章由段俐执笔，第 8、9 章由余西龙执笔，全书由李战华统稿。参加实习课题汇编撰写的老师有顾宏斌、岳连捷、吴松、赵元晨、谷茄华、王晶、范学军、陈宏、张仕忠、孙端斌、李飞、余西龙、许晶禹、吴应湘、李华、漆文刚、高福平、段俐、吴笛、郑冠男、杨国伟、李飞、谢季佳、张虎生、路玲玲、宋宏伟、鲁晓兵、王淑云、张坤、李光、李正阳等。课程助教郑旭博士、秘书巩青和张少华多次对书稿进行整理，在此一并表示诚挚的感谢。

撰写本书的最大困难是内容的取舍，力学多个领域的测试技术均要涉及，而且实验测量技术日新月异、不断发展。我们尽量遵照基础性、前沿性和系统性来选择教材内容，但难免出现叙述不当之处，恳请读者指正。

作 者

2019 年 4 月

目　录

序
前言
第 1 章　绪论 …… 1
1.1　实验观测在力学发展中的作用 …… 1
1.1.1　实验与试验 …… 1
1.1.2　力学中的一些经典实验 …… 2
1.2　力学实验测量的物理量与测量方法 …… 7
1.2.1　力学实验测量的物理量 …… 7
1.2.2　力学实验测量方法 …… 9
1.3　力学实验面临的挑战与发展 …… 11
1.3.1　力学测量面对的基本问题 …… 12
1.3.2　力学测量技术发展的瓶颈 …… 14
1.3.3　人工智能时代的力学测量 …… 16
1.4　本章小结 …… 17
思考题及习题 …… 17
参考文献 …… 17
第 2 章　实验模拟准则 …… 19
2.1　相似准则 …… 19
2.1.1　相似概念 …… 19
2.1.2　力学相似准则 …… 20
2.1.3　相似理论 …… 21
2.2　由微分方程推导相似参数 …… 22
2.3　由 π 定理推导相似参数 …… 23
2.3.1　量纲与单位 …… 24
2.3.2　π 定理 …… 25
2.4　相似参数的应用 …… 28
2.4.1　流体力学常用的相似参数 …… 28
2.4.2　常用相似参数的物理意义 …… 29

2.4.3　相似参数的局限 …… 33
2.5　本章小结 …… 33
思考题及习题 …… 34
参考文献 …… 34
第 3 章　误差、不确定度和数据处理 …… 35
3.1　测量误差的基本概念 …… 35
3.1.1　测量与误差 …… 35
3.1.2　误差的分类 …… 37
3.2　随机误差和系统误差 …… 38
3.2.1　随机误差 …… 38
3.2.2　系统误差 …… 41
3.3　测量不确定度 …… 42
3.3.1　测量不确定度的定义与分类 …… 43
3.3.2　直接测量不确定度的估算 …… 44
3.3.3　间接测量不确定度的估算 …… 47
3.3.4　测量不确定度评定小结 …… 50
3.4　实验数据的处理 …… 51
3.4.1　有效数字 …… 51
3.4.2　测量数据的整理与分析 …… 52
3.4.3　图像数据的处理 …… 55
3.5　本章小结 …… 58
思考题及习题 …… 59
参考文献 …… 60
第 4 章　固体变形与载荷的测量技术 …… 61
4.1　固体力学实验测量参量 …… 61
4.2　变形与位移的测量 …… 61
4.2.1　应变片电测法 …… 63
4.2.2　光纤光栅应变测量方法 …… 74
4.2.3　摄影测量法 …… 79
4.2.4　数字图像相关法 …… 86
4.3　载荷的测量 …… 96
4.3.1　弹性变形测力法 …… 96

4.3.2　X 射线测量应力 ······ 100
4.3.3　其他方法 ······ 110
4.4　本章小结 ······ 111
思考题及习题 ······ 112
参考文献 ······ 112
第 5 章　材料力学性能实验 ······ 116
5.1　准静态加载实验 ······ 116
5.1.1　基本概念 ······ 116
5.1.2　材料试验机 ······ 117
5.1.3　实验试样设计与安装 ······ 121
5.1.4　数据采集与处理 ······ 124
5.1.5　几类特殊的加载方式 ······ 128
5.1.6　准静态加载实验小结 ······ 133
5.2　硬度实验 ······ 133
5.2.1　基本概念 ······ 133
5.2.2　压痕硬度的分类 ······ 134
5.2.3　硬度测量的试样 ······ 138
5.2.4　压痕实验的数据处理 ······ 138
5.2.5　电子显微镜下在位加载实验 ······ 141
5.2.6　硬度测量方法小结 ······ 142
5.3　断裂实验 ······ 143
5.3.1　断裂力学基础知识 ······ 143
5.3.2　实验装置 ······ 149
5.3.3　实验试样与制备 ······ 150
5.3.4　断裂实验的步骤 ······ 155
5.3.5　结果分析与校核 ······ 158
5.3.6　断裂实验小结 ······ 161
5.4　疲劳实验 ······ 162
5.4.1　基本概念 ······ 162
5.4.2　实验设备 ······ 169
5.4.3　实验试样 ······ 172
5.4.4　疲劳实验及标准 ······ 174

5.4.5 疲劳实验小结 …… 176
5.5 动态力学测试实验 …… 177
5.5.1 基本概念 …… 177
5.5.2 摆锤与落锤实验方法 …… 177
5.5.3 长杆冲击实验 …… 182
5.5.4 轻气炮实验 …… 187
5.5.5 动态力学测试实验小结 …… 192
5.6 材料微结构表征 …… 192
5.6.1 基本概念 …… 192
5.6.2 微结构表征方法与仪器的选用 …… 193
5.6.3 微结构表征试样 …… 195
5.7 本章小结 …… 201
思考题及习题 …… 201
参考文献 …… 202
第 6 章　低速流动显示与流速测量技术 …… 205
6.1 流体力学实验概述 …… 205
6.2 低速流体力学实验设备及测量参数 …… 207
6.2.1 风洞 …… 207
6.2.2 水洞 …… 209
6.2.3 多功能水槽 …… 210
6.3 流动显示技术 …… 211
6.3.1 流动显示技术的发展 …… 211
6.3.2 流动显示技术的基本方法 …… 213
6.3.3 流动显示的示踪法 …… 214
6.4 流体压强、流量及传统测速 …… 216
6.4.1 压强及传统的流体速度测量 …… 216
6.4.2 流量及流体平均速度 …… 219
6.5 单点流速测量技术 …… 220
6.5.1 热线风速仪 …… 220
6.5.2 激光多普勒测速仪 …… 224
6.6 粒子图像测速技术 …… 233
6.6.1 基本概念 …… 233

6.6.2　粒子跟踪测速技术……234
6.6.3　二维粒子图像测速技术……235
6.7　本章小结……247
思考题及习题……247
参考文献……249
第 7 章　流场温度、浓度及表面形貌测量技术……251
7.1　温度测量技术……251
7.1.1　热电偶……251
7.1.2　热色液晶测温技术……254
7.1.3　红外热像仪……255
7.2　浓度场、密度场、温度场测量技术……258
7.2.1　激光诱导荧光技术……258
7.2.2　光学干涉技术……261
7.2.3　几种测温技术的比较……268
7.3　表面形貌测量技术……269
7.3.1　云纹法……269
7.3.2　栅线法……270
7.3.3　Michelson 干涉仪……276
7.3.4　位移传感器……278
7.4　黏度测量技术……280
7.4.1　黏度仪……280
7.4.2　流变仪……282
7.5　多相流测量技术……283
7.5.1　流型测量……283
7.5.2　多相流的含率测量……285
7.6　本章小结……285
思考题及习题……286
参考文献……286
第 8 章　高速空气动力学实验设备……288
8.1　概论……288
8.1.1　空气动力学方程……288
8.1.2　空气动力学实验设备分类……291

8.2　超声速风洞……293
8.2.1　超声速风洞基本结构及运行特点……293
8.2.2　其他类型超声速风洞……295
8.2.3　超声速风洞运行参数的计算……296
8.3　高超声速风洞……298
8.3.1　高超声速风洞实验模拟的特点……298
8.3.2　加热高超声速风洞……300
8.3.3　复现式风洞……301
8.4　高超声速特种设备……302
8.4.1　激波管……302
8.4.2　激波风洞——炮风洞……304
8.4.3　超燃发动机测试平台……306
8.5　本章小结……309
思考题及习题……309
参考文献……309
第 9 章　高速空气动力学实验测量技术……310
9.1　高速流场显示技术……310
9.1.1　纹影法……311
9.1.2　油流法……315
9.2　压力测量技术……317
9.2.1　高速流场压力测量技术……317
9.2.2　压力敏感漆测量技术……317
9.3　热流 (温度) 测量技术……318
9.3.1　薄膜电阻测温技术……318
9.3.2　其他高超声速测温技术……319
9.4　气体组分测量技术……320
9.4.1　激光吸收光谱技术……322
9.4.2　激光诱导荧光技术……337
9.5　本章小结……351
思考题及习题……351
参考文献……351

第 10 章　实习课题汇编 ···· 356
10.1　超声速流场纹影与阴影显示实验及流场标定 ···· 356
10.2　拉瓦尔喷管典型流动状态的观测 ···· 359
10.3　高超声速模型头部驻点热流测量 ···· 365
10.4　声速喷管流量计流量系数标定 ···· 370
10.5　爆轰激波管压力与速度测量 ···· 373
10.6　航空发动机燃气温度的吸收光谱测量技术 ···· 379
10.7　超稠原油–水乳状液 (W/O 型) 流变特性测量 ···· 384
10.8　基于电阻层析成像的气液两相流流型识别 ···· 388
10.9　水槽波浪场的模拟和测量 ···· 393
10.10　水槽流动的粒子图像测速 ···· 397
10.11　高速列车动模型表面压力测量 ···· 400
10.12　高速列车动模型的振动特性及气动阻力测量 ···· 404
10.13　毫牛级微小推力测试 ···· 407
10.14　金属材料的微结构表征与力学性能测量 ···· 412
10.15　金属材料动态压缩实验 ···· 415
10.16　含损伤的点阵夹层结构动力学测试与损伤识别 ···· 420
10.17　含水合物土的三轴剪切实验 ···· 426
10.18　氮化物超硬涂层的制备与表面力学性能测试 ···· 431
10.19　3D 打印原理及实践 ···· 434

第 1 章　绪　论

本章首先介绍实验观测在力学发展中的作用。通过介绍力学史上著名的卡门涡街、达西定律、泊肃叶公式以及粒子布朗运动等实验研究，阐述实验是如何推动理论发展的。然后简单回顾力学的一些基本方程，从牛顿第二定律到能量微分方程，展示力学测量涉及的主要物理量。根据待测物理量，归纳本书将要介绍的测量方法和实验装备。最后简述力学实验技术面对的挑战和发展前景。

1.1　实验观测在力学发展中的作用

1.1.1　实验与试验

1. 实验

实验是在满足一定的相似条件下对事物的观测，与理论分析、数值模拟共同组成科学研究的三种方法。实验研究的目的是通过观察发现自然现象的基本规律或验证已经提出的假设，如当代引力波实验再次验证了爱因斯坦提出的广义相对论。而当实验结果无法用现有理论解释时，预示着可能有新理论的产生。

实验的优势是“原汁原味”，任何规范的实验均有研究意义，即使是“失败”的实验。1968 年约翰斯·霍普金斯大学的哈密尔顿·史密斯，在利用流感嗜血杆菌做基因重组实验时，一次失败的实验使得他的团队发现了流感嗜血杆菌中存在的“限制性内切酶”。而这种内切酶成为后续基因编辑中经常采用的一把“剪刀”，该团队也因此在 1978 年获得诺贝尔生理学或医学奖。因此，严谨的实验者应该客观面对实验，走进实验室时头脑中应该留出“空白”，准备装进新的现象。当实验结果与预期想法不一致时，不要去“凑”自己的分析结果，而应该认真思考，反复实验，以免错过可能隐藏着的重大发现。

然而，实验毕竟是在一定条件下进行的，受时间、空间、材料及测试手段的限制。为了把实验结果推广应用于实际工程问题，做实验需要遵循模拟相似准则 (见第 2 章)。进一步对实验现象进行深入分析，上升到用理论公式表达，才能使实验结果具有普适性[1,2]。

2. 试验

试验是为了获得某些已知事物的结果或性能而从事的活动，是工程设计的必要环节。当一种新设计理念提出后，进行产品的初步设计，同时通过试验确定设计参数或发现未知因素。当产品初步设计完成后，要进行中试和现场试验。因为再完美的设计，也不可能考虑到所有因素，所以需要试验来验证设计的合理性，如飞机设计中的试飞环节。除了研制新产品，专业设计的试验对一些重大工程事故的分析也起着重要作用，如工厂粉尘燃爆或森林火灾起因分析等。

虽然试验与实验的目的不同，但采用的技术手段和分析方法相同，遵循同样的实验原理与技术。

1.1.2　力学中的一些经典实验

在力学的发展中，实验起着很重要的作用，如雷诺的湍流实验、普朗特的边界层实验以及马赫的激波实验等。这些实验将在后续章节中结合实验技术进行详细介绍，这里仅举几个例子，说明实验对理论发展的作用。

1. 达西定律

达西定律是多孔介质流体力学 (渗流力学) 中最基本的定律，是由法国水文地质学家达西 (Darcy, 1803—1858 年) 经过大量实验得出的。1852 年达西承担了城市自来水系统的扩建工程。为了设计蓄水池滤水沙床的厚度与尺寸，达西利用不同厚度的沙床进行了实验[3](图 1-1-1)。图中左侧是厚度为 L 的沙床主体，右侧有两个蓄水池：高处水池的水平面高度维持在 h_2，低处水池的水平面高度为 h_1。通过该水池的溢流测量流经沙床的流量 Q。他对每个沙床在不同的上下游压强差下测量其流量，发现流量与压降之间表现出很好的线性关系，但不同的沙床直线的斜率不同。于是他总结出如下公式：

$$Q = -k\frac{h_2 - h_1}{L} \tag{1-1-1}$$

其中，k 是沙床渗透系数。达西当时的实验仅用了沙质土，后续实验证明达西定律也可推广至其他土质，如黏土和具有细裂隙的岩石等。达西是第一位提出定量描述渗流理论公式的学者，可以说他开创了现代渗流力学。

2. 泊肃叶公式

泊肃叶公式描述了微血管中的流动规律，是生物流体力学中常用的公式。泊肃叶 (J.L.M. Poiseuille, 1799—1869 年)18 岁进入巴黎综合理工大学学习，当时授课的有柯西、安培、皮托等著名教授。受其物理教授皮托的影响，泊肃叶对精细实验具有超人的敏感性[4]。1828 年在从事关于心脏主动脉动力的博士论文研究中，他发明了 U 形管水银压力计 (即现在的血压计)，并测量了马和狗心脏动脉的血压。他发表过一系列关于血液在动脉和静脉内流动的论文。为了找出流量、压降、管长和管径四个变量的关系，泊肃叶在 0~45℃温度范围内用蒸馏水流经 0.015~0.6mm

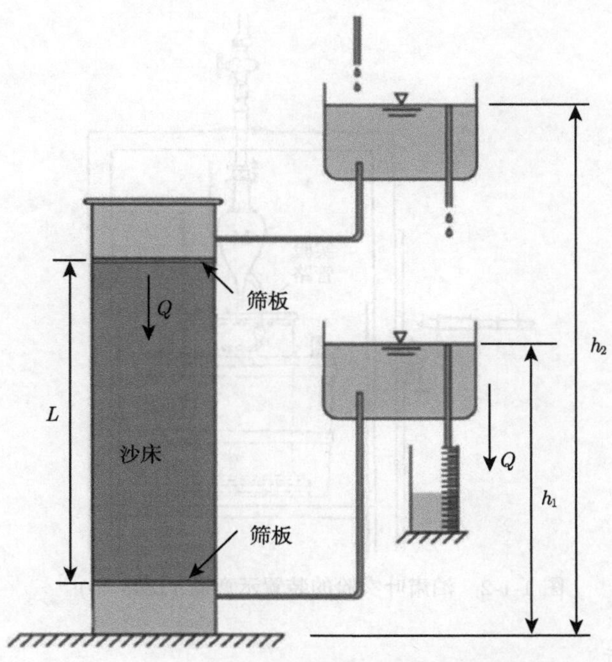

图 1-1-1 达西的垂直沙床实验示意图[3]

管径的毛细管进行实验[4,5]。该实验装置如图 1-1-2 所示，其中核心部件是标记为 M 的玻璃器皿下方的弯曲毛细管系统。利用外加水头控制压强，通过测量一定时间内流过球形容器的水的体积来测量流量。为了避免实验段尾端液气界面的毛细压干扰，采用水下实验的设计方案。1846 年泊肃叶发表的论文《小管径内液体流动的实验研究》[5] 对流体力学的发展起了重要作用。文中指出，流量与单位长度上的压强差与管径的四次方成正比：

$$Q_{\mathrm{v}} = \frac{\pi d^4 \Delta P}{128\mu L} \tag{1-1-2}$$

其中，Q_{v} 为体积流量；d 和 L 分别为毛细管的直径和长度；ΔP 为压强差；μ 为液体的动力黏度。该公式称为泊肃叶公式，成为 1845 年 G.G. 斯托克斯 (Stokes) 建立黏性流体运动基本理论的重要实验证明。现在流体力学中常把黏性流体在圆管道中的流动称为泊肃叶流，医学上把小血管管壁近处流速较慢的流层称为泊肃叶层。泊肃叶设计的这套毛细管系统的测量原理成为后来 U 形管黏度计设计的基础 (参见 7.4 节)。1913 年，英国 R.M. 迪利和 P.H. 帕尔建议将动力黏度的单位依泊肃叶的名字命名为泊 (poise，或简写 P)，$1\mathrm{P} = 1\mathrm{dyn{\cdot}s/cm^2} = 10^{-1}\mathrm{Pa{\cdot}s}$。1969 年国际计量委员会建议的国际单位制 (SI) 中，动力黏度的单位改用 Pa·s，$1\mathrm{Pa{\cdot}s} = 10\mathrm{P}$。

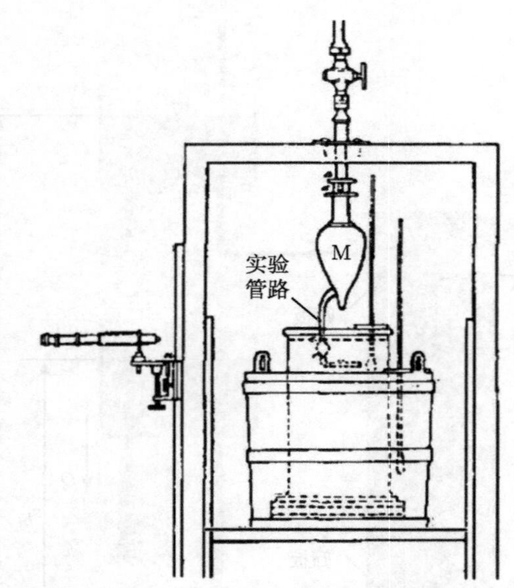

图 1-1-2　泊肃叶实验的装置示意图 (1846 年)[4]

3. 卡门涡街

涡旋是自然界中很普遍的现象，图 1-1-3 是美国国家航空航天局拍摄的杨曼因岛后面大气形成的卡门涡街[6]，图 1-1-4 是在中国科学院力学研究所拍摄的水洞中圆柱尾流卡门涡街。人们很早就观察到在物体绕流尾部会出现涡旋，正如冯・卡门 (von Karman, 1881—1963 年) 所述[7]，早在他出生之前涡街现象就已经被发现了，例如，意大利博洛尼亚 (Bologna) 教堂中，有一幅圣・克里斯托夫 (St. Christopher) 过河的油画，在圣徒的腿部后侧画家画上了交错的涡。英国的科学家马洛克

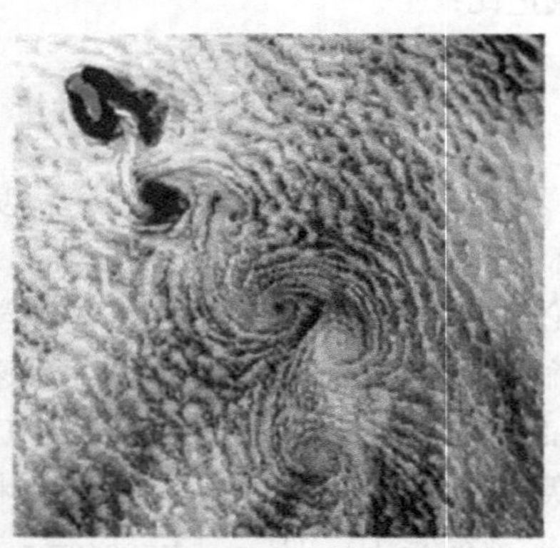

图 1-1-3　杨曼因岛后的卡门涡街[6]

图 1-1-4 水洞中圆柱尾流卡门涡街 (Re=100)

(H.R.A. Mallock，1851—1933 年) 观察到障碍物后面的交错涡旋，同样，法国科学家贝纳德 (H. Benard, 1874—1939 年) 也考察了黏性液体和胶状溶液中的旋涡。而人们现在把钝体尾部出现的两列排列整齐的涡旋称为“卡门涡街”，是因为卡门不仅观察了涡旋，而且对其进行了定量分析。1911 年卡门在德国哥廷根大学做普朗特的助教，实验室里一位博士生哈依门兹 (Hiemenz) 在水洞做圆柱绕流实验，他们发现无论怎样改进圆柱表面的光滑程度，圆柱都会发生振动。卡门仔细观察后发现，只有当涡旋是反对称排列，且仅当涡列间距 h 与涡旋间距 l 成一定比值时涡街才稳定：

$$\cosh^2(k\pi) = 2,\ k\pi = 0.8814,\ h/l = 0.281 \tag{1-1-3}$$

随后卡门计算了涡旋携带的动量与阻力的关系，这个理论改变了当时公认的气动力原则。卡门涡街会引起结构的振荡以至于造成结构的损坏，这一发现后来解释了 1940 年华盛顿州塔科马海峡大桥在大风中倒塌的原因 (见 6.1 节)。

4. **粒子布朗运动**

1890 年波兰生物学家布朗 (Brown) 观察到花粉在水中的运动。当时人们认为是花粉具有“活性”。爱因斯坦 (Einstein，1879—1955 年) 在 1901~1905 年的博士论文中提出了布朗运动的分子理论。二维布朗运动的均方位移为 $\langle r^2\rangle = 4Dt$，其中 D 是粒子在流体中的扩散系数。1908 年法国物理学家佩兰 (J.B. Perrin, 1870—1942 年) 实验观测了粒子布朗运动 (图 1-1-5)，证明了爱因斯坦关于分子随机热运动理论，从而于 1926 年获得诺贝尔物理学奖。佩兰当时的实验条件为：粒径 1μm 的粒子，观测网格 50μm，时间间隔 30s。目前观测粒子布朗运动已经可以采用 100nm 甚至更小的粒子，在约 500nm 网格中，采样时间间隔达毫秒 (ms) 量级。图 1-1-6 给出了粒径 200nm 的荧光纳米粒子的布朗运动轨迹。该实验是在中国科学院力学研究所非线性力学国家重点实验室 (LNM) 微流动实验台上进行的，采用 Micro-PIV 系统进行粒子追踪，观测窗口尺寸为 80μm，单像素尺寸约为 80nm，采样时间间隔为 20ms。

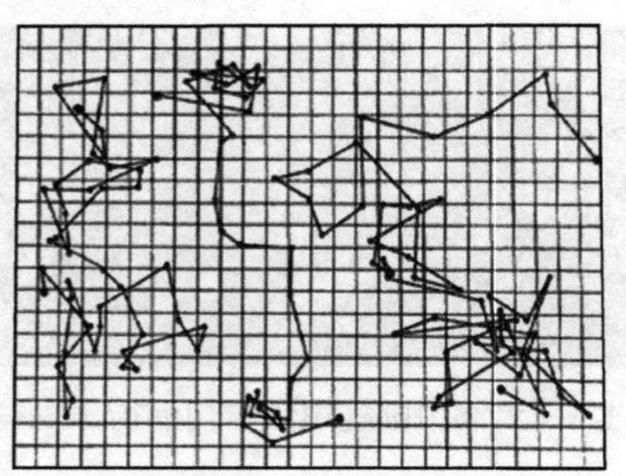

图 1-1-5　布朗粒子的随机运动

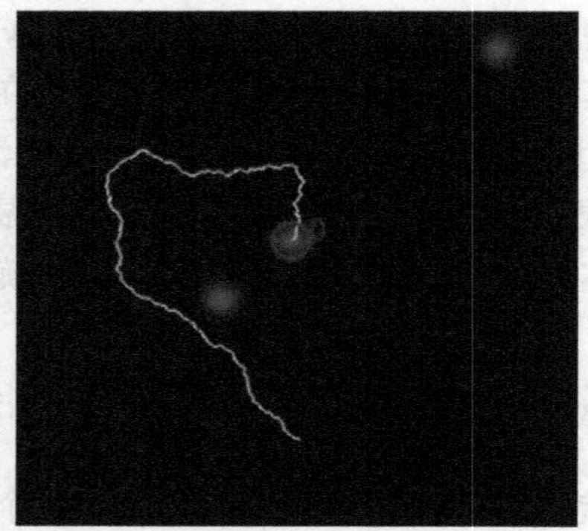

图 1-1-6　荧光纳米粒子的布朗运动轨迹

5. 格里菲斯与脆性材料的断裂理论

早期的结构设计建立在强度准则基础上，而忽略结构和材料内部的缺陷[8,9]。人们发现这种经典的设计思想往往不能解释一些结构的脆性破坏。达・芬奇 (Leonardo de Vinci, 1452—1519 年) 进行了不同长度、相同直径铁丝强度的实验，发现短铁丝的强度高于长铁丝。Stanton 和 Batson 于 1921 年报道了带缺口杆试样的实验，发现每单位体积的断裂功随着试样尺寸的增加而减小。这些早期的实验显示出固体强度的尺寸效应。1921 年英国学者格里菲斯 (A. A. Griffith，1893—1963 年) 也发现玻璃的实际强度远远低于分子结构理论所预期的理论强度[9]。他认为强度的降低是由于玻璃内部存在微小的缺陷裂纹，导致玻璃在低应力下发生脆断。他从能量平衡观点出发，提出了裂纹失稳扩展条件：当裂纹扩展释放的弹性应变能等于新裂纹形成的表面能时，裂纹就会失稳扩展。他给出断裂应力 σ_f 的计算公式[8]：

$$\sigma_f = \sqrt{\frac{2E\gamma}{\pi a}} \tag{1-1-4}$$

其中，E 是弹性模量；γ 是材料的表面能；a 是裂纹半长度。为了研究这个问题，他用玻璃纤维做拉伸实验。图 1-1-7 为实验结果[8,9]，显示出随着玻璃纤维直径的减小，玻璃纤维拉伸强度不断增加。当玻璃纤维直径大于 0.04in 时，玻璃纤维的拉伸强度就趋于玻璃块体的强度值 25ksi。格里菲斯认为这种尺寸效应实际上是由玻璃体内存在微小裂纹造成的。纤维直径越小，它所含的裂纹尺寸也越小，这就造成断裂强度升高，当纤维直径趋于零时，纤维的断裂强度就趋于理论强度值 1600ksi。式 (1-1-4) 也表明，当 σ_{f} 与 $\sqrt{\pi a}$ 的乘积达到某恒定临界值时，在材料中的裂纹将发生扩展，这个乘积就是应力强度因子，可以用来量化裂纹的扩展驱动力。格里菲斯对脆性材料的断裂理论做了开创性的研究，为后续断裂力学的发展奠定了基础(参考 5.3.1 节)。

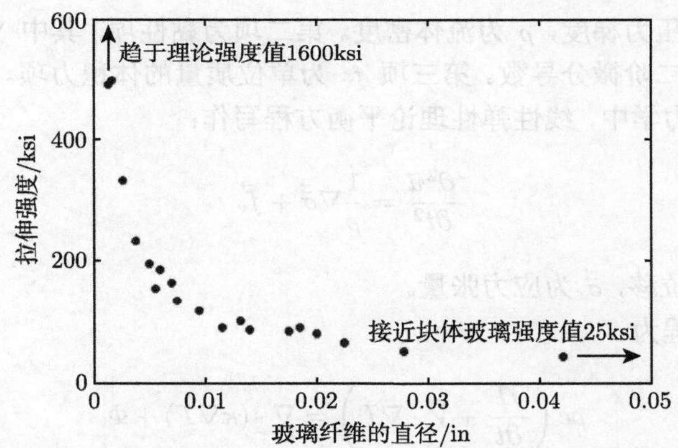

图 1-1-7 玻璃纤维的拉伸实验[8,9] (1ksi=6.84MPa,1in=2.54cm)

1.2 力学实验测量的物理量与测量方法

1.2.1 力学实验测量的物理量

力学是研究物质机械运动规律的科学。物质包括从天体到量子，运动规律是指被研究对象的位置随时间、空间的变化。经典力学对物体运动规律已有相应的理论描述，如下所述。

(1) 在普通物理中，我们学习过的牛顿第二定律 $F = ma$，也可以写成

$$a = \frac{F}{m} \tag{1-2-1}$$

其中，a 为加速度；m 为物体的质量；F 为力，包括压力、摩擦力、电场力、磁场力等。

(2) 在高等力学中，用微分方程表达牛顿第二定律，如弹簧单自由度振动方程：

$$\ddot{x}=-\frac{k}{m}x \tag{1-2-2}$$

等号左侧为加速度项，即位移 x 的二阶导数；等号右侧为弹性力，其中 k 为弹性系数。

(3) 在流体力学中，用流动参数表达牛顿第二定律，也就是流体动量方程 (Navier-Stokes 方程)：

$$\frac{\mathrm{d}\vec{V}}{\mathrm{d}t}=-\frac{\nabla p}{\rho}+\nu\nabla^2\vec{V}+\vec{f}_{\mathrm{v}} \tag{1-2-3}$$

同样，等号左侧为加速度项，但写成速度 $\vec{V}$ 微分的形式。等号右侧第一项为压力项，其中 ∇p 为压力梯度，ρ 为流体密度。第二项为黏性项，其中 $\nabla^2=\Delta$ 是拉普拉斯算子，表示二阶微分导数。第三项 $\vec{f}_{\mathrm{v}}$ 为单位质量的体积力项。

(4) 在弹性力学中，线性弹性理论平衡方程写作：

$$\frac{\partial^2\vec{u}}{\partial t^2}=\frac{1}{\rho}\nabla\vec{\vec{\sigma}}+\vec{f}_{\mathrm{v}} \tag{1-2-4}$$

其中，$\vec{u}$ 为质点位移，$\vec{\vec{\sigma}}$ 为应力张量。

(5) 能量方程为

$$\rho c\left(\frac{\partial T}{\partial t}+\vec{V}\cdot\nabla T\right)=\nabla\cdot(\kappa\nabla T)+\varPhi \tag{1-2-5}$$

其中，等号左侧是内能；T 为温度；c 为流体的比热容。等号右侧第一项是热传导项，其中 κ 为流体导热系数，$\varPhi$ 为耗散函数。

从牛顿第二定律 (1-2-1) 到 Navier-Stokes 方程 (1-2-3) 和弹性力学方程 (1-2-4) 及能量方程 (1-2-5) 可以看出，对物体或质点的运动状态描述涉及位移、速度和加速度，对驱动运动的物理量描述涉及各种力如压力、载荷等，能量方程涉及温度、比热容等。还有一些重要的物性参数如质量、密度或黏性系数等，这些构成了力学实验的基本测量量。

物理参数本质上可归纳为两类：强度量和广延量。强度量表示不随系统大小或系统中物质多少而改变的物理量，如温度、压力等。广延量表示物质的空间属性，具有与系统的大小或物质多少成比例改变的物理量，如长度、内能、熵等。从数学上，强度量满足关系 $q_1=q_2=q$，而广延量满足关系 $Q_1+Q_2=Q$，可见广延量具有可加性，而强度量是对空间微分获得的物理量，不随空间拓展而改变，因此测量上也有所不同，例如，强度量与测量的尺度无关，是尺度不变量，而广延量与尺度有关。考虑物理量的不同本质有助于实验测量的设计。

力学理论指导着力学测量，通过力学方程可以推导实验相似参数，制订实验设计方案 (2.1 节)。如果物理现象还没有相应方程描述，那么可用量纲分析等方法，找出需要测量的物理量 (2.3 节)。

1.2.2　力学实验测量方法

任何一项实验都会涉及三个部分：物理系统、测量系统和测量者。物理系统是需要测量的对象，如模型、流场或样品等；测量系统包括实验设备、传感器、电子仪器、数据采集器和软件等；测量者是设计、参与及完成实验的人。这三个部分必须互相融合且正确地运转才能获得成功的实验。

物理系统包含待测物理量，因此我们需要明确测量什么量，如果进行模拟原型的实验，那么需要根据相似准则 (见第 2 章) 确定测量的方案和方法。从流动微分方程获得无量纲参数或者通过量纲分析等方法选择待测物理量。测量系统是指测量的仪器和设备，因此需要明确怎么测，例如，要测量应变，需要建立一个应变测量系统 (图 1-2-1)，包括传感器、转换器、放大器、接口和计算机等。通过传感器等测量仪器把拉伸位移 (长度) 转变成电信号 (电压)，再通过软件换算成位移，给出待测物理量的测量值，完成测量过程。力学测量的方法均以声、光、电、磁、热等基本物理原理为基础，测量者只有了解各种技术的测量原理，才能选择合适的测量方法。这也是本书最重要的内容 (见第 4~9 章)。当测量完成后，测量者希望知道测量结果是否很好地反映了被测量，因此要对测量进行不确定度评定 (见第 3 章)。

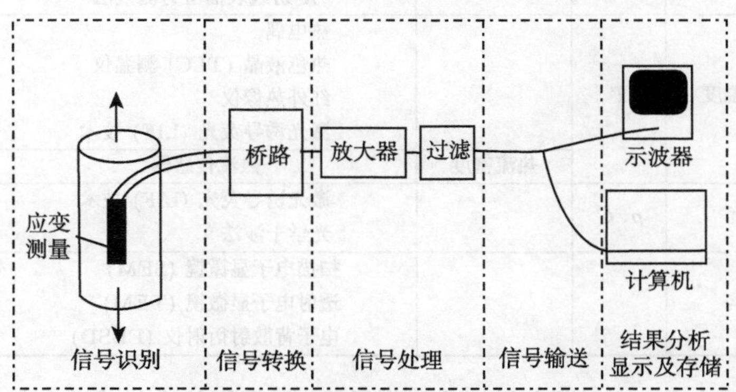

图 1-2-1　拉伸应变测量系统示意图[10]

本书后续各章将从材料力学、固体力学、低速和高速流体力学几个领域介绍相关的力学量测量。为了便于读者阅读，下面汇总了力学基本测量物理量与测量方法 (表 1-2-1) 和实验设备 (表 1-2-2)。

表 1-2-1　本书介绍的基本测量物理量和测量方法

基本量	测量量	符号	其他形式	测量方法	对应章节
长度	速度	V		热线风速仪 (HWA)	6.5
				激光多普勒测速仪 (LDV)	6.5
				粒子图像测速 (PIV) 技术	6.6
				可调谐二极管激光吸收光谱 (TDLAS)	9.4
				流场显示：氢气泡法、染色法	6.3
				流场显示：阴影法、纹影法、油流技术	9.1
	位移	L	应变$\Delta L/L$	应变片电测法 光纤布拉格光栅 (FBG) 技术 数字图像相关 (DIC) 技术	4.2
			表面形貌	云纹法 栅线法 电子散斑干涉 (ESPI) 法 迈克耳孙 (Michelson) 干涉仪 位移传感器	7.3
力	压强	p		皮托管	6.4
				压力传感器电测法 压力敏感漆 (PSP) 技术	9.2
	载荷	F	应力$\Delta F/A$	电阻应变片法 X 射线表面应力测量法	4.3
热量	温度	T		热电偶	
				热色液晶 (TLC) 测温仪	7.1
				红外热像仪	7.2
				激光诱导荧光 (LIF) 技术	
			热流密度	热流传感器	9.3
密度、浓度		ρ、C		激光诱导荧光 (LIF) 技术 光学干涉法	7.2
材料微结构				扫描电子显微镜 (SEM) 透射电子显微镜 (TEM) 电子背散射衍射仪 (EBSD)	5.6

通过阅读本书，首先学会如何选择测量量，把握用什么传感器和相应的测量仪器，以及实验系统的不确定度评定和实验结果的表达。为了实践以上内容，本书推荐了 19 个实习课题 (第 10 章)，供读者参考选用。

表 1-2-2 本书介绍的实验设备

类型	适用速度范围	设备特性			结构特点		相应章节
		名称	工作方式	工作时间	供气系统	洞体	
材料动态测试		Hopkinson 杆实验装备、轻气炮			驱动装置	实验段、缓冲装置	5.5
低速水槽		水池、U 形振荡水槽、流固土耦合水槽				稳定段、实验段	6.2
低速水洞		动力式 重力式				稳定段、实验段	6.2
低速风洞	*Ma* 小于 0.3	直流式 回流式				稳定段、实验段、扩散段	6.2
亚声速风洞	*Ma*:0.3~0.8						8.1
跨声速风洞	*Ma*:0.8~1.4						8.1
超声速风洞	*Ma*:1.4~5.0	连续式 暂冲式	吹气式 吸气式	分钟量级	高压气源 真空气源	拉瓦尔喷管	8.2
高超声速风洞	*Ma* 大于 5.0	激波风洞			气体加热	拉瓦尔喷管	8.3
高超声速设备	*Ma* 大于 5.0	激波管、超燃发动机测试平台	炮风洞 管风洞	毫秒量级	气体加热	高低压间用膜片 高低压间用活塞	8.4

1.3 力学实验面临的挑战与发展

力学作为一门经典的自然科学的基础学科，具有悠久的发展历史，这使得力学拥有了完整的理论体系和多样化的实验技术[11-13]。然而，随着科学的进步和经济的发展，力学不断遇到新的挑战，面对着许多待解决的问题。首先是与理论框架有关的问题，如连续介质力学的连续性问题、滑移边界的适用性问题以及本构方程等。其次是力学测量技术的多元化。传统的力学测量往往在光、力或电、力之间转换。随着研究问题的深入，力学测量将借助光、电、力等多物理场之间的转换。当前人工智能时代正在来临，力学实验将如何借助或融入新的技术向前发展必然受到关注。本节将从这几方面阐述力学实验面临的挑战与需求。

1.3.1　力学测量面对的基本问题

1. 连续性

20 世纪末微纳米机械的出现推动了技术向小型化发展。21 世纪初，石墨烯特性的发现再次推动纳米材料的研究。图 1-3-1 给出了人类探索未知世界的空间尺度分布。可以看出，与环境、健康等民生有关的研究更趋向于微纳米尺度，如生物芯片、锂电池、纳米材料等。随着力学实验领域从航天器、飞机、航空母舰等大空间尺度构造向微纳米尺度发展，微纳米尺度的流动、物性参数、材料参数与传热等测量成为热点。在这些研究中，连续介质假设的适用性一直受到关注[14]。连续介质假设是流体力学最基本的假设，即认为物质连续地、无间隙地分布于空间，流体宏观物理量是空间点及时间的连续函数。20 世纪 90 年代微流动研究初期，曾有实验发现在微米管道中的流动阻力与流量的关系不满足泊肃叶公式。之后 Adrian[15] 以及 Cui 等[16] 的实验注意到对实验不确定度的精细控制并考虑高压黏性修正后，证明了微米管道的简单液体的流动仍符合经典 Navier-Stokes 方程。后续许多实验结果证明此结论可以延伸至亚微米即百纳米管道的流动，而对于几纳米管道的流动目前实验结果仍然十分发散。其原因在于压力驱动流的流量与管径的四次方成正比。随着管径缩小，保持同样流量条件下的压力梯度将非线性增加。管道变形及高压黏性修正等因素将极大地影响测量不确定度，因此至今相关实验仍在进行。2016 年*Nature*发表了单根纳米喷管出口流场测量的文章[17]，Secchi 等将直径 17~50nm 的单根碳管分

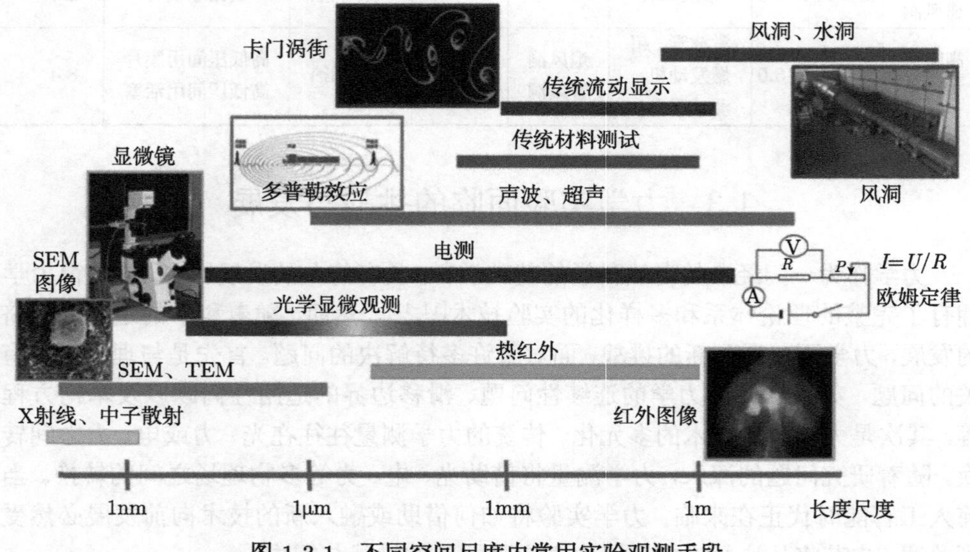

图 1-3-1　不同空间尺度内常用实验观测手段

别接在纳米毛细管上，用荧光纳米粒子显示在压力驱动下喷管出口的流场，与经典的 Landau-Squire 流场比较后，间接测量了单根碳管的流量。

2. 边界条件测量

流体力学的理论框架由基本方程、边界条件和初始条件组成。当空间尺度向微纳米尺度扩展时，除了上述连续性假设适用性需要验证外，边界条件的表达也遇到问题[14]。经典流体力学中存在滑移和无滑移两种边界条件。1738 年伯努利 (D. Bernoulli, 1700—1782 年) 提出无滑移边界条件，认为紧靠壁面处的流体的速度与固体表面的速度一致。而纳维 (Navier, 1785—1836 年) 于 1823 年提出线性滑移边界条件，认为靠近物体表面的流体速度不为零，存在滑移速度。而滑移速度与当地流体剪切率和滑移长度呈线性关系。根据布里渊 (L.M. Brillouin, 1854—1948 年) 提出的液固界面剪应力表达式 $\tau_{\mathrm{s}}=\kappa u_{\mathrm{slip}}$ 和牛顿流体剪应力公式 $\tau_{\mathrm{f}}=\mu\gamma_{w}$，滑移长度 $b=\mu/\kappa$，与流体的黏性系数 μ 和固壁的摩擦系数 κ 有关。宏观流动一般采用无滑移边界条件，而微纳米流动实验发现，不仅滑移长度与流体剪切率存在非线性关系，而且表面粗糙度、亲疏水性、双电层及纳米气层均影响滑移长度的测量。目前已经提出很多估算公式，但从理论和实验上确定滑移公式表达式还需要做进一步研究。

分子动力学 (MD) 模拟在微纳米尺度流动研究中被广泛采用，边界条件一般选用壁面分子弹性碰撞模型。若能够对边界流体分子运动进行实验观测，则将对数值模型的改进有极大的帮助。

3. 本构关系的测量

反映物质或材料物理性质之间关系的方程，统称为本构方程 (或本构关系)。在固体力学中，本构方程一般专指应力张量与应变张量之间的关系。在流体力学中，本构方程是指应力张量与应变率张量之间的关系[18]。应力与应变率呈线性关系的流体称为牛顿流体，否则是非牛顿流体。在蛋白质芯片、人工器官等应用领域涉及高分子等复杂液体的流动，往往是非牛顿流体流动。如果非牛顿流体的流体黏性系数仅与剪切率有关而与时间无关，那么就可以用广义牛顿流体本构关系描述。而当流体的应力与应变率的关系与时间有关时，需要考虑流体的黏弹性。线性黏弹性模型可以用来理解材料在不同的浓度、分子量、结晶度、温度等因素下如何发生响应的。而在大变形条件下，如聚合物溶液等黏弹性流体，还需要考虑剪切过程中的法向应力作用。流变学中为了表征弹性力和惯性力的相对重要性，引入 Elasticity 数 (El)。El 与尺度 h 的平方成反比，微纳米尺度下可以很容易获得高 El，即弹性力远远大于惯性力的情况。与经典本构关系研究相比，微纳流动提供了更高的剪切率 (通常在 $10^4\mathrm{s}^{-1}$ 甚至更高) 和更短的响应时间内研究非牛顿流体本构关系的实验条件，还可以利用微纳颗粒探针技术研究流体的黏度等性质。例如，在微流道中产生压力驱动流动，可使用示踪粒子测量不同壁面剪切率条件下的速度剖面，从而得到较高剪切率下非牛顿流体的本构关系。还可以通过测量微纳颗粒的布朗运动及其扩散系数来间接测量流体的流变特性。

1.3.2　力学测量技术发展的瓶颈

1. 微纳米尺度的测量

微纳米尺度流动是流体力学研究向更小空间尺度的延伸。微纳米尺度流体实验[19] 一般在 100μm~100nm 尺度内测量流体的速度、流量等物理量，其流动往往具有低雷诺数 Re、小毛细数 Ca 的特征。当测量向纳米尺度扩展时，迫切需要提高观测的空间分辨率。图 1-3-1 给出不同空间尺度内常用的实验观测手段。可以看出，常用的光学显微观测方法难以突破百纳米量级限制。根据著名的光学瑞利判据 (Rayleigh criterion)，由于光学衍射，系统所成的像不再是理想的几何点像，而是有一定大小的光斑。当待观测的两个物点过于靠近时，其像斑重叠在一起，就可能分辨不出各自物点的像，此现象就是光学系统的分辨极限。目前纳米管道内流动观测就受到光学分辨率的限制。突破光学极限最直接的办法是采用更小波长的电磁波，如电子显微镜用电子束代替光波，其波长比光波短，使得电子显微镜理论空间分辨率提高到 0.1nm 量级。但这类显微镜一般在真空环境工作，需要施加高电压，这会对细胞等活性样品造成损伤，限制了其使用范围。微纳米尺度测量在探索提高空间分辨率方面引领性的工作，是 2014 年获得诺贝尔化学奖的光学超分辨显微技术[20-22]。超分辨显微技术通过比较复杂的硬件设计，对样品进行多次曝光，将成像进行叠加，使得空间分辨率可以达到 10~30nm。近来，随着技术的改进，成像时间大大缩短，可以在 0.1s 的时间量级完成高质量的超分辨成像[23]。

随着空间分辨率的提高，时间分辨率又成为某些微纳米尺度力学实验的瓶颈。例如，测量纳米粒子扩散的实验，扩散系数 D 的单位为 $\mathrm{m^2/s}$，这意味着空间观测尺度每缩小一个量级，相应的时间尺度需要缩小两个量级。图 1-3-2 给出了不同时间尺度对应的实验观测手段。为了快速采集信号，需要仪器动态响应达到飞秒 (fs) 量级。而目前微纳米尺度观测设备受限于成像速度和清晰度，往往只能做到 50~100μs，难以捕捉细节。此外，宏观尺度如爆炸、燃烧、冲击及材料断裂等实验对捕捉瞬态细节也存在强烈的需求，提高时间分辨率也成为关键技术之一。因此，能够大幅提高帧频、减小单帧拍摄时间的相机是实验的关键设备。目前商业化的超高速摄像机可达到 1 亿 ~10 亿帧/s 的拍摄速度，对应的最小观察时间达到纳秒量级。例如，英国 Specialised Imaging 公司的 SimX 和 Cerberus 系列相机，在实际力学实验研究中也已逐渐获得应用[24,25]。由于超快的拍摄速度，图像存储和传输又成为硬件瓶颈。目前超高速摄像机依靠自带的存储器往往仅能保存约 100 帧图像，持续时间非常短，因此实验时如何通过触发器控制拍摄存在较大的技术难度。另外，要在短暂的时间内获得清晰的图像，对电荷耦合器件 (CCD) 采集芯片的要求也很高，新型的超高速相机开始采用基于互补金属氧化物半导体 (CMOS) 芯片进行图像采集。总之，对飞秒量级的动态过程的观测还需要人们进行进一步探索。

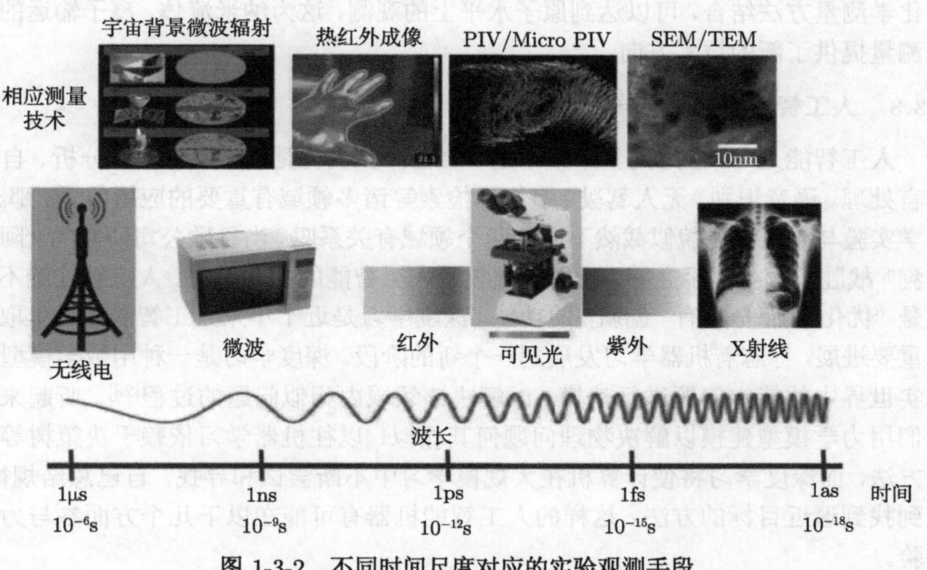

图 1-3-2 不同时间尺度对应的实验观测手段

2. 多物理量测量

实验力学中，已有很多成功的例子基于其他物理量来完成力学量的测量，例如，通过光学方法的粒子图像测速及激光诱导荧光等。为了测量作用力、电势/电荷密度、浓度分布、温度分布等物理量，而引入基于光、电、力、热等多种物理方法，有可能大大扩展实验力学测量的能力。

另外，实际应用中力学测量往往与多物理场耦合在一起。相关实验的测量一方面要注意如何从多物理量交叉中有理有据地获取力学量的测量结果，另一方面力学量的测量精度也受限于其他物理量的测量精度。例如，芯片实验室相关的流动常用电场驱动形成电渗流。由于界面双电层的普遍存在，电动流动控制方程往往需要 Navier-Stokes 方程耦合 Poisson-Boltzmann 方程或 Poisson-Nernst-Planck 方程，以求解流场、电场、浓度场等物理场[26]。与力学相关的流量或速度等量可以从电渗流的大小间接测量。对于极低流量情况，如生命科学中细胞膜的穿膜输运，对应着测量一个非常微弱的电流，需要灵敏的测量手段。目前常用的如皮安 (pA) 电流计、膜片钳等，可以测量到 10^{-12}A 的电流，对于极小量电荷的流动输运测量可以发挥优势。

2018 年 Peng 等在*Nature*发表了观测离子水合物微观结构的文章[27]。研究人员采用氧化碳针尖修饰的非侵扰式原子力显微镜 (AFM) 成像技术，依靠高阶静电力扫描成像，首次获得原子级分辨图像，并结合第一性原理计算和原子力图像模拟，成功确定了其原子吸附构型。该工作表明，高分辨扫描探针技术将力学、物理和化学测量方法结合，可以达到原子水平上的观测，这为纳米流体、离子输运的实验测量提供了新的技术方向。

1.3.3　人工智能时代的力学测量

人工智能是 21 世纪的新兴技术之一，在计算机视觉、图像与视频分析、自然语言处理、语音识别、无人驾驶、多媒体检索等诸多领域有重要的应用前景。那么，力学实验与人工智能貌似截然不同的两个领域有关系吗？当谷歌公司研制的 “阿尔法狗” 战胜了人类棋手之际，我们就领教了人工智能的非凡潜力。人工智能绝不仅仅是 “优化”，而是具有 “创新” 的功能。深度学习是近十年来人工智能领域里取得的重要进展，标志着机器学习发展到一个新的阶段。深度学习是一种用数学模型对真实世界中的特定问题进行建模，以解决该领域内相似问题的过程[28]。听起来与我们用力学模型建模以解决物理问题何其相似！以往机器学习依赖于决策树等传统方法，而深度学习将使计算机在大规模学习中不断尝试和寻找，自己总结规律，直到找到逼近目标的方法。这样的人工智能机器有可能在以下几个方面参与力学实验。

1. 决策功能

前面介绍过实验测量包括三个部分：物理系统、测量系统和测量者。通常测量者主导着实验的设计与进行。而人工智能可以将这三个部分融为一体，代替测量者分析待测物理量，指挥测量系统工作，最后给出测量结果。人工智能机器对实验大数据进行分析后，可以提出建议改进实验位置或实验流程。这对于一些工程型号试验将极大地节省人力与时间。

2. 纠错功能

纠错功能是指利用现有的实验大数据训练人工智能机器，然后让机器去修改或补充 “丢失” 的数据，完善图像缺陷。总之，程式化的、重复性的工作将交给机器人去做，我们将有更多的时间从事 “研究” 工作。而开发这样的智能测量系统是目前力学实验的需求。

虽然人工智能可以对物理现象的观测及数据的处理提供一个全新的视角，帮助我们总结规律、优化实验方案及分析。但是，正如目前很多自动化的实验系统可以通过计算机完成数据的采集和结果的处理一样，我们仍需要最后把关完成对结果的甄别。那么，未来人工智能提供的结果，我们如何结合物理定律加以认识、判断，这是一个值得思考的课题。

以上仅仅从时间和空间尺度扩展、多物理量测量及人工智能与力学测量这几个方面论述了力学实验的挑战与发展前景，可以看出，力学实验技术的发展仍然任重道远。

1.4 本章小结

科学史上几乎所有重要发现都离不开实验的启示或验证。无论从事科学研究还是工程设计，实验观测都是必不可少的环节。实验是科学研究的基本方法之一，是发现新现象的途径。实验可以直接验证一个理论或对给定条件下所发生的现象进行一般性探索。理解实验与理论的关系，以及实验现象反映出来的物理本质有赖于理论总结。

本书后续章节将主要介绍力学实验基本理论、常用实验装置与仪器设备、实验技术及测试方法。引导读者学会如何做实验，学习力学基本理论，掌握实验仪器的测试原理，增强实验观测能力；如何做“对”实验，掌握力学实验模拟准则、数据分析处理方法、实验测量的不确定度评估。建议读者利用表 1-2-1 和表 1-2-2 把握本书各章联系及测量参数的特点。

思考题及习题

1. 实验在科学和哲学发展中的作用是什么？
2. “眼见为实”对吗？
3. 根据你目前的知识，按照待测力学物理量归纳测量技术。然后按照声、光、电、磁、热等的基本物理原理，归纳力学待测物理量的测量技术。阅读本书后可进行补充。

参 考 文 献

[1] 钱伟长. 应用数学. 合肥: 安徽科学技术出版社,1993

[2] 林家翘, 西格尔. 自然科学中确定性问题的应用数学. 北京: 科学出版社,1986

[3] NPTEL. Civil Engineering. Lecture 3: Darcy’s Law, 2018

[4] Sutera S P, Skalak R. The history of Poiseuille’s law. Annual Review of Fluid Mechanics, 1993, 25: 1-19

[5] Poiseuille J L M. Recherches experimentales sur le mouvement des liquids dans les tubes de tres-petits diametres. Memoires Presentes par Divers Savants a L’Academie Royale des Sciences de l’Institut de France,1846, IX: 433-544

[6] 王振东. 流体涡旋漫谈. 现代物理知识, 2012, 24(2): 9-17

[7] von Karman. Aerodynamics. New York: McGraw-Hill Book Company, 1963

[8] 王自强, 陈少华. 高等断裂力学. 北京: 科学出版社, 2009
[9] Griffith A A. The phenomena of rupture and flow in solids. Philosophical Transactions of the Royal Society of London A, 1921, 221: 163-198
[10] Tavoulairis S. Measurement in Fluid Mechanics. Cambridge: Cambridge University Press, 2005
[11] Tropea C. Handbook of Experimental Fluid Mechanics. Berlin: Springer, 2007
[12] Sharp W N Jr. Handbook of Experimental Solid Mechanics. Berlin: Springer, 2008
[13] 袁长坤. 物理量测量. 北京: 科学出版社, 2009
[14] 李战华, 吴健康, 胡国庆, 等. 微流控芯片中的流体流动. 北京: 科学出版社, 2012
[15] Adrian R J. Particle-imaging techniques for experimental fluid mechanics. Annual Review of Fluid Mechanics, 1991, 23: 261-304
[16] Cui H H, Silber-Li Z H, Zhu S N. Flow characteristics of liquids in microtubes driven by a high pressure. Physics of Fluids, 2004, 16: 1803-1810
[17] Secchi E, Marbach S, Nigues A. Massive radius-dependent flow slippage in carbon nanotubes. Nature, 2016, 537(7619): 210-213
[18] 王振东. 流变学的诞生和研究对象. 力学与实践, 2001, 23(4): 68-71
[19] Kirby B J. Micro- and Nanoscale Fluid Mechanics. Cambridge: Cambridge University Press, 2013
[20] Betzig E. Nobel lecture: Single molecules, cells, and super-resolution optics. Reviews of Modern Physics, 2015, 87: 1153
[21] Hell S. Nobel lecture: Nanoscopy with freely propagating light. Reviews of Modern Physics, 2015, 87: 1169-1181
[22] Moerner W E. Nobel lecture: Single-molecule spectroscopy. Imaging, and photocontrol: Foudations for super-resolution microscopy. Reviews of Modern Physics, 2015, 87: 1183
[23] Chen B C, Legant W R, Wang K. Lattice light-sheet microscopy: Imaging molecules to embryos at high spatiotemporal resolution. Science, 2014, 346: 439
[24] Gao L, Liang J, Li C. Single-shot compressed ultrafast photography at one hundred billion frames per second. Nature, 2014, 516: 74
[25] Bosworth B, Stroud J R, Tran D N. High-speed flow microscopy using compressed sensing with ultrafast laser pulses. Optics Express, 2015, 23: 10521
[26] Kirby B, Hasselbrink E. Zeta potential of microfluidic substrates. Electrophoresis, 2004, 25: 187
[27] Peng J, Cao D, He Z, et al. The effect of hydration number on the interfacial transport of sodium ions. Nature, 2018, 557: 701-705
[28] 李开复, 王咏刚. 人工智能. 北京: 文化发展出版社, 2017

第2章　实验模拟准则

本章首先介绍模拟实验需要遵循的基本原理，即相似准则，包括几何相似、运动相似、动力相似和热相似。在具体的实验中，相似准则由某些量纲一的相似参数体现。为了获得这些相似参数，本章介绍两种方法：如果已知流场微分方程组，那么可以通过无量纲化推导获得相关的量纲一参数；如果实验现象还无法用理论描述，那么可借助 π 定理做量纲分析。最后列举一些力学实验中常用的相似参数，便于读者了解其物理意义及应用条件。

2.1　相似准则

当我们用模型实验模拟原型实验时，通常会问“在什么条件下用模型实验可以代替原型实验”？在两个几何相似的装置中，在什么条件下能出现相似的流动图案？下面先介绍相似概念，然后解释相似准则。

2.1.1　相似概念

1. 平面几何中的三角形相似

在平面几何中，我们学习过三角形的相似 (图 2-1-1)。若两个三角形的三条对应边有相同的比例系数，则这两个三角形相似。这是判断几何相似的方法之一。

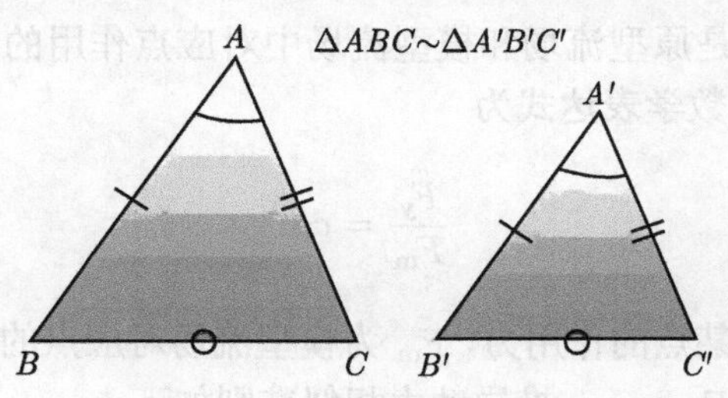

图 2-1-1　三角形相似示意图

2. 物理现象的相似

研究物理现象时，首先被研究的对象的外形要相似 (几何相似)，其次运动的速度相似 (运动相似) 和受力相似 (动力相似)。如果被研究的对象受温度的影响，那么还需要考虑热相似。下面具体分析各个相似准则。

2.1.2 力学相似准则

1. 几何相似

几何相似的定义是模型和原型的形状相似、对应特征长度成比例。数学表达式为

$$\frac{L_\mathrm{y}}{L_\mathrm{m}} = c_\mathrm{L} \tag{2-1-1}$$

其中，L_y 为原型的特征长度，L_m 为模型的特征长度，c_L 为比例常数。

注意：当模型的三维尺度按相同比尺缩小时，长、宽、高的比例常数均一致，这样的模型称为正态模型；若模型三维尺度按不同比尺缩小，则称为变态模型。例如，河流的水工模型，流向方向的缩尺比河深方向的缩尺大得多，如长江全长约 6200km，宽度数十千米，其全长的水工模型也只能是变态模型。

2. 运动相似

运动相似的定义是原型流场与模型流场对应点处的速度方向相同、数值成比例。数学表达式为

$$\frac{v_\mathrm{y}}{v_\mathrm{m}} = c_\mathrm{v} \tag{2-1-2}$$

其中，v_y 为原型流场某点的速度，v_m 为模型流场对应点的速度，c_v 为比例常数。显然，几何相似并且运动时间相似，则速度相似。在某些流动条件下，运动相似还包括攻角相等、来流湍流度相等。

3. 动力相似 (力场相似)

动力相似的定义是原型流场和模型流场中对应点作用的同名力方向相同、数值成比例 (图 2-1-2)。数学表达式为

$$\frac{F_\mathrm{y}}{F_\mathrm{m}} = c_\mathrm{F} \tag{2-1-3}$$

其中，F_y 为原型流场某点的作用力，F_m 为模型流场对应点的作用力，c_F 为比例常数。由牛顿第二定律 $F = ma$，推导动力相似准则如下：

$$\frac{F_\mathrm{y}}{F_\mathrm{m}} = \frac{\rho_\mathrm{y} L_\mathrm{y}^3 V_\mathrm{y}/t_\mathrm{y}}{\rho_\mathrm{m} L_\mathrm{m}^3 V_\mathrm{m}/t_\mathrm{m}} = \frac{\rho_\mathrm{y} L_\mathrm{y}^2 V_\mathrm{y} L_\mathrm{y}/t_\mathrm{y}}{\rho_\mathrm{m} L_\mathrm{m}^2 V_\mathrm{m} L_\mathrm{m}/t_\mathrm{m}} = \frac{\rho_\mathrm{y} L_\mathrm{y}^2 V_\mathrm{y}^2}{\rho_\mathrm{m} L_\mathrm{m}^2 V_\mathrm{m}^2} = c_\mathrm{F} \tag{2-1-4}$$

这里，L_i、ρ_i、V_i、$t_i (i = \mathrm{y}, \mathrm{m})$ 分别为长度、密度、速度和时间的特征量，其中假设体积的三维特征长度相同，且为匀加速运动，c_F 为比例常数。

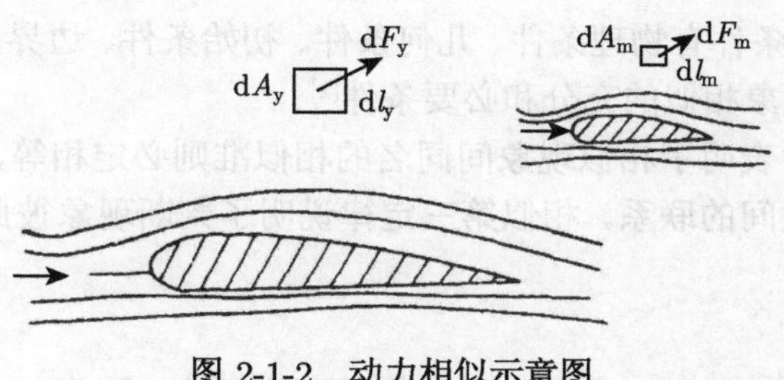

图 2-1-2 动力相似示意图

4. 热相似 (温度场相似)

热相似的定义是原型流场和模型流场中对应点的温度成比例、热流密度方向相同、数值成比例。数学表达式为

$$\frac{T_{\mathrm{y}}}{T_{\mathrm{m}}}=c_{\mathrm{T}} \tag{2-1-5}$$

根据傅里叶传热定律，热流密度为

$$\frac{q_{\mathrm{y}}}{q_{\mathrm{m}}}=\frac{\kappa_{\mathrm{y}}\nabla T_{\mathrm{y}}}{\kappa_{\mathrm{m}}\nabla T_{\mathrm{m}}}=c_{\mathrm{q}} \tag{2-1-6}$$

其中，$T_i(i=\mathrm{y},\mathrm{m})$ 为温度，q_i 为热流密度 $(\mathrm{J/(m^2{\cdot}s)})$，$\kappa$ 为导热系数 $(\mathrm{J/(K{\cdot}m{\cdot}s)})$，$\nabla T_i(i=\mathrm{y},\mathrm{m})$ 为温度梯度 (K/m)，下标 y、m 分别表示原型和模型，c_{q} 为比例常数。

力学相似包括几何相似、运动相似、动力相似和热相似，在流体力学实验中动力相似是基本的相似准则。

2.1.3 相似理论

1. 相似第一定律

“彼此相似的现象，它们的同名相似准则必相等”。相似准则又称相似参数、相似判据、相似准数等。例如，在层流黏性力作用下相似的流动，它们的雷诺数相等。相似第一定律阐明了相似准则的存在，说明实验中应该测量的物理量。

2. 相似第二定律

“由描述现象的各物理量组成的相似准则，可表示成准则的函数”。例如，阻力系数或升力系数是雷诺数、弗劳德数或马赫数等准则的函数。相似第二定律又称为 π 定理，它阐明由联系现象的物理量间的函数关系转变为相似准则组成的函数关系的可能性。相似第二定律解决了实验数据的整理方法和实验结果的应用问题。

3. 相似第三定律

“凡是单值条件相似，由单值量所组成的相似准则相等的同类现象必定彼此相似”。单值量是指影响现象的物理量，单值条件是指影响现象但不能用一个物理量表示的因素，单值条件有物理条件、几何条件、初始条件、边界条件等，相似第三定律确定了物理现象相似的充分和必要条件[1]。

相似第一定律表明了相似现象间同名的相似准则必定相等，相似第二定律表明了各相似准则之间的联系，相似第三定律说明了判断现象彼此相似所需要的充分必要条件。

2.2　由微分方程推导相似参数

流体运动可以用微分方程描述，力学相似的两个流体的流动具有相同的微分方程。微分方程中的作用力项有惯性力、压力、黏性力及外力等，它们都满足动力相似准则，微分方程中的速度满足运动相似准则，微分方程的边界条件和初始条件相似。由微分方程相似可以推导出相似参数。

原型流场的二维 Navier-Stokes 方程 x 分量形式为

$$\frac{\partial u}{\partial t}+u\frac{\partial u}{\partial x}+v\frac{\partial u}{\partial y}=-\frac{1}{\rho}\frac{\partial p}{\partial x}+\nu\left(\frac{\partial^2 u}{\partial x^2}+\frac{\partial^2 u}{\partial y^2}\right) \tag{2-2-1}$$

其中，L_0、V_0、t_0、ρ_0、p_0、ν_0 分别为长度、速度、时间、密度、压力、黏度的特征量，对方程 (2-2-1) 作无量纲化处理，得到

$$\begin{cases}\bar{x}=\dfrac{x}{L_0},\bar{y}=\dfrac{y}{L_0}\\ \bar{u}=\dfrac{u}{V_0},\bar{v}=\dfrac{v}{V_0}\\ \bar{t}=\dfrac{t}{t_0},\bar{\rho}=\dfrac{\rho}{\rho_0},\bar{p}=\dfrac{p}{p_0},\bar{\nu}=\dfrac{\nu}{\nu_0}\end{cases} \tag{2-2-2}$$

$$\frac{V_0}{t_0}\frac{\partial\bar{u}}{\partial\bar{t}}+\frac{V_0^2}{L_0}\left(\bar{u}\frac{\partial\bar{u}}{\partial\bar{x}}+\bar{v}\frac{\partial\bar{u}}{\partial\bar{y}}\right)=-\frac{p_0}{\rho_0 L_0}\frac{\partial\bar{p}}{\bar{\rho}\partial\bar{x}}+\frac{V_0\nu_0}{L_0^2}\bar{\nu}\left(\frac{\partial^2\bar{u}}{\partial\bar{x}^2}+\frac{\partial^2\bar{u}}{\partial\bar{y}^2}\right) \tag{2-2-3}$$

两边分别乘以 L_0/V_0^2, 整理后得

$$\frac{L_0}{V_0 t_0}\frac{\partial\bar{u}}{\partial\bar{t}}+\bar{u}\frac{\partial\bar{u}}{\partial\bar{x}}+\bar{v}\frac{\partial\bar{u}}{\partial\bar{y}}=-\frac{p_0}{\rho_0 V_0^2}\frac{\partial\bar{p}}{\bar{\rho}\partial\bar{x}}+\frac{\nu_0}{L_0 V_0}\bar{\nu}\left(\frac{\partial^2\bar{u}}{\partial\bar{x}^2}+\frac{\partial^2\bar{u}}{\partial\bar{y}^2}\right) \tag{2-2-4}$$

若式 (2-2-4) 各物理量加下标 y，则表示原型流场的无量纲方程。同样，对模型流场也进行无量纲化处理，也可以得到以 m 为下标的无量纲方程。若原型流场与模型流场相似，则要求三项系数分别相等，即

$$\frac{L_{0\mathrm{y}}}{V_{0\mathrm{y}}t_{0\mathrm{y}}}=\frac{L_{0\mathrm{m}}}{V_{0\mathrm{m}}t_{0\mathrm{m}}},\quad \frac{p_{0\mathrm{y}}}{\rho_{0\mathrm{y}}V_{0\mathrm{y}}^2}=\frac{p_{0\mathrm{m}}}{\rho_{0\mathrm{m}}V_{0\mathrm{m}}^2},\quad \frac{\nu_{0\mathrm{y}}}{L_{0\mathrm{y}}V_{0\mathrm{y}}}=\frac{\nu_{0\mathrm{m}}}{L_{0\mathrm{m}}V_{0\mathrm{m}}} \tag{2-2-5}$$

这三个系数对应的无量纲数分别为斯特劳哈尔数 (St)、欧拉数 (Eu) 和雷诺数 (Re)：

$$St = \frac{L}{Vt}, \quad Eu = \frac{p}{\rho V^2}, \quad Re = \frac{VL}{\nu} \tag{2-2-6}$$

当然流场微分方程还包括边界条件和初始条件，可根据具体问题提出定解条件并作无量纲化处理。

我们把上述这些无量纲数称为相似参数。在设计模型实验时，只要这些参数相同，即可保证与原型实验相似。有时模型实验不可能同时满足所有相似参数，则需要根据实验目的确定实验模拟相似准则 (见 2.4.3 节)。

【例 2-2-1】 水流模拟气流实验。已知通过直径为 D 的圆形通孔的气流速度为 V (m/s，远小于声速)。用水流模拟该气流，要求水流出口流速与气流相同，问水流孔口的直径 d 应为多少。

解 气流和水流均经过圆形通孔，因此几何相似 $\dfrac{D}{d} = c$。

根据已知条件，要求保持气流和水流的出口速度相同，即 $V_{\mathrm{g}} = V_{\mathrm{w}}$，因此运动相似。

这是一个定常流动实验，因此不必考虑 St 和 Eu，仅考虑 Re 相似。根据 Re 的定义：

$$Re = \frac{Vd}{\nu}$$

即

$$\frac{V_{\mathrm{g}} D}{\nu_{\mathrm{g}}} = \frac{V_{\mathrm{w}} d}{\nu_{\mathrm{w}}}$$

空气和水的运动黏性系数分别约为 $\nu_{\mathrm{g}} = 1.57 \times 10^{-5}\mathrm{m}^2/\mathrm{s}$，$\nu_{\mathrm{w}} = 1.01 \times 10^{-6}\mathrm{m}^2/\mathrm{s}$，则

$$\frac{d}{D} = \frac{\nu_{\mathrm{w}}}{\nu_{\mathrm{g}}}\frac{V_{\mathrm{g}}}{V_{\mathrm{w}}} = \frac{\nu_{\mathrm{w}}}{\nu_{\mathrm{g}}} \approx \frac{1}{15.5}$$

用水流做实验时，水流孔口直径约为气流通过的圆形通孔直径的 1/15.5。

2.3 由 π 定理推导相似参数

2.2 节介绍了从已知的流动微分方程推导相似参数。如果一个物理问题无法用微分方程表达，也不知道其主要物理量之间的关系，那么如何判断相似参数呢？可以用量纲分析方法，其中之一是 π 定理。白金汉 (Buckingham) 于 1914 年提出：每一个物理定律都可以用几个量纲一的量来表述 (称为 π)。布里奇曼 (Bridgeman) 于 1922 年将上述提法称为 π 定理。谈庆明所著《量纲分析》一书全面介绍了量纲分析[2,3]，此处只介绍 π 定理。

2.3.1　量纲与单位

1. 物理量的单位与量纲

物理量的表示方法为物理量 = (数 ± 不确定度)× 标准度量，如一杯水的质量 = (0.150 ± 0.001)kg。

单位是用标准度量去“量”物理量时对“量”的表征。标准度量由国际度量局提供。国际单位制的基本单位有：米 (m)、千克 (kg)、秒 (s)、开尔文 (K)、安培 (A)、摩尔 (mol)、坎德拉 (cd，Candela 的缩写)。自 2019 年 5 月开始，这 7 个基本单位全部由实物计量改为用自然常数定义，例如，质量千克以量子力学中的普朗克常数为基准。

单位用英文表示时一般用小写字母；但如果单位用人名命名时，第一个字母需要大写，如力的单位牛顿为 N，压强的单位帕斯卡为 Pa，功率的单位瓦特为 W 等。另外，表示兆、吉等数量级用大写，如 M、G；而表示千等数量级时用小写，如千克为 kg，更小的数量如微、纳也用小写，如微米、纳米分别为 μm、nm。

量纲是表征物理量的属性，是“质”的表征，如长度的量纲为 [L]。描述某个物理量时，它的单位可以变，但量纲不变，例如，一杯水，它的质量可以用 kg 或 g 做单位，但量纲总是 [M]。

量纲分为基本量纲和导出量纲。七个基本量纲为长度 [L]、质量 [M]、时间 [T]、热力学温度 [Θ]、电流 [I]、物质的量 [N]、发光强度 [J]。流体力学常用的基本量纲为前四个，一般工程问题至少需要三个基本量纲。表 2-3-1 给出了流体力学常用物理量的量纲。

表 2-3-1　流体力学常用物理量的量纲

学科领域	物理量	量纲	学科领域	物理量	量纲
几何学	长度 l	L	动力学	密度 ρ	ML^{-3}
	面积 S	L^2		力 F	MLT^{-2}
	体积 V	L^3		压强 p	$ML^{-1}T^{-2}$
	坡度 J	L^0		剪应力 τ	$ML^{-1}T^{-2}$
	面积矩 I	L^4		重度 γ	$ML^{-2}T^{-2}$
运动学	时间 t	T		弹性模量 E	$ML^{-1}T^{-2}$
	流速 v	LT^{-1}		动量 mv	MLT^{-1}
	角速度 ω	T^{-1}		力矩 M	ML^2T^{-2}
	加速度 a	LT^{-2}		功 W	ML^2T^{-2}
	惯性矩 I_a	ML^2		动力黏度系数 μ	$ML^{-1}T^{-1}$
	环量 Γ	L^2T^{-1}			
	运动黏度 ν	L^2T^{-1}			
	流量 Q	L^3T^{-1}			

物理量分为有量纲量和无量纲量 (量纲一的量)。量纲一的量不随采用的单位而改变，体现物理规律的本质。

2. 量纲一致性原理 (量纲协调)

量纲一致性原理表述为：在一个正确的物理方程式中，各项的量纲必须一致。这是建立物理关系式必须遵守的原则。

2.3.2 π 定理

1. π 定理是量纲分析的一般定理

π 定理表述为：物理现象涉及 n 个变量，选定 m 个基本变量，则此 n 个变量间的关系可以用 $n-m$ 个无量纲的 π 项的关系式来表示，即

$$F(\pi_1, \pi_2, \cdots, \pi_{n-m}) = 0 \tag{2-3-1}$$

π 定理实质是用基本量去度量其他的物理量，组成量纲一的量，揭示与物理现象有关的物理量间的关系。

相似参数与所取基本量有关，因此并不唯一。另外，虽然 π 定理可以减少实验的工作量，但是往往无法确定函数关系。

2. π 定理解题步骤

π 定理解题步骤如下：首先找出 n 个独立变量，然后选 m 个基本变量，它们应是最简单、有代表性、容易测量的量，如长度、速度、黏度、密度等。按照 $\pi = n-m$ 项，将其写成：

$$\pi_i = Q_i^k \alpha^{a_i} \beta^{b_i} \gamma^{c_i}, \quad i = 1, 2, \cdots, n-m \tag{2-3-2}$$

其中，α、β、γ 为选出的基本变量，Q 为其余的变量，k 为其余变量的指数。再根据量纲协调原理，由右侧各项量纲矩阵确定指数 a_i、b_i、c_i。最后对 π 项进行整理，归纳出量纲一的量，根据实验决定具体函数关系。

3. 具体计算

π 定理解题有两种方法。一种方法如例 2-3-1 所示，即直接列出量纲一的量求解。另外一种方法如例 2-3-2 所示，即针对有量纲的待测量通过量纲平衡求解。

【例 2-3-1】 潜艇航行时，所受阻力 F_{D} 与航速 u、水的密度 ρ、动力黏度 μ 和潜艇截面长度 l 有关。给出描述 F_{D} 的量纲一的量。

解 首先写出 F_{D} 相关的物理量，$F_{\mathrm{D}} = f(u, \rho, \mu, l)$，选 u、ρ、l 为基本变量。按照 $5-3=2$，应该有两个 π 项：

$$\pi_1 = F_{\mathrm{D}} \rho^{a_1} u^{b_1} l^{c_1}$$

$$\pi_2 = \mu^{-1}\rho^{a_2}u^{b_2}l^{c_2}$$

这里对动力黏度系数 μ 增加了指数 -1，仅仅为了使最后的结果更清晰。

(1) 对 π_1 项，写出

$$[\pi_1] = [F_{\mathrm{D}}]\,[\rho]^{a_1}\,[u]^{b_1}\,[l]^{c_1}$$

写出各项量纲

$$[\mathrm{MLT}]^0 = \left[\mathrm{MLT}^{-2}\right]\left[\mathrm{ML}^{-3}\right]^{a_1}\left[\mathrm{LT}^{-1}\right]^{b_1}[\mathrm{L}]^{c_1}$$

π_1 的量纲协调矩阵为

$$\begin{cases} 0 = 1 + a_1 \\ 0 = 1 - 3a_1 + b_1 + c_1 \\ 0 = -2 - b_1 \end{cases}$$

得 $a_1 = -1,\ b_1 = -2,\ c_1 = -2$，第一个量纲一的量为 $\pi_1 = \dfrac{F_{\mathrm{D}}}{\rho u^2 l^2}$。

(2) 对 π_2 项，写出

$$[\pi_2] = [\mu]^{-1}\,[\rho]^{a_2}\,[u]^{b_2}\,[l]^{c_2}$$

各项对应的量纲为

$$[\mathrm{MLT}]^2 = \left[\mathrm{ML}^{-1}\mathrm{T}^{-1}\right]^{-1}\left[\mathrm{ML}^{-3}\right]^{a_2}\left[\mathrm{LT}^{-1}\right]^{b_2}[\mathrm{L}]^{c_2}$$

π_2 的量纲协调矩阵为

$$\begin{cases} 0 = -1 + a_2 \\ 0 = 1 - 3a_2 + b_2 + c_2 \\ 0 = 1 - b_2 \end{cases}$$

得 $a_2 = 1,\ b_2 = 1,\ c_2 = 1$，第二个量纲一的量为 $\pi_2 = \dfrac{\rho u l}{\mu}$。

(3) π_1 和 π_2 的物理意义。

$$2\pi_1 = \frac{F_{\mathrm{D}}}{\dfrac{1}{2}\rho u^2 l^2} = C_{\mathrm{D}}, \quad \pi_2 = \frac{\rho u l}{\mu} = Re$$

其中，π_1 是阻力系数，π_2 是雷诺数。

【例 2-3-2】 对同样 F_{D} 表达式

$$F_{\mathrm{D}} = f(u, \rho, \mu, l)$$

选 u、ρ、l 为基本变量，按照 $5-3=2$，可以得到两个无量纲量。

(1) 对 F_D 仅考虑它和三个基本变量量纲的关系：

$$[\mathrm{MLT}^{-2}] = [\mathrm{LT}^{-1}]^a [\mathrm{ML}^{-3}]^b [\mathrm{L}]^c$$

列出 M、L、T 量纲协调矩阵：

$$\Rightarrow \begin{cases} 1 = b \\ 1 = a - 3b + c \\ -2 = -a \end{cases}$$

得到 $a = 2,\ b = 1,\ c = 2$。

因此，$F_D \sim \rho u^2 l^2$，则 $2\pi_1 = \dfrac{F_D}{\frac{1}{2}\rho u^2 l^2} = C_D$。

(2) 对 μ，也仅考虑它和三个基本变量量纲的关系：

$$[\mathrm{ML}^{-1}\mathrm{T}^{-1}] = [\mathrm{LT}^{-1}]^a [\mathrm{ML}^{-3}]^b [\mathrm{L}]^c$$

列出 M、L、T 量纲协调矩阵：

$$\Rightarrow \begin{cases} 1 = b \\ -1 = a - 3b + c \\ -1 = -a \end{cases}$$

得到 $a = 1,\ b = 1,\ c = 1$。

因此，$\mu \sim \rho u l$，则 $\pi_2 = \dfrac{\mu}{\rho u l} = Re^{-1}$。

同样得到两个量纲一的量，π_1 是阻力系数，π_2 是雷诺数的倒数。

从上述例题可以看出，阻力 F_D 原本与四个物理量有关。采用 π 定理分析后，无量纲阻力系数 C_D 仅与无量纲的雷诺数有关，即 $C_D = f(Re)$。只要根据不同的 Re 进行实验，就可以得到阻力系数值，这大大减轻了实验的工作量。图 2-3-1 为实验获得的圆柱无量纲阻力系数 C_D 与 Re 的关系，实线和虚线分别为光滑圆柱和粗糙圆柱。图中的光滑圆柱曲线在 4~5 区间出现明显的下降，表明绕圆柱的流动由层流向湍流转捩时会出现阻力下降现象。而对粗糙圆柱，这种阻力下降的趋势出现在更低的 Re 处，说明表面粗糙度会造成转捩提前[4]。在同样 Re 下，表面粗糙度会使圆柱阻力下降。这正是高尔夫球表面制作了许多凹坑的原因。图 2-3-1 表明选择无量纲的 Re 进行圆柱阻力实验可以清楚地显示其阻力特性。

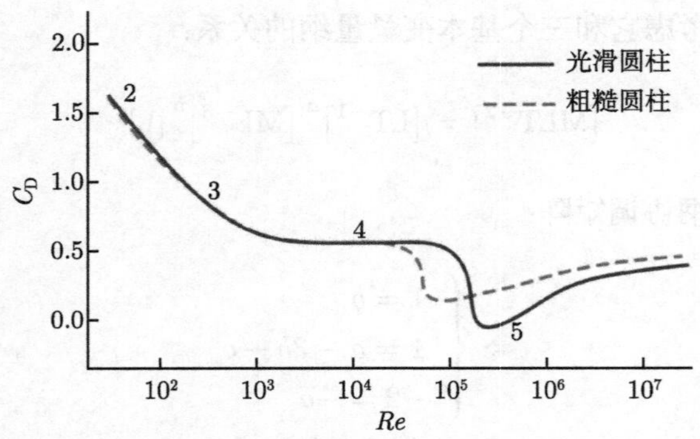

图 2-3-1　圆柱无量纲阻力系数 C_D 与 Re 的关系

量纲分析方法可用来探求控制物理现象的相似参数。具体步骤为：确定独立变量；选定基本变量；用量纲表示所有物理量；列出量纲协调方程组，求解各量纲指数；将指数代入原有函数关系，确定物理量相似参数。

2.4　相似参数的应用

2.4.1　流体力学常用的相似参数

相似准则是力学相似的理论基础 (见 2.1 节)。相似参数是依据相似准则推导的无量纲数，可以作为两个流动相似的判据。相似参数的推导可借助微分方程 (2.2 节) 或量纲分析 (2.3 节)。流体力学实验中常用的相似参数如表 2-4-1 所示。

表 2-4-1　与流体力学有关的相似参数

名称	表达式	物理意义	适用范围
雷诺数	$Re=\dfrac{\rho ul}{\mu}=\dfrac{ul}{\nu}$	惯性力/黏性力	黏性流体
马赫数	$Ma=\dfrac{u}{c}$	惯性力/压缩力	可压缩流体
斯特劳哈尔数	$St=\dfrac{fl}{u}$	弹性力/惯性力	非定常运动
弗劳德数	$Fr=\dfrac{u}{\sqrt{gl}}$	惯性力/重力	水波等
克努森数	$Kn=\dfrac{\bar{\lambda}}{l}$	分子自由程/特征长度	稀薄气体，微流体
欧拉数	$Eu=\dfrac{\Delta p}{\rho u^2}$	压力能/动能	压力系数
牛顿数	$Ne=\dfrac{F}{\rho u^2 l^2}$	单位面积力/动能	力系数

续表

名称	表达式	物理意义	适用范围
普朗特数	$Pr=\dfrac{\mu c_p}{k}$	动量扩散/热扩散	流体性质
努塞特数	$Nu=\dfrac{hl}{k}$	对流传热/导热	流体传热

2.4.2 常用相似参数的物理意义

1. 雷诺数

根据 2.2 节给出的 Navier-Stokes 方程，对定常不可压缩流动，则方程简化为

$$\vec{u}\cdot\nabla\vec{u}=-\frac{\nabla p}{\rho}+\nu\nabla^2\vec{u} \tag{2-4-1}$$

方程左侧为惯性力项，右侧为压力项和黏性项。引入特征速度 U、特征尺度 L，惯性力项和黏性项可以表示为[5]

$$|\vec{u}\cdot\nabla\vec{u}|\sim U^2/L,\quad |\nu\nabla^2\vec{u}|\sim \nu U/L^2$$

所以有

$$\frac{|\vec{u}\cdot\nabla\vec{u}|}{|\nu\nabla^2\vec{u}|}\sim\frac{UL}{\nu}=Re \tag{2-4-2}$$

显然 Re 就表示了这两种动力过程的相对重要性。在流动内部的一个普通点上，这两项之比并不恰好与 Re 相等，但它们的特征量之比是 Re。

2. 斯特劳哈尔数

当因外加条件改变而使流动成为非定常时，就有一个与这种变化有关的时间尺度 t。在 2.2 节推导出无量纲参数 St：

$$St=\frac{L/U}{t} \tag{2-4-3}$$

表示流动特征时间与非定常变化的特征时间之比。为了解 St 的物理意义，我们分析圆柱尾流中的卡门涡街。在一定的 Re 范围内，圆柱尾流出现规则的两排涡街。如果取来流速度 u_0 为特征速度，圆柱直径 d 为特征长度，涡街出现的频率为 n，则 St 为

$$St=\frac{d/u_0}{1/n}=\frac{nd}{u_0} \tag{2-4-4}$$

用 St 整理实验测量的涡街流动，发现在一定的 Re 范围内涡街的 St 稳定在 0.2 附近。St 经常作为非定常流实验的相似准则。

【例 2-4-1】　飞机螺旋桨通风实验。把螺旋桨放在风洞中测通风阻力。已知模型缩比为 1/10，实验流速 V_{m} 只能达到飞行速度 V_{y} 的一半。螺旋桨转速为 3000r/min，求模型的转速。

解　非定常流中要考虑 St 相似。由 St 定义式 (2-4-3)，这里特征长度 L 取为螺旋桨尺寸，特征时间取为转速 N，则 St 相似表示为

$$\frac{L_{\mathrm{y}}N_{\mathrm{y}}}{V_{\mathrm{y}}}=\frac{L_{\mathrm{m}}N_{\mathrm{m}}}{V_{\mathrm{m}}} \tag{2-4-5}$$

由此可得模型转速：

$$N_{\mathrm{m}}=N_{\mathrm{y}}\frac{V_{\mathrm{m}}}{V_{\mathrm{y}}}\frac{L_{\mathrm{y}}}{L_{\mathrm{m}}}=3000\times\frac{1}{2}\times 10=15000\mathrm{r/min} \tag{2-4-6}$$

St 体现了流场的非定常效应。当绕物体流动的特征时间与表示非定常性质的特征时间相比很小时，流场的非定常效应可以忽略，物体可认为做定常运动。

3. **欧拉数**

对一维理想流体管流，将欧拉方程沿流线积分，得到理想流体定常运动的伯努利方程：

$$\frac{V^2}{2}+\frac{p}{\rho}+gz=c \tag{2-4-7}$$

对该式进行无量纲化处理，得到

$$V_0^2\frac{V^2/V_0^2}{2}+\frac{p_0}{\rho_0}\frac{p/p_0}{\rho/\rho_0}+gz_0\frac{z}{z_0}=c \tag{2-4-8}$$

$$\frac{\bar{V}^2}{2}+\frac{p_0}{\rho_0V_0^2}\frac{\bar{p}}{\bar{\rho}}+\frac{gz_0}{V_0^2}\bar{z}=c' \tag{2-4-9}$$

无量纲方程显示出两个相似参数。第一个是 $Eu=\dfrac{p_0}{\rho_0V_0^2}$，称为欧拉数，表示压力与惯性力之比。当两个几何相似的流动，没有黏性力作用仅存在压力作用时，动力相似应满足欧拉数相似。第二个无量纲参数弗劳德数 Fr，即 $Fr=\dfrac{V_0}{\sqrt{gz_0}}$，表示惯性力与重力之比，下面具体解释。

4. **弗劳德数**

在波浪运动中，如果波主要是重力波，除了来流速度 U、船体特征尺度 L、流动密度 ρ 和流体运动黏度 ν 外，由重力产生的加速度 g 也是流动的一个参数。这些参数组成两个独立的无量纲数，除了 Re 外，还有一个弗劳德数 Fr：

$$Fr=\frac{U}{\sqrt{gL}} \tag{2-4-10}$$

Fr 表示惯性力与重力之比。当主要关心重力波效应时，则认为所做功的能量几乎全部被波带走而不是通过黏性耗散掉，阻力实验的相似参数主要考虑 Fr 的影响，即 $C_{\mathrm{D}}=f(Fr)$。

5. 马赫数

空气中扰动传播速度和气体的弹性有关。气体弹性模量表示为

$$E=\frac{\mathrm{d}p}{\mathrm{d}\rho/\rho}=\frac{\mathrm{d}p}{\mathrm{d}\rho}\rho \tag{2-4-11}$$

由声速定义 $a=\sqrt{\mathrm{d}p/\mathrm{d}\rho}$，它表示扰动在空气中的传播速度。则气体弹性模量 $E=a^2\rho$，因此气体弹性与声速的平方 a^2 成正比。当流动的 Re 很高时，Navier-Stokes 方程中的黏性项变得不重要，因此根据压力项和惯性力项，可以得到

$$\Delta p\sim\rho U^2 \tag{2-4-12}$$

根据式 (2-4-11)，密度变化的相对值为

$$\frac{\Delta\rho}{\rho}\sim\frac{\Delta p}{\rho a^2}\sim\frac{U^2}{a^2}=Ma^2 \tag{2-4-13}$$

空气密度变化的相对值与马赫数 Ma 的平方成正比。因此，在高速空气动力学中，Ma 表示空气压缩性，即

$$Ma=\frac{V}{a} \tag{2-4-14}$$

Ma 表示流体惯性与压缩性之比。当 $Ma\leqslant 0.3$ 时，可以保证 $\Delta\rho/\rho\leqslant 9\%$，表明空气压缩性小。在海平面位置温度 20℃时，空气声速为 $a=344\mathrm{m/s}$，气流速度 $V<100\mathrm{m/s}$。请思考为什么动车速度目前限制在 350km/h 以下。

【例 2-4-2】 动车动模型实验平台的最高速度为 400km/h，模型与实际动车的尺寸比为 1:8。

(1) 模型实验的 Ma 可以达到多少？

(2) 实际动车的速度可以达到多少？

(3) 模型动车的测量压强如何换算到实际动车的压强？请给出相似参数和结果。

已知：空气声速为 344m/s≈1238km/h。

答 (1) 首先考虑是否有压缩性效应。

如果实验平台速度 $V_{\mathrm{m}}=400\mathrm{km/h}$，相应马赫数 $Ma_{\mathrm{m}}=V_{\mathrm{m}}/a=400/1238\approx 0.32$，可以忽略压缩性效应，即动车实验的空气密度 ρ_{m} 及动力黏度 μ_{m} 与实际动车运行环境的气体密度 ρ_0 及动力黏性系数 μ_0 一致。

(2) 已知模型与实际动车的几何相似为 $L_{\mathrm{m}}/L_0=1/8$，根据 Re 相似有 $\dfrac{\rho_{\mathrm{m}}V_{\mathrm{m}}L_{\mathrm{m}}}{\mu_{\mathrm{m}}}=\dfrac{\rho_0V_0L_0}{\mu_0}$。前面已推断实验和实际动车运行的空气参数不变，则 $V_0=\dfrac{V_{\mathrm{m}}L_{\mathrm{m}}}{L_0}=\dfrac{400}{8}=50\mathrm{km/h}$。

(3) 根据 2.2 节，由流场微分方程推出相似参数中 Eu 与压强 p 有关，$Eu=\dfrac{p}{\rho V^2}$，按照 Eu 相似，则 $\dfrac{p_{\mathrm{m}}}{\rho_{\mathrm{m}}V_{\mathrm{m}}^2}=\dfrac{p_0}{\rho_0V_0^2}$，当 $\rho_{\mathrm{m}}=\rho_0$、$\mu_m=\mu_0$ 时，根据 Re 相似，模型动车与实际动车换算关系为 $p_0=\dfrac{p_{\mathrm{m}}V_0^2}{V_{\mathrm{m}}^2}=p_{\mathrm{m}}\dfrac{L_{\mathrm{m}}^2}{L_0^2}=\dfrac{p_{\mathrm{m}}}{64}$。

【讨论】 如果动车运行实际速度达到 500km/h，那么模型实验会遇到什么困难？当动车实际运行速度达到 $V_0=500\mathrm{km/h}$ 时，其马赫数 $Ma_0=V_0/a=500/1238\approx 0.4$。假设模型实验满足雷诺数 Re 相似，则 $V_{\mathrm{m}}=L_0V_0/L_{\mathrm{m}}=8\times500=4000\mathrm{km/h}$，$Ma_{\mathrm{m}}=V_{\mathrm{m}}/a=4000/1238\approx3$，远远超过实际动车 Ma_0，成为超声速流场，其特性与实际亚声速流场完全不同。

6. 佩克莱数和普朗特数

当出现温度场时，不仅要求动力学相似，还要求热相似。前者由 Re 相等来保证，但后者如何保证呢？现在考虑热传导方程：

$$\frac{\partial T}{\partial t}+\vec{u}\cdot\nabla T=\alpha\nabla^2T+\Theta \tag{2-4-15}$$

其中，右侧第一项是热传导项，第二项是单位体积的内热生成率，α 为热扩散系数 (导温系数，单位为 $\mathrm{m^2/s}$)。如果只限于考虑没有内热产生的定常对流，那么式 (2-4-15) 变成

$$\vec{u}\cdot\nabla T=\alpha\nabla^2T \tag{2-4-16}$$

代入特征量，进行比较，得到

$$Pe=\frac{UL}{\alpha} \tag{2-4-17}$$

出现一个新的无量纲数，佩克莱 (Peclet) 数 Pe 表示热迁移效应与热传导效应之比，保证强迫对流的热相似。由于 $\dfrac{Pe}{Re}=Pr$，这里又出现一个无量纲数，普朗特 (Prandtl) 数 Pr：

$$Pr=\frac{\nu}{\alpha}=\frac{c_{\mathrm{p}}\mu}{k} \tag{2-4-18}$$

其中，c_{p} 为定压比热容 (J/(kg·K))，k 为流体导热系数 (W/(m·K))，μ 为动力黏度。Pr 表示动量扩散和热扩散之比，体现流体的黏性和导热性的关系，特别在边界层流动中。因此，Pr 表征了流体的物性，而不是特定流动的特性，仅仅 Pr 相等并不等价于 Re 相似和 Pe 相似。

7. 努塞特数

在对流问题中，常常关心通过表面进入流体或流出流体的传热率。努塞特 (Nusselt) 数 Nu 定义为

$$Nu = \frac{hl}{k} \tag{2-4-19}$$

其中，h 为流体的对流传热系数 $(\mathrm{W}/(\mathrm{m}^2\cdot\mathrm{K}))$，$k$ 为静止流体的导热系数 $(\mathrm{W}/(\mathrm{m}\cdot\mathrm{K}))$，$l$ 为垂直于传热面方向的长度尺度，如传热层的厚度等。Nu 表示流体传热量与流体的导热量之比，是表示对流换热强烈程度的无量纲数。

8. 达姆科勒数

高超声速流动往往涉及气体的化学反应。在一个化学反应系统中，一定的空间和时间内，需要确定扩散速率或反应速率哪一个更重要时，达姆科勒 (Damkohler) 数 Da 是一个有用的无量纲数。Da 定义为

$$Da = \frac{R_{\mathrm{a}}}{R_{\mathrm{d}}} \quad \text{或} \quad Da = \frac{\tau_{\mathrm{d}}}{\tau_{\mathrm{a}}} \tag{2-4-20}$$

其中，R_{a} 为化学反应速率，R_{d} 为扩散速率，τ_{a} 为化学反应特征时间，τ_{d} 为扩散特征时间。Da 表示化学反应速率与扩散速率之比，或者扩散特征时间与化学反应特征时间之比。当 $Da \gg 1$ 时，化学反应速率远大于扩散速率，化学反应的特征时间远小于扩散的特征时间，因此系统的特征时间由化学反应确定。当 $Da \ll 1$ 时，扩散过程比化学反应快得多，扩散达到的平衡要早于化学反应平衡。

2.4.3 相似参数的局限

从 2.3.1 节例题中，我们看到潜艇运动阻力系数 $C_{\mathrm{D}} = f(Re)$。只要保证 Re 相同，即可模拟潜艇的运动。但船舶在水面航行，增加了波阻，阻力系数成为 $C_{\mathrm{D}} = f(Re, Fr)$。需要同时考虑 Re 和 $Fr\left(Fr = U/\sqrt{gL}\right)$。对于 Fr，如果减小 L，必须减小 U，才能保证模型船体与真实船舶的 Fr 相同。而雷诺数 $Re = UL/\nu$，要求 L 减小时，U 要增加。显然，Re 和 Fr 难以同时满足。此时就要权衡所研究的问题主要关心什么。重力波效应还是黏性力效应？从中选取更重要的相似参数。

2.5 本章小结

相似准则是判断两个流体流动之间相似的判据，往往用一些量纲一的参数表示，因此也称为相似参数。由微分方程相似，可以获得相似参数。对理论公式未知的物理问题，由 π 定理 (量纲分析理论方法之一) 导出相似参数。相似参数可用于指导实验设计，但同一实验中，有关的相似参数并不一定可以同时满足，例如，在

亚声速实验中，当流动介质相同，温度相同时，难以同时满足 Re 和 Ma，因此需要根据实际问题选择实验模拟参数。

思考题及习题

1. 两个几何相似、运动相似的物体一定是动力相似吗？

2. 推导 Stokes 流场的相似准则 (根据 Stokes 方程 $\frac{1}{\rho}\nabla p=\nu\nabla^2\vec{V}$ 的 x 分量形式)。

3. 两个流场动力相似的定义是什么？写出低速流场实验主要的相似参数。

4. 进行二维圆柱阻力系数测量实验，已知：刚性光滑圆柱直径 $D=(D_0\pm0.05)\text{cm}$，来流速度 $V=(V_0\pm0.1)\text{cm/s}$，请回答下述问题：

(1) 根据 π 定理推导测量阻力系数 C_{D} 的相似参数；

(2) 对阻力系数测量进行不确定度评估。如果 D_0=1.00cm, V_0=1.0cm/s，给出测量阻力系数的相对不确定度 $(u_{C_{\mathrm{D}}}/C_{\mathrm{D}})$ (需参考第 3 章)；

(3) 提高测量精度的措施是什么？

5. 液滴为什么会 “追赶”？某实习小组用流场显示方法研究液滴运动，他们观察到液滴垂直入水后，后入水的液滴会追赶上先入水的液滴。

(1) 分析影响单独液滴下落阻力的相似参数；

(2) 请解释为什么会出现液滴 “追赶” 现象 (液滴直径约 4.5mm，液滴的介质为水)。

6. 无黏不可压流体在重力作用下的波动基本方程组为 $\nabla^2\varphi=0$ 和 $\frac{\partial\varphi}{\partial t}+\frac{v^2}{2}+\frac{p}{\rho}+gz=0$，其中 v、p、ρ、z分别为流场速度、压强、流体密度及水深，φ 为速度势 $\vec{v}=\nabla\varphi$。

(1) 推导实验模拟波动时的相似参数；

(2) 分别写出其表达式及物理意义。

7. 请写出下述单位的英文表示：

(1) 兆帕斯卡；

(2) 吉帕斯卡；

(3) 巴；

(4) 公斤。

参考文献

[1] 尹协振，续伯钦，张寒虹. 实验力学. 北京：高等教育出版社，2012

[2] 谈庆明. 量纲分析. 合肥：中国科学技术大学出版社，2005

[3] Tan Q M. Dimensional Analysis—With Case Studies in Mechanics. Berlin: Springer，2012

[4] 周光坰，严宗毅，许世雄，等. 流体力学. 北京：高等教育出版社，2006

[5] 特里顿. 物理流体力学. 董务民，译. 北京：科学出版社，1986

第3章　误差、不确定度和数据处理

实验测量不仅需要了解实验相似原理，选择合适的待测参数，而且需要对实验结果进行分析和评价。任何实验不可能完全代替原型实验，因此需要了解模型实验的近似程度。本章首先从经典误差分析理论出发，简述随机误差和系统误差分析方法。然后重点介绍测量不确定度评估 (见 3.3 节)。虽然 A 类和 B 类不确定度仍依据传统的误差公式，但对实验影响因素的考虑更细致且定量。最后介绍实验数据的处理，着重讲解目前越来越广泛采用的图像实验数据的处理方法。

3.1　测量误差的基本概念

3.1.1　测量与误差

1. 测量的方式

测量分为直接测量和间接测量两种方式。直接测量是指用测量工具或仪器进行测量后可直接给出待测物理量的测量值，如用米尺量物体可直接知道物体的长度。间接测量是指测量与待测量有一定函数关系的其他量，再依据函数关系获得待测量的值，如测量物体的质量，通过测量物体几何尺寸、材料密度，计算获得物体的质量，这就是一种间接测量。古代著名的曹冲称象就是间接测量。这里要注意，间接测量中的测量量与最终待测量往往具有不同的量纲。直接测量与间接测量在对测量结果进行不确定度评估时有不同的方法，特别是间接测量采用的函数关系是推导不确定度传递公式的基础 (见 3.3.4 节)。

2. 被测量的时间特性

根据被测量的时间特性，测量可分为静态测量和动态测量。静态测量是指被测量在测量过程中的状态不随时间变化，而动态测量是指被测量在测量过程中随时间变化。测量仪器的选择往往与被测量的时间特性有关。静态测量对测量仪器的稳定性要求高，动态测量更加关注仪器的时间响应特性。

3. 真值

真值是指在一定时空条件下被测物理量的理想值，表达为 A。真值仅为一种理想概念，只能无穷地接近而无法准确表达。表达测量结果时，一般用修正过的测量值的算术平均值代替。因此，实验结果表达为测量结果 = 算术平均值 ± 误差。学习本章的不确定度评估后，实验结果表达为测量结果 = 最佳估计值 ± 不确定度。

4. 误差的表达方法

误差的表达方法有如下几种：

(1) 绝对误差为测量值与被测物理量的真值之差，表示为 $\xi_i = x_i - A$, 其中 ξ_i 为绝对误差。

(2) 残差 (偏差) 为测量值与其算术平均值的差，表示为 $v_i = x_i - \bar{x}$，其中 v_i 为残差，$\bar{x}$ 为算术平均值。

(3) 相对误差为绝对误差与真值的百分比，表示为 $\xi_i/A \times 100\%$，或者用残差与测量值的算术平均值 $\bar{x}$ 的百分比表示 $v_i/\bar{x} \times 100\%$。

5. 仪表的准确度 (精度)

仪表的准确度 (精度) 的相关概念如下：

(1) 测量仪表的准确度是指测量仪表给出接近于真值的响应能力。仪表的准确度等级是指符合一定的计量要求，使误差保持在规定极限以内的测量仪表的等级。

(2) 与仪表准确度 (精度) 等级相关的术语：

示值误差 = 示值 − 对应输入量的标准值；

示值相对误差 =(示值误差/示值)×100%；

示值引用相对误差 =(示值误差/满量程值)×100%；

允许的最大引用相对误差 =(最大示值误差/满量程值)×100%，即仪表准确度 (精度)。

如 0.5 级精度的指针式电压表，即精度为 0.5%。如果满量程为 100V，则该电压表允许的最大示值误差为 ±0.5V。

【例 3-1-1】　图 3-1-1 是一个工业级指针式压力表。该表量程为 25MPa，表盘左下角圆圈内标注的精度为 2.5 级，请问该表的最大示值误差是多少？

答　按照仪表精度公式计算 (最大示值误差/满量程值)×100%。已知压力表精度为 2.5%，满量程 25MPa，因此最大示值误差约为 ±0.5MPa。不用公式计算的结果 0.625MPa 是因为表盘的最小刻度为 1MPa，估计值仅可读到半个刻度，即 0.5MPa，不可能读到小数点后面三位数。

【例 3-1-2】　图 3-1-2 是一台六位半数字万用表。屏幕显示其量程为 1V 直流电压 (1VDC)。请问在这个量程下该万用表的精度是多少？

答　数字表的极限误差由最小分度决定。从图 3-1-2 可以看出该量程下最小分度是 0.00001V，即 10μV。按照最大示值误差计算 10μV/1V×100%= 0.001%，精度为 0.001%，显然这是一台高精度的数字万用表。

仪表的准确度 (精度) 须经由质量体系验证机构，如北京市计量检测科学研究院等，对仪表定期进行标定，给予检定证书。仪表的准确度 (精度) 表示仪表允许存在的最大示值误差，可作为评定 B 类不确定度的依据 (见 3.3 节)。

图 3-1-1 指针式压力表

图 3-1-2 六位半数字万用表

3.1.2 误差的分类

1. 随机误差

随机误差为多次测量同一被测量过程中，绝对值和符号以不可预知方式变化着的测量误差的分量。随机误差具有随机变量的特点，一定条件下服从统计规律。这类误差来源于测量中的随机因素，包括实验装置操作上的变动性、观测者本人的判断和估计读数上的变动性，以及测量环境不稳定性等。

2. 系统误差

系统误差为多次测量同一被测量过程中，误差的数值在一定条件下保持恒定或以可预知方式变化的测量误差的分量。此类误差来源于测量仪器本身精度、操作流程、操作方式、实验人员习惯、环境条件等。一旦发现系统误差，要想办法消除、减小并加以修正，如零点修正。

注意系统误差有一个特点，即在相同的测量条件下，增加测量次数并不能减小系统误差。

3.2 随机误差和系统误差

经典的误差分析以概率论为基础建立了完整的误差分析理论[1-3]。本节简要回顾误差理论公式，着重介绍随机误差中几种标准偏差 σ、$\sigma_{\rm v}$ 及 $\sigma_{\rm s}$ 的表达方式。

3.2.1 随机误差

1. 随机误差的高斯正态分布

等精度条件下测量 N 次，记为 $x_1, x_2, \cdots, x_N$，绝对误差为 $\xi_1, \xi_2, \cdots, \xi_N$，测量值的算术平均值为

$$\bar{x} = \frac{1}{N}\sum_{i=1}^{N} x_i \tag{3-2-1}$$

测量值的绝对误差的均方值为

$$\sigma^2 = \frac{1}{N}\sum_{i=1}^{N} \xi_i^2 \tag{3-2-2}$$

测量误差的均方根值也称为测量误差的标准偏差。注意此处是用绝对误差表达:

$$\sigma = \sqrt{\frac{1}{N}\sum_{i=1}^{N} \xi_i^2} \tag{3-2-3}$$

随机误差正态分布的概率密度函数 $f(\xi)$ 为

$$f(\xi) = \frac{1}{\sigma\sqrt{2\pi}}\exp\left(-\frac{\xi^2}{2\sigma^2}\right) = \frac{h}{\sqrt{\pi}}\exp\left(-h^2\xi^2\right) \tag{3-2-4}$$

$h = \dfrac{1}{\sqrt{2}\sigma}$ 称为精密度指数，σ 越小则 h 越大，曲线越尖，ξ 的离散性越小。

2. 置信度

根据式 (3-2-4)，落到 ξ 和 $\xi + \Delta\xi$ 之间的随机误差的概率为

$$p(\xi) = f(\xi)\mathrm{d}\xi \tag{3-2-5}$$

对服从正态分布的误差，误差介于 σ 的概率为

$$p\{|\xi|<\sigma\}=\int_{-\sigma}^{\sigma} f(\xi)\mathrm{d}\xi=0.6827\approx 68.3\% \tag{3-2-6}$$

误差介于 2σ 和 3σ 的概率分别为

$$\begin{aligned} p\{|\xi|<2\sigma\}=0.9545\approx 95.4\% \\ p\{|\xi|<3\sigma\}=0.9973\approx 99.7\% \end{aligned} \tag{3-2-7}$$

误差超出 3σ 的概率仅为 0.3%，一般不可能，因此 3σ 被称为极限误差 (图 3-2-1)。

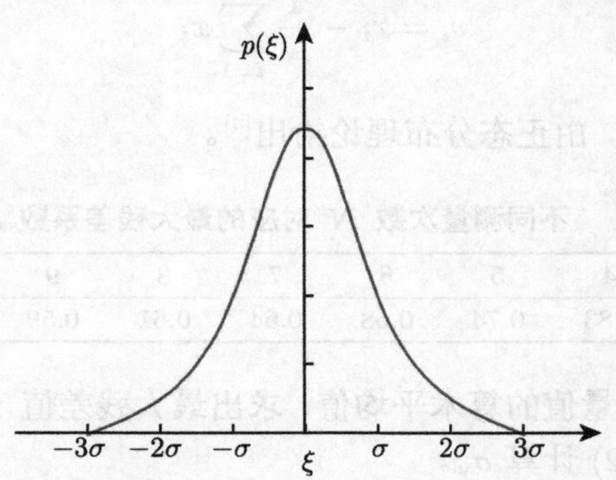

图 3-2-1 误差概率密度函数与极限误差

3. 用残差表达的测量值的标准偏差 σ_{v}

实际测量中无法得到真值，也因此不能计算绝对误差。但可以用残差 v_i 表达测量值的标准偏差 σ_{v}。求解 σ_{v} 的方法有以下两种。

1) 贝塞尔公式法求 σ_{v}

已知绝对误差 $\xi_i=x_i-A$，其标准偏差 $\sigma=\sqrt{\dfrac{1}{N}\sum\limits_{i=1}^{N}\xi_i^2}$。如果残差表达为

$$v_i=x_i-\bar{x} \tag{3-2-8}$$

其中，$\bar{x}$ 为算术平均值。根据方差的基本运算法则，得到残差 v_i 与绝对误差 ξ_i 的关系为

$$\sum_{i=1}^{N} v_i^2=\frac{N-1}{N}\sum_{i=1}^{N}\xi_i^2 \tag{3-2-9}$$

根据标准偏差 σ 的定义，用残差 v_i 表达的测量值的标准偏差 σ_{v} 为

$$\sigma_{\mathrm{v}}=\sqrt{\frac{1}{N-1}\sum_{i=1}^{N} v_i^2} \tag{3-2-10}$$

这就是计算 σ_{v} 的贝塞尔公式。

2) 最大残差法求 σ_{v}

残差是用算术平均值代替真值 A 后的误差 $v_i = x_i - \bar{x}$。由正态分布可知，如果已知 N 次测量中的最大残差为 $\max|v_i|$，则测量的标准偏差为

$$\sigma_{\mathrm{v}} = k'_N \max|v_i| \tag{3-2-11}$$

而

$$v_i = x_i - \frac{1}{N}\sum_{i=1}^{N} x_i \tag{3-2-12}$$

其中，k'_N 可查表 3-2-1，由正态分布理论给出[4]。

表 3-2-1 不同测量次数 N 对应的最大残差系数 k'_N 值

N	2	3	4	5	6	7	8	9	10	20	30
k'_N	1.77	1.02	0.83	0.74	0.68	0.64	0.61	0.59	0.57	0.48	0.44

因此，只要计算测量值的算术平均值，求出最大残差值 $\max|v_i|$，查表后由公式 (3-2-11) 和式 (3-2-12) 计算 σ_{v}。

4. *算术平均值的标准偏差* σ_{s}

前面介绍过，实际测量中，一般用残差替换绝对误差来表达测量值的标准偏差。我们当然希望知道这种替换的误差是多少，也就是用算术平均值替换真值带来的误差。首先我们解释为什么可以用算术平均值代替真值，然后推导其标准偏差。

1) 真值与算术平均值

最小二乘法指出，对等精度的多个测量值，最佳值 (可信赖值) 是使各测量值的误差的平方和为最小时所求的值，以下是推导过程。

绝对误差：

$$\xi_i = x_i - A, \quad i = 1, 2, \cdots, N \tag{3-2-13}$$

算术平均值：

$$\bar{x} = \frac{1}{N}\sum_{i=1}^{N} x_i \tag{3-2-14}$$

设各测量值的绝对误差的平方和为 Q，则有

$$Q = \sum_{i=1}^{N} \xi_i^2 = \sum_{i=1}^{N} (x_i - A)^2 \tag{3-2-15}$$

Q 对 A 求导并取极值：

$$\frac{\mathrm{d}Q}{\mathrm{d}A}=2\sum_{i=1}^{N}(x_i-A)=0,\ A=\frac{1}{N}\sum_{i=1}^{N}x_i=\bar{x} \tag{3-2-16}$$

显然 A 等于算术平均值时 Q 值最小。因此，足够次数的等精度测量的算术平均值是最佳测量值。

2) 算术平均值的标准偏差 σ_{s}

用算术平均值 $\bar{x}$ 代替真值 A 的误差是多少，下面进行推导。

算术平均值的绝对误差 $s=\bar{x}-A$，算术平均值的标准偏差 σ_{s} 与测量值的标准偏差 σ_{v} 有如下关系 (根据方差的基本法则)：

$$\sigma_{\mathrm{s}}=\sqrt{\frac{\sigma_{\mathrm{v}}^2}{N}}=\sqrt{\frac{\sum(x_i-\bar{x})^2}{N(N-1)}}=\sqrt{\frac{\sum v_i^2}{N(N-1)}} \tag{3-2-17}$$

多次测量的算术平均值的标准偏差 σ_{s} 是测量值的标准偏差 σ_{v} 的 $1/\sqrt{N}$。如图 3-2-2 所示，当 $N=10$ 时，有 $\sigma_{\mathrm{s}}/\sigma_{\mathrm{v}}=0.32$。

由图 3-2-2 还可以看出，当 $N>10$ 后曲线趋于平缓，说明实验次数 N 的影响减小。

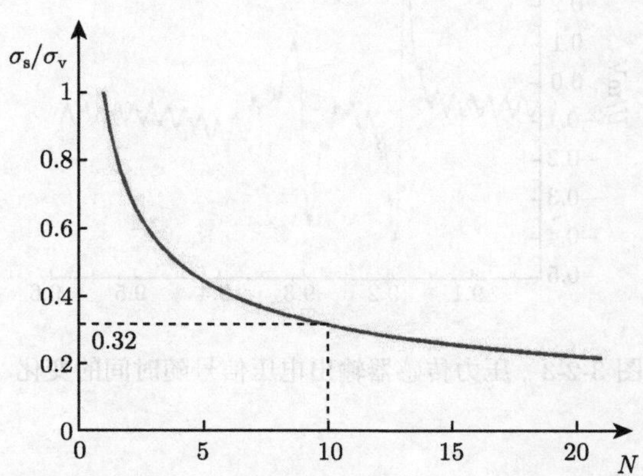

图 3-2-2 算术平均值的标准偏差与测量值标准偏差之比 ($\sigma_{\mathrm{s}}/\sigma_{\mathrm{v}}$) 随测量次数 N 的变化

3.2.2 系统误差

系统误差往往与随机误差同时存在，但有一定规律。系统误差来自仪器误差、装置误差、操作误差、外界误差、方法误差等。

1. 发现和检验

发现和检验涉及如下方法。

(1) 理论分析法：实验测量值与理论估算值相差过大。

(2) 数据分析法：观察残差，发现测量中含有有规律累进性残差 (重复性、单向性)，比照实验原理、方法、步骤、仪器一一分析。

2. *消除或减小系统误差的方法*

消除或减小系统误差的方法如下：

(1) 定期校验仪表，保证仪表精度在有效使用期内；改进设备，适当提高仪表的精度；改进实验环境，消除温度变化、电磁场干扰或振动等因素的影响。

(2) 改进测量方式，如实验进行的步骤、测量点的顺序安排等。

【例 3-2-1】　在高铁动模型表面进行压力测量。压力传感器输出的电压信号如图 3-2-3 所示。请问压力信号上叠加的这个小振幅信号来自随机误差还是系统误差并定量分析其来源。

答　压力信号上叠加的小振幅信号的周期比较有规律，应该是一种系统误差。从时间轴上 9.4~9.5s 区间看，小振幅信号经历了五个周期变化。0.1s 发生五个周期变化，即每秒 50 个周期，这显然是 50Hz 交流电源的干扰。

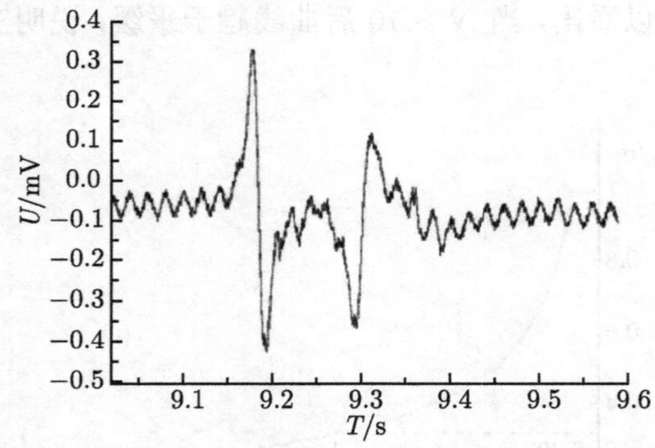

图 3-2-3　压力传感器输出电压信号随时间的变化

3.3　测量不确定度

1927 年海森伯 (Heisenberg) 发表了微观世界具有的不确定性原理，认为测量某个物质的位置或动量时，无法同时对两者进行精确测量，具有不可避免的不确定性，其位置与动量不确定性幅度的乘积只能大于等于普朗克常量的一半。这首次引出测量不确定性的概念。早在 20 世纪 70 年代初，国际上已有越来越多的计量学者认识到使用 “不确定度” (uncertainty) 代替 “误差”(error) 更为科学。由于各国在使用误差表示上不一致，1980 年国际计量局 (BIPM) 提出了实验不确定度表示建议书 INC-1，给出五条评定规则；1993 年由国际标准化组织 (ISO) 制定的《测量不确定度表示指南》得到了 BIPM、国际法制计量组织 (OIML)、ISO、国际电工委员会 (IEC)、国际理论与应用化学联合会 (IUPAC)、国际理论与应用物理学联合会 (IUPAP)、国际临床化学和实验室医学联盟 (IFCC) 七个国际组织的批准，是国际上的重要权威文献。我国也已于 1999 年颁布了测量不确定度评定与表示的计量技术规范[5,6]。

3.3.1 测量不确定度的定义与分类

1. 测量结果不确定度的定义

测量结果不确定度为"表征合理地赋予被测量之值的分散性，与测量结果相联系的参数。"其中"分散性"说明不确定度表示一个区间，是"被测量之值"可能的分布区间。"被测量之值"这种说法表明了"测量结果"应理解为对"被测量之值"的最佳估计，而不仅仅是"测量值"。

测量不确定度不仅包含被测量之值的特性，也包含对测量手段、过程的评估。测量值的分散性仅仅是本次测量数据的状况，而被测量之值的分散性不仅包括测量数据的分散性，而且包括受控范围内改变测量条件所可能得到的测量结果，因此不确定度给出了测量结果有可能分布的区域。

测量不确定度是对测量结果质量的定量表征，测量结果的可用性很大程度上取决于其不确定度的大小。所以，测量结果的表述必须同时包含赋予被测量的值及与该值相关的测量不确定度，才是完整并有意义的。

2. 与误差的区别与联系

与绝对误差的区别：最主要区别在于绝对误差与真值相联系，绝对误差等于测量结果减去被测量的真值，而真值不确定。由于真值不能确定，绝对误差也无法准确地得到，因此误差概念是定性的。而不确定度不包含真值这个概念，因此可定量确定测量结果与被测量之值接近的程度。

与相对误差的区别：相对误差是用测量值的算术平均值代替真值，把测量结果表示为一个差值，在数轴上表示为一个"点"。而测量不确定度表示被测量之值的分散性，可能分布的范围，在数轴上表示为一个"区间"。

误差合成可采用代数相加，而不确定度表示被测量之值的分布区间，对应几何相加，即平方和开方。

误差与不确定度的定义和概念不同，但又存在联系。相对误差表示差值，可用于对测量结果进行修正。表征测量仪器性能的术语是示值误差、最大允许误差。最大允许误差给出仪器示值误差的最大值，可以作为评定不确定度的依据，因此也可称为"测量仪器所引入的不确定度"。

总之，从误差到不确定度，从测量值到被测量之值，有个物理概念上的"跨越"—— 无论采用多么精确的仪器，也不可能完全准确地测量被测量之值，只能在一定的不确定度范围内接近。

下面具体介绍不确定度的估算方法。测量值的分散性由许多分量组成，按照被测量获得的方法，可以把这些分量分为 A 类不确定度和 B 类不确定度。

3. A 类不确定度

凡是可以通过统计方法计算的不确定度，称为 A 类分量或 A 类不确定度，由实验标准偏差 s_i 表征。

4. B 类不确定度

凡是不能用统计方法计算，而是基于经验或其他信息的概率分布估计的不确定度，称为 B 类分量或 B 类不确定度，用假设存在的类似于标准偏差的量 s_j 表征。

3.3.2　直接测量不确定度的估算

概率论、线性代数和积分变换是误差理论的数学基础，经过几十年的发展，误差理论已自成体系。实验标准偏差是分析误差的基本手段，也是不确定度评定的基础。下面介绍直接测量不确定度的估算。

1. A 类不确定度的估算

对一直接测量量进行 n 次测量，读数的分散性引入 A 类不确定度。其计算方法与随机误差的标准偏差计算的方法相同，但采用了平均值的偏差公式，表征为 s_i。由贝塞尔公式 (3-2-10) 可得测量值的标准偏差 σ_{v}：

$$\sigma_{\mathrm{v}}=\sqrt{\frac{\sum_{k}^{n}(x_k-\bar{x})^2}{n-1}}\tag{3-3-1}$$

由平均值 $\bar{x}$ 的标准偏差 σ_{s} 的公式 (3-2-17) 得到其不确定度 $s_i(\bar{x})$ 为

$$s_i(\bar{x})=\sqrt{\frac{\sum_{k}^{n}(x_k-\bar{x})^2}{n(n-1)}}\tag{3-3-2}$$

2. B 类不确定度的估算

对于 B 类不确定度，不能采用统计方法计算，可以采用等价标准差计算，表征为 s_j。首先估计一个"误差极限值 Δ_j"，然后确定误差的分布规律 (正态分布、均匀分布等)，利用关系式：

$$\Delta_j = Cs_j \tag{3-3-3}$$

可以计算出近似标准差。其中 C 为置信系数，正态分布时 $C = 3$，均匀分布时 $C = \sqrt{3}$。若采用均匀分布，则可得到

$$s_j = \frac{\Delta_j}{\sqrt{3}} \tag{3-3-4}$$

如何估计测量仪器的误差极限值 Δ? 如果仪器直接标注了准确度 (精度)$\Delta_{\rm I}$，则 $\Delta = \Delta_{\rm I}$。如果仪器未标注精度，那么对可连续读数的仪器 (如直尺等)，取最小分度的 1/2 作为仪器极限误差。对不可连续读数的仪器 (如数字式仪表等)，取最小分度作为仪器极限误差 (参考 3.1.1 节)。也可根据实际情况估计误差极限值，如原点对准误差、手持秒表的操作误差等。

3. 合成不确定度 $u_{\rm c}$

将 A 类和 B 类不确定度按平方和开方的方法叠加获得

$$u_{\rm c} = \sqrt{\sum_i s_i^2 + \sum_j s_j^2} \tag{3-3-5}$$

此公式成立的条件是两类不确定度分量之间不相关，即 s_i 和 s_j 交叉乘积为 0，$\sum s_i s_j = 0$。

4. 总不确定度 U

总不确定度为合成不确定度乘以置信因子 K，即 $U = Ku_{\rm c}$，其中置信因子 $K(p, v)$ 与要求的置信概率 p 和自由度 v 有关。置信概率 p 为所测量的值落入分散性区间的概率；自由度 $v = n - 1$，与测量次数 n 有关。置信因子 K 的选取表示测量结果的置信度：当 K=2 时，置信度为 95%，测量数据以 95%的可能在区间 $[\bar{x} \pm 2u_{\rm c}]$ 内；当 $K = 1$ 时，置信度为 68%，测量数据以 68%的可能在区间 $[\bar{x} \pm u_{\rm c}]$ 内。

5. 测量结果及不确定度表达式

最终的测量结果表示为最佳估计值 (算术平均值)± 总不确定度，或者表达为相对不确定度 E_x

$$\begin{gathered} x = \bar{x} \pm Ku_{\rm c},\ K = 1, 2 \\ E_x = \frac{Ku_{\rm c}}{\bar{x}} \times 100\% \end{gathered} \tag{3-3-6}$$

【例 3-3-1】 用钢尺测量约 10m 的长度 l，给出测量结果①。

① 此题参考了文献 [5] 第 131 页的例题，但做了部分改动。

已知钢尺最小刻度为 mm，尺的温度效应、弹性效应和其他不确定度来源均忽略不计，长度 l 的六次测量结果分别为 10.0006m、10.0004m、10.0008m、10.0002m、10.0005m、10.0003m。

(1) 计算六次测量的算术平均值 (取 $n=6$)

$$\bar{l}=\frac{1}{n}\sum_{i=1}^{n} l_i \approx 10.00047\text{m}$$

(2) 不确定度评定：读数分散性引入 A 类不确定度 $u_1(l)$，米尺刻度误差引入 B 类不确定度 $u_2(l)$。首先分析 A 类不确定度。

取 $n=6$，长度 l 的测量值算术平均值的标准偏差为

$$s\left(\bar{l}\right)=\sqrt{\frac{\sum\limits_{i=1}^{n}\left(l_i-\bar{l}\right)^2}{n(n-1)}}\approx 0.088\text{mm}$$

A 类不确定度 $u_1(l)$ 为

$$u_1(l)=s\left(\bar{l}\right)\approx 0.088\text{mm}$$

B 类不确定度 $u_2(l)$。由于钢尺的示值误差未知，所以其刻度带来的不确定度由最大允许误差 Δ 得到。已知最大允许误差为 Δ =0.5mm，在测量过程中，它是均匀分布的，则

$$u_2(l)=\frac{0.5}{\sqrt{3}}\approx 0.289\text{mm}$$

(3) 合成标准不确定度 $u_\text{c}(l)$。两个不确定度分量之间不相关，故

$$u_\text{c}(l)=\sqrt{u_1^2+u_2^2}=\sqrt{0.088^2+0.289^2}\approx 0.301\text{mm}$$

(4) 总不确定度 U。取置信因子 K=2，则有

$$U=Ku_\text{c}=2\times 0.301\approx 0.6\text{mm}$$

(5) 测量不确定度报告。测量结果 $\bar{l}$=10.00047m，U=0.6mm。它由合成标准不确定度 u_c=0.301mm 和置信因子 K=2 的乘积得到，被测量以均匀分布估计。长度 l 的测量结果为

$$l=\bar{l}\pm Ku_\text{c}=10.0005\text{m}\pm 0.6\text{mm}$$

$$E_l=\frac{Ku_\text{c}}{\bar{l}}\times 100\%=\frac{0.0006}{10.0005}\times 100\%\approx 0.01\%$$

计算不确定度时要注意几点：① 不确定度是有单位的物理量；② 最后给出的测量结果末位有效数字与不确定度的最后一位对齐；③ 不确定度在计算过程中可保留多位有效数字，但最后结果一般取 1~2 位有效数字。

3.3.3 间接测量不确定度的估算

1. 不确定度的传递公式

间接测量是通过直接测量进行的，每个直接测量的误差必然会带给间接测量。直接测量的不确定度如何传递给间接测量的不确定度？本节介绍不确定度的传递规律。

假设待测物理量 y 与各直接测量量 x_i 有如下函数关系：

$$y = f(x_1, x_2, \cdots, x_N) \tag{3-3-7}$$

按照多元函数全微分：

$$\mathrm{d}y = \frac{\partial f}{\partial x_1}\mathrm{d}x_1 + \frac{\partial f}{\partial x_2}\mathrm{d}x_2 + \cdots + \frac{\partial f}{\partial x_N}\mathrm{d}x_N = \sum_{i=1}^{N}\frac{\partial f}{\partial x_i}\mathrm{d}x_i \tag{3-3-8}$$

如果函数关系为积商形式，为了便于计算，常常取其对数形式 $\ln y = \ln f(x_1, x_2, \cdots, x_N)$，其全微分为

$$\frac{\mathrm{d}y}{y} = \frac{\partial \ln f}{\partial x_1}\mathrm{d}x_1 + \frac{\partial \ln f}{\partial x_2}\mathrm{d}x_2 + \cdots + \frac{\partial \ln f}{\partial x_N}\mathrm{d}x_N = \sum_{i=1}^{N}\frac{\partial \ln f}{\partial x_i}\mathrm{d}x_i \tag{3-3-9}$$

将微分式中的微分量看成不确定度，求平方，忽略高阶小量，则不确定度传递公式为

$$u_y = \sqrt{\left(\frac{\partial f}{\partial x_1}\right)^2 u_{x_1}^2 + \left(\frac{\partial f}{\partial x_2}\right)^2 u_{x_2}^2 + \cdots + \left(\frac{\partial f}{\partial x_N}\right)^2 u_{x_N}^2} = \sqrt{\sum_{i=1}^{N}\left(\frac{\partial f}{\partial x_i}\right)^2 u_{x_i}^2} \tag{3-3-10}$$

或

$$\frac{u_y}{y} = \sqrt{\left(\frac{\partial \ln f}{\partial x_1}\right)^2 u_{x_1}^2 + \left(\frac{\partial \ln f}{\partial x_2}\right)^2 u_{x_2}^2 + \cdots + \left(\frac{\partial \ln f}{\partial x_N}\right)^2 u_{x_N}^2} = \sqrt{\sum_{i=1}^{N}\left(\frac{\partial \ln f}{\partial x_i}\right)^2 u_{x_i}^2} \tag{3-3-11}$$

其中函数的偏微分称为传导系数。以上公式中的非对数形式 (3-3-10) 适用于函数关系式为和差形式的情况；而其对数形式 (3-3-11) 适用于函数关系式为积商形式的情况，并可由此给出相对不确定度的传导公式。

2. 间接测量不确定度评定方法

间接测量不确定度的评估以直接测量量的不确定度为基础，但是还需要考虑不确定度的传递。间接不确定度的评估步骤如下：

(1) 找出所有影响测量不确定度的直接测量量 x_i，建立满足测量不确定度评定所需的数学模型，一般形式 $y=f(x_1,x_2,\cdots,x_N)$，N 个不同的直接测量量 x_i 之间不相关。

(2) 确定各直接测量的合成不确定度 $u_{\rm c}(x_i)$。考虑了 A 类不确定度 s_k 和 B 类不确定度 s_j，求 x_i 的合成不确定度 $u_{\rm c}(x_i)$：

$$u_{\rm c}(x_i)=\sqrt{\sum_k s_k^2+\sum_j s_j^2} \tag{3-3-12}$$

(3) 确定 y 的合成标准不确定度 $u_{\rm c}(y)$。用不确定度的传递公式

$$u_{\rm c}(y)=\sqrt{\sum_{i=1}^{N}\left(\frac{\partial f}{\partial x_i}\right)^2 u_{\rm c}^2(x_i)} \tag{3-3-13}$$

或取对数后的形式得到 y 的相对不确定度

$$\frac{u_{\rm c}(y)}{y}=\sqrt{\sum_{i=1}^{N}\left(\frac{\partial \ln f}{\partial x_i}\right)^2 u_{\rm c}^2(x_i)} \tag{3-3-14}$$

(4) 总不确定度：

$$U=Ku_{\rm c} \tag{3-3-15}$$

其中，K 为被测量 y 的值可能分布的区间的置信因子。正态分布下，K=1,2,3 的置信概率分别为 0.683、0.954 和 0.997；在不确定度分析时，取 K=1，最终测量结果的不确定度评价时取 K=2。

(5) 测量结果及不确定度的表示法：

$$\begin{gathered} y=\bar{y}\pm Ku_{\rm c},\ K=1,2 \\ E_y=\frac{Ku_{\rm c}}{\bar{y}}\times 100\% \end{gathered} \tag{3-3-16}$$

【例 3-3-2】　用单摆测量重力加速度①。

已知测量单摆周期 T 的电子表最小读数 0.01s，测量摆长 L 的钢卷尺的示值误差为 ±0.5mm。根据重力加速度公式，求 g 及其合成不确定度并写出结果。

解　(1) 写出重力加速度 g 的计算公式：

$$g=\frac{4\pi^2 L}{T^2}$$

① 此题参考了文献 [7] 第 19 页的例题，但做了部分改动。

(2) 测量可直接测量的物理量。直接测量量为周期 T 和摆长 L。摆动周期 T 重复测量 5 次获得的数据为 2.001s、2.004s、1.997s、1.998s 和 2.000s。摆长测量 1 次为 L=100.00cm。

(3) 计算直接测量量的不确定度。

① 计算周期 T 和重力加速度 g 测量平均值:

$$\bar{T} = 2.0000\text{s}$$

$$\bar{g} = \frac{4\pi^2 L}{\bar{T}^2} \approx 9.870\text{m/s}^2$$

② 计算摆长 L 测量的不确定度。摆长 L 只测 1 次，只需考虑 B 类不确定度。根据已知条件钢卷尺示值误差 Δ_{L1}=0.5mm，带来了 B 类不确定度为 u_{L1}。考虑卷尺很难与摆两端对齐引入了读数误差 Δ_{L2}=2mm，带来了 B 类不确定度为 u_{L2}，有

$$u_{L1} = \frac{\Delta_{L1}}{\sqrt{3}} = \frac{0.5}{\sqrt{3}} \approx 0.29\text{mm}$$

$$u_{L2} = \frac{\Delta_{L2}}{\sqrt{3}} = \frac{2}{\sqrt{3}} \approx 1.15\text{mm}$$

计算摆长 L 测量的合成不确定度为

$$u_L = \sqrt{u_{L1}^2 + u_{L2}^2} = \sqrt{0.29^2 + 1.15^2} \approx 1.19\text{mm}$$

③ 计算周期 T 测量的不确定度。

A 类不确定度为

$$s(\bar{T}) = \sqrt{\frac{\sum\limits_{i=1}^{5}(T_i - \bar{T})^2}{5\,(5-1)}} \approx 0.0012\text{s}$$

B 类不确定度。根据已知条件电子表仪器误差 Δ_{T1}=0.01s，带来的 B 类不确定度为 u_{T1}。考虑手动操纵电子表引入的误差 Δ_{T2}=0.05s，带来的 B 类不确定度为 u_{T2}，有

$$u_{T1} = \frac{\Delta_{T1}}{\sqrt{3}} = \frac{0.01}{\sqrt{3}} \approx 0.0058\text{s}$$

$$u_{T2} = \frac{\Delta_{T2}}{\sqrt{3}} = \frac{0.05}{\sqrt{3}} \approx 0.029\text{s}$$

显然 $u_{T1} \ll u_{T2}$，忽略 u_{T1}，则测量周期 T 的合成不确定度 u_T 为

$$u_T = \sqrt{s_T^2 + u_{T2}^2} = \sqrt{0.0012^2 + 0.029^2} \approx 0.029\text{s}$$

(4) 根据传递公式，计算间接测量的重力加速度 g 的相对不确定度：

$$E_g = \frac{u_g}{\bar{g}} = \sqrt{\left(\frac{u_L}{\bar{L}}\right)^2 + \left(2\frac{u_T}{\bar{T}}\right)^2} = \sqrt{(0.12\%)^2 + (2.9\%)^2} \approx 2.9\%$$

g 的不确定度为

$$u_g = \bar{g} \times E_g = 9.870 \times 2.9\% \approx 0.29\text{m/s}^2$$

(5) 写出测量结果表达式, 取 $K=1$:

$$g = \bar{g} \pm K u_g = (9.87 \pm 0.29)\text{m/s}^2$$

$$E_g = \frac{u_c}{\bar{g}} \times 100\% \approx 2.9\%$$

注意：不确定度位数 1~2 位，只进不舍。

【例 3-3-3】　通过测量静压 p 和气流密度 ρ，根据速度测量公式 $v = \sqrt{\frac{2}{\rho}(p_0 - p)\, k_v}$，可获得气流速度测量值。已知静压测量精度 1%，气流密度测量精度 0.17%，风速管校正系数 k_v 已知。求气流速度测量的相对不确定度。

答　速度测量公式为 $v=\sqrt{\frac{2}{\rho}(p_0-p)\, k_v}$，根据不确定度传递公式 (3-3-11)：$\ln V = \frac{1}{2}\left[\ln(2k_v) + \ln(p_0 - p) - \ln\rho\right]$，则有

$$\frac{u_V}{V} = \sqrt{\left(\frac{1}{2}\frac{u_p}{p_0 - p}\right)^2 + \left(\frac{1}{2}\frac{u_\rho}{\rho}\right)^2} = \frac{1}{2}\sqrt{\left(\frac{u_p}{p_0 - p}\right)^2 + \left(\frac{u_\rho}{\rho}\right)^2}$$

$$= \frac{1}{2}\sqrt{(1\%)^2 + (0.17\%)^2} \approx 0.51\%$$

【思考题】　根据对气流速度测量相对不确定度的评估，分析影响速度测量精度的主要因素。

3.3.4　测量不确定度评定小结

本节主要介绍了以下几点：

(1) 不确定度给出一个围绕被测量之值的最佳估计值 (算术平均值) 的区间 (范围)，表明被测量之值的分散性。A 类不确定度用统计学方法计算，而 B 类不确定度用分析等方法求得。

(2) A、B 两类不确定度与随机误差及系统误差的分类之间有联系但不存在简单的对应关系。随机误差与系统误差的合成是没有确定的原则可遵循的，造成对实验结果处理时的差异和混乱。而 A 类不确定度与 B 类不确定度在合成时均采用标准公式。

(3) 间接测量不确定度评定需要考虑传递公式。

3.4 实验数据的处理

3.4.1 有效数字

提交测量结果时需要考虑有效数字。有效数字为可靠数字加上可疑数字的全体数字，即有效数字 = 可读准的数字 +1 位欠准数字 (估读数字)，位数为左起第一个非零数到最末一位 (包括零)。下面举例说明确定有效数字的方法。

1. 有效数字的确定

【例 3-4-1】 用米尺量桌子。如果所用米尺的最小刻度为 cm，则 mm 为欠准数字。测量时可以估读到 mm，如测量结果为 (1.234±0.005)m，3 是可以准确读出的数字而 4 是估计值。

【例 3-4-2】 对同一长度用不同工具测量时，测量结果的有效数字位数不同。

用最小刻度 1mm 的钢尺，得到长度测量结果 d=(6.5±0.5)mm，二位有效数字；

用能测到 20μm 的游标卡尺，得到长度测量结果 d=(6.46±0.02)mm，三位有效数字；

用最小刻度 0.01mm 的螺旋测微仪，得到长度测量结果 d=(6.457±0.005)mm，四位有效数字。

显然，对同一被测长度，使用的测量仪器精度越高，测量结果的有效数字位数越多。但要注意测量仪器软件给出测量结果时，往往小数点后面给出多位数字，这远远超过了物理的测量精度，参考下面例 3-4-3。

【例 3-4-3】 某实习小组在风浪水槽中做波浪测量实验。实验报告记录着：波高 H=0.085117m，波浪平均周期 T=1.198032s，探头距水底深度 D=50mm=0.05m。这些参数的写法合理吗？为什么？请写出合理的表达式。

答 不合理。因为波高 H=0.085117m，表明波高测量精度为微米 (μm) 量级。这在风浪水槽中不可能达到。探头距水底深度 D 的两个参数精度不匹配，前者精度为毫米 (mm) 量级，后者为厘米 (cm) 量级。波浪平均周期也没有必要精确测量到微秒 (μs) 量级。因此波高测量结果应该为波高 H=(0.085±0.001)m，周期 T=(1.198±0.001)s，深度 D=(0.050±0.001)m。

【例 3-4-4】 量程为 100Pa 的压力表，其精度为 0.1 级，则最大允许误差为 ±0.1Pa。如果测量值为 67.5Pa，则测量结果表达为 (67.5±0.1)Pa，5 是估计值。

精度、不确定度和有效数字之间的关系如下：

(1) 精度不代表有效数字的读准位。有效数字最后一位是"估读"的数字，但对应着仪表仪器的精度。例如，钢尺的最小刻度 1mm，可以再估读半个刻度，因此其精度为 0.5mm。

(2) 不确定度的最低位数字与测量值有效数字估读位应该具有相同的数量级，即不确定度最低位数字所在位应该与估读数字所在位对齐。在测量值单位与不确定度的单位不一致的情况下，可以分别写出来。如例 3-3-1，测量长度的结果为 $L=$ 10.0005m ± 0.6mm。

(3) 数学运算是不可能提高测量精度的，参考例 3-4-5。

【例 3-4-5】 用最小刻度为mm的尺子测量书的厚度，测量结果为 (2.5±0.5)mm。如果书有 100 页纸，那么是否可以将每页的厚度写作 (0.025±0.005)mm？为什么？

答 不可以写为 (0.025±0.005)mm 的形式。通过直接测量 100 页纸的厚度，可以估算每页纸的平均厚度约为 0.025mm，但测量精度不变，仍为 ±0.5mm。测量工具的精度不随被测量的体量而改变，只能采用更高精度的工具。

2. 科学记数法

科学记数法利用 $\times10^{\pm n}$ 表示测量结果，如地球赤道长度用普通记数法表示为 (6371±1)km，有四位有效数字。用科学记数法可写成 (6.371±0.001)×10^3km。

科学记数法的优点是可以正确显示有效位数，例如：① 如果测量光速的精度为 3×10^2km/s，那么记为 (299700±300)km/s 不对，会被误认为有六位有效数字。而应采用科学记数法 (2.997±0.003)×10^5km/s；② 在单位变换中保持有效位数一致，如 (2.34±0.05)cm，如果用 m 为单位，那么写作 (0.0234±0.0005)m。但用 μm 为单位写作 23400μm 就不对了，会误以为精度为 μm。应该用科学记数法表达为 (2.34±0.05)×10^4μm。

3. "科学修约" 准则

当需要的有效数字位数确定后，多余数字一律舍弃，按"四舍六入五凑偶"的原则。"四舍六入"容易理解。"五凑偶"是指被舍数字的第一位是 5，第二位不为 0，被保留的末位数要加上 1；被舍数字第一位是 5，第二位为 0，被保留的末位数为奇数要加上 1，如果是偶数则不变。也称"偶数规则"，这个法则使"进"和"舍"的概率比较均等。而"四舍五入"往往"入"的概率大于"舍"的概率。

【例 3-4-6】 有效位数为四位，正确表示下列数字：

4.7172→4.717，3.6776→3.678，3.67851→3.679，3.14151→3.142，3.33250→3.332，3.33350→3.334。

3.4.2 测量数据的整理与分析

实验数据是推导理论定量规律的主要基础，也是工程设计的重要依据。正确的整理数据是实验测量的组成部分，也是后续进行结果分析的关键步骤。整理数据常用的方法有列表法、曲线法等，可以参考相关著作[1-4]。为了揭示实验现象的本质或推广利用实验结果，应该尽可能把实验数据的规律用数学方程来表示。一种情况是实验现象已经有适当的理论，但有一些未定的常数尚待确定；另外一种情况是目前还没有现成的理论公式，需要寻找合适的经验公式等[8]。数据分析的方法和软件也很多，如利用最小二乘法拟合曲线，确定理论方程中的待定参数。对周期或非周期信号，可以利用傅里叶变换或小波分析，提取频域变化特性等。总之，实验者要充分利用数学和力学的理论工具，对实验结果进行深入分析。

1. 列表法

实验中对各个直接测量量进行测量时，要详细记录测量结果，使用的仪器量程与精度以及环境参数，如温度、湿度等。列表法是在实验记录的基础上，对实验结果进行初步整理。应该注意以下几点：

(1) 给出相关的直接、间接测量量，带有其不确定度。

(2) 注意保留原始数据。规范的原始数据表是得到正确实验结果的前提，也是实验者优秀素养的体现。

2. 绘制曲线

为了直接地表述实验结果，可以将实验数据绘制成曲线图，其步骤如下。

(1) 选择坐标系：直角坐标/对数坐标，选择合适的坐标轴参数，注意坐标分度与实验数据有效数字位数的对应。

(2) 实验点：直接给出所有各组次的实验点。

(3) 平均值 + 误差带。

测量数据整理后，可做进一步分析。常用方法有统计分析、周期信号分析 (傅里叶变换等)、非平稳信号分析 (多尺度分析) 如小波分析等。

3. 最小二乘法

最小二乘法用于寻找被测量的最佳值，它与多次测量值之差的平方和为最小，或找出一条最合适的曲线，使它最好地拟合于各测量值。

拟合曲线时选择函数及计算拟合度，软件选择 Excel、Origin、MATLAB、SAS、SPSS 等。

4. 信号分析

在湍流、地震、神经网络等测量中遇到测量结果呈现周期或非周期特性，如何做进一步分析？本节介绍对周期或非平稳特性信号的分析方法。

1) 小波分析定义

小波不是物理上具有传导特性的波，而是一种类似窗口傅里叶变换的数学变换，可同时进行频域和时域分析，用来进行信号处理、图形处理、微分运算等。从数学角度看，它属于调和分析范畴，从计算数学角度看，它是一种近似计算的方法，把某一函数在特定空间按照小波基展开和逼近。从工程角度看，是一种信号与信息处理工具，适合非平稳信号[9]。

“小波”，其母函数必须满足 $-\infty$ 到 $+\infty$ 上的积分为 0，要求母函数必须要有振荡的形式，由此可见小波只是形式上的波而不是物理上的波。其 “小” 是对小波函数在紧支性方面的要求。

2) 傅里叶变换 (FT)

傅里叶变换：

$$F(w)=\hat{f}(w)=\int f(t)\mathrm{e}^{-\mathrm{i}wt}\mathrm{d}t \tag{3-4-1}$$

而

$$\int_{-\infty}^{+\infty} f(t)\mathrm{d}t=0 \tag{3-4-2}$$

傅里叶变换可以对脉动信号求其频率分量，但缺点是函数 $f(t)$ 展开在 $\mathrm{e}^{-\mathrm{i}wt}$ 这样一组基上，这个基反映的是整个时间轴上的频率分布。因此，对一个非平稳信号，如何求某一时刻发生的频率呢？

3) 短时傅里叶变换 (STFT)

窗口函数 $g(t)$ 的短时傅里叶变换为

$$s(w,\tau)=\int_R f(t)g^*(t-\tau)\mathrm{e}^{-\mathrm{i}wt}\mathrm{d}t \tag{3-4-3}$$

STFT 的缺点是：一旦 $g(t)$ 确定了，矩形窗口的形状也就确定了，其具有单一分辨率。而对于非平稳信号，在信号波形变化剧烈时 (高频)，要求有较高的时间分辨率，在波形变化较平稳时，主要是低频，则要求有较高的频率分辨率，STFT 不能两者兼顾。

4) 一维连续小波变换

当函数 $\phi(x)$ 的傅里叶变换满足：

$$\int_{-\infty}^{+\infty}\frac{|\phi(w)|}{|w|^2}\mathrm{d}w<+\infty \tag{3-4-4}$$

时，称函数 $\phi(x)$ 为母小波。式 (3-4-4) 隐含了条件：

$$\int_{-\infty}^{+\infty}\phi(x)\mathrm{d}x=0 \tag{3-4-5}$$

若 $f(x)$ 是空间域 $(-\infty,+\infty)$ 上的信号，则其连续小波变换为

$$W_{\mathrm{c}}f(\tau,a)=\frac{1}{\sqrt{a}}\int_{-\infty}^{+\infty}f(x)\phi\left(\frac{x-\tau}{a}\right)\mathrm{d}x \tag{3-4-6}$$

其中，$\phi_{a,\tau}=\dfrac{1}{\sqrt{a}}\phi\left(\dfrac{t-\tau}{a}\right)$ 为小波，或称小波基、小波核函数。

5) 小波时频分析窗与短时傅里叶变换窗函数的对比

小波时频分析窗的窗宽、带宽都可以改变，而傅里叶变换窗函数无法改变，是固定的。MATLAB 工具箱中有 8 个小波函数程序可供选择。

3.4.3 图像数据的处理

有一些实验结果是以图像的方式给出的，如采用光学显微镜、SEM 或 TEM 等仪器获得的观测结果。那么如何从这些图像获得实验结果的测量精度呢？下面首先分析观测仪器的分辨率，然后讨论图像精度的分析。

1. 观测仪器的分辨率

1) 光学显微镜的分辨率

光学显微镜是最常用的观测微小物体的一种仪器。那么观测物体时可分辨的最小细节的极限，即光学显微镜的分辨率是多少？根据光的波动性质即衍射理论，区分两个物点的最小间距 d 为

$$d=\frac{0.61\lambda}{\mathrm{NA}} \tag{3-4-7}$$

式中，λ 为光波在真空中的波长，可见光的波长范围为 400~800nm；NA 为物镜数值孔径，表示透镜能够收集的光的角度范围，干燥物镜的数值孔径一般在 0.05~0.95 范围，油浸物镜可以达到 1.45。因此，光学显微镜分辨率极限为 200~300nm。

2) 电子显微镜的分辨率

由式 (3-4-7) 可以看出，光的波长 λ 越短，显微镜可以分辨的物体越小。为了提高显微镜的分辨率，人们采用电子束作为光源。在高压电场作用下，阴极发射电子照射在样品上，然后在荧光屏上成像。要了解电子显微镜的分辨率，必须先了解电子的波长。根据德布罗意公式，电子波长 $\lambda=h/(mv)$，其中 h 是普朗克常量，m 是运动电子的质量，v 是电子速度。电子速度与电子所受到的加速电压有关。当电压小于 500V 时，电子速度远小于光速，可以用电子的静止质量代替运动质量。因此，电子波长的简化公式为[10]

$$\lambda=\frac{12.25}{\sqrt{V}} \tag{3-4-8}$$

式中，V 为测量所加电压，波长单位为 Å(=0.1nm)。当加速电压在 50~100kV 时，电子束波长为 0.0053~0.0037nm。因此，扫描电子显微镜的理论分辨率可以达到埃 (Å) 量级。

2. 数字图像的分辨率

随着科技的发展，过去相机用胶片做底片，现在可以将照片数字化。这借助了电荷耦合器件 (CCD)，将光学信号转变为电信号，再通过模数转换器芯片转换成数字信号。CCD 感光芯片可以看成由许多尺寸为 s 的感光单元组成的像素 (pixel) 矩阵，其中像素个数可以达到百万量级。当一幅光学照片转变为用像素矩阵表示的数字照片时，如果图像对应的实际物理空间尺寸为 L，CCD 的像素个数为 A，则数字图像的单像素分辨率为

$$\delta_0 = L/A \tag{3-4-9}$$

显然，在没有物镜协助放大成像的系统中，数字图像的单像素尺寸 s 即分辨率 δ_0。

【例 3-4-7】　某实习小组给出 PIV 实验报告，其中图像像素对应的空间尺度为 0.0657398mm/pixel。

(1) 请写出对应的单 pixel 空间分辨率，实验中可能实现吗？

(2) 如果实验所用 CCD 像素矩阵为 640×480，拍摄图像对应的空间尺寸为 32mm×24mm。请写出图像空间分辨率。

答　(1) 如果图像像素对应的空间尺寸 s 为 0.0657398mm/pixel，则相应的空间分辨率 δ_0 为 1Å/pixel，这种图像分辨率不可能达到。

(2) 已知当图像空间长度为 32mm 时，对应的像素个数为 640，根据式 (3-4-9)，得到 32/640 = 0.05mm/pixel。同理得到 24/480 =0.05mm/pixel，因此该图像空间分辨率 δ 为 ±0.05mm/pixel。

3. 图像结果的精度分析

如果数字图像的获取除了利用 CCD 做光电转换外，还利用了显微镜的其他部件，如光学显微镜的物镜等，那么如何分析图像的精度呢？下面首先分析由光学显微镜获得的实验图像。

1) 光学显微镜的图像精度

用光学显微镜拍摄数字图像时，要采用物镜和 CCD 搭配。显微镜的物镜放大倍数为 M，即将观察的物体放大 M 倍再由 CCD 成像。显微拍摄常用的 CCD 的单像素尺寸 s 一般为 10μm/pixel，因此最终数字图像的空间分辨率 δ 与 M 和单像素尺寸 s 有关，即

$$\delta = s/M \tag{3-4-10}$$

也可以写为

$$\delta = \delta_0/M \tag{3-4-11}$$

当采用 100 倍的物镜时，数字图像分辨率可以达到 100nm/pixel。需要注意的是，单纯靠物镜高倍数 M 无法突破式 (3-4-11) 所描述的光学分辨率极限，计算得

到的 100nm/pixel 仅为数字图像分辨率。要突破光学分辨率的限制，需要超分辨等技术的协助 (见第 1 章参考文献 [20]~[22])。

2) 电子显微镜的图像

电子显微镜利用电子束成像，由于电子束的波长远远小于可见光的波长，电子显微镜的理论分辨率可以达到埃 (Å) 量级。当利用扫描电子显微镜对试样进行观测时，如何确定试样图像的精度呢？回顾扫描电子显微镜成像的过程，电子枪发出的电子束经过聚焦成约 50μm 直径的点光源，然后在加速电压 (1~30kV) 作用下，经过透镜组成的电子光学系统，电子束会被聚成几十埃大小的束斑照射到样品表面。扫描线圈使电子束在样品表面扫描，高能电子束与试样物质相互作用产生二次电子信号 (或背散射电子、俄歇电子等)，被接收器接收后转变为数字图像。因此，图像的精度如同式 (3-4-9)，其中 L 是电子束在试样上的扫描长度，A 是数字图像在对应尺度上的像素个数。显然，电子束偏转小，在试样上的移动距离 L 短，δ_0 就小，电子显微镜图像的分辨率就高。因此，电子束在试样上的最小扫描范围 L 和数字图像的像素个数决定了电子显微镜图像的分辨率。图 3-4-1 为纳米镍退火拉伸沿晶断口照片。试样尺度约为 8μm，数字图像在这个长度上有 800 个像素，则图像的分辨率为 ±0.01μm。再举一个例子，如图 3-4-2 所示，扫描电子显微镜观测到的硅微米管横截面的图像。电子束扫描范围为 35μm，像素个数为 100，图像分辨率为 ±0.35μm，因此样品直径测量的精度为 ±0.35μm。我们注意到两幅照片中的加速电压不同，加速电压可以提高电子速度，形成足够小的束斑和提高电子束的强度，而对图像的分辨率并没有直接的关系。

图 3-4-1 纳米镍退火拉伸沿晶断口照片

图 3-4-2　硅微米管横截面的电子显微镜图像

3.5 本章小结

本章首先回顾了经典误差分析的理论和方法，随机误差和系统误差的区别及算法，掌握标准偏差 σ、残差表示的测量值的标准偏差 σ_{v} 和算术平均值的标准偏差 σ_{s}。然后重点介绍了测量结果的不确定度评定方法，主要步骤如下：

(1) 直接测量的不确定度，对 A 类和 B 类不确定度分别进行估计，然后给出合成不确定度。

(2) 间接测量的不确定度需要利用不确定度传播公式 $u_{\mathrm{c}}(y)$

$$u_{\mathrm{c}}(y)=\sqrt{\sum_{i=1}^{N}\left(\frac{\partial f}{\partial x_i}\right)^2 u_{\mathrm{c}}^2(x_i)}$$

或取对数后的形式

$$\frac{u_{\mathrm{c}}(y)}{y}=\sqrt{\sum_{i=1}^{N}\left(\frac{\partial \ln f}{\partial x_i}\right)^2 u_{\mathrm{c}}^2(x_i)}$$

(3) 考虑实验结果的置信因子 K 后，给出总不确定度。

(4) 测量结果的表达：

$$y=\bar{y}\pm Ku_{\mathrm{c}},\ K=2$$

$$E_y=\frac{Ku_{\mathrm{c}}}{\bar{y}}\times 100\%$$

最后介绍了实验数据的处理，包括有效位数的确定、实验数据的整理 (列表法、曲线拟合等) 及数字图像的精度分析。

思考题及习题

1. 用量程为 1~10^5Pa、精度为 0.3%的压力计测量流场压力，测量读数为 6.572kPa, 写出测量结果。

2. 电流 I 通过电阻 R 产生热量 Q(Q=0.24I^2Rt，t 为通电流的持续时间)。已知：电阻和电流测量的相对误差为 1%，t 测量相对误差为 0.5%，求热量测量的相对误差。

3. 根据公式 ρ=0.04737p/T，通过测量大气压 p 可以计算空气密度 ρ。已知：水银气压计测大气压力 p=(760.0±0.1)mm Hg，用水银温度计测量空气温度 T=(298.0±0.5)K，求空气密度测量的相对误差 (1mm Hg=1.0×10^5 Pa)。

4. 某实习小组进行两相流流型识别实验，采用测量压差的方法。已知压力变送器输出电压值的精度为 ±0.001V。对流场某点压力进行测量时，计算机模数转换 (A/D 板) 后显示的读数为 U=2.0495944V，请回答下述问题：

(1) 根据电压测量精度给出电压测量值 U_{exp} 和不确定度；

(2) 根据标定曲线 (第 3 章题 4 图)，给出压力/电压的标定公式；

(3) 根据标定公式，给出该点压力测量值 P_{exp} 和不确定度。

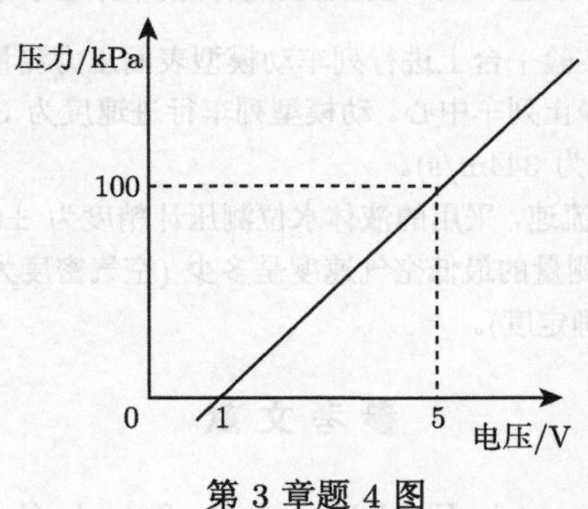

第 3 章题 4 图

5. 管道流动实验中，已知圆管直径 D=(5.0±0.1)cm，总流量 Q=(5.00±0.01)$\mathrm{m^3/h}$，计算圆管内平均流速及其相对不确定度。

6. 两位同学用同样的仪器测量同一流场速度，分别给出速度值为 0.035m/s 和 35000μm/s。请给出这两个速度值对应的测量精度。实验可能达到其测量精度吗？为什么？

7. 某实习小组进行材料的磨损实验。试件固定，摩擦盘在压力 F 作用下旋转摩擦试件。传统采用称重法测量试件磨损前后的质量变化 Δm，用公式 (1) 计算磨损量 η，其中 s 为摩擦总行程。某同学希望消除测量中压力变化和试件密度 ρ 的影响，提出一种体积法，用公式 (2) 计算磨损量 ξ。已知分析天平的最小读数为 0.1mg，试件磨损前后的质量为 6.1156g、6.0866g，s=(500.000±0.001)m, F=(300±1)N, ρ=(1000±1)$\mathrm{kg/m^3}$。请：

(1) 计算试件摩擦前后质量变化 Δm；

(2) 分别写出磨损量 η、ξ 的单位和量纲；

(3) 分别计算磨损量 η、ξ 及相对不确定度；

(4) 分析两种数据处理方法的特点 (从测试、工程应用等方面)。

$$\eta = \frac{\Delta m}{s} \tag{1}$$

$$\xi = \frac{\Delta m/\rho}{sF} \tag{2}$$

8. 2014 年诺贝尔化学奖授予超分辨光学成像技术。该技术突破了经典光学观测极限，使空间观测精度提高到 10nm 左右。超分辨光学成像技术是基于受激发射损耗技术 (第 3 章题 8 图) 利用了激光诱导荧光。图 (a) 是初始受激发射光斑，请分析如何通过图 (b) 实现图 (c) 的最终显示结果。

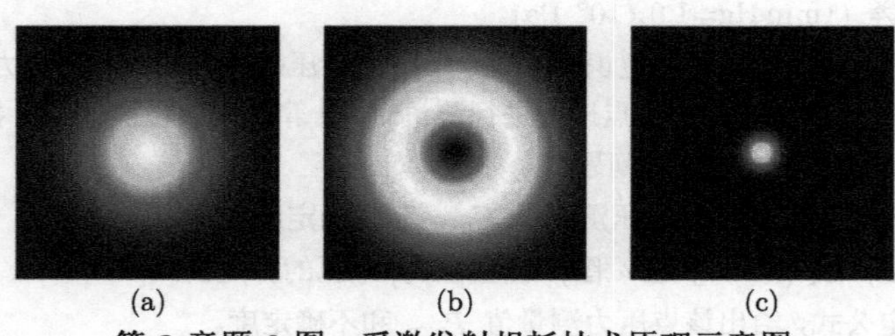

第 3 章题 8 图　受激发射损耗技术原理示意图

9. 在高速列车动模型实验平台上进行列车动模型表面压力测量。模型长 16m，最宽截面尺寸 0.4m，压力探头放在静止列车中心。动模型列车行进速度为 300km/h。请问模型列车运动的 Re、Ma 是多少 (声速为 344m/s)。

10. 用皮托管测量气体流速，采用的液体水位测压计精度为 ±0.01mm 水柱高度。如果要求速度误差 $< 5\%$，则所能测量的最低空气速度是多少 (空气密度为 1.225kg/m^3，液体密度为 1000kg/m^3，提示：考虑不确定度)。

参 考 文 献

[1] Tavoularis S. Measurement in Fluid Mechanics. 3rd ed. Cambridge: Cambridge University Press, 2009

[2] 朱仁庆. 实验流体力学. 北京：国防工业出版社，2005

[3] 丁慎训, 张孔时. 物理实验教程. 北京：清华大学出版社，2002

[4] 陈克诚. 流体力学实验技术. 北京：机械工业出版社，1984

[5] 倪育才. 实用测量不确定度评定. 3 版. 北京：中国计量出版社，2010

[6] 王中宇，刘智敏，夏新涛，等. 测量误差与不确定度评定. 北京：科学出版社，2008

[7] 向安平，蔡青. 大学物理实验. 北京：科学出版社，2009

[8] 钱伟长. 应用数学. 合肥：安徽科学技术出版社，1993

[9] Xia Z, Tian Y, Jiang N. Wavelet spectrum analysis on energy transfer of multi-scale structures in wall turbulence. Applied Mathematics and Mechanics, 2009, 30(4): 435-443

[10] 章晓中. 电子显微分析. 北京：清华大学出版社，2006

第 4 章 固体变形与载荷的测量技术

本章首先概述固体力学实验中的主要测量参量，然后分别介绍变形与载荷的测量方法。关于变形的测量见 4.2 节，主要包括位移与应变的测量，重点介绍应变片电测法、光纤光栅应变测量方法及摄影测量法。数字图像相关法是近年发展较快并在科研与工程中得到广泛应用的应变测量技术，将在 4.2.4 节重点介绍。关于载荷和应力的测量见 4.3 节，首先介绍根据胡克定律测量弹性应变从而得到应力的测量方法，然后介绍测量残余应力的钻孔法与 X 射线应力测量法，最后简单介绍利用声波测量固体所受应力的方法。

4.1 固体力学实验测量参量

在固体力学的研究中，通常可以将研究对象抽象为刚体或变形体。

刚体指的是当物体受力时，形状与尺寸均不发生变化或变形很小，例如，对天体、卫星、火箭等物体，在研究其运动特性时，均可以采用刚体模型。刚体的主要力学参量包括力、力矩、加速度、角加速度、位移等，以及反映刚体自身力学特性的参量，如质量、质心、转动惯量等。

与刚体相对应的是变形体。当物体受力时，形状与尺寸将随受力条件而发生变化的物体，称为变形体，如桁架结构、各类金属及非金属材料等。研究这类结构或材料在载荷作用下的变形时，要采用变形体模型。变形体的主要力学参量包括反映变形与载荷的相关参量，如力、应力、应变、应变率、位移等，以及反映变形体物性的力学参量，如对于材料，通过实验测量弹性模量、屈服强度、均匀延伸率、断裂韧性、应变硬化率等材料力学参量，以确定材料的本构方程。对于结构，除了准静态的变形响应如结构刚度、承载极限等结构力学参量，还包括动态特性如振动模态、自振频率、阻尼等参数。本章主要介绍变形与载荷的测量，材料力学参量的测量在第 5 章中加以介绍，结构力学参量的测量请参考有关结构与振动实验的专著[1]。

4.2 变形与位移的测量

变形与位移均与物体空间位置的变化有关，因此对变形与位移的测量本质上涉及空间位置的测量。空间位置的描述依赖于所选用的参考坐标系，用位置矢量来定义物体的各物质点的空间位置。当物体运动或变形时，各物质点的空间位置将随时间而变化。通过测量各物质点空间位置矢量的变化即可获得各点的位移。

刚体没有变形，运动时只发生平动与转动，其各点之间的相对位置保持不变，通过测量特征点的位移即可描述刚体的运动。对变形体施加载荷时各点之间的相对位置会发生改变。一般将变形分为线变形与角变形，线变形可由两点距离的改变来度量，而角变形则由两条垂直直线之间夹角的改变来度量。

变形通常采用应变这一力学参量来描述。线变形的表征参数是正应变 ε，可表示为

$$\varepsilon = \frac{\Delta L}{L} \tag{4-2-1}$$

其中，L 是材料原始长度，ΔL 是沿长度方向的增量 (图 4-2-1(a))。

角变形即剪应变 γ，可表示为

$$\gamma = \alpha \tag{4-2-2}$$

其中，α 是材料中两垂直方向变形后的转角 (图 4-2-1(b))。

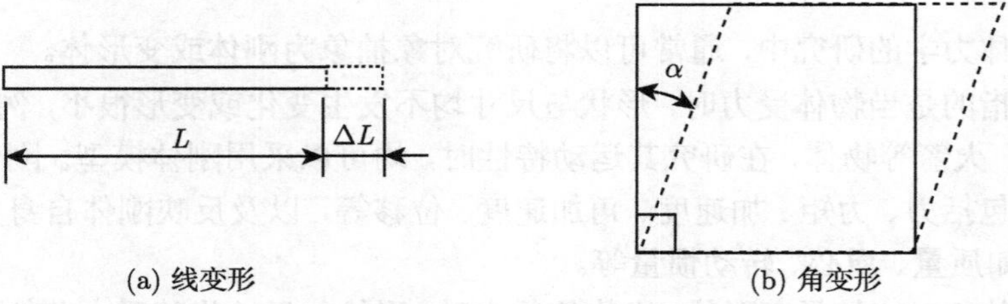

图 4-2-1　材料变形示意图

实际固体中的变形常常既有线变形又有角变形，因此用应变张量来表示。一般用质点的位移分量表示为格林应变张量 E_{ij} 的形式[2]：

$$E_{ij} = \frac{1}{2}\left(\frac{\partial u_i}{\partial x_j} + \frac{\partial u_j}{\partial x_i} + \frac{\partial u_m}{\partial x_i}\frac{\partial u_m}{\partial x_j}\right) \tag{4-2-3}$$

对于小变形，略去高阶项后简化为小应变张量为

$$\varepsilon_{ij} = \frac{1}{2}\left(u_{i,j} + u_{j,i}\right) \tag{4-2-4}$$

其中，u 为位移，i、j 取 1、2、3。当 $i=j$ 时，获得正应变；当 $i \neq j$ 时，获得剪应变。根据式 (4-2-3) 和式 (4-2-4)，通过测量位移场可以获得应变场。

显然，位移与变形均与空间位置的变化相关，因此能够测量空间位置及其变化的方法均可用于位移与变形的测量，在实验测量中，根据测试方法的工作原理，这些方法主要分为电测法、光学法 (光纤光栅法、摄影测量法、数字图像相关法、云纹法) 等。下面将按照这种分类进行介绍。

4.2.1 应变片电测法

应变片电测法[3-5] 是用电阻应变片 (electrical resistance strain gage) 测量变形的方法。将电阻应变片粘贴在待测构件的表面，当构件发生变形时，应变片将随之变形而导致电阻值改变。利用惠斯通电桥 (Wheatstone bridge) 测量电阻应变片桥路的输出电压变化，从而获得应变测量值。

1. 测试原理

应变片电测法利用了金属或半导体电阻材料在发生变形时电阻值改变这一特性，基于材料电阻变化与应变之间的关系，通过测量电阻的相对变化即可测量材料的应变。下面首先推导金属材料的电阻变化与应变的关系。

图 4-2-2 给出了一长 L、半径 r 的圆柱形金属电阻丝，在拉伸过程中长度变化为 $\mathrm{d}L$，其直径将变小，对应的电阻值的相对变化为

$$R=\rho\frac{L}{A}\Rightarrow\frac{\mathrm{d}R}{R}=\frac{\mathrm{d}\rho}{\rho}+\frac{\mathrm{d}L}{L}-\frac{\mathrm{d}A}{A}\tag{4-2-5}$$

其中，R、ρ 和 A 分别为金属丝电阻、电阻率和横截面积。根据长度、横截面积及电阻率的相对变化与应变 ε 的关系，推导出圆柱形金属丝电阻的相对变化与应变呈正比：

$$\left.\begin{aligned}&\frac{\mathrm{d}L}{L}=\varepsilon\\&\frac{\mathrm{d}A}{A}=2\frac{\mathrm{d}r}{r}=-2\nu\varepsilon\\&\frac{\mathrm{d}\rho}{\rho}=c\frac{\mathrm{d}V}{V}=c\left(1-2\nu\right)\varepsilon\end{aligned}\right\}\Rightarrow\frac{\mathrm{d}R}{R}=\left[\left(1+2\nu\right)+c\left(1-2\nu\right)\right]\varepsilon=K\varepsilon\tag{4-2-6}$$

其中，ν 为泊松比 (定义 $\nu=-\varepsilon_y/\varepsilon_x$，这里 ε_y 为横向应变，ε_x 为轴向应变)；V 为金属丝体积；c 为常数；K 为金属丝的应变敏感系数，这一系数在一定的应变范围内基本为常数，对于常见的康铜丝通常 $K\approx2$。

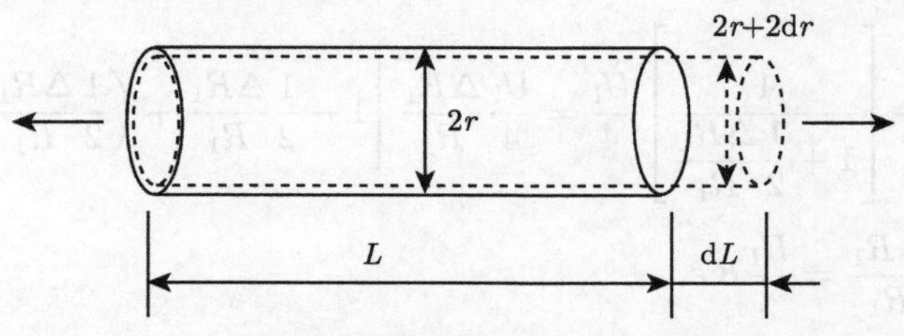

图 4-2-2 圆柱形金属电阻丝拉伸变形示意图

根据以上原理，将金属丝制成电阻应变片，粘贴在待测材料表面，通过测量应变片的电阻相对变化可获得该位置处材料沿金属丝方向的线应变。这一测量方法只在较小的应变范围内有效。对于金属电阻丝通常有效的测量应变范围小于 0.02 (工程上也可表示为 20000$\mu\varepsilon$。$\mu\varepsilon$ 表示微应变，$1\mu\varepsilon = 10^{-6}$)。

除了金属电阻应变片，还有半导体电阻应变片 (semiconductor electrical resistance strain gage)。利用硅、锗类半导体材料的压阻效应，即当沿某一晶轴方向受力时，半导体晶体材料的电阻率将随压阻系数及应力大小线性变化。由式 (4-2-5)、式 (4-2-6) 同样可以推导出压阻材料的电阻相对变化 $\mathrm{d}R/R$ 与应变 ε 存在的线性关系，见式 (4-2-7)：

$$\left.\begin{aligned}&\frac{\mathrm{d}R}{R}=(1+2\nu)\,\varepsilon+\frac{\mathrm{d}\rho}{\rho}\\&\frac{\mathrm{d}\rho}{\rho}=\pi_{\mathrm{L}}\sigma=\pi_{\mathrm{L}}E\varepsilon\end{aligned}\right\}\Rightarrow\frac{\mathrm{d}R}{R}=(1+2\nu+\pi_{\mathrm{L}}E)\,\varepsilon=K\varepsilon \tag{4-2-7}$$

其中，π_{L} 为半导体晶体沿某一晶向的压阻系数，E 为半导体晶体杨氏模量。

与金属应变片相比，半导体材料的应变敏感系数 K 要高几十倍。例如，市场上某型硅的 P 型半导体应变片的应变敏感系数 K 值可以在 80~150 调整。由于灵敏度高，半导体电阻应变片适合于更小的应变测量，一般测量应变的范围在 0.005 以内。

2. 测试电路与装置

为了测量应变片电阻的相对变化，通常利用惠斯通电桥将电阻变化转变为电压信号，这样可以方便地采集测量信号。常用的单臂电桥如图 4-2-3 所示，这里 R_1 为电阻应变片的电阻值，R_2、R_3、R_4 分别为电桥各分支的电阻，U_{I} 为桥路的供电电压，U_{O} 为桥路的输出电压。显然输出电压与输入电压之间的关系如下：

$$U_{\mathrm{O}}=\frac{(R_1+\Delta R_1)\,R_4-R_2R_3}{(R_1+\Delta R+R_2)\,(R_3+R_4)}U_{\mathrm{I}} \tag{4-2-8}$$

若电桥各电阻阻值相等，代入式 (4-2-8) 则可推出：

$$\begin{aligned}U_{\mathrm{O}}&=\frac{\Delta R_1}{R_1}\left[\frac{1}{1+\dfrac{1}{2}\dfrac{\Delta R_1}{R_1}}\right]\frac{U_{\mathrm{I}}}{4}=\frac{U_{\mathrm{I}}}{4}\frac{\Delta R_1}{R_1}\left[1-\frac{1}{2}\frac{\Delta R_1}{R_1}+\left(\frac{1}{2}\frac{\Delta R_1}{R_1}\right)^2-\ldots\right]\\&\approx\frac{U_{\mathrm{I}}}{4}\frac{\Delta R_1}{R_1}=\frac{U_{\mathrm{I}}}{4}K\varepsilon\end{aligned} \tag{4-2-9}$$

可见输出电压与应变成正比。因此，只要测量电桥的输出电压，就可以获得测量点的应变。

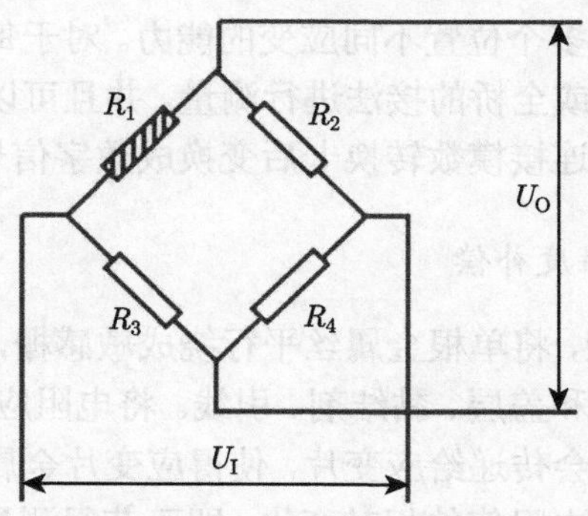

图 4-2-3 应变片与测试电桥

利用式 (4-2-9) 也可对这种测量桥路的测量误差进行分析。略去公式中的二阶及以上的高阶误差项，可得电桥的非线性相对误差 $e \approx \dfrac{1}{2}\dfrac{\Delta R_1}{R_1} = \dfrac{1}{2}K\varepsilon$。因此，电桥的非线性误差与应变成正比，当应变增加时，误差线性增大。

除了单臂电桥，应用中还可以根据实际情况搭建其他电桥以提高测量的灵敏度。如图 4-2-4 所示，当采用应变片电测法来测量弯曲梁的表面应变时，可以分别利用单臂电桥 (或称 1/4 桥)、双臂电桥 (或称 1/2 桥) 和全桥电路来实现。可见相对于单臂电桥，双臂电桥和全桥的输出电压分别提高了 2 倍和 4 倍，且这两种电桥的输出电压与输入电压具有理想的线性关系，不存在非线性误差项，可以参考式 (4-2-8) 自行推导验证。此外，这两种电桥具有温度补偿的效果，可以避免测量点位置温度变化带来的测量误差，因此较多地用于传感器的电路中。

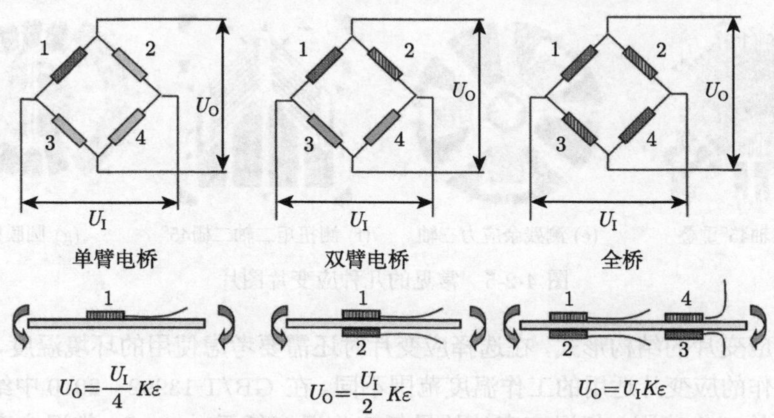

图 4-2-4 典型的三种测量电桥

在应变片电测法的实际应用中，通常将整个电路整合成为电阻应变仪。现有商业化的电阻应变仪通常具有多个应变测量通道，可连接多个应变片或应变花，具有能同时测量大型结构件上多个位置不同应变的能力。对于每个应变通道，可以分别采用单臂电桥、双臂电桥或全桥的接法进行测量。并且可以将信号进行调理、放大及滤波，其输出信号可以连接模数转换卡后变换成数字信号并存储。

3. 典型的应变片与温度补偿

根据以上介绍的原理，将单根金属丝平行绕成敏感栅，制成电阻应变片。其基本结构包括敏感栅、基底和盖层、黏结剂、引线。将电阻应变片粘贴到需要测量应变的位置，测量点的变形会传递给应变片，使得应变片金属丝产生相同的应变，导致电阻值改变。通过测量电阻值的相对变化，即可获得测量点的应变大小。

图 4-2-5 给出了几种常见的应变片图片，包括单向应变片、应变花等。敏感栅的方向决定了所测量的应变的方向。为了满足实际应用的需求，GB/T 13992—2010《金属粘贴式电阻应变计》中列出了 24 种不同结构形式的应变片 (表 4-2-1)，其中“结构形式”给出了各种应变片中敏感栅的数量与布局。

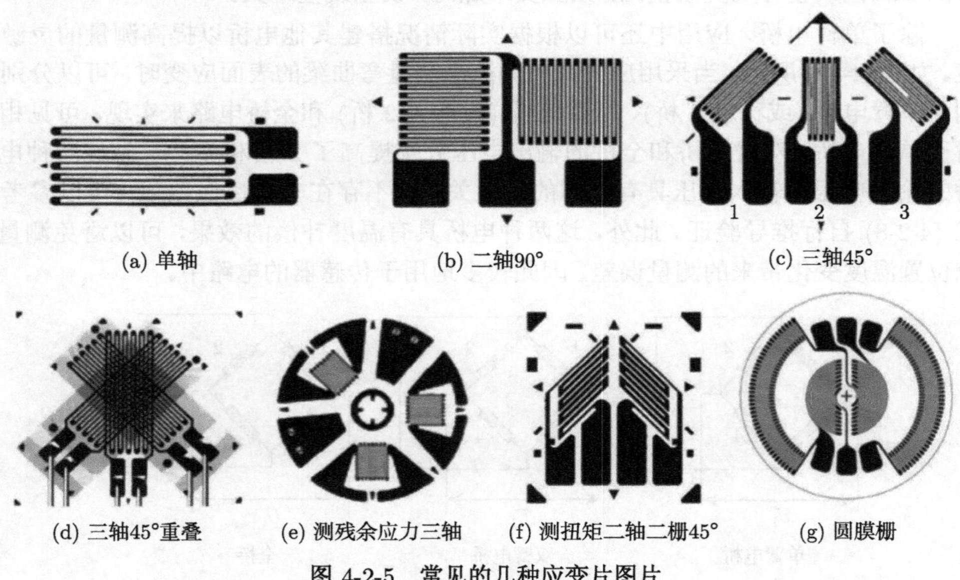

(a) 单轴　(b) 二轴90°　(c) 三轴45°

(d) 三轴45°重叠　(e) 测残余应力三轴　(f) 测扭矩二轴二栅45°　(g) 圆膜栅

图 4-2-5　常见的几种应变片图片

除了应变片的结构形式，在选择应变片时还需要考虑使用的环境温度，因为不同材料制作的应变片适用的工作温度范围不同。在 GB/T 13992—2010 中给出了不同应变计的工作范围：低温应变计的最低工作温度低于 −30°C；常温应变计的工作温度范围为 −30~60°C；中温应变计的最高工作温度为 60~300°C；高温应变计的最高工作温度高于 300°C。在粘贴应变片时，根据工作温度范围还需要选择合适的黏结剂。一般有机胶的最高使用温度为 300~350°C，在更高的温度下必须使用无机胶等特殊的安装方法[6]。

表 4-2-1 应变片结构形式列表[7]

序号	代表字母	结构形式	说明	序号	代表字母	结构形式	说明
1	AA		单轴	13	FB		平行轴二栅
2	BA		二轴90°	14	FC		平行轴三栅
3	BB		二轴90°	15	FD		平行轴四栅
4	BC		二轴90°重叠	16	GB		同轴二栅
5	CA		三轴45°	17	GC		同轴三栅
6	CB		三轴45°重叠	18	GD		同轴四栅
7	CC		三轴60°	19	HA		二轴二栅45°
8	CD		三轴120°	20	HB		二轴四栅45°
9	DA		四轴60°/90°	21	HC		二轴六栅45°
10	DB		四轴45°/90°	22	HD		二轴八栅45°
11	EA		二轴四栅45°	23	JA		螺线栅
12	EB		二轴四栅90°	24	KA		圆膜栅

工作环境温度的影响不仅体现在选择应变片时，而且在实际测量中还需要考虑温度导致的应变片电阻改变，即温度效应。应变片电阻的温度效应包括：① 应变片敏感栅材料电阻率随温度而变化；② 敏感栅材料与被测构件材料的线膨胀系数差导致的热应变。这种温度效应带来的应变可以用式 (4-2-10) 表示：

$$\varepsilon_{\mathrm{t}}=\left(\frac{\Delta R}{R}\right)_{\mathrm{t}}\Big/K=\frac{a_{\mathrm{t}}}{K}\Delta T+(\alpha_{\mathrm{e}}-\alpha_0)\Delta T \tag{4-2-10}$$

其中，a_{t} 为电阻温度系数，α_{e} 为被测构件材料的线膨胀系数，α_0 为敏感栅材料的线膨胀系数。

为了消除环境温度的影响，需要进行温度补偿。根据式 (4-2-10)，如果由温度变化引起的应变为零，则需要满足：

$$\varepsilon_{\mathrm{t}}=0\Rightarrow\frac{a_{\mathrm{t}}}{K}\Delta T+(\alpha_{\mathrm{e}}-\alpha_0)\Delta T=0$$

$$\Rightarrow\frac{a_{\mathrm{t}}}{K}+(\alpha_{\mathrm{e}}-\alpha_0)=0 \tag{4-2-11}$$

因此，针对不同的待测构件材料，有可能选择一些特殊的敏感栅材料，使得式 (4-2-11) 在一定温度范围内基本得到满足，从而达到自动温度补偿的目的。

除了使用自动温度补偿的应变片，还有一种简单的温度补偿的方法，即采用温度补偿电路 (图 4-2-6)。在惠斯通电桥的一臂采用与测量应变片相同的应变片 (又称为温度补偿片)，将其用同样的工艺粘贴到与待测位置相同的基体材料块上并放置在与测量点尽量接近的地方，此时温度补偿片不承受载荷，但与测量应变片处于相同的温度环境下，因此由环境温度引起的测量应变片与温度补偿片的电阻变化将在电桥中抵消。

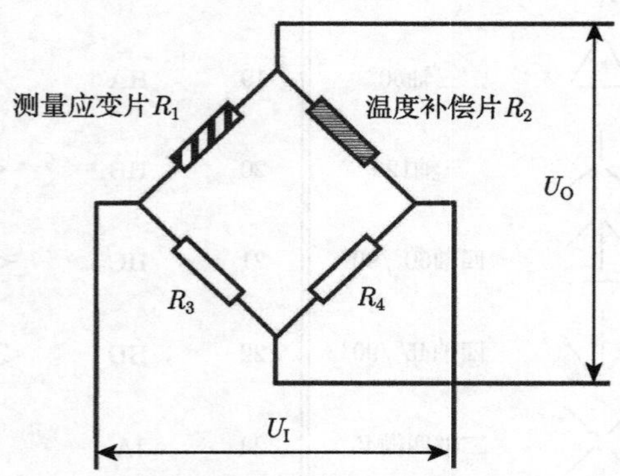

图 4-2-6　带温度补偿的应变片电桥

4. 平面应变的测量

单个敏感栅应变片测量的是试样表面沿栅线方向的线应变。当需要测量试样表面的二维应变时，单个应变片无法得到测量结果。此时需要采用三个栅组成的应变花来测量 (图 4-2-7)，对应的主应变 ε_1、ε_2 及最大主应变与应变花水平方向的夹角 ϕ 的计算如式 (4-2-12) 和式 (4-2-13) 所示。

$$\begin{cases}\varepsilon_{1,2}=\dfrac{\varepsilon_0+\varepsilon_{90}}{2}\pm\sqrt{(\varepsilon_0-\varepsilon_{90})^2+(2\varepsilon_{45}-\varepsilon_0-\varepsilon_{90})^2}\\ \phi=\dfrac{1}{2}\arctan\left(\dfrac{2\varepsilon_{45}-\varepsilon_0-\varepsilon_{90}}{\varepsilon_0-\varepsilon_{90}}\right)\end{cases} \tag{4-2-12}$$

其中，ε_0、ε_{45} 和 ε_{90} 分别为正交式应变花中 0°、45° 和 90° 方向的应变片所测量的应变值 (图 4-2-7(a))。

$$\begin{cases} \varepsilon_{1,2} = \dfrac{\varepsilon_0 + \varepsilon_{60} + \varepsilon_{120}}{3} \pm \sqrt{\left(\varepsilon_0 - \dfrac{\varepsilon_0 + \varepsilon_{60} + \varepsilon_{120}}{3}\right)^2 + \dfrac{1}{3}\left(\varepsilon_{60} - \varepsilon_{120}\right)^2} \\ \phi = \dfrac{1}{2}\arctan\left[\dfrac{\sqrt{3}\left(\varepsilon_{60} - \varepsilon_{120}\right)}{2\varepsilon_0 - \varepsilon_{60} - \varepsilon_{120}}\right] \end{cases} \tag{4-2-13}$$

其中，ε_0、ε_{60} 和 ε_{120} 分别为均布式应变花中 0°、60° 和 120° 方向的应变片所测量的应变值 (图 4-2-7(b))。

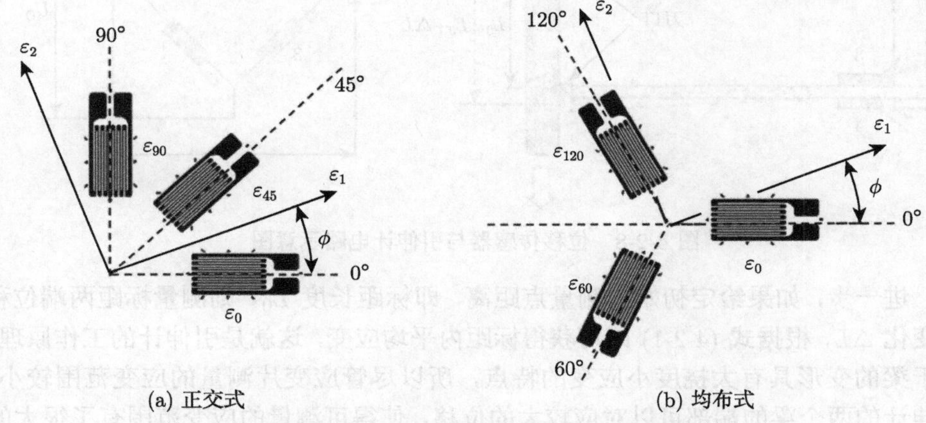

图 4-2-7　二维应变测量中应变花布局图

这里要注意应变花在构件上的粘贴方向。式 (4-2-12) 和式 (4-2-13) 给出了平面主应变方向相对于栅线方向的角度，如果应变片栅线粘贴方向与构件的特征方向不严格平行，那么计算的主应变方向也将相对于构件的特征方向存在偏差。

5. 引伸计

应变片测量的应变范围通常小于 0.02，在需要对较大的应变进行测量时，应变片通常无法满足要求。例如，韧性金属材料拉伸测试过程，由于材料的塑性变形，应变常常大于 0.05。在这种情况下，除了某些特殊制备的大量程应变片之外，需要采用其他应变测量装置以覆盖较大的应变范围。在材料力学性能测试时，具有较大应变范围的测量装置主要指的是引伸计 (extensometer)。

考虑常见的悬臂梁结构，在弹性变形范围内，悬臂梁端部挠度与梁的表面应变呈线性关系，利用粘贴于悬臂梁上下表面的电阻应变片组成桥路，通过测量梁的表面应变即可获得弹性悬臂梁端部的挠度 (即端部的位移)，从而实现位移的精确测量。图 4-2-8 给出了利用以上原理的位移传感器。由两个弹性悬臂构成，四个相同阻值的应变片 (图中 1、2、3、4) 粘贴于悬臂梁的上下表面构成全桥电路。使用时将两个悬臂梁的端部 (即刀口) 通过弹簧或橡皮绳固定在试样表面两个测量点，当试样受力变形时，刀口随着测量点运动并导致悬臂梁挠曲。因此，根据测量梁的表面应变值即可测量刀口之间距离的变化。

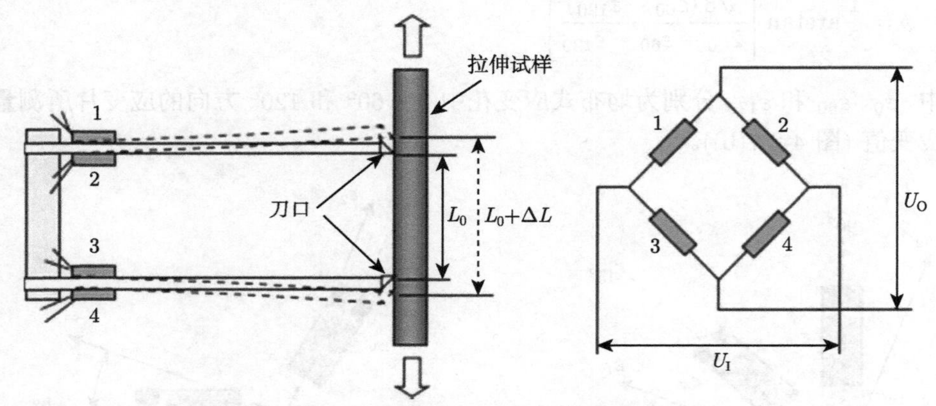

图 4-2-8　位移传感器与引伸计电路示意图

进一步，如果给定初始的测量点距离，即标距长度 L_0，则测量标距两端位移的变化 ΔL，根据式 (4-2-1) 即可获得标距内平均应变，这就是引伸计的工作原理。由于梁的变形具有大挠度小应变的特点，所以尽管应变片测量的应变范围较小，引伸计的两个梁的端部可以对应较大的位移，使得可测量的应变范围有了很大的增加。

目前市场上基于应变电测桥路的这类引伸计，其标距段长度从 5mm 到 100mm，应变的测量范围可以达到 0.4 以上。图 4-2-9 给出了一些常见的引伸计的照片。

需要注意的是，通常长标距段有利于提高测量应变的精度。如果要通过引伸计测量材料的杨氏模量，为保证在弹性变形段内的应变测量精度，应选择标距段长度较长的引伸计。此外，尽管引伸计具有测量应变范围大、精度高等特点，在使用时仍然要注意一些特殊实际情况。例如，对于薄试样 (厚度小于 0.1mm)，引伸计装夹到试样容易导致试样横向弯曲，试样容易从夹持刀口位置提前破坏。

除了利用应变电测桥路的引伸计，市场上还存在其他种类的引伸计，如利用编码器测量刀口间距的大量程引伸计、非接触的视频引伸计等。其原理也都是通过测量标距两端的位移来实现对应变的测量。

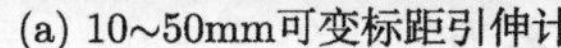

(a) 10~50mm可变标距引伸计

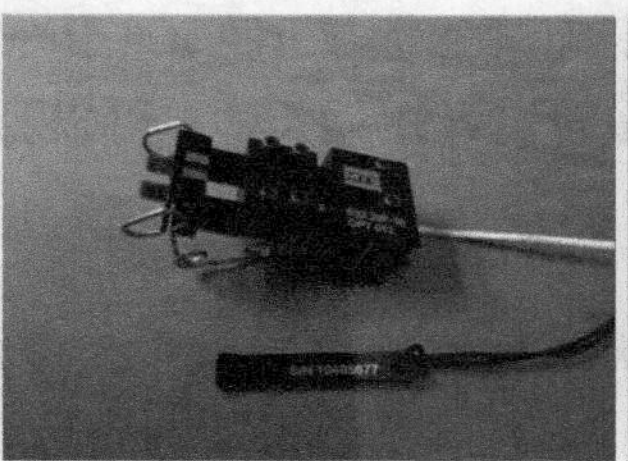

(b) 5mm标距引伸计

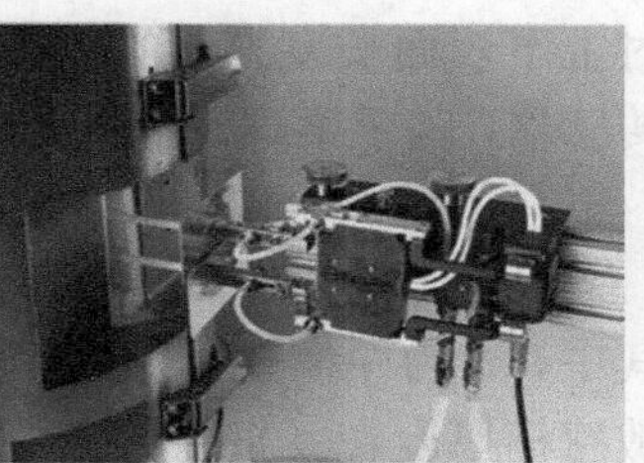

(c) 高温引伸计

(d) 横向(径向)引伸计

(e) 断裂韧性用夹式引伸计(COD规)

(f) 低温引伸计

图 4-2-9 不同类型引伸计照片

6. 柔性曲率传感器

1) 常规应变传感器测量曲率的困难

生物工程发展，对人体运动和健康监测的需求日益增加。人体各部位运动的主要变形可以分为拉压和弯曲两类，而且均为大变形。目前可测量弯曲变形的曲率传感器 (curvature sensor) 十分罕见。

使用应变传感器表征弯曲变形对传感器与被测表面的贴附情况十分敏感。对于完美贴附，即传感器与被测表面无滑移，曲率或角度与传感器应变具有一对一的关联，由传感器应变可以测量曲率。但对于可滑动贴附，则难以量化滑动效应，无法准确获取上述曲率或角度信息。可见，要利用应变传感器实现曲率测量，必须满足传感器与被测表面的无滑动贴附，这一苛刻的要求严重限制了该方法的应用。此外，有一些非接触式光学方法可以测量曲率，但需要复杂的测量系统，不具有便携性，因而阻碍了其在可穿戴设备中的应用。

这里介绍一种薄膜贴片式柔性曲率传感器[8]。将该传感器粘贴于手套上，即使在弯曲过程中手指与手套之间产生相对滑动，传感器仍然可以测得手指弯曲的曲率和角度。该传感器最突出的优点是测量结果不依赖于被测表面的应变，不要求传感器与被测表面的完美贴附，同时，该传感器制备成本低、原理简单且便携，使得其在柔性可穿戴电子设备中具有巨大的应用潜力。

2) 柔性曲率传感器的原理

柔性曲率传感器的结构设计利用了最基本的梁弯曲变形原理，根据梁在弯曲时上下表面长度方向的应变，可计算曲率 (图 4-2-10(a))。对于发生纯弯曲的曲率传感器，基于梁理论的平截面假定可知，曲率 κ 可以表示为

$$\kappa = \frac{\varepsilon_{\text{top}} - \varepsilon_{\text{bottom}}}{t} \tag{4-2-14}$$

其中，t 为中间层厚度 (远大于敏感栅厚度，实际传感器中 t 一般为几百微米，敏感栅厚度在 10μm 的量级)，ε_{top} 和 $\varepsilon_{\text{bottom}}$ 分别为上下层敏感栅的应变。参考式 (4-2-6)，对于上下层敏感栅，电阻相对变化与应变的关系为

$$\frac{\Delta R_{\text{top}}}{R} = K\varepsilon_{\text{top}}, \quad \frac{\Delta R_{\text{bottom}}}{R} = K\varepsilon_{\text{bottom}} \tag{4-2-15}$$

其中，ΔR_{top} 和 ΔR_{bottom} 为上下层敏感栅的电阻变化。由式 (4-2-14) 和式 (4-2-15)，曲率可由上下敏感栅的电阻变化测量得到，即

$$\kappa = \frac{1}{tKR}\left(\Delta R_{\text{top}} - \Delta R_{\text{bottom}}\right) \tag{4-2-16}$$

如果传感器同时承受弯曲和拉压，那么上下层敏感栅中的应变均包含弯曲应变和膜应变，即 $\varepsilon_{\text{top}} = \varepsilon_{\text{membrane}} + \varepsilon_{\text{bending}}$，$\varepsilon_{\text{bottom}} = \varepsilon_{\text{membrane}} - \varepsilon_{\text{bending}}$，其中上层的弯曲应变 ($\varepsilon_{\text{bending}}$) 和下层的弯曲应变 ($-\varepsilon_{\text{bending}}$) 为相反数。由上述公式可见，拉压引起的膜应变效应通过 ε_{top} 和 $\varepsilon_{\text{bottom}}$ 的差得到了消除。因此，膜应变不影响曲率的测量结果，传感器与被测表面也无须要求完美贴附。

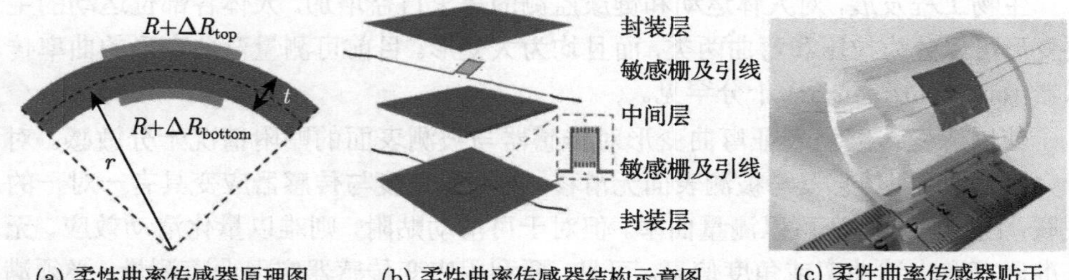

(a) 柔性曲率传感器原理图 (b) 柔性曲率传感器结构示意图 (c) 柔性曲率传感器贴于圆柱体上的实物图

图 4-2-10 柔性曲率传感器结构与应用

3) 柔性曲率传感器制作

图 4-2-10(b) 为柔性曲率传感器的结构示意图，它由中间层 (酚醛树脂或聚酰亚胺等聚合物)、上下两个带有铜引线的敏感栅 (康铜) 以及上下表面的封装层 (聚酰亚胺) 构成。图 4-2-10(c) 展示了一个贴附于圆柱体上的 1.5cm×1.5cm 的柔性曲率传感器，敏感栅的表观面内尺寸为 1.2mm×1.0mm。

4) 柔性曲率传感器应用

柔性曲率传感器的两个典型的设备级应用包括手势识别智能手套和坐姿监测智能服装。智能手套对于强化机器人的精细动作控制或虚拟现实等具有很大帮助，

如可用于远程机器人手术控制或安全迅速的排雷等工作，这里主要介绍智能手套。如图 4-2-11 所示的智能手套将多个曲率传感器粘贴于可延展柔性手套上，每个传感器的位置都与一个指关节对应，并通过蛇形可延展导线连接；整个系统与手腕位置处的数据处理模块连接，该模块包括电子显示屏、蓝牙模块、与五根手指关联的五个蜂鸣器及发光二极管 (LED) 指示器等。该智能手套可记录一个或多个手指弯曲过程中的实时曲率测量结果，通过监测不同的手势表达所引发的曲率变化，可以实现手语识别等功能。

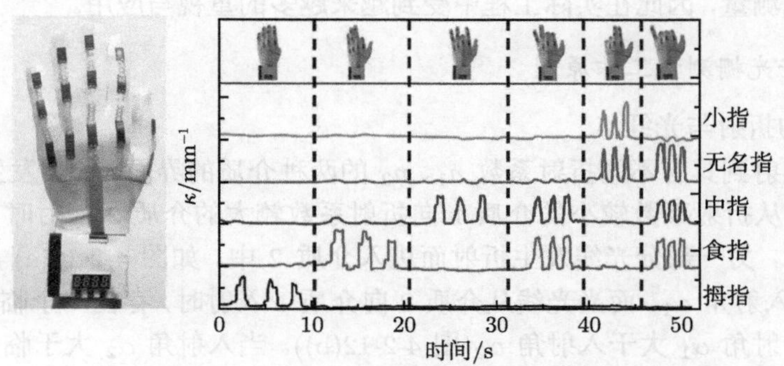

图 4-2-11 柔性曲率传感器用于手势识别

对于一些复杂曲面，有时需要同时测量不同方向的曲率。受应变花设计的启发，还可以实现不同方向的多个曲率传感器组成的曲率花，以同时完成不同方向的曲率测量。

7. 电阻应变片电测法小结

综上所述，电阻应变片电测法具有方法简单、易于掌握的特点。由于将应变转换成电压信号，很容易进行信号采集、存储和处理，因此电阻应变片电测法在各类工程实际中得到了广泛的应用。

电阻应变片电测法虽然是接触式的测量方法，但由于应变片尺寸小、质量轻，对被测表面基本无影响。电阻应变片电测法的应变灵敏度高 (约 $1\mu\varepsilon$)，适合对较小的应变进行高精度的测量，频率响应高，适合动态应变测量。一般的应变片测量范围在 0.02 以内，但也有特制的应变片具有较大的应变范围 (约 0.2)。通过采用特殊制备的应变片，电阻应变片电测法可以适用于不同的温度与介质环境，如高低温环境、水介质环境等。除了直接对工程结构与零件进行测量，还可以结合弹性元件制成各类传感器，如位移、力、力矩、加速度传感器等 (见 4.3.1 节)。

需要注意的是，电阻应变片测量的应变实际是其敏感栅覆盖面积内的一个平均应变，所以在较高应变梯度的情况下可能带来误差。且电阻应变片测量的是结构的表面应变，对于结构内部的应变测量并不适用。在导电液体环境下 (如海洋环境) 测量要注意做好导线的绝缘；在电磁环境下要注意防止电磁干扰，做好导线的屏蔽。

4.2.2　光纤光栅应变测量方法

光纤光栅 (fiber grating) 是近年来发展起来的新的应变测量方法[9-11]，利用光纤布拉格光栅 (fiber Bragg grating, FBG) 反射波中心波长随变形的变化来测量应变。相比于电阻应变片电测法，光纤光栅具有更好的环境适应性和方便性，尤其适合于分布式测量，因此在实际工程中受到越来越多的重视与应用。

1. *光纤光栅测量工作原理*

1) 光的折射与光纤

光线照射到具有不同折射系数 n_1、n_2 的两种介质的界面时，会发生折射与反射。当光线从折射系数较小的介质 1 向折射系数较大的介质 2 入射时，一部分光线发生反射，另一部分光线发生折射而进入介质 2 中。如图 4-2-12(a) 所示，折射角 α_2 小于入射角 α_1。而当光线从介质 2 向介质 1 入射时，存在一个临界角，小于临界角时折射角 α_1 大于入射角 α_2(图 4-2-12(b))。当入射角 α_2 大于临界值时，将发生光线全反射现象，此时没有光线进入介质 1 中 (图 4-2-12(c))。

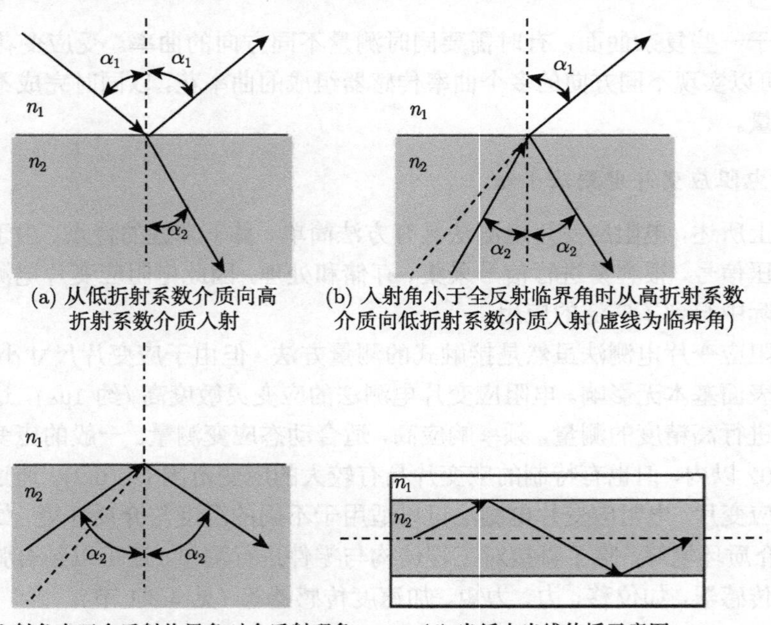

图 4-2-12　光线通过不同介质界面时的折射、反射现象与光纤示意图

光纤的发明正是利用了全反射现象的原理。光纤由具有不同折射系数的芯部材料与表皮材料构成，芯部具有比表皮材料更大的折射系数，这样的设计可以保证光线在光纤内几乎无损地传播 (图 4-2-12(d))。与金属导线传输电信号相比，由于光纤中光信号衰减小，所以很容易实现信号的长距离传输。且光信号不受电磁干扰的影响，也无须考虑绝缘问题。因此，光纤成为目前远距离通信的重要载体。

2) 光纤布拉格光栅原理

在光纤芯部材料内制备具有折射系数周期变化的结构，即获得光纤布拉格光栅，其结构与折射率分布如图 4-2-13 所示。式 (4-2-17) 描述了光栅折射率沿光纤轴向的周期变化规律：

$$n(z) = n_{\text{eff}} - (n_{\text{eff}} - n_2)\cos\left(\frac{2\pi z}{\Lambda}\right) \tag{4-2-17}$$

其中，Λ 为光栅栅距，$n(z)$ 为光栅折射系数沿轴向变化。

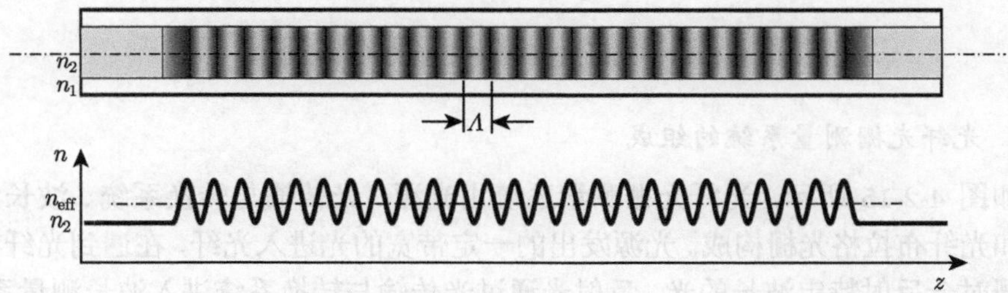

图 4-2-13 光纤布拉格光栅结构示意图

由于光栅折射系数的周期设计 (图 4-2-14)，当一定带宽的光波通过光纤布拉格光栅时，具有特定波长的光线会发生反射，且反射波中心波长 λ_B 与光栅栅距 Λ 呈正比关系：

$$\lambda_B = 2n_{\text{eff}}\Lambda \tag{4-2-18}$$

其中，n_{eff} 为有效折射系数。而当光纤由于外力作用或温度变化发生变形时，光栅栅距 Λ 将发生变化，这将导致反射波的中心波长 λ_B 改变。这种变化关系如下：

$$\frac{\Delta\lambda_B}{\lambda_B} = (\alpha_f + \xi)\Delta T + (1 - P_e)\varepsilon \tag{4-2-19}$$

其中，α_f 为光纤材料的热膨胀系数，ξ 为光纤材料的热光系数，P_e 为光纤材料的弹光系数。实际使用时，更常见的是确定光栅的中心波长温度系数 (单位为 pm/℃)，以及中心波长应变系数 (单位为 pm/$\mu\varepsilon$)。因此，测量反射波的中心波长 λ_B 的变化 $\Delta\lambda_B$，就可以获得光纤光栅的应变值或环境温度的变化。

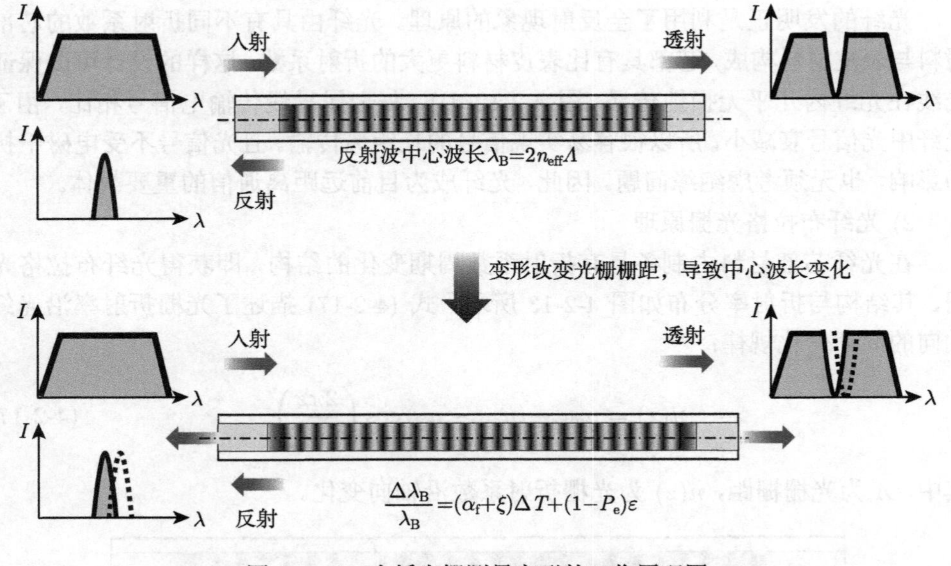

图 4-2-14 光纤光栅测量变形的工作原理图

2. 光纤光栅测量系统的组成

如图 4-2-15 所示，光纤光栅测量系统由光源、光传输与转换系统、波长测量系统和光纤布拉格光栅构成。光源发出的一定带宽的光进入光纤，在遇到光纤布拉格光栅时会反射特定波长的光。反射光通过光传输与转换系统进入波长测量系统，从而测量反射光的中心波长。当光纤布拉格光栅因应变或温度改变而变形时，反射光的中心波长就会发生变化，波长测量系统可以连续测量这种波长变化，从而给出光纤布拉格光栅所在位置的应变或温度的测量值。

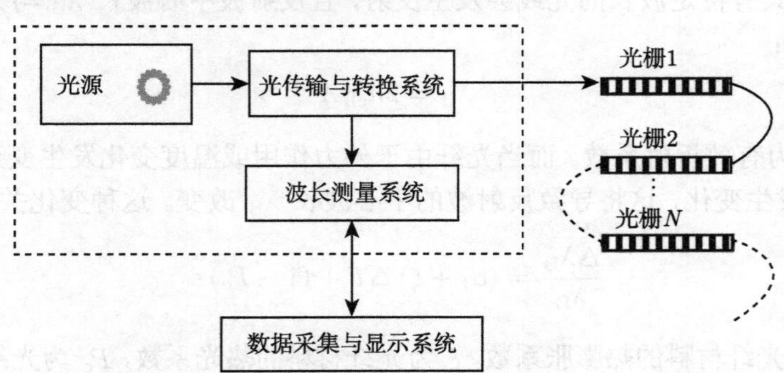

图 4-2-15 光纤布拉格光栅系统示意图 (虚线框内部件通常集成为一体)

商用的光纤光栅测量系统通常将光源、光传输与转换系统、波长测量系统集成为光纤光栅应变仪 (图 4-2-15 虚线框部分)，并通过网线连接到计算机。计算机安装相应的测量软件以完成测量过程的参数设定与数据采集及存储设定。

光纤布拉格光栅传感器主要以裸光纤形式或封装形式出售，其中光纤布拉格光栅部分的长度一般在 10mm 左右，所以其测量的应变是这一长度范围的平均应变，不适于存在较大应变梯度的位置的测量。光纤的端部一般通过专业接头与光纤光栅应变仪连接，在购买时要注意接头的匹配。

3. 光纤光栅的测量技术

1) 光纤的连接与保护

光纤光栅传感器的光纤长度一般在实验前设计并定制，在使用过程中常常需要根据现场情况调整长度。如果长度不够长就需要通过光纤连接以延长。常用的连接方式有冷连接与热连接 (熔焊连接) 两种。

冷连接过程主要包括剥除光纤保护层、清洁光纤表面、切割光纤端面、清洁光纤端面；在光纤端部安装专用冷接头；将待连接的两根光纤端部接头插入光纤耦合器连接。这里需要注意的是冷接头的接口形式与耦合器的接口要匹配。

熔焊连接过程主要包括剥除光纤保护层、清洁光纤表面、切割焊接端面、清洁光纤端面；将焊接的两根光纤安装到光纤焊接机并对齐；放电焊接；对焊接位置进行热缩管保护。光纤焊接需要使用专业的工具以保证焊接端面与光纤轴线垂直无破损并且精确地自动对齐。

除了光纤连接操作，在实际使用中尤其是裸光纤用于大型结构测试时，还要注意光纤的保护。光纤光栅应变测量通常用的单模裸光纤直径一般在百微米量级，十分脆弱。可以采用的方法主要是加保护套管，使用前利用线轮将光纤绕好，避免移动或安装过程中光纤缠绕、打结。在安装完成后，利用胶带、金属护管等进行覆盖保护。

2) 多光纤光栅分布式测量

为了实现分布式测量，可以在同一根光纤上制备多个具有不同反射波长的光栅，形成光纤光栅阵列。当具有较大带宽的光源发出的光通过这一光纤传播，遇到各个不同位置的光栅时会分别反射具有不同中心波长的光线，所以利用反射光波长可以将测量结果与测量位置对应起来。当各光栅发生变形时，可以利用各反射波中心波长的变化同时测量出各光栅对应位置的应变。因此，光纤光栅非常易于实现多测点的分布式应变测量。

需要注意的是，当一根光纤上制备有多个光栅时，各光栅的中心波长不同。如图 4-2-16 所示，设相邻的三个光栅的中心波长分别为 λ_1、λ_2 和 λ_3，则当左侧的光栅受拉伸而伸长时，对应的反射波中心波长 λ_1 将向长波方向偏移，而若右侧的光栅受压缩而缩短时，对应的反射波中心波长 λ_2 将向短波方向偏移 (图 4-2-16 中反射光光谱图中虚线)。如果初始的 λ_1 和 λ_2 靠得较近，则在变形过程中两个波可能会发生重叠，甚至左右易位，这样光学系统将难以区分每个光栅位置对应的反射波波长，也就无法准确地测量应变。因此，各光栅中心波长之间的波长间隔决定了每一光栅中心波长的变化范围 (图 4-2-16 中反射光光谱图中 $\Delta\lambda_i, i=1,2,3$)。这也决定了各光栅位置的可测应变范围，实际测量时不能超出此范围。

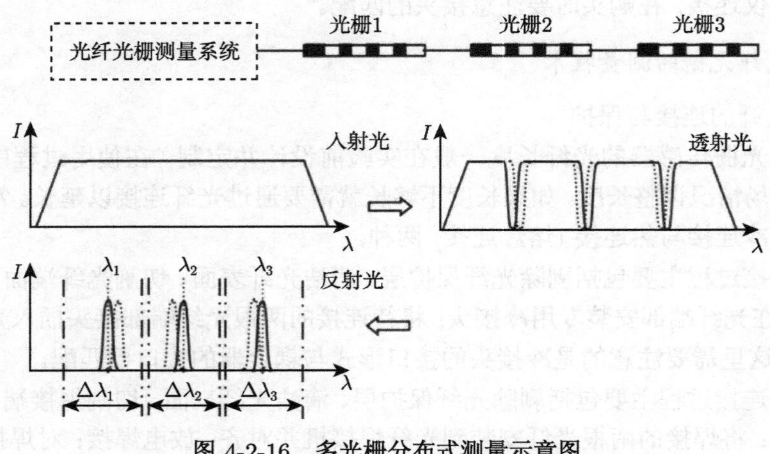

图 4-2-16　多光栅分布式测量示意图

3) 光纤光栅应变敏感系数标定

光纤光栅传感器的粘贴技术与电阻应变片的粘贴类似，需要清洁测量点位置，选择合适的胶沿测量方向进行光纤光栅的粘贴。在实际使用中，由于测量的基体材料、胶以及环境温度的不同，光纤光栅的应变敏感系数可能存在一些变化。因此，在使用前应该对光纤光栅在工况条件下进行应变敏感系数的标定。标定的方法可以参考应变片敏感系数的标定方法，利用实际工况的基体材料制成等应力梁，将光纤光栅传感器用同样的胶沿主应力方向粘贴后加载标定。也可以将光纤光栅用同样的胶粘贴在拉伸试样表面，在相同环境温度下与高精度的引伸计进行对比标定。

4) 如何消除温度变化对应变测量的影响

由式 (4-2-19) 可见，工作温度的变化与应变均会导致光纤光栅反射波中心波长的变化。因此，当测量过程中存在温度变化时，无法获得应变的准确值。

为了消除测量过程中温度变化对应变测量带来的影响，最为简便的方法就是在测量位置附近放置另一个光纤光栅传感器作为参考。将参考光纤光栅传感器用同样的胶粘贴在同样的基体材料上，但基体材料不受载荷，这样参考光纤光栅传感器的波长变化仅由温度变化引起。将测试光纤光栅的波长变化量减去参考光纤光栅的波长变化量就获得了由机械变形引起的波长变化量，从而将温度效应从测量中分离出来。

除了设置参考光纤光栅传感器，还有一些其他方法可以实现应变测量与温度测量的分离，请查阅相关文献[10]。

4. 光纤光栅应变测量方法小结

光纤光栅应变测量方法利用了光纤布拉格光栅对特定波长的反射特性。当光纤光栅发生变形时，对应的反射波中心波长随之变化，因此通过测量反射波中心波长的变化即可测量光纤光栅粘贴位置处材料的应变或温度。由于利用光纤技术，所以具有如下特点：信号衰减小、可长距离测量、抗电磁干扰、可用于液体环境、灵敏度高 (με 量级)；可以埋入材料内部测量应变或温度；易于分布式测量等。以上特点使得光纤光栅在复杂服役环境下相对于电阻应变片具有更大的优势，如深海环境、高电压或电磁干扰环境以及长距离多测点情况。

需要注意的是，光纤十分纤细，在使用时要做好保护，避免光纤过分弯曲或打结。使用前做好应变敏感系数标定，并消除温度变化对应变测量的干扰。

4.2.3 摄影测量法

在摄影测量 (photogrammetry) 技术出现之前，人们通常用三坐标测量机等设备完成对结构件特征点、面的空间位置和距离的测量。这种接触式测量对于大尺寸结构的空间特征点位置、曲面的形貌、非均匀的变形场以及动态过程均存在难度大、设备成本高及测量效率低的问题。为了改进接触式测量，在传统摄影测量技术基础上发展了数字摄影测量法[12,13]，使得人们可以利用单相机或多相机从不同角度获取测量对象的投影图像，然后通过图像分析实现对三维物体形貌、变形和运动过程的高精度、非接触测量。

1. 基本原理

1) 单眼摄影与双眼摄影

摄影测量用单相机或多相机成像，其最基本的原理如图 4-2-17 所示。

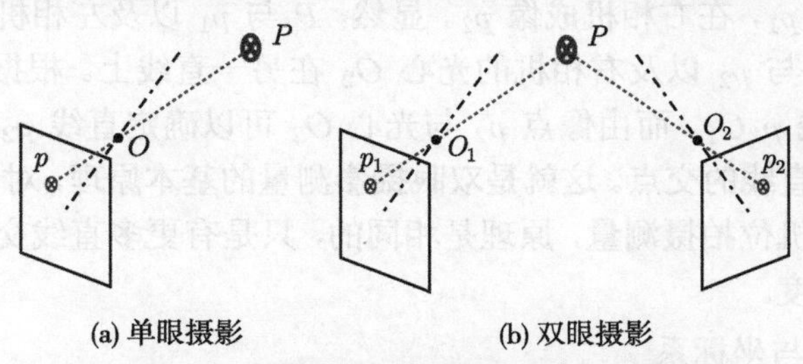

图 4-2-17 单眼摄影与双眼摄影测量示意图

单眼摄影测量利用单镜头相机对目标进行照相。如图 4-2-17(a) 所示，根据光的直线传播规律，对于针孔成像情况，可知目标在像平面所成像点 p 与目标点 P 以及光孔中心 O 在同一直线上。如果目标位于与光轴垂直的平面内 (图 4-2-18)，那么像的尺寸与目标尺寸符合相似关系：

$$\frac{H}{h}=\frac{u}{f} \tag{4-2-20}$$

其中，H 为目标的高度；h 为像的高度；u 为目标到光孔中心 O 的距离，也称物距；f 为成像面到光孔中心 O 的距离，也称像距。真实的相机并非利用小孔来成像，而是利用透镜组以增加通光量，但这种相似关系同样是满足的。

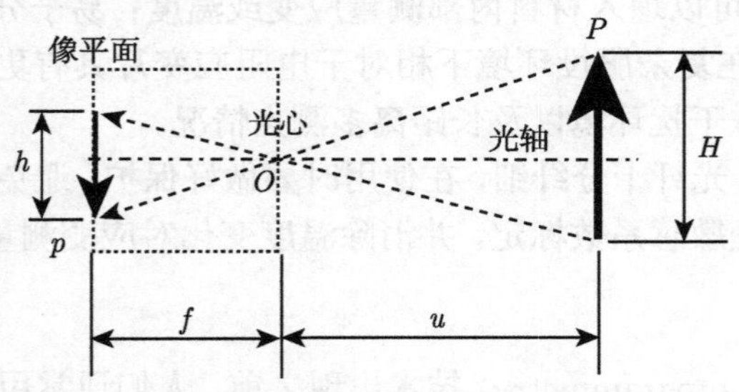

图 4-2-18 单眼摄影的几何光学原理

利用单眼摄影，可以获得目标的相似投影图像。但由于没有准确的物距 u，仅靠拍摄的图像参数 h 和相机参数 f，仍无法定量测量目标的尺寸。为了利用单眼摄影来进行定量测量，可在目标所在平面内设置一已知长度的标尺，这样利用标尺的像的长度 (或像素) 就可以建立像的尺寸 (或像素) 与目标实际尺寸之间的比例关系，从而可以在目标所在平面进行准确的尺寸、位移测量。

如果采用双相机拍摄，或是单相机在不同的角度对同一目标点进行多次拍摄，那么只要标定好双相机之间几何关系或单相机不同机位之间的几何关系，就可以通过对目标物立体像对的分析获得目标的空间坐标。如图 4-2-17(b) 所示，目标点 P 在左相机成像 p_1，在右相机成像 p_2。显然，P 与 p_1 以及左相机的光心 O_1 在一条直线上，而 P 与 p_2 以及右相机的光心 O_2 在另一直线上。根据像点 p_1 与光心 O_1 可以确定直线 p_1O_1，而由像点 p_2 与光心 O_2 可以确定直线 p_2O_2，那么目标点 P 就位于这两条直线的交点。这就是双眼摄影测量的基本原理，对于多相机同时成像或是单相机多机位拍摄测量，原理是相同的，只是有更多直线交汇，从而保证具有更高的测量精度。

2) 相机参数与坐标系

与摄影测量相关的相机参数主要有内方位元素与外方位元素，相应建立了图像坐标系 x-y 和世界坐标系 X-Y-Z。图像坐标系 x-y 建立在像平面内，其原点在采集的图像中心。世界坐标系 X-Y-Z 建立在相机和拍摄目标所在的空间，也称为全局坐标系。

相机的内方位元素包括成像中心 (像主点) 与相机的焦距 (主距)。像主点是摄影镜头光轴与图像采集面的交点，即图 4-2-19 中的 (x_0, y_0) 点，通常像主点并不在采集的图像中心，即图像坐标系的原点。主距也就是图 4-2-18 中的像距 f，即光轴中心 S 至图像采集面的距离。当物距 u 较大时，主距非常接近于相机镜头的焦距。内方位元素是相机的内在属性，不随相机的空间位置而变。

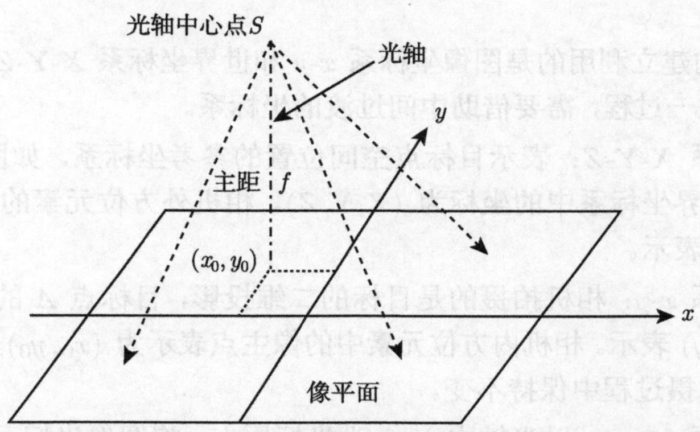

图 4-2-19　图像坐标系 x-y 中的相机内方位元素像主点 (x_0,y_0) 和主距 f 示意图

相机的外方位元素包括相机的空间位置与相机的拍摄方向。相机的空间位置是指相机的光轴中心 S 在世界坐标系 X-Y-Z 中的位置 (图 4-2-20)，表示为 (X_S, Y_S, Z_S)。拍摄方向是指相机坐标相对于世界坐标系 X-Y-Z 的空间方向，通常用三个欧拉角 $(\varphi, \omega, \kappa)$ 来表示。外方位元素与相机本身无关，只取决于拍摄时相机的空间位置以及相机相对于世界坐标系 X-Y-Z 的拍摄方向。

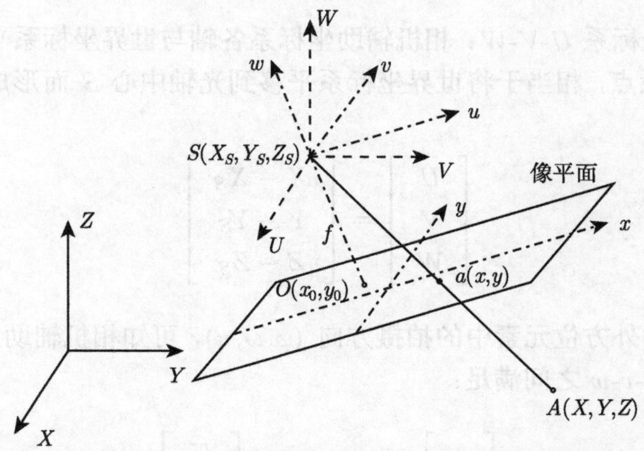

图 4-2-20　单相机成像共线关系与测量坐标的示意图

3) 坐标变换与共线方程

为了根据拍摄的图像完成对目标的测量，需要建立图像坐标系中的像点 a 坐标 (x,y) 与世界坐标系中的目标点 A 坐标 (X,Y,Z) 之间的关系。如图 4-2-20 所示，光轴中心 S、像点 a 和目标点 A 位于同一直线上。因此，根据相机的内方位元素与外方位元素，可以建立光轴中心 S、目标点 A 与像点 a 之间满足的共线方程。

共线方程的建立利用的是图像坐标系 x-y 和世界坐标系 X-Y-Z 之间的变换关系，为了说明这一过程，需要借助中间过渡的坐标系。

世界坐标系 X-Y-Z：表示目标点空间位置的参考坐标系。如图 4-2-20 所示，目标点 A 在世界坐标系中的坐标为 (X,Y,Z)。相机外方位元素的光轴中心 S 用 (X_S,Y_S,Z_S) 来表示。

图像坐标系 x-y：相机拍摄的是目标的二维投影，目标点 A 的像点 a 在图像坐标系中用 (x,y) 表示。相机内方位元素中的像主点表示为 (x_0,y_0)，可通过标定来确定，并且在拍摄过程中保持不变。

相机坐标系 u-v-w：以光轴中心 S 为坐标原点，将图像坐标系沿 OS 从像主点 O 向 S 点平移。其 u 轴与图像坐标系的 x 轴平行，v 轴与图像坐标系的 y 轴平行，w 轴沿光轴方向。像点 a 在相机坐标系内可以表示为

$$\begin{bmatrix} u \\ v \\ w \end{bmatrix} = \begin{bmatrix} x-x_0 \\ y-y_0 \\ -f \end{bmatrix} \tag{4-2-21}$$

相机辅助坐标系 U-V-W：相机辅助坐标系各轴与世界坐标系平行，但是以光轴中心为坐标原点，相当于将世界坐标系平移到光轴中心 S 而形成的新坐标系，满足：

$$\begin{bmatrix} U \\ V \\ W \end{bmatrix} = \begin{bmatrix} X-X_S \\ Y-Y_S \\ Z-Z_S \end{bmatrix} \tag{4-2-22}$$

根据相机的外方位元素中的拍摄方向 (φ,ω,κ)，可知相机辅助坐标系 U-V-W 与相机坐标系 u-v-w 之间满足：

$$\begin{bmatrix} u \\ v \\ w \end{bmatrix} = R(\varphi,\omega,\kappa) \begin{bmatrix} U \\ V \\ W \end{bmatrix} \tag{4-2-23}$$

其中，$R(\varphi,\omega,\kappa)=\begin{bmatrix} a_1 & b_1 & c_1 \\ a_2 & b_2 & c_2 \\ a_3 & b_3 & c_3 \end{bmatrix}$ 为坐标变换矩阵，其 9 个分量由三个独立变量 φ、ω、κ 确定。

根据上述坐标变换，由式 (4-2-21)~式 (4-2-23)，即可建立图像坐标系中的像点 a 坐标 (x,y) 与世界坐标系中的目标点 A 坐标 (X,Y,Z) 之间的坐标变换关系：

$$\begin{bmatrix} x-x_0 \\ y-y_0 \\ -f \end{bmatrix} = \lambda R(\varphi,\omega,\kappa) \begin{bmatrix} X-X_S \\ Y-Y_S \\ Z-Z_S \end{bmatrix} \tag{4-2-24}$$

其中，λ 为比例系数。对于单相机成像，由于物距未知，所以对于每一目标点，λ 都是不同的。

可以将方程消去 λ，写成如下形式，即共线方程：

$$\begin{cases} x = x_0 - f\dfrac{a_1(X-X_S)+b_1(Y-Y_S)+c_1(Z-Z_S)}{a_3(X-X_S)+b_3(Y-Y_S)+c_3(Z-Z_S)} \\ y = y_0 - f\dfrac{a_2(X-X_S)+b_2(Y-Y_S)+c_2(Z-Z_S)}{a_3(X-X_S)+b_3(Y-Y_S)+c_3(Z-Z_S)} \end{cases} \tag{4-2-25}$$

共线方程中相机的外方位元素为未知参数，共六个 $(\varphi,\omega,\kappa,X_S,Y_S,Z_S)$。因此，如果在照片中有三个非共线的目标点是已知的，就可以标定出相机的外方位元素。

4) 立体像对空间交会确定目标点坐标

如果相机的外方位元素已知，那么根据共线方程 (4-2-25) 就可以由目标点的成像坐标 (x,y) 确定目标点所在的直线方程。此时，由于缺乏距离信息，无法确定目标点的三维坐标。但如果使用外方位元素已知的双相机同时拍摄，如图 4-2-17(b) 双眼摄影测量方法所示，就可以获得同一目标点与左相机的像点所在的直线方程，以及与右相机的像点所在的直线方程，理论上这两条直线的交点就是目标点的空间坐标。除了双相机同时拍摄，也可用同一相机从不同空间方位对同一目标进行拍摄，只要在目标附近有一些 ($\geqslant 3$) 已知位置的控制点，就可以通过共线方程将每次拍摄时相机的外方位元素计算出来，从而完成对目标点的测量。

下面如图 4-2-21 所示简单说明当相机的外方位元素已知时，如何求解目标点的坐标。

(1) 相机坐标系 u-v-w → 相机辅助坐标系 U-V-W。目标点 $A(X,Y,Z)$ 在左相机中的像点坐标为 $a_1(x_1,y_1)$，在右相机的像点坐标为 $a_2(x_2,y_2)$。那么根据式 (4-2-21) 和式 (4-2-23) 将左右像点分别从各自的相机坐标系 u-v-w 变换到各自的相

机辅助坐标系 U-V-W，如式 (4-2-26) 所示：

$$\begin{bmatrix} U_1 \\ V_1 \\ W_1 \end{bmatrix} = R_1^{-1} \begin{bmatrix} x_1 - x_{01} \\ y_1 - y_{01} \\ -f_1 \end{bmatrix}, \quad \begin{bmatrix} U_2 \\ V_2 \\ W_2 \end{bmatrix} = R_2^{-1} \begin{bmatrix} x_2 - x_{02} \\ y_2 - y_{02} \\ -f_2 \end{bmatrix} \tag{4-2-26}$$

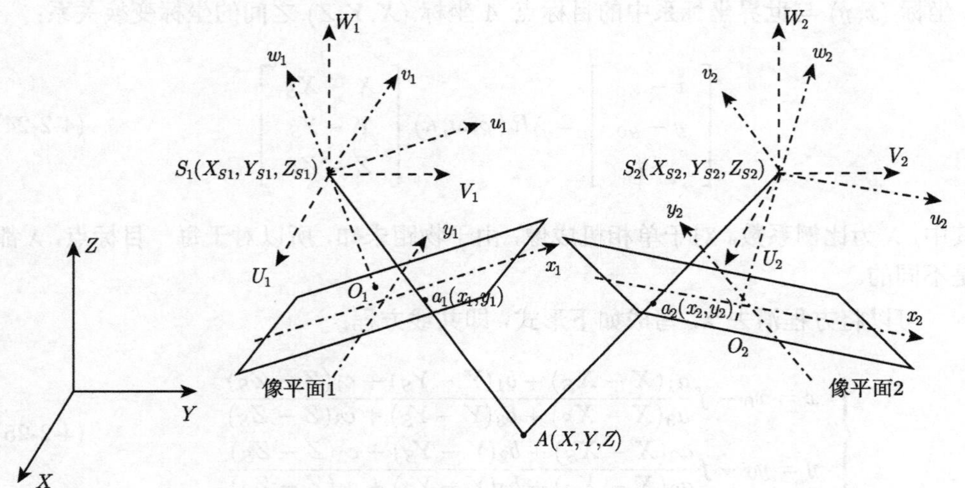

图 4-2-21　双相机确定空间目标点坐标的示意图

(2) 相机辅助坐标内相似关系。目标点 $A(X,Y,Z)$ 在左相机的相机辅助坐标内的坐标为 (U_{A1}, V_{A1}, W_{A1})，在右相机中为 (U_{A2}, V_{A2}, W_{A2})。则左、右相机中目标点与像点共线，并符合比例关系，对应的比例系数分别为左相机 λ_1 和右相机 λ_2：

$$\begin{bmatrix} U_{A1} \\ V_{A1} \\ W_{A1} \end{bmatrix} = \lambda_1 \begin{bmatrix} U_1 \\ V_1 \\ W_1 \end{bmatrix}, \quad \begin{bmatrix} U_{A2} \\ V_{A2} \\ W_{A2} \end{bmatrix} = \lambda_2 \begin{bmatrix} U_2 \\ V_2 \\ W_2 \end{bmatrix} \tag{4-2-27}$$

(3) 测量点坐标 $(X,Y,Z) \to$ 相机辅助坐标 (U,V,W)。目标点 $A(X,Y,Z)$ 与其在左、右相机的相机辅助坐标内坐标之间只是发生了坐标平移，因此可以表达如下：

$$\begin{bmatrix} X \\ Y \\ Z \end{bmatrix} = \begin{bmatrix} X_{S1} + U_{A1} \\ Y_{S1} + V_{A1} \\ Z_{S1} + W_{A1} \end{bmatrix} = \begin{bmatrix} X_{S2} + U_{A2} \\ Y_{S2} + V_{A2} \\ Z_{S2} + W_{A2} \end{bmatrix} \tag{4-2-28}$$

(4) 求投影系数 λ。由方程 (4-2-28)，通过代入式 (4-2-26) 和式 (4-2-27) 就可以分别求出比例系数 λ_1 和 λ_2。由任一比例系数即可给出目标点的坐标 (X,Y,Z)。

$$\begin{bmatrix} X_{S2}-X_{S1} \\ Y_{S2}-Y_{S1} \\ Z_{S2}-Z_{S1} \end{bmatrix} = \begin{bmatrix} U_{A1}-U_{A2} \\ V_{A1}-V_{A2} \\ W_{A1}-W_{A2} \end{bmatrix} = \begin{bmatrix} \lambda_1 U_1-\lambda_2 U_2 \\ \lambda_1 V_1-\lambda_2 V_2 \\ \lambda_1 W_1-\lambda_2 W_2 \end{bmatrix}$$

$$\Rightarrow \begin{cases} \lambda_1 = \dfrac{(X_{S2}-X_{S1})W_2-(Z_{S2}-Z_{S1})U_2}{U_1W_2-U_2W_1} \\ \lambda_2 = \dfrac{(X_{S2}-X_{S1})W_1-(Z_{S2}-Z_{S1})U_1}{U_1W_2-U_2W_1} \end{cases} \tag{4-2-29}$$

显然，由于摄影误差的存在，由两个比例系数计算的目标点的位置不会重合，因此需要使用更多的已知坐标的控制点，或是更多不同方位的拍摄位置来提高分析的精度。

2. 近景摄影测量设备

如图 4-2-22 所示，通常的近景摄影测量设备包括：相机 (内方位元素已标定)；十字坐标架，包含 5 个相对位置确定的编码标记点；长度标杆，用于对长度进行精确校准；编码与非编码标记点，用于测量对象表面位置识别，其中编码标记点具有唯一性，保证在不同图像中同一位置的自动识别；近景摄影测量软件，用于对相机采集的图像集进行自动分析，确定测量对象上各标记点的空间三维坐标。

(a) 近景摄影测量设备

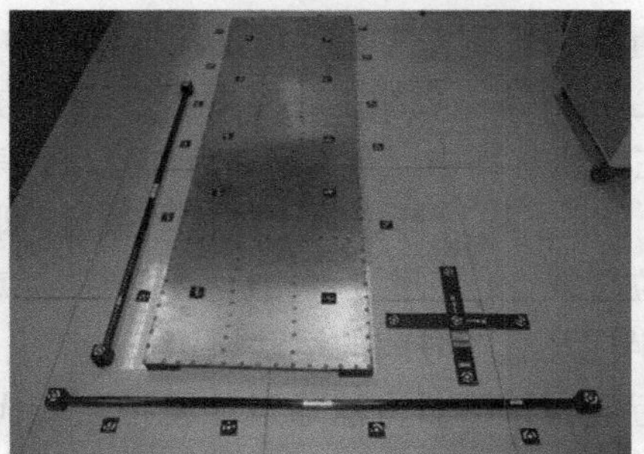

(b) 测量板的变形

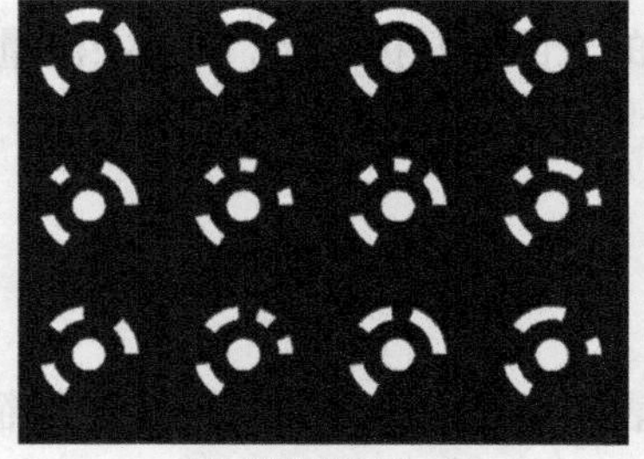

(c) 编码标记点

(d) 非编码标记点

图 4-2-22 近景摄影测量系统

以上近景摄影系统只用了一台相机，从不同方向对目标进行拍摄而实现测量。在拍摄视野中放置标定板和长度标杆可精确地标定相机的外方位元素，从而给出测量物体上各标记点的空间坐标。由于视场可以通过编码标记点拼接，所以可以对较大的结构件进行测量。但由于拍摄不是同时完成的，所以这类单相机设备只适用于结构件的静态测量。

对动态过程必须用至少两台相机进行同步采集，或将多台相机集成为三维动态测量系统。如果采用高速相机，那么还可以用于汽车碰撞、爆炸与冲击以及结构振动的测量。

3. 近景摄影测量的基本步骤

首先应选取结构中关键测量位置，设置好编码标记点。然后在测量位置附近布置标定板与两个长度标杆，长度标杆的放置应尽量平行于重要的测量平面，一般沿水平与垂直方向分别放置一个；调整测量现场的光线，保证照明均匀。接着从不同空间位置对目标进行拍摄，注意保证初始几幅照片要完整地将标定板拍摄到视野中。最后将照片导入分析软件，处理获得全部标记点的空间坐标。如果是多相机同时拍摄，那么软件将给出全部标记点的空间坐标随时间的变化轨迹。

4. 近景摄影测量方法小结

近景摄影测量方法利用了几何光学中光的直线传播原理，即目标点、像点与光轴中心位于同一直线上。根据图像坐标与世界坐标的坐标变换，可以建立共线方程。在共线方程中，除了目标点的坐标，其他参数均为相机的内方位元素或外方位元素。因此，通过标定确定这些参数后，即可利用共线方程计算像点对应的目标点空间位置或方位。通过单相机多机位成像或多相机同时成像，可确定目标点的三维空间坐标及其随时间的运动轨迹。

近景摄影测量方法通过相机拍照取代了传统的接触测量方法，实现对于空间大尺寸结构的形貌与变形的简便测量，尤其对振动和冲击等动态过程的测量具有明显的优势，因此在工程中得到了广泛的应用。

需要注意的是，这一方法需要在测量对象的表面做好标记点。如果在测量过程中标记点本身发生变化或脱落，将导致实验失败。

4.2.4　数字图像相关法

1. 基本原理

测量对象 (材料试样或零件、结构等) 的表面一般都具有随机分布的特征 (纹理或散斑)，这种随机特征可以是人工制备的，也可以是自然形成的。由于每一位置的纹理均具有独一无二的特征，所以与近景摄影测量中所用的编码标记点作用相同，可用摄影测量法测量物体表面任一点的空间位置。当物体运动或受到载荷作用时，纹理也会移动或变形。只要比较连续拍摄的两幅图像，即可获得物体表面任一点的位移。

如图 4-2-23 所示，荷花本身的特征在照片中具有唯一性，类似于近景摄影测量法用到的编码标记点。利用数字图像相关 (digital image correlation) 函数可识别前后两幅照片中荷花的位置，如图 4-2-23 中小窗口的初始位置为 (x_0,y_0)，利用相关函数对前后两幅照片中小窗口内灰度矩阵进行分析，可识别出后一幅照片中小窗口新的位置为 (x_1,y_1)，因此获得了窗口所在位置的位移。同理，如果图像是由随机分布的散斑构成的，那么图像中每一位置都具有唯一性，同样可以利用数字图像相关分析来进行每一位置识别。对变形过程采集的图像序列进行相关分析就获得了位移场及其变化，再通过差分得到应变场及其变化。

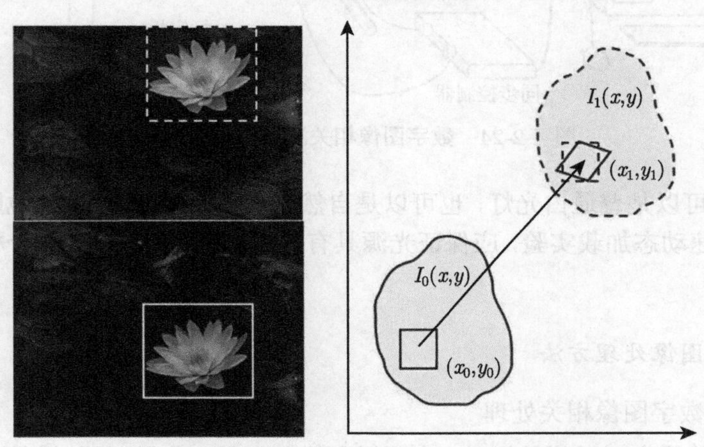

图 4-2-23 数字图像相关法原理图

分析过程利用了相关函数分析，因此这一类测量方法称为数字图像相关法[13-15]。此外，由于测量时通常采用人工方法在试样表面制备高反差的随机斑点图，类似于相干光照射到物体表面时形成的散斑，所以这一方法又称为数字散斑相关 (digital speckle correlation) 法。

2. 数字图像相关测量系统

图 4-2-24 给出了数字图像相关测量系统，包括：摄像头与光学镜头、照明灯、同步控制器、标定板和数据采集分析系统 (计算机与数字图像相关处理软件)。

摄像头用于试样表面测量区域散斑图像的采集。对平板试样进行测量时，只使用一台摄像头，称为二维数字图像相关分析。此时被测量的试样夹持时应保证测量面与相机光轴垂直。此外，为了消除试样离面位移的影响，摄像头的镜头应尽量选取远心镜头，否则应想办法进行离面位移的修正。与二维数字图像相关测量对应的是三维数字图像相关测量，则需要至少两台摄像头，且实验过程需要利用同步控制器来保证各摄像头能精确地同步采集图像。摄像头的技术参数包括芯片类型 (CCD 或 CMOS)、分辨率 (像素个数)、像素尺寸、信噪比、采集位数等，这些参数对最终测量的精度均有重要的影响。

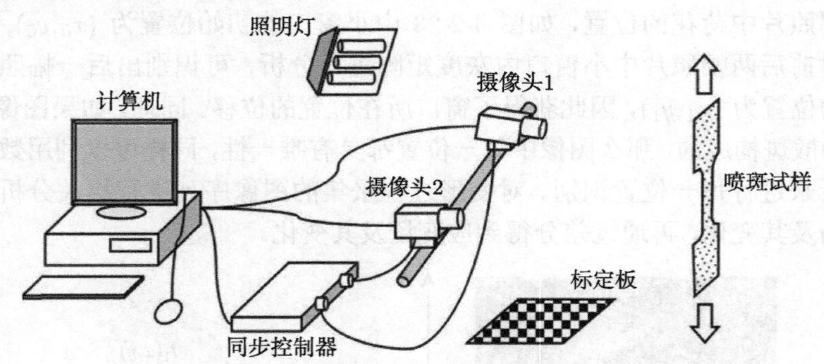

图 4-2-24 数字图像相关测量系统示意图

照明灯可以是普通白光灯，也可以是自然光，只要能均匀、稳定地照亮试样即可。对于高速动态加载实验，应保证光源具有足够的强度。数据采集分析由计算机完成。

3. 数字图像处理方法

1) 二维数字图像相关处理

利用成像设备对试样的运动、变形过程进行记录，获得不同时刻的数字图像。在原始图像上选取子窗口，根据相关函数对变形前的子窗口与变形后的图像中不同位置的子区域进行相关性计算，相关性最好的位置即这一子窗口变形后的位置。对整个图像不同位置的子窗口均进行相关计算就可以获得变形后的位移场。进一步根据位移场进行微分计算获得测量对象表面的应变场。

为了寻找变形前后图像中子窗口的相关位置，需要用到相关函数。如图 4-2-25 所示，采集后的数字化图像为 9×9 像素，对应的白色区域每一像素的灰度值均用值 255 表示，而对应的灰色区域每一像素均用值 0 表示。取子窗口尺寸为 5×5 像素的小区域，变形前图像中子窗口对应的灰度矩阵用 $f(x,y)$ 表示，而变形后同样大小的子窗口对应的灰度矩阵用 $g(x,y)$ 表示。选取如下相关函数：

$$C_{f,g}(P)=\sum_{x=1}^{M}\sum_{y=1}^{M}\left[f\left(x,y\right)-g\left(x,y\right)\right]^{2} \tag{4-2-30}$$

可见，当相关函数值为 0 时，变形前后的子窗口完全一致，可以精确给出变形后子窗口的位置。

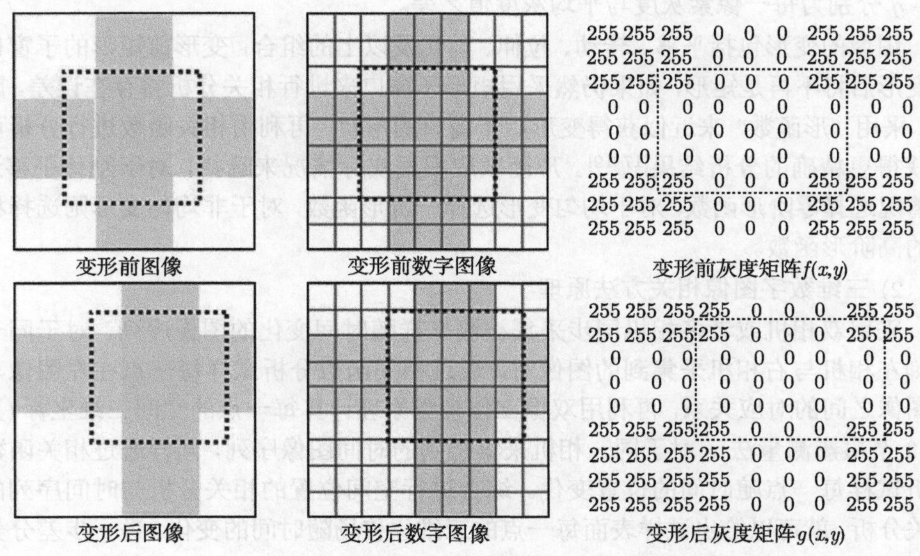

图 4-2-25　图像数字化及相关分析示意图

以上只是示意说明了相关函数的作用。这一相关函数尽管形式简单，但当图像采集过程中发生光照条件变化，如对比度、亮度变化时，会导致相关分析错误。因此，对于相关函数的选择，要满足易操作、抗干扰和较小的计算量等要求。研究表明[16]，以下三种相关函数效果较好且具有内在关联。

零均值归一化互相关函数：

$$C_{\mathrm{ZNCC}}=\frac{\sum \bar{f}_i\bar{g}_i}{\sqrt{\sum \bar{f}_i^2\sum \bar{g}_i^2}} \tag{4-2-31a}$$

零均值归一化最小平方距离相关函数：

$$C_{\mathrm{ZNSSD}}=\sum\left(\frac{\bar{f}_i}{\sqrt{\sum \bar{f}_i^2}}-\frac{\bar{g}_i}{\sqrt{\sum \bar{g}_i^2}}\right)^2 \tag{4-2-31b}$$

参数最小平方距离相关函数：

$$C_{\mathrm{PSSDab}}=\sum\left(af_i+b-g_i\right)^2 \tag{4-2-31c}$$

其中，f_i、g_i 分别为变形前、后子窗口第 i 像素的灰度，a 和 b 为常数。定义 $\bar{f}=$

$\frac{1}{n}\sum_{i=1}^{n} f_i$，$\bar{g}=\frac{1}{n}\sum_{i=1}^{n} g_i$ 分别为变形前后子窗口的平均灰度，则式中 $\bar{f}_i=f_i-\bar{f}$、$\bar{g}_i=g_i-\bar{g}$ 分别为每一像素灰度与平均灰度值之差。

图像的变形包括平移、转动、拉伸、剪切及以上的组合，变形前矩形的子窗口在变形后将不再是矩形，如果仍然采用矩形子窗口来进行相关分析将存在误差。因此，采用“形函数”来近似获得变形后子窗口的形状，再利用相关函数进行分析可以获得更精确的分析结果[17-19]。形函数应根据实际情况来选择，对于刚体平移运动情况选择零阶形函数，对于均匀变形选择一阶形函数，对于非均匀变形则选择相应的高阶形函数。

2) 三维数字图像相关方法原理

采用双相机或者多相机同步采集被测试样随时间变化的图像序列，对于同一时刻左相机与右相机采集到的图像对，通过相关函数分析试样每一点在左图像与右图像之间的对应关系，再利用双像立体视觉原理计算每一点的空间三维坐标 (见 4.2.3 节摄影测量法)。对于同一相机采集得到的时间图像序列，同样通过相关函数分析试样每一点随时间的位置变化。综合进行空间位置的相关分析与时间序列的相关分析，就可以给出试样表面每一点的三维位移场随时间的变化。进一步差分分析可以获得试样表面的应变场。

三维数字图像相关方法的三维空间定位与摄影测量法相似。如图 4-2-21 所示，同一空间点 A 在左相机中的像点为 a_1，在右相机中的像点为 a_2。在摄影测量法中 A 点通常为编码标记点，由于标记点具有唯一的编码，在左、右图像中可以很容易地将 a_1 点与 a_2 点对应。而在三维数字图像相关方法中，A 点为局部散斑场，其像点 a_1、a_2 通过相关函数建立起空间对应关系。因此，这两种方法在空间定位原理上是一致的，三维数字图像相关分析利用了试样的表面纹理或人造散斑，而不用在试样表面制作标记点，因此使用上更加简便。

4. 操作步骤

1) 实验准备

(1) 散斑制备。实验前首先应在试样表面制作散斑，如果利用试样表面的原始纹理作为散斑，则称为自然散斑。自然纹理通常无法保证高精度的测量需要，所以更多的情况是专门制作散斑，这种散斑称为人工散斑。

为了保证数字相关分析的准确性、唯一性，要求散斑具有随机性、各向同性、高对比度和稳定性[20]。随机性是指散斑图是完全随机的，且不存在重复的区域特征。如图 4-2-26(a) 所示的图形，每个周期单元都是一样的，无法保证相关匹配的唯一性。各向同性是指散斑的随机分布没有明显的方向特征，也就是散斑的非周期性在图像的任一方向均得到满足。如图 4-2-26(b) 所示的散斑图像沿线条方向无法保证相关匹配。高对比度是指散斑与基底的反差。图 4-2-26(c) 给出了对比度低的散斑图，其相关分析的误差较大，而图 4-2-26(d) 则比较理想。在分析中，可以用平均灰度梯度来评价散斑图的对比度大小。稳定性是指散斑要牢固地附着在试样的表面，即使试样经历大的变形也不脱落并仍然能保持高的对比度。

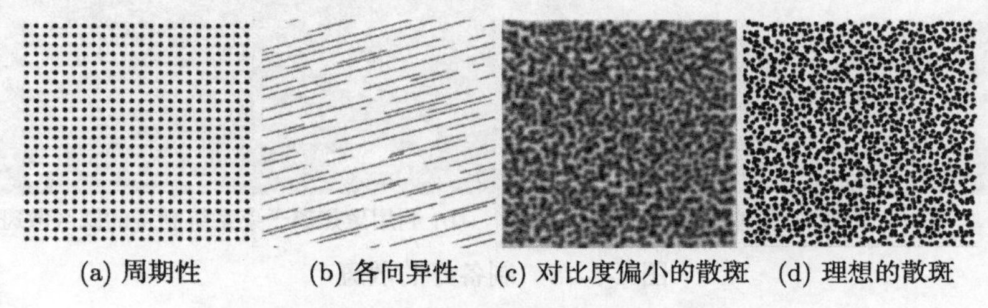

(a) 周期性　(b) 各向异性　(c) 对比度偏小的散斑　(d) 理想的散斑

图 4-2-26　不同质量的散斑示意图

除此之外，为了数字图像相关分析中具有好的空间分辨率，散斑颗粒的尺寸控制在 3~5 像素效果较好。

散斑的质量是影响数字图像相关分析精度的重要因素，因此发展了许多实验技术来获得高质量的散斑。对于较大尺寸的试样，可以使用专用的转印工具。对 10mm 量级以上的试样，可以用喷涂油漆的方法制备散斑。如图 4-2-27 所示，选取哑光白和哑光黑的自喷漆。先将试样表面用酒精或丙酮擦拭去除油污，晾干后先均匀喷上一层薄薄的白漆，放置干透后再用黑漆进行喷涂，此时要注意黑漆斑点应分布均匀、细密为好 (图 4-2-28(a))。对毫米 (mm) 量级尺寸的小试样，可用专门的油漆喷嘴 (图 4-2-27(b))，在压缩空气作用下制备出非常细小均匀的斑点。除了以上技术，也有厂家提供散斑生成软件，根据用户需要生成较理想的随机散斑图，再将散斑图打印到试件表面。对于显微镜下测试的 100μm 量级的微小试件，可以直接用砂纸交错打磨表面，或是化学腐蚀出随机图像来作为散斑使用，也可以利用聚焦离子束 (FIB) 系统直接将软件生成的随机散斑图刻蚀到试件表面，如图 4-2-28(b) 所示。

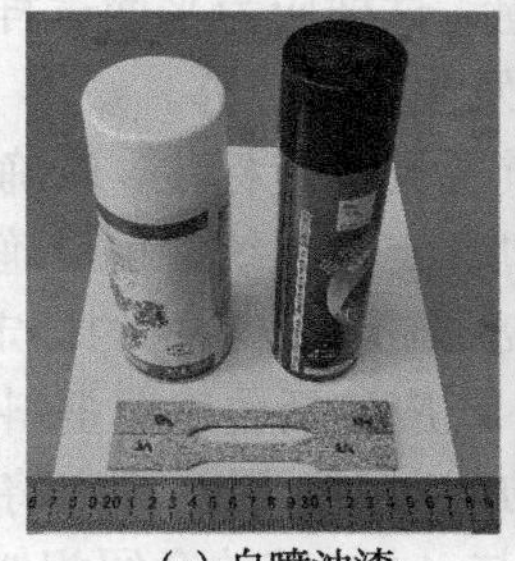

(a) 自喷油漆

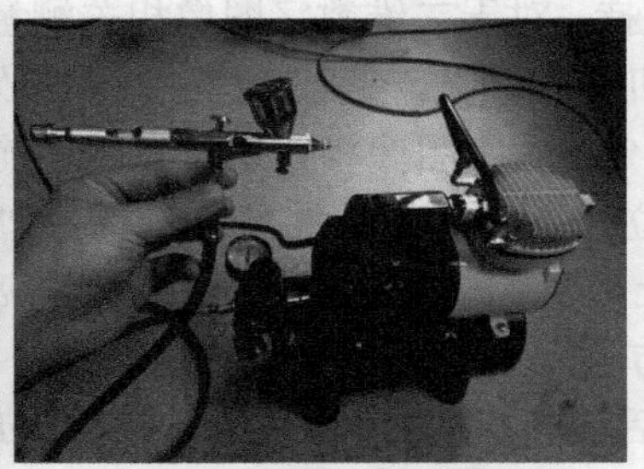

(b) 压缩空气驱动的油漆喷嘴

图 4-2-27　常用的散斑制备工具

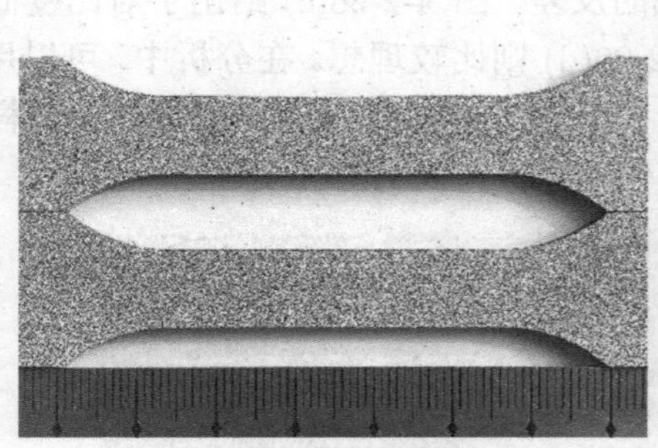

(a) 自喷油漆制备的散斑

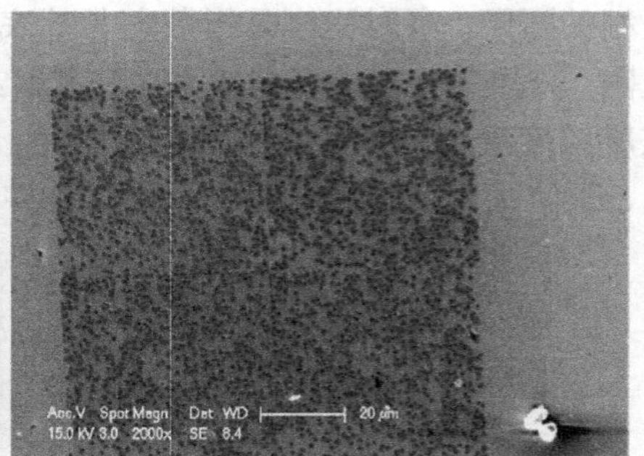

(b) 利用聚焦离子束系统制备的微区散斑

图 4-2-28　制备好的散斑

(2) 光学系统。光学系统包括镜头、摄像头和照明系统。

镜头的主要参数包括焦距、视场角、视场分辨率等，此外要注意视场畸变的大小。在进行二维数字图像相关测量时，为了消除离面位移的影响 (包括目标物的离面位移、成像面的离面位移)，最好选择远心镜头开展测量。

摄像头的主要参数包括芯片类型 (CCD 或 CMOS)、像素数、像素尺寸、信噪比、采集位数 (8bit、12bit) 等。通常而言，高像素、高的信噪比与高的采集位数的摄像头所获得的图像在分析时误差较小。

测量过程中要求照明系统均匀、稳定，一般分被动照明与主动照明。被动照明指在自然光条件下，由于条件不可控，所以效果有时很差，例如，高温环境下的数字图像相关测量，目标本身的发光会干扰成像。主动照明则指在目标周边布置人造光源，较好地保证照明的均匀与稳定。这里特别要注意的是，对于高速动态加载实验，自然光通常强度不够，因此要使用高强度光源来提供照明。一般的照明可以选择白光光源，为了防止试样表面眩光对图像的干扰，可以在光源和摄像镜头前加偏振镜片。在高温环境下测量时目标本身发光会产生干扰，此时可以采用蓝光光源，并在摄像镜头前加蓝光滤光镜。

(3) 试样夹持。对于二维数字图像相关测量，试样应为平面试样，夹持时应保证测量面与相机光轴垂直，变形过程中基本不发生离面位移。

(4) 系统标定。数字图像相关系统在使用前需要进行标定，以确定相机的内方位元素和外方位元素 (参考 4.2.3 节)。只有经过标定的系统才可准确确定空间点的位置。从原理上，数字图像相关系统的标定与近景摄影测量法的标定是相同的。

这里的内方位元素除了焦距、主点坐标外，还应包括传感器歪斜、畸变系数等；外方位元素包括左右相机的空间位置与相机的方向角。通过标定将确定左右相机之间的刚体变换关系 (旋转矩阵、平移向量)。与 4.2.5 节的介绍相似，相机的图像坐标与测量参考坐标之间满足共线方程。测量点的三维坐标 (X, Y, Z) 可以通过公

式 (4-2-24) 坐标变换与图像坐标 (x,y) 建立联系：

$$\lambda\begin{Bmatrix} x \\ y \\ 1 \end{Bmatrix}=\begin{bmatrix} f_x & f_{\mathrm{s}} & C_x \\ 0 & f_y & C_y \\ 0 & 0 & 1 \end{bmatrix}\begin{bmatrix} R_{11} & R_{12} & R_{13} & T_1 \\ R_{21} & R_{22} & R_{23} & T_2 \\ R_{31} & R_{32} & R_{33} & T_3 \end{bmatrix}\begin{Bmatrix} X \\ Y \\ Z \\ 1 \end{Bmatrix} \tag{4-2-32}$$

其中，λ 为投影系数，(x,y) 为图像上目标点的坐标，(f_x,f_y) 为焦距参数，f_{s} 为传感器歪斜参数，(C_x,C_y) 为主点坐标，$[R,T]$ 为相机的旋转与平移矩阵。

4.2.3 节介绍的近景摄影测量系统中用到了十字坐标架，在坐标架上有 5 个相对位置已知的编码标记点。通过对这 5 个控制点求解共线方程组，系统完成对相机外方位元素的标定。而在三维数字图像相关系统中，类似地，用到了标定板。如图 4-2-29 所示，常见的标定板由周期排布的二维点图或方块图构成，每一个周期单元的尺寸是已知的。这样就相当于标定板上每一个点都是已知坐标的控制点，当左右相机同时采集标定板的图像后，就可以标定出左右相机的距离与角度关系，同时完成相机内方位元素的标定。这样在实际测量时，由于左右相机的内方位元素以及外方位元素的相对关系已知，就可以对左右图像中相关性最高的点进行三维定位。

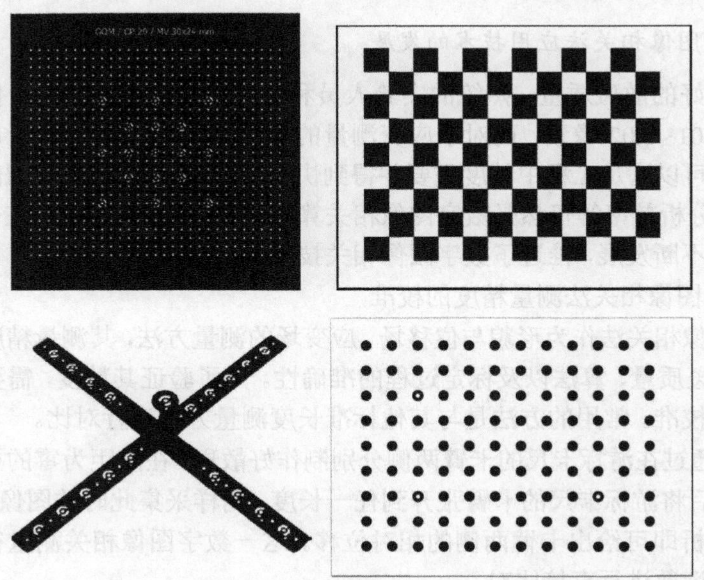

图 4-2-29 几种常见的标定板照片

2) 实验与图像采集

将制备好散斑的试样安装到加载系统，布置好照明系统，并完成数字图像相关系统的图像标定后，即可开始实验并启动图像的采集。在图像采集过程中要注意两点：

(1) 设定采集频率。根据实验过程的快慢来选择，对于动态加载要选择更高速的相机、高的图像帧频，同时需要更强的照明。

(2) 图像与其他信号的同步。利用数字图像相关分析实验结果时，常常需要将测量获得的变形场与载荷、温度以及损伤信号等关联以揭示机理。因此，采集过程中要保证图像与力、应变、位移、声发射等信号的精确同步，这一点对动态过程的测量尤为重要。

3) 图像分析

对于采集的实验图像，通常定义初始图像为参考图像，在分析过程中对全部图像与参考图像进行相关分析来计算变形场的演化。分析前首先要选择分析区域并设置子窗口的大小与间距。分析时，软件将以设定的子窗口大小在分析区域内进行相关分析，因此其大小与间距对分析结果的空间分辨率与位移精度有重要的影响。

相关分析完成后即可获得分析区域的位移场与应变场。通常可沿试样特征方向来校正坐标系，以保证输出的位移或应变分量是沿试样特征方向的结果。将结果以云图的形式在整个变形场输出，也可沿任一线段输出变形结果。如果图像是与其他传感器信号同步采集的，还可以将变形场结果与任一传感器信号同时输出。

5. 数字图像相关法应用技术的发展

对于较好的散斑质量，熟练的实验人员利用数字图像相关法用于位移测量的精度可达 0.01~0.02 像素，而对于应变测量的精度达到了 $50\mu\varepsilon$[21]。所以数字图像相关法已经可以满足工程中精度需要并得到快速的发展。目前，对于如何提高分析精度、提高分析效率等仍然是数字图像相关算法研究的重点。此外，在使用中也有一些技术在不断发展，推进了数字图像相关技术的应用。

1) 数字图像相关法测量精度的校准

数字图像相关法作为形貌与位移场、应变场的测量方法，其测量精度依赖于硬件指标、散斑质量、算法以及标定过程的准确性。为了验证其精度，需要对这种测量精度进行校准。常用的方法是与其他标准长度测量方法进行对比。

例如，通过在游标卡尺的卡臂两侧分别制作好散斑，在间距为零的初始状态采集图像。然后将游标卡尺的卡臂张开到任一长度，同样采集此时的图像。通过数字图像相关分析即可给出卡臂两侧的相对位移。这一数字图像相关测量得到的位移即可与卡尺读数进行直接比对。

另一种推荐的方法是利用标准量块。同样将两个散斑分别制备到两个标准量块的表面，在将量块直接对齐的情况下采集图像。然后在两个量块之间放置任一不同长度的标准量块，再采集图像。这样数字图像相关分析将给出两个散斑图之间的相对位移，这一结果可与量块的长度进行比对。

不管是卡尺还是量块，都可以进行标准计量检定。因此，通过以上方法可以实现对数字图像相关位移测量精度的溯源。

2) 利用单相机实现三维数字图像相关测量

根据三维数字图像相关的基本原理，要实现三维测量至少需要从两个方向来观察目标，这通常是利用两台相机来实现的。实际利用一些特殊光路，也可以利用单相机实现三维数字图像相关测量。

潘兵等[22,23] 分类介绍了几种单相机进行三维数字图像相关分析的方法，包括：① 基于衍射光栅的方法；② 基于棱镜的方法；③ 基于反光镜的方法；④ 基于三色分光的方法。图 4-2-30 是这几类方法的示意图。

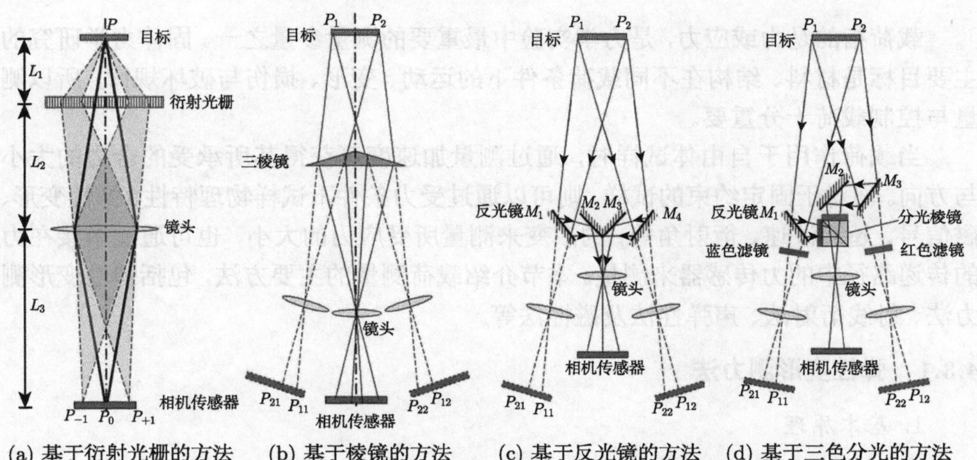

(a) 基于衍射光栅的方法　(b) 基于棱镜的方法　(c) 基于反光镜的方法　(d) 基于三色分光的方法

图 4-2-30　几种单相机实现三维数字图像相关分析的光路示意图

6. 数字图像相关法小结

数字图像相关法将图像数字化，通过相关函数，实现了对试样表面各点位移场的精确测量，从而计算出试样表面的应变场。与摄影测量法相同，利用双相机的系统可以实现对三维目标点表面形貌与位移场、应变场的精确分析。数字图像相关法具有以下特点：① 非接触测量，对于高温或水下环境具有明显优势；② 可适应不同尺度的区域，从纳、微尺度到宏观尺度，从准静态到高速动态问题均可使用；③ 全场测量，尤其适合非均匀大变形场的测量；④ 与其他光学测量方法相比，测量设备简单，抗干扰。因此，近年来这类方法与设备得到了快速发展，在科研与工程实际中得到了广泛的应用。

当然，受限于现有的条件，这一方法也还存在一些不足：① 非均匀小变形精度较差；② 标准化程度较低，分析结果很大程度上受使用者的技能、经验的影响；③ 现有的软硬件条件还难以实时给出结果。以上问题随着技术手段的进步终将被逐渐克服。

除了以上介绍的工程中常用的电测法、光纤光栅法、摄影测量法及数字图像相关法之外，还存在大量的其他光学方法可用于形貌、位移或应变测量，常见的如散斑干涉法、云纹法 (几何云纹法、影子云纹法、显微镜扫描云纹法)、云纹干涉法、投影栅线法、全息干涉法等。其中部分方法将在 7.3 节介绍，也可参考相关专著[15,24-29]。

4.3 载荷的测量

载荷指的是力或应力，是力学实验中最重要的测量参量之一。固体力学研究的主要目标是材料、结构在不同载荷条件下的运动、变形、损伤与破坏规律，所以测量与控制载荷十分重要。

当载荷作用于自由体试样时，通过测量加速度可获得其所承受的合力的大小与方向。而对于固定约束的试样，则可以通过受力条件下试样物理特性 (弹性变形、磁信号、超声波速、衍射角等) 的改变来测量所受应力的大小，也可通过串接在力的传递路径中的力传感器来测量。本节介绍载荷测量的主要方法，包括弹性变形测力法、射线衍射法、声弹性法及磁性法等。

4.3.1 弹性变形测力法

1. *基本原理*

当材料或结构试样受到力的作用时，首先发生弹性变形。这种弹性变形可以表示为材料或结构试样特征点的相对位移或应变。根据胡克定律 $F=-kx$，通过测量特征位置的相对位移 x 即可测量力的大小 F。或者根据广义胡克定律 $\sigma_{ij}=E_{ijkl}\varepsilon_{kl}$，通过测量局部弹性应变 ε_{kl} 来测量同一位置的应力 σ_{ij}，这里 E_{ijkl} 是材料的弹性模量。

根据以上原理，利用位移或应变传感器，可以测量弹性体的力或应力。例如，传统的弹簧秤就是通过测量弹性体的位移进行测力的。工程上利用电阻应变片电测法 (见 4.2.1 节)，可测量结构的应力。

需要注意的是，只有当被测量对象的局部应变在弹性极限以下时，胡克定律才有效。如图 4-3-1 所示的应力–应变曲线，在应变较小时，材料处于弹性变形状态，应力随着应变的增加而线性增加 (图中 OA 段)。而当应变超出弹性极限时，材料将发生屈服现象。屈服后材料的应力与应变不再符合原有的线弹性关系 (图中虚线)，而是沿实线 AB 所示进入加工硬化阶段，其斜率远低于弹性段斜率 (即杨氏模量)。此时总应变 ε 包含了塑性应变 ε_{p} 与弹性应变 ε_{e} 两部分，而只有弹性应变与应力之间才符合胡克定律。如果在材料进入塑性阶段后仍然利用胡克定律进行计算，将得到错误的结果，如图中 C 点所示。因此，对于进入塑性变形状态的结构或材料试样，只能通过弹性卸载来测量其弹性应变的大小，再根据胡克定律获得所承受的应力。这也是下面关于残余应力测量的主要方法。

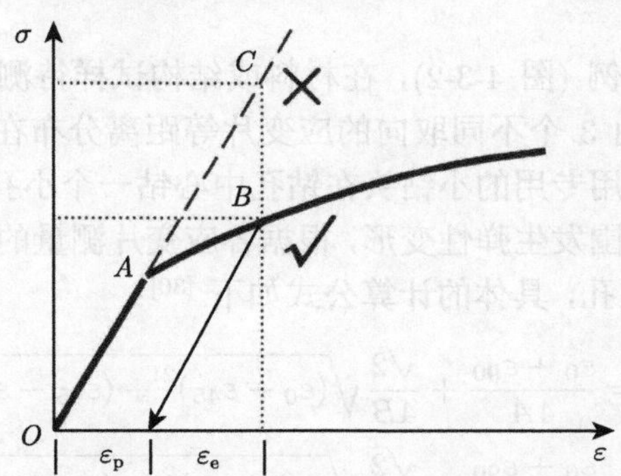

图 4-3-1 材料应力–应变曲线中的弹性变形与塑性变形示意图

2. 电阻应变花测量残余应力

残余应力指的是材料或结构内部自平衡的内应力。根据残余应力分布的尺度大小，通常可以将残余应力分成三类[30,31]：

第一类残余应力对应着在较大的材料尺度内，具有均匀的大小与方向，这一材料尺度通常跨越很多个晶粒尺度。这一类残余应力在试样遭到破坏时，由于平衡关系被破坏，将导致试样产生宏观尺寸的变化。通常第一类残余应力由非均匀变形、温度梯度导致热应力以及材料发生非均匀相变而产生，也是工程中通常测量所指的残余应力。

第二类残余应力对应于在一个晶粒特征尺度范围内的内应力，可将这类内应力视为由于不同晶粒或相之间变形不协调产生。当材料受外载荷作用而发生宏观变形时，不同取向的晶粒或不同的相具有不同的变形性能，因此各晶粒或相的应变并不相同。当外载荷去除后，这种非均匀的变形会导致晶粒与相邻晶粒之间、相与相邻相之间产生自平衡的内应力。

第三类残余应力则对应于原子尺度的非均匀内应力，通常与晶格畸变或晶体缺陷有关。例如，在刃型位错线附近，存在相互平衡的拉应力与压应力。

残余应力在工程中广泛存在，对零件的精度、强度与寿命都有重要的影响。例如，铸造过程存在铸造残余应力，严重时可能造成铸件开裂或变形；焊接残余应力，将导致焊缝应力腐蚀或降低焊缝疲劳寿命；轧制残余应力，导致板材变形翘曲，影响后续装配加工。因此，测量并研究残余应力的分布规律及其影响具有重要的工程意义。

由于残余应力是自平衡应力，所以无法通过力传感器直接测出。为了测量残余应力，一类方法是通过钻孔、开槽等方法去除一部分材料，破坏内部应力的平衡，从而使钻孔区或开槽附近发生弹性卸载，通过测量这种卸载对应的弹性应变来获得残余应力。

以钻孔法[32,33] 为例 (图 4-3-2)，在材料或结构试样待测量的位置粘贴专用的应变花。这种应变花由 3 个不同取向的应变片等距离分布在钻孔中心附近，粘贴好后连接应变仪，然后用专用的小钻头在钻孔中心钻一个小孔。钻孔后局部残余应力发生松弛，导致孔周围发生弹性变形，根据各应变片测量的应变值就可以给出测量位置的应力。对于通孔，具体的计算公式如下 [30]：

$$\begin{cases} \sigma_1 = \dfrac{\varepsilon_0 + \varepsilon_{90}}{4A} + \dfrac{\sqrt{2}}{4B}\sqrt{(\varepsilon_0 - \varepsilon_{45})^2 + (\varepsilon_{45} - \varepsilon_{90})^2} \\ \sigma_2 = \dfrac{\varepsilon_0 + \varepsilon_{90}}{4A} - \dfrac{\sqrt{2}}{4B}\sqrt{(\varepsilon_0 - \varepsilon_{45})^2 + (\varepsilon_{45} - \varepsilon_{90})^2} \\ \varphi = \dfrac{1}{2}\arctan\left(\dfrac{2\varepsilon_{45} - \varepsilon_0 - \varepsilon_{90}}{\varepsilon_{90} - \varepsilon_0}\right) \\ A = -\dfrac{1+\nu}{2E}\left(\dfrac{R_0}{R_{\mathrm{m}}}\right)^2 \\ B = -\dfrac{1+\nu}{2E}\left[\left(\dfrac{4}{1+\nu}\right)\left(\dfrac{R_0}{R_{\mathrm{m}}}\right)^2 - 3\left(\dfrac{R_0}{R_{\mathrm{m}}}\right)^4\right] \end{cases} \tag{4-3-1}$$

其中，φ 为主应力 σ_1 与应变花 0° 方向的夹角；A、B 为常数，其值与材料的弹性常数 (泊松比 ν、杨氏模量 E) 以及钻孔半径 R_0、应变片与钻孔中心的距离 R_{m} 有关。

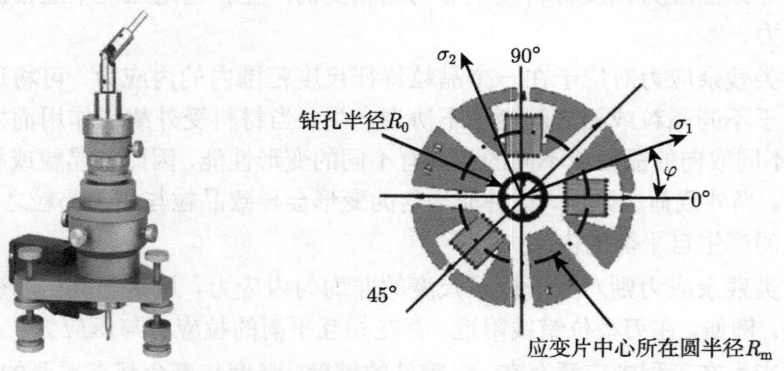

图 4-3-2　钻孔法残余应力测量专用装置与应变花示意图

对于钻孔法，除了用电阻应变片测量残余变形，也可用其他非接触的方法，如云纹干涉法、数字图像相关法、激光散斑干涉法等[34]。这些方法还可以结合聚焦离子束等先进设备，对微纳米尺度的试样开展残余应力的测量。

3. 电阻应变式力传感器

除了在材料或结构试样上直接测量应变或位移，也可以根据以上原理利用弹性元件与电阻应变片制成弹性元件测力传感器。使用时将测力传感器串接到力的传递路径中，根据作用力与反作用力相等的原理，通过测力传感器测量试样所受的力。

弹性元件测力传感器为弹性材料制成的特殊结构，在应变响应较灵敏的位置粘贴有应变片。当测力传感器受力时，应变片粘贴位置发生弹性变形，因此通过测量应变片的应变就可以获得力值的大小。只要弹性元件的变形发生在弹性范围之内，这种应变与力值之间就存在线性关系。对传感器施加一系列已知的载荷，测量其应变的响应即获得测力传感器的标定曲线，从而在测量过程中可以根据应变值获得对应的力的大小。

测力传感器 (图 4-3-3) 主要用于各类静态力与动态力的测量，例如，称重传感器用于电子天平称重，拉压力传感器或扭矩传感器用于材料试验机中测量材料试样承受轴向力与扭矩，多轴力传感器用于风洞中测量模型的气动力等。测力传感器需要定期检定以确保其准确可靠，通常采用标准传感器对标的方法来进行，也可利用标准砝码来校正力传感器的准确性。

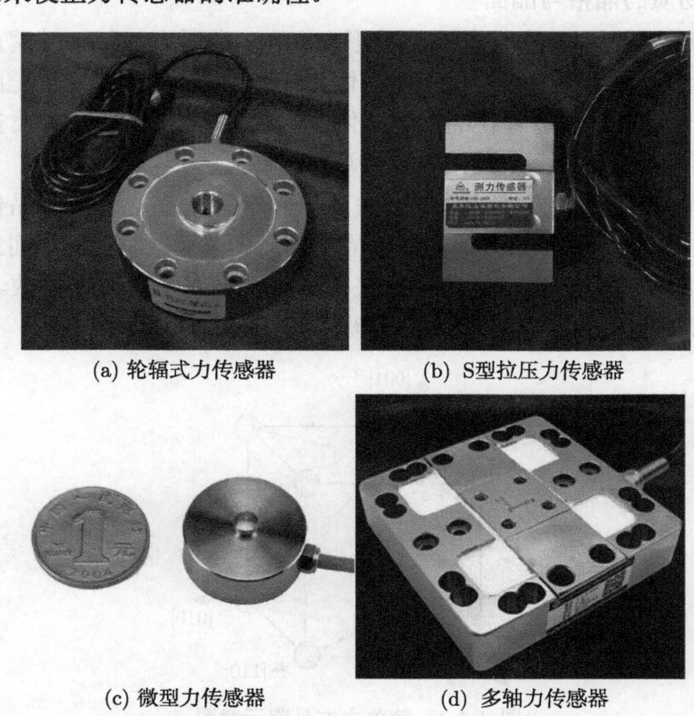

(a) 轮辐式力传感器　(b) S型拉压力传感器

(c) 微型力传感器　(d) 多轴力传感器

图 4-3-3　几种常见的测力传感器

4.3.2 X 射线测量应力

测力传感器测量的是可传递的外力，无法测量自平衡的内应力 (残余应力)。电阻应变片电测法只能用于材料弹性变形范围内的应力测量，虽然通过开槽或钻孔可以测量卸载过程的弹性应变，但这本身会对测量对象造成破坏。X 射线可以测量晶体材料晶面间距，当材料受力时，其晶面间距的变化就反映了弹性应变的大小，因此可以利用 X 射线来测量应力的大小，而不用考虑材料是否进入塑性阶段。

1. 测量原理

X 射线于 1895 年由伦琴 (W.C. Röntgen) 发现，伦琴因此获得诺贝尔物理学奖。劳厄 (M. Von Laue) 于 1912 年通过连续波长 X 射线照射硫酸铜单晶体实验，验证晶体原子点阵结构，同时证明 X 射线是一种电磁波。基于以上认识，英国科学家布拉格父子 (W.H. Bragg 和 W.L. Bragg) 发展了 X 射线晶体结构分析学[35,36]。从而通过 X 射线衍射可以分析确定晶体材料的晶格类型与晶格常数。而通过测量晶面间距的变化，可以确定晶体材料的应力。

1) 固体物质的晶格与晶面

固体物质主要以晶态与非晶态两种形态存在。非晶态材料如玻璃，其原子排布呈现短程有序、长程无序的特点。而晶体材料，其原子排布在三维空间呈周期排布。由于这一特点，自然界存在的天然晶体常常具有规则的外观，如食盐晶体为立方体颗粒、雪花为六边形、水晶为六棱柱形等。

根据晶体材料原子的周期排布特征 (原子间距与角度)，可以将晶体结构分为 7 大晶系，共 14 种布拉维点阵。点阵的周期单元即晶胞，晶胞沿空间三个方向的原子间距 a、b、c，以及空间三个方向的夹角 α、β、γ，统称为晶格常数。以图 4-3-4 的简单立方晶胞为例，$a=b=c$ 且 $\alpha=\beta=\gamma=90°$。

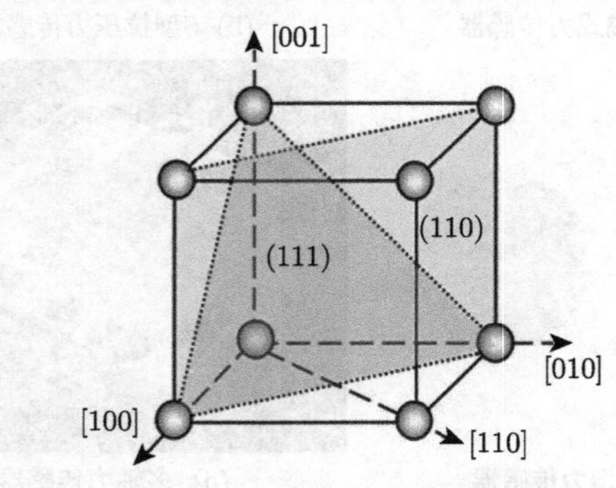

图 4-3-4 简单立方晶胞示意图

对于晶格点阵，以晶格常数对应建立晶格坐标系，可以确定空间矢量与晶面取向。这里的晶向是指连接晶格点阵中任意两个原子的矢量。晶面就是由原子周期排布而形成的空间平面。晶向通常用晶向指数 $[u,v,w]$ 来表示，将晶向矢量分别沿晶格三个方向投影，投影长度除以对应方向的晶格常数即可获得这一方向的晶向指数。晶面通常用晶面指数 (h,k,l) 来表示，取晶面在各晶轴上的截距系数 (截距系数为截距除以这一方向的晶格常数) p、q、r 的倒数比 $(1/p,1/q,1/r)$，化为整数比后就是晶面指数 (h,k,l)。

以立方晶系为例，如图 4-3-4 所示，晶格坐标轴分别沿 [100]、[010]、[001] 方向，立方体对角线对应着 [111]、$[11\bar{1}]$、$[1\bar{1}\bar{1}]$ 和 $[\bar{1}1\bar{1}]$ 晶向。而对于晶面，与 [100] 方向垂直的面为 (100) 面，与立方体对角线垂直的面为 (111) 面，与面对角线垂直的面为 (110) 面。

对于任一晶面指数 (h,k,l) 的晶面，在实际晶格中均由大量的平行晶面构成。晶面指数实际确定的是这些平行晶面的法向。这些相邻的同指数晶面的空间距离就是晶面间距。对于立方晶系，(h,k,l) 晶面的晶面间距 d_{hkl} 可以用式 (4-3-2) 进行计算:

$$d_{hkl}=\frac{a}{\sqrt{h^2+k^2+l^2}} \tag{4-3-2}$$

其中，a 为立方晶胞的晶格常数。

2) X 射线晶体衍射与布拉格方程

晶体原子点阵的三维周期排布，等效为一个三维的光栅，当 X 射线照射到晶体点阵时，将在特定方向发生衍射现象。如图 4-3-5 所示，发生衍射的入射方向满足布拉格方程:

$$2d\sin\theta=n\lambda \tag{4-3-3}$$

其中，d 为发生衍射的晶面间距；θ 为入射角；λ 为 X 射线的波长；n 为整数，表示衍射的阶数。这一公式表明当相邻晶面反射的 X 射线的光程差为波长整数倍时，X 射线会发生衍射现象。因此，晶面间距 d 可由固定波长 λ 的 X 射线衍射角 θ 计算获得。

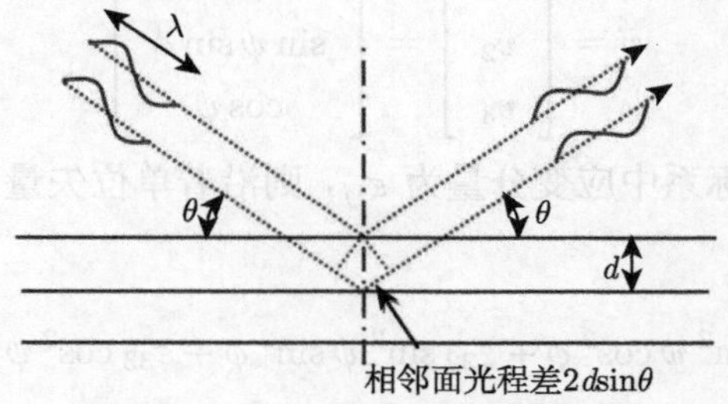

图 4-3-5 布拉格衍射示意图

如图 4-3-6 所示，当晶体受到应力作用时晶面间距 d 会发生改变，因此通过测量晶面间距的变化可以获得某一晶面 $\{h,k,l\}$ 法向的应变，即

$$\frac{\Delta d}{d_0}=\varepsilon_{hkl} \tag{4-3-4}$$

将布拉格公式 (4-3-3) 代入式 (4-3-4)，可以推出晶面 $\{h,k,l\}$ 的法向应变 ε_{hkl} 与衍射角变化量 $\Delta\theta$ 之间的关系：

$$\varepsilon_{hkl}=-\cot(\theta_0)\Delta\theta \tag{4-3-5}$$

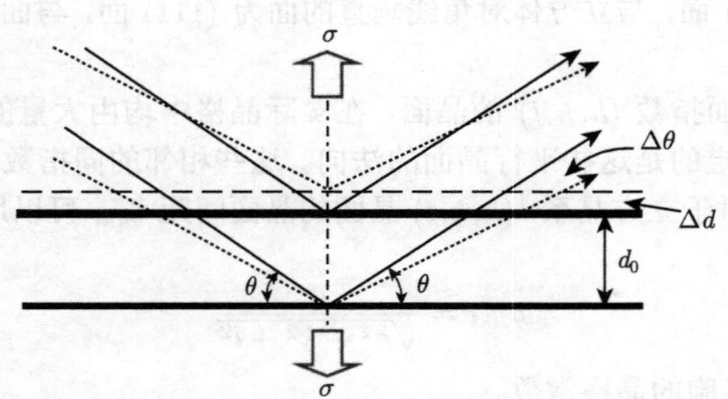

图 4-3-6　载荷 σ 引起晶面晶距变化 Δd 示意图

因此，可以利用晶体特定晶面衍射角的变化计算晶面法向应变。对于多晶材料，在 X 射线照射体积内，$\{h,k,l\}$ 晶面在试样坐标系的空间取向是三维均匀随机分布的，所以只要从多个空间取向测量出晶面间距的变化，则可计算出这些空间取向对应的弹性应变，进而根据胡克定律计算应力。

2. $\sin^2\psi$ *方法确定试样表面应力*

如图 4-3-7 所示，X_1-X_2-X_3 为试样坐标系，则任一方向单位矢量 $\vec{v}$ 可以由两个角度 ϕ、ψ 来确定。

$$\vec{v}=\begin{bmatrix} v_1\\ v_2\\ v_3\end{bmatrix}=\begin{bmatrix}\sin\psi\cos\phi\\ \sin\psi\sin\phi\\ \cos\psi\end{bmatrix} \tag{4-3-6}$$

设 X_1-X_2-X_3 坐标系中应变分量为 ε_{ij}，则沿着单位矢量 $\vec{v}$ 的应变 $\varepsilon_{\phi\psi}$ 为

$$\begin{aligned}\varepsilon_{\phi\psi}&=\varepsilon_{ij}v_iv_j\\ &=\varepsilon_{11}\sin^2\psi\cos^2\phi+\varepsilon_{22}\sin^2\psi\sin^2\phi+\varepsilon_{33}\cos^2\psi\\ &\quad+\varepsilon_{12}\sin^2\psi\sin(2\phi)+\varepsilon_{13}\cos\phi\sin(2\psi)+\varepsilon_{23}\sin\phi\sin(2\psi)\end{aligned} \tag{4-3-7}$$

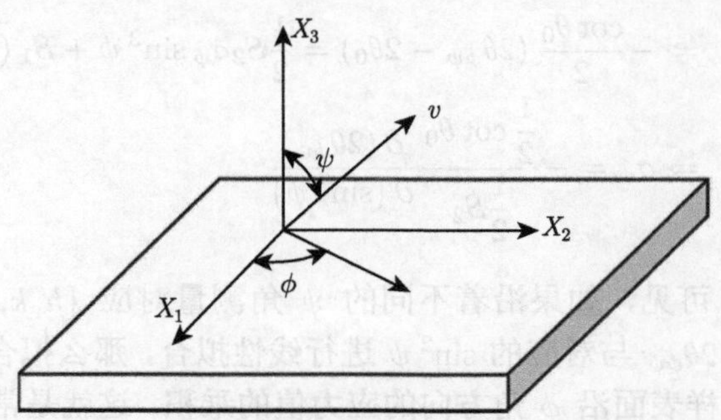

图 4-3-7 X 射线衍射测量的试样坐标系示意图

可见，只要沿 6 个不同的方向测量对应的应变，就可以根据式 (4-3-7) 计算全部 6 个应变分量。

注意到实验室通常用于残余应力测量的 X 射线穿透性只有 10μm 量级，所以沿试样法向的应力可近似为零。被 X 射线照射的区域可以等效为平面应力状态。对于宏观各向同性材料，根据广义胡克定律：

$$\varepsilon_{ij} = \frac{1}{E}\left[(1+\nu)\,\sigma_{ij} - \nu\delta_{ij}\sigma_{kk}\right] \tag{4-3-8}$$

其中，E 为杨氏模量，ν 为泊松比。可以推出应力状态与应变状态为

$$\sigma_{ij} = \begin{bmatrix} \sigma_{11} & \sigma_{12} & 0 \\ \sigma_{12} & \sigma_{22} & 0 \\ 0 & 0 & 0 \end{bmatrix} \Rightarrow \varepsilon_{ij} = \begin{bmatrix} \varepsilon_{11} & \varepsilon_{12} & 0 \\ \varepsilon_{12} & \varepsilon_{22} & 0 \\ 0 & 0 & \varepsilon_{33} \end{bmatrix} \tag{4-3-9}$$

将式 (4-3-8) 代入式 (4-3-7) 可以推得

$$\begin{aligned} \varepsilon_{\phi\psi} &= \left[\varepsilon_{11}\cos^2\phi + \varepsilon_{12}\sin(2\phi) + \varepsilon_{22}\sin^2\phi - \varepsilon_{33}\right]\sin^2\psi + \varepsilon_{33} \\ &= \frac{1+\nu}{E}\sigma_\phi \sin^2\psi - \frac{\nu}{E}(\sigma_{11}+\sigma_{22}) \\ &= \frac{1}{2}S_2\sigma_\phi\sin^2\psi + S_1(\sigma_{11}+\sigma_{22}) \end{aligned} \tag{4-3-10}$$

其中，$\begin{cases} \dfrac{1}{2}S_2 = \dfrac{1+\nu}{E} \\ S_1 = -\dfrac{\nu}{E} \end{cases}$ 为 Voigt 弹性常数，且式 (4-3-10) 中，$\sigma_\phi = \sigma_{11}\cos^2\phi + \sigma_{12}\sin(2\phi) + \sigma_{22}\sin^2\phi$ 正好是试样表面沿 ϕ 角方向的应力值。

选取 $\{h,k,l\}$ 晶面进行 X 射线残余应力测量，将式 (4-3-5) 代入式 (4-3-10) 可得

$$-\cot(\theta_0)\Delta\theta = \frac{1}{2}S_2\sigma_\phi\sin^2\psi + S_1(\sigma_{11}+\sigma_{22})$$

$$\Rightarrow -\frac{\cot\theta_0}{2}\left(2\theta_{\phi\psi}-2\theta_0\right)=\frac{1}{2}S_2\sigma_\phi\sin^2\psi+S_1\left(\sigma_{11}+\sigma_{22}\right)$$

$$\Rightarrow \sigma_\phi=-\frac{\frac{1}{2}\cot\theta_0}{\frac{1}{2}S_2}\frac{\partial\left(2\theta_{\phi\psi}\right)}{\partial\left(\sin^2\psi\right)} \tag{4-3-11}$$

由式 (4-3-11) 可见，如果沿着不同的 ψ 角测量对应 $\{h,k,l\}$ 晶面的衍射角 $2\theta_{\phi\psi}$，并对测量的 $2\theta_{\phi\psi}$ 与对应的 $\sin^2\psi$ 进行线性拟合，那么拟合直线的斜率是材料的弹性常数及试样表面沿 ϕ 角方向的应力值的乘积。这就是常用 $\sin^2\psi$ 方法的原理。利用这一原理，只需要沿试样表面三个不同的 ϕ 角测量出应力，就可以获得试样表面平面应力的主应力及其方向。

图 4-3-8 给出了两种 ψ 角扫描测量表面应力的示意图，两种方式均可对与试样法向成不同 ψ 角方向的 $\{h,k,l\}$ 面进行衍射角的测量，从而利用 $\sin^2\psi$ 方法测量试样表面沿 ψ 角扫描平面与试样表面的交线方向的应力大小。对于没有织构的多晶材料，只要 X 射线照射体积内存在足够多的晶粒，则不同的 ψ 角总是对应有大量的晶粒的 $\{h,k,l\}$ 面法向沿 ψ 角方向存在，从而保证这一方法是可行的。

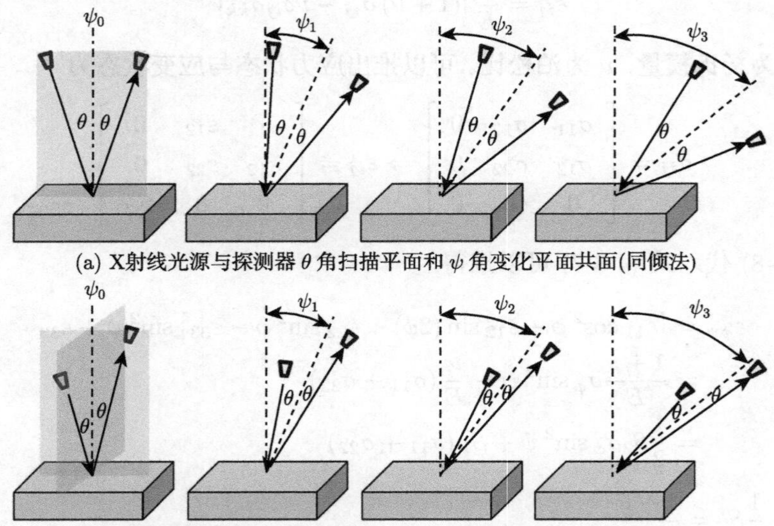

图 4-3-8　两种 ψ 角扫描测量表面应力的示意图

共面扫描方式由于光源、探测器均在 ψ 角变化平面内，所以在某些形状复杂的结构测量时，可能会由于遮挡而导致 ψ 角扫描的范围较垂直扫描方式小一些。

此外要注意的是，由于晶体材料并非各向同性弹性材料，选择不同 $\{h,k,l\}$ 晶面来测量时对应的弹性常数是不同的，在测量时实际采用的是经过标定的针对不

同晶面的弹性常数。代入后，式 (4-3-11) 的新形式为

$$\sigma_{\phi} = -\frac{\frac{1}{2}\cot\theta_0}{\frac{1}{2}S_2^{\{hkl\}}}\frac{\partial\left(2\theta_{\phi\psi}\right)}{\partial\left(\sin^2\psi\right)} \tag{4-3-12}$$

3. *德拜环方法确定试样表面应力*

除了传统的点探测器利用 2θ 扫描或 θ-θ 扫描来进行衍射峰测量，也可以直接利用面阵探测器来获得完整的衍射环 (德拜环)，从而发展出新的确定试样表面应力的德拜环方法。

如图 4-3-9 所示，对于多晶材料试样，当一束单波长的高能射线照射时，任一 $\{h,k,l\}$ 晶面的衍射束在空间均为一个衍射锥。根据布拉格方程，不同 $\{h,k,l\}$ 晶面由于晶面间距不同，对应的衍射角 θ 也是不同的。因此，在空间将产生很多个不同的衍射锥。当 $2\theta < \pi/2$ 时，衍射锥的锥顶半角为 2θ。而当 $2\theta > \pi/2$ 时，衍射锥的锥顶半角为 $\pi - 2\theta$。将一个面阵探测器与入射束垂直放置时，就可以获得对应的德拜环。如果试样无织构、无残余应力且面阵探测器与入射束精确垂直，那么德拜环将是一个以入射束为圆心的理想圆形。对于通常实验室的 X 射线光源，其穿透试样的深度很浅，所以多将二维探测器置于试样的后方。而对于中子射线 (穿透深度约为 10mm) 或同步辐射 X 射线光源 (穿透深度为毫米量级)，则也可以将二维探测器置于试样的前方。

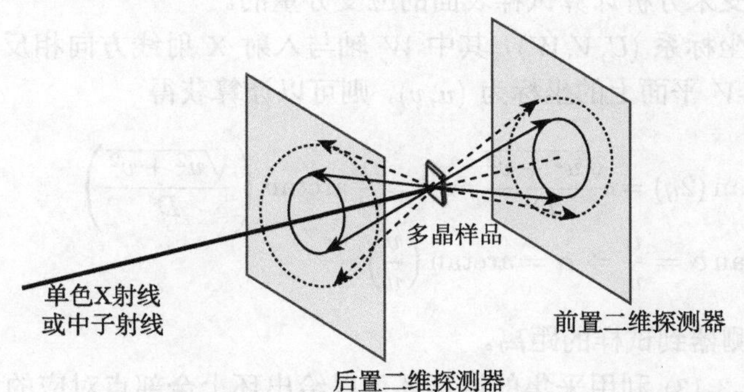

图 4-3-9 单色射线入射到多晶试样时产生的衍射锥在面阵探测器上获得德拜环

$\{h,k,l\}$ 晶面的德拜环上的每一点均对应于空间某一取向角的衍射，如式 (4-3-5) 所示，由衍射角的变化可以获得这一取向角的 $\{h,k,l\}$ 晶面的应变。德拜环上不同的点的衍射角变化 (对应于该点衍射环半径的变化) 就给出了空间不同取向的 $\{h,k,l\}$ 晶面的应变，这样就可以求解出试样的全部弹性应变分量，进而利用胡克定律计算试样的应力状态。图 4-3-10 给出了德拜环测量试样表面应力的几何关系示意图。

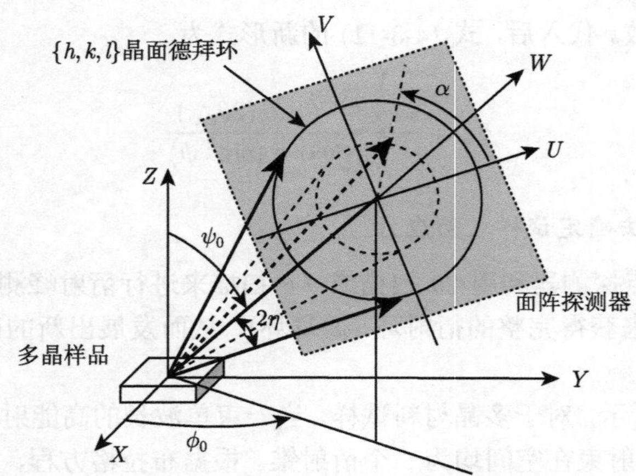

图 4-3-10　德拜环测量试样表面应力的几何关系示意图

如图 4-3-10 所示，X 射线从面阵探测器的后方向待测多晶试样入射，其入射方向与试样坐标系的 Z 轴夹角为 ψ_0，入射方向在试样坐标系 X-Y 平面的投影与 X 轴夹角为 ϕ_0。对于衍射角 $2\theta > \pi/2$ 的 $\{h,k,l\}$ 晶面，其衍射锥被后置的面阵探测器接收到，形成图中的德拜环。对应的衍射锥锥顶半角为 2η，这里 $2\eta = \pi - 2\theta$。与德拜环对应，发生衍射的 $\{h,k,l\}$ 晶面的法向矢量也形成一个矢量锥，在图中由虚线表示，锥顶半角为 η。实际上，德拜环方法就是通过获取 $\{h,k,l\}$ 晶面的法向矢量方向的应变来分析计算试样表面的应变分量的。

建立图像坐标系 (U,V,W)，其中 W 轴与入射 X 射线方向相反。那么德拜环上任一点在 U-V 平面上的坐标为 (u,v)，则可以计算获得

$$\begin{cases} \tan(2\eta) = \dfrac{\sqrt{u^2+v^2}}{D} \Rightarrow \eta = \dfrac{1}{2}\arctan\left(\dfrac{\sqrt{u^2+v^2}}{D}\right) \\ \tan\alpha = \dfrac{v}{u} \Rightarrow \alpha = \arctan\left(\dfrac{v}{u}\right) \end{cases} \tag{4-3-13}$$

其中，D 为探测器到试样的距离。

根据式 (4-3-13) 利用采集的德拜环可以给出环上全部点对应的 $\{h,k,l\}$ 晶面的法向矢量。在 (U,V,W) 坐标系中，任一点对应的法矢量为

$$\vec{V}(\eta,\alpha) = \begin{bmatrix} \sin\eta\cos\alpha \\ \sin\eta\sin\alpha \\ \cos\eta \end{bmatrix} \tag{4-3-14}$$

试样坐标系 (X,Y,Z) 与图像坐标系 (U,V,W) 之间的坐标变换，可以通过 3 个步骤来实现：① 将试样坐标系 (X,Y,Z) 绕 Z 轴旋转 ϕ 角得到新坐标系 (X_1,Y_1,Z_1)；

② 将新坐标系 (X_1, Y_1, Z_1) 绕 Y_1 轴旋转 ψ 角得到新坐标系 (X_2, Y_2, Z_2)，此时 Z_2 轴与图像坐标系 (U, V, W) 的 W 轴重合；③ 绕 Z_2 旋转角度 κ，使 X_2 与 U 轴重合。这样就完成了从试样坐标系 (X, Y, Z) 与图像坐标系 (U, V, W) 之间的坐标变换，其变换矩阵为

$$R = \begin{bmatrix} \cos\kappa_0 & \sin\kappa_0 & 0 \\ -\sin\kappa_0 & \cos\kappa_0 & 0 \\ 0 & 0 & 1 \end{bmatrix} \begin{bmatrix} \cos\psi_0 & 0 & -\sin\psi_0 \\ 0 & 1 & 0 \\ \sin\psi_0 & 0 & \cos\psi_0 \end{bmatrix} \begin{bmatrix} \cos\varphi_0 & \sin\varphi_0 & 0 \\ -\sin\varphi_0 & \cos\varphi_0 & 0 \\ 0 & 0 & 1 \end{bmatrix}$$

$$= \begin{bmatrix} \cos\varphi_0\cos\psi_0\cos\kappa_0 - \sin\varphi_0\sin\kappa_0 & \sin\varphi_0\cos\psi_0\cos\kappa_0 + \cos\varphi_0\sin\kappa_0 & -\sin\psi_0\cos\kappa_0 \\ -\cos\varphi_0\cos\psi_0\sin\kappa_0 - \sin\varphi_0\cos\kappa_0 & -\sin\varphi_0\cos\psi_0\sin\kappa_0 + \cos\varphi_0\cos\kappa_0 & \sin\psi_0\sin\kappa_0 \\ \cos\varphi_0\sin\psi_0 & \sin\varphi_0\sin\psi_0 & \cos\psi_0 \end{bmatrix} \tag{4-3-15}$$

因此，可以将德拜环上任一点对应的 $\{h, k, l\}$ 晶面法矢量变换到试样坐标系 $(U\text{-}V\text{-}W)$，从而获得法矢量在试样坐标系对应的角度 ϕ 和 ψ：

$$V(\phi, \psi) = R^{-1} V(\eta, \alpha) \tag{4-3-16}$$

将式 (4-3-5) 和式 (4-3-16) 代入式 (4-3-7)，得

$$\begin{aligned} \varepsilon_{\phi\psi} &= -\cot(\theta_0)\Delta\theta(\phi, \psi) = \varepsilon_{ij} v_i(\phi, \psi) v_j(\phi, \psi) \\ &\Rightarrow \frac{\cot(\theta_0)}{2}[2\eta(\phi, \psi) - 2\eta_0] = \varepsilon_{ij} v_i(\phi, \psi) v_j(\phi, \psi) \end{aligned} \tag{4-3-17}$$

这样，对德拜环上不同 α 角的点联立求解方程组，就可以将试样表面的 6 个应变分量求解出来。

在实际的测量仪器中，面阵探测器的空间取向可以使 $\phi_0 = 0, \kappa_0 = \pi/2$，则坐标变换矩阵 R 可以进一步简化。且在这种情况下，对应于 α 角为 $\pm\pi/2$ 的两个点正好对应于两个不同的 ψ 角，即 $\psi = \psi_0 \pm \eta$，因此也可以对这两个点使用 $\sin^2\psi$ 方法来对比两种方法测量的差异。

在二维探测器用于表面应力测量的初期，Taira 等[37-39] 发展了称为 $\cos\alpha$ 的方法。这一方法利用德拜环上极角为 α、$\pi+\alpha$、$-\alpha$ 和 $\pi-\alpha$ 对应的晶面法向应变之间的组合关系，可以分析得到试样表面的 σ_{11} 和 σ_{12} 两个分量。下面对这一方法略加介绍，注意由于图 4-3-10 的图像坐标系与文献中存在不同，此处的推导结果从形式上与文献中有所差异。

取四个晶面法矢量，在图像坐标系中对应的极角分别为 α、$\pi+\alpha$、$-\alpha$ 和 $\pi-\alpha$。则利用式 (4-3-16) 可以将其表达到试样坐标系，四个矢量分别为 $V(\alpha)$、$V(\pi+\alpha)$、$V(-\alpha)$ 和 $V(\pi-\alpha)$。

令这四个晶面法矢量方向的应变为 $\varepsilon(\alpha)$、$\varepsilon(\pi+\alpha)$、$\varepsilon(-\alpha)$ 和 $\varepsilon(\pi-\alpha)$，则由式 (4-3-17) 可知：

$$\begin{cases}\varepsilon(\alpha)=\varepsilon_{ij}V_i(\alpha)V_j(\alpha)\\ \varepsilon(\pi+\alpha)=\varepsilon_{ij}V_i(\pi+\alpha)V_j(\pi+\alpha)\\ \varepsilon(-\alpha)=\varepsilon_{ij}V_i(-\alpha)V_j(-\alpha)\\ \varepsilon(\pi-\alpha)=\varepsilon_{ij}V_i(\pi-\alpha)V_j(\pi-\alpha)\end{cases}\tag{4-3-18}$$

定义两个参量：

$$\begin{cases}a_1=\dfrac{1}{2}\{[\varepsilon(\alpha)-\varepsilon(\pi+\alpha)]+[\varepsilon(-\alpha)-\varepsilon(\pi-\alpha)]\}\\ a_2=\dfrac{1}{2}\{[\varepsilon(\alpha)-\varepsilon(\pi+\alpha)]-[\varepsilon(-\alpha)-\varepsilon(\pi-\alpha)]\}\end{cases}\tag{4-3-19}$$

将式 (4-3-18) 与广义胡克定律 (4-3-8) 代入式 (4-3-19)，可以推出：

$$\begin{cases}a_1=\dfrac{2(1+\nu)}{E}\sigma_{12}\sin(2\eta)\sin\psi_0\cos\alpha\\ a_2=-\dfrac{1+\nu}{E}\sigma_{11}\sin(2\eta)\sin(2\psi_0)\sin\alpha\end{cases}\Rightarrow\begin{cases}\sigma_{12}=\dfrac{E}{2(1+\nu)\sin(2\eta)\sin\psi_0}\dfrac{\partial a_1}{\partial(\cos\alpha)}\\ \sigma_{11}=-\dfrac{E}{(1+\nu)\sin(2\eta)\sin(2\psi_0)}\dfrac{\partial a_2}{\partial(\sin\alpha)}\end{cases}\tag{4-3-20}$$

因此，对德拜环各个不同的 α 角对应的点画出 a_1、a_2 分别随 $\cos\alpha$ 和 $\sin\alpha$ 的关系，就可以获得两条直线，这两条直线的斜率分别与 σ_{12} 和 σ_{11} 成正比。

4. **主要设备**

利用 X 射线或中子射线进行应力测量的仪器主要包括 X 射线衍射仪、X 射线应力仪、中子衍射仪等。衍射仪除了做应力测量，还可用于晶体材料的晶体结构分析与相的体积分数的测量。应力仪则是用于试样表面应力测量的专用仪器。图 4-3-11 给出了两种 X 射线应力仪的照片。图 4-3-11(a) 为传统点探测器的角度扫描应力仪，其工作原理就是 $\sin^2\psi$ 方法。使用时探测器在不同的 ψ 角进行平面扫描以测量不同 ψ 角时材料的 (h,k,l) 晶面衍射角。由于扫描过程较慢，所以单点测量时间较长，通常在 10min 左右。而图 4-3-11(b) 为二维面探测器应力仪，其工作原理是直接对德拜环进行应力测量。相比于传统应力仪，这种应力仪的测量效率较高，单点测量时间可以提高到 15s 左右。且由于不需要探测器做角度扫描，对于复杂结构的适应性会更好。

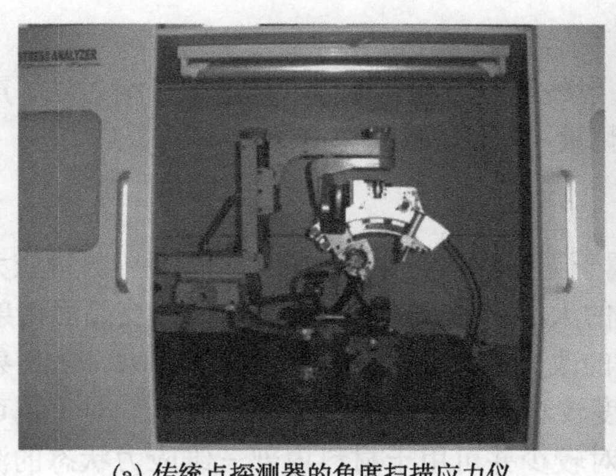

(a) 传统点探测器的角度扫描应力仪

(b) 二维面探测器应力仪

图 4-3-11 X 射线应力仪照片

5. X 射线测量应力的标定方法

X 射线通过测量衍射角的变化来分析应力时需要用到材料的弹性参数，但实际上不同的晶面对应的弹性参数是不同的，这些弹性参数与通常测量得到的杨氏模量 E 与泊松比 ν 的组合 Voigt 弹性常数也不完全一致。因此，在 X 射线测量之前要进行系统的标定。

常用的标定方法与 4.2.1 节应变片敏感系数的标定方法类似。利用等强度梁，通过改变加载端砝码的重量而控制梁表面的应力大小，将这一应力大小与 X 射线测量的结果对比，即可对弹性参数进行校准。为了确定无应力状态的衍射峰位置，通常会使用标准纯铁粉末试样，保证试样处于无残余应力的状态。

6. X 射线法测量应力方法小结

X 射线利用了晶体材料的周期点阵结构对射线的衍射特性，通过布拉格方程建立了晶面间距与衍射角之间的关系。当试样受到应力作用而发生变形时，晶面间距将发生改变。因此，通过从不同空间方向测量试样特定晶面对应的衍射角的变化，即可分析试样被测量点的应力。与钻孔法相比，X 射线法是无损测量，不会对试样产生损伤，因此广泛应用于大型结构件残余应力的测量。

需要注意的是，X 射线法为表面测量方法，测量的应力场深度在试样表面 10μm 以内，所以主要用于近表面平面应力状态的测量。在利用 X 射线测量前，应注意试件的表面状态。如果表面存在油污、氧化生锈或机械切割、打磨等损伤会导致残余应力测量产生误差。X 射线法测量应力的空间分辨率由光斑尺寸 (0.1~1mm) 确定，结果可视为光斑照射区域的体积平均，因此在高应力梯度情况下要注意选择光斑的大小。

4.3.3 其他方法

除了利用电阻应变片电测法与 X 射线测量方法，还可以利用中子衍射法、声弹性法和磁性法进行试样残余应力的测量，下面进行简单介绍。

1. **中子衍射法**

中子衍射法与 X 射线衍射法均属于无损测量方法。中子衍射法[40] 测量应力的原理与 X 射线衍射法相同，即应力的大小将影响晶面间距，从而改变晶面衍射角的大小。因此，通过测量晶体衍射角的改变就可以确定试样所受的应力。与 X 射线衍射法相比，中子衍射法的测量深度较深，对于金属铝可达 100mm，对于钢可达 25mm[41]，因此表面状态的影响相对较少并可用于材料内部三维应力状态的测量。但中子衍射测应力装置必须依托于中子源，而中子源的建设与运行成本很高，所以中子衍射法无法像 X 射线衍射法那样广泛用于工作现场的应力测量。

2. **声弹性法**

超声波是指频率 $f > 20\text{kHz}$ 的声波。由于超声波的频率高、波长短，在固体内部传播时具有很好的方向性，所以常用来检测材料内部的缺陷。根据波传播形式，可以将超声波分为纵波、横波、表面波 (瑞利波) 和板波 (兰姆波) 等多种形式。研究表明，当固体中存在应力时，由于声弹 (acoustoelastic) 效应，弹性波波速将发生变化，因此通过测量波速的相对变化即可测量应力。

根据应力状态对不同类型超声波波速影响的不同，波声弹效应可以分为纵波声弹效应、横波声弹双折射效应以及表面波声弹效应等[42,43]。通过对声波速度相对变化量的测量，结合不同声波的声弹效应规律，即可测量出材料内部的应力。以纵波声弹效应为例，若是对应于单轴应力状态，如图 4-3-12 所示，则沿轴向的纵波波速 C_1 的相对变化与轴向应力呈线性关系：

$$\frac{C_1 - C_{10}}{C_{10}} = K\sigma \tag{4-3-21}$$

其中，σ 为轴向应力，C_{10} 为无应力状态纵波波速，K 为纵波声弹性系数。

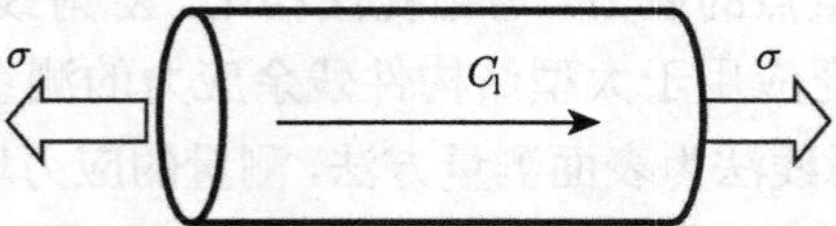

图 4-3-12　单轴应力状态下纵波沿轴向入射示意图

根据这一原理，目前已经有商业化的超声测量仪器用于螺栓紧固力的测量，其精度要明显优于扭力扳手，因此在需要精确控制螺栓预紧力的情况得到了广泛的应用。

声弹性法测量应力属于无损检测，测量过程不需要如钻孔法、开槽法那样破坏试样，因此在工业中有着广泛的应用前景。由于超声波可以穿透到固体材料的内部，所以这一方法既可用于表面应力也可用于体应力的测量。

需要注意的是，声弹性法仍然存在较大的局限性，例如，应力对声速的影响较小，影响其测量精度；材料本身显微组织的非均匀性、晶粒尺度、晶体缺陷分布等均会对声速造成影响，给测量带来干扰。其他如测试温度等也会影响声速的测量，因此在应用时要加以注意。

3. 磁性法

对于铁磁性材料，根据不同应力对磁性能的影响规律，发展了不同的磁性法[44-46]，常用的方法包括巴克豪森 (Barkhausen) 发射法、应力致磁各向异性 (SMA) 法和磁致伸缩效应法。

以巴克豪森发射法为例，其测量原理与铁磁性材料内部存在的磁畴结构相关。铁磁性材料内部分布有磁畴结构，在磁畴内区域材料具有相同的磁化矢量，相邻磁畴的磁化矢量方向不同。当对材料施加一个交变的外加磁场时，磁畴壁会发生不连续的跳跃变化，并释放出弹性应力波。这种磁畴或磁畴壁的不连续运动将在探测线圈中产生一个噪声信号，即巴克豪森噪声。对正磁致伸缩材料，当外磁场平行应力时，巴克豪森信号正比于拉应力而反比于压应力[46]。因此，通过与无应力状态标准试样的巴克豪森信号进行对比，可以测量材料的应力。

与其他方法相比，磁性法也属于无损测量方法，测量装置通常是便携的，可以对使用中的构件进行现场测量。由于工程结构中大量使用钢铁这类铁磁性材料，磁性法在工业中有着广泛应用。但与声弹性法类似，材料的显微组织、微观缺陷等会对测量结果产生影响。

4.4 本 章 小 结

本章介绍了固体力学实验中变形与载荷的主要测量方法及其工作原理和特点等。对于变形测量，主要介绍了用于点测量的应变片电测法、光纤光栅应变测量法。用于变形场测量的光测力学方法包括摄影测量法和数字图像相关法。对于载荷测量方法，主要介绍了弹性变形测力法、X 射线衍射法与声弹性法。应变片电测法适用于弹性体表面应力的测量，也适用于残余应力的测量；X 射线衍射法适用于晶体材料弹、塑性变形中的表面应力 (X 射线) 或内部应力 (中子射线) 的测量。

本章内容提供了相关方法的基本原理，具体的技术细节请参考相关的文献。

思考题及习题

1. 请说明应变片电桥输出电压与应变的标定原理。

2. 利用光纤光栅法测量应变时如何避免温度变化引起的应变测量误差？

3. 请比较使用电阻应变片与光纤光栅传感器两种方法测试应变的区别，光纤光栅传感器在哪些情况下使用更有优势？

4. 如图 4-2-17 所示，若有一光源的波长范围为 1520～1570nm，在一根光纤上制备了 3 个光纤布拉格光栅，其对应的中心波长分别为 1530nm、1540nm、1550nm。各光栅间隔设为 1nm，位于两相邻波长的中心。光栅对应变的敏感系数为 1.2pm/$\mu\varepsilon$，对温度的敏感系数为 10pm/℃。请给出三个光栅不发生相互干扰的测量应变值或温度值的范围。

5. 歼-15 飞机在辽宁舰上试飞时，在机身上涂有如第 4 章题 5 图所示的标记，请问有什么用处？原理是什么？测试系统基本由哪些设备构成？

第 4 章题 5 图

6. 工业产品外观设计时常常需要手工制作外观模型，正式生产时需要测量模型的外轮廓曲面以生产模具。请思考有哪些方法可用于模型的外轮廓曲面测量。

7. 汽车发动机在起动时会发生抖动，这要求设计的发动机舱要有一定的空间以避免发动机起动碰撞舱壁。请思考如何测量发动机的抖动振幅。

8. 数字图像相关法要求在试样表面制备散斑，为了保证测试结果的准确性、唯一性，请说明散斑制备的基本要求有哪些。

9. 请说明应变片测量试样表面应力的基本原理，并举例说明这一方法的局限性。

10. 复合材料的显微组织由具有不同力学性能的相构成。拉伸复合材料试样时，由于材料的显微非均匀特性会导致不同相之间存在应力、应变的分配，即不同相的微观应力或应变与宏观平均应力或应变是不同的。请思考如何通过实验来验证这一观点。

11. 请说明 X 射线测量试样表面应力的基本原理。

12. 对金属材料进行拉伸实验，在实验过程中同时采用数字图像相关法与 X 射线衍射法测量试样的表面应变，请思考这两种方法获得的应变有什么区别。

参 考 文 献

[1] 陆秋海, 李德葆. 工程振动试验分析. 2 版. 北京: 清华大学出版社, 2015

[2] 陆明万, 罗学富. 弹性理论基础. 北京: 清华大学出版社, 1990

[3] 张如一, 沈观林, 李朝弟. 应变电测与传感器. 北京: 清华大学出版社, 1999

[4] 沈观林, 马良, 王呈. 电阻应变计及其应用. 北京: 清华大学出版社, 1983

[5] Watson R. 12 Bonded Electrical Resistance Strain Gages//Sharpe W N Jr. Springer Handbook of Experimental Solid Mechanics. Part B: Contact Methods. New York: Springer, 2008: 283-333

[6] 中国机械工业联合会. 金属粘贴式电阻应变计. GB/T 13992—2010. 北京: 中国标准出版社

[7] 尹福炎, 王文瑞, 闫晓强. 高温/低温电阻应变片及其应用. 北京: 国防科技出版社, 2014

[8] Liu H, Zhao H, Li S, et al. Adhesion-free thin-film-like curvature sensors integrated on flexible and wearable electronics for monitoring bending of joints and various body gestures. Advanced Materials Technologies, 2018, 4(2): 1800327

[9] Baldwin C. 14 Optical Fiber Strain Gages//Sharpe W N Jr. Springer Handbook of Experimental Solid Mechanics. Part B: Contact Methods. New York: Springer, 2008: 347-370

[10] 赵勇. 光纤光栅及其传感技术. 北京: 国防工业出版社, 2007

[11] Othonos A. Fiber Bragg gratings. Review of Scientific Instruments, 1997, 68(12): 4309-4341

[12] 王之卓. 摄影测量原理. 武汉: 武汉大学出版社, 2007

[13] 于起峰, 尚洋. 摄像测量学原理与应用研究. 北京: 科学出版社, 2009

[14] Sutton M A. 20 Digital Image Correlation for Shape and Deformation Measurements// Sharpe W N Jr. Springer Handbook of Experimental Solid Mechanics. Part C: Non-contact Methods. New York: Springer, 2008: 565-600

[15] 戴福隆, 沈观林, 谢惠民. 实验力学. 北京: 清华大学出版社, 2010

[16] Pan B, Xie H, Wang Z. Equivalence of digital image correlation criteria for pattern matching. Applied Optics, 2010, 49(28): 5501-5509

[17] Lu H, Carry P D. Deformation measurement by digital image correlation: Implementation of a second-order displacement gradient. Experimental Mechanics, 2000, 40(4): 393-400

[18] Schreier H W, Sutton M A. Systematic errors in digital image correlation due to undermatched subset shape functions. Experimental Mechanics, 2002, 42(3): 303-310

[19] Huang J, Pan X, Peng X, et al. Digital image correlation with self-adaptive gaussian windows. Experimental Mechanics, 2013, 3: 505-512

[20] Dong Y L, Pan B. A review of speckle pattern fabrication and assessment for digital image correlation. Experimental Mechanics, 2017, 57: 1161-1181

[21] 邵新星, 陈振宁. 数字图像相关方法若干关键问题研究进展. 实验力学, 2017, 32(3): 305-325

[22] Pan B, Yu L, Zhang Q. Review of single-camera stereo-digital image correlation techniques for full-field 3D shape and deformation measurement. Science China Technological Sciences, 2018, 61(1): 2-20
[23] 俞立平, 潘兵. 使用单彩色相机的单相机三维数字图像相关方法. 实验力学, 2017, 32: 687-698
[24] 李喜德. 现代光测力学讲义. 北京: 清华大学, 2004
[25] 王开福, 高明慧, 周克印. 现代光测力学技术. 哈尔滨: 哈尔滨工业大学出版社, 2009
[26] Han B, Post D. 21 Geometric Moiré//Sharpe W N Jr. Springer Handbook of Experimental Solid Mechanics. Part C: Noncontact Methods. New York: Springer, 2008: 601-626
[27] Post D, Han B. 22 Moiré Interferometry//Sharpe W N Jr. Springer Handbook of Experimental Solid Mechanics. Part C: Noncontact Methods. New York: Springer, 2008: 1-26
[28] Gan Y, Steinchen W. 23 Speckle Methods//Sharpe W N Jr. Springer Handbook of Experimental Solid Mechanics. Part C: Noncontact Methods. New York: Springer, 2008: 655-673
[29] Pryputniewicz R. 24 Holography//Sharpe W N Jr. Springer Handbook of Experimental Solid Mechanics. Part C: Noncontact Methods. New York: Springer, 2008: 675-699
[30] 张定铨, 何家文. 材料中残余应力的 X 射线衍射分析和作用. 西安: 西安交通大学出版社, 1999
[31] Almer J, Winholtz R. 28 X-Ray Stress Analysis//Sharpe W N Jr. Springer Handbook of Experimental Solid Mechanics. Part C: Noncontact Methods. New York: Springer, 2008: 801-820
[32] ASTM. Standard Test Method for Determining Residual Stresses by the Hole-Drilling Strain-Gage Method. ASTM E837-13a. ASTM International, West Conshohocken, PA, 2013
[33] Vishay Precision Group Inc. Tech Note TN-503 Measurement of Residual Stresses by the Hole-Drilling* Strain Gage Method. Document Number: 11053
[34] Huang X, Liu Z, Xie H. Recent progress in residual stress measurement techniques. Acta Mechanica Solida Sinica, 2013, 26(6): 570-583
[35] 冯端, 冯步云. 晶态面面观 —— 漫谈凝聚态物质之一. 长沙: 湖南教育出版社, 1994
[36] 唐有琪. 从劳厄发现 X 射线晶体衍射谈起. 物理, 2003, 32(7): 423
[37] Taira S, Tanaka K, Yamasaki T. A method of X-ray microbeam measurement of local stress and its application to fatigue crack growth problems. Journal of the Society of Materials Science Japan, 1978, 27(294): 251-256
[38] Sasaki T, Hirose Y, Sasaki K, et al. Influence of image processing conditions of Debye Scherrer ring images in X-ray stress measurement using an imaging plate. Advances

in X-ray Analysis, 1997, 40: 588-594

[39] Ramirez-Rico J, Lee S Y, Ling J J, et al. Stress measurement using area detectors: A theoretical and experimental comparison of different methods in ferritic steel using a portable X-ray apparatus. Journal of Materials Science, 2016, 51: 5343-5355

[40] 徐小严, 吕玉廷, 张荻, 等. 中子衍射测量残余应力研究进展. 材料导报 A, 2015, 29(5): 117-122

[41] Lu J. Handbook of Measurement of Residual Stresses. Lilburn: Fairmont Press, 1996

[42] 费星如, 冉启方. 残余应力的超声测量方法. 力学进展, 1985, 15(4): 434-442

[43] Guz A N, Makhort F G. The physical fundamentals of the ultrasonic nondestructive stress analysis of solids. International Applied Mechanics, 2000, 36(9): 1119-1149

[44] 冉启芳, 吕克茂. 残余应力测定的基本知识 —— 第三讲 磁性法和超声法测残余应力的基本原理和各种方法比较. 理化检验: 物理分册, 2007, 43(6): 317-321

[45] 罗健豪. 无损残余应力测量及其新技术. 力学与实践, 2003, 25(4): 7-11

[46] 王威. 几种磁测残余应力方法及特点对比. 四川建筑科学研究, 2008, 34(6): 74-76

第 5 章　材料力学性能实验

材料在外界载荷与环境的共同作用下，将发生变形、损伤和破坏。其表现出来的抵抗变形、损伤与破坏的特性反映了材料内在的力学性能。针对材料不同的力学现象，提出了不同的力学模型来描述这些变形、损伤和破坏的过程，例如，线弹性变形可以用胡克定律来描述；脆性材料的裂纹扩展可以用线弹性断裂力学模型来描述。这些模型中的材料参量就是材料的力学性能参量，如弹性模量 (杨氏模量)、泊松比、断裂韧性等。

材料力学实验指的是利用加载设备对一定形状尺寸的材料试样进行控制条件下的加载，测量试样的变形、损伤及裂纹扩展与破坏，进而分析得到材料相关力学性能参量的过程。本章将对常见的材料力学实验分别加以介绍[1]。5.1 节主要介绍材料在准静态加载条件下材料本构参数测量的基本方法。以拉伸实验为例，说明测量的设备、试样、实验方法以及材料的弹性模量、屈服强度、断裂延性、断裂强度、应变硬化指数等参数的获取。5.2 节主要介绍硬度实验，包括布氏硬度、洛氏硬度、维氏硬度、努氏硬度和纳米硬度等，重点介绍纳米压痕硬度的测量方法。5.3 节介绍断裂实验，包括不同的断裂韧性的定义，K_{IC}、J_{IC} 及阻力曲线等测量方法、试样以及数据有效性的验证等。5.4 节介绍金属材料的疲劳实验，包括疲劳的基本概念、疲劳载荷、疲劳加载设备、疲劳应力–寿命 (S-N) 曲线、疲劳裂纹扩展等。5.5 节介绍动态力学测试实验技术，以 Hopkinson 杆、轻气炮、落锤等实验设备为主，介绍在高应变速率加载条件下材料的塑性变形参数的测量。鉴于固体材料的宏观力学性能与微观组织结构有关，除了对材料试样进行宏观加载测量，还需要对材料的微观组织、表面形貌等进行实验测量，研究材料变形、损伤、破坏的微观机理，以建立宏观与微观之间的联系，因此 5.6 节对材料的微观结构表征方法进行介绍。

5.1　准静态加载实验

5.1.1　基本概念

材料的准静态加载实验是通过对材料试样缓慢施加逐渐增大的载荷或变形，测量试样的变形或载荷响应的实验。如图 5-1-1 所示，根据实际应用中结构与材料的受力特点，常见的准静态加载方式包括拉伸、压缩、三点弯曲、四点弯曲、扭转以及复合加载。通过准静态加载实验可以获得材料的应力–应变关系、强度、塑性变形能力等材料参数。

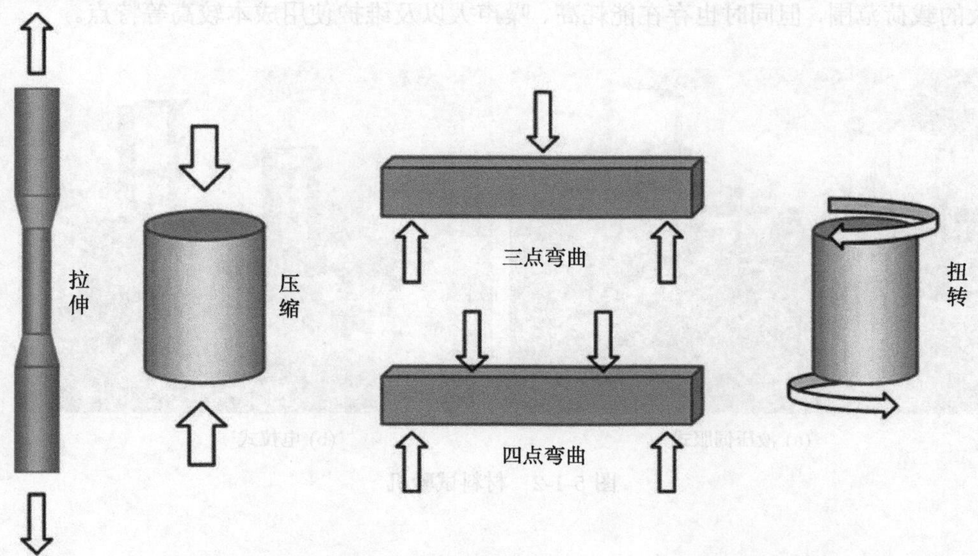

图 5-1-1 常见的材料力学性能实验的加载方式

材料在变形过程中存在应变率效应，即不同加载应变率下材料的行为将有所不同。因此，在材料力学性能测试中要注意这种应变率带来的影响。本节所讲的准静态加载实验的应变率范围通常为 $10^{-5}\sim10^{-3}\mathrm{s}^{-1}$。高于这一应变率范围则要考虑由动态加载带来的惯性效应 (见 5.5 节)，甚至在更高的应变率下要考虑热效应，而低于这一应变率范围的实验属于蠕变实验的范畴。

5.1.2 材料试验机

材料试验机是进行材料的力学性能实验的加载装置，提供了载荷的控制与施加。实验时根据设计的加载步骤将载荷逐渐施加到材料试样，然后通过引伸计等传感器测量试样的变形，最终对获得的载荷–变形曲线进行数据处理，获得特定的材料力学性能参数。

1. 材料试验机分类

如图 5-1-2 所示，从提供动力的方式可以将材料试验机分为液压伺服式 (servo-hydraulic) 和电拉式 (electromechanical) 两类。液压伺服式材料试验机由高压液压油提供动力，通过伺服阀控制进出油缸的液压油的量，从而推动活塞运动并将这种运动或载荷通过材料试验机横梁与夹具传递给试验试样。电拉式材料试验机则是由电机带动丝杠运动，从而将运动或载荷通过材料试验机横梁与夹具传递给试验试样。液压伺服式材料试验机相比于电拉式材料试验机具有更快的动态响应和更大的载荷范围，但同时也存在能耗高、噪声大以及维护使用成本较高等特点。

(a) 液压伺服式

(b) 电拉式

图 5-1-2　材料试验机

2. 材料试验机的技术指标

材料试验机的基本指标主要包括载荷量程、位移量程、速度范围以及载荷与位移测量精度等。在进行材料测试前，实验者应根据材料试验机的以上指标进行试样的设计，或者根据设计好的试样来选择合适的材料试验机，以保证材料试验机的基本指标能覆盖实验所需的范围。

3. 材料试验机的控制模式

材料试验机的控制模式是指试验机加载的控制指令所依据的传感器信号类型、大小及变化速度等。材料试验机的控制模式主要包括横梁位移控制、力控制、应变控制等。横梁位移控制模式即设定横梁的移动速率与方向，程序将根据材料试验机实时测量的横梁位移值与设定值不断对比而修正加载速率。力控制则设定单位时间载荷的变化量，类似地，应变控制则通过设定应变速率来实现对实验过程的控制。

这三种方式中位移控制模式易于实现，且不受试样变形、破坏的影响。通常设定横梁以恒定速率拉伸或压缩来保证实验在恒定工程应变率下进行，对应的工程应变率可以用横梁速率除以试样平行段长度来估算。需要注意的是，当材料试验机机架刚度较小时，由于横梁位移是材料试验机机架的变形和试样变形的总和，所以会导致估算的工程应变率高于试样的实际工程应变率。

力控制模式主要用在试样弹性段的控制或疲劳实验中。需要注意的是，当试样发生突然破坏时，载荷快速卸载，这可能导致反馈的载荷值迅速偏离程序的设定值，从而导致材料试验机的快速响应，有可能引发材料试验机失控的危险。

应变控制主要用于恒定应变率的实验或应力松弛实验，此时要求精确控制应变率不变或保持为零。应变控制的应变测量通常采用应变片或引伸计，在实验过程中一定要保证应变片粘贴牢固或是引伸计牢靠地固定。否则，传感器由于安装固定不好会引发应变值的突然变化而快速偏离设定值，导致材料试验机快速响应而失控。

除了这三种常见的控制模式之外，实际连接到材料试验机的任一传感器均可用来对材料试验机进行控制。由于任一控制模式均存在失控的风险，所以在试验前设定程序保护十分必要。

4. 材料试验机的控制参数调整与程序保护

当实验者选择了控制模式并设定了加载路径后，通常还需要调整系统的控制参数以保证实际加载过程不偏离设定的加载路径。以应变控制为例，对于准静态加载，设定 10^{-4}s^{-1} 的应变率，那么实际实验过程中每一时间点程序设定的应变值就是设定的应变速率乘以时间，同时会实时对应变进行测量，测量值与设定值之间的差值就是实时误差。系统的反馈调整就是要保证误差接近于零。若误差不为零，则实验程序需要控制伺服阀以修正误差。这种调整的过程依赖于材料试验机采用的控制方法与参数的设定。

材料试验机控制中最常用的控制方法是 PID 调节，即比例 (proposition) 调节、积分 (intergration) 调节与微分 (different) 调节，对应的控制参数即 PID 参数。P 调节即比例调节，系统以 P 参数值乘以误差以反馈控制。P 调节是系统设置中最重要的参数，通过 P 参数的调整可以使实际控制量的波形快速接近设定波形。如图 5-1-3 所示，灰线为程序设定的方波，黑线为实际波形。当 P 值偏低时，实际波形无法达到设定的波形幅值且波形严重变形；当 P 值偏高时，实际波形在设定的幅值附近存在不稳定的波动，P 值过高时材料试验机可能会由于波动过大导致停机。

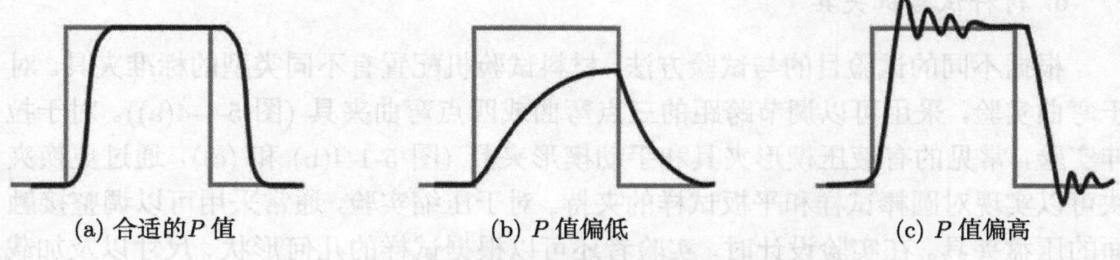

图 5-1-3 P 参数对实测波形的影响示意图[2]

I 调节即积分调节，主要用于修正随时间积累的误差。这些误差随时间增加逐渐变大，P 参数无法很好地调整时就需要通过 I 调节来加以修正。D 调节是微分调节，主要用于修正快速变化的误差，如图 5-1-3(c) 中 P 值偏高的情况，可以通过 D 值进行适当修正。

材料试验机的 PID 参数一般根据试验的控制模式而针对不同的传感器来进行。对于横梁位移控制模式，需要通过横梁位移传感器来调整 PID 参数。对于力控制模式，要通过实验所用的力传感器来调整 PID 参数。同样，对于应变控制模式，要通过实验所用的引伸计来调整 PID 参数。除了根据控制模式来调整 PID 参数，实验试样的刚度、载荷与变形的范围等均会对 PID 参数带来影响，所以对于不同类型的试样、不同的加载条件，要单独进行 PID 参数的调整，并保存好参数值以供以后类似实验调用。

当实验的 PID 参数调整不当时，材料试验机会失控，导致材料试验机的载荷、位移或应变等超出各类传感器对应的工作范围，引起实验结果错误甚至损伤材料试验机与传感器。因此，必须在实验开始前设定好过载保护，尤其在载荷、应变控制过程中，对载荷或位移设定过载保护是十分必要的。

过载保护可以通过在实验前设定不同传感器信号值的上下限来实现，例如，当使用配置 ±10kN 量程的力传感器的材料试验机对板状试样进行拉伸实验时，为了保护力传感器，可以设定力值信号的上限为 9kN。而为了防止安装过程中出现压力导致板状试样弯曲，可以设定力值信号的下限为 −0.1kN。这样，一旦力值超出范围，软件将控制材料试验机停止实验，从而起到保护传感器或试样的作用。

5. 材料试验机的机架刚度

机架刚度也是材料试验机的一个重要参数。在加载过程中材料试验机的机架也会受力变形，所以严格来说不能用材料试验机的横梁位移来计算试样的变形。正确的做法是利用安装在材料试样标距段两端的位移传感器 (如引伸计) 来进行直接的变形测量，否则应对材料试验机的横梁位移值进行修正以获得正确的试样变形。

6. 材料试验机夹具

根据不同的试验目的与试验方法，材料试验机配置有不同类型的标准夹具。对于弯曲实验，采用可以调节跨距的三点弯曲或四点弯曲夹具 (图 5-1-4(a))。对于拉伸实验，常见的有液压楔形夹具和手动楔形夹具 (图 5-1-4(b) 和 (c))，通过更换夹块可以实现对圆棒试样和平板试样的夹持。对于压缩实验，通常采用可以调整接触面的压盘夹具。在实验设计时，实验者还可以根据试样的几何形状、尺寸以及加载方式自行设计合适的夹具 (图 5-1-4(d))。

(a) 四点弯曲夹具

(b) 液压楔形夹具

(c) 手动楔形夹具

(d) 燕尾形拉伸夹具

图 5-1-4 常见的夹具照片

7. 材料试验机与传感器的校核与标定

为了保证材料试验结果的可靠性，需要定期对材料试验机与传感器进行校核或标定。通常利用高精度的专用标准传感器与材料试验机各传感器对标来确定传感器的不确定度。此外，对于材料试验机，还需要检定对中性等性能，详细请参考各类试验机的检定标准。

5.1.3 实验试样设计与安装

开展实验前，首先应根据实验目的与加载方式设计相应的实验试样。以拉伸实验为例，通常的试样有圆棒与平板两种，但都由平行段、过渡段与夹持段三部分组成 (图 5-1-5)。

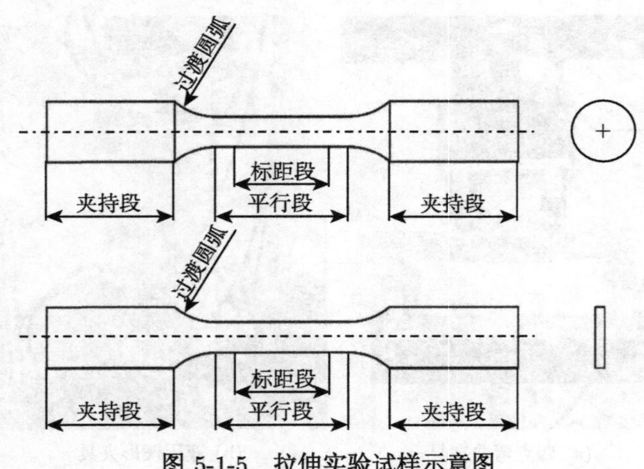

图 5-1-5 拉伸实验试样示意图

(1) 平行段。平行段的参数有直径 (或宽度与厚度)、长度、标距段长度。根据国家标准，一般按一定比例关系来设计[3]。标距段长度 L_0 与横截面积 S_0 的比例关系为

$$L_0 = k\sqrt{S_0} \tag{5-1-1}$$

这里 $k = 5.65$ 时为短比例试样；$k = 11.3$ 时为长比例试样。平行段长度 L_C 则在标距段 L_0 基础上再增加一定长度以消除过渡段可能存在的应力集中对实验结果的影响，如

$$\text{圆棒试样} \quad L_C \geqslant L_0 + d/2 \tag{5-1-2a}$$

$$\text{平板试样} \quad L_C \geqslant L_0 + 1.5\sqrt{S_0} \tag{5-1-2b}$$

(2) 过渡段。过渡段的设计主要为了防止在夹持段与平行段的连接位置产生应力集中，通常利用圆弧进行平滑过渡，参数为圆弧半径。

(3) 夹持段。夹持段的设计要根据材料试验机的夹头特点以及试样来综合考虑。材料试验机的夹头通常有平夹头、V 形夹头与螺纹夹头，分别用于平板、圆棒和螺纹夹持段试样的夹持。如果试样较脆，那么可设计在过渡段肩部进行加载的方式进行。如果试样很薄，则可对试样夹持部分进行局部加厚，以避免夹持过程压坏。必要时可根据试样与材料试验机的夹头特点设计特殊的夹具以保证可靠的连接与试样对中。图 5-1-6 给出了几种具有不同夹持段设计的试样照片。

在材料实验过程中，保持试样“对中”是基本要求，即安装后试样中心轴与材料试验机的力轴重合。如图 5-1-7 所示，对中不良的试样在受载时，会受附加的弯矩或扭矩的影响，从而改变试样的实际应力状态，导致局部提前变形、破坏且实验结果分散。为保证试样对中良好，要求定期检查材料试验机的对中性，并严格保证

试样安装时不发生偏离中心线、倾斜或扭转，还可以在加载路径中串接万向节来消除附加弯矩。

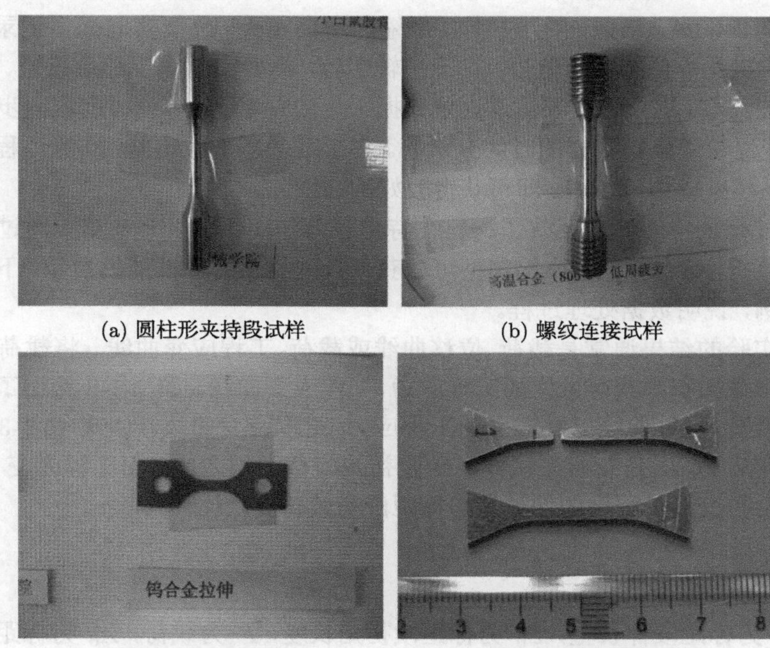

(a) 圆柱形夹持段试样 (b) 螺纹连接试样

(c) 销钉连接拉伸试样 (d) 燕尾形连接拉伸试样

图 5-1-6 几种常见的拉伸试样夹持段设计

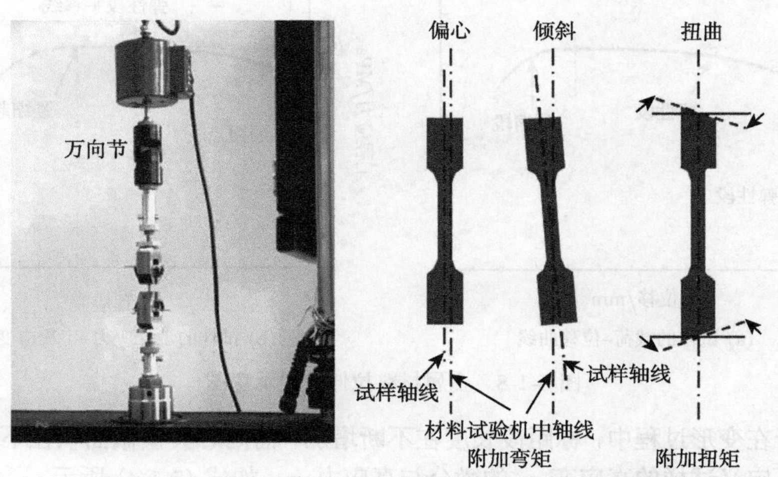

图 5-1-7 试样对中不良可能带来的附加载荷示意图

5.1.4 数据采集与处理

在材料的力学性能测试时，重要的是对实验过程中试样承受的载荷与试样的变形进行同步采集，例如，对于拉伸、压缩和弯曲实验，需要实时同步记录力、位移、应变或挠度等传感器的信号；对于扭转实验，需要实时同步记录扭矩、扭转角等传感器的信号。这里还需要注意设定数据采集的频率，即单位时间内同步采集信号的次数，反映了采集数据的时间分辨率。对于准静态加载实验，实验过程比较缓慢，通常采样频率小于 10Hz 即可获得较好的曲线。

实验过程采集的信号反映了材料在特定载荷作用下的变形响应，通过对这些信号进行分析，结合材料的本构模型可以获得反映材料力学性能的参量。下面以拉伸实验为例，说明数据处理过程。

拉伸实验的结果通常是载荷–位移曲线或载荷–工程应变曲线。将载荷除以试样的初始横截面积则获得试样的工程应力–工程应变曲线。图 5-1-8 给出了典型金属材料的载荷–位移曲线以及对应的工程应力–工程应变曲线。如式 (5-1-3) 所示，这里的工程应力 σ_e 是载荷与试样标距段初始横截面积之比，而工程应变 ε_e 则是试样标距段在变形过程中的伸长量与标距段初始长度之比：

$$\varepsilon_\mathrm{e}=\frac{\Delta L}{L_0},\quad \sigma_\mathrm{e}=\frac{F}{A_0} \tag{5-1-3}$$

其中，ΔL 为标距段伸长量，L_0 为标距段初始长度，F 为载荷，A_0 为标距段初始横截面积。

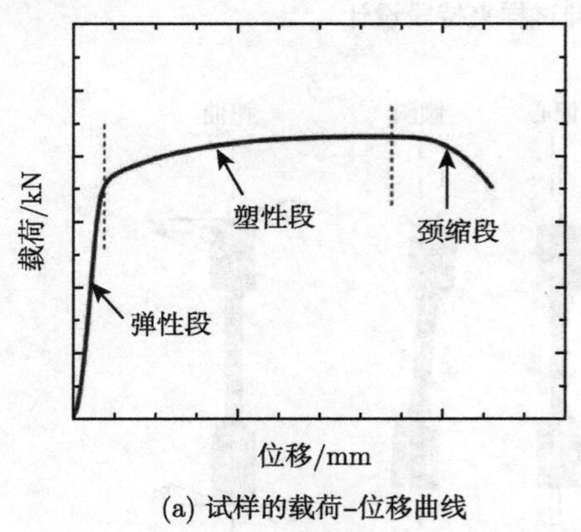

(a) 试样的载荷–位移曲线

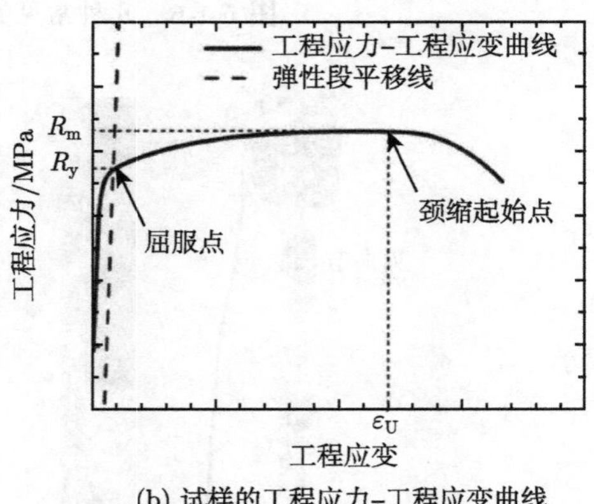

(b) 试样的工程应力–工程应变曲线

图 5-1-8　金属材料拉伸曲线示意图

由于在变形过程中，标距段长度在不断增加，而同时其横截面积在不断减小，因此可以定义试样的真应变 ε_t 的微分与真应力 σ_t，如式 (5-1-4) 所示：

$$\mathrm{d}\varepsilon_\mathrm{t}=\frac{\mathrm{d}L}{L},\quad \sigma_\mathrm{t}=\frac{F}{A} \tag{5-1-4}$$

其中，L 为标距段的长度，$\mathrm{d}L$ 为标距段长度的微分，A 为对应的标距段横截面积。对于均匀塑性变形段，试样的横截面积沿整个平行段均匀收缩。由于体积不变，二者之间的乘积为常值，即 $A_0L_0 = AL$。可以推出真应力、真应变与工程应力、工程应变之间的关系为

$$\varepsilon_{\mathrm{t}} = \ln(1+\varepsilon_{\mathrm{e}}), \quad \sigma_{\mathrm{t}} = (1+\varepsilon_{\mathrm{e}})\,\sigma_{\mathrm{e}} \tag{5-1-5}$$

将真应力–真应变曲线与工程应力–工程应变曲线画在同一幅图中 (图 5-1-9(a))，可见拉伸实验的真应力–真应变曲线位于工程应力–工程应变曲线的上方。反之，对于压缩实验，真应力–真应变曲线位于工程应力–工程应变曲线的下方。需要注意的是，式 (5-1-5) 只在均匀塑性段成立，当试样发生变形局部化 (颈缩) 后，这一关系不再成立。所以颈缩后，真应力–真应变曲线不可由式 (5-1-5) 画出。

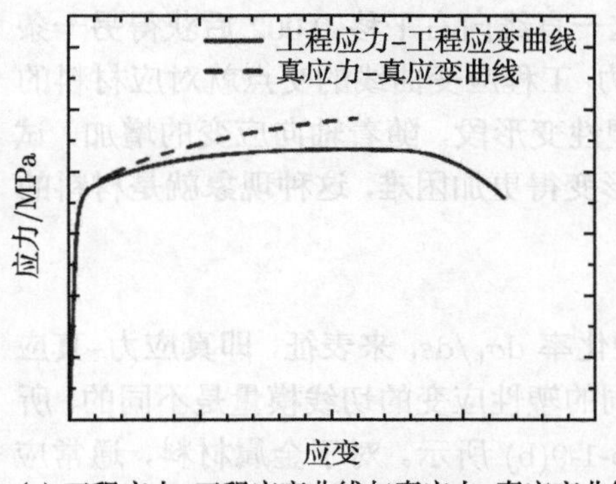

(a) 工程应力–工程应变曲线与真应力–真应变曲线

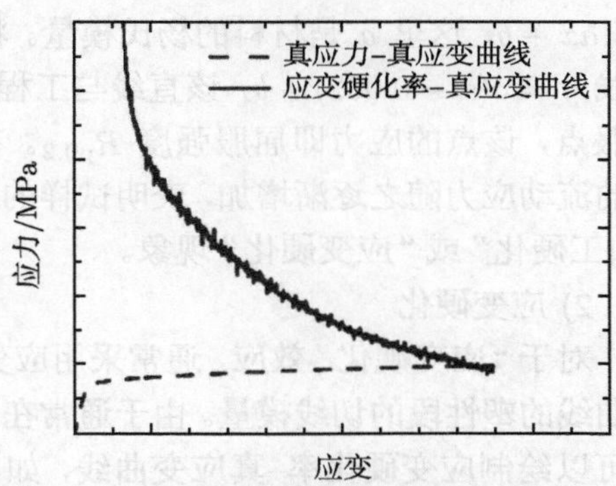

(b) 真应力–真应变曲线与应变硬化率–真应变曲线

图 5-1-9 拉伸实验真应力–真应变与应变硬化率曲线示意图

由图 5-1-8 可以看出，典型的工程应力–工程应变曲线分为三个阶段，分别对应材料的弹性段、塑性段与颈缩段。下面分别介绍各阶段的力学参数。

1. 弹性段

在弹性段变形范围内，应力–应变关系按比例线性变化。如果卸除载荷，试样会发生弹性回复。如果载荷卸载到零，试样将完全恢复到拉伸前的尺寸。这一阶段的力学参数有杨氏模量 E 与泊松比 ν。通过应力–应变曲线弹性段的斜率拟合获得材料的杨氏模量，通过测量垂直于加载方向的应变 $\mathrm{d}\varepsilon_{\mathrm{e}\perp}$ 与平行加载方向的应变 $\mathrm{d}\varepsilon_{\mathrm{e}//}$ 之比来获得泊松比：

$$E = \frac{\mathrm{d}\sigma}{\mathrm{d}\varepsilon_{\mathrm{e}}}, \quad \nu = -\frac{\mathrm{d}\varepsilon_{\mathrm{e}\perp}}{\mathrm{d}\varepsilon_{\mathrm{e}//}} \tag{5-1-6}$$

其中，ε_{e} 为弹性应变。值得注意的是，有一类金属材料 (如奥氏体不锈钢) 的拉伸曲线中不存在明显的线弹性段，如果强行对拉伸初始段拟合则误差较大。对于这

一类材料，为了获得其弹性参数，可以采用在拉伸过程中增加一个卸载—再加载过程。对卸载—再加载段数据进行线性拟合即可得到材料的杨氏模量。

2. 塑性段

1) 屈服强度

当继续增加试样的载荷或应变时，工程应力–工程应变曲线将逐渐偏离线性。此时材料进入塑性段 (图 5-1-8(b))。如果将试样载荷卸载到零，试样同样会发生弹性回复，但试样将不能完全回复到原来的尺寸，而是发生塑性变形。通常将材料偏离弹性段对应的应力定义为材料的屈服强度。除了低碳钢这类材料具有明显的屈服点之外，大部分材料弹性段的终点难以确定，因此通常将发生 0.2% 残余塑性变形所对应的点定义为屈服点。如图 5-1-8(b) 所示，先对线性段拟合获得方程 $y=ax+b$，这里 a 是材料的杨氏模量。将这一直线向右平移 0.002 后获得另一条直线 $y=a(x-0.002)+b$，该直线与工程应力–工程应变曲线的交点就对应材料的屈服点，该点的应力即屈服强度 $R_{\mathrm{p}0.2}$。在塑性变形段，随着轴向应变的增加，试样的流动应力随之逐渐增加，表明试样的变形变得更加困难，这种现象就是材料的“加工硬化”或“应变硬化”现象。

2) 应变硬化

对于“应变硬化”效应，通常采用应变硬化率 $\mathrm{d}\sigma_{\mathrm{t}}/\mathrm{d}\varepsilon_{\mathrm{t}}$ 来表征，即真应力–真应变曲线的塑性段的切线模量。由于通常在不同的塑性应变的切线模量是不同的，所以可以绘制应变硬化率–真应变曲线，如图 5-1-9(b) 所示。对于金属材料，通常应变硬化率 $\mathrm{d}\sigma_{\mathrm{t}}/\mathrm{d}\varepsilon_{\mathrm{t}}$ 随着应变的增加而逐渐减小。但是当材料在塑性变形过程中存在相变或孪生时，会导致在一定应变范围内应变硬化率增加。

除了应变硬化率参数，对于塑性段，为了便于模型化分析，还可用幂函数拟合，两种常见的表达式如下：

$$\begin{cases}\sigma=K\varepsilon^n\\ \sigma=\sigma_0+K\varepsilon_{\mathrm{p}}^n\end{cases}\tag{5-1-7}$$

式中，指数 n 为加工硬化指数或应变硬化指数，ε_{p} 为塑性应变。

由于加工硬化，在塑性变形段，如果试样因变形而发生局部横向收缩，那么这一位置将由于加工硬化而强化，这样在这一位置的进一步收缩将受到抑制。因此，试样的塑性变形将在宏观上均匀地发生在试样的整个平行段。这也表明应变硬化对抑制颈缩、提高材料的均匀延伸率有重要作用。

3) 应变率效应

对于大部分金属材料，当在塑性应变段改变实验的应变速率时，应力通常也会发生变化，即存在“应变率效应”。这一效应受温度以及材料微结构参数的影响，反映了材料的塑性变形微观机理。Weertman、Ashby 等用变形机制图 (deformationmechanism (Weertman-Ashby) map) 对这一现象进行了系统的描述，不同的微观变形机理如位错滑移、晶界滑移、蠕变、位错攀移等，均具有不同的应变率效应特征[4]。将应力与应变率之间的关系用幂函数来拟合，如式 (5-1-8) 所示：

$$\sigma = k\varepsilon^m \tag{5-1-8}$$

其中，指数 m 为应变率硬化指数，反映了应变率效应的大小。

为了实验获得应变率硬化指数，需要改变应变率测量流动应力的变化。一般可采用多组试样，每组试样分别在不同应变率下进行拉伸实验。然后在同一应变值下测量不同组试样对应的平均流动应力，将数据点画到双对数坐标系再进行线性拟合，拟合的斜率就是应变率硬化指数 m。这种方法存在的问题是由于材料性能存在分散性，在应变速率变化范围不大时流动应力的改变量可能小于流动应力的分散度，这时将难以获得 m 值。此时建议采用跳应变率实验，只需要一根试样，在实验过程中改变应变速率。由于应变率效应，流动应力在应变率改变时将产生应力台阶，通过测量台阶上下的流动应力值，就可以测量出应变率硬化指数 m。

图 5-1-10 给出了中熵 CoCrNi 合金的跳应变率拉伸曲线 (局部放大图，箭头标识了各实验段的实测应变率)，实验过程在四个不同应变率下进行了跳变。初始在 $5\times10^{-4}\text{s}^{-1}$ 应变率进行实验，在应变 0.05 时控制应变率下降 $5\times10^{-5}\text{s}^{-1}$。继续拉伸到应变 0.06 后控制应变率跳变到 $5\times10^{-6}\text{s}^{-1}$，然后到应变 0.065 后跳回到初始应变率，再继续到应变 0.075 时控制应变率上升到 $5\times10^{-3}\text{s}^{-1}$，最终回到初始应变率。这样的跳应变率过程循环多次即可对整个加载塑性段进行应变率效应的测量。如图 5-1-10(a) 所示，在应变率跳变点两侧，流动应力值不同。对于中熵 CoCrNi 合金，应变率越高流动应力越大。图 5-1-10(b) 给出了应变为 0.1 时不同应变率对应的流动应力，在双对数坐标下数据点基本呈线性分布，其斜率即应变率硬化指数 m。

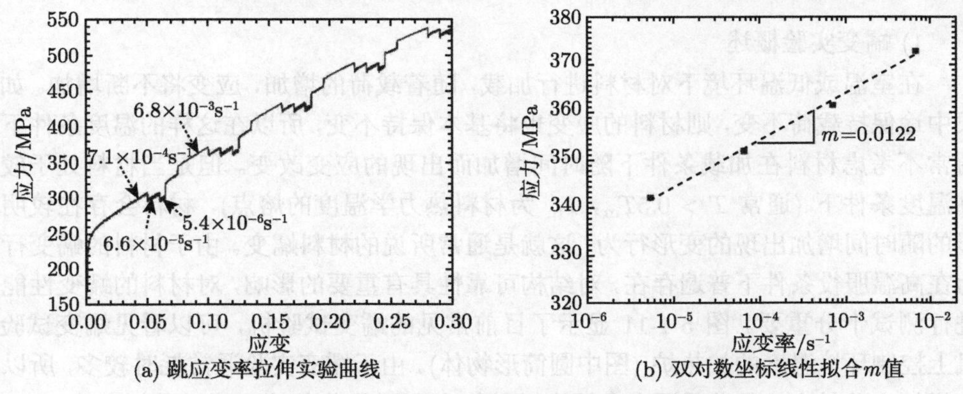

(a) 跳应变率拉伸实验曲线　(b) 双对数坐标线性拟合 m 值

图 5-1-10　中熵 CoCrNi 合金的跳应变率拉伸曲线

3. 颈缩段

随着应变的增加，当应变硬化率下降到一定值时，进一步增加载荷或应变，试样将发生颈缩现象。此时，塑性变形集中出现在试样平行段的某一位置，直到试样发生断裂破坏，这一位置称为“颈缩段”。在颈缩刚开始发生时，对应的应变是材料拉伸的最大均匀应变，反映了材料均匀塑性变形极限。而此时对应的应力为材料拉伸断裂强度 R_m。对于拉伸断裂后的试样，还可以测量试样的断面收缩率 Z 与断后延伸率 A，这两个参数也可以反映材料的塑性变形能力。需要注意的是，断后延伸率与试样的标距段长度相关，所以应采用国标上推荐的比例试样来测量该参数。

在拉伸曲线上，颈缩发生时对应于工程应力–工程应变曲线的极大值点，此时有

$$\frac{\mathrm{d}\sigma_\mathrm{e}}{\mathrm{d}\varepsilon_\mathrm{e}}=0 \tag{5-1-9}$$

将式 (5-1-5) 代入，可以得到颈缩点发生在真应力–真应变曲线上应变硬化率等于真应力的位置，即

$$\frac{\mathrm{d}\sigma_\mathrm{t}}{\mathrm{d}\varepsilon_\mathrm{t}}=\sigma_\mathrm{t} \tag{5-1-10}$$

因此，如图 5-1-9(b) 所示，颈缩点对应于真应力–真应变曲线与应变硬化率曲线的交点。

如果真应力–真应变曲线是符合式 (5-1-7) 的幂函数关系，则可进一步推出材料的最大均匀应变 $(\varepsilon_\mathrm{t})_\mathrm{max}=n$，表明材料的拉伸塑性变形能力由材料的加工硬化行为决定。

5.1.5　几类特殊的加载方式

1. 蠕变与持久实验

1) 蠕变实验概述

在室温或低温环境下对材料进行加载，随着载荷的增加，应变将不断增加。如果中途保持载荷不变，则材料的应变也将基本保持不变，所以在这样的温度条件下通常不考虑材料在加载条件下随时间增加而出现的应变改变。但是当材料处于较高温度条件下 (通常 $T>0.5T_\mathrm{m}$，T_m 为材料热力学温度的熔点)，材料会存在较明显的随时间增加出现的变形行为，这就是通常所说的材料蠕变。由于材料的蠕变行为在高温服役条件下普遍存在，对结构可靠性具有重要的影响，对材料的蠕变性能进行测试十分重要。图 5-1-11 显示了目前常见的蠕变试验机，可以看见蠕变试验机上控制环境温度的加热炉 (图中圆筒形物体)。由于蠕变实验通常耗时较多，所以为增加实验效率，通常采用多台蠕变试验机在不同载荷条件下同时进行实验。

图 5-1-11 蠕变试验机

2) 蠕变实验与持久实验的方法[5]

材料的蠕变实验是在一定的温度环境下，对蠕变实验试样 (与拉伸实验试样类似) 施加一个恒定的载荷或应力，测量试样应变随时间的变化规律，并记录试样的断裂时间。与准静态拉伸实验相比，蠕变实验的应变率要更低 (表 5-5-1，见 5.5 节)，所以蠕变实验需要更长的时间来完成。

3) 蠕变实验与持久实验的结果及数据分析

蠕变实验获得的结果主要为某一恒定载荷或者应力条件下的应变–时间曲线 (图 5-1-12)。蠕变实验曲线具有如下特征：在加载初期，应变会随着时间较快地增加；随后进入一个等速蠕变阶段，这一阶段蠕变应变率基本保持不变；最后，蠕变速率会持续增加直到试样断裂。这三个阶段中第二阶段通常时间最长，蠕变速率最小。最小蠕变速率随应力增大或温度升高而增加，是研究材料蠕变变形机理的重要参数。

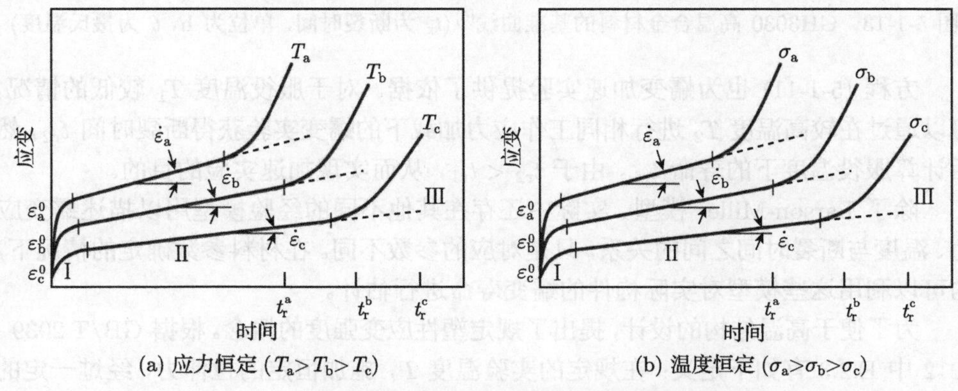

(a) 应力恒定 ($T_a > T_b > T_c$)　　(b) 温度恒定 ($\sigma_a > \sigma_b > \sigma_c$)

图 5-1-12 环境温度、应力对蠕变应变的影响示意图[4]

除了对蠕变机理的研究，在工程实际中更关心的是结构在服役温度 T 与载荷 σ 下的断裂时间 t_{r}。研究表明，温度越高，载荷越大，断裂时间就越短。为了描述这种规律，提出了多种不同的经验模型。其中常用的是 Larson-Miller 模型：

$$T\left(\log t_{\mathrm{r}}+C\right)=m \tag{5-1-11}$$

其中，C 为材料常数，m 为应力相关参数。通过在不同温度、不同载荷条件下进行系统的蠕变断裂实验，可以拟合获得材料常数 C。以方程的左侧项为横坐标，蠕变应力为纵坐标可以绘制出材料蠕变的“基准曲线”。有了材料的基准曲线，根据服役条件的应力水平可以由曲线读出对应的 m 值大小。再根据服役温度，利用式 (5-1-11) 即可估算出材料的蠕变断裂寿命。图 5-1-13 给出了 GH3030 高温合金材料的基准曲线[6]。

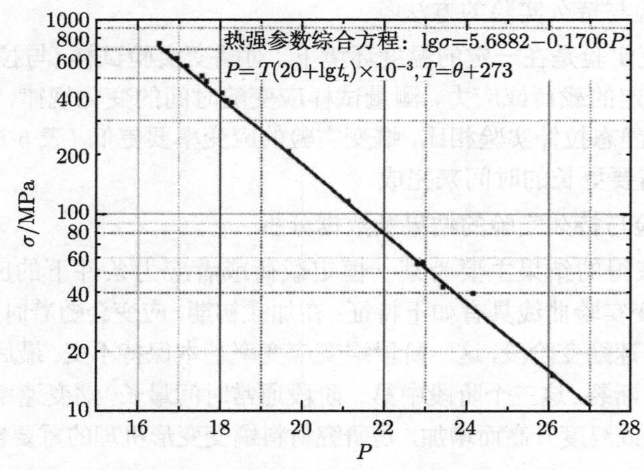

图 5-1-13　GH3030 高温合金材料的基准曲线[6] (t_{r} 为断裂时间，单位为 h，θ 为摄氏温度)

方程 (5-1-11) 也为蠕变加速实验提供了依据。对于服役温度 T_1 较低的情况，可以通过在较高温度 T_2 进行相同工作应力加载下的蠕变实验获得断裂时间 $t_{\mathrm{r}2}$，然后计算服役温度下的寿命 $t_{\mathrm{r}1}$。由于 $t_{\mathrm{r}2}<t_{\mathrm{r}1}$，从而实现加速实验的目的。

除了 Larson-Miller 模型，实际中还存在其他不同的经验模型用以描述蠕变应力、温度与断裂时间之间的关系，只是对应的参数不同。在材料参数确定的情况下，均可以利用这些模型对实际构件的蠕变寿命进行估计。

为了便于高温结构的设计，提出了规定塑性应变强度的概念。根据 GB/T 2039—2012 中 E.2.3 有如下定义：在规定的实验温度 T，施加恒定的拉伸力，经过一定的实验时间产生预计蠕变塑性应变的应力。通过在多个适当应力水平进行等温蠕变实验，然后将应力值与对应的时间产生的蠕变塑性应变作图绘制出曲线，通过内插或外推来获得规定塑性应变强度值。有了这一参数，在设计高温结构时，基于服役时间与最大蠕变塑性应变的要求，控制载荷水平在对应的规定塑性应变强度以下，就可以保证结构的服役安全。

除了规定塑性应变强度，另一个重要的蠕变实验结果是材料的蠕变断裂强度(持久强度)，即试样在规定的实验温度 T，在试样上施加恒定的拉伸力，经过一定的实验时间所引起断裂的应力。通常在多个适当的应力水平进行等温持久实验，记录试样的蠕变断裂时间，在单对数或双对数坐标上用作图法绘制出应力–断裂时间的曲线。用内插法或外推法求出规定蠕变断裂时间所对应的持久强度。在设计高温结构时，为了保证结构达到规定的蠕变寿命，应该使设计的结构应力在材料的蠕变断裂强度以下。

2. 小冲杆实验

材料性能随服役时间的演化对结构完整性评估与剩余寿命估计十分重要，而在实验室内对材料进行长时间的模拟实验成本高昂，因此常常需要在服役不同时间后从真实构件上取样来进行材料性能测试。而现有的标准测试方法总是需要从真实构件中取大的试样，这在实际操作中很困难。为此，20 世纪 80 年代发展了小冲杆实验。

小冲杆实验装置与实验过程[7] 如图 5-1-14 所示，试样为一圆形薄板，圆周边缘被固定约束，一根端部半球形的顶杆从圆板的一侧挤压试样，使试样向另一侧凸出、变形直到破坏。实验装置记录下力–位移曲线，通过对该曲线的分析可以获得材料的屈服强度、断裂强度以及断裂韧性等参数。

图 5-1-14 小冲杆实验装置与实验过程示意图[7]

图 5-1-15 给出了典型的小冲杆实验的力–位移曲线示意图[8]。在这一曲线上，有几个参数十分重要，即屈服载荷 P_{y}、断裂载荷 P_{m} 与断裂位移 d_{m}。利用这三个数据，结合试样初始厚度 t，可以对材料的屈服强度、断裂强度以及断裂韧性等参

数进行估算。一般而言，P_{m} 与 d_{m} 点的确定是唯一的，而对于 P_{y} 点，则存在不同的定义。图 5-1-16 给出了 5 种不同的确定屈服载荷 P_{y} 的方法：初始线性段结束点 $P_{\mathrm{y,inf}}$；将初始线性段平移 $t/100$ 与力–位移曲线的交点 $P_{\mathrm{y},t/100}$；将初始线性段平移 $t/10$ 与力–位移曲线的交点 $P_{\mathrm{y},t/10}$；初始线性段与拐弯后线性段的交点 $P_{\mathrm{y,mao}}$；初始线性段与拐弯后线性段的交点横坐标位移值对应的载荷 $P_{\mathrm{y,cen}}$。显然，不同的屈服载荷定义会导致估算的材料屈服强度存在较大的差异。这一点需要使用者加以注意。

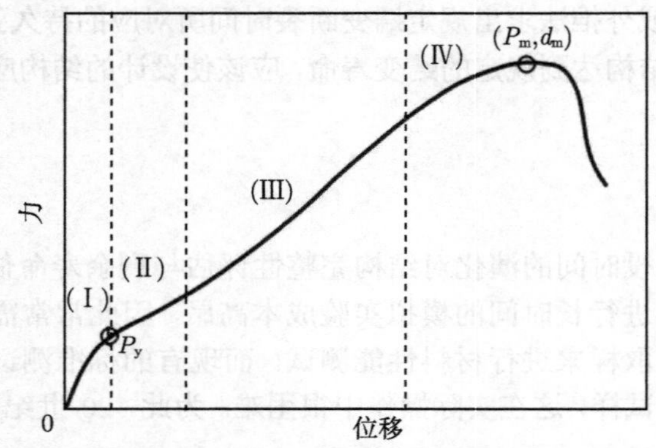

图 5-1-15　典型的小冲杆实验的力–位移曲线示意图[8]

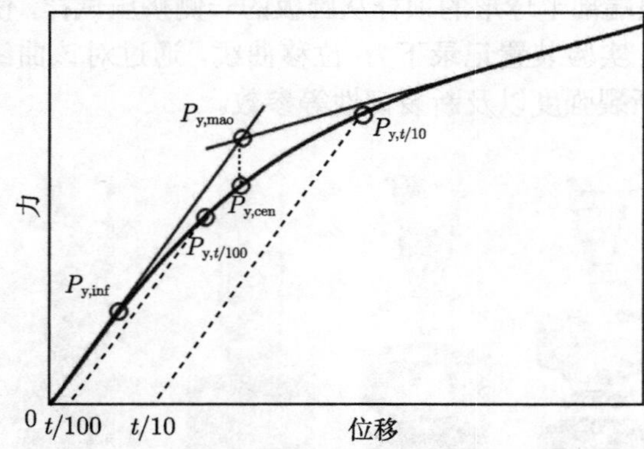

图 5-1-16　5 种不同的确定屈服载荷的方法[8]

大量研究表明，材料的拉伸屈服强度 σ_{y} 与小冲杆实验获得的屈服载荷 P_{y} 及试样初始厚度 t 之间存在如下关系：

$$\sigma_{\mathrm{y}} = \alpha_1 \frac{P_{\mathrm{y}}}{t^2} + \alpha_2 \tag{5-1-12}$$

其中，α_1、α_2 为实验常数。经过不同材料拉伸实验与小冲杆实验对比，并结合有限元分析，得出 $P_{\mathrm{y},t/10}$ 作为屈服载荷具有最小的数据分散度，此时

$$\sigma_{\mathrm{y}} = 0.346\frac{P_{\mathrm{y},t/10}}{t^2} \tag{5-1-13}$$

对于拉伸断裂强度 σ_{uts}，通常与小冲杆实验获得的断裂载荷 P_{m}、试样初始厚度 t 或断裂位移 d_{m} 具有如下函数关系：

$$\begin{cases} \sigma_{\mathrm{uts}} = \beta_1\dfrac{P_{\mathrm{m}}}{t^2} + \beta_2 \\ \sigma_{\mathrm{uts}} = \beta_1'\dfrac{P_{\mathrm{m}}}{t} + \beta_2' \\ \sigma_{\mathrm{uts}} = \beta_1''\dfrac{P_{\mathrm{m}}}{td_{\mathrm{m}}} + \beta_2'' \end{cases} \tag{5-1-14}$$

其中，β_1、β_2、β_1'、β_2'、β_1''、β_2'' 均为实验常数。

经过对比，发现同时考虑 P_{m} 与 d_{m} 的函数形式具有更小的分散性，即

$$\sigma_{\mathrm{uts}} = 0.277\frac{P_{\mathrm{m}}}{td_{\mathrm{m}}} \tag{5-1-15}$$

而对于断裂韧性 (参考 5.5 节)，只有对于韧性材料，J_{IC}(单位为 $\mathrm{kJ/m^2}$) 值与等效应变 $\varepsilon_{\mathrm{qf}}$ 才存在线性关系，即

$$J_{\mathrm{IC}} = 1695\varepsilon_{\mathrm{qf}} - 1320 \tag{5-1-16}$$

5.1.6 准静态加载实验小结

本节首先介绍了准静态加载实验的一些基本概念，包括应变率范围、加载方式以及实验可获得的材料参数等。然后介绍了材料试验机及其控制模式与 PID 调节，并以拉伸实验为例介绍了试样设计、实验夹具、试样的安装与对中。接着重点介绍了数据分析的基本方法，包括应力–应变曲线的不同阶段及可获得的材料参数。除了拉伸实验，在本节最后补充了几种典型的实验，如蠕变与持久实验、小冲杆实验等。

5.2 硬度实验

5.2.1 基本概念

硬度 (hardness) 测试是常用的力学性能测试方法之一，由于高强度材料通常具有高的硬度，所以硬度测试成为一种比较材料强度的测试方法。通常硬度测试是通过将一种标准高硬材料做成的压头去挤压待测量的材料来进行测量，其接触区

处于多轴应力状态且存在高的应力梯度，所以硬度并不能严格等同于拉伸实验获得的材料强度数值。一般定义材料的硬度为材料抵抗其他材料压入其表面的能力。根据硬度测试方法的特点，一般可以将硬度实验方法分为三类：

(1) 划痕硬度。划痕硬度又称莫氏硬度。将不同的矿物材料根据硬度的不同从低到高进行标识作为标样，将标样在待测材料表面滑动，如果能留下划痕，则表明待测材料比标样硬度低。通过不同标样的划痕测试，即可找到待测材料的硬度。

(2) 压痕硬度。将高硬度的材料做成标准压头，在一定载荷下压入待测材料的表面，通常会在待测材料表面留下压痕。如果材料硬度高，则压痕的面积会较小且压痕深度浅。因此，通过测量压痕的尺寸 (压痕面积或压痕深度)，可以完成对材料硬度的表征。

(3) 回弹硬度。将一定质量的冲头从固定的高度自由落体碰撞待测试样的表面并发生反弹。在撞击位置的材料会发生塑性变形而吸收能量，待测材料硬度越低，能量吸收将越大，压头的反弹高度将越低。因此，通过反弹高度与初始高度之比即可表征材料的硬度 (肖氏硬度)。也可通过反弹速度与冲击速度的比值来表征材料的硬度 (里氏硬度)。

以上三类硬度实验方法中，划痕硬度与回弹硬度测试简单，但难以与材料强度建立关系。压痕硬度通常具有与材料强度相同的量纲，对于理想弹塑性材料可以直接分析硬度与强度之间的关系，所以压痕硬度在金属材料的硬度测试中广泛应用。下面主要介绍压痕硬度。

5.2.2　压痕硬度的分类

压痕硬度主要包括布氏硬度[9]、洛氏硬度[10]、维氏硬度[11]、努氏硬度[12] 以及纳米硬度[13-16] 等。这里只有洛氏硬度测试的是压痕的深度，其他硬度测试的均为压痕的面积，并通过载荷除以压痕面积来表征压痕硬度的大小。

1. 布氏硬度

如图 5-2-1 所示，布氏硬度采用球形压头，以一定载荷将压头压入试样的表面，卸载后根据压痕的直径用式 (5-2-1) 计算硬度：

$$\mathrm{HB} = \frac{2P}{\pi D\left(D - \sqrt{D^2 - d^2}\right)} \tag{5-2-1}$$

其中，P 是施加在压头上的力，D 是压头直径，d 是压痕直径。布氏硬度实际就是载荷除以接触面的面积，因此与材料强度的量纲一致。布氏硬度采用球形压头，当用不同的载荷进行硬度测量时，由于没有几何相似性，测量的硬度值随载荷大小而变化。因此，布氏硬度规定了载荷与压头的大小[9]。

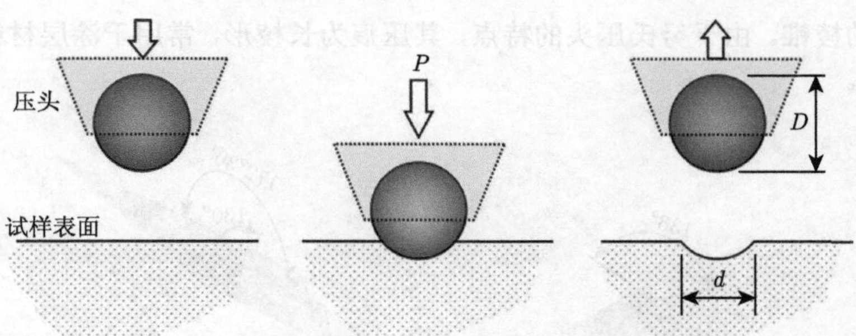

图 5-2-1 布氏硬度测量原理示意图

2. 洛氏硬度

由于布氏硬度要对压痕尺寸进行测量，在现场使用不太方便。而洛氏硬度则按照压痕深度来定义材料硬度，测量过程十分方便快捷，在工程中得到广泛应用。

洛氏硬度细分为 A、B、C 等各类标尺，每一类对应的压头类型、实验力均有差别，以适用不同试样和硬度范围。图 5-2-2 描述了洛氏硬度测量原理示意图。洛氏硬度采用了 120° 的金刚石圆锥形压头，顶部曲率半径为 0.2mm，这保证了压入过程约束条件的相似性。首先加一个预载 F_0(98.07N) 使针尖压入试样表面，针尖压入深度 h_0 作为硬度测试基准面。然后叠加上主载荷 F(1373N)，使试样压入一定深度，保持一定时间后再卸除主载荷，此时，针尖的残余压入深度为 h_c，则洛氏硬度 HRC 为

$$\mathrm{HRC} = 100 - \frac{h_c - h_0}{0.002} \tag{5-2-2}$$

这里深度的单位为 mm。

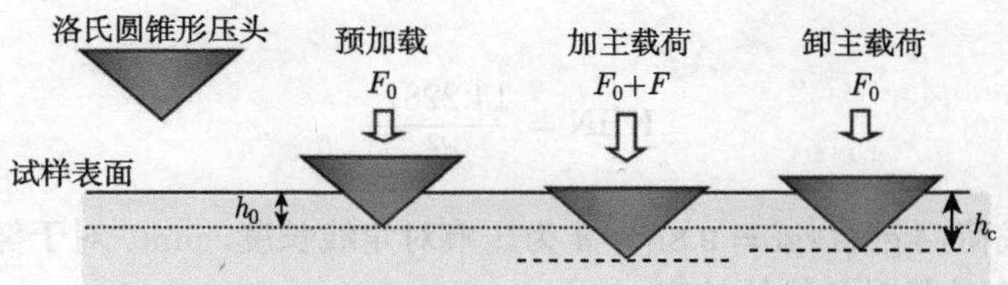

图 5-2-2 洛氏硬度测量原理示意图

3. 维氏硬度与努氏硬度

为了改进布氏硬度球形压入过程存在的硬度值随载荷变化的问题，提出了采用锥形压头的维氏硬度 (Vickers hardness) 与努氏硬度 (Knoop hardness)，二者均为四棱锥形的压头。图 5-2-3 显示了维氏压头与努氏压头的几何形状，其中维氏压头为锥面夹角 136° 的正四棱锥，而努氏压头则采用了短棱夹角 130°、长棱夹角

172°30′ 的棱锥。由于努氏压头的特点，其压痕为长棱形，常用于涂层材料的剖面硬度测试。

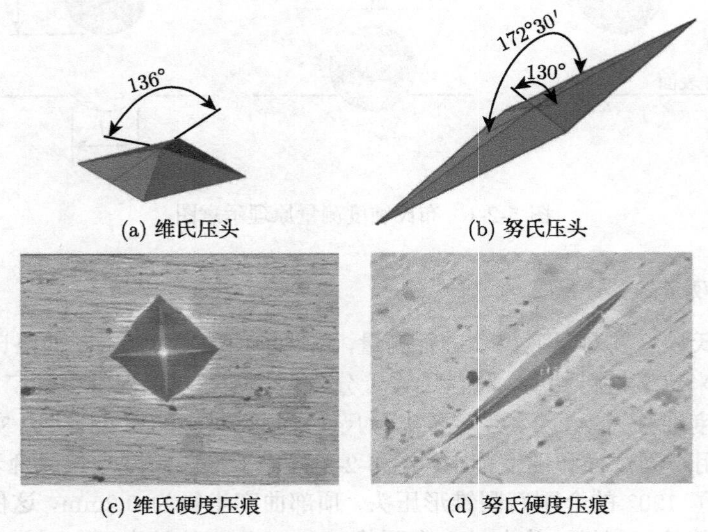

(a) 维氏压头　(b) 努氏压头
(c) 维氏硬度压痕　(d) 努氏硬度压痕

图 5-2-3　维氏压头与努氏压头的几何形状

维氏硬度与努氏硬度根据实验施加的载荷与测量的压痕直径进行计算。

维氏硬度为

$$\mathrm{HV} = \frac{1.8544P}{d^2} \tag{5-2-3a}$$

努氏硬度为

$$\mathrm{KHN} = \frac{14.228P}{d^2} \tag{5-2-3b}$$

其中，P 为载荷，kgf (1kgf = 9.8N)；d 为压痕对角线长度，mm。对于努氏硬度，测量的 d 是压痕的长对角线的长度。

维氏硬度的载荷如果控制在 0.01~3kgf 范围，则称为显微维氏硬度测试。此时，压痕的尺寸在 10μm 量级，因此需要配备光学显微镜进行观测，图 5-2-4 为显微维氏硬度计的照片。由于压痕尺寸小，显微维氏硬度常常用于材料中不同显微组织的硬度测量，这对于理解材料力学性能的显微特征十分重要。需要注意的是，由于显微硬度的压痕尺寸小，所以要求试样表面应抛光去除粗糙的加工痕迹，并去除材料表面的加工硬化层，否则会带来测量误差。

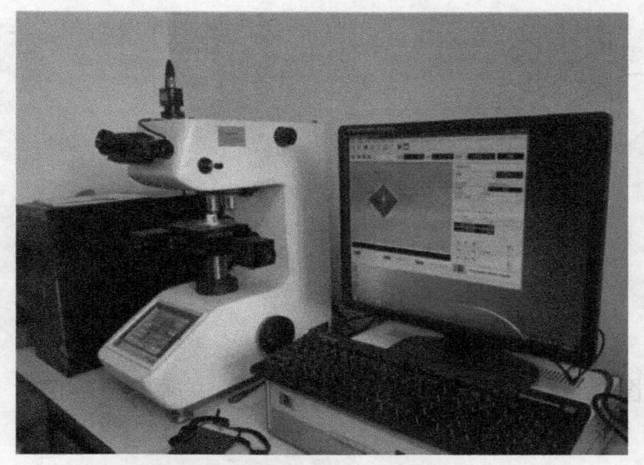

图 5-2-4 带图像测量功能的显微维氏硬度计

4. 纳米硬度

传统的压痕硬度测量方法均是在一定载荷作用下将压头压入试样表面，卸载后再进行残余压痕尺寸的测量。这样的测量十分简单，但除了硬度值外无法获得更多的材料力学性能。此外，当载荷较小时，卸载后残余压痕尺寸将变得非常小。当压痕尺寸小于 1μm 时，不管是采用光学显微镜还是扫描电子显微镜，压痕均难以被定位，且测量误差也较大。为了能对亚微米量级的微区进行硬度测量，提出了纳米硬度的测量方法。

纳米硬度相比于传统压痕硬度测量最重要的改进是对压入过程的载荷和压入位移进行跟踪测量，获得完整的载荷–位移曲线。这样即使是很小的载荷 (毫牛 (mN) 量级)，压入深度在 100nm 以下，也可以测量到载荷–位移曲线，从而通过后续的数据处理，分析计算材料试样微区的硬度、模量、率敏感性等参数，甚至有可能利用这些数据分析材料的拉伸曲线参数、蠕变参数以及材料表面的残余应力等[14]。

纳米压痕硬度测量的压头，采用的仍然是棱锥压头。但传统的维氏压头是四棱锥结构，无法严格保证四个锥面交于一点，在纳米量级的浅压痕时，会由于压痕形状不理想而影响数据分析。因此，纳米压痕测量的压头均优先采用三棱锥结构。图 5-2-5 给出了常用的 Berkovich 三棱锥压头的形状，并给出了在 304 不锈钢上获得的纳米压痕照片。除了 Berkovich 三棱锥压头，在利用压痕方法进行脆性材料断裂韧性测试时，会用到三条棱互为 90° 夹角的立方压头。

图 5-2-6 给出了纳米压痕测量仪的照片。由于测量尺寸与载荷都很小，为了避免环境温度与振动对载荷与位移测量的影响，纳米压痕测量仪通常安装在恒温箱内并置于减振台上。

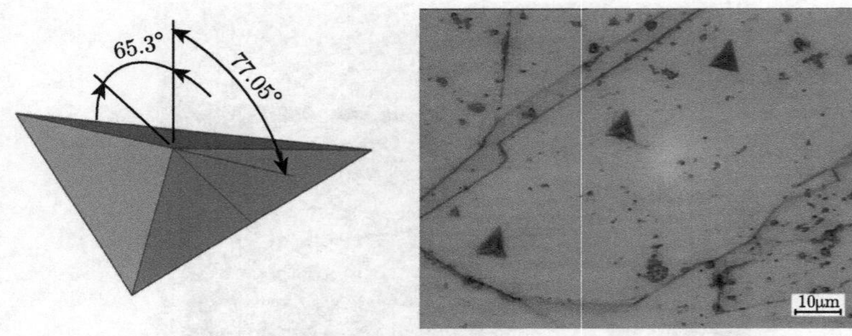

图 5-2-5　纳米硬度三棱锥压头几何关系与压痕照片

图 5-2-6　纳米压痕测量仪照片

5.2.3　硬度测量的试样

相比于其他力学测量方法，硬度测量比较简单方便，对试样的要求也比较简单。通常表面光滑、平整且无加工残余变形层的试样都可以进行硬度测量。但对于显微硬度和纳米硬度，试样的表面质量将对测量结果产生较大影响。因此，对显微压痕测量，试样表面一般要进行抛光处理。对于纳米压痕，为了消除机械抛光存在的残余变形层的影响，优先推荐电解抛光或等离子抛光方式进行表面制备 (参见 5.6.3 节)。

在实验过程中，要求测量面与压头轴线垂直，所以试样的安装需要加以注意。在纳米压痕测量时，一般通过特殊的夹具来保证。对于显微硬度测量，则可以简单地在试样的下方垫上橡皮泥，然后利用压平器来保证试样测量面与压头轴线垂直。

此外，在进行硬度测量时，压痕之间距离不宜太近，同时压痕位置要远离试样边缘，否则数据会存在误差。一般要求这种距离应大于 $3d$。

5.2.4　压痕实验的数据处理

除了纳米压痕实验，其他几种压痕实验的数据处理均非常简单。洛氏硬度直接从压痕深度即读出硬度值，其他则由载荷除以压痕的接触面积来得到，基本公式如 5.2.2 节所述。本节主要介绍纳米压痕实验的数据处理，即如何从载荷–位移曲线来分析获得材料的硬度、模量等参数。

1. **载荷–位移曲线**

图 5-2-7 给出了典型压入过程的载荷–位移曲线。对于锥形压头，随着压入深度的增加，其接触面积基本按平方率增加，因此对应的压入载荷随着压入深度的增加非线性增大。当载荷达到最大力 $P_{\max}$ 后保持载荷一段时间即可测量材料的蠕变行为，此时压入深度会随加载时间而增加。当卸除载荷时，对应的位移最大值为 $h_{\max}$，完全卸载后，位移值为 h_{f}。对卸载初始段求导可以获得卸载刚度 $S = \mathrm{d}P/\mathrm{d}h$。以上特征值可以用于分析材料的硬度、模量等力学性能参数。

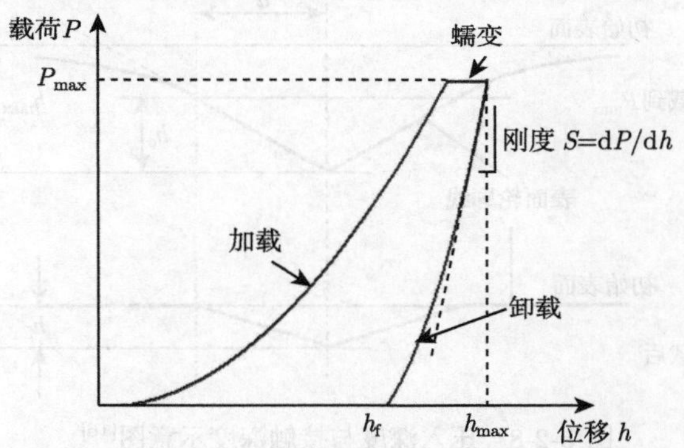

图 5-2-7 典型压入过程的载荷–位移曲线[16]

2. **硬度与模量**

根据 Oliver-Pharr[15] 方法，定义测量的折合模量为 E_{r}。E_{r} 与压头材料的杨氏模量 E_{i} 及泊松比 ν_{i}，以及试样的杨氏模量 E_{s} 及泊松比 ν_{s} 有以下关系：

$$\frac{1}{E_{\mathrm{r}}} = \frac{1-\nu_{\mathrm{i}}^2}{E_{\mathrm{i}}} + \frac{1-\nu_{\mathrm{s}}^2}{E_{\mathrm{s}}} \tag{5-2-4}$$

根据接触理论，可以推出压痕的卸载段刚度 S 与折合模量 E_{r}、压痕接触面积 A 具有如下关系：

$$S = \frac{\mathrm{d}P}{\mathrm{d}h} = \beta\frac{2}{\sqrt{\pi}}E_{\mathrm{r}}\sqrt{A} \Rightarrow E_{\mathrm{r}} = \frac{\sqrt{\pi}}{2\beta}\frac{S}{\sqrt{A}} \tag{5-2-5}$$

其中，β 是修正系数，一般取 1.034 或 1.05[16]。因此，只要能测量出压痕接触面积 A，通过卸载段刚度 S，就可以测量出测点的折合模量 E_{r}。考虑到金属材料的泊松比变化范围不大且对式 (5-2-4) 的影响较小，一般取 $\nu_{\mathrm{s}} = 0.3$，则可由式 (5-2-4) 获得试样测点位置对应的杨氏模量。

同样，根据硬度的定义

$$H = \frac{P_{\max}}{A} \tag{5-2-6}$$

可知，只要测量出压痕接触面积 A 和压痕的最大力值 $P_{\max}$，即可得到试样测点位置对应的硬度。这里的压痕接触面积是在载荷作用下压头与试样的实际接触面积，这与维氏硬度等卸载后测量的压痕面积有所不同。由于实验过程中仪器测量的是压入深度，所以如果知道压头与试样的实际接触深度 h_c，那么就可能利用标定获得的压痕面积函数 $A = f(h_c)$ 计算出实际的接触面积。

要注意压头接触深度 h_c 与压入深度 $h_{\max}$ 通常并不相等。如图 5-2-8 所示，对压痕过程发生陷入 (sink-in) 现象的材料，接触深度 h_c 要小于压入深度 $h_{\max}$。而对于压痕过程发生挤出 (pile-up) 现象的材料，接触深度 h_c 要大于压入深度 $h_{\max}$。

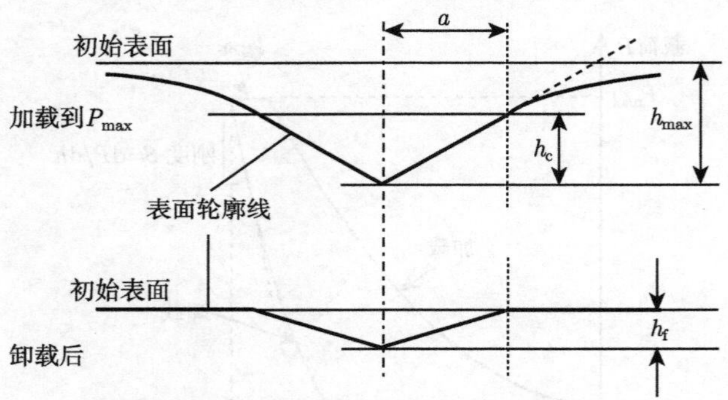

图 5-2-8　压入深度与接触深度示意图[16]

Oliver-Pharr[15] 方法中给出了一种由压入深度估算接触深度的经验公式：

$$h_c = h_{\max} - \varepsilon \frac{P_{\max}}{S} \tag{5-2-7}$$

其中，ε 为与压头形状相关的常数。对于锥形压头，取 $\varepsilon = 0.72$；对于平压头，取 $\varepsilon = 1$。需要注意的是，式 (5-2-7) 仅对压痕过程材料发生陷入的情况有效，对压痕过程材料发生挤出的情况无效。

对于理想的三棱锥压头，压痕面积函数可直接由压头几何关系推导得出。但实际的压头在制造时往往会偏离理想压头，尤其是压头尖端通常有一个曲率半径 (约 50nm) 存在，因此新压头在实验测量前需要利用标定程序对面积函数 $A = f(h_c)$ 进行实际标定，并在后续使用过程中定期标定。这一点对于深度小于等于 100nm 的浅压痕实验尤为重要。

3. 连续刚度法测量硬度与模量

在常规纳米压痕硬度测量时，一个压痕只对应一次加卸载，所以只能得到一个压痕硬度值。但对于有些材料 (纳米多层膜或梯度材料)，有时希望能在同一位置获得硬度或模量随深度的变化曲线。此外，对于蠕变材料，在单次卸载时有时位移仍然会增加而导致卸载出现“负刚度”现象。因此，需要发展特殊的方法来进行测量。

Pethica、Oliver 等提出了一种新的加载控制方法，即连续刚度测量 (continuous stiffness measurement)。通过在准静态的加载力–时间波形上叠加一个动态 (69.3Hz) 的小振幅力，并连续测量力–时间信号与位移–时间信号的变化，根据纳米压痕仪的动力学简化模型，通过力的幅值与位移幅值，以及力与位移信号的相位差，可以连续获得接触刚度 S 随压入深度的变化，进而计算出硬度与杨氏模量随压入深度的变化曲线。

5.2.5 电子显微镜下在位加载实验

通常的纳米压痕仪通过光学显微镜进行测量点的定位，在测量过程中无法对压入过程进行直接观察，在压痕结束后也难以找到压痕的位置。而对于微纳米尺度试样的测量，需要测量材料内部微区不同微结构相的力学性能，定位不准将导致难以将测量点对应的材料微区结构与压痕载荷–位移曲线对应起来。因此，在电子显微镜中配合微加载装置进行在位 (in-situ) 加载实验是解决以上问题的理想方案。

如图 5-2-9 所示，已有商用型号的纳米加载装置可配合扫描电子显微镜或透射

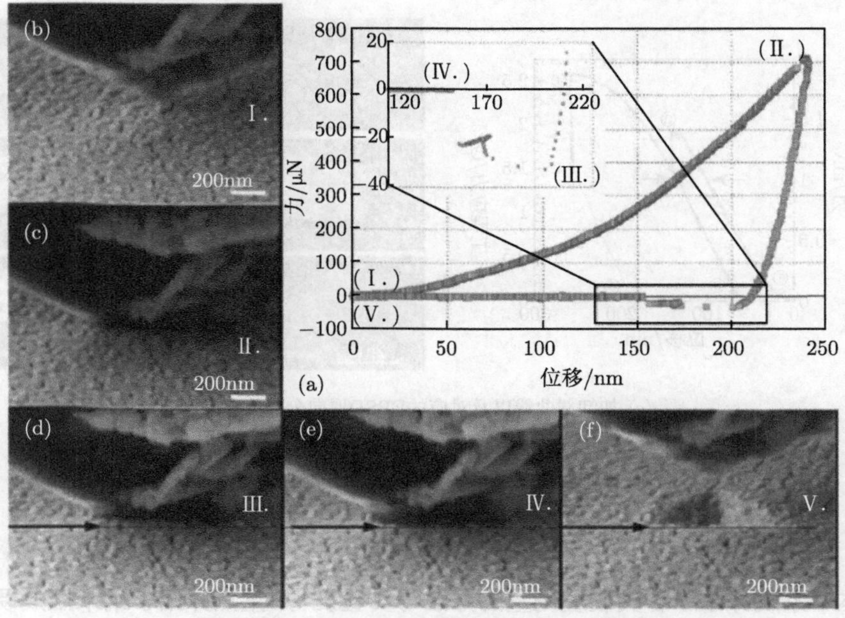

图 5-2-9 石英基体上金膜的扫描电子显微镜在位压入实验[17]

电子显微镜使用。扫描电子显微镜具有 1nm 量级的空间分辨能力，结合加载装置可以进行高分辨条件下的在位压缩、弯曲、压入等加载实验，对于微纳尺度试样的变形、断裂、分层等行为可以实时观察，尤其可以与能谱仪 (EDS)、电子背散射衍射 (EBSD) 电镜等结构、成分分析手段结合，对微纳尺度材料试样的力学微观机制研究提供直接观测的实验结果。

对于在位实验的试样，既可以是试样的表面，也可以通过聚焦离子束设备制备纳米微柱等。图 5-2-9 显示了对金膜试样的在位压入过程的扫描电子显微镜图像以及对应的压入加卸载曲线[17]。图 5-2-10 显示了对 GaAs 微柱试样进行在位压缩实验以及对应的扫描电子显微镜 EBSD 图像[18]。

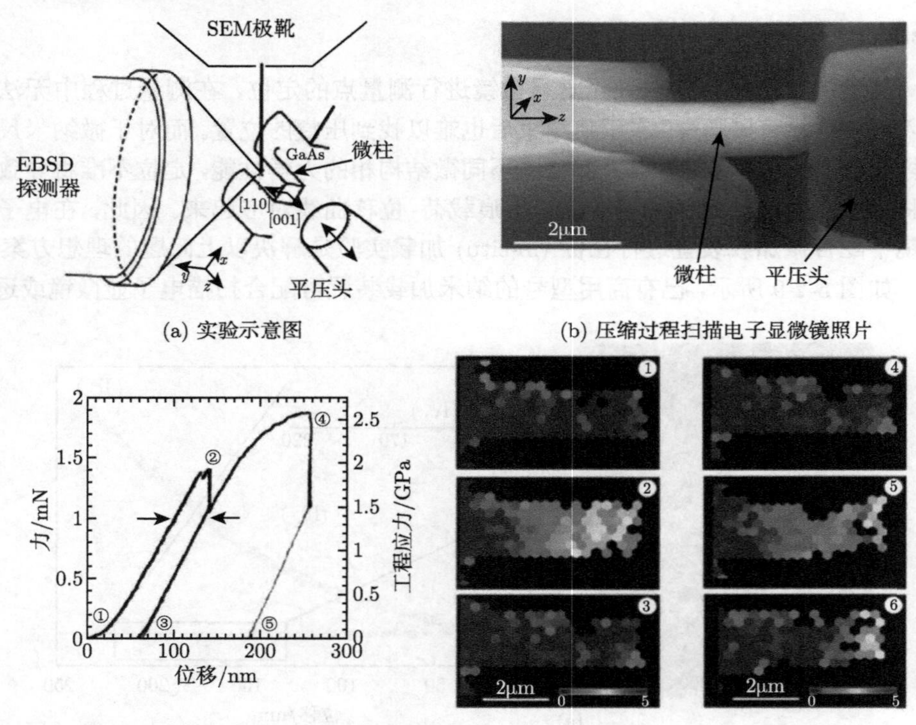

(a) 实验示意图　　(b) 压缩过程扫描电子显微镜照片

(c) 加卸载曲线以及对应的EBSD取向分布图

图 5-2-10　扫描电子显微镜下 EBSD 配合下的微柱压缩实验[18]

5.2.6　硬度测量方法小结

本节系统介绍了各类硬度测量的方法与实验设备，重点介绍了纳米压痕硬度的测量原理，讲述了通过加卸载曲线分析硬度、模量的方法，以及通过压痕接触深度利用面积函数来获得压痕接触面积的方法。进一步介绍了可以测量硬度、模量随深度变化曲线的连续刚度法等。此外，补充了扫描电子显微镜下在位加载实验的内容。

硬度测量方法仍然在不断发展，尤其是有可能通过压入的加卸载曲线分析来获得微区的材料本构、微区残余应力等。这对于纳微尺度材料力学性能表征具有重要意义。由于压痕尺寸小，硬度测量的结果只反映测点附近很小区域内的材料力学性能。因此，压痕硬度适用于微纳尺寸试样、梯度材料的硬度测量。

5.3 断裂实验

对于无初始缺陷的材料，通过传统的拉伸、压缩等实验即可完成力学性能的表征。而工程中存在的大量的材料或结构，在加工或使用过程中，总是会存在一些缺陷，如孔洞或裂纹。这些缺陷的存在将在局部产生应力集中，降低材料或结构的整体承载能力。因此，对含缺陷材料或结构的强度评价不仅要考虑材料本征的力学性能，还需要考虑孔洞与裂纹的尺寸、形貌。因此，本节介绍与断裂力学相关的理论与实验方法，并给出各种表征材料抵抗断裂能力的参数——断裂韧性。本节首先简单介绍断裂力学实验的基础知识，然后系统地介绍实验装置、实验试样与制备以及各类断裂实验的步骤。

5.3.1 断裂力学基础知识

1. 应力集中

受零件的几何形状、施力方式等因素的影响，零件的局部区域存在应力高于名义应力的情况，这种现象称为应力集中 (stress concentration)。图 5-3-1(b) 显示了当平板带中心孔时，孔附近会出现应力集中。通常采用应力集中系数 K_t 描述应力集中的大小，即

$$K_t = \frac{\sigma_{\max}}{\sigma_n} \tag{5-3-1}$$

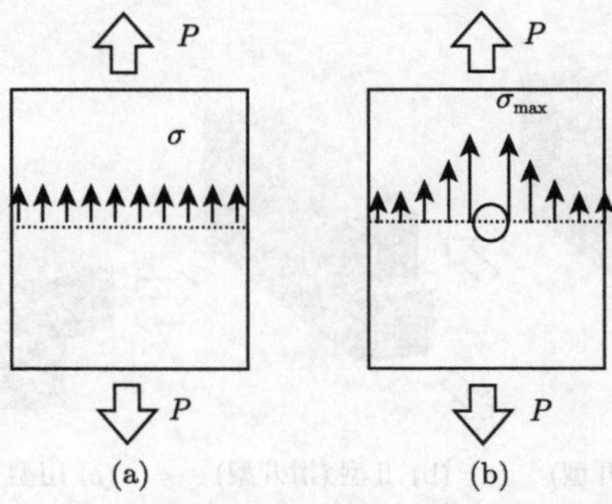

图 5-3-1 试样的应力集中示意图

其中，$\sigma_{\max}$ 为局部最大应力，σ_{n} 为名义应力。以图 5-3-1 为例，设试样宽度为 w，厚度为 t，中心孔直径为 d，则名义应力为 $\sigma_{\mathrm{n}}=P/(wt)$ 或 $\sigma_{\mathrm{n}}=P/[(w-d)t]$。在线弹性范围内，应力集中系数只与加载方式及试样几何特征相关，因此通常称为弹性应力集中系数。

应力集中现象意味着材料或结构中的真实应力水平高于名义值，从而导致在服役过程中局部载荷高于材料的强度水平而失效破坏，所以在设计过程中要加以考虑并尽量消除应力集中带来的影响。应力集中系数通常可以通过查手册[19] 来获得，对于复杂的服役条件，也可以用有限元软件进行数值分析。

对于远场均匀应力加载平板中椭圆孔的情况，Inglish 给出了椭圆孔边沿的最大应力 $\sigma_{\max}$ 与椭圆的长短轴之比的关系：

$$\sigma_{\max}=\sigma\left(1+2\frac{a}{b}\right) \tag{5-3-2}$$

其中，a、b 分别为椭圆长轴、短轴长度的 1/2，σ 为远场均匀应力。

这一结果表明，椭圆越扁，对应的应力集中系数越大。基于这一分析，可以推断对于裂纹的尖端，应力集中系数将非常大，因此发展了断裂力学方法以研究含裂纹体的断裂规律。

2. 裂纹与加载方式

裂纹是一种二维面缺陷，其宽度要远小于裂纹的长度，同时裂纹尖端的曲率半径也远小于裂纹的长度。因此，裂纹尖端具有很高的弹性应力集中系数。为了对裂纹尖端的应力场进行分析，需要根据含裂纹体的加载方式对裂纹进行分类。

如图 5-3-2 所示，当裂纹受拉伸载荷而张开时，定义为 I 型裂纹，也称为张开型裂纹。而当裂纹体受剪应力作用而剪应力方向垂直于裂纹前沿线的方向时，定义为 II 型裂纹，也称为滑开型裂纹。当裂纹体受剪应力作用而剪应力方向平行于裂纹前沿线的方向时，定义为 III 型裂纹，也称为撕开型裂纹。

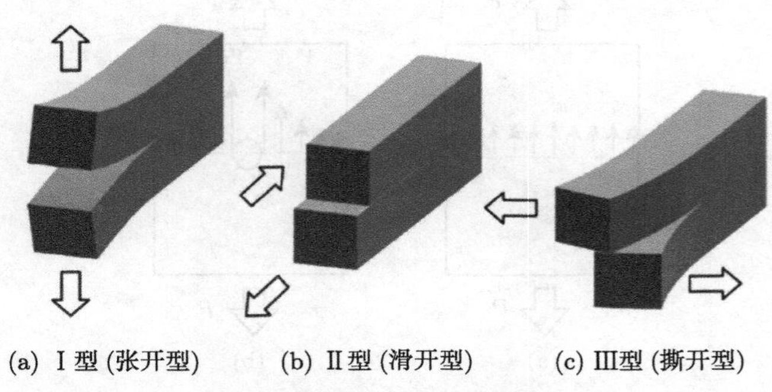

(a) I 型 (张开型)　(b) II 型 (滑开型)　(c) III 型 (撕开型)

图 5-3-2　三种不同加载形式的裂纹

3. 能量平衡方程与 Griffith 断裂准则

Griffith 对脆性材料的断裂行为进行了开创性的研究，根据能量守恒定律，提出当裂纹扩展单位面积所释放的弹性应变能等于新形成裂纹所需的表面能时，裂纹将发生失稳扩展。

对于弹塑性含裂纹体材料，如图 5-3-3 所示，当裂纹长度增加时，扩展单位面积的裂纹所需的外力功，一部分用于含裂纹体的弹性势能的增加，另一部分用于形成裂尖塑性区所需的塑性功，以及新形成的裂纹面积所增加的表面能量。

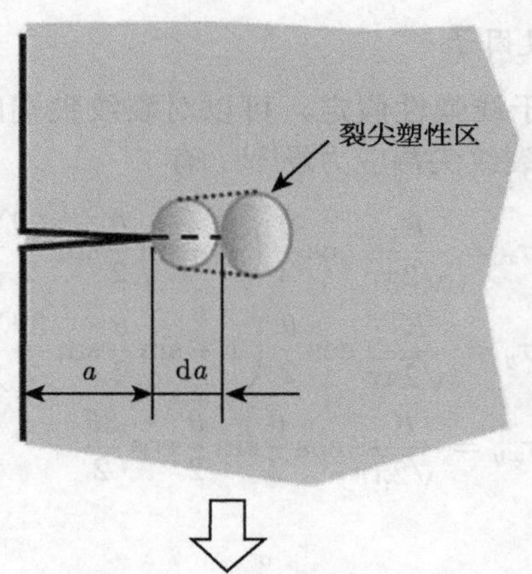

图 5-3-3 半无限大体单边裂纹示意图

可以将这一能量平衡方程写成如下形式：

$$\frac{\partial W}{\partial A}=\left(\frac{\partial U_{\mathrm{e}}}{\partial A}+\frac{\partial U_{\mathrm{p}}}{\partial A}\right)+\frac{\partial \varGamma}{\partial A} \tag{5-3-3}$$

其中，W 为外力功，U_{e} 为含裂纹体的弹性势能，U_{p} 为含裂纹体的塑性功，$\varGamma$ 为新增表面所消耗的能量，A 为裂纹面的表面积。定义势能 $\varPi=U_{\mathrm{e}}-W$，则

$$-\frac{\partial \varPi}{\partial A}=\frac{\partial U_{\mathrm{p}}}{\partial A}+\frac{\partial \varGamma}{\partial A} \tag{5-3-4}$$

对于脆性材料，主要发生弹性变形，塑性功 U_{p} 可以忽略，则左侧为每扩展单位面积的裂纹系统势能 $\varPi$ 的变化，等于右侧的每扩展单位面积的表面能量 $\varGamma$ 的增加 (材料的表面能 γ 的 2 倍)。如果定义左侧为裂纹扩展驱动力 G，则右侧为裂纹扩展阻力。在裂纹稳定扩展时，二者相等，即

$$G=-\frac{\partial \varPi}{\partial A}=\frac{\partial \varGamma}{\partial A}=2\gamma \tag{5-3-5}$$

方程右侧为材料常数，可以看成能量释放率的临界值 G_{IC}，当满足式 (5-3-6) 时将发生断裂：

$$G \geqslant G_{\mathrm{IC}} \tag{5-3-6}$$

所以对于脆性材料，G_{IC} 可以作为一个断裂判据。

当一个含裂纹体失稳扩展时，要看系统整体自由能的变化。裂纹扩展一方面会带来势能的下降，另一方面会带来表面能的上升。自由能变化的极大值点即对应含裂纹体的失稳点。对应的失稳判据为

$$\frac{\partial\left(\varPi+\varGamma\right)}{\partial A}=0,\quad \frac{\partial^2\left(\varPi+\varGamma\right)}{\partial A^2}<0 \tag{5-3-7}$$

4. 裂纹尖端应力强度因子

对于脆性材料，基于线弹性假定，可以对裂纹尖端的应力场进行分析。如图 5-3-4 所示，对于 I 型裂纹尖端应力场[20]，有

$$\begin{cases}\sigma_x=\dfrac{K_{\mathrm{I}}}{\sqrt{2\pi r}}\cos\dfrac{\theta}{2}\left(1-\sin\dfrac{\theta}{2}\sin\dfrac{3\theta}{2}\right)\\[2mm] \sigma_y=\dfrac{K_{\mathrm{I}}}{\sqrt{2\pi r}}\cos\dfrac{\theta}{2}\left(1+\sin\dfrac{\theta}{2}\sin\dfrac{3\theta}{2}\right)\\[2mm] \tau_{xy}=\dfrac{K_{\mathrm{I}}}{\sqrt{2\pi r}}\cos\dfrac{\theta}{2}\sin\dfrac{\theta}{2}\cos\dfrac{3\theta}{2}\end{cases} \tag{5-3-8}$$

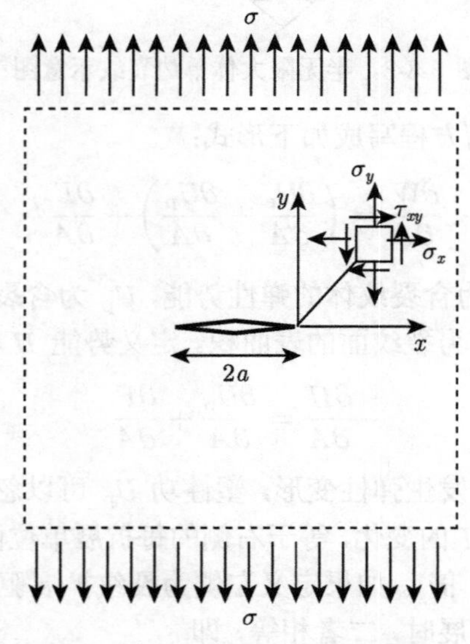

图 5-3-4　裂纹尖端应力示意图

其中，K_{I} 定义为 I 型裂纹尖端应力强度因子 (stress intensity factor)：

$$K_{\mathrm{I}} = \sigma\sqrt{\pi a} \tag{5-3-9}$$

由式 (5-3-8) 和式 (5-3-9) 可见，裂纹尖端应力场的大小主要由应力强度因子 K_{I} 来控制，这一因子与含裂纹体受到的远场应力 σ 以及裂纹长度 a 相关。σ 越大、a 越长，应力强度因子 K_{I} 越大，裂纹尖端的应力也越大，从而裂纹越容易发生失稳。

基于裂纹尖端应力场，可以分析裂纹扩展带来的弹性应变能的释放，给出裂纹扩展驱动力 G_{I} 与 K_{I} 之间的关系：

$$G_{\mathrm{I}} = \frac{K_{\mathrm{I}}^2}{E} \quad (\text{平面应力状态}) \tag{5-3-10a}$$

$$G_{\mathrm{I}} = \frac{\left(1-\nu^2\right)K_{\mathrm{I}}^2}{E} \quad (\text{平面应变状态}) \tag{5-3-10b}$$

参考 Griffith 理论给出的断裂判据即式 (5-3-6) 可以提出断裂失稳的 K 判据，即将 I 型裂纹平面应变状态下裂纹失稳扩展的临界应力强度因子值 K_{IC} 作为材料断裂韧性参数。当裂纹尖端的应力强度因子满足：

$$K_{\mathrm{I}} \geqslant K_{\mathrm{IC}} \tag{5-3-11}$$

时，裂纹将发生失稳断裂。

根据这一判据，通过测量含裂纹体标准试件的临界应力强度因子值 K_{C} 即可获得材料的 K_{IC} 断裂韧性。需要注意的是，实验测量获得的临界值 K_{C} 会随试件厚度而变化，只有当试件足够厚、失稳点对应的塑性区尺寸远小于裂纹长度或试件厚度时，K_{C} 才趋于常数。因此，在实验测试材料的 K_{IC} 断裂韧性时，要根据标准严格校核试件的尺寸是否满足以上要求。

5. *J* 积分与 J_{C} 判据

对于弹塑性材料，其裂纹尖端在受载后会存在较大的塑性变形区，从而无法满足线弹性条件，因此使用 K 判据将不够准确。为此 Rice 针对弹性体的平面裂纹提出了用一种与路径无关的能量积分来表征裂纹尖端状态的方法，称为 J 积分。具体可参考王自强等著《高等断裂力学》的内容[20]。如图 5-3-5 所示，$\varGamma$ 为包围裂纹尖端的任一路径，则 J 积分定义为

$$J = \int_{\varGamma}\left(W\mathrm{d}y - T_i\frac{\partial u_i}{\partial x}\mathrm{d}s\right), \quad i = 1, 2 \tag{5-3-12}$$

其中，W 为弹性应变能密度，T_i 为 $\varGamma$ 包围区域边界的表面力，u_i 为位移，$\mathrm{d}s$ 为沿 $\varGamma$ 的线元。可以证明，对于弹性 (包括线性弹性与非线性弹性) 介质，J 积分与路径无关，即只需要包围裂纹尖端，改变路径 $\varGamma$ 不会改变 J 积分的值。

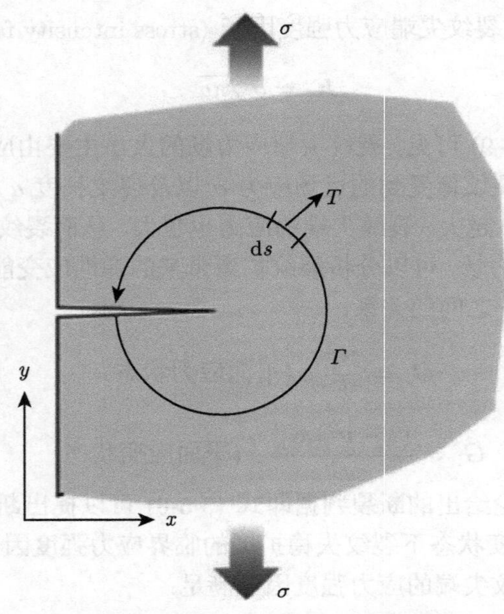

图 5-3-5　裂纹 J 积分路径 Γ 示意图

根据式 (5-3-4) 势能的定义，进一步可以推导出对自相似扩展裂纹，J 积分的值就等于裂纹长度为 a 和 $a+\Delta a$ 时含裂纹体的势能之差：

$$J = -\frac{\partial \Pi}{\partial a} \Rightarrow J = G \tag{5-3-13}$$

因此，可以发展出 J 积分判据来表征材料抵抗弹塑性裂纹扩展的能力。通过测量含裂纹体 J 积分的临界值 J_{C} 来表征弹塑性材料的断裂韧性值。需要注意的是，在对弹塑性材料使用 J 积分时，将其视为非线性弹性介质，所以 J 积分的计算对于含卸载过程的加载是无效的。

对于 I 型裂纹平面应变状态，在满足线弹性条件下，J_{IC} 与平面应变断裂韧性 K_{IC} 之间存在以下关系：

$$J_{\mathrm{IC}} = \frac{1-\nu^2}{E} K_{\mathrm{IC}}^2 \tag{5-3-14}$$

对于弹塑性裂纹扩展过程，根据式 (5-3-13) 和式 (5-3-3)，对 J 积分的测量除了考虑弹性势能的变化还需要测量出塑性功的变化。对于 I 型裂纹，弹性部分可以根据式 (5-3-10) 由裂纹尖端应力强度因子来计算。而塑性功可以通过测量标准含裂纹体试样加载过程的载荷–加载线位移曲线，利用曲线的积分面积来获得。将弹性部分与塑性部分的能量相加，从而完成对裂纹扩展过程 J 积分的测量[20]。

6. 裂纹尖端张开位移与判据

对于弹塑性材料的含裂纹体，载荷作用下裂纹尖端在断裂失稳前会存在明显的塑性变形，所以除了应用 J 积分判据，也可根据裂纹尖端塑性变形的大小来判断裂纹能否失稳扩展。裂纹尖端塑性应变可以通过测量裂纹尖端附近的裂纹尖端张开位移 (crack tip opening displacement，CTOD) 来表征。所以，当 CTOD 超过临界值时，裂纹将发生扩展。这一判据可写为如下形式：

$$\delta = \delta_{\mathrm{C}} \tag{5-3-15}$$

其中，δ 为裂纹尖端张开位移；δ_{C} 为裂纹尖端张开位移的临界值，是材料常数，与试样的几何形状、裂纹长度无关。

对于平面应力条件下小尺度屈服的情况，可以根据 Irwin 模型或 Dugdale 模型[21] 计算裂纹尖端塑性区的大小，进而根据其与应力强度因子 K 的关系可以推出 δ_{C} 与 K_{C} 的关系如下。

根据 Irwin 模型：

$$\delta_{\mathrm{C}} = \frac{4}{\pi}\frac{K_{\mathrm{C}}^2}{E\sigma_{\mathrm{y}}} \tag{5-3-16a}$$

根据 Dugdale 模型：

$$\delta_{\mathrm{C}} = \frac{K_{\mathrm{C}}^2}{E\sigma_{\mathrm{y}}} \tag{5-3-16b}$$

其中，E 为杨氏模量，σ_{y} 为屈服强度，K_{C} 为裂纹尖端临界应力强度因子。进一步根据式 (5-3-10a) 可以写出：

$$G = \frac{\pi}{4}\sigma_{\mathrm{y}}\delta \quad 或 \quad G = \sigma_{\mathrm{y}}\delta \tag{5-3-17}$$

可见在小尺度屈服的情况下，基于裂纹尖端张开位移 δ 的断裂判据与 K 判据和 G 判据是等效的。

5.3.2 实验装置

断裂实验通过材料试验机对含裂纹的标准试样进行加载，同时用位移传感器测试裂纹嘴的张开位移或加载线位移。最后根据裂纹失稳点的载荷与对应位移进行断裂韧性值的计算和校验。因此，用于准静态实验的材料试验机，配置相应的夹式引伸计 COD 规，就可以用于材料的断裂韧性测试。由于断裂韧性的试样需要进行疲劳裂纹预制，所以液压伺服式疲劳试验机是最合适的加载装置 (图 5-3-6)。利用液压伺服疲劳试验机可以先进行裂纹预制，然后直接进行断裂实验。

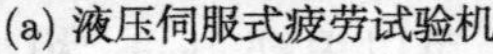

(a) 液压伺服式疲劳试验机

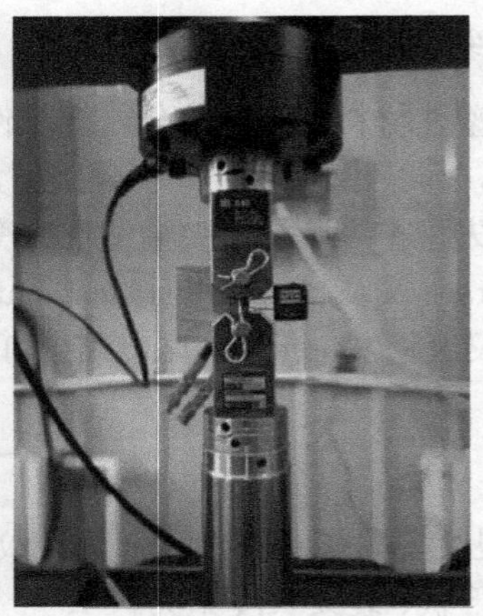

(b) 标准紧凑拉伸(CT)试样与断裂韧性测试专用夹具

图 5-3-6　断裂韧性测试设备与夹具

对于常见的标准试样，需要配合不同类型的夹具进行实验，图 5-3-7 给出了三点弯曲夹具与紧凑拉伸夹具的示意图。

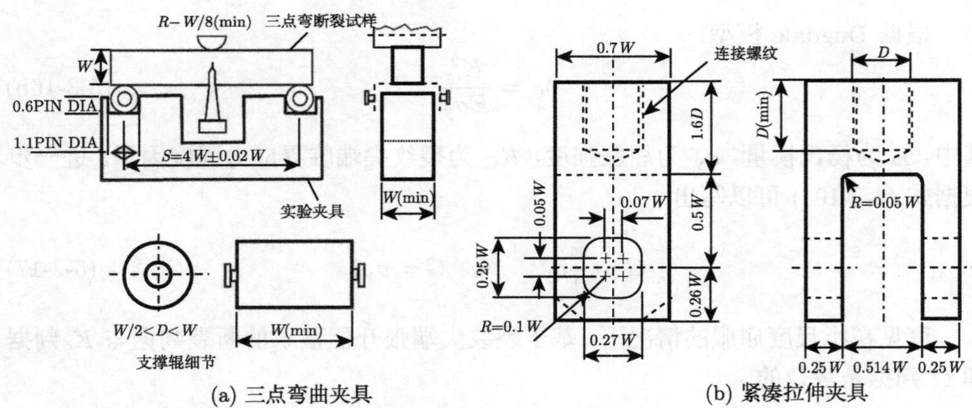

(a) 三点弯曲夹具　　(b) 紧凑拉伸夹具

图 5-3-7　断裂韧性夹具[21]

5.3.3　实验试样与制备

断裂实验的试样通常为一含裂纹体。为了保证裂纹尖端应力强度因子或 J 积分的计算标准化，对断裂韧性测试的试样有着严格的尺寸与形状的要求。此外，为了保证裂纹足够尖锐，还需要利用疲劳加载 (见 5.3.4 节) 的方法对试样进行裂纹预制。

1. 试样取向

对于各向异性材料，在进行断裂韧性测试时要考虑加载方向与裂纹扩展方向等因素对结果带来的影响。如图 5-3-8 所示，对于板材与棒材，同时考虑裂纹面法向与裂纹扩展方向，可以有 6 种不同的取样方式，实验者应根据实际工况加以选取。

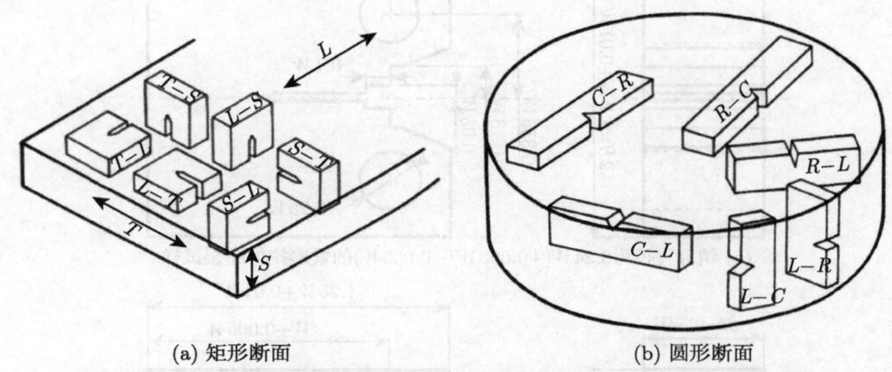

图 5-3-8 矩形断面和圆形断面板材中裂纹面取向和扩展方向的标记[22,23]

2. 试样形状与尺寸

图 5-3-9~ 图 5-3-11 给出了标准推荐的三种断裂韧性测试试样的图纸，图中给出了各尺寸之间的比例关系。进行断裂韧性测试时，尽量参考国家标准中推荐使用的尺寸。在特定情况下，如果希望使用 W/B 不等于 2 的试样，那么对于三点弯曲试样，建议 $1 \leqslant W/B \leqslant 4$；对于紧凑拉伸试样，建议 $2 \leqslant W/B \leqslant 4$。当然，标准中也认为只要满足限制要求，使用任何厚度都是可以的。

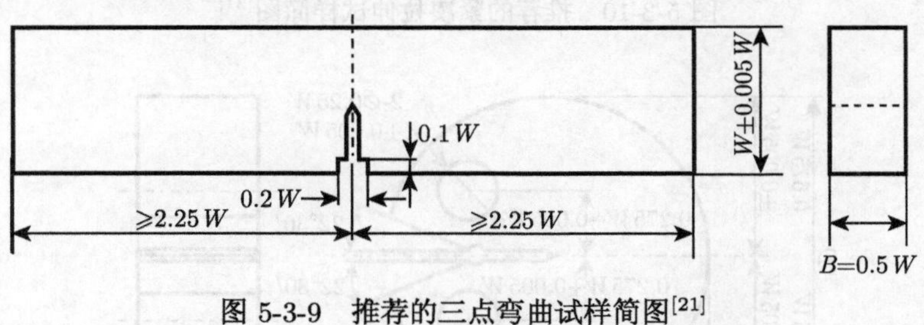

图 5-3-9 推荐的三点弯曲试样简图[21]

三点弯曲试样通过三点弯曲夹具进行加载，在加载过程中记录力、位移与裂纹张开位移等参数。紧凑拉伸试样则通过销钉夹具进行加载，同样记录力、位移与裂纹张开位移等参数。通过在加载过程中增加卸载段，可以由卸载过程的力–裂纹张开位移的关系获得试样的柔度，从而利用柔度法计算裂纹扩展的长度。需要注意的是，对于用于测试 J_{IC} 或 J-R 曲线的紧凑拉伸试样，裂纹张开位移的刀口位置应该在加载线上。

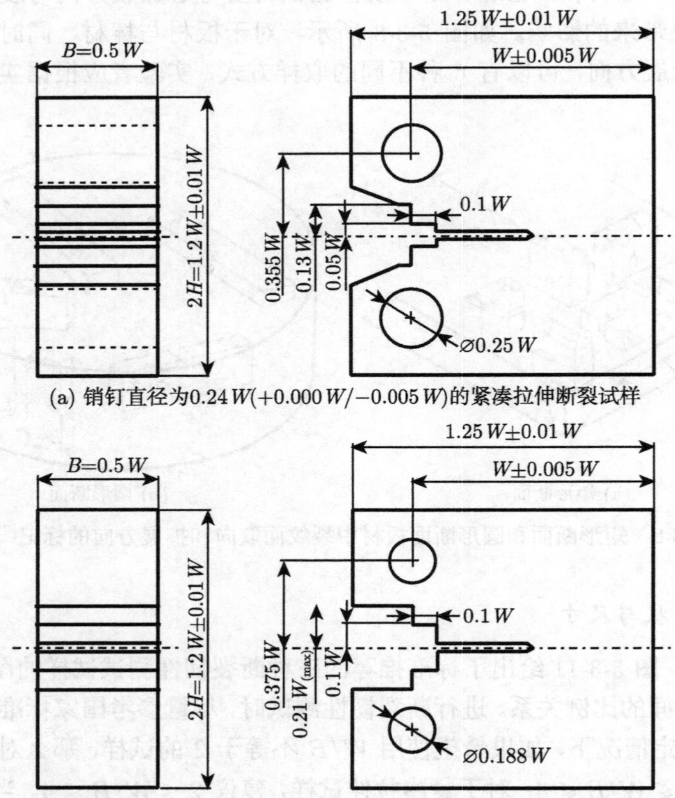

图 5-3-10　推荐的紧凑拉伸试样简图[21]

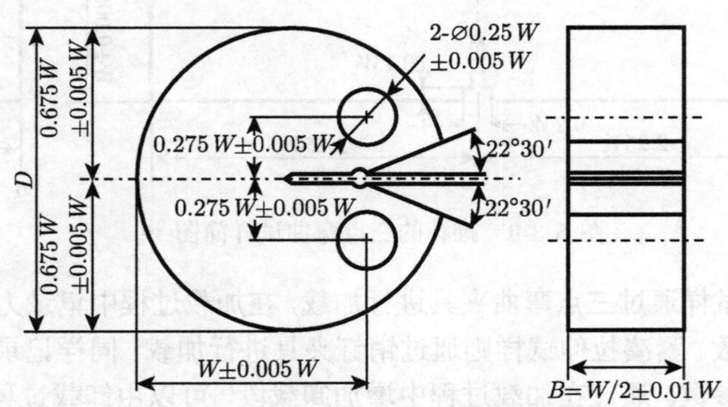

图 5-3-11　推荐的圆形紧凑拉伸试样简图[21]

3. 疲劳裂纹的预制

研究表明，通过机械加工制备的缺口与自然形成的裂纹相比通常都不够尖锐，直接用机加工缺口进行断裂实验不能获得好的测试结果。因此，标准要求所有的试样都应通过疲劳加载来预制尖锐的裂纹，即对缺口试样采用较低的应力水平进行循环加载，在缺口尖端产生一个疲劳裂纹，并随着裂纹长度的增加逐级降低载荷，直到裂纹扩展到预制的长度。

一般疲劳缺口预制的周次在 $10^4 \sim 10^6$，与试样尺寸、缺口制备和应力强度水平有关。预制过程要特别注意以下几点。

1) 机加工缺口

根据 ASTM E1820 标准，通常的机加工缺口有四种形式，见图 5-3-12。要想在低应力强度水平下制备疲劳裂纹，直通型缺口的半径应小于 0.08mm，若为山形缺口，则半径应小于 0.25mm。

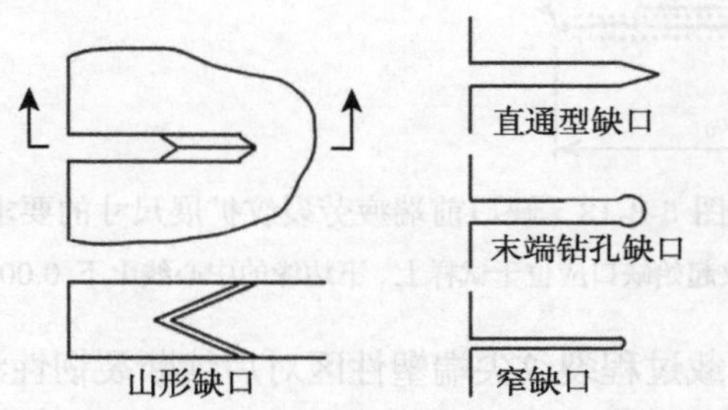

图 5-3-12 四种常见机加工缺口形式[21]

2) 疲劳裂纹尺寸

预制的裂纹尺寸为起始机加工缺口尺寸与疲劳扩展裂纹长度的总和，在标准中对不同测试方法要求不同。对于 J 积分和 δ 测量应该控制在 $0.45W$~$0.70W$。但对于 K_{IC} 测量，则应严格控制在 $0.45W$~$0.55W$。这里 W 指的是试样宽度，详见图 5-3-9~图 5-3-11。

除了对疲劳裂纹总长度的要求，对于疲劳裂纹扩展长度也提出了具体要求：对于宽的缺口不应小于 $0.05B$，且不小于 1.3mm；对于窄的缺口不应小于 $0.025B$，且不小于 0.6mm。图 5-3-13 给出了示意说明。

3) 疲劳载荷

可以用力控制模式或位移控制模式进行疲劳预制。力控制模式下，K 的最大值和变化范围都随裂纹尺寸增加而增大；若用位移控制，则反之。现在也有试验机厂家提供恒定 $K_{\max}$ 的控制模式可供选用。疲劳裂纹预制通常使用正弦波加载并采用最大可控制的频率以提高效率，应力比一般推荐采用 0.1。

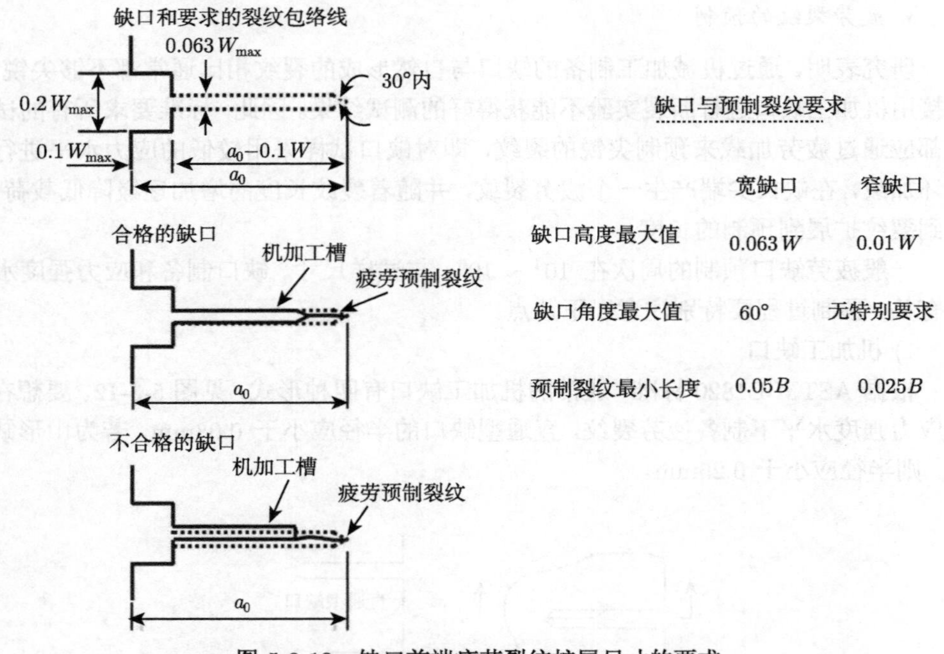

图 5-3-13　缺口前端疲劳裂纹扩展尺寸的要求

注意: 裂纹起始缺口应位于试样上、下边缘的中心线上下 $0.005W$ 范围内

为了避免疲劳加载过程裂纹尖端塑性区对后续断裂韧性测试结果产生影响，在标准中要求最大的疲劳力值应小于一标准值 P_{m}，且允许的疲劳力值要保证最大的应力强度因子 $K_{\max}$ 在后续断裂韧性的测试值之下。这里 P_{m} 值由试样的尺寸与类型决定:

$$P_{\mathrm{m}}=\frac{0.5Bb_0^2\sigma_{\mathrm{y}}}{S}\quad(\text{三点弯曲试样})\tag{5-3-18a}$$

$$P_{\mathrm{m}}=\frac{0.4Bb_0^2\sigma_{\mathrm{y}}}{2W+a_0}\quad(\text{紧凑拉伸试样})\tag{5-3-18b}$$

其中，S 为三点弯曲下支点的跨距；B 为试样厚度；W 为试样宽度；a_0 为预制缺口长度；b_0 为试样剩余韧带的宽度 ($b_0=W-a_0$)；$\sigma_{\mathrm{y}}=\dfrac{\sigma_{\mathrm{ys}}+\sigma_{\mathrm{uts}}}{2}$ 为等效屈服强度。

加快裂纹形核有几种方法: 制备一个非常尖锐的缺口尖端；使用山形缺口；垂直于裂纹面给缺口尖端加预压力 (但力值不能超过 P_{m})；使用负应力比进行疲劳加载，但压力峰值不能超过 P_{m}。

预制裂纹应该至少分两步完成: ① 采用较大的载荷以保证快速起裂；② 降低载荷以保证裂纹尖锐，且塑性区不影响最终断裂韧性的测试结果。根据 GB/T

4161—2007《金属材料 平面应变断裂韧度 KIC 试验方法》附录 A，预制疲劳裂纹时的最大应力强度因子应小于 K_Q 值的 80%，在疲劳预制裂纹的后期 (2.5% 预制裂纹长度)，最大应力强度因子应小于 K_Q 值的 60%。

而根据 ASTM E1820-09 标准，第一步的最大应力强度因子应限制在：

$$K_{\max}=\left(\frac{\sigma_{\mathrm{YS}}^{\mathrm{f}}}{\sigma_{\mathrm{YS}}^{\mathrm{T}}}\right)(0.063\sigma_{\mathrm{YS}}^{\mathrm{f}})\,\mathrm{MPa}\sqrt{\mathrm{m}} \tag{5-3-19}$$

其中，$\sigma_{\mathrm{YS}}^{\mathrm{f}}$ 和 $\sigma_{\mathrm{YS}}^{\mathrm{T}}$ 为疲劳预制裂纹时和断裂测试时分别对应的材料屈服强度。对于一些铝合金和高强度钢，以上 $K_{\max}$ 可能会给出一个非常高的预制力，尤其是当预制裂纹和测量是在同一温度下进行时。所以建议取 $0.7K_{\max}$，如果 10^5 周次后还不扩展，那么再逐渐增大加载力。

第二步，最少包括预制裂纹长度的 50% 或 1.3mm (宽缺口) 或 0.6mm(窄缺口)，取二者中较小值。最大应力强度因子应控制在：

$$K_{\max}=0.6\frac{\sigma_{\mathrm{YS}}^{\mathrm{f}}}{\sigma_{\mathrm{YS}}^{\mathrm{T}}}K_{\mathrm{F}} \tag{5-3-20}$$

其中，K_{F} 是指断裂韧性测试后获得的临界断裂强度因子。这一点与 GB/T 4161—2007 要求是相同的。对于 J 积分测试，则通过式 (5-3-21) 用 J_{F} 计算 K_{F}：

$$K_{\mathrm{F}}=\sqrt{\frac{EJ_{\mathrm{F}}}{1-\nu^2}} \tag{5-3-21}$$

4. 侧槽

侧槽是指在试样的两侧沿裂纹扩展方向开的 V 形槽。当采用弹性柔度法进行裂纹尺寸预测时，推荐对试样开侧槽。此外，由于表面处于平面应力的状态，疲劳裂纹在试样的表面扩展较中间要慢，因此为了保证断裂韧性测试时试样有一个平直的裂纹前沿，试样也需要侧槽。对大量材料而言，开侧槽引起的厚度减少量推荐 $0.20B$，且最大不应超过 $0.25B$。侧槽的角度应小于 90°，根部的半径应控制在 (0.5±0.2)mm。为了制备出几乎平直的疲劳预制裂纹，开侧槽应安排在疲劳预制裂纹之后，且侧槽根部应位于试样的中心线。

5.3.4 断裂实验的步骤

对于断裂韧性参量，包括 K、J 和 δ，不管是单一值还是以阻力曲线的形式，其断裂实验可以具有统一的测试步骤。

(1) 测试系统与试样准备。根据实验的具体情况，参考 5.3.3 节选择好试样的类型、尺寸，从原料上以正确的方向切取并加工出尺寸合格的试样。对试样的关键尺寸 (厚度、宽度、预制裂纹长度、刀口间距等) 进行测量并记录。

如果利用柔度法计算裂纹长度并后续控制疲劳裂纹的预制，最好在断裂实验前对材料进行准静态拉伸实验，以获得材料的杨氏模量 E、屈服强度 $R_{0.2}$ 和拉伸断裂强度 R_{m}。

根据材料的强韧性特点和试样尺寸选取具有合适载荷量程的材料试验机，以保证试件能被拉开。并选择相应的 COD 规保证实验过程可以记录到足够多的裂纹张开位移，尤其是对韧性材料进行阻力曲线测试时，需要较大的位移量程。对于 COD 规，在使用前建议做一次标定，保证柔度法测量裂纹长度的准确性。

对于特殊尺寸的紧凑拉伸试样，有时需要单独加工夹具，实验者应严格按照标准要求进行。

(2) 试样安装。将试样安装到相应的实验夹具上，对于三点弯曲试样要特别注意保证试样对中，即支承销钉的轴线与裂纹面平行和裂纹面应保持在跨距的中心位置，且试验机加载线通过试件厚度方向的中心。

将 COD 规的测量臂牢固地安装在试样裂纹面的刀口位置，并轻轻摆动以确认测量臂前端的凹槽卡到刀口尖端。

(3) 疲劳裂纹预制。根据 5.3.3 节的要求，对试件施加疲劳载荷，通过程序小心地保证疲劳裂纹预制过程的最大应力强度因子小于标准的推荐值。预制前根据缺口尺寸和试样尺寸等确定好裂纹的扩展量，实验时对裂纹长度进行连续监控，直到达到预定的扩展量。

对于疲劳裂纹的长度测量，可通过测量疲劳过程中试样的加卸载柔度来实现。利用 COD 规测量加载过程裂纹的张开位移，结合对应的力值可以计算出试样的柔度，针对不同尺寸、类型的试样，不同的试样标准中均给出了由柔度法计算裂纹长度的公式。目前商用的疲劳试验机软件中也都支持柔度法，可以直接给出裂纹长度。

对于不适合安装 COD 规或是缺少 COD 规的情况，除了柔度法，如在液体介质环境下或是高温环境下测试裂纹长度时，可以考虑采用电位法和光学法进行裂纹长度的测量。

(4) 断裂实验加载。通常用位移控制或 COD 规控制来对断裂试样进行准静态加载，对于 K_{IC} 测量，只需要连续加载直到试件裂纹失稳扩展，记录载荷–裂纹嘴张开位移即可。

而对于单试件 J-R 阻力曲线测量，需要进行多次加卸载以利用柔度法测量裂纹的稳定扩展量，并利用加卸载曲线积分以获得 J 积分的塑性部分值。

(5) 断裂面裂纹长度测量。在加载过程结束后，为了确定裂纹初始长度与扩展长度，需要从断裂面对裂纹的真实长度进行测量。其测量结果一方面用于 K、J 与 δ 值的计算，也可以用于修正柔度法等存在的测量误差，进一步，还用于校核测量结果的有效性。

一般而言，对于韧性较好的材料，在试样卸载时其并没有完全断开，因此需要将断口打开。为了区分断裂实验时的裂纹前沿，在打开断口前需要对裂纹前沿进行标记。一般可以考虑两种方法：对于钢或钛合金，在 300℃进行 30min 的氧化处理；对于其他材料，可再次疲劳加载让裂纹进一步扩展。基于以上两种方法，测量裂纹扩展时起始于疲劳预制裂纹前沿，扩展到热氧化标记的位置或第二个疲劳开始的位置。

实际的裂纹前沿线并非直线，通常在试件的中心扩展快而在表面扩展慢，裂纹前沿线为一弓出的弧线。因此，如图 5-3-14 所示，标准推荐的方法是：沿着疲劳预制裂纹前沿和扩展区前沿，以试样中心线为对称中心，在距试样两侧边缘 (侧槽根部或光滑试样的表面) $0.005W$ 距离以内的试样心部范围等间距取 9 个位置来测量原始裂纹长度 a_0 和最后裂纹的物理长度 a_{p}，测量装置的精度应达到 0.025mm。具体的计算方法如下：

$$a=\frac{1}{8}\left(\frac{a_1+a_9}{2}+\sum_{i=2}^{8}a_i\right) \tag{5-3-22}$$

其中，a_i 为沿厚度方向第 i 位置测量的裂纹长度，$i=1\sim9$。不管是原始裂纹长度，还是最后的物理裂纹长度，测量的 9 个值中任一值与平均物理裂纹长度之差都不能超过 $0.05B$。

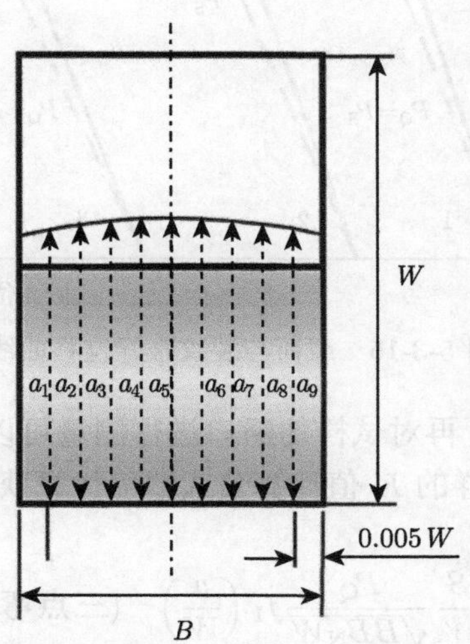

图 5-3-14 试样断口上裂纹长度的测量示意图

将测量得到的扩展裂纹长度与初始裂纹长度相减计算裂纹扩展量 $\Delta a_{\mathrm{p}}=a_{\mathrm{p}}-a_0$。

(6) 数据分析。对于实验过程记录的力、加载线位移或裂纹嘴张开位移等数据，对材料的断裂韧性参量进行定量分析与数据校核。对于不同断裂参量的分析、校核，应严格按照标准的要求进行，以保证数据可靠、有效。

5.3.5　结果分析与校核

1. K_{IC} 测量分析方法

在满足线弹性的条件下，测量断裂韧性测试试样所受的临界应力 σ 和对应的裂纹长度 a，根据应力强度因子公式计算临界应力强度因子值 K_{IC}[21-24]。

对于标准试样，实验过程记录的是断裂韧性试样所受的载荷与对应的裂纹张开位移曲线，首先应根据这一曲线确定出试样的临界载荷 P_Q。

图 5-3-15 给出了 K_{IC} 测量过程中获得的三种曲线形式。确定临界载荷的方法是作一条割线 (图中虚线) 与实验获得的载荷–裂纹张开位移曲线 (图中实线) 相交，割线斜率为线性段斜率的 95%，交点对应载荷为 P_S。根据具体的曲线形式，可以确定出临界载荷 P_Q。如图 5-3-15 中第一种情况，临界载荷 $P_Q = P_S$；第二种情况，P_Q 为 P_S 前存在的载荷峰值；第三种情况，$P_Q = P_{max}$。

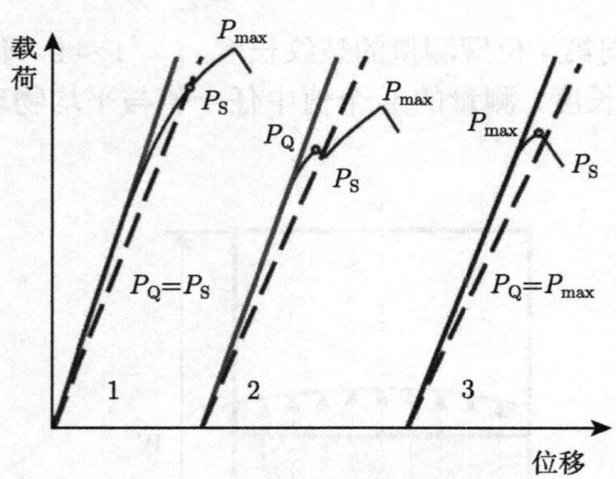

图 5-3-15　载荷与裂纹张开位移曲线

确定了临界载荷 P_Q，再对试样的断口进行测量可以获得临界的裂纹长度 a。将 P_Q 值与 a 代入对应试样的 K 值计算公式即可计算获得试件的临界应力强度因子 K_Q：

$$\begin{cases} K_Q = \dfrac{S}{W}\dfrac{P_Q}{\sqrt{BB_NW}}f_1\left(\dfrac{a}{W}\right) & \text{(三点弯曲试样)} \\ K_Q = \dfrac{P_Q}{\sqrt{BB_NW}}f_2\left(\dfrac{a}{W}\right) & \text{(紧凑拉伸试样)} \end{cases} \tag{5-3-23}$$

其中，$f\left(\dfrac{a}{W}\right)$ 是与试样类型相关的几何因子，对于不同的试样 (三点弯曲试样、紧凑拉伸试样)，测试标准中给出了具体的多项式表达。

对于计算得到的 K_Q，需要进一步校核其有效性。只有通过以下校核条件的才可以认为结果有效，此时 K_Q 就是材料的平面应变断裂韧性 K_{IC}。首先应保证：

$$\frac{P_{\max}}{P_Q} \leqslant 1.10 \tag{5-3-24}$$

满足以上条件的数据 P_Q 才有效。

此外，为满足线弹性条件，试样宽度 B、预制裂纹长度 a 和剩余韧带长度 $W-a$ 要保证大于裂纹尖端平面应变塑性区半径的 50 倍。

$$B \geqslant 2.5\left(\frac{K_Q}{R_{p0.2}}\right)^2, \quad a \geqslant 2.5\left(\frac{K_Q}{R_{p0.2}}\right)^2, \quad W-a \geqslant 2.5\left(\frac{K_Q}{R_{p0.2}}\right)^2 \tag{5-3-25}$$

对于 K_Q，还需要复验是否满足式 (5-3-20)，以保证疲劳裂纹预制过程的有效性。

2. J_{IC} 与阻力曲线的测量分析方法

根据式 (5-3-13)，对自相似裂纹，J 积分等于裂纹扩展过程中含裂纹体的系统势能随裂纹长度的变化率。因此，对于 I 型裂纹情况，可以通过测量标准含裂纹体试样加载过程的载荷–加载线位移曲线，利用曲线的积分面积来获得试样的势能变化，从而完成对裂纹扩展过程 J 积分的测量。下面介绍标准单试样法测量 J_{IC} 与 J 阻力曲线的分析过程。

首先按照 5.3.4 节所述，安装好断裂试样，并根据标准完成试样的疲劳裂纹预制。正式实验的方法是在横梁位移控制或 COD 位移控制模式下对标准断裂试样进行加载，并在加载过程中增加卸载–再加载段的控制。实验过程对载荷、加载线位移进行连续的记录，并通过卸载–再加载段获得卸载柔度，进而分析给出卸载段对应的裂纹长度。图 5-3-16 给出了 J 阻力曲线测量过程测量的载荷–加载线位移曲线的示意图。

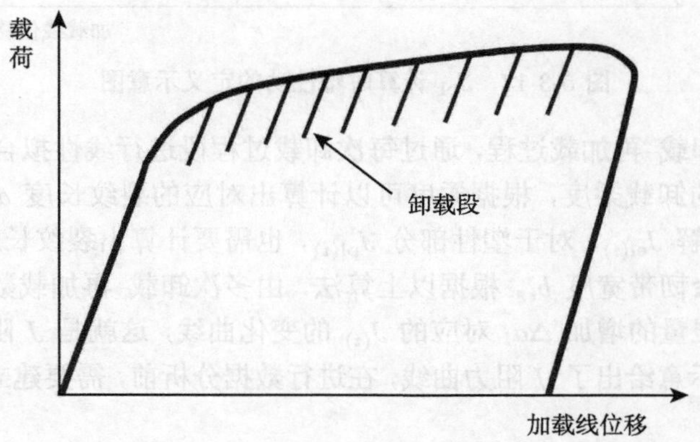

图 5-3-16 载荷–加载线位移曲线

根据载荷–加载线位移曲线可以对 J 积分进行计算。裂纹尖端区的势能变化包括塑性能与弹性能两部分，以紧凑拉伸试样为例，对图 5-3-16 中任一卸载点，均可以用以下公式计算 J 积分值：

$$J = J_{\mathrm{el}} + J_{\mathrm{pl}} \tag{5-3-26a}$$

$$J_{\mathrm{el}} = \frac{(1-\nu^2)K^2}{E} \tag{5-3-26b}$$

$$J_{\mathrm{pl}} = \frac{\eta A_{\mathrm{pl}}}{B_{\mathrm{N}} b_0} \tag{5-3-26c}$$

其中，E 为杨氏模量，ν 为泊松比，B_{N} 为试样的厚度，b_0 为剩余韧带宽度且 $b_0 = W - a_0$，$\eta = 2 + 0.522b_0/W$。弹性部分 J_{el} 通过裂纹尖端应力强度因子 K 进行计算；塑性部分 J_{pl} 则通过对载荷–加载线位移曲线的塑性功进行积分计算获得，A_{pl} 就是图 5-3-17 中阴影区的积分面积。

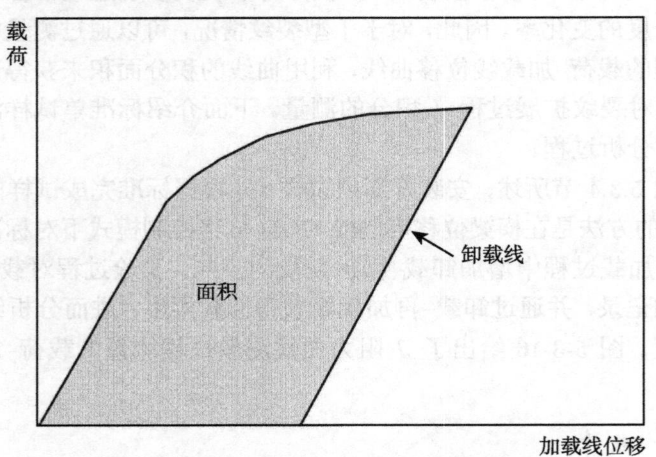

图 5-3-17　J_{pl} 计算时塑性功的定义示意图

对于多次卸载–再加载过程，通过每次卸载过程段进行线性拟合可以获得试样在卸载时对应的卸载柔度，根据柔度可以计算出对应的裂纹长度 a_i，从而可以代入 K 的公式求解 $J_{\mathrm{el}(i)}$。对于塑性部分 $J_{\mathrm{pl}(i)}$，也需要计算出裂纹长度 a_i 以计算卸载时对应的剩余韧带宽度 b_i。根据以上算法，由多次卸载–再加载数据，最终可以获得随裂纹扩展量的增加 Δa_i 对应的 $J_{(i)}$ 的变化曲线，这就是 J 阻力曲线。

图 5-3-18 示意给出了 J 阻力曲线，在进行数据分析前，需要建立一条构造线：

$$J = M\sigma_{\mathrm{y}}\Delta a \tag{5-3-27}$$

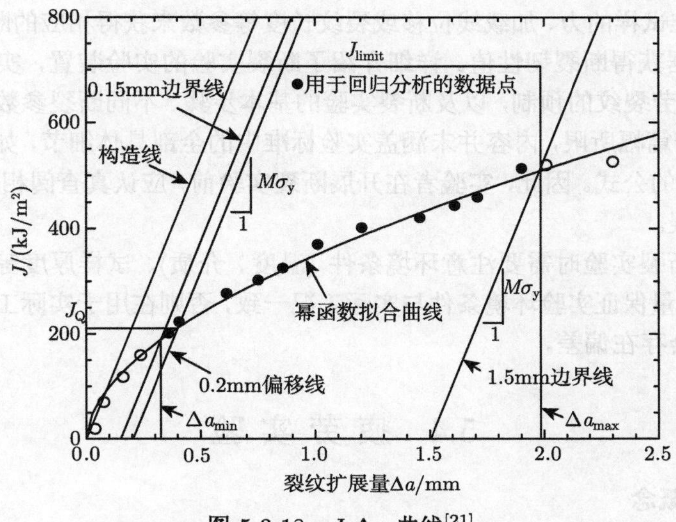

图 5-3-18 J-Δa 曲线[21]

一般取 $M=2$，或是根据标准由实验数据来获得。对于 $M=2$ 的情况，相当于裂纹扩展量总是刚好等于裂纹尖端张开位移的 1/2，也就对应于裂纹尖端钝化，所以也称为钝化线。

在图 5-3-18 中，位于构造线平移 0.15mm 和 1.5mm 得到的两条边界线之外的数据是无效数据，同时数据点也不应超过 J 值的上限[21]：

$$J_{\rm limit}=b_0\sigma_{\rm y}/7.5 \tag{5-3-28}$$

对于有效的 J-Δa 数据点，通常用幂函数进行拟合表征：

$$J=c_1\left(\frac{\Delta a}{k}\right)^{c_2} \tag{5-3-29}$$

其中，$k=1$mm。

对于 J 积分的临界值 $J_{\rm IC}$，一般取为钝化线偏移 0.2mm 后与式 (5-3-29) 曲线的交点。

以上分析得到的结果需要满足一系列有效性检查，才保证实验结果的有效性。有关的检查内容与判定条件详细应参考断裂韧性的测试标准，并注意不同标准之间存在的差异。

5.3.6 断裂实验小结

本节首先介绍了断裂力学的基本概念，主要包括由不同理论模型发展的不同的断裂判据：脆性材料的 K 判据、弹塑性材料的 J 积分等。在断裂实验中，需要通过测量标准试样的力、加载线位移或裂纹长度等参数来获得相应的断裂参数，并根据断裂判据获得断裂韧性值。详细介绍了断裂实验的实验装置，实验试样的形状、尺寸，疲劳裂纹的预制，以及断裂实验的基本步骤、不同断裂参数的分析与校核方法。由于篇幅所限，内容并未涵盖实验标准中的全部具体细节，如未给出计算 K、J 与 δ 值的公式。因此，实验者在开展断裂实验前，应认真查阅相关实验标准，保证分析无误。

在进行断裂实验时需要注意环境条件 (温度、介质)、试样厚度等因素对结果的影响，应尽量保证实验环境条件与实际工况一致，否则在用于实际工况条件下的损伤评估时会存在偏差。

5.4 疲劳实验

5.4.1 基本概念

1. 什么是材料的疲劳？

疲劳 (fatigue) 指的是材料在交变载荷作用下发生的损伤累积、裂纹萌生、裂纹扩展直到破坏的现象[25]，是机械产品最主要的失效形式之一。通常疲劳发生对应的应力小于材料的静强度，且疲劳裂纹的起源需要经过较长周次，早期的疲劳损伤难以探测，破坏的发生难以预警，因此疲劳失效的危害很大。

2. 疲劳的形式

根据疲劳载荷与加载环境的不同，疲劳可以有不同的形式：纯机械载荷周期作用下的疲劳为机械疲劳；若在高温环境下受到交变载荷的作用，则要考虑材料的蠕变，这种疲劳通常称为蠕变疲劳；若不仅载荷是交变的，环境温度也是周期变化的，则这种情况下的疲劳称为热机械疲劳；腐蚀介质中承受交变载荷的情况称为腐蚀疲劳；轴承、齿轮等承受周期接触载荷的疲劳称为接触疲劳，类似地，如果接触区还存在 10μm 量级的周期相对运动，则称为微动疲劳。如果疲劳载荷是单轴应力控制，则称为单轴疲劳，如拉压疲劳或扭转疲劳；如果是多轴应力控制，则称为多轴疲劳。

由于疲劳形式不同，其损伤行为与微观机理通常也是不同的，因此在研究中需要引入不同的实验装置与方法，根据其特点来开展研究。

3. 疲劳载荷

在材料的疲劳实验中，通常采用简单的疲劳载荷形式以研究材料在交变载荷条件下疲劳损伤演化的微观机理。最常见的疲劳载荷波形为正弦波、三角波，加载方式主要是拉压疲劳和扭转疲劳。对于常用的拉压疲劳，如图 5-4-1 所示，可以用

应力极大值 σ_{max}、应力极小值 σ_{min}、应力均值 σ_m、应力幅值 σ_a、应力比 r 和加载频率 f 等参数来表征疲劳载荷。需要注意的是，这里只有三个参数是独立参量。

$$\begin{cases} \sigma_m = \dfrac{\sigma_{max} + \sigma_{min}}{2} \\ \sigma_a = \dfrac{\sigma_{max} - \sigma_{min}}{2} \\ r = \dfrac{\sigma_{min}}{\sigma_{max}} \end{cases} \tag{5-4-1}$$

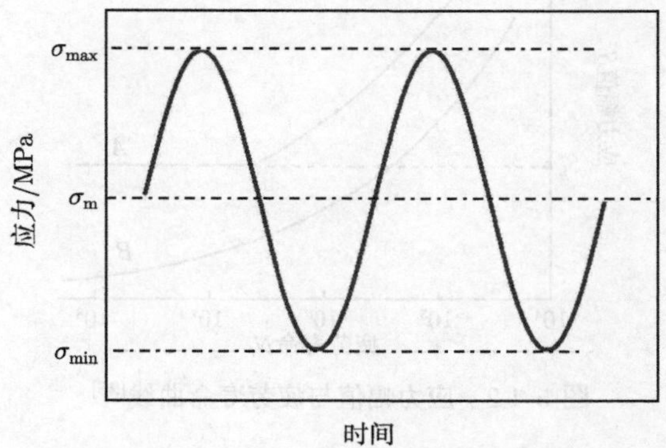

图 5-4-1　疲劳载荷波形示意图

除了应力控制的疲劳实验，在低周疲劳实验中也常用应变来控制疲劳加载。类似地，可以用应变极大值 ε_{max}、应变极小值 ε_{min}、应变均值 ε_m、应力幅值 ε_a、应力比 r 和加载频率 f 等参数来表征疲劳载荷。

对于多轴疲劳，则可以对每个轴单独进行应力或应变的控制，每个轴同样均具有三个独立的控制参数。此外，各轴之间的加载还存在相位匹配问题。以双轴加载为例，如果两个轴的加载频率相同，且相位差为 0 或 π，则为比例加载；除此之外，则为非比例加载。所以载荷之间的相位差也是多轴疲劳实验的控制参量。

4. *疲劳应力–寿命曲线*

疲劳实验的主要目的就是研究确定疲劳载荷与疲劳寿命之间的关系。早在 1860 年，德国铁路工程师 Wöhler 就系统地研究了载荷幅值对车轴疲劳寿命的影响，并采用 *S-N* 曲线表征了应力幅值与疲劳寿命的关系。典型的 *S-N* 曲线示意如图 5-4-2 所示，表明随着应力幅值的降低，疲劳寿命增加。对于铁基合金，如图 5-4-2 中曲线 *A* 所示，当应力幅值低于一定值以后，*S-N* 曲线出现平台。这一临界值称为疲劳极限，即当应力幅值低于疲劳极限后，材料不会发生疲劳破坏。而对于有色金属材料，如图 5-4-2 中曲线 *B* 所示，则通常不存在水平线，材料的 *S-N* 曲线会随着寿命增加继续下降。因此，在传统的疲劳性能评估中，将直到 10^7 周次也不会发生疲劳断裂的载荷定义为疲劳极限。

根据实验获得的材料的 S-N 曲线，设计者可以根据零件的实际载荷水平，对疲劳寿命进行估计。或是通过对零件的几何形状与尺寸的设计来保证载荷水平低于材料的疲劳极限，这就是疲劳设计的总寿命法 (total life method)。因此，实验测量材料的 S-N 曲线，是表征材料疲劳性能最基本的做法。

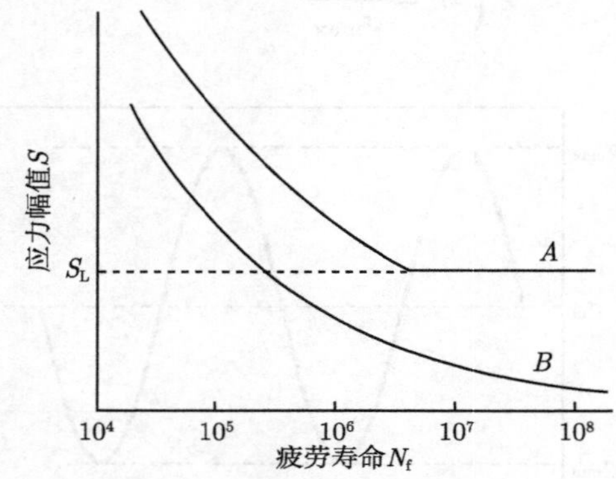

图 5-4-2 应力幅值与疲劳寿命曲线[26]

值得注意的是，近年的超高周疲劳研究[27] 表明，即使对铁基合金，当疲劳载荷低于疲劳极限后，材料仍然可能发生疲劳破坏 (图 5-4-3)。这对传统的“疲劳极限”概念构成了挑战。对于超长服役周次的构件的设计，要特别注意这一点。

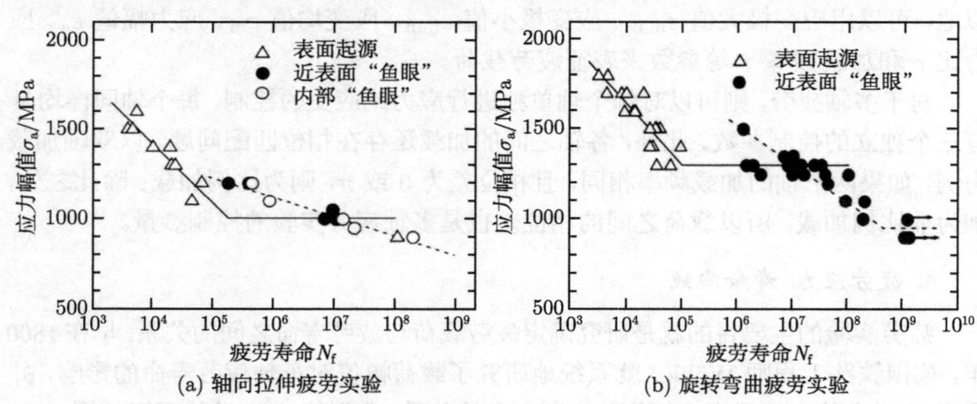

图 5-4-3 SUJ2 钢的 S-N 曲线

在传统的 S-N 曲线中，纵坐标既可以是应力幅值，也可以是应变幅值。通常对于高周疲劳，用应力幅值控制比较有利，而对于低周疲劳，用应变幅值控制比较有利。对于整个低、高周的 S-N 曲线，应变幅值 $\Delta\varepsilon$ 和疲劳周次 N_f 之间的关系可以用 Manson-Coffin 公式来描述：

$$\frac{\Delta\varepsilon}{2}=\frac{\sigma_{\mathrm{f}}'}{E}(2N_{\mathrm{f}})^{b}+\varepsilon_{\mathrm{f}}'(2N_{\mathrm{f}})^{c} \tag{5-4-2}$$

其中，σ_{f}' 为疲劳强度系数，b 为疲劳强度指数，$\varepsilon_{\mathrm{f}}'$ 为疲劳延性系数，c 为疲劳延性指数。前两者与材料的强度相关，后两者与材料的塑性相关。通过对实验获得的 S-N 曲线进行数据拟合，可以获得这些材料的参数。

5. *疲劳裂纹扩展曲线*

疲劳损伤的过程包括裂纹萌生与裂纹扩展两个阶段，在 S-N 曲线中寿命包括裂纹的萌生寿命与扩展寿命。实际工程构件常常是存在初始缺陷的，因此这种情况下疲劳裂纹的扩展寿命决定了整个构件的疲劳寿命。

疲劳裂纹的扩展速率与裂纹尖端的应力场条件相关。图 5-4-4 示意地给出了疲劳裂纹扩展曲线，横坐标为应力强度因子幅 ΔK 的对数，纵坐标为疲劳裂纹扩展速率 $\mathrm{d}a/\mathrm{d}N$ 的对数。可以看出整条曲线分为三个区域：

(1) A 区为近门槛区，在这一区域存在一个疲劳裂纹扩展的门槛值 ΔK_{th}，定义为裂纹扩展速率为 10^{-7}mm/周次时对应的应力强度因子幅。当 $\Delta K<\Delta K_{\mathrm{th}}$ 时，对于长裂纹，将不会发生裂纹扩展。而对于短裂纹，则存在裂纹扩展速率随着 ΔK 的增加先减小再增加的现象。

(2) B 区为稳定扩展区，此时曲线基本是线性的 (双对数坐标下)。Paris 指出在这一区域裂纹每一循环的扩展量 $\mathrm{d}a/\mathrm{d}N$ 与裂纹尖端的应力强度因子幅 ΔK 呈幂函数关系[28]：

$$\frac{\mathrm{d}a}{\mathrm{d}N}=C(\Delta K)^{m} \tag{5-4-3}$$

其中，C、m 为 Paris 常数，与材料、加载环境、温度等相关。通过疲劳裂纹扩展实验，可以确定材料的 Paris 参数 C、m。

与疲劳设计的总寿命法不同，实际加工的所有的零件都含有缺陷，因此发展了以式 (5-4-3) 为基础的损伤容限 (damage tolerance) 法。将零件中的初始缺陷等效为裂纹，根据等效裂纹的初始长度 a_0 与载荷水平，利用裂纹扩展曲线，对裂纹扩展到临界裂纹长度 a_{C} 的寿命 N 进行计算。

$$N=\int_{a_0}^{a_{\mathrm{C}}}\frac{1}{C(\Delta K)^{m}}\mathrm{d}a \tag{5-4-4}$$

这里对于初始缺陷的测量，通常采用各种无损探伤的方法，如 X 射线计算机断层摄影 (computed tomography, CT)、超声探伤、磁粉探伤等。可以将这些无损探伤方法探测小裂纹的极限值作为初始裂纹的估计值，估算零件从未探测出裂纹到发生破坏所需的总的疲劳周次，然后在这样的估算寿命之间加入多次检测，以最大限度地保证零件的安全。

(3) C 区为快速扩展区，在这一区域，疲劳扩展速率随着 ΔK 的增加快速上升，直到裂纹尖端应力强度因子的最大值 $K_{\max} = K_{\mathrm{C}}$ 时试样发生最终断裂。

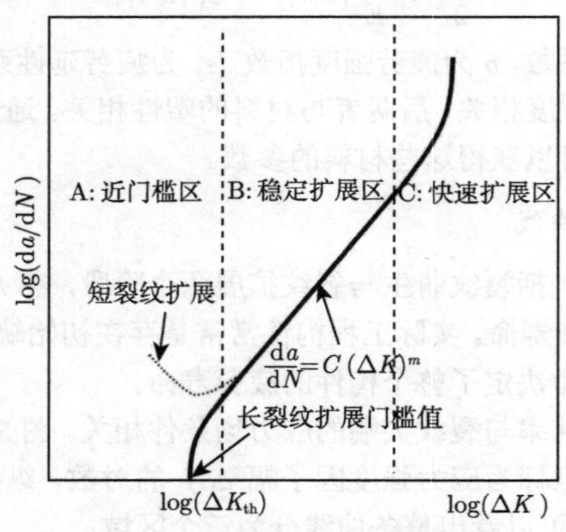

图 5-4-4　疲劳裂纹扩展曲线[28]

6. 影响因素

1) 应力/应变状态对疲劳的影响 (平均应力、线性累计损伤、频率)

除了应力幅值以外，应力状态也会对疲劳寿命产生重要的影响，包括平均应力、多轴应力等。对于单轴拉压疲劳中平均应力的影响与修正方法，在疲劳研究的早期就引起了研究者的关注，通常发现同一应力幅值条件下，平均应力越大对应的疲劳寿命越低。为了更好地表征这一现象，通常以应力幅值为纵坐标、平均应力为横坐标进行作图，并将具有相同寿命的点连接成曲线，这种图称为“等寿命图”。为了描述平均应力的影响，提出了几种经验模型来表征等寿命曲线[29]，如 Goodman 模型、Gerber 模型等 (图 5-4-5)。Marin 给出了一个通用的关系：

$$\left(\frac{\sigma_{x,\mathrm{a}}}{\sigma_{A\infty}}\right)^n + \left(f\frac{\sigma_{x,\mathrm{m}}}{\sigma_{\mathrm{UTS}}}\right)^m = 1 \tag{5-4-5}$$

改变参数 n、m 与 f 的取值，即可退化为各类经验模型。Zhao 等考虑到最大应力带来的裂纹尖端弹性应变能释放的效果，得到了一个新的模型，对于压缩平均应力的作用也进行了表征[30]。

多轴应力状态是实际工况中常见的情况，研究表明，多轴疲劳的寿命规律要比单轴疲劳复杂。对于多轴疲劳工况，现有的分析方法通常是将多轴载荷等效为具有相同疲劳寿命的单轴疲劳载荷，然后利用单轴疲劳的实验数据来评估多轴疲劳的寿命。在各类等效方法中，临界平面方法被证明具有较好的准确性。常见的做法是通过将平面剪应力幅值或剪应变幅值与平面正应力或正应力幅值等进行组合来获得一个表征参量，在所有空间取向的平面中这一组合参量最大的面定义为临界平面，裂纹将从这一平面萌生。而通过与这一组合参量相等的单轴疲劳载荷，结合单轴疲劳 S-N 曲线，即可获得多轴疲劳的寿命。由于多轴疲劳实验设备成本高，多轴疲劳实验开展难度较大，实验数据多集中在较低周次的范围。

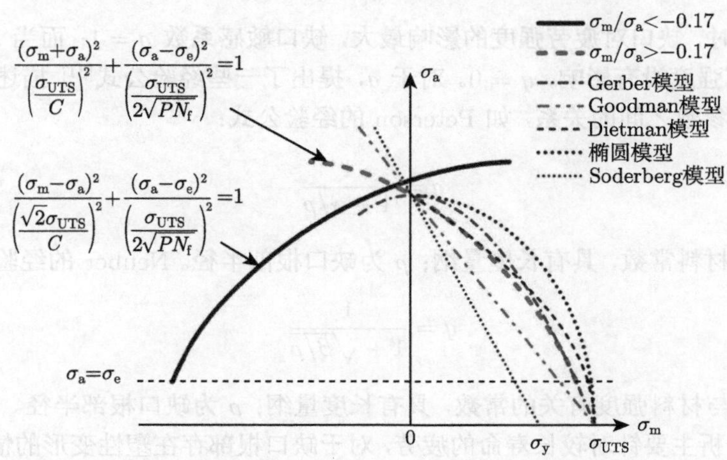

图 5-4-5 几种考虑平均应力效应的模型[29,30] 对应的疲劳等寿命图

有关加载频率的影响，通常认为在室温干燥空气环境下，对于金属材料，100Hz 及以下频率对疲劳实验没有明显影响。而在更高频率下进行实验，对于强度较低的材料可能会存在试样温度持续升高的现象，导致提前失效。尤其对超声频率下的疲劳实验，必须对试样进行强制冷却，否则试样可能烧毁。对于高分子材料，由于导热性能不好，需要在更低频率下实验，否则温度会很快升高而导致材料软化。除了高频率引起的温升效应，是否存在其他影响疲劳寿命的机制，目前这方面的研究还在探索中。

对于高温与腐蚀介质环境，加载频率同样会影响实验结果。此时频率越低，材料蠕变或腐蚀的效果的影响越大，从而加速试样破坏。

2) 缺口与应力集中的影响

在实际的机械设计中，存在大量的孔、沟槽等设计，这些位置由于承载横截面积的变化而存在应力集中。如本书 5.3.1 节所描述，可以用弹性应力集中系数 k_t 来表征应力集中的大小。但研究表明，并不能简单地将材料的疲劳极限除以弹性应力集中系数 k_t 来表征零件的疲劳极限。

定义疲劳缺口系数 k_f 为

$$k_f=\frac{\text{光滑试样疲劳极限}}{\text{缺口试样疲劳极限}} \tag{5-4-6}$$

研究表明，$1 < k_\mathrm{f} \leqslant k_\mathrm{t}$。通常认为疲劳裂纹的萌生不仅与最大应力相关，还与缺口附近的应力梯度以及材料的微结构尺度相关。

定义缺口敏感系数 q 为

$$q = \frac{k_\mathrm{f} - 1}{k_\mathrm{t} - 1} \tag{5-4-7}$$

当 $k_\mathrm{f} = k_\mathrm{t}$ 时，缺口对疲劳强度的影响最大，缺口敏感系数 $q = 1$；而当 $k_\mathrm{f} = 1$ 时，缺口对疲劳强度没有影响，$q = 0$。对于 q，提出了一些经验公式[31] 描述其与缺口尺寸、材料参数之间的关系，如 Peterson 的经验公式：

$$q = \frac{1}{1 + \alpha/\rho} \tag{5-4-8}$$

其中，α 为材料常数，具有长度量纲；ρ 为缺口根部半径。Neuber 的经验公式为

$$q = \frac{1}{1 + \sqrt{\beta/\rho}} \tag{5-4-9}$$

其中，β 是与材料强度有关的常数，具有长度量纲；ρ 为缺口根部半径。

以上分析主要针对较长寿命的疲劳，对于缺口根部存在塑性变形的情况，疲劳缺口系数 k_f 将更低，对缺口将更不敏感。此外，这里提到的缺口是指比较钝的缺口，如果缺口十分尖锐，则应该按照裂纹来处理。

3) 环境的影响 (温度、介质)

环境的影响主要是指温度与介质带来的影响。对于环境温度，通常温度越高，材料的强度越低，这直接影响材料的疲劳强度。当温度 $T \geqslant 0.4T_\mathrm{m}$($T_\mathrm{m}$ 为热力学温度下材料的熔点) 之后，材料还存在明显的蠕变效应，所以蠕变效应会与交变载荷联合作用，从而影响材料的疲劳寿命。

环境介质主要是指各种腐蚀性的介质环境，常见的有淡水介质或海水介质。研究表明，在腐蚀介质环境下，材料的疲劳寿命与强度会明显下降。因此，当进行疲劳实验时，应根据实际环境来开展。在室温干燥空气环境下，疲劳加载的频率在 100Hz 以内变化通常对疲劳寿命 (加载周次) 影响不大，但在高温环境或腐蚀介质中，材料的蠕变与腐蚀均为与时间相关的损伤过程，所以加载频率会影响实验结果。进行这类实验研究时，不仅要模拟出环境温度与介质，在加载波形与频率上，也应尽量接近真实工况，否则会存在很大的误差。

4) 表面完整性的影响 (粗糙度、残余应力、表层组织)

除了超高周疲劳观察到裂纹从材料内部萌生，常见的低周疲劳与高周疲劳的裂纹一般起源于材料的表面，因此表面完整性对疲劳裂纹萌生与寿命有着重要的影响。表面完整性主要是指试样或结构的表面状态，包括表面粗糙度、加工残余应力、表层组织以及是否存在表面损伤等。传统的机械加工称为“成形制造”，体现

在图纸上只标识零件的公差和粗糙度，其结果是不同加工方式加工出来的零件尽管公差与粗糙度满足要求，疲劳寿命却存在较大差异。所以，要提高疲劳可靠性，必须从表面完整性的观点来综合检验零件的表面质量。

一般而言，降低表面粗糙度、提高表面的强度以及表层压缩残余应力均可以提高材料的疲劳强度与寿命。在实际应用中，喷丸处理、表面渗碳渗氮、感应淬火以及激光冲击等方法已经大量在工业中得到使用，并提高了零件的疲劳性能。

5.4.2 实验设备

与开展准静态力学性能测试不同，疲劳载荷是动态变化的，因此要求试验机的响应频率较高。所以 5.1.2 节介绍的电拉式材料试验机通常不适合做较长周次的疲劳实验。目前商用的疲劳试验机根据动态力加载原理的不同主要分为以下几类。

1. *旋转弯曲式疲劳试验机* (50～200Hz)

如图 5-4-6 所示，旋转弯曲式疲劳试验机的试样是圆棒形，实验时将试样同轴安装在旋转轴上高速转动，同时对试样施加一个弯矩。这样对于试样表面任一点，将受到沿轴向的标准正弦波的应力加载，应力幅值由弯矩的大小控制。实验加载的频率由旋转轴的转速决定，常见的3000r/min 转速对应于加载频率 50Hz，较快的 10000r/min 达到了 167Hz。

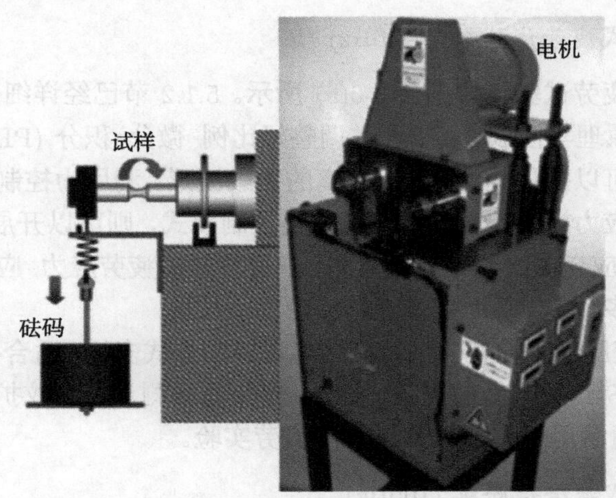

图 5-4-6 旋转弯曲式疲劳试验机的照片

旋转弯曲式疲劳试验机结构简单，功能可靠，能耗低，非常适合完成应力比 −1 条件下疲劳 S-N 曲线的测量，也常用于 10^9 周次以下的超高周疲劳测试。配合加热炉，还可以用于耐高温材料在较高环境温度下的疲劳测试。

2. *电磁共振式疲劳试验机* (100~300Hz)

图 5-4-7 是典型的电磁共振式疲劳试验机照片，其控制原理为弹性结构的受迫振动。试样一端安装到机架，另一端安装到质量块上，而质量块安装在支承弹簧上。试验机通过电磁铁对质量块施加交变的电磁力引发机器振动，从而实现对试样的加载。电磁共振式疲劳试验机的频率范围通常为 100~300Hz，个别产品可以做到 1000Hz，具有较高的实验效率，且能耗较低，适合进行不同应力比下高周或超高周的拉压加载和三点弯曲加载条件下材料的疲劳 S-N 曲线测量。

图 5-4-7　电磁共振式疲劳试验机照片

3. *液压伺服式疲劳试验机* (< 50Hz)

液压伺服式疲劳试验机如图 5-3-6(a) 所示。5.1.2 节已经详细介绍了液压伺服式疲劳试验机的原理与控制方式，通过调整好比例–微分–积分 (PID) 参数，液压伺服式疲劳试验机可以提供 50Hz 以下频率的加载波形。利用力控制模式，可以开展不同应力比下的应力疲劳实验；而利用应变控制模式，则可以开展应变疲劳测试，并可通过对应力–应变曲线进行连续监测，获得材料的疲劳应力–应变曲线。这种试验机可以设计成多轴的，从而完成多轴疲劳加载实验。

综合而言，液压伺服式疲劳试验机功能与控制方式多样，适合各种材料在不同应力比条件下的 S-N 曲线、低周循环应力–应变曲线测量与裂纹扩展实验。但由于使用成本较高，通常用于 10^7 周次以下的疲劳实验。

4. *直线电机式疲劳试验机* (100Hz)

近年来，随着直线电机技术的发展，出现了以直线电机为驱动装置的疲劳试验机。如图 5-4-8 所示，这种新型的疲劳加载方式避免了液压伺服式疲劳试验机所需要的液压源和冷却水系统，从而降低了实验能耗和实验环境的噪声，极大地改善了疲劳实验的工作环境。当然，这种直线电机式疲劳试验机的载荷能力还是远远低于液压伺服式疲劳试验机。目前，商用的直线电机式疲劳试验机只能提供 10kN 以下的动态力加载，频率可达 100Hz。这类试验机同样可以做成多轴控制，如常用的轴扭加载。

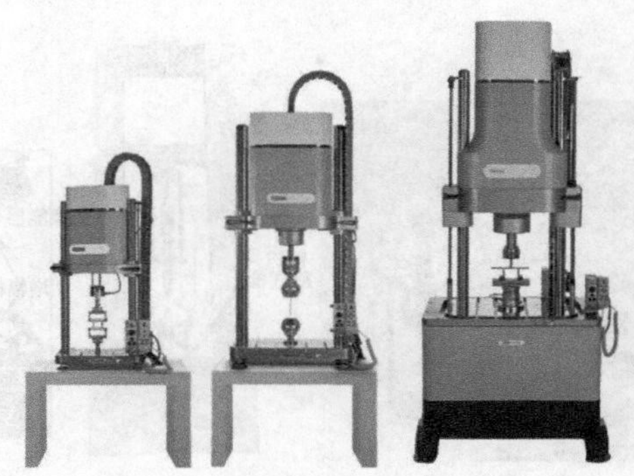

图 5-4-8 直线电机式疲劳试验机

5. **超声共振式疲劳试验机** (20kHz)

超声共振式疲劳试验机主要用于超长寿命 (大于 10^9 加载周次) 的疲劳实验[32]。前面提到的各类疲劳试验机所提供的加载频率通常在 100Hz 量级，所以对于大于 10^9 加载周次的超长寿命疲劳实验，需要的实验周期与成本都太高。因此，为了能快速完成超长寿命疲劳实验，发明了超声共振原理的疲劳试验机。这类试验机以超声频率 (常用的为 20kHz 和 30kHz) 进行试样加载，从而极大地提高了实验效率。

需要注意的是，尽管通常认为常温空气环境下在常规频率范围 (100Hz 及以下) 改变加载频率不会影响试样的疲劳寿命，但对于远高于常规频率的超声加载频率，目前研究还不够充分。也就是说，超声频率加载可能存在也可能不存在“频率效应”。因此，在使用超声频率实验的疲劳寿命结果时，要加以注意。

如图 5-4-9(a) 所示，超声共振式疲劳试验机通常包括超声发生器、压电换能器、增幅杆、控制计算机、冷却系统以及其他附件。超声发生器发送超声频率的正弦波电压信号到压电换能器，产生超声频率的轴向振动，这种振动通过增幅杆放大，并传递给通过螺纹杆连接到增幅杆端部的试样。试样通过设计在超声频率发生共振，从而使试样受到正弦波的拉压加载。通过调整超声发生器的电压信号的幅值，可以改变试件端部振动的幅值，从而达到调整应力幅值的效果。

如果只是将试样的一端安装在增幅杆的端面，则试样只能进行应力比为 -1 的拉压疲劳。如果要改变加载的应力比，则通常需要在试样的另一端加装一支同样的增幅杆，并通过专用夹具将系统安装到材料试验机，由材料试验机施加一个静态力到增幅杆并传递给试样，如图 5-4-9(b) 所示。

由于加载频率很高，实验过程中耗散的能量会导致试样的温度逐渐升高。为此，需要在实验过程中对试样进行冷却，以防止温度过高而影响实验结果，甚至“烧坏”试样。一般采用压缩空气对试样进行强制对流冷却。

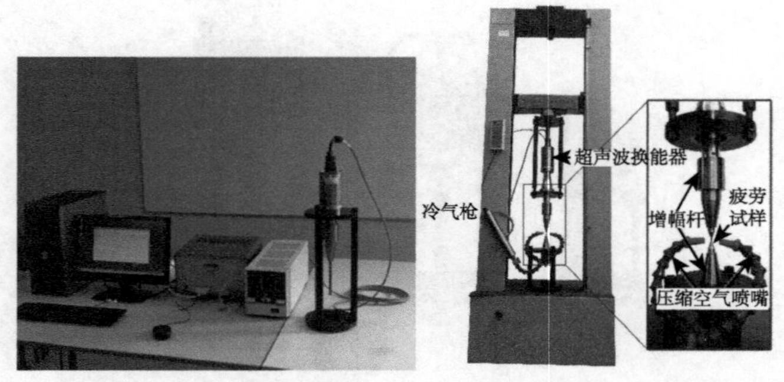

(a) 应力比$r=-1$实验系统　(b) 可调应力比的实验系统与夹具

图 5-4-9　超声疲劳实验系统

5.4.3　实验试样

疲劳实验包括材料的疲劳实验和零件/结构的疲劳实验两大类。零件/结构的疲劳实验试样就是零件/结构本身或是其缩比件，因此保证了实验试样的表面完整性 (粗糙度、纹理、残余应力等) 与实际构件的一致性。其疲劳实验的结果包含了几何因素和制造因素的影响，可以直接获得疲劳萌生位置、疲劳裂纹扩展方向、疲劳寿命等信息，因此具有很高的应用价值。材料疲劳实验则主要针对材料本身，尽量避免制造因素的影响，试样主要包括如下两种。

1) 材料疲劳 S-N 曲线实验用试样

疲劳实验的试样与单调加载所采用的试样形状比较类似，以拉–拉疲劳试样为例，主要是平板、圆柱两种。但与拉伸试样不同，对于高周或超高周疲劳试样，通常采用应力控制方式，所以可以没有平行段，只有一个大的圆弧段，如图 5-4-10 所示。对于控制应变幅值加载的低周疲劳，为了测量应变，要求试样有平行段以安装引伸计或粘贴应变片。

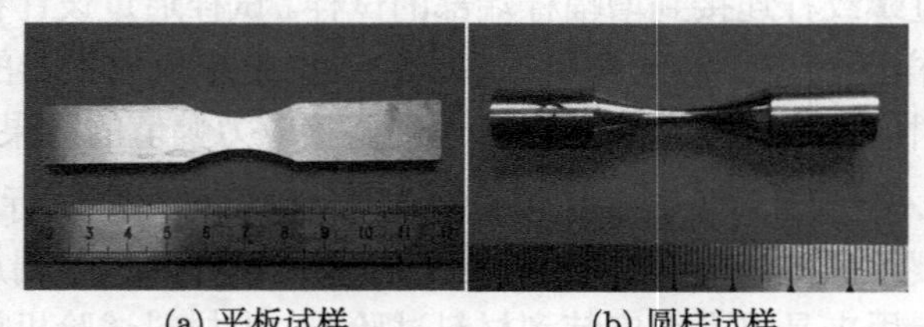

(a) 平板试样　(b) 圆柱试样

图 5-4-10　材料疲劳 S-N 曲线实验的试样

为了评价缺口对疲劳行为带来的影响，可以在光滑试样开不同深度的缺口进行实验，常见的如 $K_t = 3$ 的缺口等，但在使用这种试样所测得的结果时，需要注意缺口尺寸带来的影响。

由于疲劳加载对于应力集中或表面完整性高度敏感，用于材料疲劳 S-N 曲线测量的试样要进行表面抛光处理以保证表面光滑，试样对称性要好，实验过程要保证夹持稳定，以避免由于对中不良或安装不好引起提前失效。

常规频率的疲劳试样设计只要注意以上要求即可，而对于超声频率下的疲劳实验则进一步要求试样在超声频率下发生共振，因此在设计超声疲劳试样时需要保证试样的自振频率与超声加载频率一致。详细的试样设计方法可以参考相关文献[32]。

2) 疲劳裂纹扩展试样

疲劳裂纹扩展试样为含预制裂纹的标准试样，常见的试样与断裂韧性测试试样相似，包括标准紧凑拉伸试样与单边缺口三点弯曲试样。此外，还有中心裂纹拉伸试样。图 5-4-11 是标准推荐的试样类型与尺寸[33]。对应的裂纹尖端应力强度因

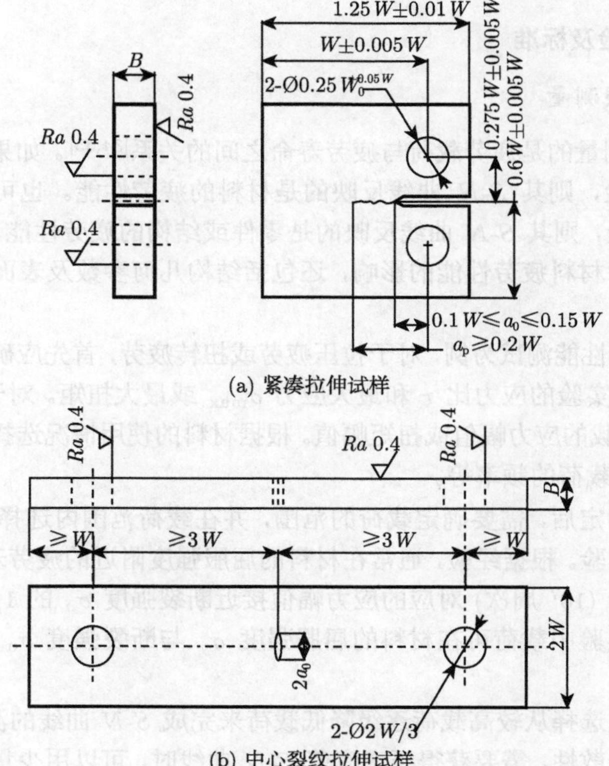

(a) 紧凑拉伸试样

(b) 中心裂纹拉伸试样

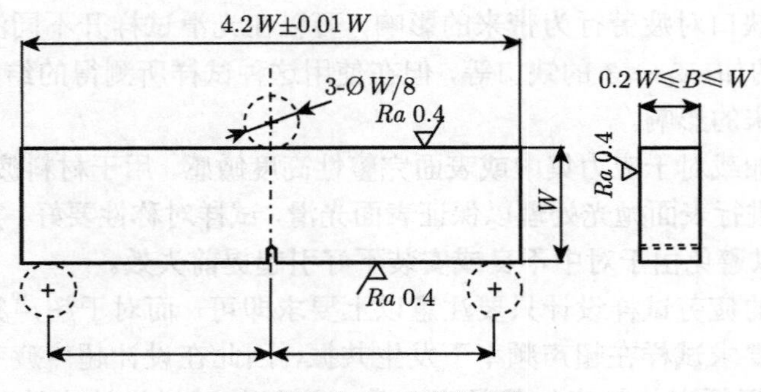

(c) 单边缺口三点弯曲试样

图 5-4-11　疲劳裂纹扩展实验试样[33] (Ra 指粗糙度)

子可以由标准推荐的经验公式进行计算。这里要注意，用于疲劳裂纹扩展实验的推荐试样厚度与断裂韧性测试试样的厚度相比要薄一些，因此即使在同一 ΔK 值作用下，不同厚度的试样的裂纹扩展速率可能是不同的。

与断裂韧性实验类似，机加工的缺口需要进行疲劳裂纹预制来获得一个尖锐的裂纹，预制裂纹过程的长度数据不作为有效数据。

5.4.4　疲劳实验及标准

1. S-N 曲线测量

S-N 曲线测量的是疲劳载荷与疲劳寿命之间的关系[34,35]。如果对标准光滑试样进行疲劳实验，则其 S-N 曲线反映的是材料的疲劳性能。也可以对零件或结构进行疲劳实验，则其 S-N 曲线反映的是零件或结构的疲劳性能，对于后者，疲劳性能不仅包含材料疲劳性能的影响，还包括结构几何参数及表面完整性带来的影响。

以材料疲劳性能测试为例，对于拉压疲劳或扭转疲劳，首先应确定实验的载荷波形，包括确定实验的应力比 r 和最大应力 $\sigma_{\max}$ 或最大扭矩。对于 $r=-1$ 的疲劳，需要确定加载的应力幅值或扭矩幅值。根据材料的使用情况选择正弦波还是三角波加载，以及载荷的频率等。

以上因素确定后，需要确定载荷的范围，并在载荷范围内选择 4~6 个载荷水平来开展疲劳实验。根据经验，通常在材料的屈服强度附近的疲劳寿命较低，而传统疲劳极限寿命 (10^7 周次) 对应的应力幅值接近断裂强度 σ_{u} 的 1/2。因此，在应力控制的疲劳实验中载荷可在材料的屈服强度 σ_{y} 与断裂强度 σ_{u} 的 1/2 之间来选取。

实验时可以选择从较高载荷逐级降低载荷来完成 S-N 曲线的测量。当考虑材料疲劳寿命的分散性，需要获得概率疲劳 S-N 曲线时，可以用少量试样先粗略确

定 S-N 曲线的形状，然后选择 4~6 个固定载荷水平，在每个载荷水平选取多个试样进行疲劳实验。这里试样的数量根据概率统计的精度要求进行选取[36]。通过同一载荷水平多试样的疲劳测试，可以按对数正态分布或韦布尔分布对疲劳寿命进行表征，从而获得不同失效概率所对应的 S-N 曲线——P-S-N 曲线。依据 P-S-N 曲线，可以对材料的疲劳可靠性进行估算。

除了同一载荷下对疲劳寿命进行概率分析，也可以对同一疲劳寿命所对应的疲劳强度分布进行概率统计。从实验方法上通常要用到升降法，例如，对 10^7 周次所对应的疲劳强度进行升降法测试，可以分析得到传统“疲劳极限”的统计分布。升降法开始前首先要对疲劳寿命对应的疲劳强度及其偏差有一个估计，然后第一个试样在估计的疲劳强度对应的载荷下进行测试，此时，如果在给定的疲劳寿命达到前发生了失效，则下一个试样将降低一个载荷水平进行实验；如果在给定的疲劳寿命达到时试样未失效，则下一个试样将升高一个载荷水平进行实验。如此进行直到全部试样测试完成。这里载荷的升高量或降低量 (应力台阶) 应接近疲劳强度的标准偏差，如果无法得到标准偏差，则一般取估计疲劳强度的 5%作为应力台阶的大小。为了保证统计分析的精度，升降法要求试样的数量应大于等于 15 个。

2. 裂纹扩展实验

裂纹扩展实验[33] 主要测量裂纹长度 a 随疲劳周次 N 的增加 (a-N 曲线)，以 a-N 曲线为基础，分析裂纹扩展速率 $\mathrm{d}a/\mathrm{d}N$ 与裂纹尖端应力强度因子幅值 ΔK 之间的关系曲线。利用 $\mathrm{d}a/\mathrm{d}N$-ΔK 曲线，拟合得到疲劳裂纹稳定扩展区 (Paris 区) 的 Paris 参数，从而用于含裂纹体的疲劳裂纹扩展寿命分析。也可以通过测试获得疲劳裂纹扩展门槛值 ΔK_{th}，用于估算含裂纹体的疲劳极限强度。

标准裂纹扩展实验推荐的试样如 5.4.3 节所述。若无法制备成标准试件，在可以可靠地计算 ΔK 值的前提下，也可使用非标准试样进行实验。实验预制裂纹长度要符合标准的要求，实验时载荷的选取应保证满足

$$\Delta K_{\mathrm{th}} < \Delta K \quad \text{且} \quad K_{\max} < K_{\mathrm{IC}} \tag{5-4-10}$$

否则要么裂纹扩展很慢，要么快速断裂。由于实验前无法知道 ΔK_{th} 和 K_{IC} 的准确值，因此实验时需要进行一定的尝试，也可参考手册中具有相似成分与强度状态的材料数据来估计。

实验的载荷通常使用恒幅加载，即力幅值 ΔP 保持不变，对应的 ΔK 随裂纹长度增加而增大。应力比、实验波型和加载频率根据实际工况选取。在实验过程中记录随加载周次的裂纹长度 a。

对于裂纹长度的测量，与断裂韧性实验类似，一般推荐采用夹式引伸计通过测量试件柔度来计算裂纹的长度。也可采用读数显微镜从试件的两个侧面对裂纹长

度进行跟踪测量。图 5-4-12 显示了紧凑拉伸试样疲劳裂纹扩展实验的过程，其中夹式引伸计与读数显微镜同时用于裂纹长度的测量。除了以上两种测量裂纹长度的方法，电位法也是常用的裂纹测量方法。

图 5-4-12 疲劳裂纹扩展实验

对于 ΔK_{th} 的测量，则推荐采用降 K 的加载方式进行实验，即随着裂纹的扩展而逐渐降低裂纹尖端应力强度因子幅值 ΔK，直到对应的裂纹扩展速率接近 10^{-7}mm/周次时，实验结束。GB/T 6398—2017《金属材料 疲劳试验 疲劳裂纹扩展方法》中详细介绍了降 K 实验的方法，可参考设计具体的实验过程。

3. *超声疲劳实验*

超声疲劳实验是指在超声频率 (20kHz、30kHz) 下开展的疲劳实验，由于频率高，常常用于 $10^7 \sim 10^9$ 周次范围的超高周疲劳行为的研究。超声疲劳实验既可用于材料光滑试样的 S-N 曲线测试，也可针对缺口试样开展超高频率下裂纹扩展行为研究。与常规频率的疲劳实验相比，超声疲劳要求试样的共振频率等于输入的超声波的频率，因此试样需要特殊设计以满足起振条件[32]。

超声疲劳的载荷不是直接由力传感器测量获得，而是通过控制试样端部的振动位移来计算获得。实际加载时控制的就是试样的端部位移，因此对连接试样的增幅杆端部位移振幅要进行严格的标定以保证载荷的精度。

由于加载频率高，试样温度会随着加载周次而升高。为了避免温升的影响，通常要采用压缩空气对试样表面进行强制对流冷却。

综上所述，超声疲劳实验在超高周疲劳研究中体现了高效率的优势，同时带来了高频率所引起的问题。除了频率带来的温升效应，目前关于是否存在频率效应、频率效应的机理以及如何消除频率的影响还需要更多的研究。

5.4.5 疲劳实验小结

本节首先介绍了与疲劳相关的基本概念、疲劳性能的主要表征方法以及影响材料疲劳性能的主要因素。然后介绍了常用的疲劳实验设备以及对应的疲劳试样。

最后重点讲述了常用的几种疲劳实验方法，包括疲劳 S-N 曲线和裂纹扩展曲线的测试方法，系统地说明了各种实验方法的操作步骤与数据处理方法。

5.5 动态力学测试实验

5.5.1 基本概念

动态力学测试主要是指在较高加载速率条件下进行的力学测试。与 5.1 节介绍的准静态或蠕变测试相比，动态力学测试过程中试样所受的惯性力不可忽略，且由于热量无法及时传出而导致试样发生绝热温升效应。表 5-5-1 给出了不同速率加载实验的特征时间与应变率[37]。动态力学测试过程涉及弹塑性波在加载装置与试样中的传播，所以相对于准静态加载实验，无论是加载装置、试样，还是实验测量方法都有很大的不同。下面分别对几种典型的动态力学测试方法加以介绍。

表 5-5-1 不同速率加载实验的特征时间与应变率 [37]

特征时间/s	10^6	10^4	10^2	10^0	10^{-2}	10^{-4}	10^{-6}	10^{-9}
应变率/s^{-1}	10^{-8}	10^{-6}	10^{-4}	10^{-2}	10^0	10^2	10^4	10^6
实验类型	蠕变		准静态		动态		冲击	超速冲击
物理特征	惯性力可忽略/等温				惯性力不可忽略/绝热			

5.5.2 摆锤与落锤实验方法

1. 基本原理

摆锤与落锤实验主要针对工程实际中普遍存在较低应变速率的冲击行为，如汽车碰撞、极地船舶与浮冰碰撞等。为了能研究这类现象的力学机理，可以利用质量块在相对较低的速度条件下对实验对象或材料试样进行冲击，通过测量冲击过程中质量块动能的变化，获得试样的冲击能量吸收率以及破坏模式等数据。此外，许多在拉伸加载时表现为韧性的材料，当其制成的结构中存在缺口等应力集中区域时，常会表现出一定的脆性破坏特征，因此利用摆锤或落锤对含缺口试样进行低速冲击，也可评价材料在冲击载荷作用下的缺口敏感性，尤其是表征在不同环境温度下材料的韧脆转变行为。

2. 实验设备

落锤冲击试验机如图 5-5-1(a) 所示，试件放置在试验机下方的砧板或特定夹具上，一定质量的锤头从设定高度自由落体或利用其他储能装置赋予锤头一定初始速度后再自由落体冲击试件。装置将记录冲击过程中锤头的初速度和力–时间曲线，从而计算冲击过程中的力–位移曲线，并获得冲击功。这类实验常用于评价材料或结构的能量吸收特性，以及复合材料的抗穿刺性能。

摆锤冲击试验机如图 5-5-1(b) 所示，试件为含预制缺口的方棒试件。实验时将试样以简支或悬臂固定的方式安装在试验机的底部。然后将摆锤抬升到一定角度后释放，锤头冲击试样缺口位置而发生断裂。试验机记录下冲击后摆锤继续运动的最大角度，根据摆锤冲击前后能量的变化获得材料的冲击功。现代的摆锤冲击试验机也可记录冲击过程中试样的挠度以及对应的接触力随时间的变化曲线，从而可以更好地理解冲击断裂的过程。

在开展实验前需要了解试验机的技术指标，包括冲击速度和最大冲击能量。冲击速度即锤头打击到试样上的初始速度。如果是锤头自由落体或自由摆动冲击试样，那么落锤或摆锤的锤头高度就决定了冲击速度。根据能量守恒定律，冲击速度 v 由式 (5-5-1) 计算：

$$v=\sqrt{2gh} \tag{5-5-1}$$

其中，g 为重力加速度，h 为锤头初始位置到打击点的垂直高度差。以摆锤冲击试验机为例，冲击速度值在 3~6m/s 范围内。

冲击能量由锤头的质量与速度共同决定，由于速度范围有限，冲击能量通常通过改变锤头的质量来实现。

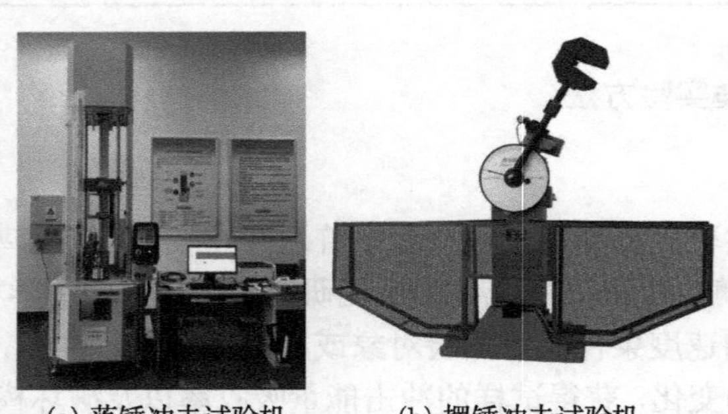

(a) 落锤冲击试验机　　(b) 摆锤冲击试验机

图 5-5-1　冲击试验机

3. 主要实验方法与数据处理

利用摆锤与落锤实验设备开展的实验主要包括夏比缺口冲击实验、艾氏冲击实验与动态撕裂实验等。

如图 5-5-2 所示，夏比缺口冲击试样主要包括两种：夏比 V 形与 U 形缺口试样。试样的标准尺寸为 10mm×10mm×55mm，V 形缺口的深度为 2mm，U 形缺口的深度为 5mm。考虑到实际情况，在材料厚度尺寸无法满足制备标准试样时，也允许使用截面为 10mm×7.5mm、10mm×5mm 或 10mm×2.5mm 的小试样进行实验，但需要注意不同尺寸的试样获得的结果无法直接对比[38]。实验时将试样以简单支撑的方式安装在试验机的两个砧座上，砧座的支点跨距为 40mm(图 5-5-3)。注意安装时缺口面要背对锤头的冲击方向，安装时缺口应位于支点的中间，保证锤头打击在缺口的背面。这一点可以利用专用的对中夹钳来实现。

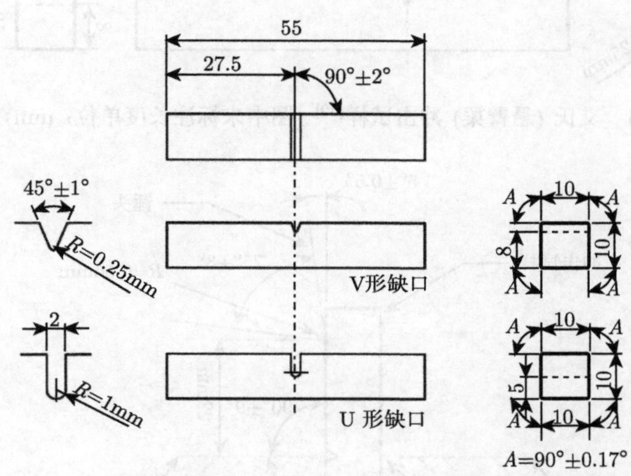

图 5-5-2 夏比 (简支梁) 缺口冲击试样 (图中未标注长度单位：mm)

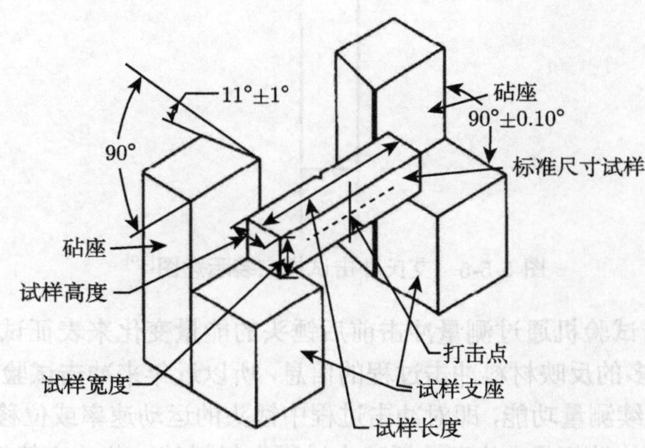

图 5-5-3 夏比缺口冲击试样安装示意图

与夏比缺口冲击实验不同，艾氏冲击实验采用的是悬臂冲击方式。标准试样形状尺寸如图 5-5-4 所示，也可以根据需要采用三缺口的试样[39]。图 5-5-5 给出了艾氏冲击试样的安装示意图，由于艾氏冲击的悬臂固定方式不适于快速实验，所以一般艾氏冲击实验只在室温环境下进行。

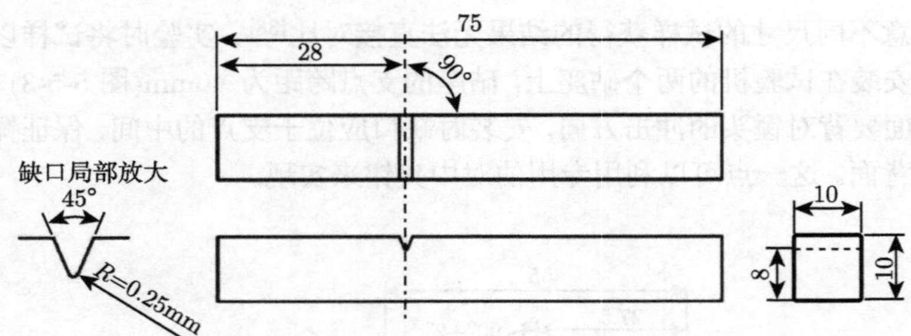

图 5-5-4　艾氏 (悬臂梁) 冲击试样[39] (图中未标注长度单位：mm)

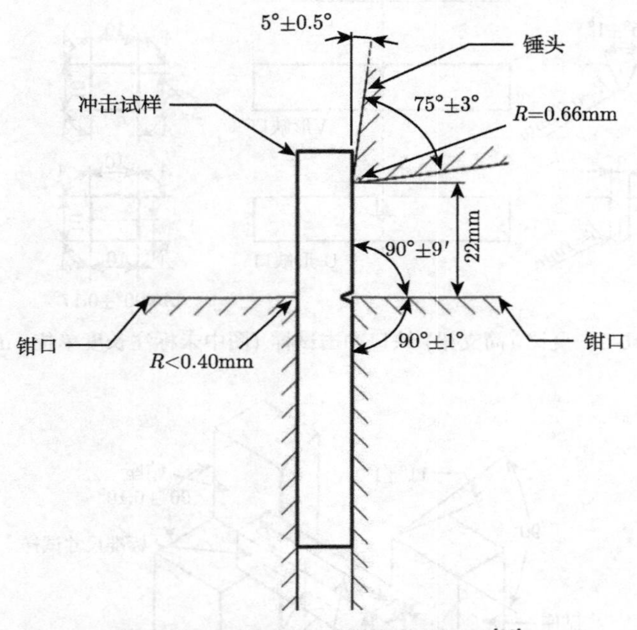

图 5-5-5　艾氏冲击试样安装示意图[39]

传统的冲击试验机通过测量冲击前后锤头的能量变化来表征试样的冲击吸收功，无法提供更多的反映材料冲击过程的信息，所以近年来冲击试验机普遍增加了对冲击过程的连续测量功能，即对冲击过程中锤头的运动速率或位移、力等信号随时间的变化进行快速记录，从而分析冲击过程中材料的一些响应特性。图 5-5-6 给出了对钢在不同温度测量获得的冲击力–位移曲线：对于低温脆性状态，冲击曲线到达最大值后快速跌落，裂纹启裂并快速失稳；而对于韧脆转变状态，由于韧性增加，所以曲线存在一定的加工硬化，在后期才出现力值的跌落，表明裂纹发生失稳扩展；对于韧性状态，则最大值后力值会随着位移而缓慢下降。力–位移曲线包围的面积即试样冲击功，显然这一曲线比单纯的冲击功更多地反映了材料抵抗冲击开裂的特征。

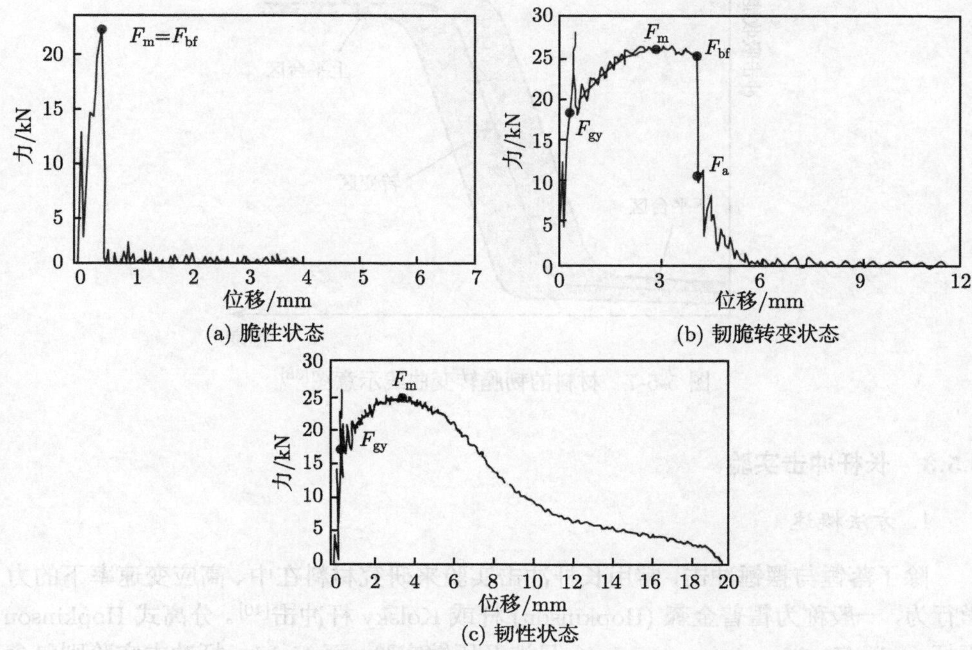

图 5-5-6 利用仪器化冲击试验机获得的钢的冲击力–位移曲线[39]

除了以上分析，还可以对冲断试样的断口进行一些测量，如简单地测量剪切破坏区与解理破坏区的面积占断面的百分数。显然，对于脆性断裂与韧性断裂，剪切面积百分数会存在较大的差异，所以这一参数也一定程度上反映了试样的冲击断裂机制。

4. 韧脆转变曲线测量

冲击韧性实验常用于测量材料的韧脆转变行为。工程材料尤其是铁素体钢，存在随环境温度而变的韧脆转变现象。在室温及以上温度，材料冲击韧性值较高，断口为韧性断裂特征。而当温度下降到低于某一温度范围后，冲击韧性值会快速下降，材料发生脆性破坏。因此，在低温环境下服役的构件选材时，必须考虑材料的韧脆转变特性，否则可能造成灾难性后果。

一般采用夏比缺口冲击实验测量韧脆转变曲线[38]。首先将试样浸泡在特定温度的介质中直到温度均匀，然后将试样快速转移 (< 5s) 到砧座上开展冲击实验。利用不同的低温介质可以在不同的温度开展系列实验，并最终绘制出冲击功随环境温度变化的曲线 (图 5-5-7)。

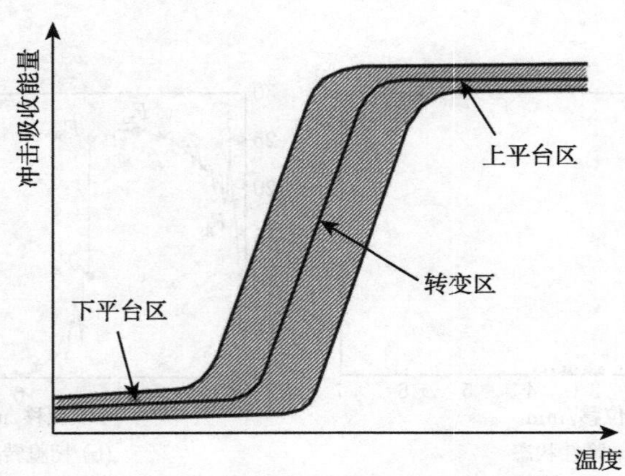

图 5-5-7　材料的韧脆转变曲线示意图[38]

5.5.3　长杆冲击实验

1. *方法概述*

除了落锤与摆锤冲击，常用长杆冲击实验来研究材料在中、高应变速率下的力学行为，一般称为霍普金森 (Hopkinson) 杆或 Kolsky 杆冲击[40]。分离式 Hopkinson 压杆 (split-Hopkinson pressure bar) 只涉及压缩实验，而 Kolsky 杆冲击实验则包含了压缩、拉伸、扭转以及组合加载，二者从原理上是等同的。下面主要以压杆实验为例加以介绍。

2. *实验装置与试样*

图 5-5-8 给出了压杆的主要结构图。整个压杆装置的机械部分包括高压气枪、子弹杆、输入杆、透射杆及缓冲装置。数据采集电路则主要包括子弹测速传感器、应变片、电桥盒、信号放大器、数据显示与采集计算机等。压杆实验的试样一般为圆柱形的压缩试样，长径比通常为 0.5 或 1，试样的直径小于输入杆与透射杆的直径，且端部需要适当润滑。

实验时，操作者将试样放置在输入杆与透射杆之间，保持紧密贴合。打开高压气枪的开关，子弹杆在高压气体的推动下高速撞击输入杆，产生的压缩波沿输入杆传播并被应变片采集获得入射波 ε_I 信号。图 5-5-9 给出了 Hopkinson 压杆实验的冲击波传播过程。压缩波经过实验试样后一部分波透射进入透射杆，并被透射杆上的应变片采集获得透射波 ε_T 信号。另一部分从试样表面向输入杆反射，输入杆上的应变片可将反射波 ε_R 信号采集下来。实验完成后，通过对输入波、透射波和反射波的分析，获得试样在高应变率下的应力–应变曲线。

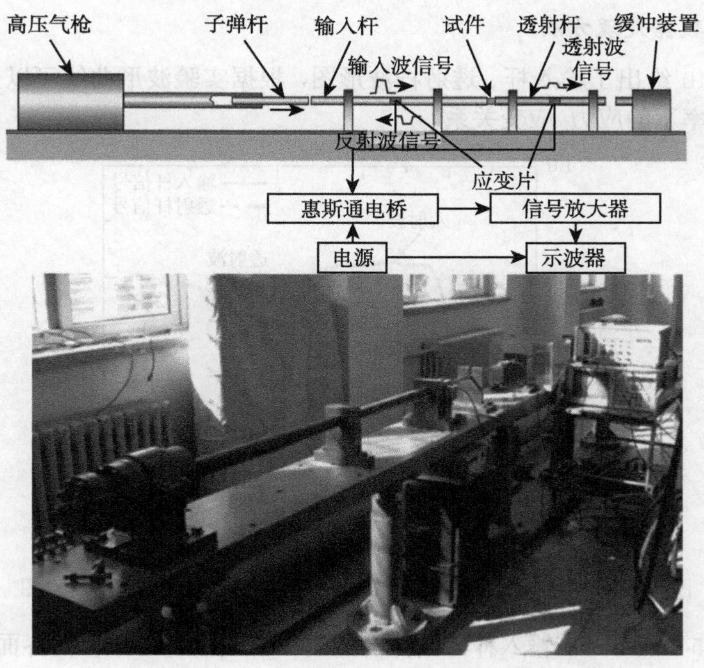

图 5-5-8 Hopkinson 杆实验装置示意图

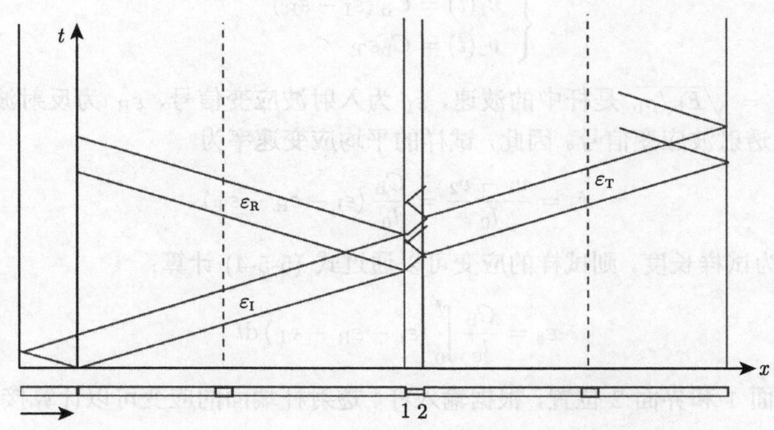

图 5-5-9 Hopkinson 压杆实验冲击波传播过程[40]

Hopkinson 压杆实验的加载模式可视为一维应力加载，为了保证这一点，输入杆、透射杆的长度通常是直径的 100 倍量级。为了在实验过程中保持弹性状态，要求输入杆、透射杆材料的强度明显高于实验试样的强度，通常采用马氏体时效钢制造，对于软材料的压杆实验，也可使用铝合金杆。实验的应变率范围为 $10^2 \sim 10^4 \mathrm{s}^{-1}$。

3. 实验数据处理方法

图 5-5-10 给出了输入杆、透射杆波形图，根据实验波形曲线可以分析试样材料在高应变率下的应力–应变关系。

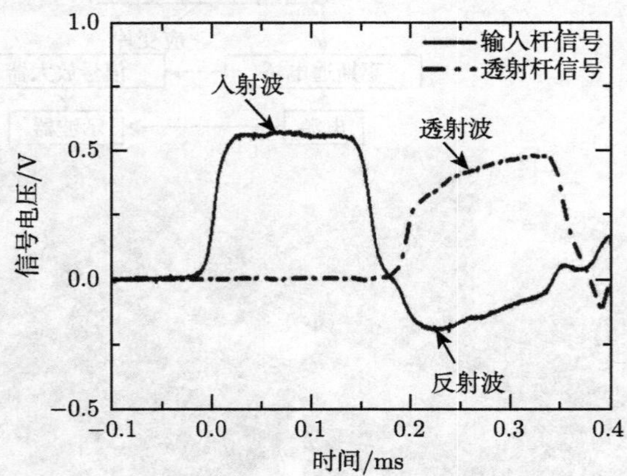

图 5-5-10 316 不锈钢 Hopkinson 压杆实验的输入/输出波形图

如图 5-5-9 所示，在输入杆与试样的界面 1 和透射杆与试样的界面 2，根据弹性波理论，界面质点速率为

$$\left\{\begin{array}{l} v_1(t)=C_{\mathrm{b}}\left(\varepsilon_{\mathrm{I}}-\varepsilon_{\mathrm{R}}\right) \\ v_2(t)=C_{\mathrm{b}}\varepsilon_{\mathrm{T}} \end{array}\right. \tag{5-5-2}$$

其中，$C_{\mathrm{b}}=\sqrt{E_{\mathrm{b}}/\rho_{\mathrm{b}}}$ 是杆中的波速，ε_{I} 为入射波应变信号，ε_{R} 为反射波应变信号，ε_{T} 为透射波应变信号。因此，试样的平均应变速率为

$$\dot{\varepsilon}_{\mathrm{s}}=\frac{v_1-v_2}{l_0}=\frac{C_{\mathrm{b}}}{l_0}\left(\varepsilon_{\mathrm{I}}-\varepsilon_{\mathrm{R}}-\varepsilon_{\mathrm{T}}\right) \tag{5-5-3}$$

其中，l_0 为试样长度。则试样的应变可以通过式 (5-5-4) 计算：

$$\varepsilon_{\mathrm{s}}=\frac{C_{\mathrm{b}}}{l_0}\int_0^t\left(\varepsilon_{\mathrm{I}}-\varepsilon_{\mathrm{R}}-\varepsilon_{\mathrm{T}}\right)\mathrm{d}t \tag{5-5-4}$$

在界面 1 和界面 2 位置，根据输入杆、透射杆端面的应变可以计算接触力：

$$\left\{\begin{array}{l} P_1=\left(\varepsilon_{\mathrm{I}}+\varepsilon_{\mathrm{R}}\right)A_{\mathrm{b}} \\ P_2=E_{\mathrm{b}}\varepsilon_{\mathrm{T}}A_{\mathrm{b}} \end{array}\right. \tag{5-5-5}$$

其中，E_{b} 是杆的弹性模量，$P_i(i=1,2)$ 是端面接触力，A_{b} 是杆的横截面积。试样上的平均应力为

$$\sigma_{\mathrm{s}}(t)=\frac{P_1+P_2}{2}\frac{1}{A_{\mathrm{s0}}}=\frac{E_{\mathrm{b}}}{2}\frac{A_{\mathrm{b}}}{A_{\mathrm{s0}}}\left(\varepsilon_{\mathrm{I}}+\varepsilon_{\mathrm{R}}+\varepsilon_{\mathrm{T}}\right) \tag{5-5-6}$$

其中，A_{s0} 为试样原始横截面积。因此，根据式 (5-5-3)、式 (5-5-4) 及式 (5-5-6)，利用应变片采集的三个应变波形信号 (图 5-5-10)，可以计算实验试样的应变率、应变和应力。

实际加载过程中，波在试样内会多次反射，导致压应力增加，直到试样发生塑性变形。当多次反射试样中的应力均匀后，应力就是平衡的。如果边界是无摩擦的，那么应力就是单轴的。

此时 $P_1 = P_2$，则 $\varepsilon_{\mathrm{I}} + \varepsilon_{\mathrm{R}} = \varepsilon_{\mathrm{T}}$。这样，只需要利用采集的两组波形数据，就可以确定试样的应变率、应变和应力：

$$\begin{cases} \dot{\varepsilon}_{\mathrm{s}}(t) = -\dfrac{2C_{\mathrm{b}}}{l_0}\varepsilon_{\mathrm{R}}(t) \\ \varepsilon_{\mathrm{s}}(t) = \displaystyle\int_0^t \dot{\varepsilon}_{\mathrm{s}}(\tau)\mathrm{d}\tau = -\dfrac{2C_{\mathrm{b}}}{l_0}\int_0^t \varepsilon_{\mathrm{R}}(\tau)\mathrm{d}\tau \\ \sigma_{\mathrm{s}}(t) = \dfrac{E_{\mathrm{b}}A_{\mathrm{b}}}{A_{\mathrm{s0}}}\varepsilon_{\mathrm{T}}(t) \end{cases} \tag{5-5-7}$$

以上分析给出的是工程应力与工程应变。如有必要，可以根据式 (5-1-3) 将其转换成真应力与真应变。

4. 压杆实验的设计

对于压杆实验，为了保证试样在某一应变率发生塑性变形，需要对试样的尺寸、子弹杆的冲击速度 V 等进行实验设计。根据弹性波理论，输入杆中的应变大小为

$$\varepsilon_{\mathrm{I}} = \frac{V}{2C_{\mathrm{b}}} \tag{5-5-8}$$

又由式 (5-5-7) 可将应力表达为

$$\begin{aligned} \sigma_{\mathrm{s}}(t) &= \frac{E_{\mathrm{b}}A_{\mathrm{b}}}{A_{\mathrm{s0}}}\varepsilon_{\mathrm{T}}(t) = \frac{E_{\mathrm{b}}A_{\mathrm{b}}}{A_{\mathrm{s0}}}(\varepsilon_{\mathrm{I}} + \varepsilon_{\mathrm{R}}) \\ &= E_{\mathrm{b}}\frac{A_{\mathrm{b}}}{A_{\mathrm{s0}}}\left(\frac{V}{2C_{\mathrm{b}}}\right) - E_{\mathrm{b}}\frac{A_{\mathrm{b}}}{A_{\mathrm{s0}}}\left(\frac{l_0}{2C_{\mathrm{b}}}\right)\dot{\varepsilon}_{\mathrm{s}}(t) \end{aligned} \tag{5-5-9}$$

图 5-5-11 给出了式 (5-5-9) 的示意图，反映了压杆实验中各参数之间的关联。图中虚线表示材料的塑性应变率响应，对具体的材料试样，压杆实验中实际的应变率与流动应力就位于图中虚线与实线的交点。那么，为了获取材料的应变率响应曲线，需要对试样的尺寸、子弹杆的冲击速度等参数进行调整，对不同的参数组合获得应变率响应曲线上不同的点，这些点连接起来就是实验测量得到的材料应变率响应曲线。根据式 (5-5-9)，增大输入杆与试样的面积比、增大冲击速度 V 或减小试样的长度，均会使响应曲线向右上方移动。

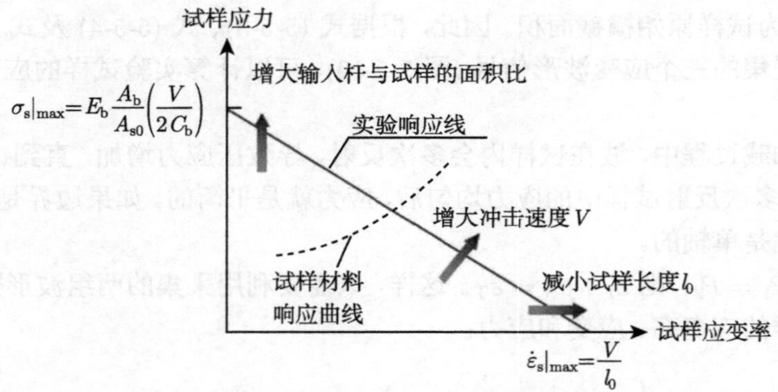

图 5-5-11　压杆冲击响应示意图[40]

5. 帽形剪切与应变冻结技术

在高应变速率加载过程中，材料一方面会由于加工硬化而强化，另一方面会由于塑性功转化为热量导致温度升高。由于加载速度快，热量来不及传出，材料发生局部的热软化。这两种行为在变形过程中同时存在并相互竞争，如果热软化行为成为主导，那么将在材料内部造成变形局部化，形成热塑剪切带。

为了利用 Hopkinson 压杆装置对材料剪切带的形成过程进行研究，发展了帽形剪切实验与应变冻结技术[41]。如图 5-5-12(a) 所示，帽形剪切试样上、下端面分别为一圆面与环面，在受压时，图中椭圆所包围区域 (空间为一环面) 将承受集中的剪切变形。因此，利用帽形剪切试样，在 Hopkinson 压杆装置上实现了剪切加载。

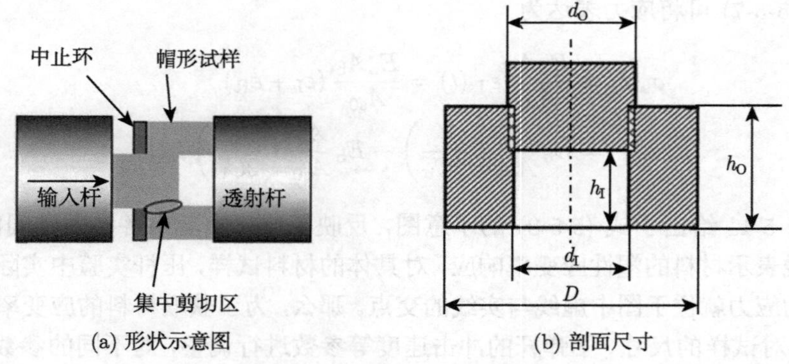

(a) 形状示意图　　(b) 剖面尺寸

图 5-5-12　帽形试样[42]

为了研究剪切带的演化过程，希望能在剪切变形发展过程中人为中止实验，以获得具有不同名义剪切应变的试样，这样可以通过进一步的微结构观察，以研究剪切带发展演化的机理。为了达到这一目的，发展了应变冻结技术。

如图 5-5-12 所示，假如试样打击端为高 2mm、直径 6mm 的圆柱，如果加工一个内径 6mm、外径 13mm 的圆环柱 (高度低于打击端的高度) 套在试样的打击端圆柱上，那么当试样发生冲击压缩变形时，输入杆、透射杆会挤压试样使之发生受迫剪切。当输入杆与圆环柱的端面接触时，试样将不再发生剪切变形而是平面挤压，从而起到中止剪切变形的作用。这一圆环柱称为中止环 (stopper ring)。通过调整中止环的高度，就可以在不同的剪切应变下实现剪切中止，也就实现了“应变冻结”。

对于帽形剪切实验，剪切应力与剪切应变的分析方法与压缩实验类似。同样利用式 (5-5-2) 得到接触界面 1 和 2 的质点速度，因此剪切应变率与剪切应力可以由式 (5-5-10) 计算:

$$\left\{\begin{aligned}\dot{\gamma}&=\frac{v_1-v_2}{(d_\mathrm{I}-d_\mathrm{O})/2}=-\frac{4C_\mathrm{b}}{d_\mathrm{I}-d_\mathrm{O}}\varepsilon_\mathrm{R}\\ \tau&=\frac{E_\mathrm{b}A_\mathrm{b}}{\pi d_\mathrm{I}\left(h_\mathrm{O}-h_\mathrm{I}\right)}\varepsilon_\mathrm{T}(t)\end{aligned}\right. \tag{5-5-10}$$

其中，d_I 为内圆孔直径，d_O 为试样打击端圆柱外径，h_I 为试样内孔深度，h_O 为试样最大直径部分圆柱的高度。

5.5.4 轻气炮实验

1. 方法概述

Hopkinson 压杆实验的应变率范围在 $10^2\sim10^4\mathrm{s}^{-1}$，如果需要研究更高应变率下材料与结构的冲击行为，必须应用具有更大冲击速率的实验装置。轻气炮 (light gas gun) 是常用的高速冲击实验装置，其利用压缩气体破膜产生的激波驱动弹丸高速运动并冲击目标物，可以研究高达 $10^6\mathrm{s}^{-1}$ 量级应变率条件下的材料或结构的变形与破坏行为。轻气炮根据驱动段的级数分为一级轻气炮和二级轻气炮，二级轻气炮具有比一级轻气炮更大的驱动能力，可以提供高达每秒几公里的冲击速度。

这里要说明的是，轻气指的是氢、氦等原子量较小的气体，原子量越小，气体膨胀所能达到的速率越高。在实际中如果速率要求不高，也可使用空气或氮气。

2. 实验装置与试样

轻气炮设备的基本结构包括高压气室、金属膜片、炮管、弹丸、靶板、真空泵、回收室等。图 5-5-13 给出了中国科学院力学研究所的一级轻气炮具体结构示意图与实物图。实验时将弹丸装入炮管，安装好高压气室与炮管之间的金属膜片；封闭后开真空泵将炮管抽成真空；增加高压气室的气体压力，当压力大于破膜压力时金属膜片破裂，高压气体高速冲出，推动弹丸沿炮管高速撞击靶板。

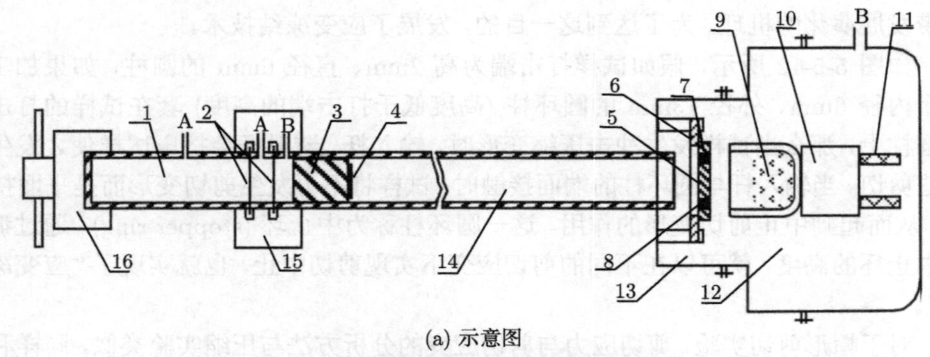

(a) 示意图

(b) 实物图

图 5-5-13　一级轻气炮实验系统示意图与实物照片

1. 蓄气管；2. 膜片；3. 弹托；4. 飞板；5. 靶板；6. 靶架；7. 靶环；8. 环氧树脂；9. 捕收筒；10. 重块；11. 液压弹簧；12. 膨胀腔；13. 靶箱；14. 炮膛；15. 击发机构；16. 尾架；A. 充气孔；B. 抽气孔

轻气炮实验通常采集的是试样的速度、力或变形信息，由于轻气炮实验的过程在极短时间内 (微秒量级) 就完成，所以对于测量所用的传感器以及采集系统均要求具有高的响应频率，并保证高的同步性。

结构的高速冲击实验的试样通常是结构本身或其缩比件。如果是研究材料的特性，通常进行的是平板撞击实验。平板撞击可以是垂直撞击，也可以是倾斜撞击。后者也称为高应变率压–剪 (high strain rate pressure-shear，HSRPS) 平板撞击。

如图 5-5-14(a) 所示，压–剪平板撞击实验的弹丸是在弹托上固定一个倾斜放置的飞板，实验材料的试样为一平整的薄板 (厚度在 100μm 量级)，牢固地粘贴在飞板的前面。靶板通常采用与飞板相同的材料，并且保证声阻抗大于试样材料的声阻抗。靶板采用同样的倾角安装在靶架上，以保证冲击时试样表面各点同时接触靶板。通过测量飞板撞击速度、靶板背面的切向速度以及试样倾斜角度，可以分析确定出试样材料在高静水压力作用下和高剪切应变率条件下的剪应力–剪应变曲线。

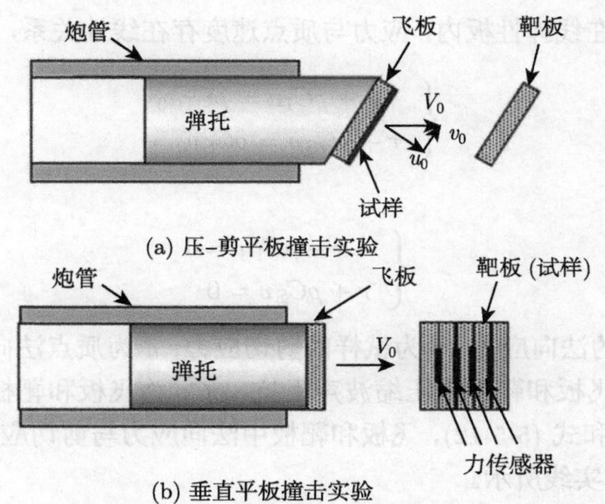

图 5-5-14 平板撞击实验示意图

除了压–剪平板撞击实验，也可以通过垂直平板撞击实验利用 Lagrange 分析方法来获得材料在高应变率下的应力–应变曲线。如图 5-5-14(b) 所示，靶板由实验材料制成，将多层靶板叠在一起，靶板间装有力传感器，从而可以在冲击过程中记录在不同厚度靶板处的应力波形，利用这些应力波形可以计算获得材料在高速冲击下的应力–应变曲线。

平板撞击实验时，飞板与靶板的直径要远大于厚度，所以二者的冲击过程可以等效为一维应变加载。这一点是与杆撞击实验的重要区别。

3. 实验数据的处理

1) 压–剪平板撞击实验的数据处理

如图 5-5-14(a) 所示，实验材料的试样为一均匀厚度的薄板 (100μm 量级厚度)，粘贴在硬的飞板上，飞板又固定在弹托上。飞板与靶板均与冲击方向成相同倾斜角度布置。当飞板以速度 V_0 冲击靶板时，冲击速度可以分解为法向分量 $u_0 = V_0 \cos\theta$ 和切向分量 $v_0 = V_0 \sin\theta$，这里 θ 是板的法向与冲击方向的夹角。

冲击过程中，法向的压缩波将以 $C_{\rm I}$ 波速、切向的剪切波将以 $C_{\rm S}$ 波速在飞板与靶板内传播。这些波在试样内来回反射导致试样材料处于一个法向应力与剪应力作用下。试样材料所承受的应力水平信息由法向波与剪切波一直传递到靶板内。由于靶板保持弹性，所以靶板中应力与质点速度之间存在线性关系。因此，通过测量靶板法向与切向的质点速率就可以推导出试样内的应力状态与变形。

这里飞板与靶板的材料相同，且设计让其阻抗高于试样材料的阻抗，那么轴向波与切向波会在试样内来回反射。通过图 5-5-15 可以清楚地看到试样内部应力的

发展过程。注意在线弹性板内，应力与质点速度存在线性关系，对于飞板，有

$$\begin{cases}-\sigma+\rho C_{\mathrm{I}}u=\rho C_{\mathrm{I}}u_0\\ \tau+\rho C_{\mathrm{S}}v=\rho C_{\mathrm{S}}v_0\end{cases}\tag{5-5-11}$$

对于靶板，有

$$\begin{cases}-\sigma+\rho C_{\mathrm{I}}u=0\\ \tau+\rho C_{\mathrm{S}}v=0\end{cases}\tag{5-5-12}$$

其中，σ 为试样的法向应力，τ 为试样的剪切应力，u 为质点法向速度，v 为质点切向速度，ρC_{I} 为飞板和靶板的压缩波声阻抗，ρC_{S} 为飞板和靶板的剪切波声阻抗。根据式 (5-5-11) 和式 (5-5-12)，飞板和靶板中法向应力与剪切应力随着质点速度的变化如图 5-5-15 实线所示。

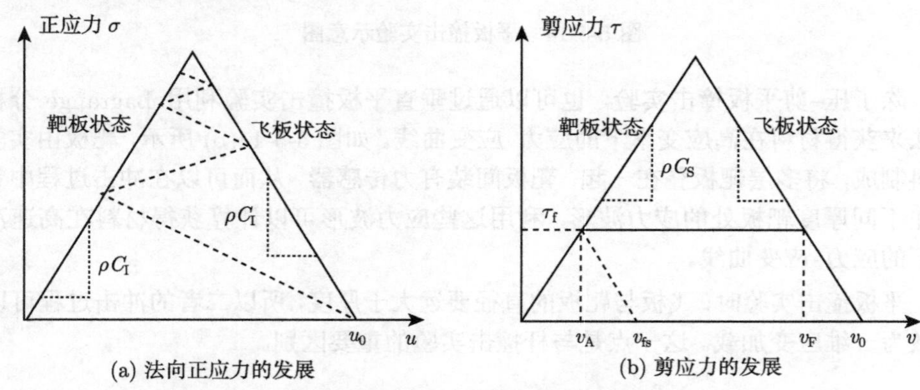

(a) 法向正应力的发展　　(b) 剪应力的发展

图 5-5-15　高应变率压–剪平板撞击实验的特性图[41]

试样中的法向应力状态如图 5-5-15(a) 虚线所示。在连续沿法向压缩时会产生体积改变。由于固体只能有限压缩，所以最终达到一个平衡体积，即图中三角形的顶点。此时对应于试样中法向最大载荷：

$$\sigma_{\mathrm{eqm}}\approx\frac{1}{2}\rho C_{\mathrm{I}}V_0\cos\theta\tag{5-5-13}$$

平衡状态下，试样中静水压力可以近似等于法向压缩应力 (注意试样两表面之间的速度差是连续减小的，所以法向应变率是初始时高而趋于零)。

如图 5-5-15(b) 所示，随着剪应力波在试样内部来回反射，剪应力将连续增加直到达到材料的流动应力 τ_{f}。此时，靶板的质点速度为 v_{A}，飞板的质点速度为 v_{F}，这样将在试样两侧维持一个剪切速率差，从而计算出试样的剪切应变率如下：

$$\dot{\gamma}=\frac{V_0\sin\theta-v_{\mathrm{fs}}}{h}\tag{5-5-14}$$

其中，h 为试样的厚度，v_{fs} 为从靶板背面测量的切向自由面的质点速度。

进一步对时间积分可以计算试样的剪切应变：

$$\gamma(t)=\int_0^t \dot{\gamma}(\tau)\,\mathrm{d}\tau \tag{5-5-15}$$

对应的试样中的剪应力则利用切向质点速度计算如下：

$$\tau(t)=\rho C_{\mathrm{S}} v_{\mathrm{A}}=\frac{1}{2}\rho C_{\mathrm{S}} v_{\mathrm{fs}}(t) \tag{5-5-16}$$

由式 (5-5-15) 和式 (5-5-16) 即可得到压–剪冲击条件下试样的剪应力–剪应变曲线。此时，实验基本处在一个基本常剪切速率下，同时叠加了一个高的静水应力(可以高达 10GPa)。在与其他方法获得的结果对比时，要注意本方法叠加的高静水应力的影响。实际上，尽管对金属材料而言，静水应力对流动应力的效果与应变率效应相比可忽略不计，但对于高分子材料或玻璃材料，静水应力的作用是重要的[41]。

2) 垂直平板撞击实验的数据处理 (Lagrange 分析方法)[42]

如图 5-5-14(b) 所示，将靶板材料叠层放置到位，每层靶板之间安装压阻传感器用于记录应力波形。当飞板高速冲击到靶板表面后，应力波向靶板内部传播，位于不同深度 h 的压阻传感器依次记录下应力–时间曲线，如图 5-5-16 所示。这些应力波曲线在 h-t-σ 空间内形成曲面，将每条应力–时间曲线中同相位的点连接起来就形成路径线。

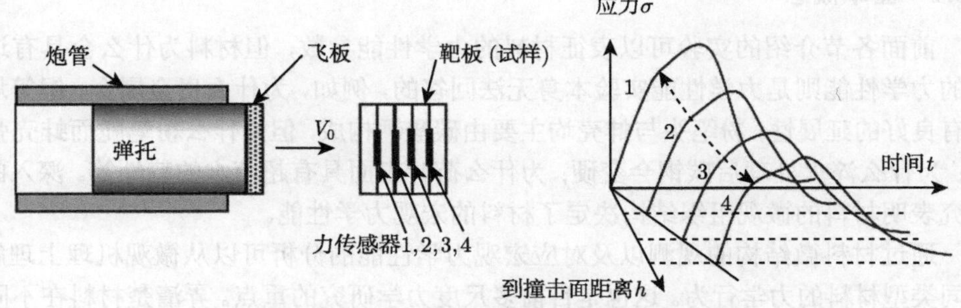

图 5-5-16 轻气炮实验测量系统与路径线示意图

在一维应变条件下，靶板材料满足如下方程：

$$\begin{cases}\left(\dfrac{\partial\varepsilon}{\partial t}\right)_h+\left(\dfrac{\partial\varepsilon}{\partial h}\right)_t=0\Rightarrow\varepsilon_2=\varepsilon_1-\displaystyle\int_{t_1}^{t_2}\left(\dfrac{\partial v}{\partial h}\right)_t\mathrm{d}t\ (\text{质量守恒})\\ \left(\dfrac{\partial v}{\partial t}\right)_h+\dfrac{1}{\rho}\left(\dfrac{\partial\sigma}{\partial h}\right)_t=0\Rightarrow v_2=v_1-\dfrac{1}{\rho}\displaystyle\int_{t_1}^{t_2}\left(\dfrac{\partial\sigma}{\partial h}\right)_t\mathrm{d}t\ (\text{动量守恒})\\ \left(\dfrac{\partial E}{\partial t}\right)_h+\dfrac{\sigma}{\rho}\left(\dfrac{\partial v}{\partial h}\right)_t=0\Rightarrow E_2=E_1-\dfrac{1}{\rho}\displaystyle\int_{t_1}^{t_2}\sigma\left(\dfrac{\partial v}{\partial h}\right)_t\mathrm{d}t\ (\text{能量守恒})\end{cases} \tag{5-5-17}$$

其中，v 为质点速度，ε 为体应变，t 为时间，h 为 Lagrange 空间坐标，E 为比内能，ρ 为材料初始密度，σ 为应力。

对于任何一个二元函数 $\varphi(h,t)$，其偏导数可以写为

$$\left(\frac{\partial\varphi}{\partial h}\right)_t=\frac{\mathrm{d}\varphi}{\mathrm{d}h}-\left(\frac{\partial\varphi}{\partial t}\right)_h\frac{\mathrm{d}t}{\mathrm{d}h}\tag{5-5-18}$$

因此，以应力函数为例，沿路径线可以获得任一 (h,t) 对应的全微分 $\mathrm{d}\sigma/\mathrm{d}h$，沿任一位置的应力–时间曲线进行微分可获得 $(\partial\sigma/\partial t)_h$，路径线的方向导数就是 $\mathrm{d}t/\mathrm{d}h$。因此，由式 (5-5-18) 的动量守恒方程可以计算出式 (5-5-17) 中的速度场，进而由速度场根据质量守恒定律计算出应变场。

5.5.5　动态力学测试实验小结

本节介绍了动态力学测试实验的基本概念，并根据冲击速度从低到高分别介绍了摆锤、落锤实验装置与方法，Hopkinson 压杆冲击实验方法，轻气炮冲击实验方法。对每一种实验方法均介绍了相关的实验装置、试样以及实验采集的数据与数据处理方法。特别介绍了利用摆锤冲击测试材料的韧脆转变温度曲线，以及利用 Hopkinson 压杆对帽形剪切试样进行剪切带研究的实验和应变冻结技术。

5.6　材料微结构表征

5.6.1　基本概念

前面各节介绍的实验可以表征材料的力学性能参数，但材料为什么会具有这样的力学性能则是力学性能实验本身无法回答的，例如，为什么贵金属金、银等均具有良好的延展性；粉笔头与蚌壳均主要由碳酸钙构成，但为什么粉笔脆而蚌壳强韧；为什么淬火处理后碳钢会变硬；为什么荷叶表面具有超疏水的特性等。深入的研究表明材料的微观组织结构决定了材料的宏观力学性能。

通过材料微结构的观测以及对应宏观力学性能的分析可以从微观机理上理解不同类型材料的力学行为。这也是目前多尺度力学研究的重点。弄清楚材料在不同尺度变形、损伤与破坏的机理，就可能在未来的应用中对材料从多尺度进行主动的微结构设计，从而提高材料的力学性能。

广义而言，微结构表征包括化学成分、晶体结构、显微组织、表面形貌。化学成分主要指试样的化学元素组成与空间分布；晶体结构指试样中晶格类型与织构等；显微组织指试样中不同相或晶粒的形状、尺寸及分布等；表面形貌指试样表面的粗糙度、纹理等特征。

由于表征的内容不同，要针对具体情况选择合适的表征方法。下面介绍材料微结构表征常用的仪器与技术。

5.6.2 微结构表征方法与仪器的选用

图 5-6-1 给出了一些微结构表征常用分析仪器的照片。表 5-6-1 列出了分析仪器的工作原理、分辨率、表征参数和可采用的试样，实验者可根据研究内容选取合适的表征方法与仪器。

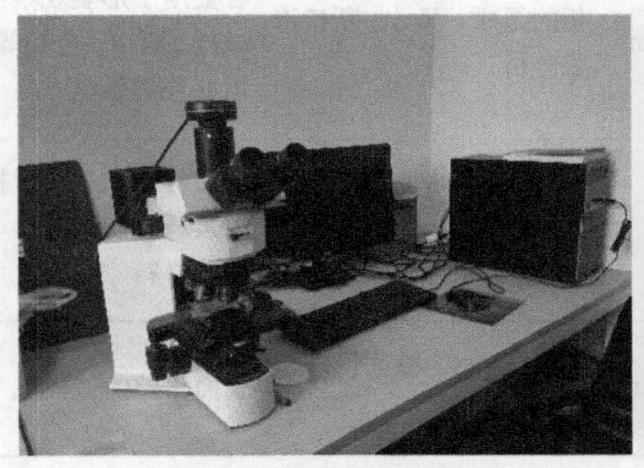

(a) 光学显微镜

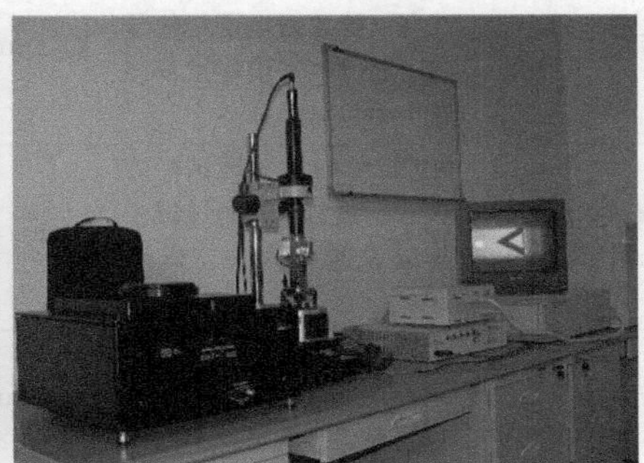

(b) 扫描探针显微镜

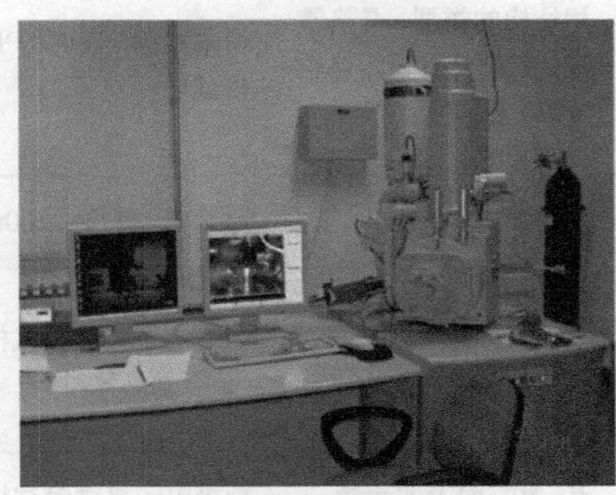

(c) 扫描电子显微镜

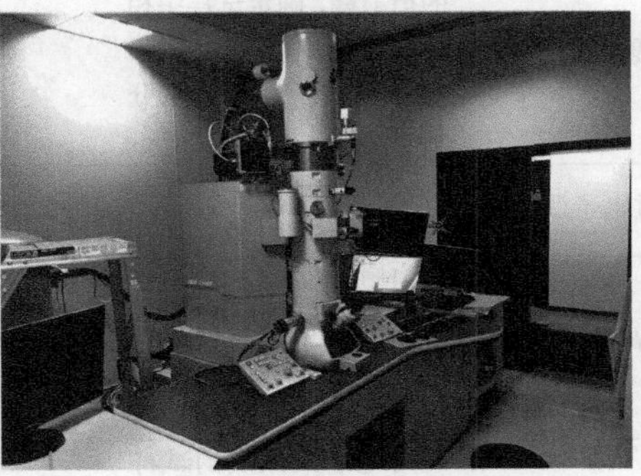

(d) 透射电子显微镜

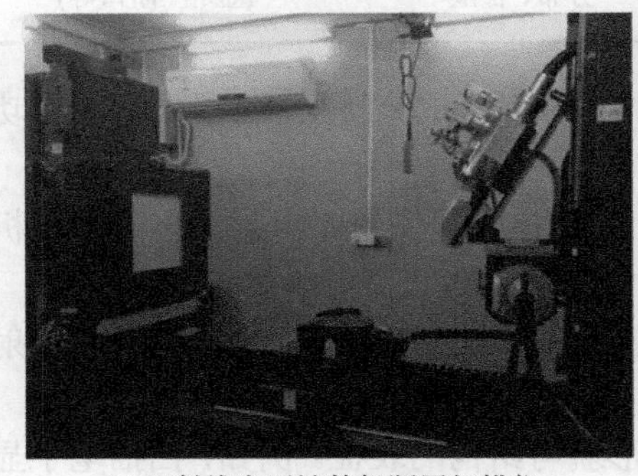

(e) X射线电子计算机断层扫描仪

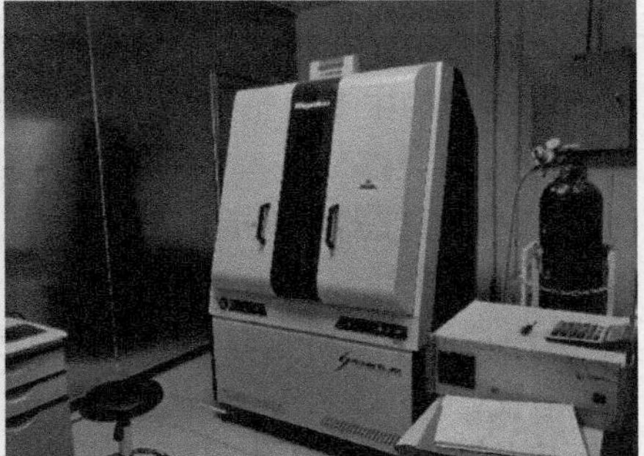

(f) X射线衍射仪

图 5-6-1 微结构表征常用仪器

表 5-6-1　常用分析仪器的工作原理与特征

仪器	工作原理	分辨率	表征参数	可采用的试样
光学显微镜	利用可见光照射试样表面，通过透镜组实现对试样表面的放大观察	μm	相的组成、体积分数、尺寸、形貌、晶粒尺寸	金相试样、岩石切片、生物试样
扫描电子显微镜	利用电子束激发的二次电子、背散射电子为信号源，通过电子束在试样表面扫描成像	约 1nm	相的组成、尺寸、断口形貌分析	各类用于形貌观察的试样 (断口、金相等)，需要表面导电
X 射线电子计算机断层扫描仪	利用 X 射线穿透试样的吸收衬度成像，通过试样旋转来重构内部三维形貌	μm	相的组成、体积分数、尺寸、形貌	各类材料或结构试样，尤其适合复合材料、多孔材料
扫描探针显微镜	利用探针在试样表面扫描，通过收集电、力、磁等信号成像	约 0.1nm	形貌、尺寸、微区物理性能	表面平整的试样
X 射线衍射仪	利用多晶试样的 X 射线的衍射峰，确定试样中相的类型与晶格常数；根据衍射峰面积确定体积分数		相结构的类型、晶格常数、定量分析相的体积分数、织构	粉末试样、表面的平整试样
透射电子显微镜	利用高能电子束穿透薄试样产生衍射衬度像	0.1nm	相的结构、形貌	薄试样 (厚度<200nm)
电子背散射衍射仪	利用倾斜 70° 扫描电子显微镜试样的背散射衍射所形成的菊池花样，分析晶体结构与空间取向	约 20nm	相的组成、体积分数、尺寸、织构、晶界	扫描电子显微镜试样 (必须是晶体材料)
能谱仪	利用电子束激发的试样表面元素的特征 X 射线，分析元素的种类与含量	μm	点、线、面上的元素分布、含量	扫描电子显微镜试样 (金相、断口等)

材料的微结构主要包括形貌特征、微结构和微区成分特征，可以根据主要功能将仪器分为两大类：

(1) 形貌表征仪器，包括光学显微镜、扫描电子显微镜、X 射线电子计算机断层扫描仪、扫描探针显微镜。

(2) 结构与成分分析仪器，包括 X 射线衍射仪、透射电子显微镜、电子背散射衍射仪、能谱仪。

实际应用中，有些仪器也可同时进行形貌与结构的表征。例如，扫描电子显微镜主要用于形貌观察，但结合电子背散射衍射附件，可以对试样的晶体相类型与取向进行分析；透射电子显微镜可以观察形貌，也可通过选区衍射获得对应微区的晶体结构与取向。

5.6.3 微结构表征试样

根据不同的实验目的，可以对试样进行如下分类。

1. 金相试样

金相试样用于金属材料内部显微组织的观测。这里的“相”(phase) 指的是材料内部物理性质与化学性质完全相同的区域，也可以说晶体结构与化学成分决定了“相”。如果材料由单一相组成，则称为“单相”材料，否则称为“多相”或“复相”材料。例如，304 不锈钢是由面心立方晶格 (FCC) 结构的奥氏体构成的单相材料，而 Ti6Al4V 这样的钛合金，则是由六方结构的 α 相和体心结构的 β 相构成的双相合金。材料显微组织的不同，常常会带来宏观力学行为的差异。因此，利用金相试样开展材料显微组织的观测，是研究材料力学性能微观机理的重要方法，也是最常用的方法。

金相试样的制备过程包括切割—镶嵌—磨光—抛光—腐蚀。

(1) 切割。切割是指从大块材料上切取小块显微分析用材料。金相分析通常观察的范围很小，所以只需切取很少的材料即可。通常金相试样尺寸控制在 20mm 以内。需要注意的是试样的切取方向，许多材料的显微组织在三维方向上具有不同的特征，如轧制的钢板、拉拔的金属丝、等通道角挤压 (ECAP) 处理的金属块，由于大的塑性变形而导致显微组织沿变形方向而拉长；又如定向凝固的合金，晶粒沿温度梯度而生长导致晶粒形状为长条状。因此，要对这类材料进行完整的表征，需要从不同方向进行观测。切割的方法包括机械切割、火焰切割、水切割、激光切割等。不同的切割方式会带来不同的切割面粗糙度、残余应力、变形层等，这些因素可能会对后续金相观察带来干扰，需要引起注意。

(2) 镶嵌。对于小尺寸的金属材料，为方便进行后续的磨光与抛光操作，通常需要进行镶嵌处理。镶嵌的方法包括热镶嵌和冷镶嵌，镶嵌后的试样如图 5-6-2 所示。

图 5-6-2 镶嵌后的金相试样

热镶嵌是利用热固性或热塑性塑料粉包裹小试样，在温度范围为 120~180℃的模具中固化成形而完成的镶嵌 (图 5-6-3(a))。冷镶嵌则是利用环氧树脂与固化剂在室温环境下完成对试样的镶嵌。由于热镶嵌存在相对较高的温度环境，所以对于热稳定性差的试样，要注意选择镶嵌方法。

(a) 热镶嵌样机

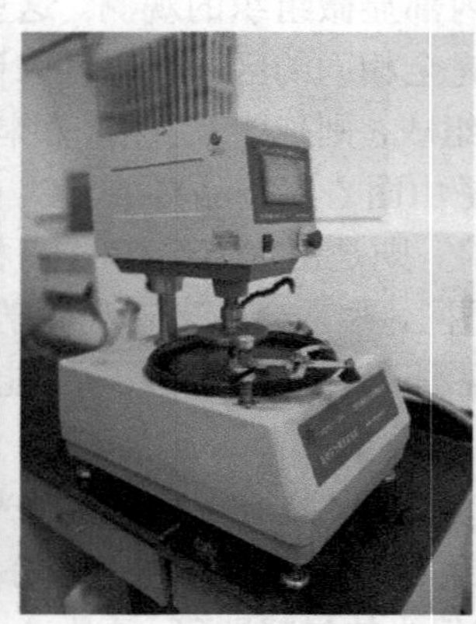
(b) 自动磨抛机

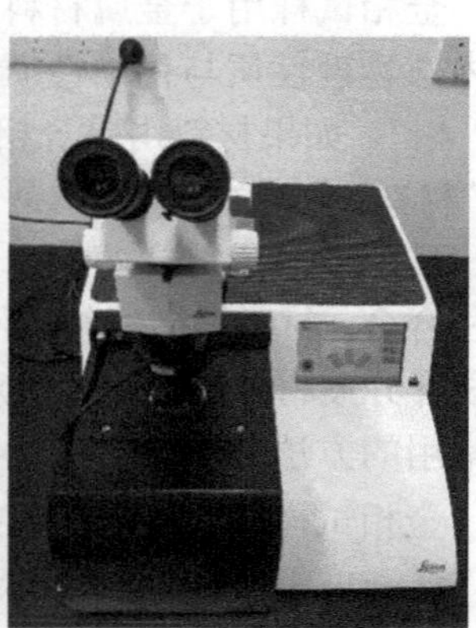
(c) 截面离子抛光机

图 5-6-3 金相制样设备

(3) 磨光。磨光是利用金相砂纸磨削试样表面使之平整，消除机械切割等粗加工痕迹与影响层。磨光过程需要用到不同粒度的砂纸，常用的编号有 150#、300#、400#、600#、1000# 等，编号越大砂纸上的磨粒尺寸越小。一般而言，根据切割后试样表面粗糙度来选择第一道砂纸。磨平后清洗试样再换颗粒更细的砂纸，如此重复直到 1000# 或以上的砂纸，这样就完成了机械磨光的操作。从手工磨光技术上，通常在打磨时应沿同一方向均匀用力，中途不宜更换方向，否则容易磨出两个面。每换一道砂纸，要清洗试样和砂纸，并使新的打磨方向基本与上一道砂纸的打磨方向垂直，这样有利于肉眼观察判断是否已经完全消除上一道砂纸的打磨痕迹。打磨过程通常需要加冷却水，尤其是在自动磨抛机 (图 5-6-3(b)) 上进行高速打磨时，可以避免试样磨削面温度过高。

(4) 抛光。抛光技术主要包括机械抛光与电化学抛光两类。机械抛光是金相制样的常规方法，主要是利用抛光织物与抛光颗粒 (金刚石、刚玉或二氧化硅颗粒) 去除试样表面磨光过程的划痕以及亚表面的残余变形层。抛光织物通常是各种不同纤维长度的绒布，可根据抛光试样的情况具体选择。使用时将抛光织物牢固地固定在机械抛光盘上。然后，将抛光膏抹在抛光织物上或将自喷抛光剂喷在抛光织物上。抛光操作时，机械抛光盘会高速旋转，这时将金相试样的抛光面轻轻地接触抛光织物，织物表面附着的抛光颗粒就可以对金相试样表面进行抛光。机械抛光过程也常常需要少量的冷却水或酒精进行冷却或润滑。电化学抛光利用的是金属材料在电解池中阳极溶解的原理，将要抛光的材料作为电解池的阳极，其他耐蚀材料(如不锈钢、石墨) 为电解池的阴极，加入配好的电解抛光液，在一定的温度环境下对电解池的电极之间施加一定范围的直流电压，此时阳极材料将与电解抛光液发生电化学反应，使得微区凸起的部分更快溶解，最终在试样表面形成一个光滑的表面。具体的电化学抛光工艺需要根据待抛光材料的成分来确定，一般而言，对于单相合金，由于其电化学性质均匀，所以较适合采用电解抛光的方式。电解抛光能较好地消除试样表面的残余变形，因此对于后续要开展纳米压痕测试或电子背散射衍射测试的试样，选择电化学抛光方法更为合理。

除了机械抛光与电化学抛光技术，近年来也发展了利用氩离子轰击试样表面而达到抛光效果的氩离子抛光技术 (图 5-6-3(c))，可以很好地消除试样表面变形层和氧化层。

(5) 腐蚀。抛光后的试样表面为平整的镜面，要显示材料微观结构的特征，一般采用化学或电化学腐蚀的方法。由于显微组织中不同的“相”的化学性质不同，其耐化学腐蚀的能力是不同的。因此，将抛光后试样浸入腐蚀液中一定时间，不同的“相”由于腐蚀速率不同而显示出起伏的形貌，从而在显微镜中可以被观测。由于材料的化学成分、晶体结构的差异，对于不同种类的材料要选择合适的腐蚀液。需要注意的是，由于腐蚀液可能存在危害，操作者应提前了解其特性并做好防护。

金相试样的观察仪器主要是各类显微镜：光学显微镜、扫描电子显微镜、扫描探针显微镜等。其中光学显微镜是使用率最高的金相分析设备。图 5-6-4 给出了两种材料显微组织的光学显微照片，图 5-6-4(a) 为双相钛合金，可以观察到白色等轴的初生六方 α 相，灰色区域为次生的六方 α 相以及体心立方 β 相片层结构；图 5-6-4(b) 为中碳钢典型的铁素体与珠光体组织，其中体心立方的 α 铁素体为白

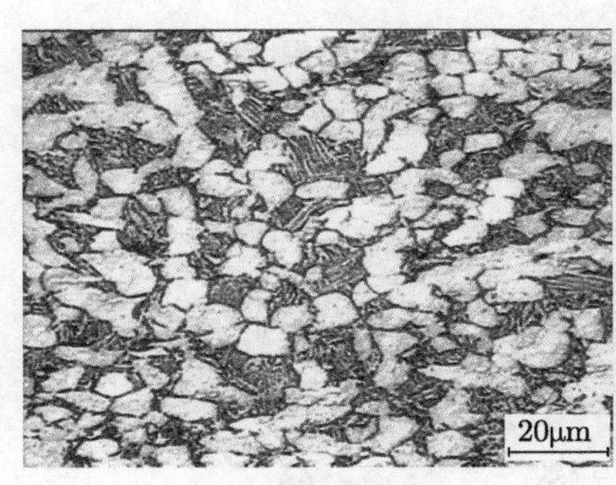

(a) Ti6A14V

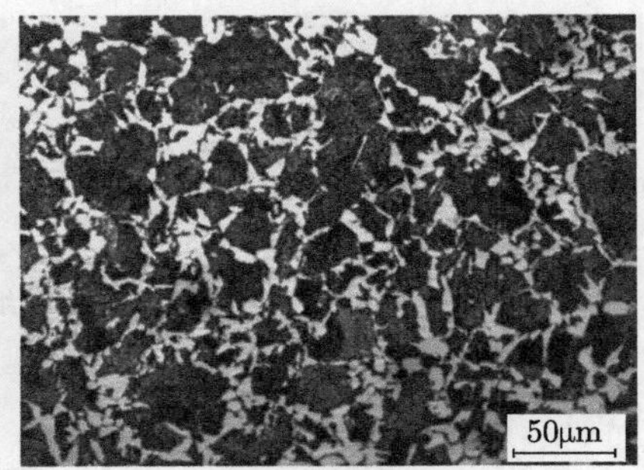

(b) S38C 车轴钢

图 5-6-4 金相照片示例

色，分布在原奥氏体晶界附近，而珠光体组织为 α 铁素体与 Fe_3C 形成片层结构。利用图像分析软件，可以进一步对金相照片中观察到的各种相进行定量分析，给出材料显微组织中相的体积分数、晶粒尺寸等微观参数。

2. *原始表面试样*

原始表面试样用于各种金属、岩石及生物的表面形貌观测，主要的观察仪器有光学显微镜、扫描电子显微镜、原子力显微镜等。试样无须特殊制备，要求保持试样的原始表面，不能有损伤。

在实际问题中，有时会遇到难以直接对原始表面进行观测的情况。例如，在疲劳实验过程中对微裂纹进行原位观测的情况，直接进行观测需要架设光学显微平台并在中途停机时进行拍照，但通常其放大倍率不高。而另一种方式是中途取下试样，再将疲劳试样放到扫描电子显微镜下观测。这虽然满足了分辨率的要求，但需要在两台设备来回切换，协调困难且存在损伤试样的风险。因此，可以考虑采用“复形”的方法来获取试样的表面形貌，即在中途用复形方法不断将试样的表面形貌保存下来，疲劳实验结束后通过对不同时间制备的复形试样的观测来获得试样表面随疲劳周次的演化规律。

这里的“复形”方法就是将试样的表面形貌转移到复形材料表面的方法，从而通过观测复形的表面轮廓而获得试样表面轮廓的参数。常用的复形材料包括 AC 纸、各类树脂材料等。AC 纸全称乙酸纤维纸，可以溶解于丙酮。如图 5-6-5 所示，操作时先根据复形表面的大小剪取一定尺寸的 AC 纸，然后在 AC 纸一面滴上少量丙酮。再将此面覆盖在要观测的试样表面上并适当按压以保证处于溶解状态的 AC 纸与表面紧密贴合。待丙酮挥发、AC 纸干透后轻轻从试样表面揭下，则与试样表面贴合面就可以将试样的表面形貌完整地保留下来。最终对 AC 纸的接触面进行镀膜 (可以是金属膜或 C 膜)，从而完成复形表面试样的制备。

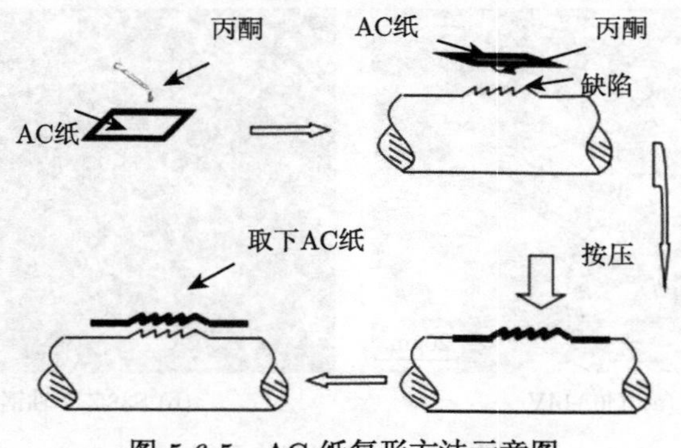

图 5-6-5 AC 纸复形方法示意图

AC 纸复形通常用于 100μm 以下表面形貌的观测，对于更大尺寸的形貌，如零件试样深度达 0.1mm 以上的擦划缺陷，则由于 AC 纸本身刚度不足会导致表面轮廓变形。此时可以考虑采用树脂类材料进行复形，图 5-6-6 示意给出了操作过程。这类材料与冷镶嵌所用的镶嵌材料是同一类材料，为了防止树脂流淌，需要在复形位置准备一个小模具以限制树脂的流动。不管是哪种复形方法，都要求在复形操作前仔细清洁试样表面，以免带入灰尘与油污，影响最终测量结果。

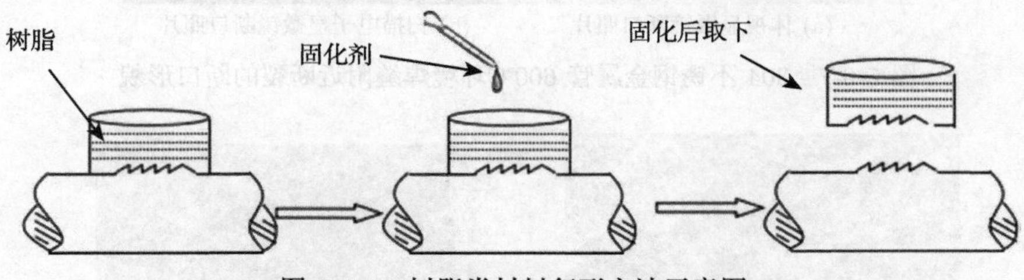

图 5-6-6 树脂类材料复形方法示意图

3. 断口试样

断口试样是研究试样断裂机理与失效分析中常见的试样形式。断口试样一般由断裂面直接切取，在这一过程中要注意保护断口，不要被碰撞、切割物附着、腐蚀等导致断面的形貌与成分改变。取下的“新鲜”断口试样要尽快完成实验观察，否则应妥善保存，避免保存时间过长而发生断口改变。

由于断裂表面粗糙度较大，传统的光学金相显微镜由于景深浅而难以使用，只有体视显微镜通过较大的景深而满足断口分析的要求，但分辨率通常不高。扫描电子显微镜由于大的景深、连续可调的放大倍数、多种成像的信号 (二次电子、背散射电子以及特征 X 射线)，不仅可用于形貌观察、测量，还可用于元素分析，因此成为断口分析最常用的仪器。图 5-6-7(a) 和 (b) 给出了体视显微镜与扫描电子显微镜对同一类型金属管断口所拍摄的照片。体视显微镜可以给出断口的颜色信息，这对于存在高温氧化或化学腐蚀断口分析非常有利。扫描电子显微镜则由于大的景深，保证了凹凸不平的断面的清晰成像。

断口保留了断裂过程裂纹起源与扩展的信息，因此断口观察可以从微观对断裂的机制提供物理解释。图 5-6-8 给出了几种典型的金属断口形貌照片。沿晶、穿晶断裂均为脆性断裂特征，表明断裂过程基本没有塑性变形。沿晶断裂说明晶界区域相比晶内要更薄弱。韧窝断口则通常表明在断裂过程中存在较大的塑性变形。对于疲劳断口，可以清晰地观察到裂纹起源与扩展的整个过程，明确起源点与材料表面或内部缺陷的关系。

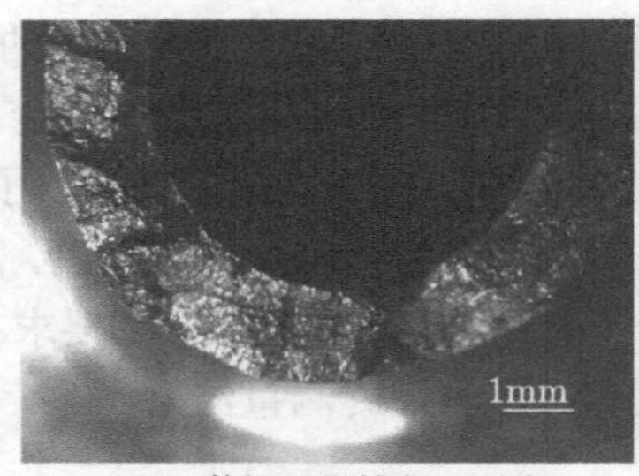

(a) 体视显微镜断口照片

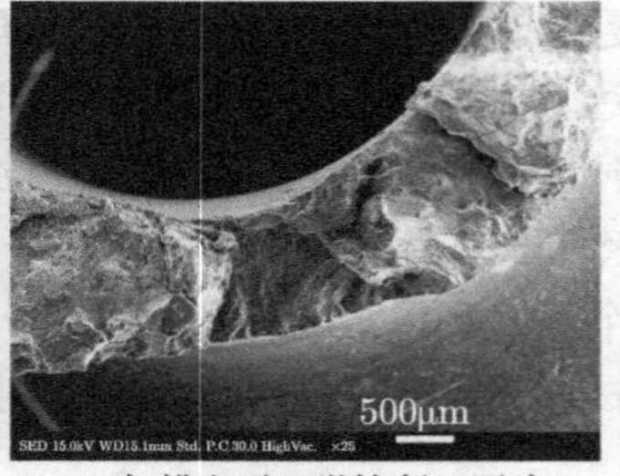

(b) 扫描电子显微镜断口照片

图 5-6-7　304 不锈钢金属管 600℃环境焊缝附近断裂的断口形貌

(a) GCr15试样沿晶、穿晶混合断口

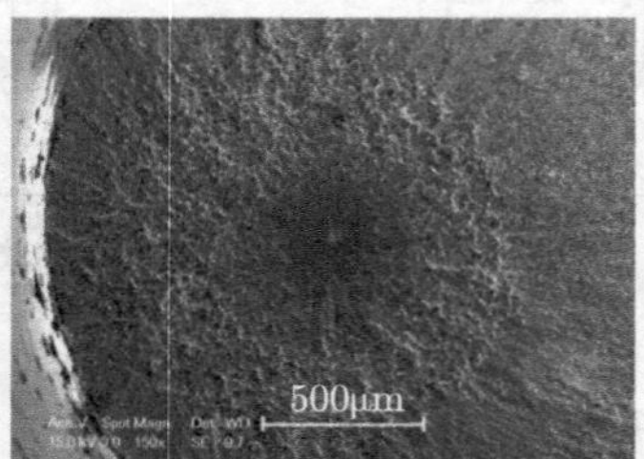

(b) GCr15低温回火试样疲劳断口

(c) CoCrNi中熵合金韧窝断口

(d) 电解沉积纳米镍400℃退火拉伸沿晶断口

图 5-6-8　几种典型的金属断口形貌

4. 透射电子显微镜试样

透射电子显微镜试样通常要求观察区域厚度小于 200nm，以保证电子束可以穿透试样成像，为此需要专门的制样技术与设备。以金属试样为例，通常在观察位置切割金属薄片，通过机械打磨制成 50μm 左右厚度的金属箔，再用 ϕ3mm 的冲样机 (图 5-6-9(a)) 将金属箔冲成 ϕ3mm 的金属圆片。最后通过电解双喷减薄仪 (图 5-6-9(b)) 将试样制成最终的透射电子显微镜试样，或是通过凹坑仪进一步机械减薄后采用离子减薄仪 (图 5-6-9(c)) 制成最终的透射电子显微镜试样。如果希望对特定区域制备透射电子显微镜试样，则必须利用聚焦离子束等设备以直接定点切割所需的透射电子显微镜试样。

(a) 冲样机

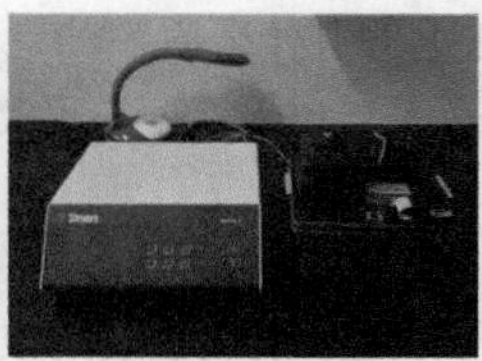
(b) 电解双喷减薄仪

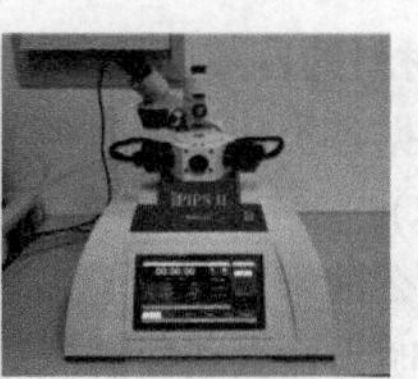
(c) 离子减薄仪

图 5-6-9　透射电子显微镜制样设备

5.7　本章小结

本章系统地介绍了关于材料力学性能测试的各类方法，主要包括准静态力学性能实验、硬度实验、材料的断裂韧性实验、疲劳实验、高速加载实验等，并简单介绍了微纳米力学实验。除了各类实验方法的基本原理，还介绍了实验设备与试样，以及数据采集与分析方法。此外，本章特别介绍了材料微结构表征的方法、仪器以及相关试样的制备。通过对本章内容的学习，可以系统地掌握目前材料力学性能测试的主要方法，为固体材料力学性能表征和变形损伤机理研究打下实验基础。

由于涉及的测试方法较多，限于篇幅，本章并未对各类方法的理论基础进行深入讨论，感兴趣的读者可以参考相关的专著。对于固体材料力学性能实验方法，已经颁布了大量的国家标准，在开展相关实验时，应该仔细阅读国家标准，并尽量按照标准中的技术条款来进行实验，这样有利于数据的标准化。

思考题及习题

1. 对某金属材料轧制板材分别进行 200℃、400℃、600℃的退火处理，然后分别取轧制方向与横向进行拉伸实验，以研究退火温度对这两个方向拉伸强度的影响。请尝试进行试样编号。

2. 对于各向异性材料，应如何取样以表征其微结构？

3. 电子背散射衍射技术测量晶粒尺寸的原理是什么？

4. 请说明扫描电子显微镜的能谱仪测量微区元素含量的基本原理是什么？

5. 泡沫金属材料内部存在大量的孔洞，这一微结构特征对其力学性能有着重要的影响，请问有哪些方法可以用于孔洞孔隙率、形状、尺寸的统计测量？

6. 壁虎、苍蝇等生物可以黏附在垂直的固体表面，这与其微观形貌密切相关，请选择合适的方法对这类试样进行观察，并说明原因。

7. 某金属材料强度约为 500MPa，原材料为直径 8mm 的棒材，通过拉伸实验来测量材料的杨氏模量。请设计拉伸试样的形状和尺寸，并选择合适载荷量程的材料试验机、合适量程的引伸计。

8. 如何根据材料试验机的横梁速度估算拉伸试样的应变率？

9. 金属材料的压痕硬度与强度之间有什么关系？

10. 请根据各类压头的几何关系推导压入深度与压痕尺寸的比例关系 (这里假定材料无挤入与挤出现象)。

11. 为什么纳米压痕实验多选择三棱锥的 Berkovich 压头？

12. 请说明为什么断裂韧性测试实验试样需要利用疲劳载荷来预制裂纹，在预制裂纹过程中，对疲劳载荷有什么要求？

13. 请说明断裂韧性试样开侧槽的主要作用是什么。

14. 某零件中发现存在一个裂纹，请思考如何评估这一裂纹的安全性。若零件受循环载荷作用，请问如何评估其疲劳寿命。

15. 对车轴钢进行 10^9 次疲劳加载实验，请问使用频率 50Hz 的旋转弯曲疲劳试验机，与频率 20kHz 的超声疲劳试验机分别需要多长时间。

16. 请说明超声频率疲劳实验试样的设计与常规频率疲劳实验试样的设计有什么不同。

17. 对于汽车车轴，如何进行疲劳设计或寿命估计？作为设计者，你需要哪些参数？

18. 对于动车车轴，无损检测发现其表面有一条 1mm 长的裂纹，请问应如何评估这一车轴的安全性。作为评估者，你需要哪些参数？

19. 请思考用三维数字图像相关分析方法测量 Hopkinson 压杆实验试样的表面变形场，与准静态条件下测量有什么不同。

参 考 文 献

[1] 国家钢铁材料测试中心. 金属力学及工艺性能试验方法标准汇编. 3 版. 北京: 中国标准出版社, 2010

[2] MTS Systems Corporation. MTS Series 793 Tuning and Calibration. MTS Systems Corporation. Eden Prairie, Minnesota 55344-2290 USA. 2009. MANUAL PART NUMBER: 100-147-134 E

[3] 全国钢标准化技术委员会. 金属材料 拉伸试验 第 1 部分: 室温试验方法. GB/T 228.1-2010. 北京: 中国标准出版社, 2011

[4] Meyers M A, Chawla K K. Mechanical Behavior of Materials. New York: Cambridge University Press, 2009: 676

[5] 全国钢标准化技术委员会. 金属材料 单轴拉伸蠕变试验方法. GB/T 2039-2012. 北京: 中国标准出版社, 2012

[6] 《工程材料实用手册》编辑委员会. 中国航空材料手册. 2 卷. 北京: 中国标准出版社, 2001: 190

[7] Hurst R C, Lancaster R J, Jeffs S P, et al. The contribution of small punch testing towards the development of materials for aero-engine applications. Theoretical and Applied Fracture Mechanics, 2016, 86: 69-77

[8] García T E, Rodríguez C, Belzunce F J, et al. Estimation of the mechanical properties of metallic materials by means of the small punch test. Journal of Alloys and Compounds,

2014, 582: 708-717

[9] 全国钢标准化技术委员会. 金属材料 布氏硬度试验 第 1 部分: 试验方法. GB/T 231.1-2018. 北京: 中国标准出版社, 2018

[10] 全国钢标准化技术委员会. 金属材料 洛氏硬度试验 第 1 部分: 试验方法. GB/T 230.1-2018. 北京: 中国标准出版社, 2018

[11] 全国钢标准化技术委员会. 金属材料 维氏硬度试验 第 1 部分: 试验方法. GB/T 4340.1—2009. 北京: 中国标准出版社, 2010

[12] 全国钢标准化技术委员会. 金属材料 努氏硬度试验 第 1 部分: 试验方法. GB/T 18449.1—2009. 北京: 中国标准出版社, 2010

[13] 宝山钢铁股份有限公司, 中国科学院力学研究所. 仪器化纳米压入试验方法通则. GB/T 22458—2008. 北京: 中国标准出版社, 2009

[14] 张泰华. 微/纳米力学测试技术及其应用. 北京: 机械工业出版社, 2004

[15] Oliver W C, Pharr G M. An improved technique for determining hardness and elastic modulus using load and displacement sensing indentation experiments. Journal of Materials Research, 1992, 7(6): 1564-1583

[16] Bahr D F, Morris D J. Springer Handbook of Experimental Solid Mechanics-16. Nanoindentation: Localized Probes of Mechanical Behavior of Materials. New York: Springer Science+ Business Media, 2008

[17] Rzepiejewska-Malyska K A. In situ mechanical observations during nanoindentation in side a high-resolution scanning electron microscope. Journal Materials Research, 2008, 23(7): 1973-1979

[18] Niederberger C, Mook W M, Maeder X, et al. In situ electron backscatter diffraction (EBSD) during the compression of micropillars. Materials Science and Engineering: A(Structural Materials: Properties, Microstructure and Processing), 2010, 527(16): 4306-4311

[19] 航空工业部科学技术委员会. 应力集中系数手册. 北京: 高等教育出版社, 1990

[20] 王自强, 陈少华. 高等断裂力学. 北京: 科学出版社, 2009

[21] Standard Test Method for Measurement of Fracture Toughness. ASTM E1820-09.

[22] 钢铁研究总院, 国营红岗机械厂, 武汉钢铁公司, 等. 金属材料 平面应变断裂韧度 KIC 试验方法. GB/T 4161—2007. 北京: 中国标准出版社, 2008

[23] 全国钢标准化技术委员会. 金属材料 准静态断裂韧度的统一试验方法. GB/T 21143-2014. 北京: 中国标准出版社, 2015

[24] Tada H, Paris P C, Irwin G R. The Stress Analysis of Cracks Handbook. 3rd ed. New York: ASME Press, 2000

[25] Suresh. 材料的疲劳. 王中光, 译. 北京: 国防工业出版社, 1993

[26] Meyers M , Chawla K. Mechanical Behavior of Marerials. Cambridge: Cambridge University Press, 2009: 741

[27] Sakai T, Sato Y, Oguma N. Characteristic *S-N* properties of high carbon chromium bearing steel under axial loading in long life fatigue. Fatigue & Fracture of Engineering Materials & Structures, 2002, 25(8-9): 765-773

[28] Meyers M, Chawla K. Mechanical Behavior of Marerials. Cambridge: Cambridge University Press, 2009: 738

[29] Susmel L, Tovo R, Lazzarin P. The mean stress effect on the high-cycle fatigue strength from a multiaxial fatigue point of view. International Journal of Fatigue, 2005, 27: 928-943

[30] Zhao S C, Xie J J, Zhao A G, et al. An energy-equilibrium model for complex stress effect in fatigue crack initiation. Science China Physics, Mechanics & Astronomy, 2014, 57: 916-926

[31] Dowling N E. Mechanical Behavior of Materials—Engineering Methods for Deformation, Fracture and Fatigue. New Jersey: Prentice-Hall, 1993: 404

[32] Bathias C, Paris P C. Gigacycle Fatigue in Mechanical Practice. New York: Marcel Dekker, 2005

[33] 全国钢标准化技术委员会. 金属材料 疲劳试验 疲劳裂纹扩展方法. GB/T 6398-2017. 北京: 中国标准出版社, 2017

[34] 钢铁研究总院, 济南试金集团公司, 北京航空材料研究院, 等. 金属材料 疲劳试验 轴向力控制方法. GB/T 3075—2008. 北京: 中国标准出版社, 2009

[35] 全国钢标准化技术委员会. 金属材料 疲劳试验 旋转弯曲方法. GB/T 4337-2015. 北京: 中国标准出版社, 2015

[36] 全国钢标准化技术委员会. 金属材料 疲劳试验 数据统计方案与分析方法. GB/T 24176—2009. 北京: 中国标准出版社, 2010

[37] 王礼立, 余同希, 李永池. 冲击动力学进展. 合肥: 中国科学技术大学出版社, 1992: 380

[38] 钢铁研究总院, 首钢总公司, 时代试金集团公司, 等. 金属材料夏比摆锤冲击试验方法. GB/T 229—2007. 北京: 中国标准出版社, 2008

[39] ASTM E23-2018. Standard Test Methods for Notched Bar Impact Testing of Metallic Materials

[40] Ramesh K T. Springer Handbook of Experimental Solid Mechanics—33 High Srain Rate and Impact Experiments. New York: Springer Science+Business Media, 2008

[41] Yuan F P, Bian X, Jiang P, et al. Dynamic shear response and evolution mechanisms of adiabatic shear band in an ultrafine-grained austenite–ferrite duplex steel. Mechanics of Materials, 2015, 89: 47-58

[42] 张虎生, 阎敏, 戴兰宏, 等. 冲击压缩作用下 LY12 硬铝合金剪切强度的测定. 第五届全国爆炸力学实验技术学术会议, 西安, 2008: 1-5

[43] Schwartz A, Kumar M, Adams B, et al. Electron Backscatter Diffraction in Materials Science. 2nd ed. Berlin: Springer-Verlag, 2009

[44] 屠世润, 高越. 金相原理与实践. 北京: 机械工业出版社, 1990

第 6 章　低速流动显示与流速测量技术

流体包括液体和气体。液体与固体相同，均可以保持一定的体积和承受一定的压力。但液体不能承受剪切力，因此无法保持固定的形状。气体既没有固定的体积，也没有固定的形状。液体在很高的压力下密度才发生微小的变化，可近似看作不可压缩流。尽管气体密度很容易随压力而发生变化，但当飞行器飞行速度远低于声速，即马赫数低于 0.3 时，可以忽略气体的密度变化，而把流动看成不可压缩流。因此，本章介绍的低速流动也可称为不可压缩流动。

本章首先概述流体力学实验的重要性、关注的物理量，然后介绍风洞、水洞、多功能水槽等常用低速流体力学实验设备。流动的可视化是观测流体流动的重要手段，在 6.3 节将介绍氢气泡、染色液等常用流动显示技术。流体的压强、流量是低速流动中最基本的测量参数，6.4 节将介绍压强、流量和传统的流速测量方法，然后介绍热线风速仪 (HWA)、激光多普勒测速仪 (LDV) 等点测速技术以及当前流体实验中广泛采用的粒子图像测速 (PIV) 技术及其扩展的仪器类型。最后介绍流体黏度及多相流测量技术。

6.1　流体力学实验概述

在日常生活或工业生产中随处可见各种流动现象：江河湖海中的水是流动的，水面上漂浮的落叶显示了流动的状态；我们周围的空气是流动的，树木的摇曳显示了风的存在。常见的台风和飓风也是流动现象，是产生于热带洋面上风速达到 33m/s 以上的强烈的气旋，在北太平洋西部、国际日期变更线以西，包括南中国海范围内的热带气旋称为台风；而在北太平洋东部或大西洋则称为飓风。图 6-1-1 是美国国家航空航天局 Terra 卫星于 2004 年 6 月 30 日拍摄的太平洋上空形成的两个并排的热带气旋。

台风和飓风的形成、发展、移动、减弱和消失都是流体大尺度、不稳定的运动过程。因此，气象学、海洋物理学等学科的发展与流体力学研究紧密相关。在工业生产和工程技术中，我们也常常面临与流体力学有关的问题。例如，汽车的外形设计涉及机械工程学、人机工程学、空气动力学三个基本问题，其中空气动力学正是为了解决汽车行驶过程中的流体力学问题。可见，流体力学问题已经渗透到生活和生产的各个方面，包括环境、生物、医学等领域。

图 6-1-1　太平洋上空形成的两个并排的热带气旋 (2004 年 6 月 30 日)

实验流体力学是用实验方法研究流体流动的问题，与理论分析、数值模拟构成流体力学研究的重要手段。很多重要的流体力学理论来自实验的启发并影响工程实践。这里通过卡门涡街现象 (参考 1.1 节) 的研究，说明实验不仅是流体力学理论建立的基础，而且对实际工程有重要的应用价值。

流体绕过非流线型物体时，物体尾流产生的成对的、交替排列的、旋转方向相反的涡旋称为卡门涡街 (图 6-1-2)。1911 年，德国科学家冯 · 卡门从理论上分析了这种涡旋产生的机理和稳定性。对圆柱绕流，涡街的脱落频率 f 与来流速度 v 成正比，与圆柱体直径 d 成反比。出现涡街时，流体会对物体产生一个周期性交变的横向作用力。如果作用力的频率与物体的固有频率接近，那么会引起共振，甚至使物体损坏。20 世纪 40 年代，美国塔科马海峡大桥 (Tacoma Narrow Bridge) 风毁事故使人们认识到卡门涡街对建筑安全性的重要作用。1940 年，美国华盛顿州塔科马海峡上花费 640 万美元建造了一座主跨度 853.4m 的悬索桥。建成 4 个月后，于同年 11 月 7 日遇到一场速度为 19m/s 的风，桥剧烈地扭曲振动，振幅达 9m，桥面倾斜到 45°，导致桥面钢梁折断，坠落到峡谷中。一支好莱坞电影队正以该桥为外景拍摄影片，记录了桥梁从开始振动到最后毁坏的全过程 (图 6-1-3)。此照片成为美国联邦公路局调查事故原因的珍贵资料。第二次世界大战结束后，人们对塔科马海峡大桥风毁事故的原因进行了研究。以冯 · 卡门为代表的流体力学家认为，塔科马海峡大桥的主梁有钝头的 H 形断面，存在着明显的涡旋脱落，应该用涡激共振机理来解释。20 世纪 60 年代，经过计算和实验，证明冯 · 卡门的分析是正确的。塔科马海峡大桥在侧向风作用下，边墙下游产生了卡门涡街。涡街交替脱落使桥面产生交变侧向力，致使桥梁产生振动。当涡街脱落频率与桥梁结构的固有频率耦合时，发生了共振造成破坏。

图 6-1-2 卡门涡街的流动显示照片

图 6-1-3 塔科马海峡大桥被风摧毁的照片 (引自网络图片)

回顾本书 1.2.1 节的介绍，流体力学的基本控制方程是 Navier-Stokes 方程，实验中主要关心的物理量即该方程描述的速度 (包括速度场及速度积分得到的流量)、压强。此外，流体本身的物理属性，如温度、黏度、浓度、密度以及界面 (自由面、表面) 的形变等，也是实验测量应关注的。因此，本章后续章节主要介绍低速流动中的常用实验设备，以及流动显示及速度测量等常用实验测量技术。

6.2 低速流体力学实验设备及测量参数

低速流体力学实验代表性的设备包括风洞、水洞、水槽 (波浪槽、水池) 等。本节分别介绍其构成、工作方式、主要参数等。

6.2.1 风洞

风洞是人工产生可控制的气流，对飞行器或物体周围气体的流动进行模拟观测研究的管道状实验设备。根据实验的需求，风洞要在实验段产生均匀的人造气流，以提供稳定的实验流场。按照工作的气流速度范围，风洞可划分为低速风洞 (气流速度小于 100m/s，马赫数 Ma 小于 0.3)、亚声速风洞 (Ma 为 0.3~0.8)、跨声速风洞 (Ma 为 0.8~1.4)、超声速风洞 (Ma 为 1.4~5.0)、高超声速风洞 (Ma 为 5.0~10)。本节主要介绍低速风洞，超声速风洞及高超声速风洞在第 8 章介绍。

按照实验段气流是否循环利用，低速风洞可以分为直流式和回流式两种。

图 6-2-1 给出了常见的回流式低速风洞。该风洞由稳定段、收缩段、实验段、扩压段及提供流动动力的风扇组成。稳定段是风洞管道系统中截面面积最大、气流速度最低的部件，稳定段中一般安装蜂窝器和阻尼网来改善流动的品质。蜂窝器由圆形、方形或六边形的蜂窝格子结构组成，长度一般为格子尺寸的 5~10 倍，主要作用是改善气流的方向性。阻尼网由多层细密金属网格组成，一般安装多层，可有效降低气流的脉动。收缩段是连接稳定段和实验段的部件，其作用是为实验提供均匀的气流，并使稳定段中较低速的气流均匀地加速到实验段所需的较高速度。收缩段的重要参数包括收缩比 n ($n = A_1/A_2$，A_1、A_2 分别为入口和出口位置的截面面积) 和壁面型线。一般地，增大收缩比有助于减小实验段气流的湍流度，提高流场品质。壁面型线对流场品质也非常重要，不合理的型线会导致壁面气流分离。实验段是安装实验模型进行实验的部件，有开放和封闭两种类型。实验段长度应在 $2D_{\mathrm{H}} \sim 3D_{\mathrm{H}}$($D_{\mathrm{H}}$ 为实验段水力学直径) 的范围。模型应安放在实验段中气流流场均匀的区域，模型头部应保持距离实验段入口约 $0.5D_{\mathrm{H}}$，尾部也应距离出口一定距离。封闭式实验段还应注意封闭壁面产生的边界层的影响。扩压段功能为了降低实验段后的流动速度，将动能转化为压力能，减小流动能量损失。低速风洞扩压段扩张角取 $6^\circ \sim 12^\circ$。此外，风扇是利用动力系统的能量对气流做功，位于扩压段下游。回流段的作用是引导工作气流回到上游的稳定段。如果是直流式风洞，则工作气流直接排入外界。

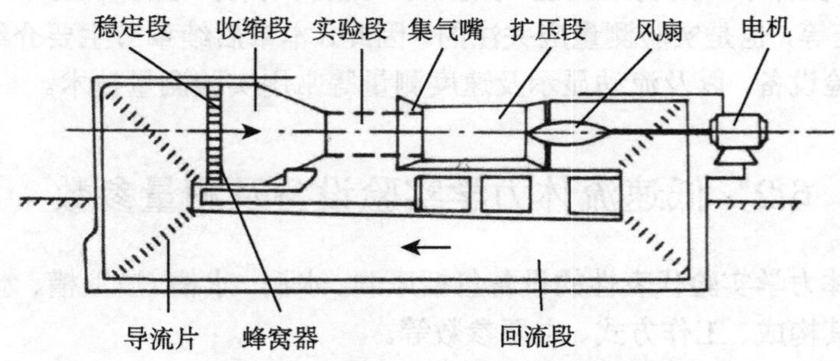

图 6-2-1 常见的回流式低速风洞示意图

风洞不仅用于实验研究，而且为工程设计服务。例如，中国空气动力研究与发展中心拥有国内最大的直流式低速风洞，该风洞具有两个实验段，截面面积分别为 6m×8m 和 12m×16m，最大流速 100m/s，约为 360km/h，不仅可以开展飞行器的气动实验，而且可以作为环境风洞开展汽车、建筑物及高铁输电弓等的风载实验。中国航空工业集团公司哈尔滨空气动力研究所新建的回流式风洞，实验段截面面积为 6m×8m。上海同济大学拥有一座整车气动风洞 (图 6-2-2(a))，其喷口面宽 6.5m，高 4.25m，实验段长 15m，最大风速 250km/h，湍流度 0.3%。配置了五带移动系统，可以较为真实地模拟汽车实际运行状态中车底的路面状态。该风洞背景声学噪声仅为 20dB，可测试整车声学特性，并且配备了六分量天平，可测试各种地面交通工具的受力特征，图 6-2-2(b) 显示的是高铁模型在进行测试。目前随着工程技术的发展，迫切需要研制新的多功能风洞，如结冰风洞、高铁风洞等。

(a) 整车气动风洞

(b) 测试中的高铁模型

图 6-2-2 上海同济大学整车气动风洞以及测试中的高铁模型

6.2.2 水洞

风洞是用空气做工作介质的实验设备，顾名思义，水洞就是用水作为工作介质的流体力学实验设备。水洞是封闭式的管道系统，常用的类型包括竖直式水洞和水平回流式水洞。水洞的构成与风洞类似，同样包括稳定段、收缩段、实验段、扩压段等部分，其作用也基本相同。水洞提供动力是靠水泵而不是风扇，一般实验段的流动速度在 0.01~1m/s 范围。图 6-2-3 给出了我国自行建造的两座水洞的照片。图 6-2-3(a) 为北京航空航天大学循环式水洞，实验段宽 1m、高 1.5m、长 3m，流速可达 2m/s。图 6-2-3(b) 为中国科学院力学研究所重力溢流式水洞，

(a) 北京航空航天大学循环式水洞

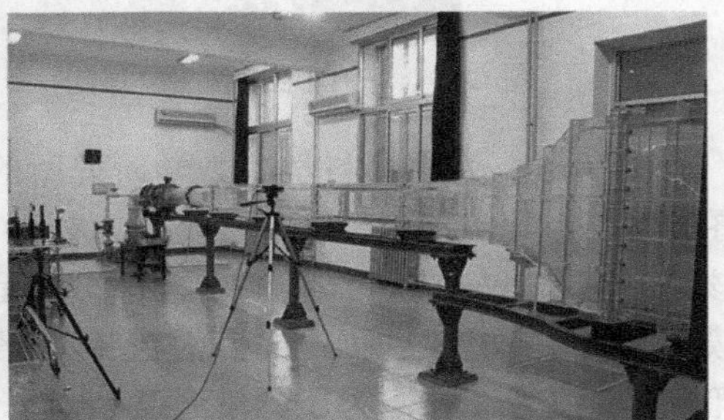

(b) 中国科学院力学研究所重力溢流式水洞

图 6-2-3 北京航空航天大学循环式水洞以及中国科学院力学研究所重力溢流式水洞

为了降低实验段湍流度，采用了重力溢流式的设计。在稳定段前端建有约 3m 高的储水箱，利用水位重力驱动来流，水流经过稳定段整流后进入实验段。该水洞的实验段湍流度仅为 0.1%。

以工程应用为目的建造的一些大型水洞，如中国水利水电科学研究院的高速水洞，专门用于研究模型的表面气蚀，流速高达 10m/s。

6.2.3 多功能水槽

水槽是流道有自由面的流体力学实验设备，是海洋、船舶或水利等工程领域常用的重要实验装备，如各种水槽 (循环水槽、波浪水槽) 和水池 (拖曳水池、港航水池) 等。常规循环式水槽的本体部分也包括稳定段、收缩段、实验段、扩散段、水泵等，主要用于研究有自由面的流体中的运动规律。

图 6-2-4 展示了中国船舶工业 (集团) 公司第七〇八研究所的船模拖曳水池，也可称为水槽实验系统。这是具有制造斜浪和横浪能力的拖曳水池，全长 280m。拖曳水池好比“人造海洋”，能以不同速度拖曳按比例缩小的船模，并模拟各种波浪条件，验证船舶的流体动力学性能。

图 6-2-4 中国船舶工业 (集团) 公司第七〇八研究所船模拖曳水池

图 6-2-5 为中国科学院力学研究所的流固土耦合的波浪水槽结构示意图，图 6-2-6 为其实物图，为专门模拟“波浪/海流-水中结构-海床土体”的实验装备。该设备全长 52m、宽 1m、深 1.5m，分为造波段、实验段和消波段三部分，可同步模拟波浪 (随机波/规则波) 和海流 (双向变速流场)。实验段还设有模拟海床的土箱，其深度为 3.3m。为了测量流速、波高、模型受力等参数，配套的实验仪器有大视窗粒子图像测速仪、超声波多普勒流速仪、电容式波高仪、非接触式结构振动测试仪及光纤布拉格光栅结构动态应变测试仪等。

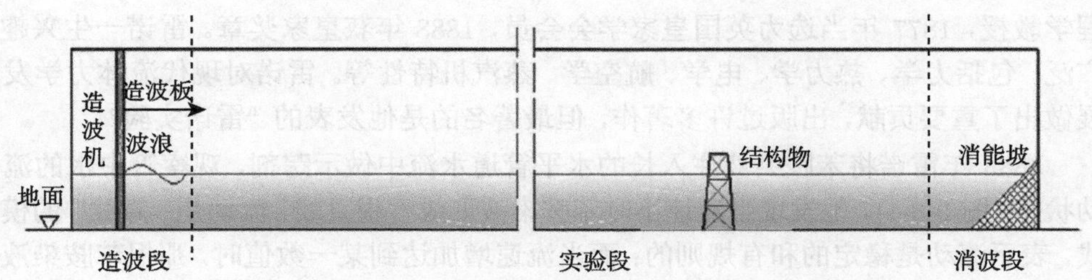

图 6-2-5 中国科学院力学研究所流固土耦合的波浪水槽结构示意图

图 6-2-6 中国科学院力学研究所流固土耦合的波浪水槽

6.3 流动显示技术

6.3.1 流动显示技术的发展

常见的流体如水和空气都是无色透明的，无法直接看见其中的流动情况，需要借助其他物理或化学的方法来显示流场或流动轨迹。流动显示是在力求不改变流体运动性质的前提下，用图像显示流体运动的方法。流动显示是了解流体运动特性，并深入探索其物理机制的一种直观的、有效的手段。它能发现新的流动现象，如层流和湍流两种流动状态及其转捩 (雷诺实验)、涡旋、分离、激波、边界层、壁湍流相干结构等。

在流动显示技术的发展史上有几个重要的实验，如雷诺管道流实验、马赫激波实验、普朗特边界层实验、克劳恩氢气泡实验、波朗和罗希柯阴影实验等。下面重点介绍雷诺管道流实验和普朗特边界层实验。

1. 雷诺管道流实验

雷诺 (Osborne Reynolds，1842—1912 年) 为英国力学家、物理学家、工程师。1867 年毕业于剑桥大学王后学院，1868 年出任曼彻斯特欧文学院的首席工程学教授，1877 年当选为英国皇家学会会员，1888 年获皇家奖章。雷诺一生兴趣广泛，包括力学、热力学、电学、航空学、蒸汽机特性等。雷诺对现代流体力学发展做出了重要贡献，出版过许多著作，但最著名的是他发表的“雷诺实验”。

1883 年雷诺将苯胺染液注入长的水平管道水流中做示踪剂，观察管中水的流动状态 (图 6-3-1)。他发现当流速小时苯胺染液形成一根直线，流动是“直线”的模式，表示流动是稳定的和有规则的；而当流速增加达到某一数值时，那根苯胺染液细线受到激烈的扰动，形成“弯曲”模式；再继续增大流速，苯胺染液迅速地散布于整个管内形成多个小涡胞结构，表示流动已十分紊乱。这一实验明确提出了两种不同的流动状态，即目前称为的“层流”和“湍流”的流态。雷诺根据进一步实验发现，这两种流态的改变在流速、管径及流体黏性组成的一个无量纲数近似相同的情况下发生，这个无量纲数就是雷诺数 Re。虽然在雷诺之前，德国的哈根 (Hagen, 1797—1884 年)1854 年用粒子示踪法也观察到流动的转变，但雷诺明确提出了雷诺数 $Re = pvd/\mu$，其中 ρ、ν、d 分别是流体的密度、速度及特征尺度，μ 为流体的动力学黏性系数，简称黏性系数。雷诺数表征惯性力与黏性力的比值与流动转变的关系。湍流研究的历史，一般都公认从 1883 年雷诺这个经典的流动实验算起。

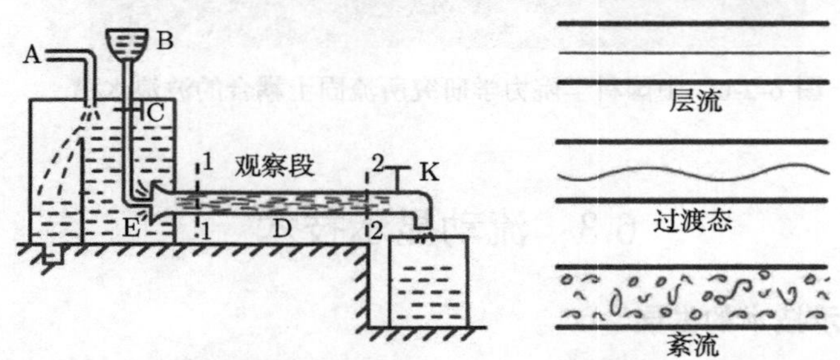

(a) 雷诺管道流实验装置　　(b) 流动显示的不同流动状态

图 6-3-1　雷诺管道流实验装置以及流动显示的不同流动状态示意图

2. 普朗特边界层实验

路德维希·普朗特 (Ludwig Prandtl，1875—1953 年) 为德国物理学家，近代力学奠基人之一，被称为空气动力学之父和现代流体力学之父。母亲常年患病，父亲是工学教授，少年时多与父亲一起，养成观察自然、仔细研究的习惯。1901~1904 年先后任汉诺威大学和哥廷根大学教授。1925 年担任马克斯·普朗特流体力学研究所所长。

普朗特 1904 年用水中撒放粒子的方法显示了水沿薄平板的流速分布 (图 6-3-2)。他发现靠近平板存在一个薄层，其中速度明显小于离壁面较远处的速度，且有较大的速度梯度。普朗特根据观察提出了边界层的概念：在远离壁面处，可不计黏性，作为理想流体处理；而在该薄层中，有很大的速度梯度，产生很大的剪切力，不能忽略黏性，应该作为黏流处理。他进一步提出了边界层理论。

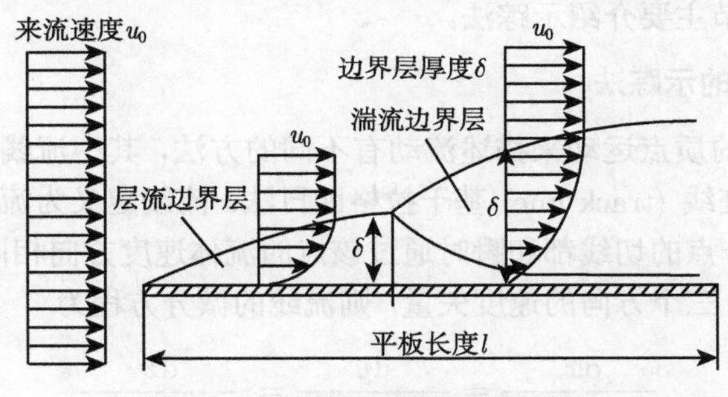

图 6-3-2 平板边界层实验示意图

6.3.2 流动显示技术的基本方法

流动显示技术的主要方法分为示踪法、表面涂料显迹法、光学法。

1. 示踪法

示踪法是在流体中加入示踪物质，通过对物质踪迹观察得到流体运动的图像，如烟迹法、染色线法、氢气泡法、激光–荧光法、蒸汽屏法等。示踪物质的跟随性问题是重要问题。

2. 表面涂料显迹法

表面涂料显迹法是在物体表面涂上薄层物质，与流动相互作用时，产生的可见图像可定性地推断物体表面附近的流动特性，如油流 (荧光油流)、丝线 (荧光微丝)、染料、升华、相变涂层、液晶、感温漆等方法。测量压力的压敏漆 (PSP) 法，就是测量对压力敏感的涂层的表面压力。

3. 光学法

光学法是利用光通过非均匀流场时的折射效应，或者通过扰动光和未扰动光的干涉条纹图，得到流动参数的定性或定量结果。光学法包括阴影法、纹影法、全息照相法、干涉法、全息干涉等。

使用光学法时要求流体介质的密度变化和折射率有一定的函数关系，因此该方法一般适用于对流传热、传质过程、马赫数 $Ma>1$ 的可压缩流动、燃烧、等离子体运动、重力分层等。当被测流场温度、密度、浓度变化时，会产生折射率的变化，可以采用阴影法、纹影法、干涉法进行测量。阴影法只对折射率的二阶导数灵敏，适用于最强的折射率梯度变化的显示，如激波等，常用于定性测量。纹影法对折射率的一阶导数灵敏，比阴影法能分辨更多的细节，能显示连续变化的场，常用于定性测量。干涉法对折射率本身灵敏，可用于定量测量。

表面涂料 PSP 法将在 9.2 节详细介绍，纹影法将在 9.1 节介绍，干涉法将在 7.2.2 节介绍，本节主要介绍示踪法。

6.3.3　流动显示的示踪法

通过流体中的质点运动来描述流动有不同的方法，其中流线 (stream line) 基于欧拉方法，而迹线 (track line) 基于拉格朗日法。流线定义为流体内部的一条连续的线，其上任一点的切线都和瞬时通过该点的流体速度方向相同。假设 (u, v, w) 分别表示 (x, y, z) 三个方向的速度矢量，则流线的微分方程为

$$\frac{\mathrm{d}x}{u(x,y,z,t)}=\frac{\mathrm{d}y}{v(x,y,z,t)}=\frac{\mathrm{d}z}{w(x,y,z,t)} \tag{6-3-1}$$

由于流线是对于同一时刻 t 而言的，通过式 (6-3-1) 求流线方程时可将 t 作为常数处理。而迹线定义为同一流体质点在空间运动时所得的轨迹曲线，轨迹上各点的切线表示同一质点在不同时刻 t 的速度方向，因此迹线的微分方程为

$$\begin{cases}\dfrac{\mathrm{d}x}{\mathrm{d}t}=u(x,y,z,t)\\ \dfrac{\mathrm{d}y}{\mathrm{d}t}=v(x,y,z,t)\\ \dfrac{\mathrm{d}z}{\mathrm{d}t}=w(x,y,z,t)\end{cases} \tag{6-3-2}$$

分别对三个方向积分后得到轨迹表达式，并消去 t 即可求得迹线方程。另外，实验中还常涉及脉线 (streak line) 的概念，它是在某一时间间隔内相继经过空间一固定点的流体质点依次串联起来而成的曲线。

对定常流场，脉线就是迹线，同时也就是流线。在非定常流动中，流线、迹线和脉线是完全不同的三种几何图像。流线依赖于全部流体质点在指定时刻的流速方向，是为了描述流体问题方便而假想出来的。流线与流场的关系类似于电场线与电场的关系，流线汇聚表示加速，发散表示减速。迹线是流体质点真实的运动轨迹，取决于流动的时间过程，它表明流体质点的空间位置随时间的变化。图 1-1-6 用荧光粒子显示的布朗运动轨迹就是粒子的迹线。脉线表示在一段时间内，将相继经过空间某一固定点的流体质点，在某一瞬时 (即观察瞬时) 连成的曲线 [1]。例如，烟囱里冒出的烟，由烟囱这个固定位置出来的烟气混合物组成，就是一组脉线。图 1-1-4 的圆柱绕流实验，示踪物质由固定圆柱的侧壁流出显示了卡门涡街，也是一种脉线。

1. 氢气泡法

在流场中，使水电解产生氢气泡，观察气泡的运动，可以直观地得到流谱。20 世纪 50 年代，有人提出了氢气泡显示技术：用很细的金属丝 (一般直径在百微米

量级) 放在水中作为电极，通电后在负极金属丝上出现氢气泡，在正极金属丝上出现氧气泡。由于氢气泡比氧气泡尺寸小，跟随性更好，因此实验中只采用氢气泡作为示踪粒子。克拉茵 (Kline) 等 1967 年首先用氢气泡显示技术，发现了近壁湍流的相干结构 (coherent structure, 又称拟序结构)，被认为是对湍流认识上的一次革命，是在湍流研究的一次重大进展。图 6-3-3 是氢气泡实验结果，产生氢气泡的金属丝垂直放置在图片的左端，光线照射后氢气泡在图中显示为亮色，随从左向右的水流流过置于底部的平板，氢气泡显示了近壁湍流的相干结构。注意，氢气泡线显示的并不是流线而是与迹线相关的时间线 (time line)，是同一时刻流经负极金属丝的流体质点在不同时刻的位置。一般实际流场的流线应与氢气泡线正交。

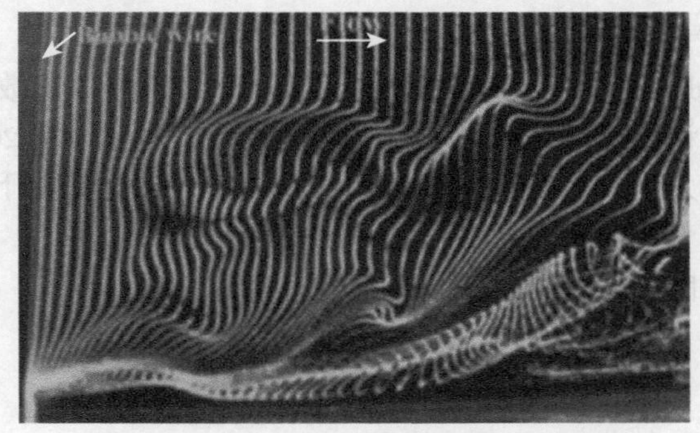

图 6-3-3 氢气泡法显示壁湍流的猝发

2. 染色液法

染色液法是在液体中注入染色剂，利用带色液体显示流场流谱。水洞实验中常用染色液法进行流动显示，著名的雷诺管道流实验和卡门涡街实验就是采用染色液法。此外，风洞实验中也可用染色液法进行流动显示。图 6-3-4 给出了染色液法的一个实验结果。染色液法一般需要持续地注入染色剂，因此显示的是流体的脉线。

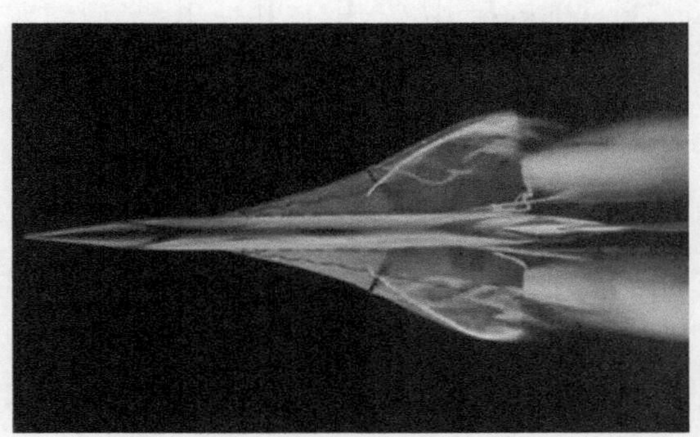

图 6-3-4 染色液法用于飞机模型风洞实验结果

在风洞实验中，还可采用烟流法，原理和染色液法相似，即在前方气流中加入烟雾，通过烟雾来显示流动。

6.4 流体压强、流量及传统测速

6.4.1 压强及传统的流体速度测量

早期流体速度的测量方法是通过测量流体的压强进而测量流体的速度，依据的主要原理是伯努利原理。

1. 伯努利原理

伯努利 (Daniel Bernouli, 1700—1782 年) 是瑞士物理学家、数学家、医学家。16 岁在巴塞尔大学攻读哲学与逻辑学科，获得哲学硕士学位，17~20 岁学习医学，获医学硕士学位，成为外科名医并担任解剖学教授。在父兄熏陶下最后转到数理科学，1726 年提出伯努利原理。

对理想流体的欧拉方程沿流线积分得到伯努利方程：

$$p+\frac{1}{2}\rho v^2+\rho gh=\text{恒量} \tag{6-4-1}$$

其中，p 为压强，ρ 为流体密度，v 为流速，g 为重力加速度，h 为高度。式 (6-4-1) 表述为：不可压缩的流体在忽略黏性损失的流动中，同一流线上任意两点的压力势能、动能及位势能之和为恒量，即能量守恒。需要注意的是，实际应用中有时是需要考虑流线沿程能量损失的。

流体压强与流体速度的关系见图 6-4-1，水流通过不同管径时，流体速度不同：管径大的截面流速慢，而管径小的截面流速快。其对应的流体压强也不同，因此可以通过测量流体的压强进而得到流体的速度。

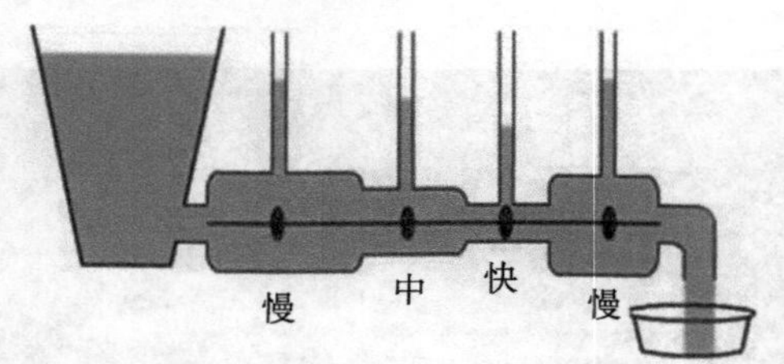

图 6-4-1 流体压强与流体速度的关系示意图

2. 流体的压强

在理想流体流动或静止中，设 ΔS 为流体中任意流体微团表面任意小的面

积，ΔF 为与之相邻的流体微团作用在 ΔS 上的力，压强定义为

$$p = \lim_{\Delta S \to 0} \frac{\Delta F}{\Delta S} \tag{6-4-2}$$

压强的单位为 $\mathrm{N/m^2}$ 或 Pa，工程上也可采用巴 ($1\mathrm{bar}=10^5\mathrm{Pa}$)。

在流体力学实验中，压强是描述流体状态和运动的主要参数之一。通过压强的测量，可以得到流体流动速度等许多力学量。流体的压强分为总压强、静压强、动压强，伯努利方程描述了这些量之间的关系。

3. 流体的压强测量

与伯努利方程的各项相比照，动压对应动能项，静压对应压力势能项和重力势能项。对空气可以忽略重力影响，静压仅对应压力势能项。总压强又称驻点压强，即流动速度为零时的压强。低速流动中总压测量比较方便，压力探头测孔迎着来流方向，则该测孔处为驻点，所测量的压强即总压强。而当压力探头测孔轴向与流速矢量正交时，该测孔测量的压强即静压强，通常认为流体在管道内或风道内流动时，流体垂直作用在器壁上的压力为静压。总压强与静压强之差即动压强，即动压强 = 总压强 − 静压强，动压强是由于流体运动速度而产生的。因此，在图 6-4-2 中，A 探头为总压探头，B 探头为静压探头。在图 6-4-1 中，测压管测量的是静压。由伯努利原理，截面积小的管道中流速快、动压大，则静压管测得的压力小，即静压管中的水柱高度低。而沿程总压守恒。

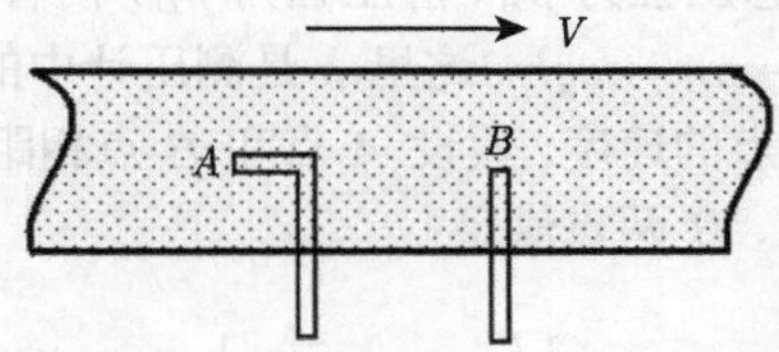

图 6-4-2 流体的总压强 (A 点) 与静压强 (B 点) 的测量

通常用测压计测量流体压强。测压计分为液柱式测压计、金属式测压计、电测式测压计等。液柱式测压计是利用液柱高度直接测出压强，其依据的原理为

$$p = \rho g \Delta h \tag{6-4-3}$$

图 6-4-3 给出了单管式、U 形管式、倾斜式三种不同的液柱测压计的示意图。其中，单管式测压计和 U 形管式测压计原理简明、使用简单。倾斜式测压计适用于低速流动中测量微小压力差，通过倾斜管延长了刻度区域的长度，从而使得读数可以更精确。

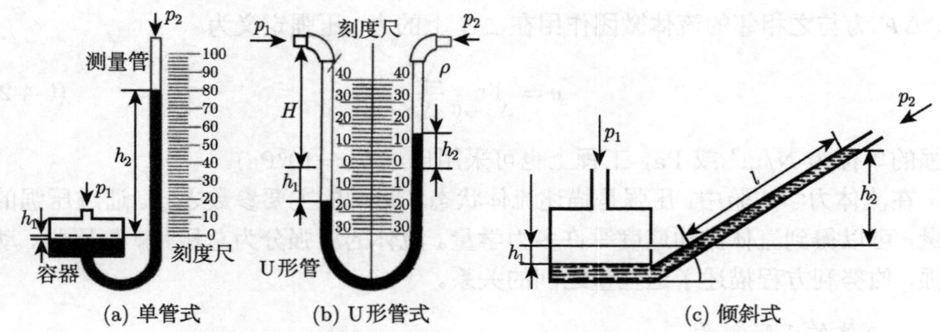

图 6-4-3　液柱式测压计

金属式测压计利用的原理为弹性元件在弹性限度内受压后会产生变形，变形大小与被测压力呈正比关系。利用金属的弹性变形并经过放大来测出压强，是间接测量法。电测式测压计是利用感受元件受力时产生压电效应、压阻效应等的电信号来测量压强的，也是间接测量法。

4. **皮托管测速**

皮托管 (Pitot tube) 是通过测量流体总压强和静压强确定流体速度的实验装置，由法国皮托发明而得名，测量的是流体某一点的速度。其依据的基本方程是伯努利方程。

如图 6-4-4(a) 所示，总压强为 p_A、静压强为 p_B，两管连通产生液柱高度差 h。根据测压计原理可知 $p_A-p_B=\rho gh$，这里 ρ 是测压计中的液体密度。根据伯努利方程可以求得皮托管测量点的速度。假设 A 点和 B 点相距较近，根据伯努利方程，即式 (6-4-1)，沿流线的 A、B 两点满足：

$$p_A+\frac{1}{2}\rho v_A^2=p_B+\frac{1}{2}\rho v_B^2 \tag{6-4-4}$$

管口 A 迎向来流，速度 $v_A=0$，因此 v_B 与 A、B 两点的压强差有关：

$$\frac{v_B^2}{2}=\frac{p_A-p_B}{\rho} \tag{6-4-5}$$

因而获得 B 点速度，即流场速度，与总压强、静压强以及流场流体密度有关。

实际工作时的皮托管需要将总压强探头和静压强探头整合到同一位置，如图 6-4-4(b) 所示，内管 (实线) 为正对来流的总压强探头，外管壁 (虚线) 上有与来流方向正交的静压强测孔，两者测量压差为 ρgh。

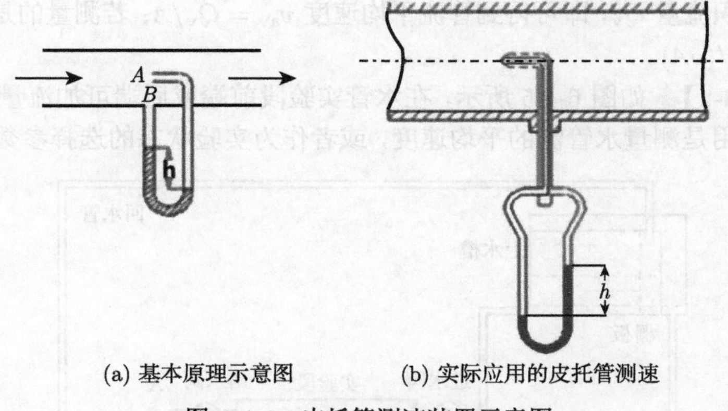

(a) 基本原理示意图　(b) 实际应用的皮托管测速

图 6-4-4　皮托管测速装置示意图

【例 6-4-1】　压力落差法测量低速风洞的风速。参考图 6-2-1，风洞收缩段进口和出口截面的压强分别为 p_A 和 p_B，假定进出口截面的速度分布均匀，分别为 v_A 和 v_B，求风洞出口截面处的流速。

根据有损失的伯努利方程和连续性方程：

$$\begin{aligned} p_A+\frac{1}{2}\rho v_A^2=p_B+\frac{1}{2}\rho v_B^2+\xi\frac{1}{2}\rho v_B^2 \\ v_A\times S_A=v_B\times S_B \end{aligned} \tag{6-4-6}$$

其中，ξ 是损失系数，S_A 和 S_B 为进出口截面积。求解得

$$v_B=\sqrt{\frac{2}{\rho}\left(p_A-p_B\right)\mu} \tag{6-4-7}$$

其中

$$\mu=\frac{1}{1+\xi-\left(\dfrac{S_B}{S_A}\right)^2}$$

6.4.2　流量及流体平均速度

1. 流量的定义

流量是单位时间内通过管道或槽道某一截面的流体的量，该流体的量可以用体积或质量描述，因此流量可分为体积流量和质量流量。体积流量 Q_{v} 的单位为 $\mathrm{m^3/s}$，而质量流量 Q_{m} 的单位为 kg/s。二者之间存在关系 $Q_{\mathrm{m}}=\rho Q_{\mathrm{v}}$，$\rho$ 为流体密度。

2. 流量与流体平均速度的关系

通过测量流体的流量可以得到流体的平均速度，例如，测量得到截面积为 A

的管道的体积流量 $Q_{\rm v}$，即可得到管流平均速度 $v_{\rm av}=Q_{\rm v}/A$；若测量的是质量流量，则 $v_{\rm av}=Q_{\rm m}/(\rho A)$。

【例 6-4-2】 如图 6-4-5 所示，在水管实验段前端或后端可加流量计 A 或 B，流量计的作用是测量水管流的平均速度，或者作为实验状态的选择参数。

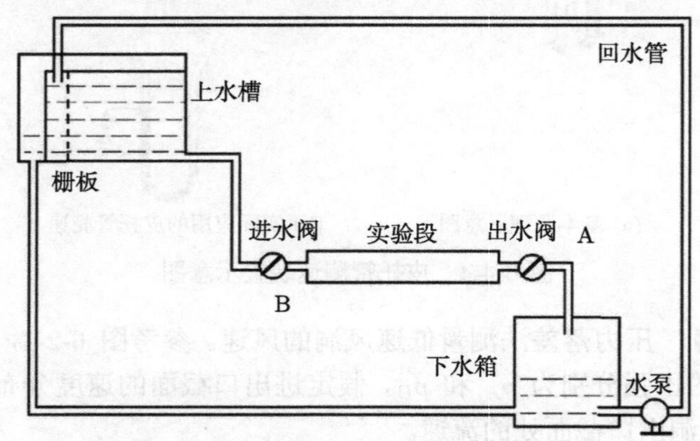

图 6-4-5 流量计的使用

3. *流量的测量方法*

测量流量的方法包括容积法、文丘里流量计 (参考 10.4 节)、转子流量计、卡门涡街流量计等。这里重点介绍卡门涡街流量计。

卡门涡街流量计是利用卡门涡街现象制造的一种流量计，它将涡旋发生体垂直插入流体中时，流体绕过发生体时会形成卡门涡街，涡旋的释放频率 f 与流体的流速 v 及涡旋发生体的宽度 d 有如下关系：

$$St=fd/v \tag{6-4-8}$$

其中，St 为无量纲斯特劳哈尔数，在一定 Re 范围内近似为常数。卡门涡街流量计可测量液体、气体和蒸汽的流量；精度可达 ±1%；结构简单，无运动件，可靠、耐用；压电元件封装在发生体中，检测元件不接触介质；使用温度和压力范围宽，使用温度最高可达 400℃；具备自动调整功能，能用软件对管线噪声进行自动调整。

6.5 单点流速测量技术

6.5.1 热线风速仪

1. *热线风速仪与热膜流速仪*

热线风速仪发明于 20 世纪 20 年代，也是一种传统的测量流场速度的仪器，其基本原理是对流传热原理以及电桥平衡原理。

将一根金属丝放在流体中，通过电流加热金属丝，使其温度高于流体温度 (称为热线)。当流体沿垂直方向流过金属丝时带走一部分热量，使金属丝温度下降。其散热量与流速有关，可用 King 公式等定量描述。散热量导致热线温度变化而引起电阻变化，流速信号即变成电信号。热线风速仪既可以测量稳定流动，也可以测量随时间和空间变化的脉动流场。其不仅用于低速流场，也适用于超声速流场。图 6-5-1 给出了常见的热线风速仪探头的照片，其中的热线一般为直径约 5μm 的钨、铂的金属材料，长度为 1~2mm。在液体测量时，由于热丝强度不足，容易折断，常改为热膜探头，常见热膜为石英圆柱，外表面镀铂，直径在 50μm 量级，长度一般为直径的 30~50 倍。

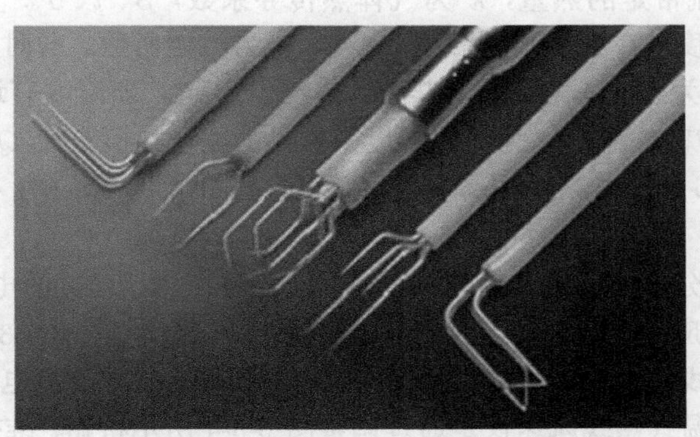

图 6-5-1 热线风速仪探头形状 (引自网络图片)

2. 热线风速仪基本原理

热线风速仪是将流速信号转变为电信号的一种测速仪器，通常与模数 (A/D) 转换器、相应的分析软件组成一整套完整系统 (图 6-5-2)，以下简述热线风速仪的基本工作原理。

努塞特数 Nu 是表征对流传热与热传导之比的无量纲参数 (见 2.4.2 节)。热线和周围气体热平衡时，由 King 公式可以写出努塞特数的表达式 [2]：

$$Nu=\frac{Q_{\mathrm{f}}}{\dfrac{k}{l}S\left(T_{\mathrm{w}}-T\right)t}=A+B\sqrt{Re} \tag{6-5-1}$$

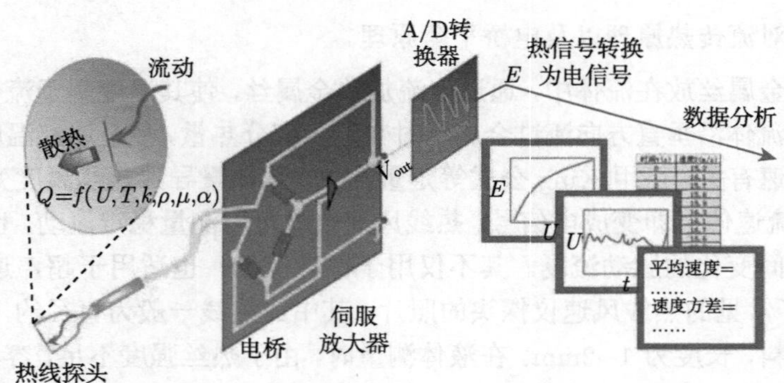

图 6-5-2　热线风速仪工作流程图

其中，Q_{f} 为对流带走的热量，k 为气体热传导系数，S、l、T_{w} 分别为热丝的表面积、长度和温度，T 为流体的温度，A 和 B 为待定常数。同时，由电流对金属热丝加热的热量为 $Q_{\mathrm{w}} = I^2R_{\mathrm{w}}t$。其中，热丝电阻 R_{w} 随温度有近似的线性关系 $R_{\mathrm{w}} = R_0[1+\alpha(T_{\mathrm{w}}-T)]$，$\alpha$ 为电阻温度系数。由能量守恒定律 $Q_{\mathrm{f}} = Q_{\mathrm{w}}$，将 Q_{w} 表达式代入式 (6-5-1) 中，即可得到流速 (包含在雷诺数 Re 中) 与电流、电阻的关系。

热线风速仪分为恒流式和恒温式两种，主要是在热丝连接的电路上有所区别，恒温式比恒流式应用更加广泛。经过恒流式热线风速仪 (图 6-5-3) 热线的电流不变。当来流使热线的温度变化时，热线电阻 R_{p} 改变，通过调整电阻 R_2 使得电路中电流不变。恒温式热线风速仪是通过调整图 6-5-4 所示桥路，维持热丝的温度不变。来流使得热线温度降低、相应线路的电阻变小，导致电桥平衡破坏，B、D 之间产生电流。通过放大器后的反馈处理，调控电阻 R_{b}，使得热线的电阻值恢复，保持热线温度不变，根据所施加的电流可测量流速。

热线探头的安装方式：保证流体沿垂直方向流过金属丝。

热线风速仪可测量流体某点一维、二维和三维的速度。测量二维速度时，需要两根热线互相垂直。测量三维速度时，需要三根热线并两两垂直。

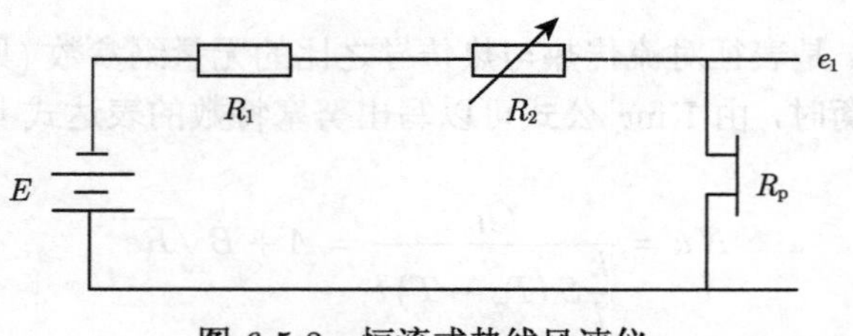

图 6-5-3　恒流式热线风速仪

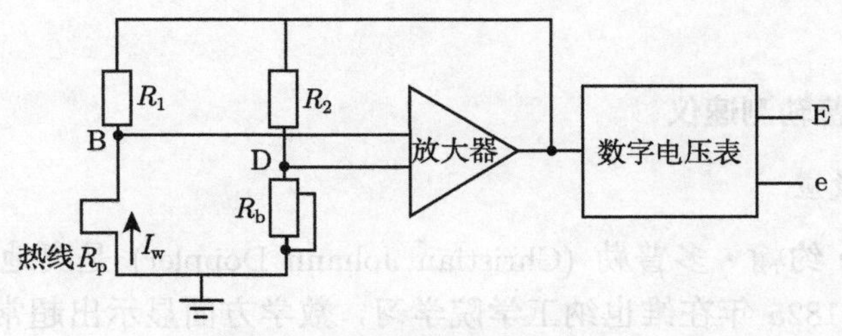

图 6-5-4 恒温式热线风速仪

【讨论题】 请解释图 6-5-5 中热丝布置的含义，热线探头分别测量什么速度？

图 6-5-5 讨论两种不同的热线探头的用途 (引自网络图片)

3. 热线风速仪标定

热线探头在使用前必须进行标定，即确定式 (6-5-1) 中的待定常数 A、B。标定分为静态标定和动态标定。静态标定在专门的标准风洞 (热膜是在标准水槽) 里进行，测量流速与输出电压之间的关系并将其画成标准曲线；动态标定是在已知的脉动流场中进行的，或在热线风速仪加热电路中加上一脉动电信号，校验热线风速仪的频率响应，若频率响应不佳，则可用相应的补偿线路加以改善。

4. 热线风速仪主要优缺点

热线风速仪的优点有很多，例如，探头体积小，对流场干扰小；适用范围广，可用于气体、液体；在气体的亚声速、跨声速和超声速流动中均可使用；除了测量平均速度外，还可测量脉动值和湍流量；可同时测量多个方向的速度分量；频率响应高，可高达 1MHz；测量精度高，重复性好；可测量流体温度，首先测出探头电阻随流体温度的变化曲线，然后根据测得的探头电阻就可确定温度。

热线风速仪的缺点包括单点测量、探头对流场有一定干扰、热线容易断裂。另外，如在壁面附近测量，通常壁面材料比流体导热性更好，会导致热线损失热量增大而高估流速。

6.5.2　激光多普勒测速仪

1. 多普勒效应

克里斯琴 · 约翰 · 多普勒 (Christian Johann Doppler) 是奥地利物理学家及数学家。1822~1825 年在维也纳工学院学习，数学方面显示出超常的水平。1841 年，他正式成为理工学院的数学教授。1850 年，任维也纳大学物理学院的第一任院长，1853 年在意大利的威尼斯去世，年仅 49 岁。

多普勒散步遇见一列火车驶过。他发现火车从远而近时汽笛声变响，音调变尖，而火车从近而远时汽笛声变弱，音调变低。多普勒对这个物理现象感到极大兴趣并进行了研究，1842 年提出多普勒效应：物体辐射的波长因为波源和观测者的相对运动而产生变化；在运动的波源前面，波被压缩，波长变得较短，频率变得较高，称为蓝移 (blue shift)；在运动的波源后面，波长变得较长，频率变得较低，称为红移 (red shift)；波源的速度越高，所产生的效应越大。根据波的红 (蓝) 移程度，可以计算出波源循着观测方向运动的速度。

多普勒效应不仅适用于声波，也适用于其他类型的波，包括电磁波。在天文学领域，科学家爱德文 · 哈勃 (Edwin Hubble) 根据多普勒效应提出宇宙正在膨胀的结论。他发现天体发射的光线频率变低，即红移，这说明这些天体在远离银河系。在移动通信领域，移动台和基站的相对运动产生多普勒效应，加大了移动通信的复杂性。医院使用的 B 超是根据超声波的多普勒效应研制而成的。交警向行进中的车辆发射已知频率的超声波，测量反射波的频率的变化，就可知车辆的速度。

在流体测量上，发明了激光多普勒测速仪。近年又发展了相位多普勒测量仪，可以测量流体中的颗粒直径等参数。本节重点介绍激光多普勒测速仪，对相位多普勒测量仪仅作简单介绍。

2. 激光多普勒测速仪原理

激光多普勒测速是通过检测运动微粒的散射光的多普勒效应 (频移) 来测定流体的速度。从本质上说，应该称为粒子散射测速 (particle scattering velocimetry，PSV)。激光多普勒测速仪用激光作为测量探头，不干扰流场，是一种非接触式测量方法；流速测量范围很宽，空间分辨力很高，响应快；可以测量速度分布以及湍流强度分布等参数；是单点测试技术，最适合测量速度振荡。

任何形式的波在传播过程中，由于波源、接收器、传播介质或中间反射器和散射体的运动，接收到的波的频率都会发生变化，这种频率变化称为多普勒频移。当发射某个频率的光波源与光波接收器存在相对运动时，接收器感受到的光波频率与原来的发射频率产生变化，这个频率改变与相对速度成正比。

通常情况下，测量流体的速度时，波源和接收器是不移动的，波源和接收器之间有流体运动，因此分两步推导多普勒频移方程：移动观察点的多普勒频移和移动光源的多普勒频移。

1) 移动观察点的多普勒频移

如图 6-5-6 所示，当观察点 P 向光源 S 方向移动时，速度方向与波传输方向的夹角为 θ，则在单位时间内点 P 在 PS 方向移动的距离为 $U\cos\theta$。因此，与点 P 静止不动时相比，相当于单位时间内多接收了 $U\cos\theta/\lambda$ 个波。对于点 P 的移动观察者，感受的频率增加为

$$\begin{cases}\dfrac{\lambda}{c}=T\\[2mm] \dfrac{\lambda}{c+U\cos\theta}=T+\Delta T=\dfrac{1}{\nu+\Delta\nu}\\[2mm] \dfrac{c+U\cos\theta}{\lambda}=\dfrac{c}{\lambda}+\dfrac{U\cos\theta}{\lambda}=\nu+\Delta\nu\\[2mm] \dfrac{U\cos\theta}{\lambda}=\Delta\nu\\[2mm] \dfrac{\Delta\nu}{\nu}=\dfrac{U\cos\theta}{\lambda\nu}=\dfrac{U\cos\theta}{c}\end{cases} \tag{6-5-2}$$

其中，c 为光速。这就是多普勒频移的基本方程，反映了相对频移与移动速度的关系。

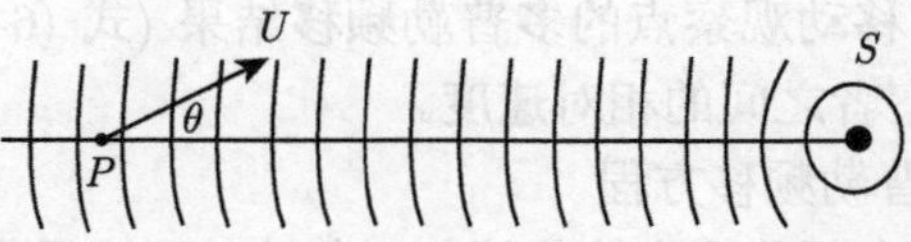

图 6-5-6　移动观察点的多普勒频移示意图

2) 移动光源的多普勒频移

如图 6-5-7 示，t_1 时刻的波源在 S_1 位置，t_2 时刻的波源在 S_2 位置，移动速度为 U，AB 和 CD 分别为两个波面。假设波面 AB 和 CD 间在波源处发送波动的时间间隔是周期 T，则波动频率为

$$t_2-t_1=T=\frac{1}{\nu} \tag{6-5-3}$$

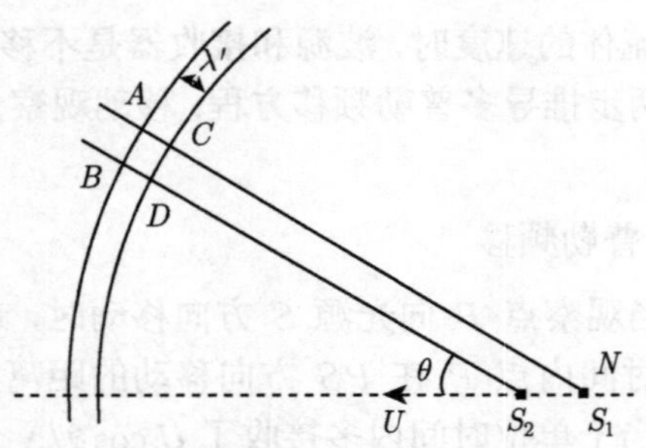

图 6-5-7　移动波源的多普勒频移示意图

在周期时间间隔内波源从 S_1 位置移动到 S_2 位置，则波面 AB 与 CD 的间隔为变化后的波长：

$$\lambda' = AC = S_1A - S_2D - S_1S_2\cos\theta \tag{6-5-4}$$

其中，θ 是 S_1A 与速度矢量 U 之间的夹角。从图中可知 $S_1A = c(t-t_1)$，$S_2D = c(t-t_2)$，则可得到

$$\lambda' = cT - UT\cos\theta \tag{6-5-5}$$

频率的相对变化为

$$\frac{\Delta\nu}{\nu} = \frac{\nu'-\nu}{\nu} = \frac{(U/c)\cos\theta}{1-(U/c)\cos\theta} \tag{6-5-6}$$

如果移动速度很小，展开成 U/c 的幂级数，则有

$$\frac{\Delta\nu}{\nu} = \frac{U}{c}\cos\theta + \left(\frac{U}{c}\right)^2\cos^2\theta + \cdots \tag{6-5-7}$$

式 (6-5-7) 的一次项与移动观察点的多普勒频移结果 (式 (6-5-2)) 相同，这说明频移只依赖于波源和观察者之间的相对速度。

3) 粒子散射的多普勒频移方程

如图 6-5-8 所示，光源和观察接收器相对静止，而流场带着微粒移动。可将移动粒子散射光的频移看作双重多普勒频移：第一步光源到移动物体；第二步从移动物体到观察点。

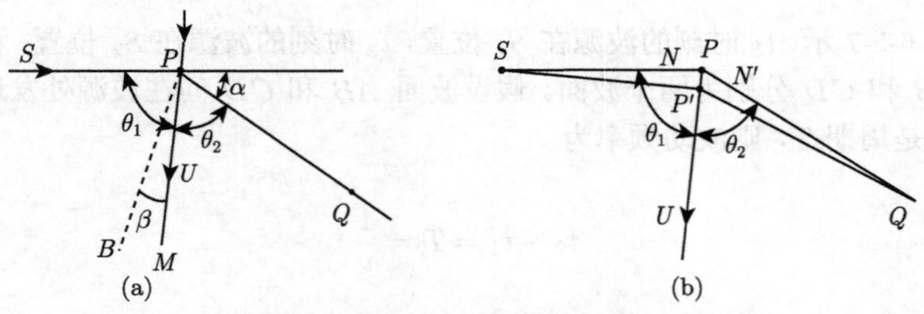

图 6-5-8　粒子散射的多普勒频移示意图

光源 S 发出频率为 ν 的光波被移动的微粒 P 散射，在点 Q 观察接收散射光。微粒沿 PM 方向运动速度为 U，运动方向与 PS 及 PQ 的夹角分别为 θ_1 和 θ_2。由相对论多普勒频移推导，在点 P 观察的频率 ν' 的方程为

$$\nu' = \frac{\nu}{\sqrt{1-(U/c)^2}}\left[1+\left(\frac{U}{c}\right)\cos\theta_1\right] \tag{6-5-8}$$

该频率的光又被点 P 重新散射，在点 Q 接收到的频率 ν'' 的方程为

$$\nu'' = \frac{\nu'\sqrt{1-(U/c)^2}}{1-(U/c)\cos\theta_2} \quad 或 \quad \frac{\nu''}{\nu} = \frac{1+(U/c)\cos\theta_1}{1-(U/c)\cos\theta_2} \tag{6-5-9}$$

同样把 U/c 展开后，取一次项得

$$\Delta\nu = \nu''-\nu \approx \nu\frac{U}{c}(\cos\theta_1+\cos\theta_2) = 2\nu\frac{U}{c}\cos\frac{\theta_1+\theta_2}{2}\cos\frac{\theta_1-\theta_2}{2} \tag{6-5-10}$$

由图 6-5-8 可知散射角 $\alpha = \pi-(\theta_1+\theta_2)$，且有 $\sin\dfrac{\alpha}{2} = \cos\dfrac{\theta_1+\theta_2}{2}$，有 $\beta = \dfrac{\theta_1-\theta_2}{2}$，$\beta$ 是速度向量与散射方向 PB 之间的夹角，而 PB 又是 PS 和 PQ 之间夹角的平分线，代表散射辐射的动量变化，将式 (6-5-10) 变换后有

$$\frac{\Delta\nu}{\nu} = 2\frac{U}{c}\cos\beta\sin\frac{\alpha}{2} \tag{6-5-11}$$

由此可见，多普勒频移取决于散射半角的正弦值以及散射方向的速度分量 $U\cos\beta$：

$$\Delta\nu = \frac{2U}{\lambda}\cos\beta\sin\frac{\alpha}{2} \tag{6-5-12}$$

此为多普勒频移最常用的形式。

【思考题】

1. 举例说明声波频移的直观解释是什么。
2. 光波频移的直观解释是什么？
3. **激光多普勒测速仪装置**

激光多普勒测速仪基本组成包括光学系统和光电变换信号处理系统 (图 6-5-9)。

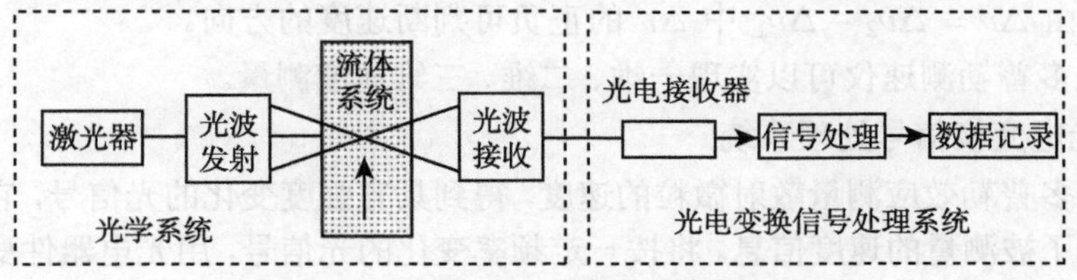

图 6-5-9 激光多普勒测速仪基本组成

1) 光学系统

激光多普勒信号的条纹模型如图 6-5-10 所示。光学系统采用两束光干涉原理，两束相干光在流场中一点汇聚产生干涉条纹，流场中示踪粒子穿过干涉条纹时，其散射光会有明暗变化。散射光强的变化被光波接收器接收，通过信号处理，明暗变化的频率反映了流场的速度大小。

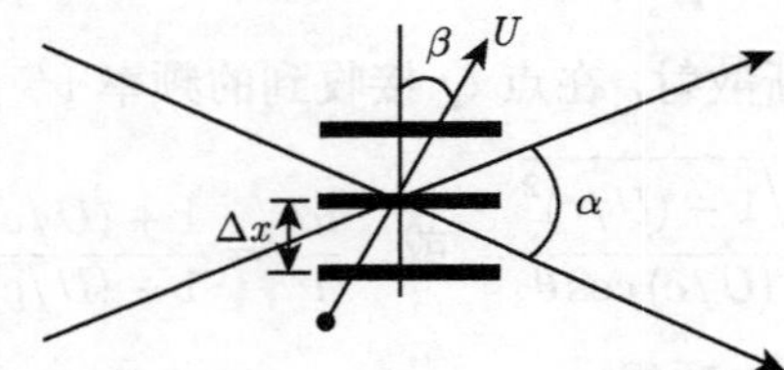

图 6-5-10　激光多普勒信号的条纹模型示意图

根据光学原理可知，相干光源形成的条纹间距为

$$\Delta x=\frac{\lambda}{2\sin\dfrac{\alpha}{2}} \tag{6-5-13}$$

其中，λ 为入射光波长，α 是两束入射光的夹角。当粒子以速度 U、与垂直干涉条纹方向夹角为 β 穿过流场时，粒子在垂直条纹方向的速度为

$$U_{\perp}=\frac{\Delta x}{\Delta t}=\Delta x\Delta\nu \tag{6-5-14}$$

推导得出频移 $\Delta\nu$ 为

$$\Delta\nu=\frac{U_{\perp}}{\Delta x}=\frac{2U_{\perp}\sin\dfrac{\alpha}{2}}{\lambda}=\frac{2U\cos\beta\sin\dfrac{\alpha}{2}}{\lambda}=\frac{2U}{\lambda}\cos\beta\sin\frac{\alpha}{2} \tag{6-5-15}$$

此结果即多普勒频移方程。

通常情况，上述方法存在速度方向二义性问题，即可以得到速度的大小，却不知道速度的方向。目前可行的解决方法是将干涉条纹调制以一定的频率 $\Delta\nu_1$ 高速移动；使该频移速度高于流场速度引起的多普勒频移 $\Delta\nu$，仪器测得的频移信号将为 $\Delta\nu_2$。由 $\Delta\nu=\Delta\nu_2-\Delta\nu_1$ 中 $\Delta\nu$ 的正负可判断速度的方向。

激光多普勒测速仪可以实现一维、二维、三维速度测量。

2) 光电变换信号处理系统

利用多普勒效应测量散射微粒的速度，得到具有强度变化的光信号，它的变化频率包含了被测量的速度信息。将按一定频率变化的光信号，用光电器件变换成相同频率的电信号，该变换装置称为光检测器，即组成光电变换信号处理系统。

多普勒信号的特点包括不连续性、变幅值信号、调频信号，见图 6-5-11。信号处理方法包括频域法 (频谱分析方法)、时域法 (频率跟踪方法)、相关法 (光子相关方法)。

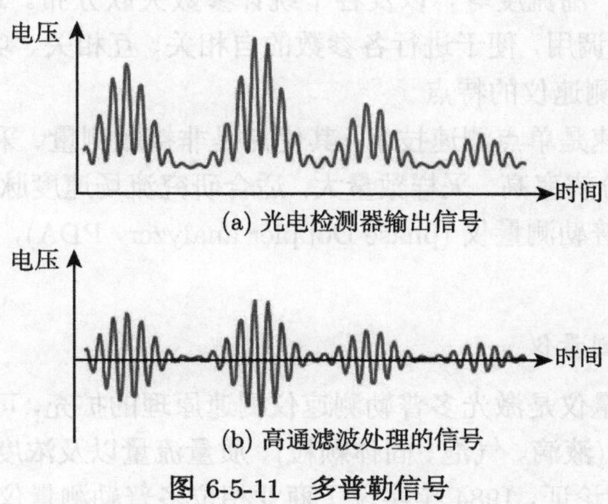

图 6-5-11 多普勒信号

3) 激光多普勒测速仪产品

Dantec 公司、MSE 公司等均有商业激光多普勒测速仪，如图 6-5-12 和图 6-5-13 所示。

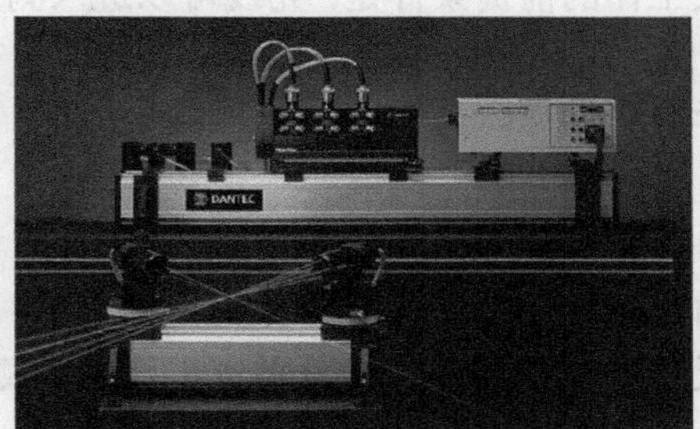

图 6-5-12 Dantec 公司产品

图 6-5-13 MSE 公司产品

4) 技术参数

激光多普勒测速仪测速范围一般为 1 ~1000m/s，精度为 0.1%，采样频率为 400~800MHz。该仪器适用于气、液或多相流的三维测量，可以测量平均速度、均方根、剪应力系数、湍流度等，以及各个统计参数关联分布。最终数据文件可供 Tecplot、MATLAB 调用，便于进行各参数的自相关、互相关、功率谱分析。

5) 激光多普勒测速仪的特点

激光多普勒测速是单点测速技术，其优点是非接触测量、采样频率自动优化、测量精度高、空间分辨率高、采样数量大，适合研究流场速度脉动及湍流问题。还可以升级到相位多普勒测量仪 (phase Doppler analyzer，PDA)，同时测量粒径和速度矢量。

4. 相位多普勒测量仪

相位多普勒测量仪是激光多普勒测速仪测速原理的扩充，可同时测量速度 (最多三维)、颗粒直径 (液滴、气泡、固体颗粒)、质量流量以及浓度等。Durst 和 Zare 于 1975 年做了原理论证，1984 年实现了商业相位多普勒测量仪产品，它是非接触的光学测量技术，不干扰流场，可以在线、实时直接测量，无须标定，测量精度高、空间分辨率高。

相位多普勒测量仪的基本工作原理基于颗粒的光散射以及散射光的空间干涉，因此相位多普勒测量仪工作的前提条件是：光线可以进入测量体；颗粒为球形，颗粒尺寸均匀，折射率已知；颗粒直径介于 0.5μm 到几毫米；有最大颗粒浓度限制。下面简单介绍几个光学现象。

1) 反射、折射、漫反射、色散

(1) 反射 (reflection)。光射到两种介质的分界面上时，有一部分光改变传播方向，回到原介质中内继续传播，这种现象称为光的反射。反射光线、入射光线和法线在同一平面，反射光线和入射光线分别位于法线两侧，反射角等于入射角 (图 6-5-14(a))。

(2) 折射 (refraction)。光从一种透明介质 (如空气) 斜射入另一种透明介质 (如水) 时，传播方向一般会发生变化，这种现象称为光的折射。光从空气斜射入水或其他介质中时，折射光线与入射光线、法线在同一平面；折射光线和入射光线分居法线两侧，折射角小于入射角；入射角增大时，折射角也随着增大；当光线垂直射向介质表面时，传播方向不变。当光从水或其他介质中斜射入空气时，折射角大于入射角 (图 6-5-14(b))。

(3) 漫反射 (diffuse reflection)。投射在粗糙表面上的光向各个方向反射的现象称为漫反射。当一束平行的入射光线射到粗糙的表面时，表面会把光线向四面八方反射，所以入射光线虽然互相平行，但是由于各点的法线方向不一致，反射光线向不同的方向无规则地反射，这种反射称为漫反射或漫射 (图 6-5-14(c))。

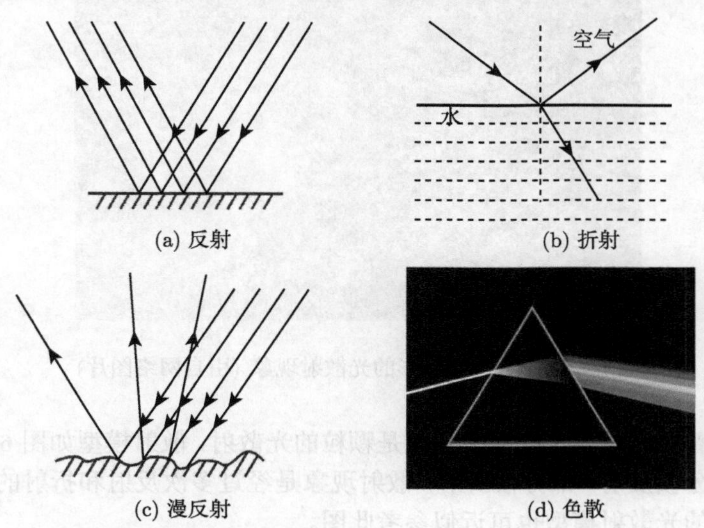

(a) 反射　(b) 折射　(c) 漫反射　(d) 色散

图 6-5-14　光的反射、折射、漫反射和色散

(4) 色散 (dispersion)。材料的折射率随入射光线频率的减小 (或波长的增大) 而减小的性质，称为色散。色散可以通过棱镜或光栅等作为 "色散系统" 实现，例如，一细束阳光可被棱镜分为红、橙、黄、绿、蓝、靛、紫七色光。这是由复色光中的各种颜色光的折射率不同而造成的 (图 6-5-14(d))。

2) 散射 (scattering)

当光线通过光学性质均匀的介质或两种折射率不同的均匀介质的界面时，光线会发生反射、折射、色散等现象。无论反射或折射的光线都仅限于在特定的一些方向上，而在其他方向光强则等于零。而光线通过不均匀透明介质时，部分光线偏离原来方向而分散传播，从而在各个方向都可以看到光的现象称为光的散射。介质的光学性质不均匀可能来源于均匀介质中散布着折射率不同的其他物质的大量微粒，如尘埃、烟、雾、悬浮液、乳状液等，也可能来自介质本身的不规则构成，如毛玻璃等。自然界中常见的光散射现象如图 6-5-15 所示，云彩中分布有不同粒径的气溶胶颗粒，阳光照射会因此发生散射。

光散射分为瑞利散射、米氏散射、拉曼散射三类。瑞利散射发生在微粒尺度比光的波长小的条件下，散射光强反比于入射光波波长的四次方。米氏散射发生在微粒尺度接近波长，甚至比波长大时，散射光强与波长的依赖关系不再明显，即各种波长的光散射程度相当。拉曼散射是散射后光波波长改变，实现波段转移，散射波的能量小于入射波的能量。

图 6-5-15　天空中云彩的光散射现象 (引自网络图片)

相位多普勒测量技术的光学基础是颗粒的光散射，散射模型如图 6-5-16 所示，入射光线部分被反射，部分被折射，散射现象是经过多次反射和折射的综合效果。液滴和气泡的光散射模型也可近似参考此图。

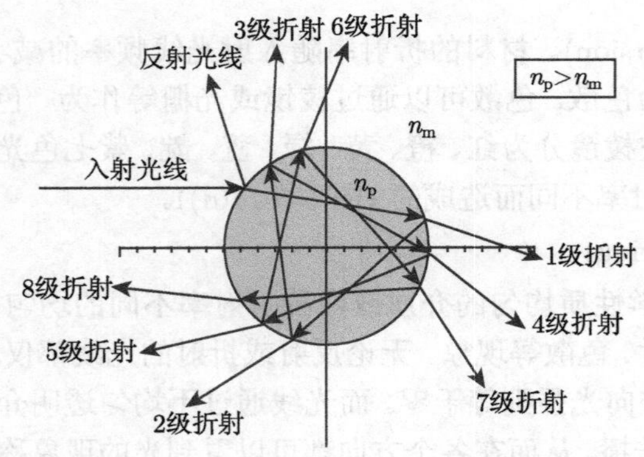

图 6-5-16　散射模型

3) 散射光的空间干涉

商用的相位多普勒测量仪既可以测量流体速度，也可以测量粒子直径。在相位多普勒测量仪中，依靠运动微粒的散射光与入射光之间的频差来获得速度信息，通过分析球形粒子的反射或折射的散射光产生的相位差来确定粒径的大小。相位差探测如图 6-5-17 所示，两束有固定夹角的入射光照射到颗粒上，颗粒散射入射光，散射光在空间发生干涉，利用两个信号探测器探测相位差。两个信号探测器探测的相位差与粒径有直接关系。

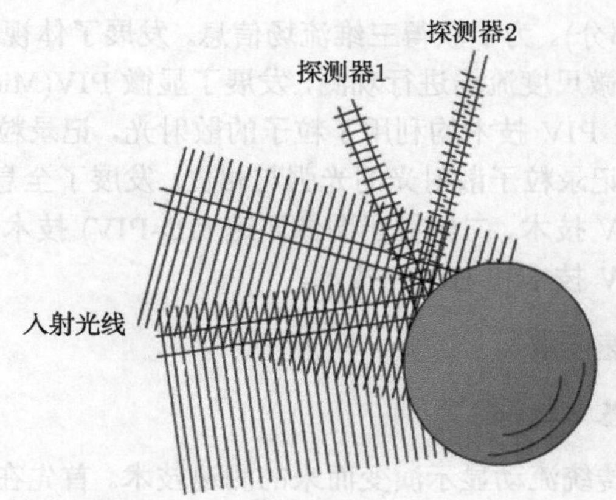

图 6-5-17 相位多普勒测量仪光学原理示意图

4) 2π 不确定性

采用两个探测器系统，当粒径增加时，相位差增加。但由于相位差 2π 是一个周期，两个探测器系统具有相位的 2π 不确定性。

采用三个探测器系统可以解决 2π 不确定性，而且增加了粒径的可测量范围，具有高的测量灵敏度。目前相位多普勒测量仪多采用三个探测器，有兴趣的读者可以参考有关文献。

6.6 粒子图像测速技术

6.6.1 基本概念

流体力学面临着许多非定常复杂的流动测量问题，将光学、计算机、图像处理等高科技手段引入流体力学的测量中，发展了目前广泛应用的粒子图像测速 (PIV) 技术。PIV 技术的出现首先是动态流场测试的需要，因为流体力学中许多待测的流场是瞬变的、动态的。其次是了解空间结构的需要，如非定常涡旋结构及湍流结构。

PIV 测量的基本过程是，在流场中撒布示踪粒子，用激光片光照明，连续两次或多次曝光，获得 PIV 底片，通过图像处理得到流场速度的大小和方向。PIV 技术的重要特点是克服了单点测量技术的局限性，可以在同一时刻记录整个流场的信息，提供丰富的流动空间结构。PIV 可以冻结某一时刻的流动状态，从而可能揭示出隐藏着的复杂涡旋流动和湍流流动结构。

PIV 技术是从粒子跟踪测速 (PTV) 技术发展而来的，首先改进的是在粒子判读方面。最早的 PIV 根据双粒子底片的杨氏条纹进行速度判读 (6.6.3 节第一部分)。出现数字相机后，数字粒子图像测速 (DPIV) 技术对底片进行自相关或互相关

处理 (6.6.3 节第二部分)。为了获得三维流场信息，发展了体视 PIV(SPIV) 和层析 PIV(Tomo-PIV)。对微尺度流场进行观测，发展了显微 PIV(Micro-PIV)，在观测端增加了显微镜。上述 PIV 技术均利用了粒子的散射光，记录粒子散射光的光强信息。利用光的干涉，记录粒子散射光的光强与相位，发展了全息 PIV(HPIV) 技术。本节将依次介绍 PTV 技术、二维粒子图像测速 (2D-PIV) 技术、SPIV 技术、Tomo PIV 技术、Micro-PIV 技术和 HPIV 技术。

6.6.2 粒子跟踪测速技术

1. PTV 技术的基本概念

PTV 技术是从传统流动显示演变而来的测速技术。首先在流场中撒布示踪粒子，在光源照射下拍摄粒子图像。具体拍摄图像的方法有两种：

(1) 单幅图像、单次曝光法。用较长的曝光时间拍摄粒子的运动，记录粒子运动的迹线。在曝光时间长度确定后，可根据迹线的长度计算速度。

(2) 单幅图像、多次曝光法。有采用时间编码多次曝光方式的，也有采用两次曝光方式的。两次曝光方式是 PTV 技术主要采用的手段，其曝光控制容易实现，粒子位置的判读精度较高。

可见，PTV 技术是跟踪具体的粒子，适合在流场中撒布的示踪粒子数量较少的场景使用，容易识别粒子的运动位置，因此测量获得的速度矢量少。PTV 技术能否由计算机自动判读、跟踪的关键技术是粒子识别，即如何从一群外形无任何特殊标记的粒子图像中识别某一粒子在各序列图像中的位置。

2. PIV 与 PTV 的异同

PIV 和 PTV 均是流体测量速度场的方法，均需加入示踪粒子。两者的根本区别在于：

(1) 在描述流体速度场方法上，PTV 技术是跟踪具体的粒子，基于拉格朗日观点描述流体运动。而 PIV 技术不需要识别具体的粒子，基于欧拉观点描述速度场。

(2) 在图像处理时，PIV 技术将图像划分成不同的判读区，对每一个判读区均进行相关计算，从而获得每个判读区的代表速度矢量；而 PTV 技术无须进行相关计算，只需要对每个示踪粒子进行追踪获取该粒子代表的流体速度。因此，PIV 技术需要的示踪粒子多，要求每个判读区都需要达到一定的粒子密度，PTV 技术示踪粒子不能太多以避免给粒子识别、追踪带来困难。

PIV 技术图像处理的关键是图像相关计算，PTV 技术图像处理的关键是粒子识别。PIV 技术可以在图像上获得整个速度场，而 PTV 技术获得速度矢量的多少取决于所跟踪的粒子数，往往需要进行叠加才能获得整个速度场。总体来说，PIV 技术比 PTV 技术应用更广泛。

6.6.3 二维粒子图像测速技术

1. 杨氏条纹法 2D-PIV 技术

1) 杨氏条纹产生原理

一束光波经过双缝后形成两束相干光波，在右侧屏幕上可以形成明暗相间的干涉条纹 (图 6-6-1)，两个明条纹之间或两个暗条纹之间的距离为

$$\Delta x = \frac{D}{d}\lambda \tag{6-6-1}$$

其中，Δx 是条纹间距，D 是形成双缝的平面到屏幕的垂直距离，d 是双缝之间的距离，λ 是光源波长。

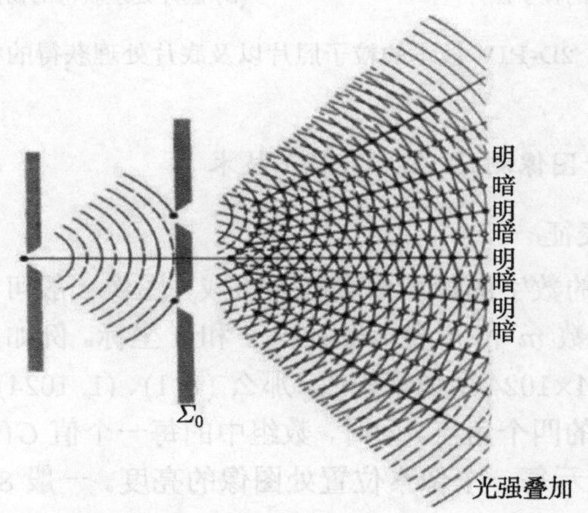

图 6-6-1 双缝干涉示意图

2) 2D-PIV 底片形成和处理

通过胶片照相技术，记录两次曝光的粒子图像形成 2D-PIV 底片。在底片上，粒子成对出现 (图 6-6-2(a))。用一束激光照射底片，激光光斑处成对的粒子类似双缝，在底片后面的屏幕上产生干涉条纹 (图 6-6-2(b))。干涉条纹的疏密与两次曝光时间间隔内粒子运动的距离相关，除以时间即可获得粒子运动的速度大小，从条纹的倾斜方向可推测速度的倾斜角度。在图像处理时，固定胶片，通过精确移动激光光斑可以对应获得流场各点的速度大小和方向。

3) 杨氏条纹法 2D-PIV 的缺陷

杨氏条纹法处理 2D-PIV 底片是早期的 PIV 技术。实验采用照相机记录粒子图像，两次曝光后的粒子图像在同一张底片上，实验在暗房内进行。流场内各点的速度通过激光扫描照相胶片各点形成杨氏条纹来确定，实验数据后处理工作量大。照相胶片经过冲洗后会产生卷曲，求解流体内对应点会产生失真，因此当时的

PIV 技术使用范围受到极大限制。计算机技术、图像处理技术的发展给 PIV 带来生机。

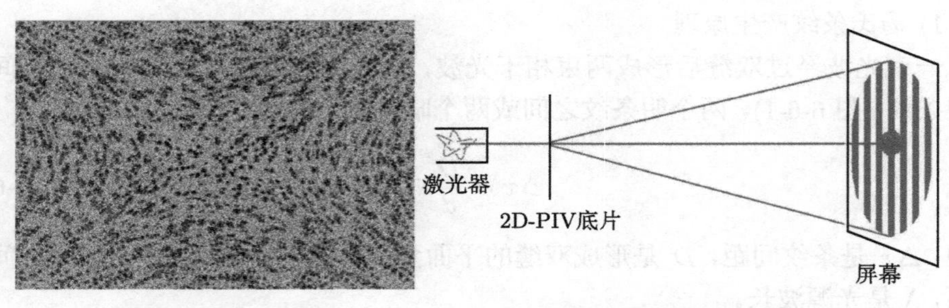

(a) 2D-PIV技术的粒子照片 (b) 底片处理获得的杨氏条纹

图 6-6-2 2D-PIV 技术的粒子照片以及底片处理获得的杨氏条纹

2. 二维数字粒子图像测速 (2D-DPIV) 技术

1) 图像的数字表征

CCD 相机采集的数字图像由像素阵列组成，图像一般可以用二维数组 $G(m, n)$ 表示。其中，正整数 m 和 n 表示像素的 x 和 y 坐标。例如，人们常说的百万像素的方形图像由 1024×1024 个像素构成，那么 (1, 1)、(1, 1024)、(1024, 1) 和 (1024, 1024) 分别是该图像的四个角点。同时，数组中的每一个值 $G(m, n)$ 为位置 (m, n) 处的灰度值，用来表示每一个像素位置处图像的亮度。一般 8 位灰度图以 0 表示最暗，$255(= 2^8 - 1)$ 表示最亮。

2) 2D-DPIV(2D-PIV) 实验系统

随着计算机图像处理技术的发展，杨氏条纹法 2D-PIV 已经完全被 2D-DPIV 技术取代，因此 2D-DPIV 通常就是指 2D-PIV。图 6-6-3 给出了 2D-DPIV(2D-PIV) 的系统构成。PIV 系统通常包括以下几个组成部分：光源、图像采集设备 (CCD)、同步控制器、示踪粒子和计算机。测量时，首先在流场中均匀撒布示踪粒子。示踪粒子应不溶解于实验流体，粒子尺寸在几微米到几十微米范围。为了使粒子跟随性好，要求粒子密度与流体密度相匹配，常用聚苯乙烯小球、镀银空心玻璃球、松花粉等。光源发出的光经过柱状透镜等光路形成片光照明流场。PIV 系统多采用脉冲激光光源或者连续激光光源加斩波器，其发射光的强度可以使散布于流场中的微小示踪粒子能清晰地被图像记录仪捕捉到，为后期的分析计算提供高质量的图像。通过同步控制器操控 CCD 的拍摄及脉冲激光的发射。拍摄图像后，通过软件进行图像相关计算得到流场分布。

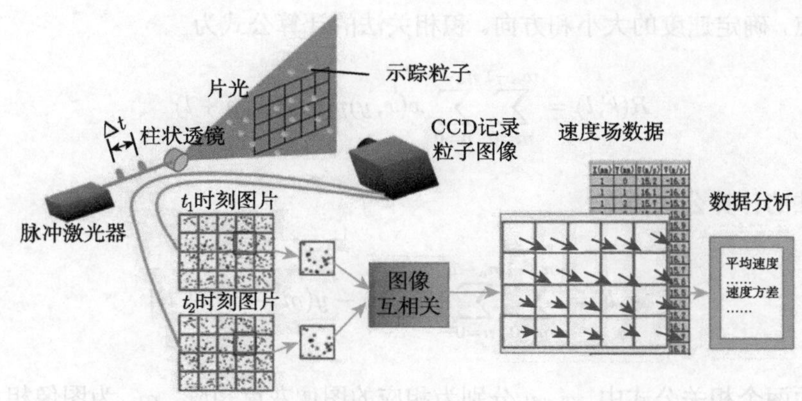

图 6-6-3 2D-DPIV(2D-PIV) 系统构成

3) 图像相关计算及处理方法

PIV 技术图像处理的核心是相关算法。首先将拍摄得到的图像划分为不同的判读区，如图 6-6-4 左侧所示。判读区的划分应保证每个判读区内示踪粒子个数达到一定的数量，并考虑测量需求的速度矢量空间分辨率大小，一般单个判读区大小取 16×16 像素、32×32 像素或 64×64 像素。以最常用的两帧图像互相关为例，将时间间隔 Δt 拍摄的两帧图像进行互相关处理，如图 6-6-4 所示，第一帧图像中的某个判读区与第二帧图像中位置相差 $(\Delta x,\Delta y)$ 的区域达到最大相关性 (对应图中的相关峰值)，即可知该判读区的速度矢量为 $(\Delta x/\Delta t,\Delta y/\Delta t)$。

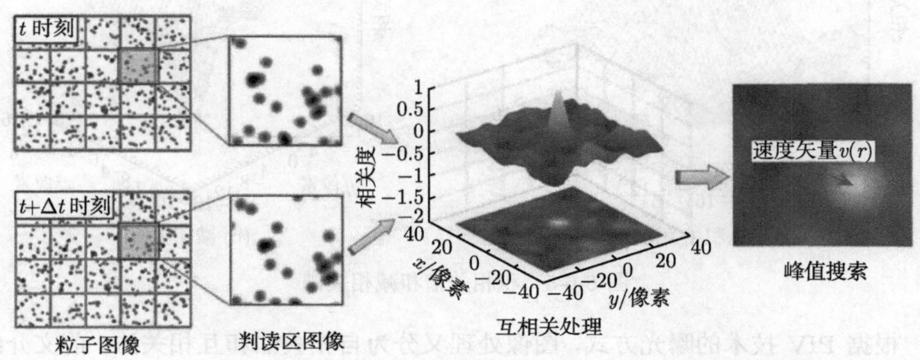

图 6-6-4 判读区划分、最大相关性的计算以及速度矢量的获得示意图

图像相关计算的数学方法分为积相关法和减相关法，通过计算相关谱获得最

大相关点，确定速度的大小和方向。积相关法的计算公式为

$$R(k,l)=\sum_{m=0}^{m_{\mathrm{a}}-1}\sum_{n=0}^{n_{\mathrm{a}}-1}x(x,y)y(m+k,n+l) \tag{6-6-2}$$

减相关法的计算公式为

$$R(k,l)=\sum_{m=0}^{m_{\mathrm{a}}-1}\sum_{n=0}^{n_{\mathrm{a}}-1}\left|x(x,y)-y(m+k,n+l)\right| \tag{6-6-3}$$

上面两个相关公式中，x、y 分别为相应的图像灰度矩阵，m_{a} 为图像相关计算小区域的横向像元数，n_{a} 为图像相关计算小区域的纵向像元数。进行归一化处理来表示最终的相关谱 (图 6-6-5)[3,4]：

$$\rho(k,l)=\frac{R(k,l)}{\sqrt{\sum_{m=0}^{m_{\mathrm{a}}-1}\sum_{n=0}^{n_{\mathrm{a}}-1}x^2(x,y)}\sqrt{\sum_{m=0}^{m_{\mathrm{a}}-1}\sum_{n=0}^{n_{\mathrm{a}}-1}y^2(m+k,n+l)}} \tag{6-6-4}$$

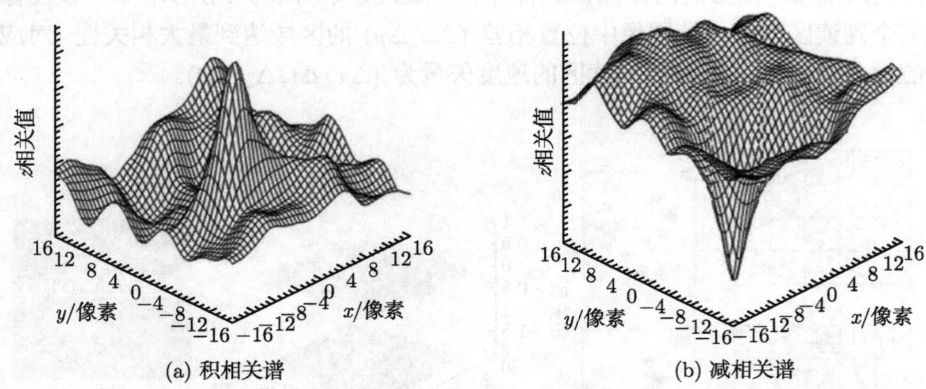

(a) 积相关谱　　(b) 减相关谱

图 6-6-5　积相关谱和减相关谱

根据 PIV 技术的曝光方式，图像处理又分为自相关法和互相关法。前文介绍过互相关是基于前后两帧图像进行相关处理，自相关是对两次曝光在同一幅图像上进行相关计算。自相关判读识别的准确度较低，存在速度方向二义性，速度测量范围较小；而互相关降低了背景噪声，信噪比提高，判读识别的准确度更高，测量范围较大。通常实验中更多使用互相关法。

PIV 技术的优点包括：它是一种实时的测量技术，是全场测量技术；可以了解流场动态的流动结构；可以了解流场动态流动结构的演变过程 (受计算机存储容量的限制)；可以测量速度的脉动过程。但是，PIV 技术受计算机容量的限制，以及图像处理的复杂过程不适合测量速度的脉动过程。

4) PIV 技术实验测量

下面举例说明 PIV 技术的使用 [5,6]。

【例 6-6-1】 用 PIV 技术测量两层流体 Bénard-Marangoni 对流。多层流体的界面对流现象广泛存在于许多工业生产过程中，如液体覆盖晶体生长技术、镀层技术等。研究这些带有界面对流现象的理想模型是多层或两层互不相容流体模型。实验模型是水平截面的尺寸为 100mm×40mm 的矩形液池，实验液体选用 FC-70 和 10cSt 硅油，液体总厚度为 8.56mm，上下层厚度比可在一个较大区间变化。图 6-6-6 为流体界面流场的 PIV 粒子图像，经过图像处理后获得速度场 (图 6-6-7)。实验得到了不同厚度比下的超临界对流模式，研究了稳定流场向振荡流场的转变过程。

图 6-6-6 流体界面流场的 PIV 粒子图像

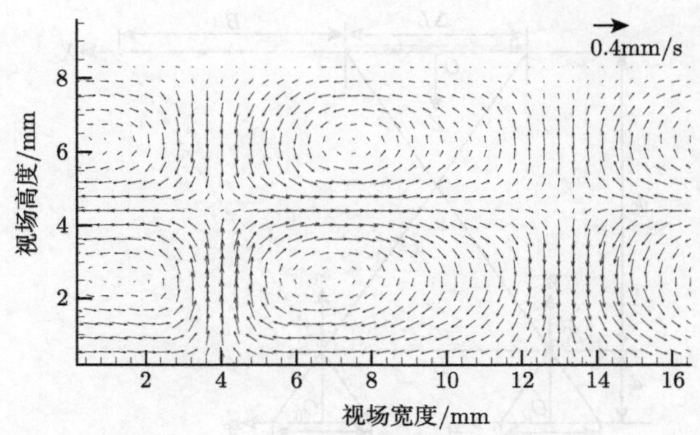

图 6-6-7 速度场分布

3. 体视 PIV(SPIV) 技术

最初的三维粒子图像测速技术是测量流场一个截面上的三维速度场分布，即 3D-PIV，又称体视 PIV(SPIV) 技术 [7]。

1) SPIV 基本原理

SPIV 系统基于原有的数字式粒子图像测速系统，利用类似于生物双目视觉原理，使用两套数字式粒子图像测速装置，空间上按照一定倾斜角度同时拍摄实验区域。通过得到的两套二维速度向量场，按照三维重建理论合成计算得到测试区域内的三维速度向量场结果，见图 6-6-8。

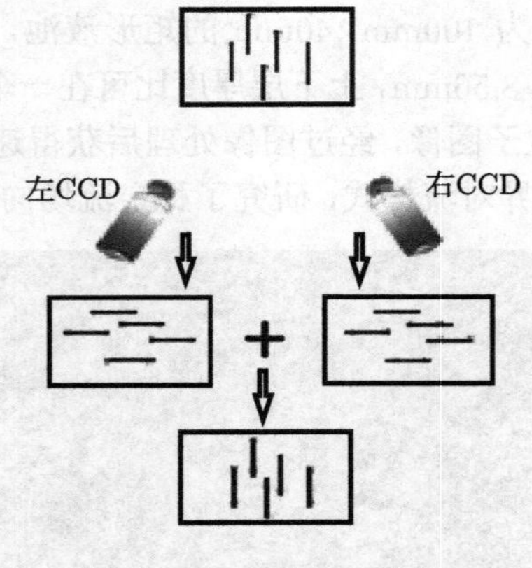

图 6-6-8　SPIV 基本原理

SPIV 计算方法的三维重建理论依据摄影理论，图 6-6-9 为最佳正直摄影布置图。

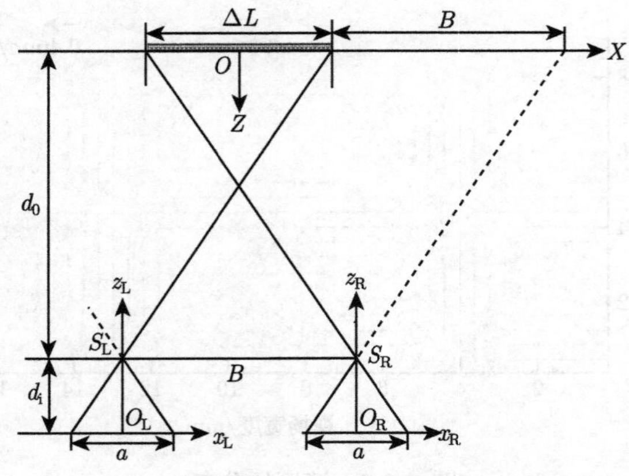

图 6-6-9　最佳正直摄影布置图

对于物空间 (X, Y, Z) 任一给定点，该处粒子位移可表示为

$$\begin{cases} \Delta X = X' - X \\ \Delta Y = Y' - Y \\ \Delta Z = Z' - Z \end{cases} \tag{6-6-5}$$

通常情况下，粒子位移前后物空间坐标 (X, Y, Z) 与左、右 CCD 像面坐标 $(x_{\rm L}, y_{\rm L}, z_{\rm L})$ 和 $(x_{\rm R}, y_{\rm R}, z_{\rm R})$ 的关系可表示为

$$\begin{cases} x_{\rm L} = \dfrac{L_1^{\rm L}X + L_2^{\rm L}Y + L_3^{\rm L}Z + L_4^{\rm L}}{L_9^{\rm L}X + L_{10}^{\rm L}Y + L_{11}^{\rm L}Z + 1}, & x'_{\rm L} = \dfrac{L_1^{\rm L}X' + L_2^{\rm L}Y' + L_3^{\rm L}Z' + L_4^{\rm L}}{L_9^{\rm L}X' + L_{10}^{\rm L}Y' + L_{11}^{\rm L}Z' + 1} \\ y_{\rm L} = \dfrac{L_5^{\rm L}X + L_6^{\rm L}Y + L_7^{\rm L}Z + L_8^{\rm L}}{L_9^{\rm L}X + L_{10}^{\rm L}Y + L_{11}^{\rm L}Z + 1}, & y'_{\rm L} = \dfrac{L_5^{\rm L}X' + L_6^{\rm L}Y' + L_7^{\rm L}Z' + L_8^{\rm L}}{L_9^{\rm L}X' + L_{10}^{\rm L}Y' + L_{11}^{\rm L}Z' + 1} \\ x_{\rm R} = \dfrac{L_1^{\rm R}X + L_2^{\rm R}Y + L_3^{\rm R}Z + L_4^{\rm R}}{L_9^{\rm R}X + L_{10}^{\rm R}Y + L_{11}^{\rm R}Z + 1}, & x'_{\rm R} = \dfrac{L_1^{\rm R}X' + L_2^{\rm R}Y' + L_3^{\rm R}Z' + L_4^{\rm R}}{L_9^{\rm R}X' + L_{10}^{\rm R}Y' + L_{11}^{\rm R}Z' + 1} \\ y_{\rm R} = \dfrac{L_5^{\rm R}X + L_6^{\rm R}Y + L_7^{\rm R}Z + L_8^{\rm R}}{L_9^{\rm R}X + L_{10}^{\rm R}Y + L_{11}^{\rm R}Z + 1}, & y'_{\rm R} = \dfrac{L_5^{\rm R}X' + L_6^{\rm R}Y' + L_7^{\rm R}Z' + L_8^{\rm R}}{L_9^{\rm R}X' + L_{10}^{\rm R}Y' + L_{11}^{\rm R}Z' + 1} \end{cases} \tag{6-6-6}$$

粒子在左、右摄影像面上的位移量可表示为

$$\begin{cases} \Delta x_{\rm L} = x'_{\rm L} - x_{\rm L} \\ \Delta y_{\rm L} = y'_{\rm L} - y_{\rm L} \\ \Delta x_{\rm R} = x'_{\rm R} - x_{\rm R} \\ \Delta y_{\rm R} = y'_{\rm R} - y_{\rm R} \end{cases} \tag{6-6-7}$$

$$\begin{cases} \Delta x_{\rm L} = \dfrac{L_1^{\rm L}X' + L_2^{\rm L}Y' + L_3^{\rm L}Z' + L_4^{\rm L}}{L_9^{\rm L}X' + L_{10}^{\rm L}Y' + L_{11}^{\rm L}Z' + 1} - \dfrac{L_1^{\rm L}X + L_2^{\rm L}Y + L_3^{\rm L}Z + L_4^{\rm L}}{L_9^{\rm L}X + L_{10}^{\rm L}Y + L_{11}^{\rm L}Z + 1} \\ \Delta y_{\rm L} = \dfrac{L_5^{\rm L}X' + L_6^{\rm L}Y' + L_7^{\rm L}Z' + L_8^{\rm L}}{L_9^{\rm L}X' + L_{10}^{\rm L}Y' + L_{11}^{\rm L}Z' + 1} - \dfrac{L_5^{\rm L}X + L_6^{\rm L}Y + L_7^{\rm L}Z + L_8^{\rm L}}{L_9^{\rm L}X + L_{10}^{\rm L}Y + L_{11}^{\rm L}Z + 1} \\ \Delta x_{\rm R} = \dfrac{L_1^{\rm R}X' + L_2^{\rm R}Y' + L_3^{\rm R}Z' + L_4^{\rm R}}{L_9^{\rm R}X' + L_{10}^{\rm R}Y' + L_{11}^{\rm R}Z' + 1} - \dfrac{L_1^{\rm R}X + L_2^{\rm R}Y + L_3^{\rm R}Z + L_4^{\rm R}}{L_9^{\rm R}X + L_{10}^{\rm R}Y + L_{11}^{\rm R}Z + 1} \\ \Delta y_{\rm R} = \dfrac{L_5^{\rm R}X' + L_6^{\rm R}Y' + L_7^{\rm R}Z' + L_8^{\rm R}}{L_9^{\rm R}X' + L_{10}^{\rm R}Y' + L_{11}^{\rm R}Z' + 1} - \dfrac{L_5^{\rm R}X + L_6^{\rm R}Y + L_7^{\rm R}Z + L_8^{\rm R}}{L_9^{\rm R}X + L_{10}^{\rm R}Y + L_{11}^{\rm R}Z + 1} \end{cases} \tag{6-6-8}$$

由此可见，对于物空间的给定点 (X, Y, Z)，若测得左、右像面上相应同名点处的位移量，再通过求解该超定方程组，就可以求出物空间位移量 ΔX、ΔY、ΔZ。

2) 实验测量

利用 SPIV 技术可以测量某一截面上的三维速度场分布，实验结果如图 6-6-10 所示。

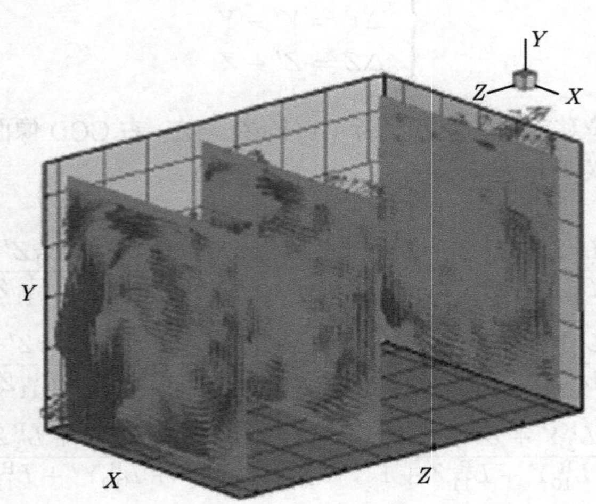

图 6-6-10　三维速度场测量结果

SPIV 技术已经成熟，可以直接购买相关设备，可以获得更真实的流动结构，但其实验过程比 2D-PIV 复杂，实验难度大。

4. 全息 PIV(HPIV) 技术 [3,8,9]

SPIV 实现后，人们自然而然地希望获得三维空间的三维速度分布。由于全息技术可获得三维立体图像，因此发展了全息 PIV(HPIV) 技术，它将会实现对流场三维空间三维速度的测量。

1) HPIV 技术基本概念

全息照相是英国科学家 Dennis Gabor 于 1948 年提出的，他因此于 1971 年获得了诺贝尔物理学奖。全息照相不仅记录了被摄物体反射或透射光波的振幅信息，而且记录了光波的相位信息。其原理是利用光的干涉现象，在记录介质上以干涉条纹的形式把图像记录下来，通过重构获得物体的三维图像。普通照相记录的仅是物光的振幅信息，而全息照相记录振幅和相位信息。其特点是：它的像有三维立体性，其干板具有可分割性、可多次记录性，不存在光路失调问题等。

两束以某一角度 θ 的相干光在干板上叠加 (图 6-6-11) 并形成干涉条纹，干涉条纹的间距为

$$\Delta x = \frac{\lambda}{\sin\theta} \tag{6-6-9}$$

每毫米内存在的干涉条纹数称为空间频率或空间载波。如果在一束光中放置一块

透射体或反射体，见图 6-6-12，其透射光或反射光与参考光叠加而形成干涉条纹，该干涉条纹不再是规则排列的清晰条纹，其空间载波被物体所调制。

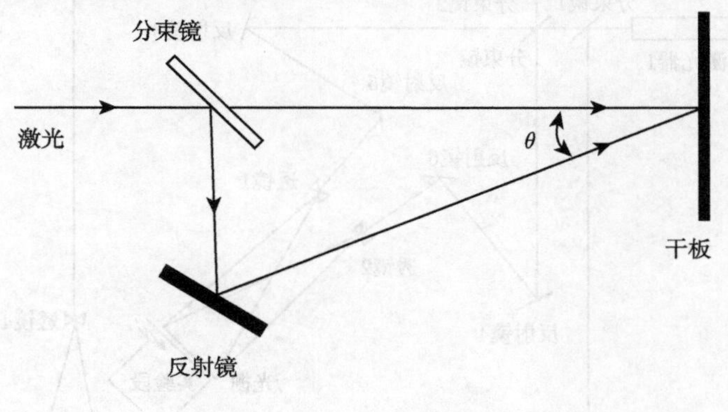

图 6-6-11 两束光相干

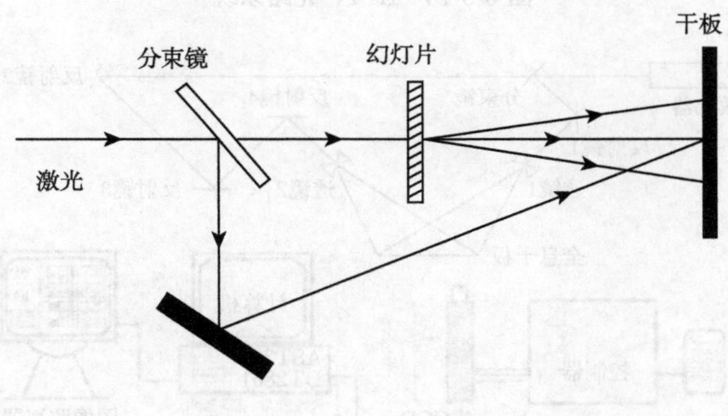

图 6-6-12 插入胶片 (幻灯片) 后条纹被调制

2) HPIV 技术的光学系统设计

图 6-6-13 是我国最早开展 HPIV 研制工作时设计并实现的 HPIV 光路系统。两台 Nd:YAG 脉冲激光器 (激光器 1 和激光器 2) 共用一套分束镜、反射镜以及透镜等，分别在两个方向上形成物光和参考光，实现在两个方向上记录流场示踪粒子的全息图。粒子图像再现时通过 CCD 进行正直摄影，见图 6-6-14。采用 SPIV 的三维重构算法重构出三维速度场。该技术实现了三维空间的三维速度测量。HPIV 由于光学技术复杂、记录空间有限，目前尚未得到具体应用。

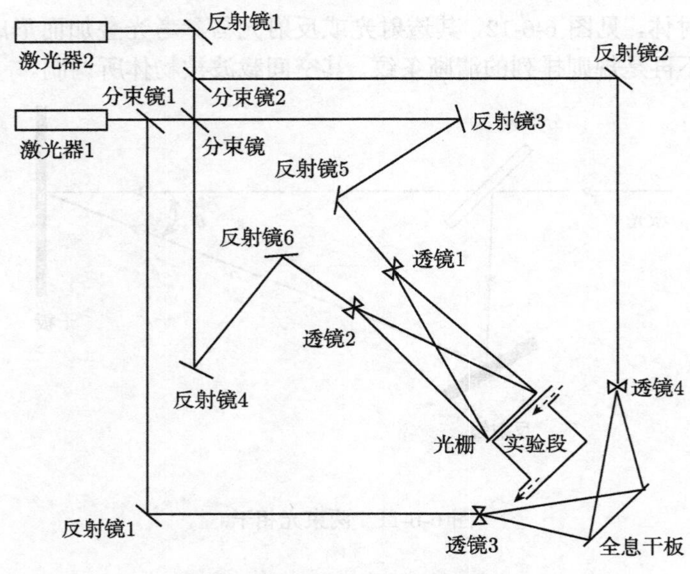

图 6-6-13　HPIV 光路系统

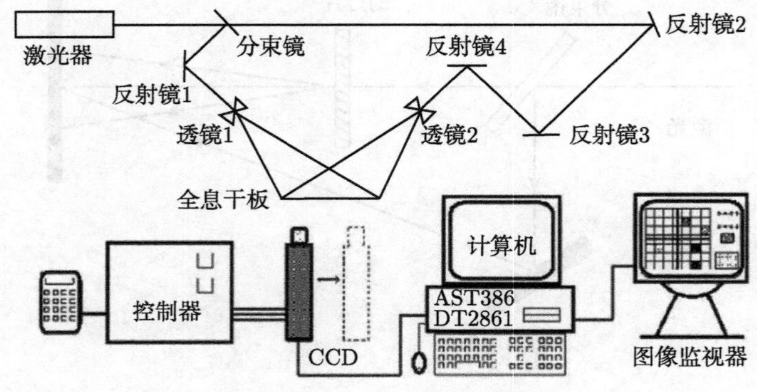

图 6-6-14　HPIV 底片判读系统

5. Tomo-PIV 技术

随着计算机技术以及图像处理技术的发展，加上实验流体力学的需求，Tomo-PIV 技术被研制出来。Tomo-PIV 是 SPIV 概念的拓展，这种技术能够测量记录某一瞬时三维空间内各点三个速度的分量。其原理是层析体空间重构，该原理来自广为人知的磁共振成像。被激光照亮的三维体空间内的粒子散射光强的三维分布通过四台照相机从四个不同的角度所拍摄的图像重构出来。其算法采用三维互相关迭代计算得到体空间的三维速度场分布。Tomo-PIV 相机组成如图 6-6-15 所示。

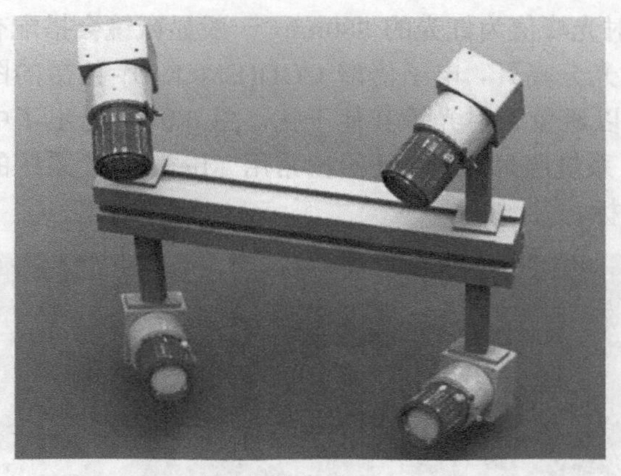

图 6-6-15 Tomo-PIV 相机组成

6. Micro-PIV 技术

1) Micro-PIV 技术概念及与 PIV 的差异

PIV 与显微镜相结合，发展成为 Micro-PIV 技术。Micro-PIV 基本原理与普通 PIV 是一致的，但是为了更有效地观测微尺度的流动，系统的构成有所不同。Micro-PIV 观测必须要基于显微镜，而显微镜的一个重要光学元件为物镜。物镜的主要作用是对被测目标进行放大，提高微细结构的空间分辨率。物镜的选择和实验要求紧密相关，包括流场尺度、荧光示踪粒子粒径以及测量精度等要求。我们拿到一个物镜，都能看到其侧壁标注的参数，如“100×/1.35”，代表物镜的两个主要指标：放大倍率 M 为 100 倍、数值孔径 (numerical aperture, NA) 为 1.35。放大倍率 M 表征物镜对被测对象的放大能力，一般要观测更小尺度的物体则需要更高的放大倍数。数值孔径则决定了物镜的光学分辨率和聚光的能力。显微系统的光学分辨率极限为 $d=\dfrac{0.61\lambda}{\mathrm{NA}}$(参考 3.4.3 节)，完全由NA决定而与放大倍数 M 无关。此外，物镜的工作距离、焦平面厚度等参数也对实验有影响。Micro-PIV 系统是体照明，无须 PIV 系统形成片光的光路系统，但 Micro-PIV 观察的实际是物镜焦平面附近的图像。

Micro-PIV 与 PIV 另一个不同在于，微流动 Micro-PIV 测量使用的示踪粒子粒径往往小于 1μm，此时瑞利散射起主导，散射光强随粒径六次方衰减。因此，必须采用荧光颗粒作为示踪粒子，荧光的基本原理可参考 Stokes 漂移 (Stokes shift)。光的波长越小能量越高，因此入射激发光波长应小于被激发的发射光波长。例如，常见的荧光粒子有如下两种：488nm/512nm 和 532nm/580nm。前者表示由 488nm 波长峰值的蓝光激发，发射光峰值为偏绿光的 512nm；后者表示由 532nm 波长峰值的绿光激发，发射光峰值为红光的 580nm。一般显微镜会搭配有滤镜组将不同波段的入射光和发射光分离开，电子倍增 CCD(EMCCD) 拍摄的图像只接收荧光粒子的发射光波段，以避免入射光等其他干扰。图 6-6-16 给出了中国科学院力学研究所的 Micro-PIV 系统照片。下文还给出常用 Micro-PIV 系统的主要组成部分的参数及主要技术指标。

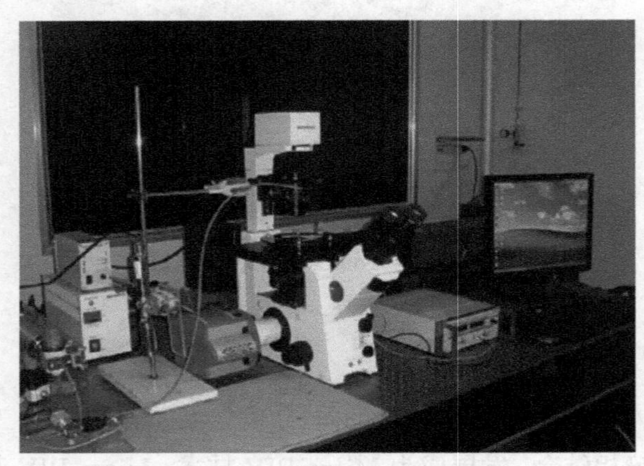

图 6-6-16　中国科学院力学研究所的 Micro-PIV 系统照片

2) 系统组成

Micro-PIV 一般由三部分组成：① 荧光倒置显微镜，一般配 100×/1.35、40×/0.6、20×/0.5 等不同规格物镜；② 双脉冲激光器 (532nm)、连续激光器 (488nm，532nm)；③ 图像检测器 (EMCCD)，8μm/像素，量子效率 60%~70%，1000×1000 像素。

3) 主要技术指标

Micro-PIV 的图像空间分辨率为 100~1000nm，流速测量范围为 10μm/s~1m/s；示踪粒子直径在 0.05~2μm 范围。

4) 测量实例

【例 6-6-2】　矩形微流道全场速度测量。

矩形微流道长 3cm，横截面积 55μm×20μm，在一个水平剖面上用 Micro-PIV 拍摄的速度场如图 6-6-17 左侧所示。这是自相关图像，图中 200nm 的聚苯乙烯荧光示踪粒子的光斑成对出现，曝光时间间隔约 10ms。判读区大小为 64×8 像素，计算得到较高空间分辨率的速度分布图如图 6-6-17 右侧所示。

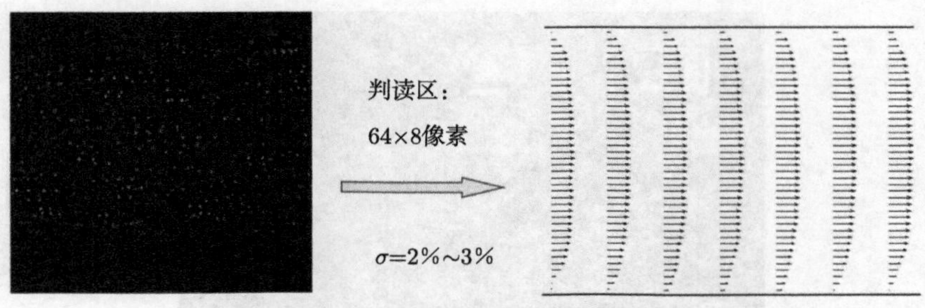

图 6-6-17　矩形微流道全场速度测量

6.7　本 章 小 结

本章从流体力学的基本概念出发，首先介绍了低速实验流体力学的发展及常用设备，如风洞、水洞等。6.3 节介绍了流动显示技术，包括氢气泡法、染色液法等。6.4 节基于伯努利原理介绍了压强、流量及平均流速测量方法，如皮托管等。6.5 节介绍了常用单点流速测量技术，如 HWA、LDV 等，以及它们的基本原理、主要设备、优缺点。由于 PIV 技术在当前流体实验研究中获得了广泛应用，6.6 节着重介绍了该技术的基本原理、设备及其扩展技术 Micro-PIV、Tomo-PIV 等。

思考题及习题

1. 请判断如下流体实验方法哪些是定性的，哪些是定量的，哪些能观测流动结构，哪些能测量流场脉动和湍流度：氢气泡法、染色液法、阴影法、纹影法、HWA、LDV、PIV。

2. 流体总压强、静压强、动压强的基本概念及三者的关系。为了测量静压强和总压强，应如何放置压力探头？

3. LDV 的基本原理是什么？LDV 如何实现一维、二维、三维速度测量？LDV 是单点测量技术还是全场测量技术？

4. PIV、PTV 技术的基本原理是什么？PIV 与 PTV 的异同点有哪些？自相关和互相关的基本原理及区别各是什么？

5. PIV 与 LDV 的异同点各是什么？

6. 说明 PIV 技术中的三个关键点。写出 PIV 技术图像相关处理方法中的积相关函数和减相关函数，并说明两种相关方法的最大相关点分别在何处？

7. ADV 和 LDV 都利用了多普勒频移特性测量流场速度，但两者在测量原理上有什么不同 (提示：从测速原理、多维流场测量等方面考虑)？

8. LDV 通过检测什么信号测量流体速度？第 6 章题 8 图中激光多普勒测速采用了蓝光和绿光，请指出它们可以测量几个方向的速度？为什么采用不同颜色的光？

第 6 章题 8 图

9. PIV 技术中，两束激光合束的目的是什么？两次曝光的时间间隔根据什么选取？

10. 某实习小组用 U 形管对压力传感器进行标定 (第 6 章题 10 图)。一同学的实习报告中描述了测量过程，“将压力传感器接到 T 形三通的一端，连接好数据采集系统；记下 U 形管两端初始的汞柱高度。用打气筒向 U 形管内打气，待汞柱高差到一定值夹紧夹子，汞柱稳定后，开始采集数据”。请回答：① 所描述的测压方法是否正确？请在图中改正；② 如果汞柱高度差 h =10.2cm，汞柱密度为 13.596g/cm^3，写出相应的标定压力值及测量精度。

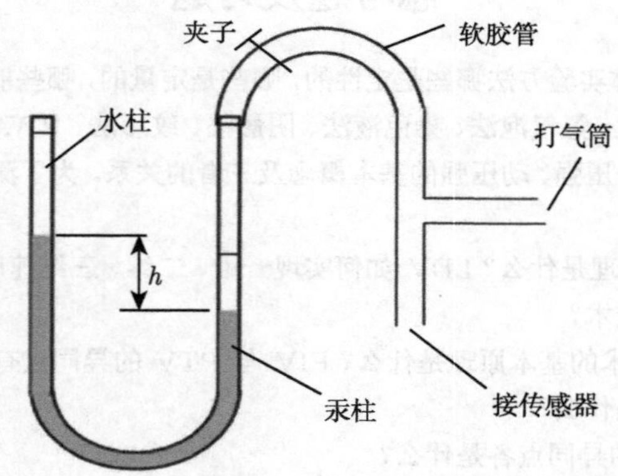

第 6 章题 10 图

11. 某实习小组采用 PIV 技术测量有迎角下模型机翼的尾涡流场。水槽实验段如第 6 章题 11 图所示，来流以速度 V_0 沿 Ox 方向流入，模型对称面在 xOz 平面。现有一台激光片光源和一台 CCD。请在图上标出片光源和 CCD 的位置并说明放置的理由。

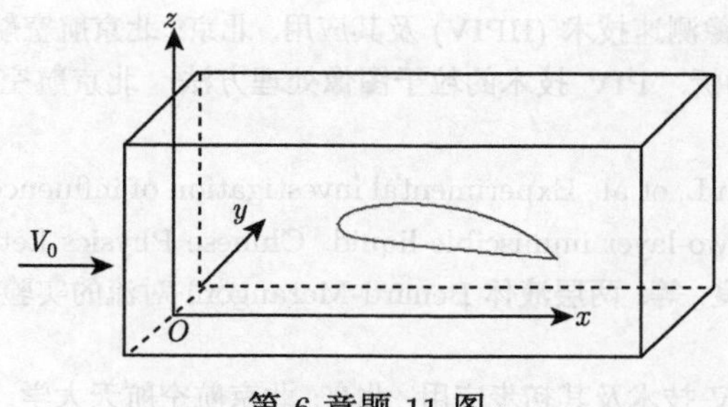

第 6 章题 11 图

12. 某实习小组用一维 HWA 测量高铁列车风流场 (第 6 章题 12 图)。设列车运动方向为 x，车身宽度方向为 y，高度方向为 z，三个速度分量分别为 u、v、w。请在第 6 章题 12 图右侧用示意图表示出探头的摆放位置 (标注坐标)，并说明获得的测量数据与上述速度分量的关系，并根据 HWA 原理解释原因。

第 6 章题 12 图

13. 说明伯努利原理的定义，写出伯努利方程。见第 6 章题 13 图，管道中充满水，比较底部主管路中水流静止时和流动时 a 管和 b 管水位的高度。

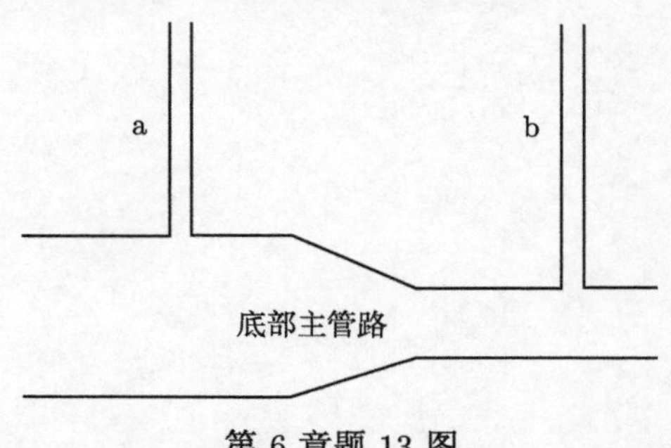

第 6 章题 13 图

参 考 文 献

[1] 周光垌, 严宗毅, 许世雄, 等. 流体力学. 北京: 高等教育出版社，2006

[2] 尹协振, 续伯钦, 张寒虹. 实验力学. 北京: 高等教育出版社, 2012

[3] 段俐. 全息粒子图像测速技术 (HPIV) 及其应用. 北京: 北京航空航天大学, 1998
[4] 段俐，康琦，申功炘. PIV 技术的粒子图像处理方法. 北京航空航天大学学报，2000, 26:79-82
[5] Li L J, Duan L, Hu L, et al. Experimental investigation of influence of interfacial tension on convection of two-layer immiscible liquid. Chinese Physics Letter, 2008, 25: 1734
[6] 李陆军，段俐，胡良，等. 两层液体 Benard-Marangoni 对流的实验研究. 力学学报, 2009, 41: 329-336
[7] 康琦. 体视 3D-PIV 技术及其初步应用. 北京: 北京航空航天大学, 1995
[8] 段俐，康琦，丁汉泉，等. 全息粒子图像测速技术及其初步应用. 北京航空航天大学学报，2000, 26: 83-86
[9] Shen G X, Duan L. Cross correlation HPIV. Proceeding of SPIE, 1999, 3783: 4

第 7 章　流场温度、浓度及表面形貌测量技术

在流体力学实验中，除了关注描述流体的运动状态所涉及的速度、位移、压强等物理量，同时也需要测量一些表征流体属性的物理量。本章将依次介绍关于流场温度、浓度、黏度测量技术的基本原理和方法。7.1 节介绍温度测量技术，主要包括热电偶、热色液晶及红外测温等技术；7.2 节分别介绍激光诱导荧光、光学干涉法等可用于测量浓度场的技术；7.3 节介绍几种表面形貌测量技术；通常低速空气和水的流动测量中将黏度作为常数处理，但实际应用中可能涉及非牛顿流体的测量，在 7.4 节简单介绍流体黏度测量方法；7.5 节介绍多相流中常用的实验测量方法。

7.1　温度测量技术

7.1.1　热电偶

1. 热电偶原理

热电偶的基本原理是热电效应，即受热物体中的电子 (空穴) 随着温度梯度由高温区向低温区移动时所产生的电流或电荷堆积的一种效应。将两种不同材质的金属导线连接成闭合回路，如果两接点的温度不同，由于金属的热电效应，在回路中就会产生一个与温差有关的电动势，称为热电势。在回路中串接一个毫伏表，就能测出热电势值，见图 7-1-1。热电势的大小只与两个接点的温差有关，与导线的长短粗细和导线本身的温度分布无关。这样一对导线的组合就称为热电偶温度计，简称热电偶。

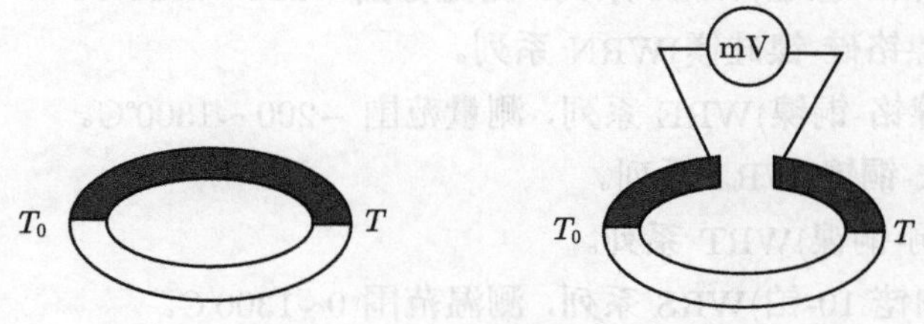

图 7-1-1　热电偶原理

2. 热电偶的定义及标定

热电偶是温度测量仪表中常用的测温元件，是测量温度的传感器。两种不同成

分的均质导体形成回路，当两接点存在温差时，就会在回路中产生电流，那么两端之间就会存在 Seebeck 热电势，即泽贝克效应。热电偶利用热电势的大小求出所对应的温度值。图 7-1-2 给出了常见热电偶的照片。

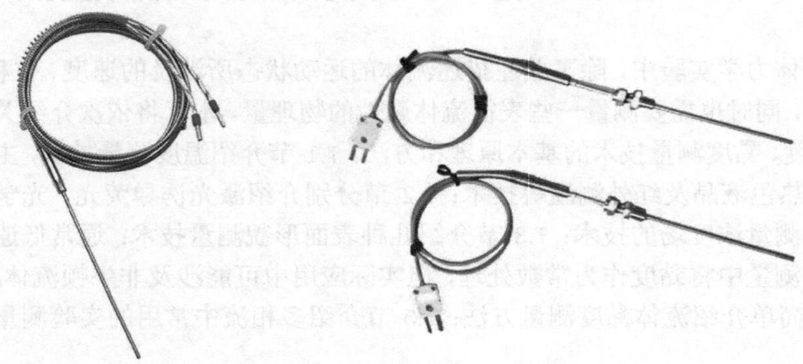

图 7-1-2　热电偶产品

热电偶使用前要进行标定，即将热电偶作为温度计，对热电偶的热电势与温度值 T 之间的关系进行标定。

3. 热电偶的种类

常用热电偶可分为标准热电偶和非标准热电偶两大类。标准热电偶是指国家标准规定了其热电势与温度的关系、允许误差并有统一的标准分度表的热电偶，有与其配套的显示仪表可供选用。非标准热电偶在使用范围或数量级上均不及标准热电偶，一般也没有统一的分度表，主要用于某些特殊场合的测量。我国从 1988 年 1 月 1 日起，标准热电偶和热电阻全部按 IEC 国际标准生产。按照制作材料的不同，常用的热电偶有如下类型：

(1) K 型 (镍铬-镍硅)WRK 系列，测温范围 −200 ~1300℃。

(2) N 型 (镍铬硅-镍硅镁)WRN 系列。

(3) E 型 (镍铬-铜镍)WRE 系列，测量范围 −200 ~1300℃。

(4) J 型 (铁-铜镍)WRJ 系列。

(5) T 型 (铜-铜镍)WRT 系列。

(6) S 型 (铂铑 10-铂)WRS 系列，测温范围 0~1300℃。

(7) R 型 (铂铑 13-铂)WRR 系列。

(8) B 型 (铂铑 30-铂铑 6)WRB 系列等，测温范围 0~1600℃。

按照性能，热电偶分为耐高温热电偶、耐磨热电偶、耐腐热电偶、耐高压热电偶、隔爆热电偶、抗氧化热电偶等。热电偶应用范围广，按使用环境分为铝液测温用热电偶、循环流化床用热电偶、水泥回转窑炉用热电偶、阳极焙烧炉用热电偶、高温热风炉用热电偶、汽化炉用热电偶、渗碳炉用热电偶、高温盐浴炉用热电偶、铜/铁及钢水用热电偶、真空炉用热电偶等。

4. 热电偶的优点

热点偶有如下优点：

(1) 测量精度高。热电偶直接与被测对象接触，不受中间介质的影响。

(2) 测量范围广。常用的热电偶从−50 ～1600℃均可测量，某些特殊热电偶最低可测到 −269℃(如金铁-镍铬)，最高可达 2800℃(如钨-铼)。

(3) 构造简单，使用方便。热电偶通常由两种不同的金属丝组成，而且不受大小等限制，外有保护套管，用起来非常方便。

5. 测量实例

【例 7-1-1】 浮力-热毛细对流温度振荡

热毛细对流是微重力流体物理的一个典型研究模型，在地面重力条件下，两端加热的薄液层流体，在表面张力和浮力的作用下，产生浮力-热毛细对流。图 7-1-3 是热毛细对流地面实验装置。该对流随温度差的增加，从层流向混沌转捩。温度是表征该转捩过程的一个物理量，通过热电偶进行实时测量，可以得到热毛细对流从层流向混沌转捩过程中流体温度从稳态到振荡及分岔的发展过程 (图 7-1-4)[1-3]。

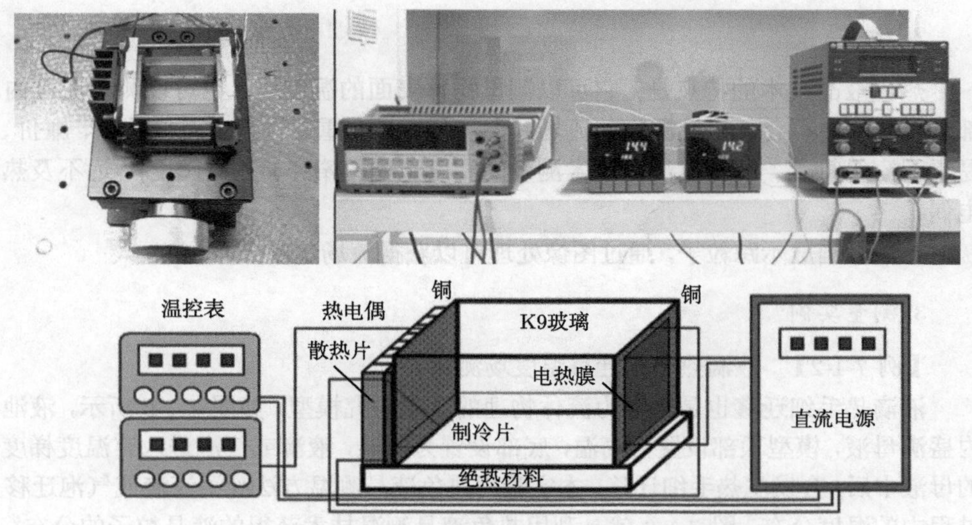

图 7-1-3 实验模型、设备及测量系统示意图

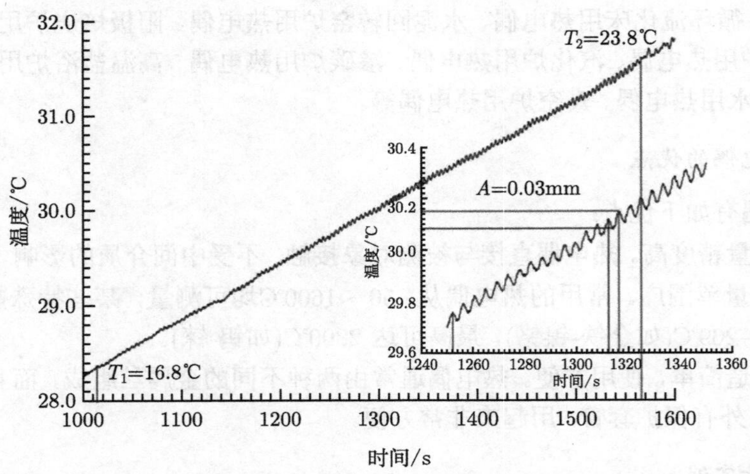

图 7-1-4　浮力–热毛细对流温度振荡 (FC-70 液体，液层厚度 4mm)

7.1.2　热色液晶测温技术

1. 原理

热色液晶 (thermal liquid crystal，TLC) 是一种能以不同颜色反映不同温度的液晶材料。热色液晶在其温度显示范围内呈现的每一种颜色均对应着一个确定的温度。热色液晶方法使用前需要标定。

2. 特点

热色液晶技术的特点是：它可以测量物体表面的温度场，也可以测量流体内部温度分布；不会干扰被测物的流场和温度场；具有重复性好、简单易行、廉价、易于观察等特点。但热色液晶技术测量的温度范围很窄 (十几摄氏度)，远不及热电偶。

把液晶当成示踪粒子，通过图像处理可以获得流场速度分布。

3. 测量实例

【例 7-1-2】　液滴热毛细迁移温度场测量。

液滴热毛细迁移也是微重力流体物理的一类研究模型，如图 7-1-5 所示，液池内盛满母液，模型顶部设置为高温，底部设置为低温，液滴或气泡进入有温度梯度的母液中后，会发生热毛细迁移。本实验用热色液晶测温方法观测液滴或气泡迁移过程中的温度分布。图 7-1-6 就是利用热色液晶测温技术获得的液晶粒子的分布，图 7-1-7 给出了液滴迁移过程的温度场分布 [4]。

图 7-1-5 液滴热毛细迁移实验模型

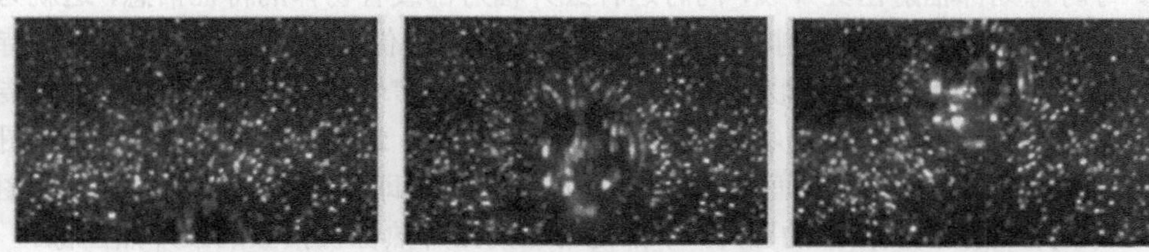

图 7-1-6 液滴迁移过程的液晶显示

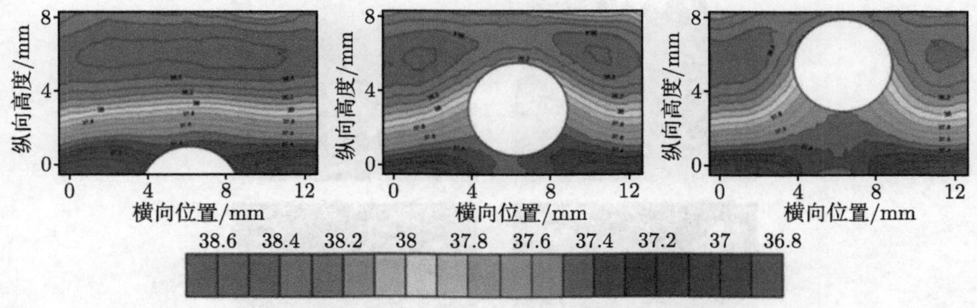

图 7-1-7 液滴迁移过程的温度场分布 (单位: ℃)

7.1.3 红外热像仪

红外热像仪是通过探测红外能量 (热量)，将其转换为电信号，进而生成热图像和温度数据，并可以对温度数据进行计算的一种检测设备。随着近年来的技术更新，尤其在探测器技术、内置可见光照相机、各种自动调节功能、分析软件等方面的技术发展，红外分析解决方案比以往更为经济有效。

红外热成像技术是利用各种探测器来接收物体发出的红外辐射，再进行光电信息处理，最后以数字、信号、图像等方式显示出来，用于探测、观察和研究的一门综合性技术。它涉及光学系统设计、器件物理分析、材料制备、微机械加工、信号处理与显示、封装与组装等一系列专门技术。红外热像仪应用广泛，可以用于军事侦察、夜间监控等。近年来，红外热像仪已广泛应用于科学研究。

1. *原理*

红外辐射是自然界存在的一种最为广泛的电磁波辐射，它在电磁波连续频谱中的位置处于无线电波与可见光之间。它基于任何物体在常规环境下都会产生分子和原子无规则的运动，并不停地辐射出能量。分子和原子的运动越剧烈，辐射的能量越大；反之，辐射的能量越小。

红外热成像技术原理是基于自然界中一切温度高于热力学零度 (−273℃) 的物体，每时每刻都辐射出红外线，同时这种红外辐射都载有物体的特征信息，这就为利用红外技术判别各种被测物体的温度和热分布场提供了客观基础。利用这一特性，通过光电红外探测器将物体发热部位辐射的功率信号转换成电信号后，成像装置就可以一一对应地模拟出物体表面温度的空间分布。最后经系统处理，形成热图像视频信号，得到与物体表面热分布相对应的热像图，即红外热图像 (图 7-1-8)。图中上部是普通照相机拍摄的图片，下部是对应的红外热像仪拍摄的红外热图像。

图 7-1-8　建筑物的普通照片与红外热图像比较 (引自网络图片)

2. *构成*

红外热像仪由光学系统、光谱滤波器件、红外探测器阵列、输入电路、读出电路、图像处理装置、视频信号形成系统、同步控制电路、显示器等组成。系统的工作原理是：由光学系统接收被测目标的红外辐射，经光谱滤波器件将红外辐射能量反映到焦平面上的红外探测器阵列的各光敏元件上，转换成电信号，由探测器偏置与前置放大的输入电路输出所需的放大信号，并将放大信号注入读出电路。高密度、多功能的 CMOS 多路传输器的读出电路能够执行稠密的线阵和面阵红外焦平面阵列的信号积分、传输、处理和扫描输出，并进行 A/D 转换，以送入计算机进行视频图像处理。由于被测目标物体各部分的红外辐射信号非常弱，缺少可见光图像的层次和立体感，需进行图像亮度与对比度的控制、校正、伪彩色等处理。经过处理的信号进行数模 (D/A) 转换形成标准的视频信号，最后通过显示器显示被测目标的红外热像图。

目前商用的红外热像仪的控制系统安装于计算机 Windows 操作系统下，热像仪的参数设置、图像采集、增益控制、温度提取等很多必要的功能都是由 Windows 操作系统软件支配的。如果某些实验需要改变操作系统，这就要重新设计电路板等硬件，进行图像解码，获得温度分布。

3. 技术指标

红外热像仪的测温范围一般为 $-40\sim1200$℃，测温精度为 ±1.5℃(0~100℃) 或 ±2%(小于 0℃和大于 100℃)，温度测量灵敏度为 0.05~0.025℃，分辨率为 320×240、640×480，采集频率为 60Hz，可以测量物体表面温度。

4. 测量实例

【例 7-1-3】 环形液池热毛细对流表面温度场 [5]。利用红外热像仪 (图 7-1-9)

图 7-1-9 实验模型及红外热像仪

测量了环形液池浮力-热毛细对流流体表面温度场 (图 7-1-10)，研究了对流表面温度场的振荡模式。浅层流体出现双向旋转的热流体波；较厚液层的流体先发生径向同心圆振荡，随后发生周向峰谷交替的三维振荡；在厚液层流体表面观察到三维振荡流峰谷交替，周期随着温差增大而减小。

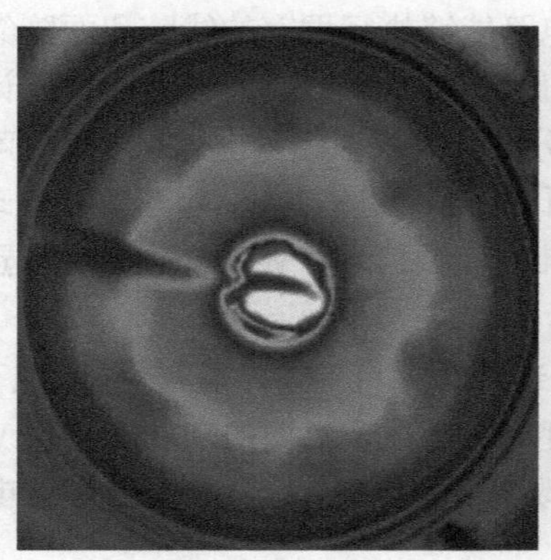
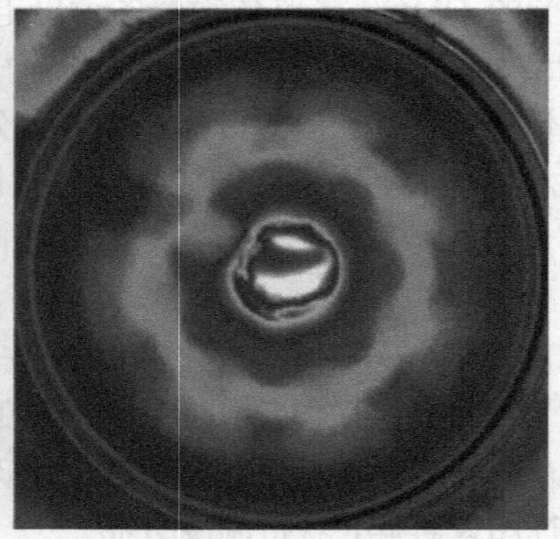

图 7-1-10 环形液池浮力-热毛细对流表面温度场

7.2 浓度场、密度场、温度场测量技术

7.2.1 激光诱导荧光技术

1. 荧光

1) 荧光和荧光物质

当紫外光或波长较短的可见光照射到某些物质时，这些物质会发射出各种颜色和不同强度的可见光，而当光源停止照射时，这种光线随之消失。这种在激发光诱导下产生的光称为荧光，能发出荧光的物质称为荧光物质。

2) 产生荧光的机制

产生荧光的机制是分子能级和能级跃迁。在每个分子能级上都存在振动能级和转动能级。当物质分子吸收某些特征频率的光子以后，可由基态跃迁至第一或第二激发态中各个不同振动能级和各个不同转动能级。处于激发态的分子通过无辐射跃迁降落至第一激发态的最低振动能级，再由这个最低振动能级以辐射跃迁的形式跃迁到基态中各个不同的振动能级，发出分子荧光，再无辐射跃迁至基态中最低振动能级。能级跃迁形式如图 7-2-1 所示，能级跃迁图如图 7-2-2 所示。

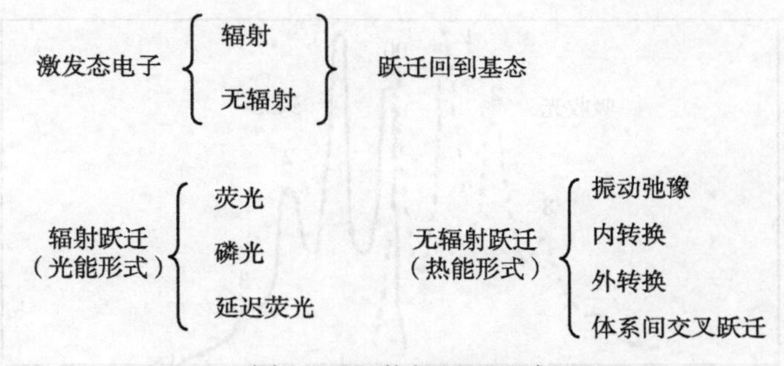

图 7-2-1 能级跃迁形式

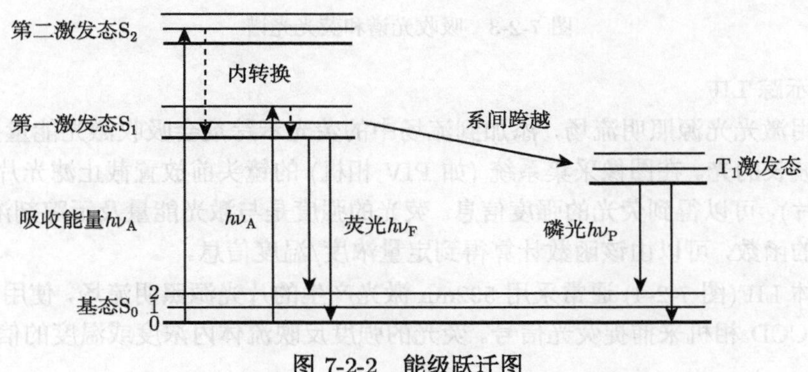

图 7-2-2 能级跃迁图

3) 荧光光谱

当紫外光或波长较短的可见光 (图 7-2-3 中虚线) 照射到某些物质时，这些物质会发射出各种颜色和不同强度的可见光 (图 7-2-3 中实线)。物质分子吸收某些特征频率的光子以后，可由基态跃迁至激发态。处于激发态的分子通过无辐射跃迁和辐射跃迁的形式跃迁到基态，辐射跃迁时发出分子荧光。

2. 激光诱导荧光

激光诱导荧光 (laser induced fluorescence，LIF) 法是一种高灵敏度的检测浓度和温度的方法。激光诱导获得荧光，荧光的强度是激光能量及示踪剂浓度/温度的函数，可以由该函数计算得到定量浓度/温度信息。在利用 LIF 法进行定量分析时，为了得到浓度或温度的绝对值，必须对荧光信号进行校正，也就是考虑荧光体积 V_c、荧光收集立体角 Ω_c、光学系统的荧光传递效率，以及荧光的吸收、俘获、极化和碰撞加宽因素对荧光信号的影响，其特点是高灵敏度、高的空间和时间分辨率、实时测量、能实现浓度场或温度场的二维分布显示。

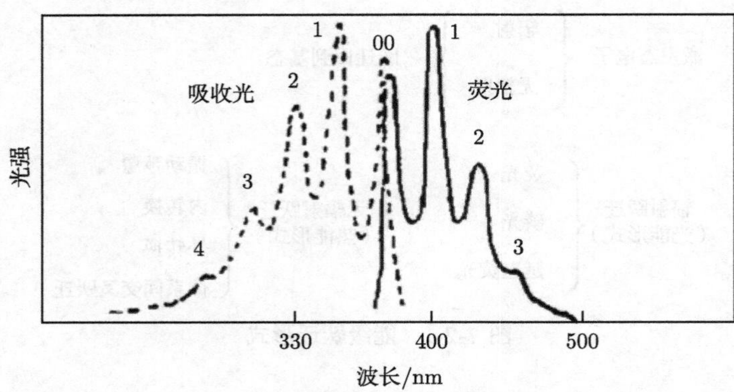

图 7-2-3　吸收光谱和荧光光谱

1) 示踪 LIF

使用激光光源照明流场，添加到流场中的荧光示踪剂会吸收激光能量并辐射出更长波长的光。在图像采集系统 (如 PIV 相机) 的镜头前放置截止滤光片 (或带通滤波片)，可以得到荧光的强度信息。荧光的强度是与激光能量及示踪剂浓度/温度相关的函数，可以由该函数计算得到定量浓度/温度信息。

液体 LIF(图 7-2-4) 通常采用 532nm 激光产生的片光源照明流场，使用截止滤光片及 CCD 相机来捕捉荧光信号。荧光的强度反映流体内浓度或温度的信息。

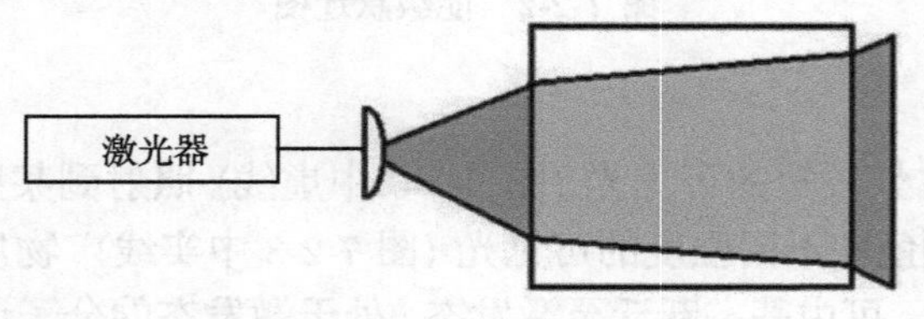

图 7-2-4　液体 LIF

气体 LIF 需要使用丙酮、碘蒸气或一些有机染色剂作为示踪剂。丙酮拥有比较宽的激发波段 (225~320nm)，通常采用 4 倍频 (226nm) 激光来激发丙酮，并捕捉荧光信号。由于荧光信号强度的峰值在 380nm(UV 波段) 附近，需要使用图像增强器将 UV 光转变为可见光，从而被图像采集装置接收。

2) 测量燃烧的 LIF

燃烧 LIF(combustion-LIF) 主要测量物质含量。燃烧 LIF 与示踪 LIF(tracer-LIF) 不同，它属于组分 LIF(species-LIF)。图 7-2-5 为西安某研究所燃烧 LIF 的测量结果，该系统测量的并不是添加入流场的示踪剂，而是燃烧自身产生的自由基所发出的荧光信号 (参考 9.4.2 节)。常见的待测物质包括 OH、HCHO、CH、CO、CO_2、NO、NO_2 等。

图 7-2-5 西安某研究所燃烧 LIF 测量结果 (引自网络图片)

在燃烧 LIF 系统中，荧光信号的强弱与很多因素有关，如激光能量、片光能量分布、所测量物质、温度以及自由基受激辐射时的能量转移过程等。在其他所有因素不变的情况下，荧光信号的强度只与待测物质的浓度有关。只要获得某种物质所发射的荧光强度或光谱就可以获得该物质的含量。

7.2.2 光学干涉技术

1. 光学干涉的基本原理

干涉技术最初应用于固体表面形貌的检测和元件总质量的检测。非常成熟的干涉仪有 Fizeau 干涉仪、Twyman-Green 干涉仪、Mach-Zehnder 干涉仪、剪切干涉仪、Michelson 干涉仪等。近些年来，流体力学工作者为了定量研究流体运动的基本规律，将光学干涉技术应用于流场温度、密度、浓度、流体自由面的测量。

1) 产生干涉的基本条件

两束光产生干涉的基本条件是两光波的频率相同、振动方向相同、相位差恒定。干涉方法有分振幅法和分波阵面法。

2) 光学干涉的基本公式

干涉技术基本原理是两束相干光在空间相遇产生干涉条纹，该干涉条纹记录了其所经过空间的物理量。设 $A_1(x,y)$ 和 $A_2(x,y)$ 是传播到平面 x-y 上的两个相同频率、相同振动方向的单色光波的复振幅，用振幅 a 和相位 ϕ 表示

$$A_i(x,y)=a_i(x,y)\exp\left[\mathrm{i}\phi_i(x,y)\right] \tag{7-2-1}$$

其中，$i=1,2$, 相位 ϕ 取决于光波长 λ 和光程 L，即

$$\phi_i(x,y)=\frac{2\pi}{\lambda}L_i(x,y) \tag{7-2-2}$$

光程 L 等于折射率 n 与光经过的距离 d 的乘积，即 $L=nd$。

两束光叠加后形成的合成强度分布 I 为

$$\begin{cases} I(x,y)=|A_1(x,y)+A_2(x,y)|^2 \\ \qquad\quad =I_0(x,y)+I_{\rm c}(x,y)\cos\left[\Delta\phi(x,y)\right] \\ I_0(x,y)=a_1^2(x,y)+a_2^2(x,y) \\ I_{\rm c}(x,y)=2a_1(x,y)a_2(x,y) \\ \Delta\phi(x,y)=\phi_2(x,y)-\phi_1(x,y) \end{cases} \tag{7-2-3}$$

式 (7-2-3) 表明合成强度 I 由两束光各自的强度 I_0 和两束光相互作用的强度 $I_{\rm c}$ 组成。这种合成强度偏离两束光各自强度之和的现象称为干涉现象。在合成强度中包含两个光波振幅和相位的信息。通过对该强度的分析可以导出两光波的相位差，进而导出两光波的光程差。由光程差再导出折射率 n 的变化或距离 d 的变化。在干涉测量中，就是根据这一基本原理得到所需要的物理量的。

3) 干涉条纹的反演计算 1——Fourier 变换方法

采用 Fourier 变换方法对条纹图像进行分析。将实验开始之前的干涉条纹作为原始栅线，此时折射率变化为 $\Delta n(x,y)=0$，条纹图像被 Fourier 级数展开为 $g_0(x,y)$。将反映了浓度或温度变化的干涉条纹作为变形栅线，此时折射率变化 $\Delta n(x,y)\neq 0$，条纹图像被 Fourier 级数展开为 $g(x,y)$:

$$g_0(x,y)=r_0(x,y)\sum_{n=-\infty}^{+\infty}A_n\exp\left\{{\rm i}\left[2\pi nf_0x+n\phi_0(x,y)\right]\right\} \tag{7-2-4}$$

$$g(x,y)=r(x,y)\sum_{n=-\infty}^{+\infty}A_n\exp\left\{{\rm i}\left[2\pi nf_0x+n\phi(x,y)\right]\right\} \tag{7-2-5}$$

其中，$r(x,y)$ 代表折射率场的扰动，f_0 代表图像的基频，$\phi(x,y)$ 代表相位。取 $n=1$，计算 Fourier 逆变换，得到变形条纹和原始条纹的相位分布如下：

$$\begin{cases} \hat{g}(x,y)=A_1r(x,y)\exp\left\{{\rm i}\left[2\pi f_0x+\phi(x,y)\right]\right\} \\ \hat{g}_0(x,y)=A_1r_0(x,y)\exp\left\{{\rm i}\left[2\pi f_0x+\phi_0(x,y)\right]\right\} \\ \hat{g}(x,y)\hat{g}_0^*(x,y)=|A_1|^2\,r_0(x,y)r(x,y)\exp\left\{{\rm i}\left[\Delta\phi(x,y)\right]\right\} \\ \Delta\phi(x,y)=\phi(x,y)-\phi_0(x,y) \end{cases} \tag{7-2-6}$$

根据相位差与光程差的关系，可求得折射率变化 $\Delta n(x,y)$，或者光所经过的距离差 Δd:

$$\frac{\Delta n(x,y)d}{\lambda}2\pi = \Delta\phi(x,y) \tag{7-2-7}$$

被测量的物理场的折射率为

$$n(x,y) = n_0 + \Delta n(x,y) \tag{7-2-8}$$

为了将折射率分布转化为浓度或温度分布，可采用折射仪 (如 WAY-15 ABBE) 获得浓度或温度与折射率的关系。

4) 干涉条纹的反演计算 2——四步相移方法

相移的基本原理是在物光波或参考光波中引入一个已知的相位变化，从而获得一个变化的光强分布。对多次相移后获得的不同的光强分布进行处理，获得原始条纹的相位分布 [6]。

采用等步长四步相移方法，步长可以在 0～ $\pi/2$ 任选。连续引进四个步长为 $\delta = 2\varepsilon$ 的等步长相移后，所得四幅条纹图用如下四式表示：

$$\begin{cases} A(x,y) = I_0\left\{1+\gamma\cos\left[\phi(x,y)-3\varepsilon\right]\right\} \\ B(x,y) = I_0\left\{1+\gamma\cos\left[\phi(x,y)-\varepsilon\right]\right\} \\ C(x,y) = I_0\left\{1+\gamma\cos\left[\phi(x,y)+\varepsilon\right]\right\} \\ D(x,y) = I_0\left\{1+\gamma\cos\left[\phi(x,y)+3\varepsilon\right]\right\} \end{cases} \tag{7-2-9}$$

求解上述四式组成的方程组，式中 $\phi \in [0,2\pi]$，为了便于相位展开，应将其扩展到 $[-\pi,\pi]$，方法如下：

$$\phi(x,y) = \begin{cases} \bar{\phi}(x,y), & B-C>0, (B+C)-(A+D)>0 \\ \pi-\bar{\phi}(x,y), & B-C>0, (B+C)-(A+D)<0 \\ -\pi+\bar{\phi}(x,y), & B-C<0, (B+C)-(A+D)<0 \\ -\bar{\phi}(x,y), & B-C<0, (B+C)-(A+D)>0 \end{cases}$$

5) 干涉技术的优缺点

干涉技术的优点是：它是定量的测量技术，测量精度高。干涉技术的缺点是：实验技术复杂，难度大；对实验环境要求苛刻；干涉条纹的处理技术复杂；实验操作人员需要具备一定的光学知识。

2. Mach-Zehnder 干涉仪

1) 工作原理

Mach-Zehnder 干涉仪是用分振幅法产生双光束以实现干涉的仪器。该仪器是因德国物理学者路德维希·马赫 (恩斯特·马赫之子) 和路德维·曾德尔而命名的。曾德尔首先于 1891 年提出此构想，马赫于 1892 年发表论文对这种构想加以改良。Mach-Zehnder 干涉仪通常用于测量温度、浓度和密度。图 7-2-6 是 Mach-Zehnder 光路原理图，一束激光分成两束，一束光作为物光经过被测量实验段，另一束光作为参考光，与物光相遇后产生干涉条纹，该干涉条纹记录了被测量区域物理量的变化。

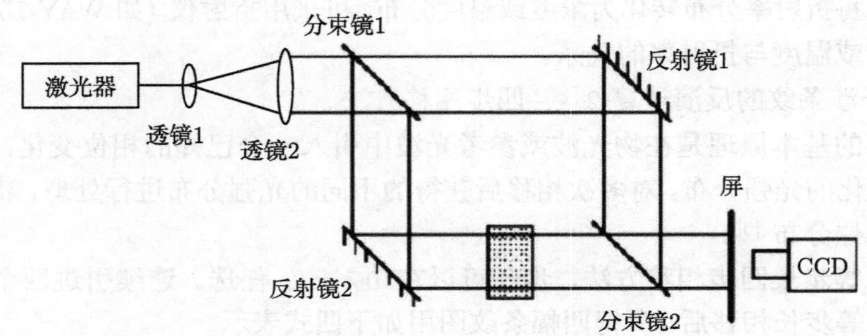

图 7-2-6 Mach-Zehnder 干涉仪光路原理图

2) 实验测量

【例 7-2-1】 Mach-Zehnder 干涉仪观测晶体生长过程。$NaClO_3$ 晶体生长过程中，在 $NaClO_3$ 饱和溶液中加入籽晶。晶体生长时，溶液中的溶质吸附到晶体上，使晶体周围的溶液浓度降低，在重力场中，由于浮力的作用产生浮力对流。利用 Mach-Zehnder 干涉仪观测晶体生长过程，实验原理见图 7-2-7。得到干涉条纹 (图 7-2-8)，进而获得浓度场分布 (图 7-2-9)。晶体生长速度不同，导致浓度场分布不同 [6,7]。

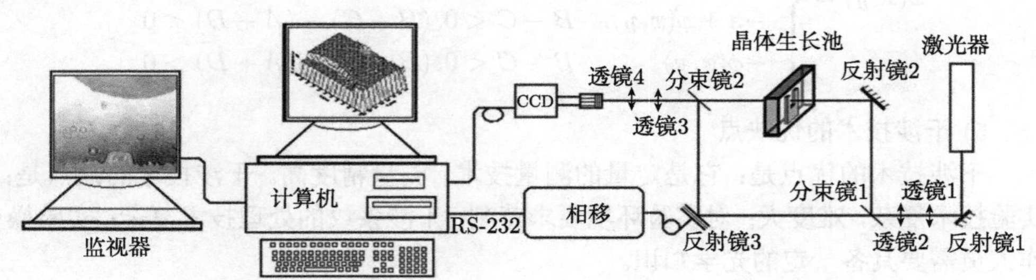

图 7-2-7 观测晶体生长过程的光学干涉原理图

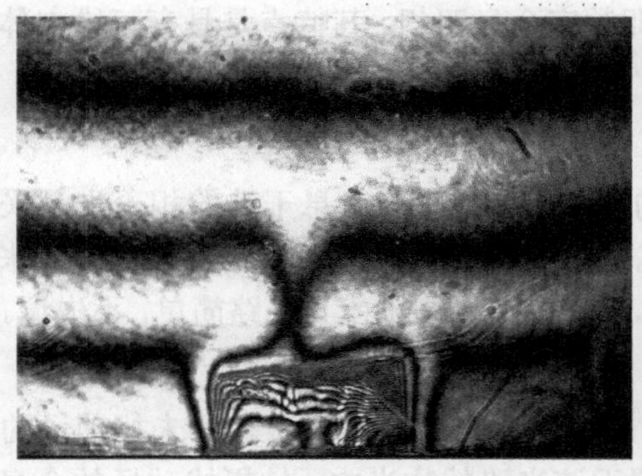
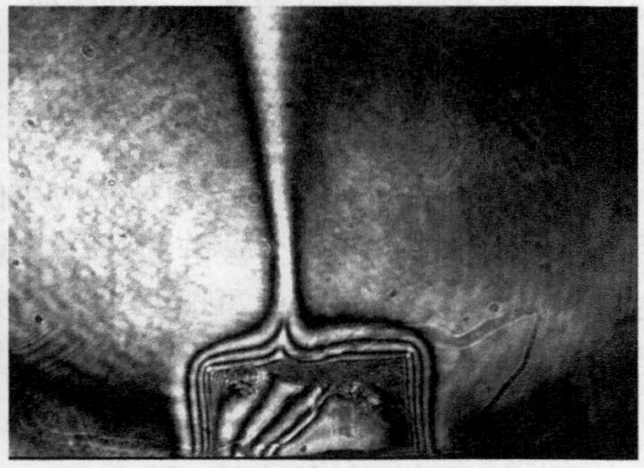

图 7-2-8 $NaClO_3$ 晶体生长过程的干涉条纹

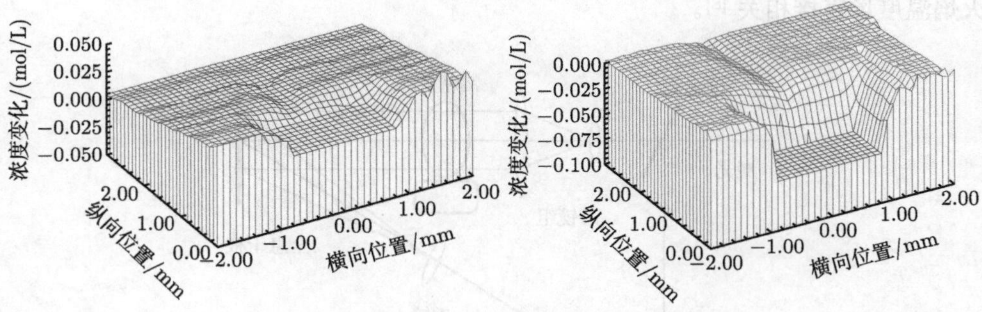

图 7-2-9 浓度场分布

3. 数字全息干涉仪

数字全息干涉是用 CCD 代替全息干板记录全息图，通过计算机数值再现变化物场，实现待测物场的重构。其光路不失调、远程传输、存储和异地再现，适合于空间实验。

1) 普通照相技术

普通照相技术是使用透镜成像原理，在记录介质上记录被摄物体光强分布，即只记录了光的振幅。记录介质有胶片、CCD 等。胶片是利用光能引起感光乳胶发生化学变化的原理，变化的强度随入射光强的增大而增大。CCD 使用一种高感光度的半导体材料制成，能把光线转变成电荷，再转换成数字信号，所有的感光单元所产生的信号加在一起，就构成了一幅完整的画面。其特点是所得结果为二维信息。

2) 全息照相技术

全息照相技术不仅记录了被摄物体反射或透射光波的振幅信息，而且记录了光波的相位信息。利用光的干涉现象，通过 CCD 芯片以干涉条纹的形式把图像记录下来，通过重构获得物体的三维图像，即数字全息照相。其特点是具有三维立体性，光路失调问题较小。

3) 全息干涉技术

全息干涉技术是全息照相技术应用的一个重要方面。全息干涉的相干光是采用时间分割法获得的 (分波阵面法)，也就是将同一束光在不同时刻记录在同一张全息干板上的全息图同时再现并产生干涉，与普通干涉相比，其光路简单，不失调。但是全息干板做记录介质给实验后处理工作带来无限麻烦。

图 7-2-10 是最普通的全息干涉光路，首先物光与参考光相干获得未扰动场的全息图。然后将酒精炉火焰 (图 7-2-11) 置于该光路的物光中，拍摄扰动场的全息图。两个时刻的全息图同时再现，获得如图 7-2-12 所示的全息干涉条纹。该条纹与火焰温度场直接相关 [8]。

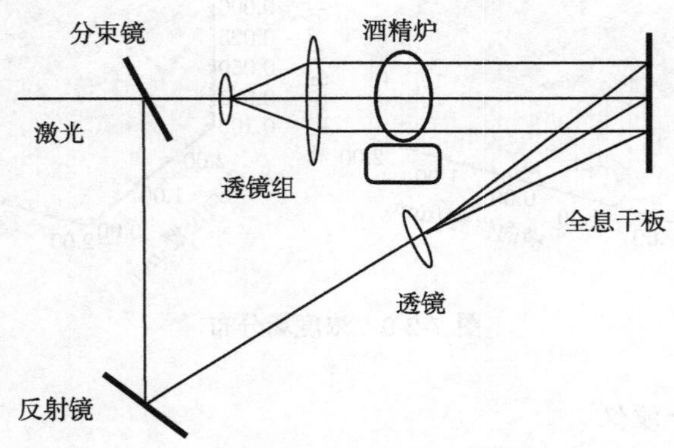

图 7-2-10　全息干涉光路

图 7-2-11　酒精炉火焰

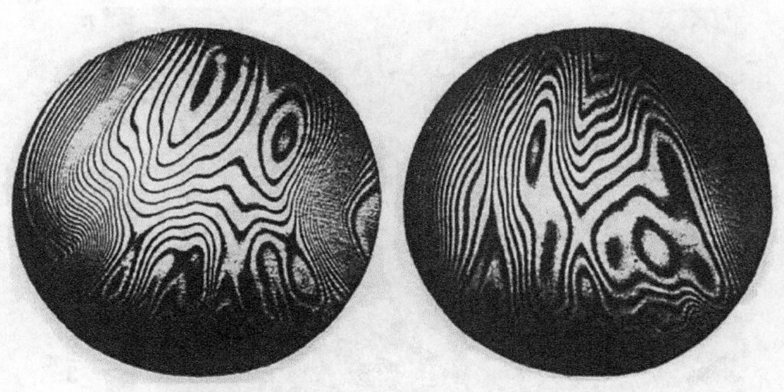

图 7-2-12　酒精炉火焰全息干涉条纹

4) 数字全息干涉技术

数字全息干涉技术是用 CCD 代替全息干板记录全息图，通过计算机数值计算再现变化物场，实现待测物场的重构。数字全息干涉仪可以实现全场高灵敏度动态可视化测量，光路简单、稳定、不失调，适合空间实验。设计的光路系统要消除像差、噪声以及记录介质感光特性曲线的非线性影响。数字全息干涉技术的缺陷是 CCD 芯片尺寸小和像素点数少。

5) 测量实例

【例 7-2-2】　液滴热毛细迁移温度场分布。利用数字全息干涉仪实时观测了液滴热毛细迁移过程，图 7-2-13(a) 是液滴未进入母液时的全息干涉图，图 7-2-13(b) 是液滴进入母液后的全息干涉图。通过图像处理，获得液滴热毛细迁移过程的相位图 (图 7-2-14)。相位差与折射率变化直接相关，折射率变化又与温度变化直接相关，进而获得液滴迁移过程温度场分布。图 7-2-15 给出了液滴迁移过程的温度场分布 [5,9]。

(a) 液滴未进入母液

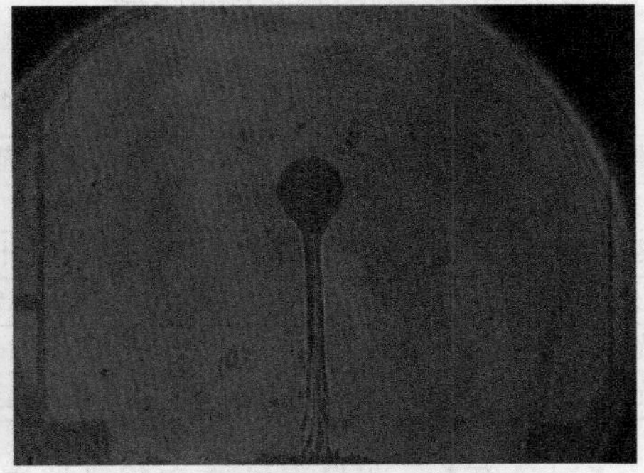

(b) 液滴进入母液后

图 7-2-13　液滴热毛细迁移全息干涉图

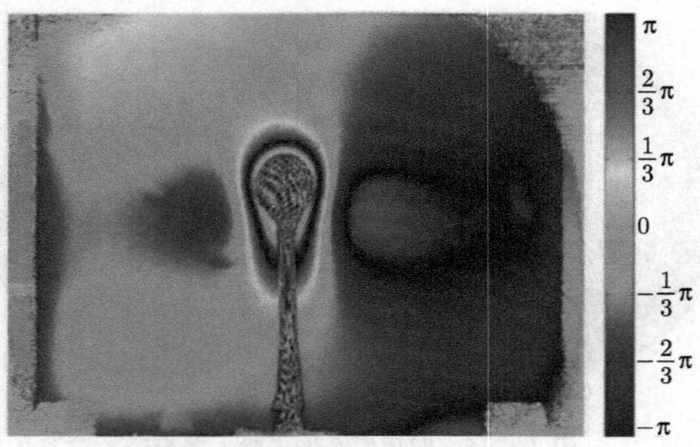

图 7-2-14　液滴迁移相位图

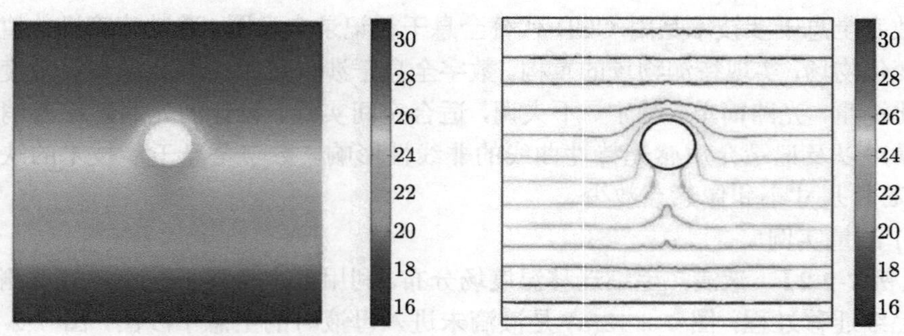

图 7-2-15　液滴迁移过程温度场分布 (单位：℃)

7.2.3　几种测温技术的比较

本节介绍了热电偶、热色液晶、红外热像仪、激光诱导荧光以及光学干涉技术，表 7-2-1 给出了这几种技术的比较。

表 7-2-1　几种测温技术的比较

测温技术	测量区域	测量范围	测量精度	测量灵敏度	是否接触
热电偶	单点	−50 ～1600℃，最高 2800℃	0.2℃	0.001℃	是
热色液晶	物体表面，流体内部	几摄氏度至十几摄氏度	低	低	否
红外热像仪	物体表面	−40 ～1200℃	±1.5℃，±2%	0.05～0.025℃	否
激光诱导荧光	流体内部	对荧光素钠：5～90℃	1% ～ 2%	1% ～ 2%	否
光学干涉	光线经过区域的积分	零下几十摄氏度至上万摄氏度	高	高	否

【讨论题】　测量灵敏度和测量精度的含义。

7.3　表面形貌测量技术

作用在流体上的力有质量力和表面力。流体自由面形貌与流体运动的边界条件有直接的关系，因此测量流体表面形貌是流体实验研究中的一项重要内容。本节介绍云纹法、栅线法、Michelson 干涉仪以及位移传感器等表面形貌测量技术。

7.3.1　云纹法

1. 云纹法基本原理

云纹 (或称莫尔条纹) 是指波纹丝绸或织物、金属面等上的云纹。波纹是指印花税票或邮票面上的波纹图案。云纹源于一种丝织品的名称，这种丝织品能呈现明暗相间的条纹图。两块光栅片重叠，会出现这种条纹。

利用两套栅, 一套为与物面共同变形的栅, 另一套为参考栅, 叠加后得到云纹图，见图 7-3-1 和图 7-3-2，所以云纹法又称叠栅干涉法。

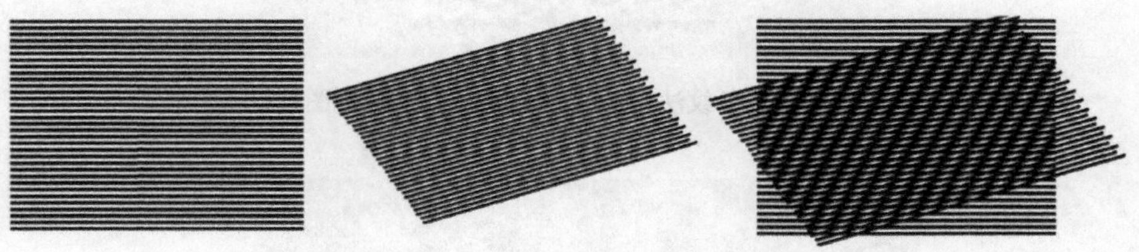

图 7-3-1　斜线与水平直线形成的云纹

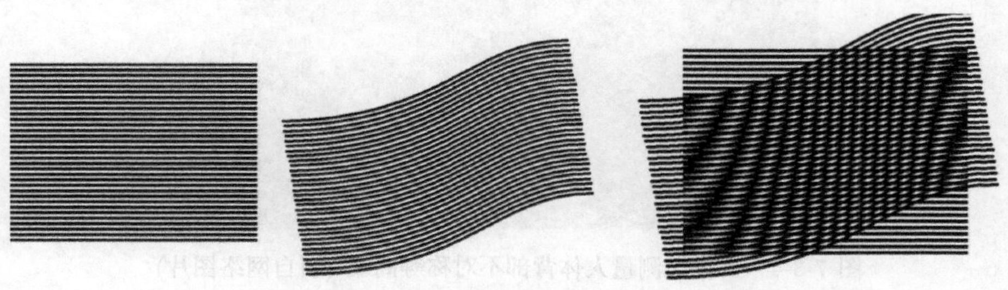

图 7-3-2　弯曲线与水平直线形成的云纹

2. 云纹法应用

把栅片粘贴在试件 (模型或构件) 表面，当试件受力而变形时，栅片也随之变形。将不变形的栅板叠加在栅片上，栅板和栅片上的栅线便因几何干涉而产生条纹。

云纹法用于固体力学中的实验应力分析 (面内位移的测量，见图 7-3-3) 以及物体 (包括流体) 的表面形貌测量 (离面位移的测量，见图 7-3-4)。

图 7-3-3 云纹法用于应力分析 (引自网络图片)

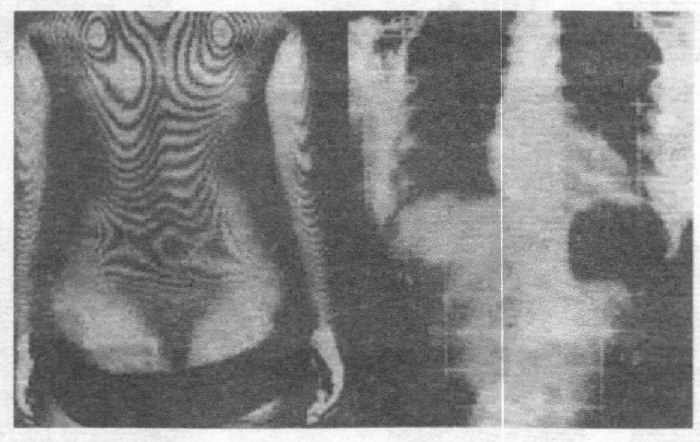

图 7-3-4 云纹法测量人体背部不对称等高线 (引自网络图片)

7.3.2 栅线法

栅线法是在云纹法的基础上发展起来的，其不需要参考栅线，只需要一套投影栅即可完成对物体三维表面形貌的测量，从而大大减少了对设备的要求。

1976 年，Rowe 和 Welford 首先提出将激光干涉条纹投影到物体表面上，然后通过对条纹的变形分析得到物体表面形貌的高度信息，重建出整个物体的三维形貌。该方法的光路、原理都非常简单，因此越来越受到重视，目前已经存在若干种商业产品。

网格法与栅线法一致, 投影到物体表面的是一些正交的网格, 有两个方向的信息可以利用, 它比栅线法更为精确。但是在网格点的自动识别过程中, 网格法存在图像分割、网格点定位、编码、匹配等一系列问题, 后期处理不如栅线法简单。

1. 栅线法基本原理 [10]

栅线法测量物体表面参考中国科学技术大学应用力学系伍小平院士团队相关研究成果。

栅线经投影仪投影到物体表面，再经过 CCD 成像于 CCD 靶面上，CCD 相机对参考平面准确聚焦。图 7-3-5 中 $S(X_S,Z_S)$ 是投影仪透镜中心坐标，$P(X_P,Z_P)$ 是 CCD 透镜中心坐标，$A(X_0,Z_0)$ 是物体表面上任一点，A' 是物点 $A(X_0,Z_0)$ 在 CCD 靶面上的像点。SA 和 PA 与 x 轴交点的坐标 X 和 X' 分别为

$$X = X_0 - \frac{X_0 - X_S}{Z_0 - Z_S} Z_0 \tag{7-3-1}$$

$$X' = X_0 - \frac{X_0 - X_P}{Z_0 - Z_P} Z_0 \tag{7-3-2}$$

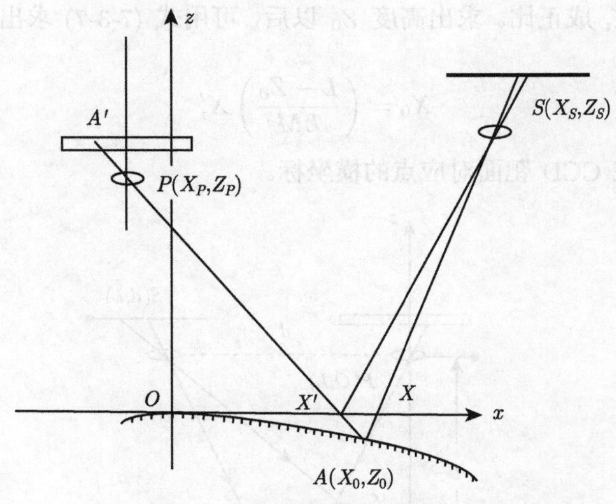

图 7-3-5 栅线法示意图

由于物点 A 的高度 Z_0 的存在，像平面内 A 处的栅线产生的偏移量为

$$\Delta X_i = M\Delta X = MZ_0 \left[\frac{X_0 - X_S}{Z_0 - Z_S} - \frac{X_0 - X_P}{Z_0 - Z_P} \right] \tag{7-3-3}$$

其中，M 为放大倍数 (单位为像素/mm)。由式 (7-3-3) 可以看出，栅线偏移量 ΔX_i 不但与 Z_0 有关，而且与 X_0 有关。这说明，当物体为平表面时，在不同的 X_0 处栅线有不同的偏移量，这对数据处理是很不方便的。在实际测量中，常采用两种投影系统，即平行光轴或交叉光轴系统、平行栅线投影系统。这两种系统都可以作为特例，从式 (7-3-3) 中推出相应的计算公式。

1) 平行光轴或交叉光轴系统

平行光轴或交叉光轴系统光路见图 7-3-6，相当于图 7-3-5 系统中 $Z_S = Z_P = L$, $X_P = 0$, $X_S = d$, 则式 (7-3-3) 可以转化为

$$\Delta X_i = MZ_0 \tag{7-3-4}$$

由式 (7-3-4) 可见，偏移量仅与 Z_0 有关，而与 X 轴坐标 X_0 无关。由此可得

$$Z_0 = \frac{L\Delta X_i}{Md + \Delta X_i} \tag{7-3-5}$$

该式表明，Z_0 与像平面内栅线的偏移量 ΔX_i 不成正比，但是若 $\Delta X_i \ll Md$，则可将式 (7-3-5) 简化为

$$Z_0 \approx \frac{L\Delta X_i}{Md} = \frac{\Delta X_i}{M\tan\alpha} \tag{7-3-6}$$

这样，Z_0 与 ΔX_i 成正比。求出高度 Z_0 以后，可用式 (7-3-7) 求出 A 点的水平坐标 X_0：

$$X_0 = \left(\frac{L - Z_0}{LM}\right) X_i' \tag{7-3-7}$$

其中，X_i' 是点在 CCD 靶面对应点的横坐标。

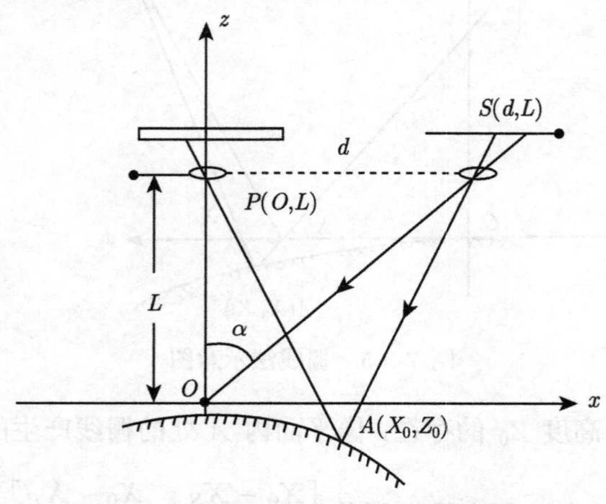

图 7-3-6　平行光轴或交叉光轴系统光路

2) 平行栅线投影系统

平行栅线投影系统 (图 7-3-7) 采用平行栅，并以 α 角向物面投影，此时，$X_S = Z_S \tan\alpha$，将其代入式 (7-3-3)，其中：

$$\frac{X_0 - X_S}{Z_0 - Z_S} = \lim_{Z_S \to \infty} \left(\frac{X_0 - Z_S \tan\alpha}{Z_0 - Z_S} \right) \tag{7-3-8}$$

于是式 (7-3-4) 可以转化为

$$\Delta X_i = M Z_0 (\tan\alpha + \tan\theta_A) \tag{7-3-9}$$

显然，变形量与物点 A 的位置有关，因而该系统所得的栅线偏移量 ΔX_i 不仅是物面高度 Z_0 的函数，也与 X_0 有关。但是如果 $|X_A|_{\max} \ll L$，则 $\tan\theta_A \ll \tan\alpha$，若忽略 $\tan\theta_A$ 项，则式 (7-3-9) 可近似为

$$\Delta X_i = M Z_0 \tan\alpha \tag{7-3-10}$$

由此可得

$$Z_0 = \frac{\Delta X_i}{M \tan\alpha} \tag{7-3-11}$$

该式与式 (7-3-6) 相同，求 X_0 也用式 (7-3-7)。

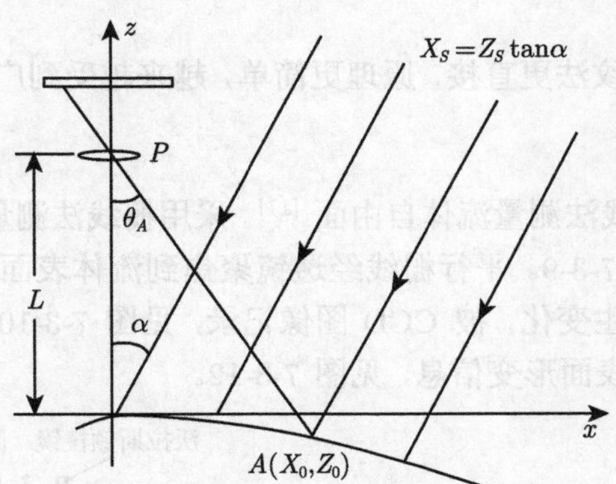

图 7-3-7　平行栅线投影系统光路

2. 产生栅线的方法及图像相关计算

常用的产生栅线的方法有如下三种：

(1) 首先计算机编程画出栅线，然后用投影仪投影方法将栅线投影到被测量物体表面进行测量，根据实验情况控制栅线条纹的疏密。

(2) 用激光平行光束照射栅线投影到被测量物体表面。

(3) 图 7-3-8 是典型的产生栅线的光学方法，一束激光通过沃拉斯顿棱镜形成两束振动方向互相垂直的光束，经过 1/4 波片变成两束圆偏振光，再经过偏振片变成两束相干光产生干涉条纹，形成平行栅线。

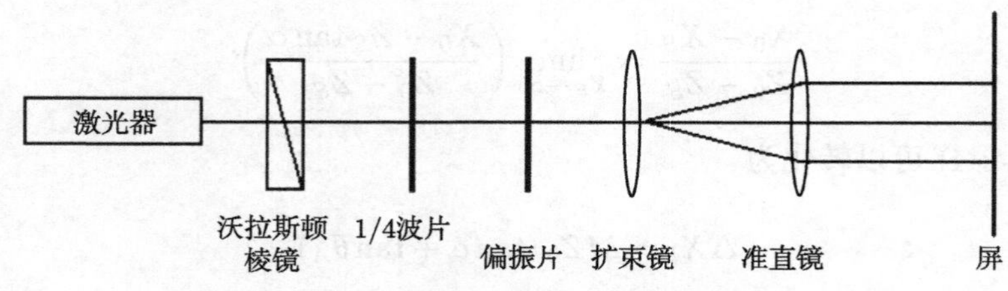

图 7-3-8 产生栅线的光学方法示意图

(4) 随着计算机技术和图像分析技术的发展，计算获得物体表面形貌通常采用与 PIV 技术图像处理方法相同的图像相关计算方法。

3. 栅线法和云纹法的区别

栅线法基于三角测距原理，从一个角度将一套标准等间距的栅线投影到物体的表面，从另外一个角度拍摄被物体表面高度所调制的变形栅，直接分析变形栅获得物体表面的高度信息。

云纹法必须再叠加一套参考栅产生云纹，通过云纹条纹得到物体表面的高度信息。

栅线法通常比云纹法更直接，原理更简单，越来越受到广泛的重视。

4. 测量实例

【例 7-3-1】 栅线法测量流体自由面 [11]。采用栅线法测量浮力-热毛细对流表面形变，光路图见图 7-3-9。平行栅线经透镜聚焦到流体表面，反射回的平行栅线随流体表面形变而发生变化，被 CCD 图像记录，见图 7-3-10。通过图像相关处理 (图 7-3-11) 获得流体表面形变信息，见图 7-3-12。

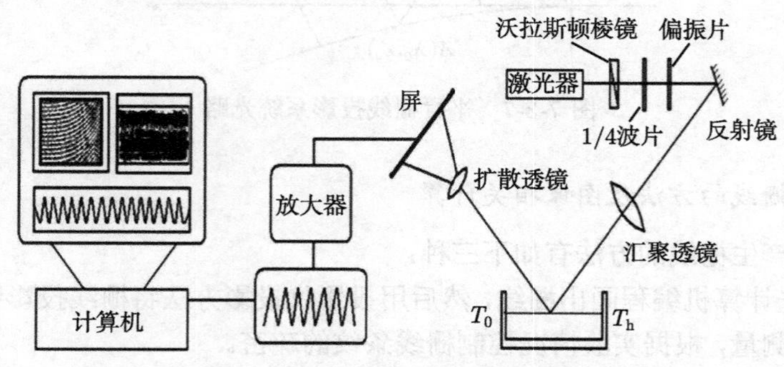

图 7-3-9 浮力-热毛细对流表面形变测量

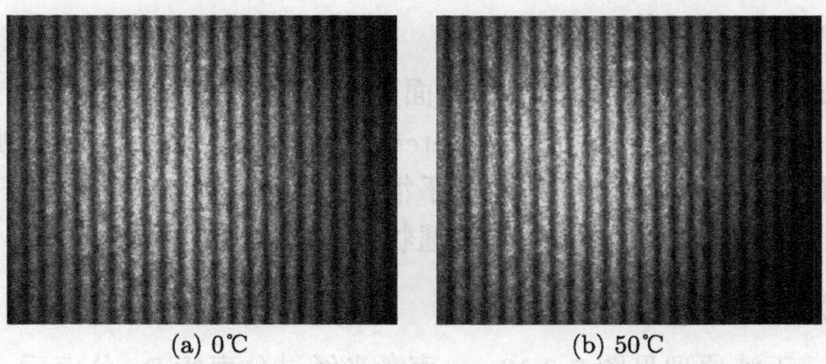

图 7-3-10 温差为 0℃和 50℃时的栅线图

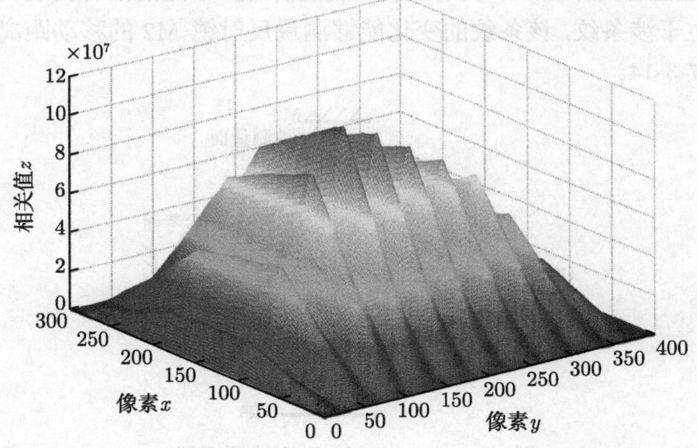

图 7-3-11 相关谱计算

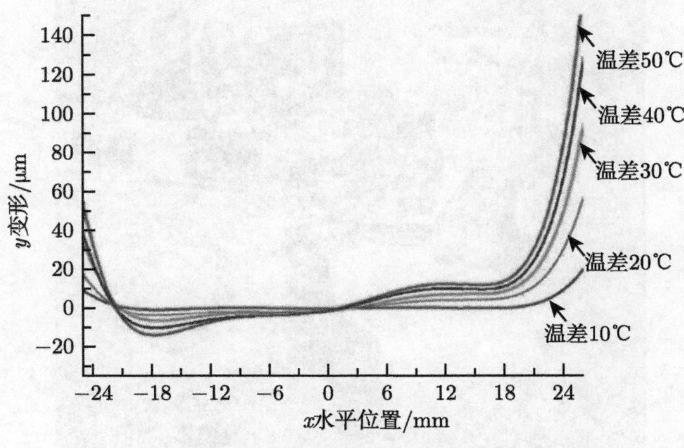

图 7-3-12 表面形变曲线

7.3.3 Michelson 干涉仪

光学干涉法可以用来测量物体的表面形变，最典型的干涉技术有电子散斑干涉 (electronic speckle pattern interferometer, ESPI) 法和 Michelson 干涉仪。由于电子散斑干涉通常很不清晰，现在已经几乎很少被用到，而 Michelson 干涉仪是光学干涉方法里最常用的技术，也是大学普通物理实验课中的内容。

1. 基本原理和设备

Michelson 干涉原理见图 7-3-13，一束激光经过分束镜 Bs 分束后，透射光经过反射镜 M1 反射后再经过分束镜 Bs 反射后作为参考光；该激光经过分束镜 Bs 分束后的反射光经过反射镜 M2 反射后再经过分束镜 Bs 透射后作为物光；参考光与物光相遇产生干涉条纹，该条纹的变化能够测量反射镜 M2 的移动距离。Michelson 干涉仪见图 7-3-14。

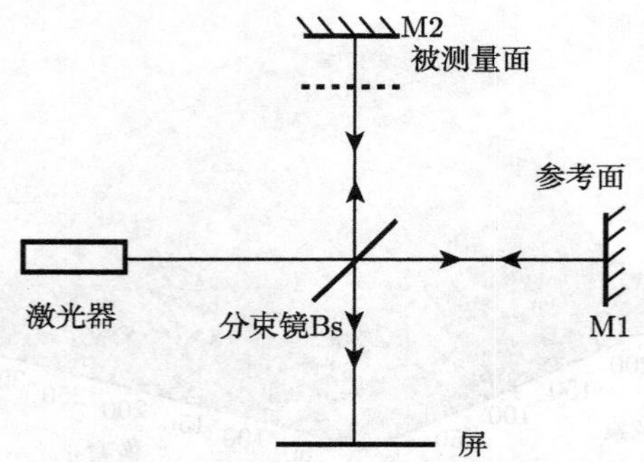

图 7-3-13 Michelson 干涉原理图

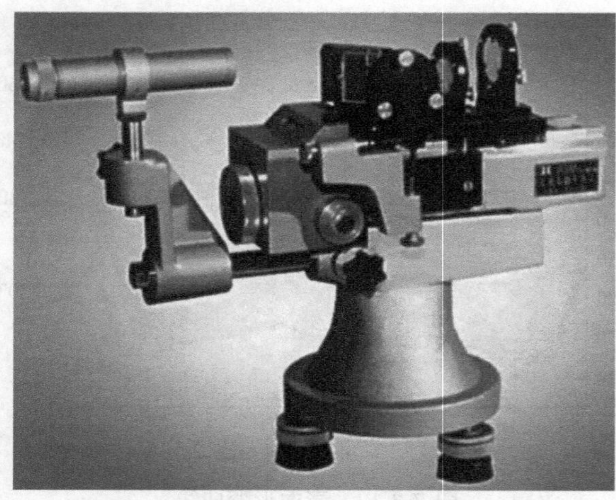

图 7-3-14 Michelson 干涉仪 (引自网络图片)

2. 测量实例

【例 7-3-2】 Michelson 干涉仪测量流体自由面 [12,13]。浮力-热毛细对流表面形变测量光路见图 7-3-15，获得的反映流体表面形貌的干涉图见图 7-3-16，进而获得表面形貌，见图 7-3-17。

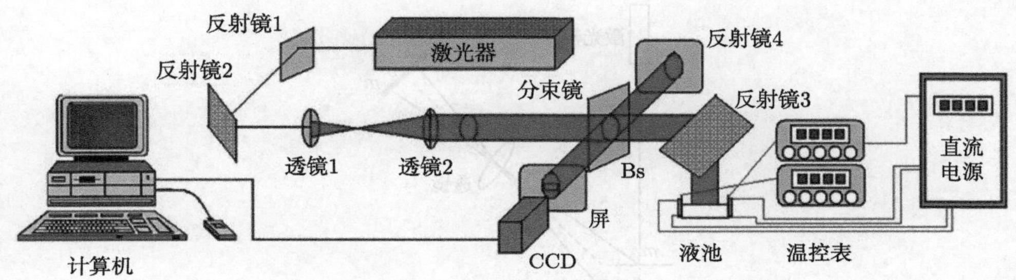

图 7-3-15 实验光路图

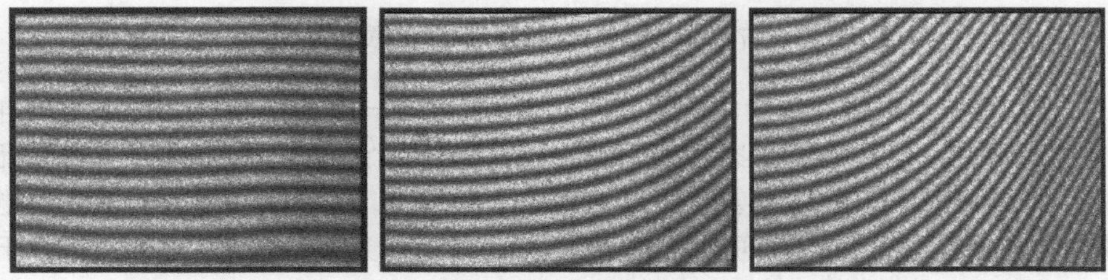

图 7-3-16 实验干涉图

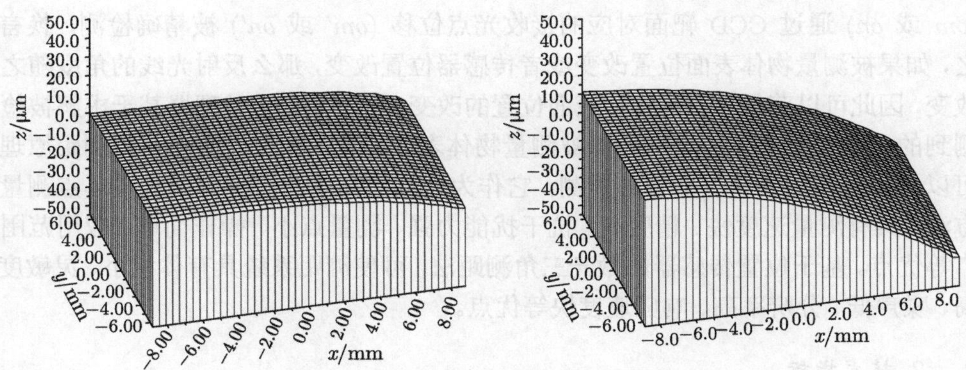

图 7-3-17 流体表面形貌

7.3.4 位移传感器

1. 基本原理和设备

激光位移传感器是基于激光三角测距原理实现对物体表面某一点形变进行测量的设备，见图 7-3-18，该测量技术是研究流体自由面振荡的有效实验手段。

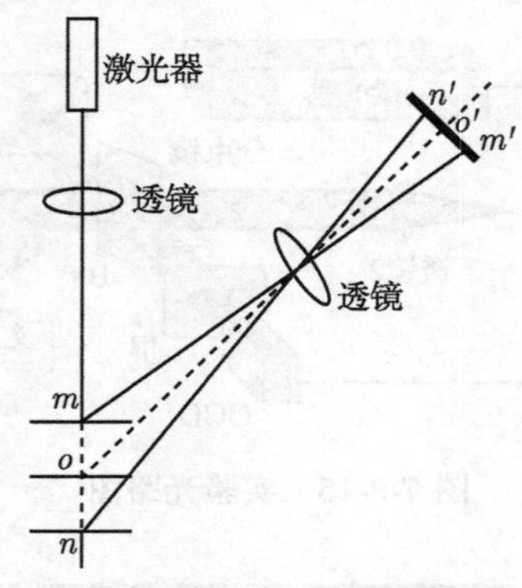

图 7-3-18 激光三角测距原理示意图

位移传感器以激光三角测距为基本原理，是带有一个集成信号处理器的光电位移检测系统，该传感器可以非接触测量任何靶面反射光位置变化，适合于测量流体表面振荡。激光二极管发射波长为 670nm 的能量为 1mW 的可见光投射到被测量物体表面上的一点 o，光斑直径小于 0.1mm，其反射光通过光学成像系统成像于 CCD 靶面 o' 点。当被测量物体表面上光点位置移动到 m 点或 n 点时，其对应的 CCD 靶面上的接收光点位置移动到 m' 点或 n' 点，此时，被测量物体表面的位移 (om 或 on) 通过 CCD 靶面对应的接收光点位移 (om' 或 on') 被精确检测。换言之，如果被测量物体表面位置改变或者传感器位置改变，那么反射光线的角度随之改变，因此可以获得被测量物体表面位置的改变。集成的信号处理器基于求解被检测到的光点位置改变而精确计算被测量物体表面位置的改变。激光三角测距原理可以实现理想的高精度的位移检测，它作为光电检测中的一种非接触式单点测量方法，具有测量速度快、精度高、抗干扰能力强、测量点小、操作简单、应用范围广等优点。基于位置传感器的激光三角测距法，可使测距系统具有体积小、灵敏度高、噪声低、分辨率高、响应速度快等优点。

2. 技术指标

日本吉恩士公司生产的位移传感器型号多，有多种工作距离、多种测量精度，其光路图和设备实物图分别见图 7-3-19 和图 7-3-20。其工作距离为 10mm、30mm、80mm、200mm，测量灵敏度分别为 0.001μm、0.01μm、0.02μm、1μm，测量范围分

别为 ±5mm、±10mm、±23mm、±48mm，仪器质量约 200g。

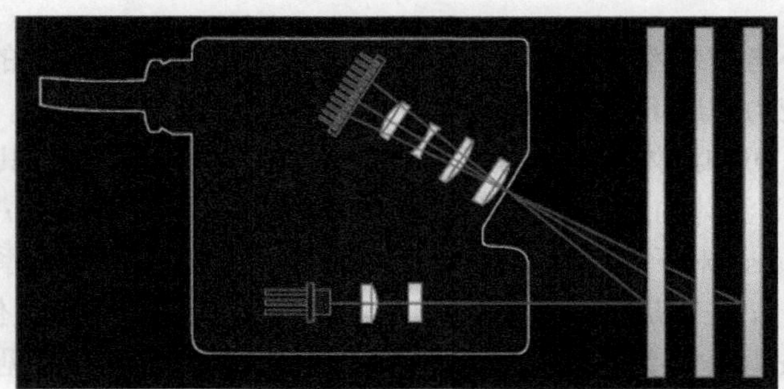

图 7-3-19 位移传感器光路图

图 7-3-20 位移传感器设备 (LK-G 系列，CCD 激光位移传感器)

3. 实验测量

【例 7-3-3】 位移传感器测量流体表面振荡，结果见图 7-3-21[14]。

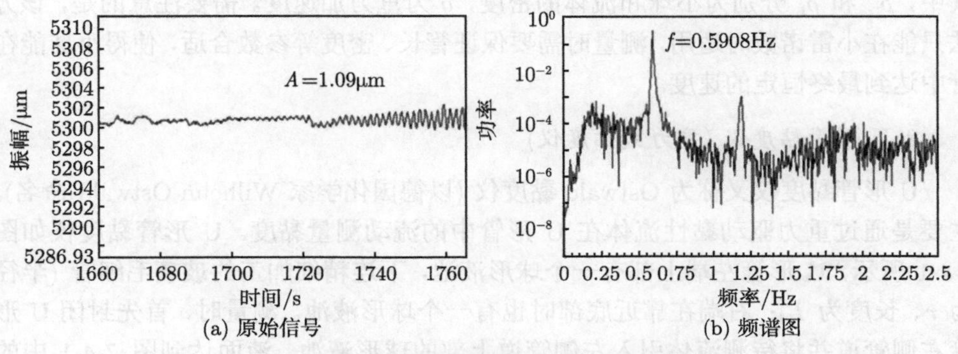

(a) 原始信号 (b) 频谱图

图 7-3-21 位移传感器测量流体表面振荡结果

7.4　黏度测量技术

理想流体不考虑黏性，但实际流体流动时其黏性是一个很重要的物理量，表征了在一定剪切应力作用下流体抵抗逐渐变形的能力。对于牛顿流体，由牛顿内摩擦定律 $\tau = \partial u/\partial z$ 可知流体所受剪切应力 τ 与剪切率 $\partial u/\partial z$(速度沿其垂直方向的梯度) 之间的关系。流体的运动黏度为 $\nu = \mu/\rho$，单位为 $\mathrm{m^2/s}$，其中 μ 为流体的动力黏度，单位为 Pa·s。对于非牛顿流体，剪切应力与剪切率之间的关系不再是上述的线性关系，因为 μ 往往是剪切率的函数。实际测量黏度常采用黏度仪 (viscometer) 和流变仪 (rheometer)。为了便于区分，本节中的黏度仪仅限于常见黏度为常数的牛顿流体中使用的测量设备，而流变仪为测量黏度随剪切率变化关系的设备。

7.4.1　黏度仪

1. *落球黏度仪*

落球黏度仪的基本原理是 Stokes 阻力公式。在小雷诺数时，半径为 r 的小球在动力黏度为 μ 的流体中以速度 u 运动，小球受到的 Stokes 阻力为

$$F_{\mathrm{s}} = 6\pi\mu u r \tag{7-4-1}$$

落球黏度仪工作时，待测流体置于竖直放置的玻璃管内，一个已知半径和密度的小球在流体中竖直下落。在重力、浮力和阻力的共同作用下，小球最终达到一个恒定的速度 U，则该速度与黏度的关系为

$$U = \frac{2r^2 g\left(\rho_{\mathrm{p}} - \rho_{\mathrm{f}}\right)}{9\mu} \tag{7-4-2}$$

其中，ρ_{p} 和 ρ_{f} 分别为小球和流体的密度，g 为重力加速度。需要注意的是，该方法只能在小雷诺数时适用，测量时需要保证管长、密度等参数合适，使得小球能在管中达到最终恒定的速度。

2. *U 形管黏度仪 (重力式黏度仪)*

U 形管黏度仪又称为 Ostwald 黏度仪 (以德国化学家 Wilhelm Ostwald 命名)，主要是通过重力驱动黏性流体在 U 形管中的流动测量黏度。U 形管黏度仪如图 7-4-1 所示，U 形管左端上部有一个球形液池，下连精细加工的玻璃毛细管 (半径为 r、长度为 L)；右端在靠近底部时也有一个球形液池。测量时，首先封闭 U 形管右侧管道并将待测流体引入左侧管道上部的球形液池，液面达到图 7-4-1 中的 c 位置。此时打开 U 形管封闭的右侧并开始计时。在重力的作用下左侧球形液池中的流体将通过毛细管流入右侧底部的液池，直到 U 形管左侧流体液面下降至

图 7-4-1 中的 d 位置，记录流体流经 c、d 两个刻度的时间 Δt。由泊肃叶公式，上述过程流经左侧毛细管的流量为

$$Q = u\pi r^2 = \frac{\pi r^4}{8\mu}\frac{\Delta P}{L} \tag{7-4-3}$$

其中，u 为流动平均速度；μ 为待测动力黏度；ΔP 为左右两侧的压差，可近似由两侧球形液池中心的高度差 H 决定，$\Delta P = \rho g H$。平均流量 Q 可由左侧球形液池的体积变化表示，即 $Q = \Delta V/\Delta t$。式 (7-4-3) 中的管径 r 和管长 L 由图 7-4-1 中 bd 段细管的管径和管长决定。因此，基于式 (7-4-3) 的流量关系，即可在已知 U 形管的各参数 (r, L, H, ΔV) 的条件下测量待测流体的运动黏度 $\nu = \mu/\rho$。由于运动黏度 ν 与 Δt 成正比，该设备使用时还可采用已知运动黏度 $\nu_{\rm r}$ 的标准流体进行测量作为参照，未知流体的运动黏度由流经时间的比值求出，即 $\nu = \nu_{\rm r}\Delta t/\Delta t_{\rm r}$。

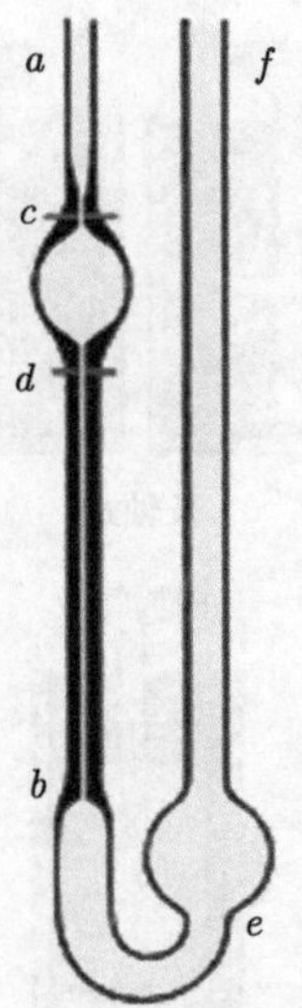

图 7-4-1 U 形管黏度仪示意图

3. 毛细管黏度仪

毛细管黏度仪原理也基于黏性流体管流的压力流量 ($\Delta P - Q$) 关系，即泊肃叶公式：

$$Q = \frac{\pi \Delta P R^4}{8\mu L} \tag{7-4-4}$$

其中，R 为圆形截面毛细管的半径，L 为毛细管长。与前述 U 形管黏度仪不同之处在于，毛细管黏度仪是在控制驱动压力 ΔP 的条件下直接测量水平流动的 $\Delta P - Q$ 关系来求得动力黏度 μ。该方法也能扩展至不同截面形状的管道。但是要注意，由

不确定性分析 (见 3.3.3 节) 可知，该方法对黏度的测量不确定度与管道半径 R 的测量精度的四倍相关，因此毛细管黏度仪测量精度严重依赖于半径 R 的测量精度。

7.4.2 流变仪

实际研究对象中往往会碰到复杂流体，它们的黏度不能简单地用常数表示，而需要用更复杂的应力-剪切率关系表示。而前述黏度仪由于仅针对给定的流动状态测量，往往不再适用，需要流变仪来给出连续变化的剪切应力及相应的剪切率的关系。流变仪又可分为剪切式和拉伸式两大类。考虑到剪切式流变仪应用更为广泛，且篇幅限制，本节仅介绍该种流变仪。

剪切式流变仪有时又称为旋转式流变仪，常见的剪切式流变仪包括同轴圆筒式和圆锥-板式 (图 7-4-2)，此外也有一些其他几何形状的剪切式流变仪，如双椎-板

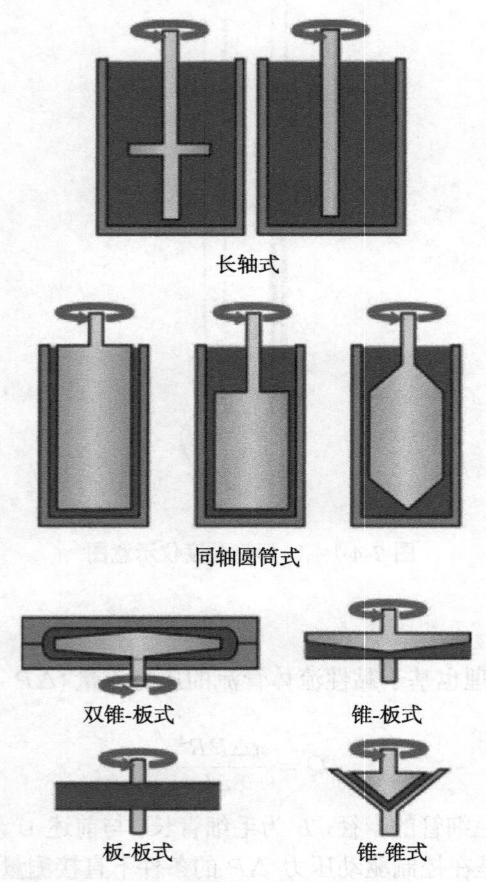

图 7-4-2 不同类型的流变仪示意图

式和板-板式。同轴圆筒式流变仪是将一个圆柱形转子套入另一个同轴的圆筒中，两者环状间隙内充入待测流体。测量时转子以一定的速度旋转，从而决定了流体的剪切率；旋转流体会对另一侧圆筒施加作用力形成扭矩使其倾向于跟随旋转，通过测量该扭矩即可得到相应的剪切应力。另一类锥-板式剪切流变仪是将待测流体置于一个水平放置的平台和一个倒置的浅锥之间。测量时旋转平台或者圆锥已给定剪切率，同样通过测量另一边受到的扭矩以获得剪切应力。旋转式剪切流变仪可以通过实时改变转速来调控剪切率，从而动态连续测量剪切应力-剪切率的关系，而且这类流变仪同时可以测得复杂流体的黏弹性关系。

7.5 多相流测量技术

多相流是气态、液态、固态物质混合的流动。“相”指不同物态或同一物态的不同物理性质或力学状态，如石油中的油水混合物也可以称为两相流。对于流体力学实验，我们最感兴趣的是气液两相流。气液两相流是气 (汽) 液两相组合在一起共同流动，包括气相、液相、气液界面三部分。气相易于压缩，使界面变化与组合复杂多变。气液两相流的研究是随着石化工程、原子能工程、航天工程等工业技术需要发展起来的。在气液两相流中，由于存在两相间相互作用，相交界面易于变形，构成不同组合相界面，不同界面又构成不同流型，不同流型有不同流动和传热特性。因此，多相流测量中关注的物理量除了传统的流速、流量等，还有其特有的流型、体积分数等。本节对此进行简单的介绍。

7.5.1 流型测量

1. 管道内流型直接观测

气液两相流中，不同的流量、压力、管路布置状况和管道几何形状都会造成相界面的形状 (分布) 的不同，即形成不同的流动结构模式，对此称为流型。流型的测量可以直接通过对管道内直接观察或拍摄图像，获取其特征流动结构加以分析。图 7-5-1 显示了典型的水平管气液两相流流型及发展演变，不同的流型都对应有其独特的结构。在固定液相流量的前提下不断增大气相的流量，理论上会出现 10 种渐变的不同流型：分散的泡状流动 → 泡状流动 → 塞状流动 → 分层光滑流动 → 分层波动流动 → 弹状流动 → 半弹状流动 → 块状流动 → 环状流动 → 雾状流动，其演变过程也是实验观测的重点。

传统对流型的观测方法包括直接观察法、照相法、压力波动法、辐射吸收法等。前两种方法都是直接观察两相流流型，直接观察法有一定的主观性，照相法则需借助图像处理和图像识别等技术的帮助，但它们无法在非透明管道中工作。压力波动法和辐射吸收法都要建立流动压力或光学信号变动与流型演变的关系，往往要借助复杂的信号处理方法。

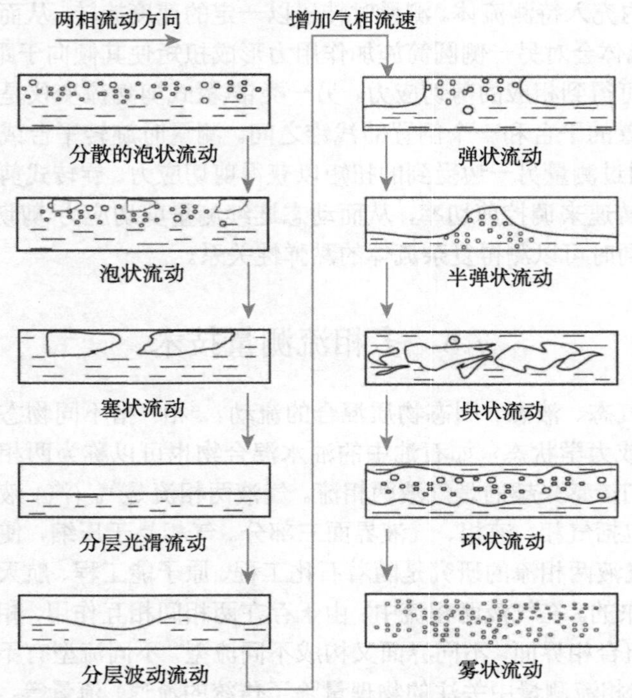

图 7-5-1　典型的水平管气液两相流流型及发展演变示意图

2. 电阻层析成像技术

直接观测过于粗糙，且受限于管壁是否透明。因此，实际应用中层析成像技术发展起来，为流型分析提供了有效的手段。本节主要介绍电阻层析成像 (ERT) 技术。

ERT 技术测量的物理原理是不同介质具有不同的电导率，因此只要探测出两相流流场内的电导率分布就可以得到相应的不同介质分布。其数学原理是 Stokes 公式，即

$$\iint_{\Sigma} \nabla \times \vec{A} \cdot \mathrm{d}\vec{\sigma} = \oint_{L} \vec{A} \cdot \mathrm{d}\vec{\ell} \tag{7-5-1}$$

矢量 $\vec{A}$ 在闭环回路上的线积分等于该矢量的旋度在相应曲面上的面积分。测量边界上的值，通过一定的数学计算就可以重构内部参数。

ERT 的具体工作方式为电流激励和电压测量。当场内电导率分布变化时，电流场的分布会随之改变，引起场内电势分布的变化，从而导致场边界上的测量电压

发生变化。测量电压的变化情况反映了场内电导率的变化信息，因此利用边界上的测量电压，通过成像算法，就可以重建得到场内的电导率分布，实现可视化测量。

图 7-5-2 给出了 ERT 技术测量时在管道横截面上布置的数据采集系统。实验时对不同点探测器之间施加电流测量电压以获得相应的电导率数据。该实验采用的数据重建原理为线性反投影原理。由于气液的电阻不同，其反映在不同电阻对之间的电位差会产生差异，通过判断不同点之间电位差进行数据重建形成图像，进而对管内相应位置的气液流态进行判断。

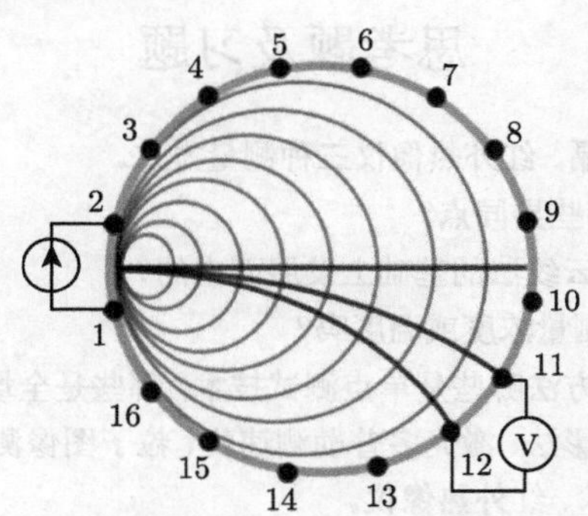

图 7-5-2 管道横截面的电阻式数据采集原理示意图

ERT 技术的优点是非接触测量，对常用材料的管道均可以采用。但由于利用电场测量，电力线在管道横截面上不是直线分布，做数值变换时会带来非线性误差。目前，正在研制通过 X 射线等其他方式进行层析扫描以重构多相流的流型。

7.5.2 多相流的含率测量

多相流的含率是指在一定流速或流量下通过管道各相的比例。目前还没有直接测量含率的仪器。在实验室进行多相流研究时，一般在单相管道入口处用单相流的流速、流量测量仪进行测量。例如，在流速测量上，多普勒测量技术就以其非接触、响应快、测速范围广、使用方便等优势得到了很好的发展。常用的多普勒测量技术有基于激光的和基于超声的，具体原理可参看第 6 章相关章节。相位多普勒测量技术不仅能获得气泡或液滴等的速度，还可以测得其尺寸从而分析其体积比等参数。在流量测量上，主要使用压差式流量计、电磁流量计、容积式流量计等，它们大多基于传统单相测量的力学、光学、电学等原理进行了改进。

7.6 本章小结

本章介绍了流体的温度、浓度、黏度及表面形貌的测量技术。流体温度测量包括热电偶、热色液晶、红外热像仪、激光诱导荧光、干涉技术等，介绍了这些方法的基本测量原理、各自的空间分辨率及具有的单点或全场测量的特点。流场浓度测量技术主要介绍了激光诱导荧光和干涉技术。流体表面形貌测量方法有云纹法、栅线法、Michelson 干涉仪法、位移传感器，介绍了这些技术的基本原理，特别强调了栅线法和云纹法的异同。流体黏度测量在非牛顿流体研究中很重要，本章介绍了黏度仪和流变仪的基本原理及测量参数。最后，简单介绍了多相流的实验测量技术，包括多相流的流型识别及 ERT 技术。

思考题及习题

1. 比较热电偶、热色液晶、红外热像仪三种测量方法。

2. 热色液晶和 LIF 有哪些异同点？

3. 为什么说栅线法是在云纹法的基础上发展而来的？

4. Michelson 干涉仪能测量浓度或温度吗？

5. 请判断如下流体实验方法哪些是单点测试技术，哪些是全场 (多点) 测试技术：氢气泡法、热线风速仪、阴影法、纹影法、激光多普勒测速仪、粒子图像测速仪、皮托管测速仪、热电偶测温仪、激光诱导荧光技术、红外热像仪。

6. 请写出光学干涉测量方法中物光与参考光相位差 $\Delta\phi$ 与光程差 ΔL 的关系，说明光程的概念，由此说明 Mach-Zehnder 干涉仪 (第 7 章题 6 图 (a)) 和 Michelson 干涉仪 (第 7 章题 6 图 (b)) 分别测量哪个物理量。

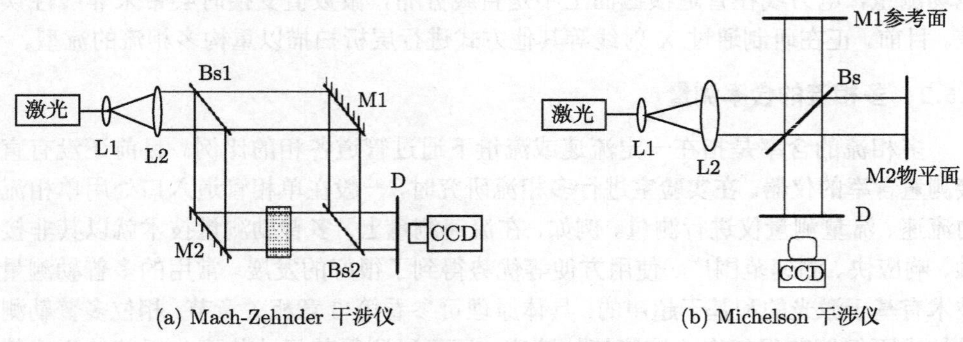

(a) Mach-Zehnder 干涉仪　　(b) Michelson 干涉仪

第 7 章题 6 图

参 考 文 献

[1] Zhu P, Duan L, Kang Q. Transition to chaos in thermocapillary convection. International Journal of Heat and Mass Transfer, 2013, 57: 457-464

[2] Jiang H, Duan L, Kang Q. A peculiar bifurcation transition route of thermocapillary convection in rectangular liquid layers. Experimental Thermal and Fluid Science, 2017,

88: 8-15

[3] Jiang H, Duan L, Kang Q. Instabilities of thermocapillary-buoyancy convection in open rectangular liquid layers. Chinese Physics B, 2017, 26: 114703

[4] 崔海亮, 段俐, 胡良, 等. 应用 PIVT 技术研究单液滴热毛细迁移过程中的速度场和温度场. 实验流体力学, 2007, 21: 98-102

[5] Kang Q, Duan L, Zhang L, et al. Thermocapillary convection experiment facility of an open cylindrical annuli for SJ-10 satellite. Microgravity Science and Technology, 2016, 28: 123-132

[6] Duan L, Shu J Z. The convection during $NaClO_3$ crystal growth observed by the phase shift interferometer. Journal of Crystal Growth, 2001, 223: 181-188

[7] Kang Q, Duan L, Hu W R. Mass transfer process during the $NaClO_3$ crystal growth process. International Journal of Heat and Mass Transfer, 2001, 44: 3213-3222

[8] 段俐. 三维流场的全息测量. 北京：北京航空航天大学, 1995

[9] Zhang S T, Duan L, Kang Q. Experimental research on thermocapillary migration of drops by using digital holographic interferometry. Experients in Fluids, 2016, 57: 1-13

[10] Zhang S T, Duan L, Kang Q, et al. Experimental research on thermocapillary-buoyancy migration interaction of axisymmetric two drops by using digital holographic interferometry. Microgravity Science and Technology, 2018, 30: 183-193

[11] 袁枫, 段俐, 康琦. 光学栅线法实验研究浮力 —— 热毛细对流表面位型. 力学学报, 2007, 39: 217-221

[12] Duan L, Kang Q, Hu W R. Experimental study on liquid free surface in Buoyant-Thermocapillary convection. Chinese Physics Letters, 2008, 25: 1347

[13] Duan L, Kang Q, Hu W R. The characters of surface deformation and surface wave in thermal capillary convection. Science in China, Series E—Technological Sciences, 2006, 49: 601-610

[14] Zhu P, Zhou B, Duan L, et al. Characteristics of surface oscillation in thermocapillary convection. Experimental Thermal and Fluid Science, 2011, 35: 1444-1450

第8章　高速空气动力学实验设备

随着现代航空航天技术的飞速发展，出现了大批高速流动实验装置。为了便于理解高超声速流动参数，本章首先介绍空气动力学方程和函数，然后介绍基本的高速空气动力学实验设备。与低速风洞实验设备不同，为了实现超声速流动，超声速风洞的实验段增加了拉瓦尔喷管。随着马赫数提高，高超声速风洞增加了压缩和加热设备。本章重点介绍超声速、高超声速设备的基本运行原理、模拟准则及特点，最后介绍模拟发动机流动的超燃发动机实验平台。

8.1　概　论

8.1.1　空气动力学方程

1. 气体压缩性与激波

气体是物质存在的一种物理形态。常温常压下，气体分子间距远大于分子本身的尺度，分子处于无规律热运动中，因此气体没有固定的形状和体积，具有流动性和压缩性。在低速流体中，流场的压差或密度变化较小，作为一种近似，可以把流体作为不可压缩流体处理。当流场中流体运动速度很高时，压差或密度的变化显著，甚至出现激波等许多在不可压缩流体中未曾出现过的现象，此时考虑压缩性对流动的影响就成为必要。

气体的压缩性与气体的弹性有关。凡是有弹性的介质，给它一个任意的扰动，这个扰动都会自动地传播开去。当扰动不太强时，其传播速度都是一定的。空气 (或任一种气体) 中微弱扰动的传播速度称为声速，仅与介质的状态参数有关，定义为

$$a^2 = \mathrm{d}p/\mathrm{d}\rho \tag{8-1-1}$$

此式为声速的微分公式，表明声速 (微弱扰动的传播速度) 取决于扰动变化过程中微团的压力变化 $\mathrm{d}p$ 与其相应的密度变化 $\mathrm{d}\rho$ 之比。空气中的声速约为 344m/s。

在高速流动中，许多流动现象不仅取决于流速的大小，而且取决于流速对声速之比的马赫数，其定义为

$$Ma = V/a \tag{8-1-2}$$

其中，V 为流体速度，a 为声速。因此马赫数表示流体质点的运动速度 v 与微小扰

动在流体中的传播速度 a 之比。马赫数 Ma 在高速流动中是一个极为重要的参数，也是高速流体实验模拟的主要相似准则。

小扰动是指扰动引起的流动参量值发生小的改变，扰动以当地声速传播，扰动波形在传播过程中不变。但气流受到剧烈扰动，如急剧的压缩时，压强和密度必然显著增加，此时所产生的压强扰动将以比声速大很多的速度传播，波阵面所到之处气流的各种参数都将发生突然的显著变化，产生突跃。这个强间断面称为激波阵面，简称激波。

2. 气体的状态参数

把气体作为一个热力学中的物系来考虑，物系的状态参数包括温度 T、压强 p、密度 ρ(或比容 $1/\rho$) 以及介质的组成成分。一个均匀介质的这三个状态参数并不都是彼此独立的，它们之间满足一定的函数关系，称为状态方程。理想气体 (或称完全气体) 的状态方程为

$$p=\rho RT \tag{8-1-3}$$

其中，R 为气体常数。空气的气体常数 $R=287\mathrm{J/(kg\cdot K)}$。理想气体的另外两个状态参数是内能 u 和焓 h。内能指用温度标识的介质能量。理想气体假设内能仅为热力学温度的函数，即 $u=u(T)$。焓表示热含量，定义为

$$h=u+p/\rho \tag{8-1-4}$$

气体作为一个热力学系统，其系统状态的变化与热力学过程有关。理想气体的准静态变化过程包括等容过程、等温过程、绝热过程等。当运动流体与外界完全没有热量交换时，这种变化称为绝热过程。此时气体两个状态的温度比、压强比和密度比的关系为

$$\frac{T_2}{T_1}=\left(\frac{p_2}{p_1}\right)^{\frac{\gamma-1}{\gamma}}=\left(\frac{\rho_2}{\rho_1}\right)^{\gamma-1} \tag{8-1-5}$$

其中，γ 为比热容比，$\gamma=c_\mathrm{p}/c_\mathrm{v}$，$c_\mathrm{p}$ 与 c_v 分别为定压比热容和定容比热容，空气中 $\gamma=1.4$。

气体还有一个重要的状态参数称为熵 s，其定义为 $s=\int\frac{\mathrm{d}q}{T}$，表示热能可利用率或作为热力学系统是否可逆的一个判断参量。

3. 空气动力学方程与函数

当气体高速运动时，气体流过速度起显著变化区域所用的时间很短，而气体传热能力较弱，因而可认为流动过程是绝热的。在流动参量连续变化的区域，这种绝热的流动过程是等熵的。下面给出空气动力学方程组。

无黏可压缩流体的连续方程和运动方程为

$$\frac{\mathrm{D}\rho}{\mathrm{D}t}+\rho\nabla\cdot\vec{v}=0 \tag{8-1-6}$$

$$\frac{\mathrm{D}\vec{v}}{\mathrm{D}t}=-\frac{1}{\rho}\nabla p \tag{8-1-7}$$

完全气体状态方程见式 (8-1-3)，完全气体的等熵方程为

$$p=c\rho^{\gamma} \tag{8-1-8}$$

这六个方程中有 ρ、$\vec{v}$、p、T 等六个未知量，构成封闭方程组。在一维情况下，上述空气动力学方程组有比较简单的形式。一维定常无黏连续流动空气动力学方程如下。

质量守恒方程：

$$\rho VA=\text{const.} \tag{8-1-9}$$

状态方程见式 (8-1-3)，即

$$p=\rho RT$$

动量方程：

$$\frac{1}{\rho}\mathrm{d}p+V\mathrm{d}V=0 \tag{8-1-10}$$

能量方程：

$$\mathrm{d}h+V\mathrm{d}V=0 \tag{8-1-11}$$

声速方程见式 (8-1-1)，即

$$a=\sqrt{\left(\frac{\partial p}{\partial\rho}\right)_{\mathrm{s}}}=\sqrt{\gamma\frac{p}{\rho}}=\sqrt{\gamma RT}(\text{完全气体})$$

马赫数 Ma 计算公式见式 (8-1-2)，即

$$Ma=\frac{V}{a}$$

动压方程：

$$q=\frac{1}{2}\rho V^2=\frac{\gamma}{2}p(Ma)^2(\text{完全气体}) \tag{8-1-12}$$

对方程 (8-1-10) 沿流线积分得

$$\frac{V^2}{2}+\frac{\gamma}{\gamma-1}\frac{p}{\rho}=c \tag{8-1-13}$$

方程右侧常数的确定必须已知流场上某一参考点的流动参量。根据不同的参考状态的选取，可推导出相应的空气动力学函数。这里仅给出流动状态参量及其对应的驻点参量之间的关系。驻点是指速度等熵地降为零的一点，以下标 "0" 表示，称为驻点参数，如总压 p_0、总温 T_0。取定驻点作为参考点，当地参数与总参数的比为

$$\frac{T_0}{T} = 1 + \frac{\gamma - 1}{2}(Ma)^2 \tag{8-1-14}$$

$$\frac{p_0}{p} = \left[1 + \frac{\gamma - 1}{2}(Ma)^2\right]^{\frac{\gamma}{\gamma-1}} \tag{8-1-15}$$

$$\frac{\rho_0}{\rho} = \left[1 + \frac{\gamma - 1}{2}(Ma)^2\right]^{\frac{1}{\gamma-1}} \tag{8-1-16}$$

这是根据驻点参数表示的空气动力学函数的关系式 (或一维等熵关系式)[1]。在其他状态下，如临界状态、最大速度状态下均可获得相应的空气动力学函数，在后续的流动分析中经常用到。

8.1.2 空气动力学实验设备分类

1. *高超声速风洞的需求*

风洞是研究气体和固体相互作用的地面模拟设备。高超声速风洞主要为弹头、反导弹导弹、卫星飞船、航天飞机和高超声速飞机的研制服务，实验速度段的速度达到超声速。根据空气动力学函数 (8-1-14)，在总温 T_0 一定的情况下，随着马赫数提高，实验段的温度 T 将下降，甚至气体出现冷凝。为了在实验段得到高超声速而不使气体冷凝，必须在拉瓦尔喷管前对气体加压和加热，提高总压和总温。高超声速风洞的型式很多，其差别就在于压缩和加热气体的物理过程不同，从而造成了气流参数和工作时间的不同。要提高参数，工作时间就要缩短，而测试的困难又要求有一定的工作时间。这两方面的协调是高超声速风洞发展中的重要问题。这些要求如下：

(1) 参数高。高超声速风洞具有较高的马赫数 (高达 20)，同时需要有一定的雷诺数范围，可进行层流、转捩和湍流三种状态的实验。

(2) 模型大。模型尺寸增大除了可以提高雷诺数，还可以减小尺度效应和满足实验技术 (安装传感器和天平等) 的要求，例如，分离区的气动特性研究，已经观察到明显的尺度效应，此时凸起物和边界层厚度的比例是一个必须考虑的因素。

(3) 数据准。要求尽量减小测量数据的随机误差和系统误差。为了减小随机误差，对整个测试系统提出了更高的要求。为了减小系统误差，除提高测试系统的精

确度外，对流场也提出了更高的要求，如流场的非均匀性要小，随时间的脉动要低并要尽量减小气流的污染和气流的自由湍流度。

(4) 品种多。目前一些模型实验要求发展新的实验技术，例如，利用低温熔化材料模拟烧蚀的实验和有质量引射的实验。复杂外形的热流实验由于激波与边界层干扰等影响，热流变化比较复杂，需要新的测温技术。这促进了热敏漆和非接触测量技术的发展。另外，目前一般常规高超声速风洞的工作时间为几十毫秒，而有些实验需要有较长的工作时间。例如，在高超声速风洞中用三自由度滚动天平，直接利用速率陀螺测定攻角随时间的变化，因此要求风洞有较长的工作时间。

2. 高超声速风洞分类

针对上述各个方面的需求，可以把各种高超声速风洞进行如下分类。

(1) 按照运行马赫数范围分类：跨声速风洞，实验段马赫数为 0.8~1.4；超声速风洞，马赫数范围为 1.4~5；高超声速风洞，马赫数大于 5；特种高超声速设备，如激波管和电磁激波管，马赫数可达到 40。

(2) 按设备运行时间划分：连续型风洞，一般的低速风洞和亚声速风洞均为连续风洞；暂冲型设备，一般运行时间几分钟到几十分钟，如超声速风洞、高超声速风洞和电弧风洞等；脉冲型风洞，一般运行时间在毫秒或微秒量级，如激波管、激波风洞、炮风洞、爆轰驱动激波风洞、物理弹道靶、爆炸波模拟器。

(3) 按照设备模拟功能分类：低密度风洞，用来模拟稀薄气体实验的装置；电弧风洞，带有模拟高温热环境的电弧加热器，最高气流焓值达到 130MJ/kg，用于研究防热材料性能等；复现式风洞，用于近似模拟飞行器真实飞行环境。

3. 高超声速风洞评估

一种形式的高超声速风洞往往难以满足飞行器研制对实验的要求，因此要选择一套设备，取长补短、互相配套。为此，要对各种型式的设备作一个分析比较，包括如下项目：

(1) 能量利用率。能量利用率是否合理，一定程度上决定了设备的参数和经济性。激波风洞、活塞风洞的能量利用率比较合理，它们没有加热器，而是利用激波、压缩等物理过程来加热气体。而在采用加热器的风洞中，电弧加热器和热冲风洞的脉冲放电加热的效率比较低。电弧加热器的总效率只有 20%~50%。

(2) 模拟参数。常规高超声速风洞现在已达到很高的马赫数，但是压力比脉冲风洞低。因此，只有在较低的马赫数 (如马赫数在 6 左右) 才能实现湍流状态。电弧风洞的前室压力更低，一般适宜做低密度风洞或用于卫星、飞船的烧蚀实验。各种脉冲风洞可以达到较高的参数，但一般只能在中等马赫数 (马赫数在 10 左右) 下实现湍流状态。

(3) 流场品质。一般使用常规加热器优于使用电弧加热器，激波加热、压缩加热的形式优于脉冲放电的形式，等压过程优于等容过程，曲线轮廓喷管优于锥形喷管，阀门控制优于膜片。在流场品质中，一般注意的是气流的均匀性、污染和压力衰减。对于污染，关键是把它降低到可以允许的程度。对于压力衰减则要精心处理。

(4) 测试精度与不确定度。显然，设备运行时间长、模型尺寸大的实验设备有利于改进实验不确定度。以天平测力为例，常规风洞是在模型-天平-支架系统的振动被阻尼掉以后才进行测量的，尽管振动不能绝对消除，但对实验结果无较大影响。而脉冲风洞的情况却不同。在风洞启动时，将使模型-天平-支架系统激发振动，天平上测得的是惯性力和气动力两部分之和。只有在系统的振动频率很高时，惯性力才可以略去不计。工作时间越短，要求测量频率越高，而模型越大，系统的振动频率往往越低，因此激波风洞中的模型一般不能太大。另外，也可以采用振动补偿的办法，但是对于较大的模型，模型本身的振动会使补偿的效果降低。

8.2 超声速风洞

8.2.1 超声速风洞基本结构及运行特点

1. 超声速风洞结构

超声速风洞是用来研究超声速飞行器性能参数的实验设备。超声速风洞实验段气流马赫数范围一般为 1.4~5。超声速风洞可以分为连续式和暂冲式两种。连续式超声速风洞可以连续工作，而暂冲式超声速风洞一次的运行时间在几分钟到几十分钟范围内。由于消耗功率的限制，大部分超声速风洞都采用暂冲式。暂冲式超声速风洞实验时间由储气罐压力和容积决定。

下面以暂冲下吹式超声速风洞为例 (图 8-2-1) 说明超声速风洞的结构。超声速风洞主要部件包括气源、稳定段、拉瓦尔喷管、实验段和扩压段等。

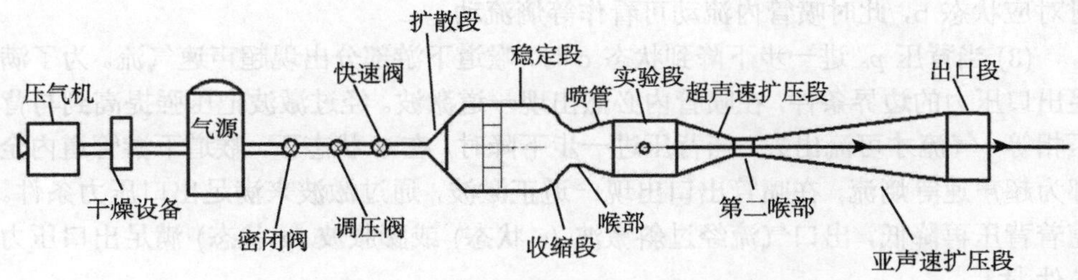

图 8-2-1 暂冲下吹式超声速风洞结构[2]

高压气源提供所需要的高压空气；稳定段保证起到 “滤波” 的作用，确保气流有足够低的湍流度；拉瓦尔喷管将气流加速至所需要的速度；扩压段为实验段提供足够低的真空度同时使实验后的气流压力高于大气压，以保证气流排放到空气中。与 6.2.1 节介绍的低速风洞相比，超声速风洞在实验段前增加了拉瓦尔喷管，在实验段后增加了收缩状的扩压段。后面有拉瓦尔喷管工作原理的具体介绍。

2. 超声速风洞运行特点

根据 8.1.1 节给出的一维定常无黏可压缩流动的连续方程和动量方程，可以得到风洞截面积 A 与流场速度 u 的关系：

$$\frac{\mathrm{d}A}{A}=-[1-(Ma)^2]\frac{\mathrm{d}u}{u} \tag{8-2-1}$$

此式清楚地表明了截面积变化对气流速度的影响：

(1) 亚声速流动($Ma<1$)。当 $1-(Ma)^2>0$ 时，$\mathrm{d}u$ 与 $\mathrm{d}A$ 异号，表明速度变化与面积变化的方向相反。在收缩型管道内 ($\mathrm{d}A<0$)，亚声速气流是加速的 ($\mathrm{d}u>0$)。而在扩张型管道内部 ($\mathrm{d}A>0$)，亚声速气流是减速的 ($\mathrm{d}u<0$)。

(2) 超声速流动($Ma>1$)。当 $1-(Ma)^2<0$ 时，$\mathrm{d}u$ 与 $\mathrm{d}A$ 同号，表明速度变化与面积变化的方向相同。在收缩型管道内 ($\mathrm{d}A<0$)，超声速气流是减速的 ($\mathrm{d}u<0$)。而在扩张型管道内部 ($\mathrm{d}A>0$)，超声速气流是加速的 ($\mathrm{d}u>0$)。

(3) 声速气流 ($Ma=1$)。当 $Ma=1$ 时，$\mathrm{d}A=0$，该截面为临界截面。临界截面一定是管道的最小截面。在最小截面处能否达到声速，由管道的出口压强比来决定。

3. 拉瓦尔喷管的工作原理

拉瓦尔喷管的工作状态由外界大气的压强 p_e(称为背压) 和喷管气流的总压 p_0 之比确定。图 8-2-2 给出了背压不同导致拉瓦尔喷管的不同工作情况以及相对应的喷管出口波系。假定上游压力 p_0 为一个大气压，具体喷管的出口状态如下：

(1) 当背压 p_e 稍低于一个大气压时，喷管两端开始产生压力差，但这时压力差还不够大，喷管内仅维持亚声速气流，对应图中状态 a。

(2) 随着背压 p_e 进一步下降，喉道达到声速，但喉道下游仍为亚声速气流，这时对应状态 b，此时喷管内流动可看作等熵流动。

(3) 当背压 p_e 进一步下降到状态 c 时，喉道下游部分出现超声速气流。为了满足出口压力的边界条件，在喷管内必然出现一道激波。经过激波把压强提高到与背压相等，气流才可流出去。当背压进一步下降时，在 d 状态下，喉道下游管道内全部为超声速等熵流，在喷管出口出现一道正激波，通过激波来满足出口压力条件。随着背压再降低，出口气流经过斜激波 (e 状态) 或膨胀波 (g 状态) 满足出口压力条件 [2-4]。

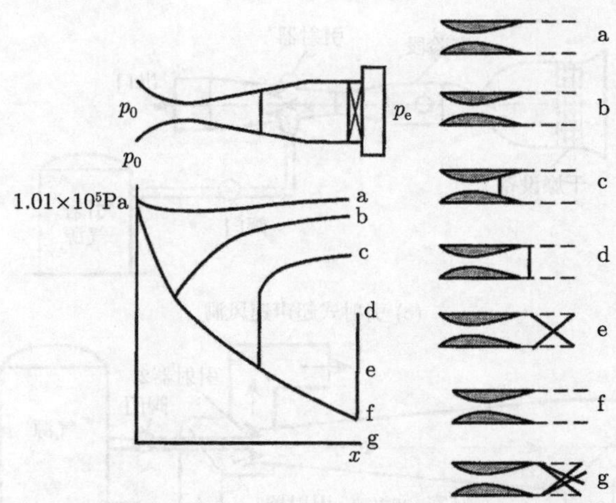

图 8-2-2 背压不同导致拉瓦尔喷管的不同工作情况以及相对应的喷管出口波系[2]

8.2.2 其他类型超声速风洞

图 8-2-3 给出了几种其他类型的超声速风洞：图 8-2-3(a) 是吸气式超声速风洞，图 8-2-3(b) 是吹吸式超声速风洞，图 8-2-3(c) 是引射式超声速风洞，图 8-2-3(d) 是吹吸式跨超声速风洞。

图 8-2-3(a) 吸气式超声速风洞的特点：没有压气机等供气系统，但在扩压段下游有一个真空箱，用于在风洞上下游产生足够的压力比；吸气式超声速风洞入口压力始终保持在一个大气压，因此风洞没有调压阀门；风洞运行过程中，真空箱内压力不断升高，当上下游压力差不足以维持风洞运行时，风洞关闭。对于图 8-2-3(b) 吹吸式超声速风洞，既有上游的储气箱，又有下游的真空箱，高马赫数风洞多采用这种形式。

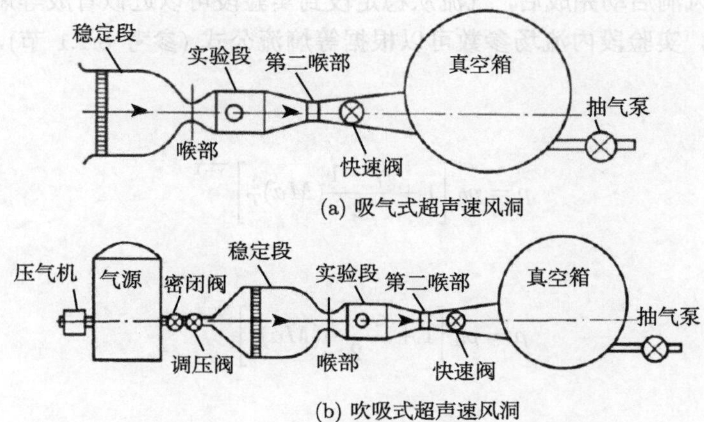

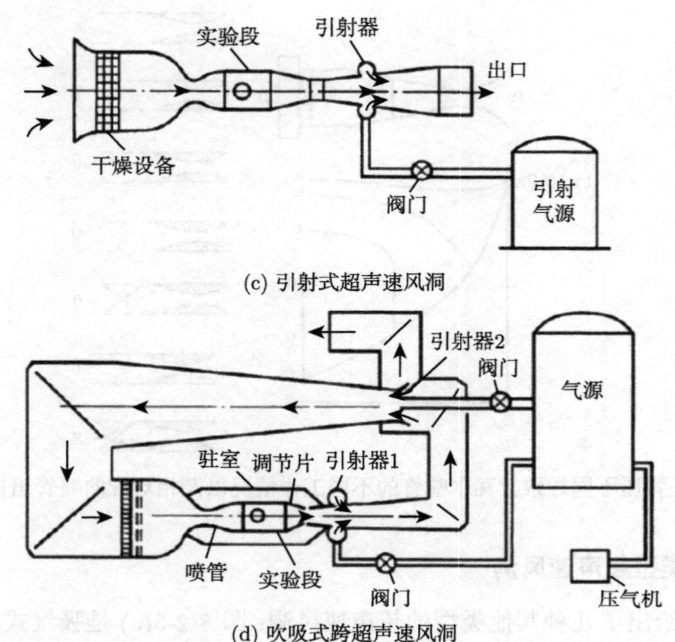

(c) 引射式超声速风洞

(d) 吹吸式跨超声速风洞

图 8-2-3　几种其他类型的超声速风洞[2]

引射器的作用是在局部产生低压区 (参考 6.4.1 节的伯努利方程)。在图 8-2-3(c) 中，在实验段下游安装引射器有助于风洞启动。图 8-2-3(d) 吹吸式跨超声速风洞是一个跨超声速风洞，安装有两个引射器，其中引射器 1 是为了增大启动压力比；引射器 2 安装在回流管道中，是为了回收一部分空气，以节省能源。

8.2.3　超声速风洞运行参数的计算

超声速风洞启动完成后，气流从稳定段到实验段可以近似看成等熵流。因此，风洞运行时，实验段内流场参数可以根据等熵流公式 (参考 8.1.1 节)，具体计算如下。

压力：

$$p = p_0 \left[1 + \frac{\gamma - 1}{2}(Ma)_T^2\right]^{\frac{-\gamma}{\gamma-1}} \tag{8-2-2}$$

密度：

$$\rho = \rho_0 \left[1 + \frac{\gamma - 1}{2}(Ma)^2\right]^{\frac{-1}{\gamma-1}} \tag{8-2-3}$$

温度：

$$T = T_0\left[1+\frac{\gamma-1}{2}(Ma)^2\right]^{-1} \tag{8-2-4}$$

动压：

$$q = \frac{1}{2}\rho v^2 = \frac{1}{2}\frac{p}{RT}(Ma)^2 a^2 = \frac{\gamma}{2}p(Ma)^2 \tag{8-2-5}$$

流量：

$$\omega = \left(\frac{\gamma}{R}\right)^{\frac{1}{2}}\frac{p_0}{\sqrt{T_0}}\frac{(Ma)a}{\left[1+\frac{\gamma-1}{2}(Ma)^2\right]^{\frac{\gamma+1}{2(\gamma-1)}}} \tag{8-2-6}$$

单位雷诺数：

$$\frac{Re}{L} = \left(\frac{\gamma}{R}\right)^{\frac{1}{2}}\frac{p_0}{\sqrt{T_0}}\frac{Ma\frac{1}{\mu}}{\left[1+\frac{\gamma-1}{2}(Ma)^2\right]^{\frac{\gamma+1}{2(\gamma-1)}}} \tag{8-2-7}$$

在以上计算中，近似认为稳定段内气流速度极低，稳定段内的气流参数近似为总参数。

超声速风洞有两种运行方式：等流量运行和等动压运行。由式 (8-2-6) 可知，等流量运行时保持总压 p_0 和总温 T_0 在运行过程中不变。而由式 (8-2-5) 可知，等动压运行时仅需要保持总压 p_0 不变。等流量运行时，实验段内雷诺数和动压都保持不变，而等动压运行时，实验段内动压不变，但雷诺数是变化的。

对于吹吸式超声速风洞，通过调压阀可以保证稳定段总压 p_0 不变。但是，在吹风过程中储气箱内压力不断下降，气体温度也下降，为了保持稳定段内总温 T_0 保持不变，可以在储气箱中填充具有高热容量的物体。对吸气式超声速风洞，可以认为运行过程中总压和总温保持不变。

吹吸式超声速风洞等流量运行时，认为储气箱内气体为等温过程，风洞运行时间为

$$t = \left(\frac{\gamma+1}{2}\right)^{\frac{\gamma+1}{2(\gamma-1)}}\left(\frac{1}{\gamma R}\right)^{\frac{1}{2}}\frac{V}{A_1^*}\frac{p_{\rm i}}{p_0\sqrt{T_0}}\left(1-\frac{p_{\rm f}}{p_{\rm i}}\right) \tag{8-2-8}$$

吹吸式超声速风洞等动压运行时，认为储气箱内气体为多变过程，运行时间为

$$t = \frac{2}{n+1}\left(\frac{\gamma+1}{2}\right)^{\frac{\gamma+1}{2(\gamma-1)}}\left(\frac{1}{\gamma R}\right)^{\frac{1}{2}}\frac{V}{A_1^*}\frac{p_{\rm i}}{p_0\sqrt{T_{\rm i}}}\left[1-\left(\frac{p_{\rm f}}{p_{\rm i}}\right)^{\frac{n+1}{2n}}\right] \tag{8-2-9}$$

吸气式超声速风洞运行时间为

$$t=\left(\frac{\gamma+1}{2}\right)^{\frac{\gamma+1}{2(\gamma-1)}}\left(\frac{1}{\gamma R}\right)^{\frac{1}{2}}\frac{V}{A_1^*}\frac{1}{p_0\sqrt{T_0}}\frac{p_{\mathrm{f}}}{p_0}\left(1-\frac{p_{\mathrm{i}}}{p_{\mathrm{f}}}\right) \tag{8-2-10}$$

其中，V 为储气箱容积，p_{i} 和 p_{f} 分别为储气箱的初始压力和终止压力，n 为 1 到 1.4 之间的常数。

8.3 高超声速风洞

8.3.1 高超声速风洞实验模拟的特点

1. 高超声速飞行的特点

随着飞行器的速度不断提高，当它们返回地球大气层或进入其他星球大气圈以及在大气中完成其他飞行任务时，总要把部分能量传递给周围的气体介质。在一些部位上，飞行器外面的气体温度非常高，这时气体介质的性质发生了复杂的变化。当分子热运动的动能提高到振动能级的数量级时，分子碰撞就会使振动自由度进入激发状态；当动能提高到离解能的数量级时，分子就会因为碰撞而被分离成为原子，这就是解离 (dissociation) 反应；同样，还可能有化合反应、电离 (ionization) 反应，这些反应与温度、密度或压力有关。在地球大气层中高速飞行，气体介质是空气，随着飞行速度提高，气体温度增加，当温度达到 800K 时，N_2、O_2 分子振动自由度被激发，并可解离成 N、O 原子，这些原子也能重新结合成 N_2、O_2 与 NO 分子。温度升至 9000K 以上时，分子和原子还可以电离成 N^+、O^+、NO^+ 离子和电子 (图 8-3-1)。在其他星球大气层高速飞行遇到其他气体介质时也存在类似过程。

2. 模拟参数与准则

对于涉及双体分子碰撞的化学反应 (如解离过程)，典型的模拟准则是双尺度率，即需要模拟来流密度和尺度的乘积 $\rho_\infty\times L$。

对于重要的空气化学解离反应，氮气分子的解离过程用以下公式表示：

$$\mathrm{N_2+M\xrightarrow{k_f}N+N+M} \tag{8-3-1}$$

其中，M 是解离反应的参与反应物，k_{f} 是正向反应速率常数。N 原子的浓度可以表示为

$$\frac{\mathrm{d}\,[\mathrm{N}]}{\mathrm{d}t}=2k_{\mathrm{f}}\,[\mathrm{N_2}]\,[\mathrm{M}] \tag{8-3-2}$$

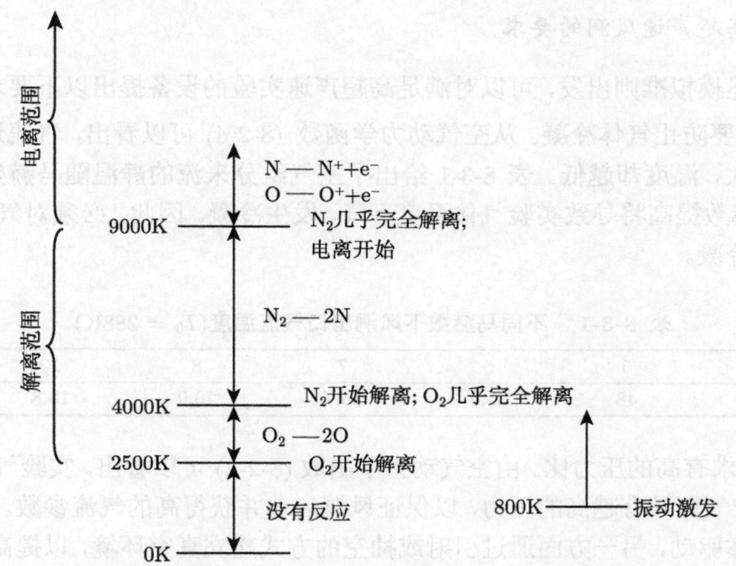

图 8-3-1 1atm(1atm=1.01×10^{5}Pa) 下空气组元振动激发、解离、电离的范围

利用连续性方程，则有

$$\frac{\partial c_i}{\partial t}+\vec{V}\cdot\nabla c_i=\frac{w_i}{\rho},\quad c_i=\frac{\rho_i}{\rho} \tag{8-3-3}$$

其中，ρ_i 是 i 组分的密度，c_i 是 i 组分的质量分数，w_i 是 i 组分的源生成项。考虑二维流动的情况，上面的公式可以写为

$$\frac{\partial c_{\mathrm{N}}}{\partial t}+u\frac{\partial c_{\mathrm{N}}}{\partial x}+v\frac{\partial c_{\mathrm{N}}}{\partial y}=K_1\rho c_{\mathrm{N}_2}c_{\mathrm{M}},\quad K_1=2k_{\mathrm{f}}\frac{Mw_{\mathrm{N}}}{Mw_{\mathrm{N}_2}Mw_{\mathrm{M}}}=f(T) \tag{8-3-4}$$

对上述方程无量纲化，则得

$$\frac{\partial c_{\mathrm{N}}}{\partial t'}+u'\frac{\partial c_{\mathrm{N}}}{\partial x'}+v'\frac{\partial c_{\mathrm{N}}}{\partial y'}=K_1\left(\frac{\rho_\infty L}{V_\infty}\right)\rho' c_{\mathrm{N}_2}c_{\mathrm{M}} \tag{8-3-5}$$

其中，$K_1=f(T)$ 是温度的函数，$\left(\frac{\rho_\infty L}{V_\infty}\right)=\rho_\infty\tau$ 为双尺度率。

假如速度可以复现，那么有

$$\frac{\rho_\infty L}{V_\infty}=\rho_\infty\tau\sim\rho_\infty L \tag{8-3-6}$$

假如温度可以复现，那么根据 $p=\rho RT\sim\rho$，双尺度率则可以写为

$$\frac{\rho_\infty L}{V_\infty}=p_\infty L \tag{8-3-7}$$

3. 对高超声速风洞的要求

从上述模拟准则出发，可以对满足高超声速实验的设备提出以下要求：

(1) 需要防止气体冷凝。从空气动力学函数 (8-2-4) 可以看出，气流速度越高，马赫数越大，温度却越低。表 8-3-1 给出了空气组分来流的静温随马赫数的变化。可见，马赫数提高将导致实验气体温度下降，发生冷凝。因此，必须对气体进行加热以防止冷凝。

表 8-3-1　不同马赫数下风洞出口气流温度($T_0 = 288\mathrm{K}$)

Ma	5	6	7	8	10
T_∞ /K	48	35.2	26.7	20.9	13.8

(2) 要求有高的压力比。由空气动力学函数 (8-2-2) 可以看出，实验气流马赫数越高，要求气源具有越高的压力，以保证风洞启动并获得高的气流参数。一方面通过高压气体驱动，另一方面通过引射或抽空的方式建立真空环境，以提高压力比。

(3) 需要有足够的实验时间。受设备规模、能量和运行费用限制，马赫数越高，实验时间越短。暂冲式设备一般为几秒至几十秒，脉冲式设备为几毫秒至几十毫秒或几百微秒。

为了满足上述要求，发展了各种功能的高超声速风洞，如加热高超声速风洞 (8.3.2 节)、复现式风洞 (8.3.3 节)，下面分别进行介绍。

8.3.2　加热高超声速风洞

高超声速风洞提高气源的压力较易满足，但气源升至高温的难度很大。表 8-3-2 为各种加热方式的对比。

表 8-3-2　各种加热方式的对比

加热方式	加热方法	优缺点	对应设备
常规加热	通过燃烧煤油 (天然气) 预热卵石加热空气	加热时间长，热损耗严重，能力有限，几百摄氏度	常规高超声速风洞
电加热	通过电弧放电直接加热空气	实验气流易污染	电弧风洞
燃烧加热	通过烧氢 (或酒精) 补氧加热	实验气流中含有大量燃烧产物，非纯净空气	超燃实验装置
激波加热	利用压力能或化学能通过激波 (爆轰波) 加热	实验气体为纯净空气，气流总温高、模拟范围广、运行成本低，但实验时间短，毫秒量级	激波管、激波风洞、爆轰风洞

图 8-3-2 为加热高超声速风洞照片，图 8-3-3 为其组成示意图。

图 8-3-2 加热高超声速风洞照片

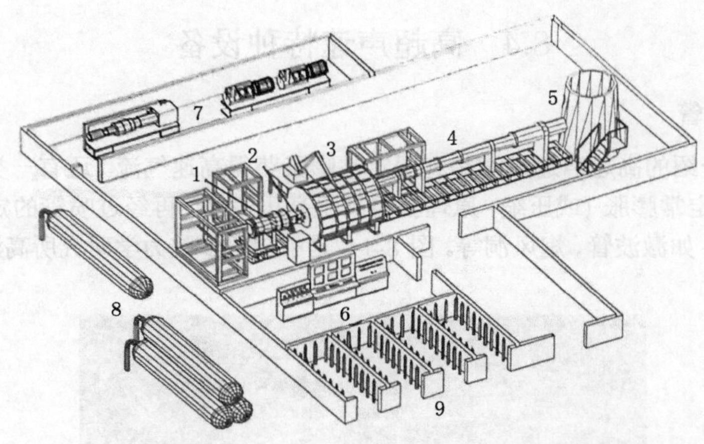

1. 加热器; 2. 超声速喷管; 3. 真空舱; 4. 引射器; 5. 消声塔;
6. 测控间; 7. 压气机间; 8. 高压气罐; 9. 高压气瓶

图 8-3-3 加热高超声速风洞组成示意图

8.3.3 复现式风洞

复现实验即地面实验，和天上飞行要求几何一致、空气动力学模拟参数一致、化学动力学模拟参数一致，即在地面完全模型天上的飞行条件，具体如下。

(1) 几何一致：足够大的实验段尺寸，保证全尺寸模型可完全被包在实验段有效尺度气流内。

(2) 空气动力学模拟参数一致：马赫数，实验段静压 (真空系统)。

(3) 化学动力学模拟参数一致：纯净空气，足够长的实验时间 (远大于化学反应所需要的特征时间)。

图 8-3-4 为 JF12 复现式高超声速飞行激波风洞。

图 8-3-4　JF12 复现式高超声速飞行激波风洞

8.4　高超声速特种设备

8.4.1　激波管

8.3 节介绍的高超声速风洞是利用定常膨胀获得高速气流。还有一类高超声速设备利用非定常膨胀 (或压缩) 原理获得高温高压气体，再经过喷管的定常膨胀形成高速气流，如激波管、炮风洞等。图 8-4-1 是中国科学院力学研究所高温激波管。

图 8-4-1　中国科学院力学研究所高温激波管

1. 激波管的特点

激波管的特点为：结构简单，造价低廉，运行费用低，使用简便；靠激波加热，无须额外加热；实验时间短，能量消耗有限；受热时间很短，设备无须冷却；模拟参数范围宽，设备易于组合。

2. 激波管的主要应用

激波管广泛应用于高超声速空气动力学研究、高温气体物理化学特性研究、抗爆工程防护实验研究、压力传感器动态标定、高温化工领域及脉冲推进等。

3. 激波管运行原理

激波管是一种建立在非定常流动基础上的设备，它由两段管子组成，如图 8-4-2(a) 所示。左端为高压段，充高压气体。右端为低压段，充低压气体，中间用隔膜隔开。当左右两端管子的压差达到一定值时，隔膜瞬时破裂，一道运动激波沿低压段向右运动，同时产生一束稀疏波沿高压段向左运动。激波波后气体：图 8-4-2(b) 中的 (2) 区，在激波诱导下产生高速、高温环境。稀疏波波后气体：图 8-4-2(b) 中的 (3) 区，压力下降、温度降低、速度增加。(2) 区和 (3) 区气体由接触面分开，它们具有相同的压力和速度 (图 8-4-2(c))。激波运动到低压段末端时会发生反射，产生具有更高压力和温度的 (5) 区 (图 8-4-2(d))。

4. 激波管参数估算

用下标表示图 8-4-2 所示的各区参数。已知参数如下：$u_1=0$、a_1、p_1、γ_1，$u_4=0$、a_4、p_4、γ_4 及运动激波马赫数 M_s，则运动激波波后 (2) 区气体的速度、压力为

$$\frac{u_2}{a_1}=\frac{2}{\gamma_1+1}\left(M_s-\frac{1}{M_s}\right) \tag{8-4-1}$$

$$\frac{p_2}{p_1}=1+\frac{2\gamma_1}{\gamma_1+1}\left(M_s^2-1\right) \tag{8-4-2}$$

当激波中低压区末端发生反射后，反射激波马赫数 M_r 为

$$M_r^2=\frac{2\gamma_1 M_s^2-(\gamma_1-1)}{(\gamma_1-1)M_s^2+2} \tag{8-4-3}$$

(5) 区气体压力大大提高：

$$\frac{p_5}{p_2}=1+\frac{2\gamma_1}{\gamma_1+1}\left(M_r^2-1\right) \tag{8-4-4}$$

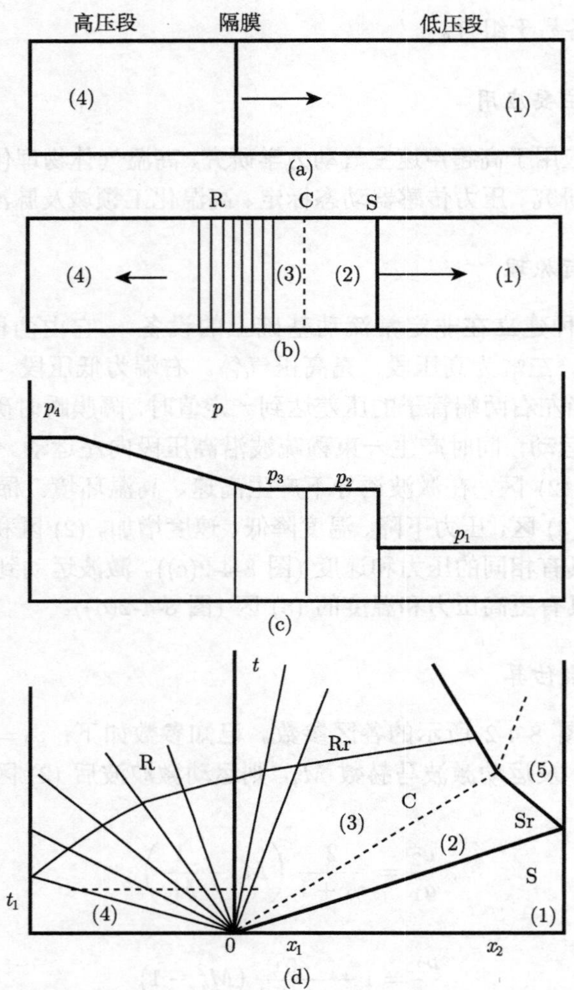

图 8-4-2　激波管运行原理示意图 (R 代表稀疏波，C 代表接触面，S 代表激波，r 代表反射)

8.4.2　激波风洞——炮风洞

利用激波管 (5) 区的高温高压气体，在低压段末端接一个拉瓦尔喷管，就形成反射型风洞 (图 8-4-3)。此时 (5) 区的气体就像超声速风洞的储气箱一样，再经拉瓦尔喷管定常等熵膨胀，在实验段中可以产生高超声速气流 (图 8-4-4)。

1. 激波风洞设备结构与运行原理

运行方式：激波风洞。驱动方式：冷氢、空气 (氮气)。

图 8-4-3 中国科学院力学研究所 JF8A 激波风洞——炮风洞

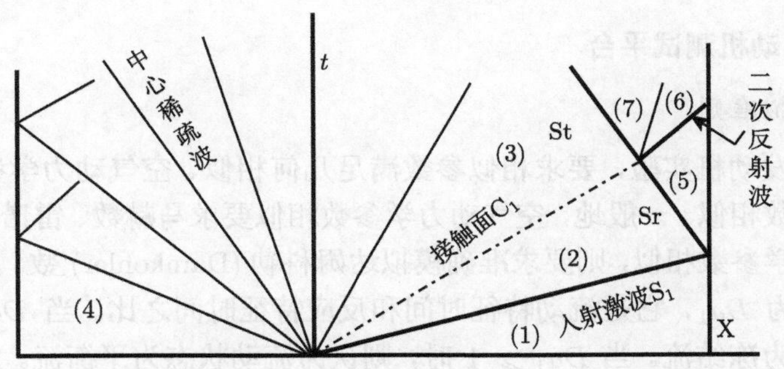

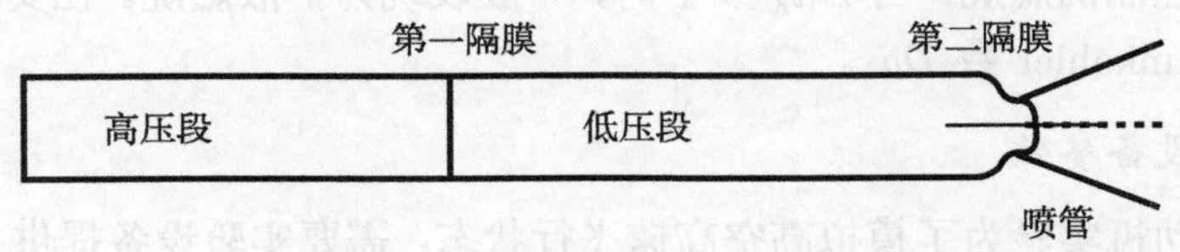

图 8-4-4 激波风洞运行原理示意图

2. 激波风洞运行有关参数

一般激波风洞采用的驱动形式有空气、氮气、冷氢、爆轰驱动；需要考虑的设备参数包括驱动段、被驱动段长度 L4、L1，以及对应的内径 Φ_4、Φ_1。同时，必须记录的环境参数包括大气压、室温。激波风洞的初始参数包括驱动段、被驱动段充气 (初始) 压力 P_4、P_1，实验段、真空罐真空度 $P_{\rm v}$。实验后，由传感器间距及激波扫过的时间差算出被驱动段末端激波速度 V、入射激波马赫数 $M_{\rm s}$、反射激波马赫数 $M_{\rm r}$，进而得到 T_0；通过测量皮托管压力 $p_{\rm t}$ 确定实验段来流马赫数 M，其方法为:

由被驱动段末端储室压力 p_0、实验段皮托管压力 p_t 得到实验段来流马赫数 M：

$$\frac{p_0}{p_t}=\left[\frac{(\gamma-1)M^2+2}{(\gamma+1)M^2}\right]^{\frac{\gamma}{\gamma-1}}\left[\frac{2\gamma}{\gamma+1}M^2-\frac{\gamma-1}{\gamma+1}\right]^{\frac{1}{\gamma-1}} \tag{8-4-5}$$

通过测量气流静压 p，也可以确定实验段来流马赫数 M，其计算公式为

$$\frac{p_0}{p}=\left(1+\frac{\gamma-1}{2}M^2\right)^{\frac{\gamma}{\gamma-1}} \tag{8-4-6}$$

或

$$\frac{p_t}{p}=\left(\frac{\gamma+1}{2}M^2\right)^{\frac{\gamma}{\gamma-1}}\left(\frac{2\gamma}{\gamma+1}M^2-\frac{\gamma-1}{\gamma+1}\right)^{-\frac{1}{\gamma-1}}=\left(\frac{6M^2}{5}\right)^{\frac{7}{2}}\left(\frac{6}{7M^2-1}\right)^{\frac{5}{2}} \tag{8-4-7}$$

8.4.3 超燃发动机测试平台

1. 实验模拟准则

对于超燃发动机实验，要求相似参数满足几何相似、空气动力学参数相似和化学动力学参数相似。一般地，空气动力学参数相似要求马赫数、雷诺数一致。而对于化学动力学参数相似，则要求准确模拟达姆科勒 (Damkohler) 数。定义第一类 Damkohler 数为 Da_1，它是流动特征时间和反应特征时间之比。当 $Da_1 \ll 1$ 时，认为流动状态为冻结流。当 $Da_1 \gg 1$ 时，则认为流动状态为平衡流。定义第二类 Damkohler 数为 Da_2，它是扩散特征时间与反应特征时间之比。当 $Da_2 \ll 1$ 时，表现为动力学控制的燃烧；当 $Da_2 \gg 1$ 时，一般表现为扩散燃烧。在实验中重点模拟第一类 Damkohler 数 Da_1。

2. 实验设备参数

超燃发动机实验为了模拟高空高速飞行状态，需要实验设备提供与之对应的高焓气流。根据大气参数的分布情况，图 8-4-5 和图 8-4-6 给出了不同飞行马赫数、飞行高度下的总温、总压、单位进口面积的空气流量、动压以及单位长度雷诺数。可以看到，随着飞行马赫数的提高，需要模拟的来流总温、总压不断提高，动压占据总压的绝大部分。动压是飞行器设计的重要参数，升力、阻力、推力都与动压成正比。为了降低设计难度，以冲压发动机为动力的飞行器一般选择接近等动压的飞行弹道。从图中还可以看到，随着飞行高度 H 的增加，单位进口面积的空气流量和单位长度雷诺数迅速下降。提供大流量的高温实验是极其困难的，因此模拟高空马赫数全尺寸飞行的难度很大，必须降低进气截面的面积，采用缩比模型进行实验。

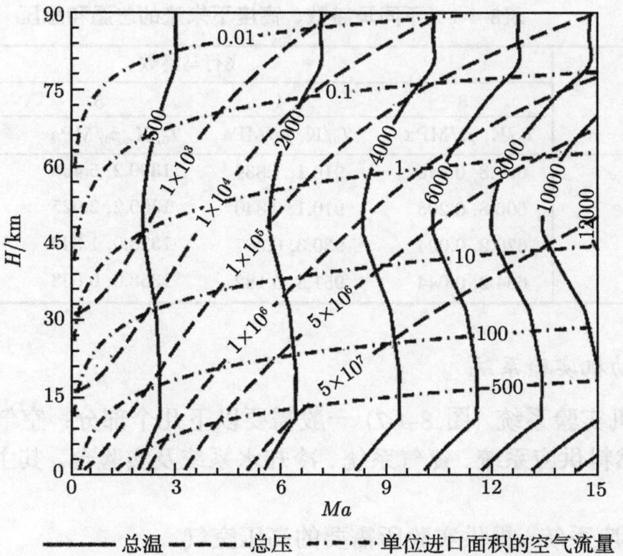

图 8-4-5　不同飞行条下的总温 (K)、总压 (Pa)、单位面积流量 (kg/(s·m^2))

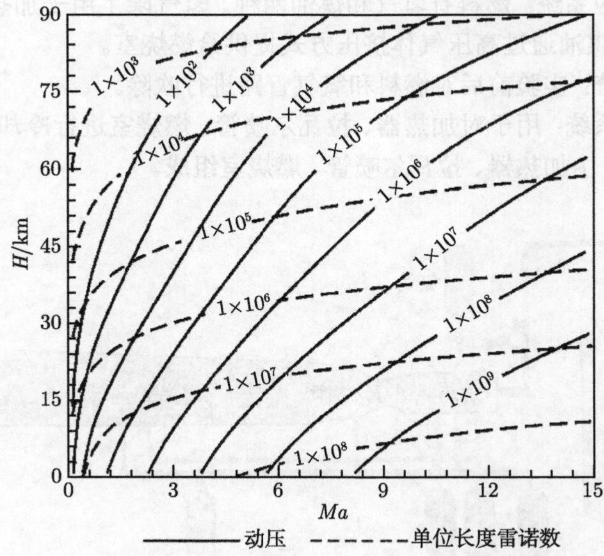

图 8-4-6　不同飞行条下的动压 (Pa)、单位长度雷诺数 (m^{-1})

表 8-4-1 给出了不同马赫数、高度下来流的总温和总压。因此，对于一般的实验系统，提供高温是必需的。产生高温高压的设备为加热器。

表8-4-1 不同马赫数、高度下来流的总温和总压

飞行高度/km	飞行马赫数			
	3	4	5	6
	T_0/K, p_0/MPa	T_0/K, p_0/MPa	T_0/K, p_0/MPa	T_0/K, p_0/MPa
15	606.8, 0.445	910.1, 1.839	1300.2, 6.408	1776.9, 18.12
20	606.8, 0.203	910.1, 0.840	1300.2, 2.925	1776.9, 8.730
25	620.2, 0.094	930.3, 0.387	1328.0, 1.349	1816.3, 4.025
30	634.2, 0.044	951.3, 0.182	1358.0, 0.633	1857.3, 1.890

3. 冲压发动机实验系统

冲压发动机实验系统 (图 8-4-7) 一般需要以下几个部分：空气供应系统、氧气供应系统、燃料供应系统、氮气系统、冷却水系统及实验台。其主要功能及用途如下。

(1) 空气供应系统：提供实验所需要的高压空气。

(2) 氧气供应系统：燃烧氢气加热来流需要消耗空气中的氧气，为了使加热后空气的化学性质尽可能地接近真实空气，需要补充氧气，因此需要氧气供应系统。

(3) 燃料供应系统：燃料有氢气和煤油两种。氢气除了用于加热空气以外，还用于点燃煤油。煤油通过高压气体挤压方式提供给燃烧室。

(4) 氮气系统：实验前后对燃料和氧气管路进行吹除。

(5) 冷却水系统：用于对加热器、拉瓦尔喷管、燃烧室进行冷却。

(6) 实验台：由加热器、拉瓦尔喷管、燃烧室组成。

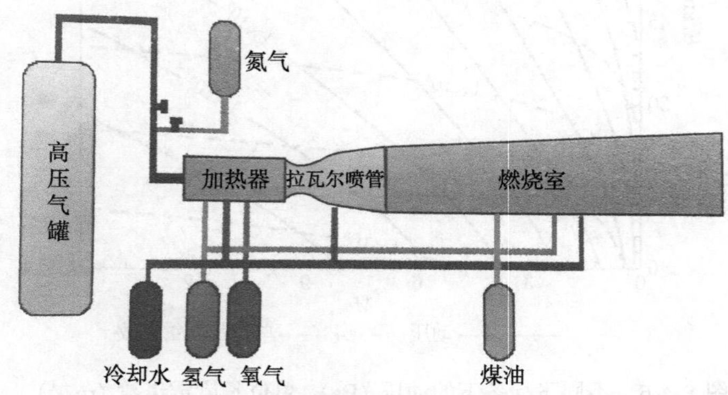

图 8-4-7 直联式超燃冲压发动机实验系统

8.5 本章小结

本章首先介绍了气体的压缩性和气流模拟的主要相似参数。由空气动力学状态方程引出空气动力学状态参数。简述了空气动力学的基本方程组及一维等熵流动的方程组，解释了空气动力学函数。8.2 节介绍了超声速风洞结构，拉瓦尔喷管是产生超声速流动的主要条件，但需要在一定的背压条件下使气流等熵膨胀。8.3 节介绍了高超声速风洞，突出介绍其结构上增加了气流加热装置等。8.4 节介绍了非等熵条件下形成高超声速的设备，如激波管等。总之本章介绍了各种类型的高超声速风洞及其运行方式以及相对应的模拟范围、模拟准则。

思考题及习题

1. 如果利用常温空气 (温度为 21°C) 作为气源，请说明风洞所能模拟的最高马赫数是多少 (提示：氮气的液化温度为77K)。要建立一个模拟飞行马赫数为 6 的高焓风洞，模拟高度处环境温度为273K，压强为 0.1bar(1bar=10^5Pa)，请计算该风洞气源的总温和总压 (假设采用空气为介质)。

2. 如果利用常温高压空气作为气源，通过拉瓦尔喷管膨胀来形成超声速气流，计算所能获得的最大马赫数 (考虑氮气液化温度的影响)。

3. 写出以下三个等熵流动关系式中函数 $f(\gamma, M_\infty)$ 的具体形式。

(1) 总压 p_0 与来流静压 p_∞ 的关系为 $p_\infty/p_0 = f(\gamma, M_\infty)$；

(2) 总温 T_0 与来流静温 T_∞ 的关系为 $T_\infty/T_0 = f(\gamma, M_\infty)$；

(3) 喷管喉道面积与出口面积比为 $A/A^* = f(\gamma, M_\infty)$。

参 考 文 献

[1] 童秉刚，孔祥言，邓国华. 气体动力学. 2 版. 北京：高等教育出版社，2012
[2] 尹协振，续伯钦，张寒虹. 实验力学. 北京：高等教育出版社，2012
[3] 徐华舫. 空气动力学基础 (上). 北京：国防工业出版社，1979
[4] 徐华舫. 空气动力学基础 (下). 北京：国防工业出版社，1979

第 9 章　高速空气动力学实验测量技术

本章主要介绍基本流场显示技术以及组分浓度和温度测量技术，包括纹影法、油流法以及可调谐二极管激光吸收光谱诊断技术、激光诱导荧光技术等。这些方法均广泛应用于高超声速实验中。

9.1　高速流场显示技术

流体力学的研究对象是液体和气体，它们大多是透明介质，通常人们无法用肉眼直接观察到它们的运动图像。采用不同的技术手段使流场成为可见图像的方法，称为“流场显示技术”(参考 6.3 节)。流场显示方法大致可以分为三类：第一类为示踪粒子法，即在流体内部掺入可见微粒，通过观察微粒的运动获得流体流动图像。如果微粒足够小且密度接近实验流体，那么可以假设其随流体一起运动，微粒速度的大小及方向即代表了流体微团的速度大小和方向，如染料显示、烟显示、蒸汽屏显示技术及氢气泡技术等。第二类是光学显示方法，由于气体折射率是可压缩气体密度的函数，通过不同的光学方法测得流场的折射率分布，从而可推算出流场的密度分布。这一类方法通常用于可压缩气体的流场，如纹影法、阴影法等。第三类是在流场中注入能量 (如热、放电等)，可以用于光学方法显示，也可以直接察流体微团的自发光现象。此方法或多或少地扰动了流场，它主要用于低密度气体流场的显示，如火花示踪测速、电子束技术、辉光放电等。

和其他测量手段相比，多数流场显示方法具有不扰动流场和可以同时获得整个流场信息的优点。特别是某些显示方法可以提供定量的流场测量参数，因此流场显示技术在实验流体力学中占有重要地位，成为研究流体力学的有用工具之一。我们知道，一般测量装置，如压力或温度探头，仅能测得流场个别点的流动参数，而且会对流场形成干扰。而流体力学实验要求这种干扰越小越好，为了克服探头对流场的干扰，一方面需要不断研制出小尺寸的各种测量探头，另一方面则要求不断改善流场显示定量测量的精度。近年来，各学科最新发展的各种技术不断被应用于流场显示技术中，这些新技术有力地推动了流场显示技术向定量测量的方向发展并不断提高它的测量精度。

本节主要介绍高速流场中几种常用的流场显示方法，包括纹影法、油流法等。

9.1.1 纹影法

1. 光线在气体中的偏折

我们知道气体折射率 n 是气体密度 ρ 的函数，存在下面近似关系式：

$$n-1=K\rho=\beta\frac{\rho}{\rho_{\mathrm{s}}} \tag{9-1-1}$$

其中，ρ_{s} 是标准状态下 (0°C，760mmHg[①]) 的气体密度，β 是无量纲系数，K 称为 Gladstone-Dale 常数。式 (9-1-1) 也称为 Gladstone-Dale 公式，它是光学测量方法的基本公式。一般光学测量方法都是先测得流场的折射率分布，再通过式 (9-1-1) 换算为密度分布。

由几何光学我们知道光线在均匀分布介质中是沿直线传播的。但是在有密度梯度存在的介质中，光线不再沿直线传播，而是沿曲线传播，并且光线传播方向偏向正密度梯度的方向 (沿密度增加的方向)。

假设在 y-z 平面内气体沿 y 方向有密度梯度存在，并假设 $\partial\rho/\partial y>0$，也就是 $\partial n/\partial y>0$。图 9-1-1 中 r_{a}、r_{b} 表示两条光线。在 $t=0$ 时刻，r_{a} 在 y_0 处，r_{b} 在 $y_0+\mathrm{d}y$ 处，到 $t=\tau$ 时刻，r_{a} 和 r_{b} 分别到达 A、B 位置。在 τ 时间内 r_{a} 传播了 $\mathrm{d}\xi$ 距离：

$$\mathrm{d}\xi=\tau C_{\mathrm{a}}$$

C_{a} 为 r_{a} 光线位置的光速。同样在 τ 时间内 r_{b} 传播了 $\mathrm{d}\eta$ 距离：

$$\mathrm{d}\eta=\tau C_{\mathrm{b}}$$

C_{b} 为 r_{b} 光线位置的光速。在 τ 时间内 r_{a} 比 r_{b} 多走了 $\mathrm{d}r$ 的距离：

$$\mathrm{d}r=\mathrm{d}\xi-\mathrm{d}\eta=\tau(C_{\mathrm{a}}-C_{\mathrm{b}})=\tau\left|\mathrm{dc}\right|$$

τ 时间内波阵面偏转 $\mathrm{d}\varphi_y$ 角：

$$\mathrm{d}\varphi_y=\frac{\mathrm{d}r}{\mathrm{d}y}=\frac{\tau\left|\mathrm{dc}\right|}{\mathrm{d}y}$$

r_{a} 的曲率为 $\dfrac{1}{r_{\mathrm{a}}}=\dfrac{\mathrm{d}\varphi}{\mathrm{d}\xi}=\dfrac{\tau\left|\mathrm{dc}\right|}{\mathrm{d}y}/\tau C_{\mathrm{a}}=\dfrac{1}{C_{\mathrm{a}}}\dfrac{\left|\mathrm{dc}\right|}{\mathrm{d}y}=\dfrac{1}{n_{\mathrm{a}}}\left|\dfrac{\partial n}{\partial y}\right|$，若去掉角标则有

$$\frac{1}{r_y}=\frac{\mathrm{d}\varphi_y}{\mathrm{d}\xi}=\frac{1}{n}\left|\frac{\partial n}{\partial y}\right| \tag{9-1-2}$$

同理，光线在 x-z 平面内的曲率为 $\dfrac{1}{r_x}=\dfrac{\mathrm{d}\varphi_x}{\mathrm{d}\xi}=\dfrac{1}{n}\left|\dfrac{\partial n}{\partial x}\right|$。

① 1mmHg=133.322Pa。

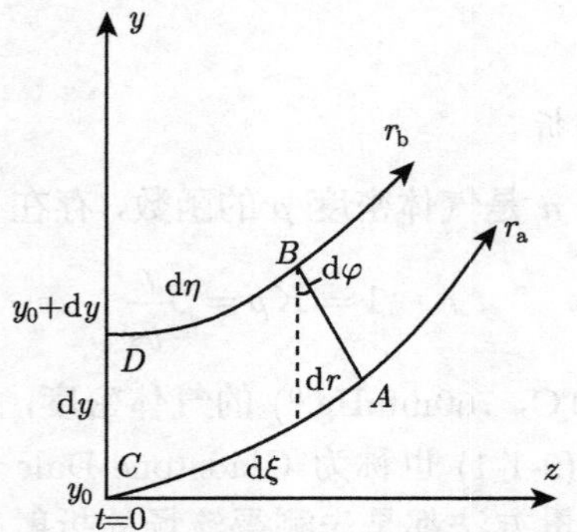

图 9-1-1 光线在有密度变化介质中的传播

若光线穿过宽度为 L 的实验段，见图 9-1-2，光线进入实验段轴线的方向为 z 方向，则光线离开实验段时在 x-z、y-z 平面内总的偏折角 ε_x、ε_y 分别为

$$\varepsilon_x = \int \mathrm{d}\varphi_x = \int_0^L \frac{1}{n}\left|\frac{\partial n}{\partial x}\right| \mathrm{d}z \tag{9-1-3}$$

$$\varepsilon_y = \int \mathrm{d}\varphi_y = \int_0^L \frac{1}{n}\left|\frac{\partial n}{\partial y}\right| \mathrm{d}z \tag{9-1-4}$$

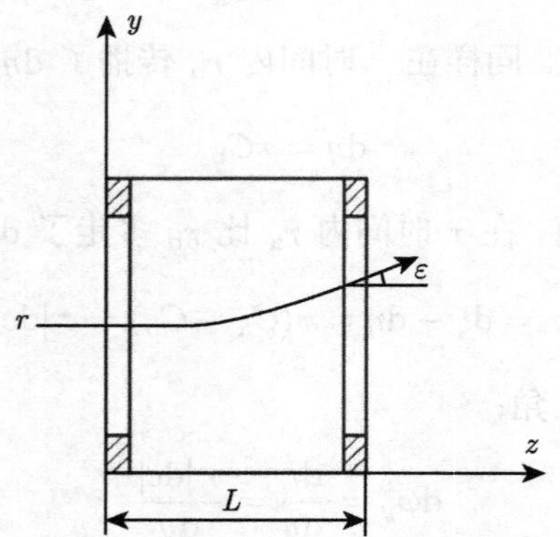

图 9-1-2 光线经密度变化场发生偏折

2. 纹影法的原理

在一般实验空气动力学教科书中都详细地介绍过纹影法的原理。图 9-1-3 是纹影法的光学原理图。其中 L_1、L_2 是两块全同的凸透镜，L_1 将光源 S 发出的光准直为平行光束穿过实验区，透镜 L_2 在它的焦平面上形成了光源 S 的像，成像物镜 L_3 将实验区物体成像在照相底板 (或观察屏)P 上。

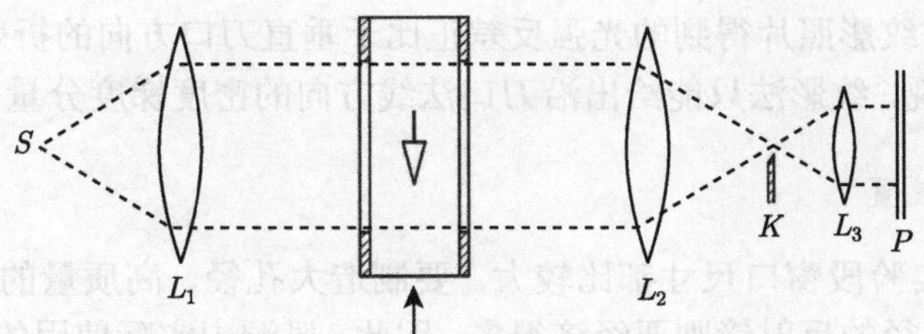

图 9-1-3 纹影法光学原理图

刀口 K 是纹影仪的关键零件，它平行于光源狭缝并放在 L_2 的焦平面上。在实验区域内无扰动存在时 (密度均匀)，若刀口 K 切去一部分光源的像，则照相平面 P 上光强均匀减弱，其工作原理见图 9-1-4。

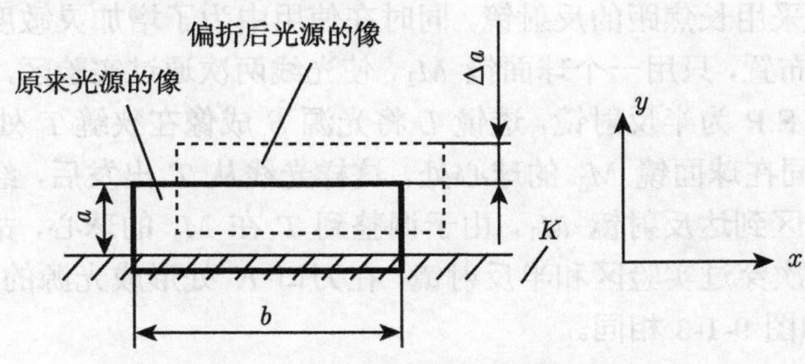

图 9-1-4 纹影刀口工作原理

假设 a 为光源的像的剩余高度，b 为光源的像的宽度，则 P 上的光强为

$$I(x,y)=\eta I_0\frac{ab}{f_2}=\text{const} \tag{9-1-5}$$

其中，I_0 为光源 S 本身的光强，η 为光线穿过实验区后的吸收系数，f_2 为透镜 L_3 的焦距。如果实验区内存在扰动 (有密度梯度)，光线穿过实验区后产生的总偏折角为 ε，那么在刀口平面光源的像相应地也要产生偏折。假设刀口 K 平行于 x 轴放置，光源的像在 y 方向移动 Δa 的距离，则

$$\Delta a=f_2\tan\varepsilon_y\approx f_2\varepsilon_y \tag{9-1-6}$$

ε_y 为光线在 y-z 平面内的偏折角 (见式 (9-1-4))。则扰动处光强变化为

$$\Delta I=\eta I_0\frac{\Delta ab}{f_2} \tag{9-1-7}$$

纹影图像中相对光强为 $\Delta I/I$，根据式 (9-1-4) ~ 式 (9-1-7) 有

$$\frac{\Delta I}{I}=\frac{\Delta a}{a}\approx\frac{f_2\varepsilon_y}{a}=\frac{f_2}{a}\int_0^L\frac{1}{n}\frac{\partial n}{\partial y}\mathrm{d}z \tag{9-1-8}$$

由此可见，纹影照片得到的光强反差正比于垂直刀口方向的折射率变化 (即 y 方向)，也就是说，纹影法只能给出沿刀口法线方向的密度梯度分量。

3. 纹影仪装置

通常风洞实验段窗口尺寸都比较大，要制造大孔径、高质量的纹影透镜很困难，而制造大孔径的反射镜则要经济得多。因此，风洞中实际使用的纹影仪很少采用图 9-1-3 的布置，而往往用球面镜 (或抛物面镜) 代替透镜 L_1、L_2。

在实验中，由于实验段内空气密度较低，要显示实验段内波系需要增加纹影仪的灵敏度。由式 (9-1-8) 可知，要增加纹影仪灵敏度，必须增大 f_2、减小 a。而减小 a 有一定的限度，a 太小，即光源像的剩余高度太小，往往会使底片曝光量不足。因此，必须尽量采用长焦距的反射镜，同时在使用中为了增加灵敏度，通常采用如图 9-1-5 所示的布置，只用一个球面镜 M_1，使光线两次通过实验区，可以增加一倍的灵敏度。图中 S.P 为半反射镜，透镜 L 将光源 S 成像在狭缝 T 处，使狭缝 T 和刀口 K 调整到同在球面镜 M_1 的球心处。这样光线从 T 出发后，经半反射镜 S.P 反射，穿过实验区到达反射镜 M_1，由于调整到 T 在 M_1 的球心，故光线将从 M_1 沿原路返回，再次穿过实验区和半反射镜，在刀口 K 处形成光源的像。刀口 K 以后的照相系统和图 9-1-3 相同。

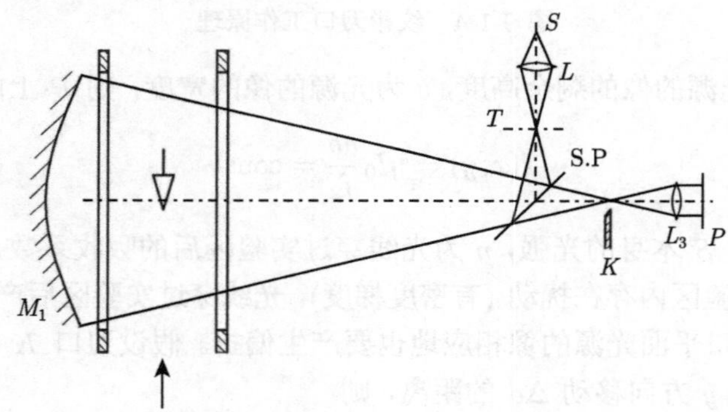

图 9-1-5 提高灵敏度的纹影系统配置

在风洞实验中对纹影仪光源有特别的要求，首先由于采用了长焦距反射镜 M_1，相对孔径减小，从光源发出的光线只有少部分光线能被利用，这样往往使底片曝光不足，因此需要增加光源的亮度。其次由于在脉冲型风洞实验中，实验时间短，要求采用脉冲光源并且必须和风洞同步运行。满足此要求的光源有：火花放电和脉冲氙灯，它们的发光时间是微秒量级；Q 开关脉冲激光器的光脉冲宽度是毫微秒量级；采用锁模激光器作为光源可获得微微秒量级的脉宽。也有的用氩离子激光器作为高频闪光光源研究动态变化过程。为了使纹影仪和风洞同步运行，能恰好在流场稳定的时间内拍摄到纹影照片，必须采用延时电路。其中输入信号由实验段同步系统提供。

目前纹影仪仍然是风洞中流场显示的主要手段，一般用来定性显示流场波系。虽然曾有人设法把纹影仪用来定量测量密度场，用光电倍增管在纹影底片上扫描判断亮度，从而获得定量的数据。但是标定和校正都比较困难，误差也较大，因而未能推广。

9.1.2 油流法

1. 油流显示的基本原理

表面油流技术是通过显示紧贴模型壁面处的流动图像，来估算流体对固体表面的动量、质量和热量交换率的一种实验流体力学方法，常用来显示流动特征，特别是揭示流动过程与分离有关的物理现象。其基本原理是：涂于模型表面的油流示踪剂，受实验气流剪切力的作用，其位置和形状发生改变，变化形成的表面流谱可以直观地反映流动分离和再附等特征。图 9-1-6 为油流实验工具。

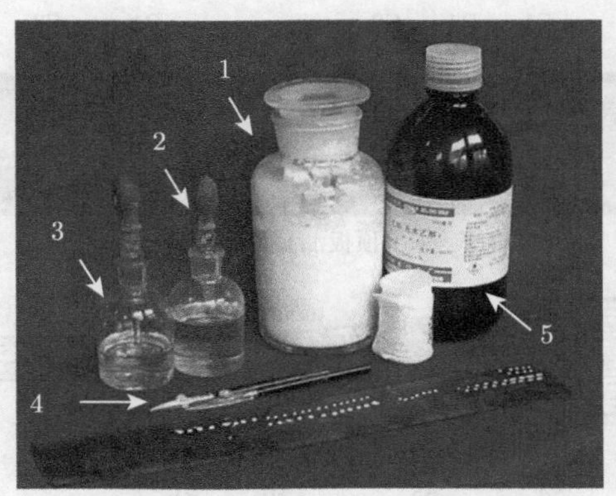

1. 为钛白粉；2. 为油酸；3. 为硅油；4. 为鸭嘴笔；5. 为无水酒精

图 9-1-6 油流实验工具

2. 油流显示的实验技术

在油流显示实验中，通常是将带有示踪粒子的油剂薄薄地涂在实验模型的表面上，吹风时油膜在气流的边界层内做缓慢的黏性运动。

表面油流可以显示整个表面的流动图像，对复杂流动现象的观察具有重要的作用，因而在常规风洞中得到了广泛的应用。在脉冲风洞中，实验时间短，实验又在接近真空的条件下进行，因此发展了应用于脉冲风洞的油滴法。这种方法选用饱和蒸气压低、黏度小的硅油作为载体，加入钛白粉 (颗粒直径以 10μm 为宜) 作为示踪粒子。当钛白粉与硅油混合时，可滴入几滴油酸以防止凝聚。为了提高油流效果，模型表面要处理成黑色，并保证表面光滑平整。

实验前，用细管或者鸭嘴笔将油流示踪剂按一定间隔均匀地滴在模型表面，油滴的大小和间距取决于实验条件和实际经验：在大剪切力区域，采用直径和间距较大的油滴，剪切力比较小的区域则相反。一般油滴直径 1~2mm、间距 3~5mm。油滴滴在表面上时稍微鼓起，不因重力作用而变形。实验过程中，模型表面附近的气流剪切力作用于油滴，使之变形，并沿表面气流的方向流动，从而在壁面上留下流动的痕迹，形成表面油流图像。由于脉冲风洞运行时间短，主要流体的能量集中于准定常实验时间内。因此，模型表面的流谱图像一旦形成，即可“冻结”。油流图像可用照相或者“贴纸”方法记录保存，其中，“贴纸”是指实验后用透明胶片将油流图谱粘下来，并贴在黑色纸上。这种方法可以得到全尺寸的图像和消除照相视角误差，便于对图像进行定量分析。

在分析油滴法产生的油流流谱图时，油滴偏转方向反映了当地气流方向，因此在流动分离处，分离线两边油滴方向汇集；同样，在再附线两边气流方向相反，油滴偏转方向也互相偏离，这也是通常流场特征线的判断依据 (参见图 9-1-7)。

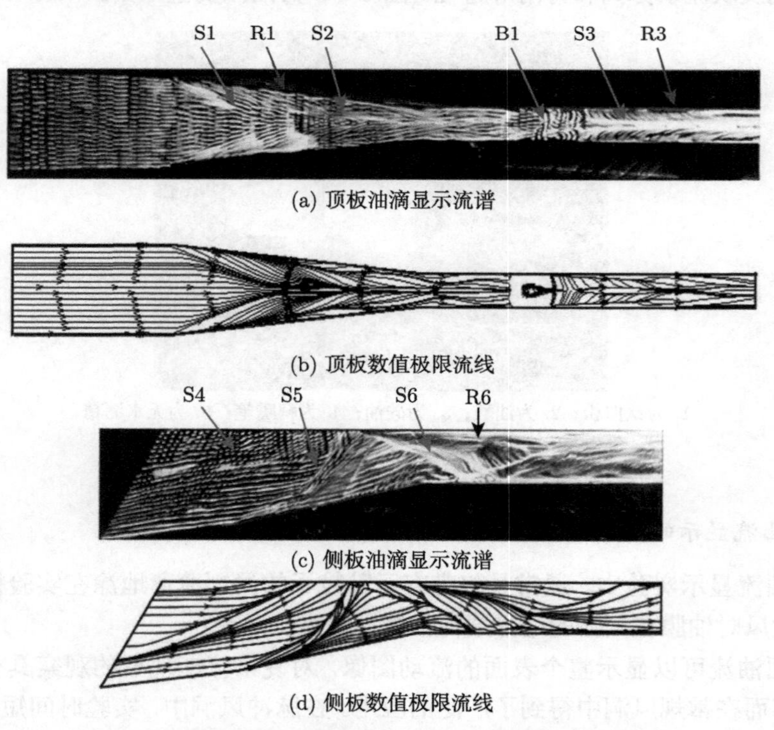

图 9-1-7　进气道顶板和侧板油滴显示流谱和数值极限流线

(S 代表分离线，R 代表再附线，B 代表分离泡)

由于表面油流技术只能显示边界层内流动，内部流场结构还需要辅助以计算流体力学 (CFD) 手段进行研究。

9.2 压力测量技术

9.2.1 高速流场压力测量技术

压力测量一直是飞行器风洞实验的重要内容。常规的压力测量方法，如利用压电传感器或者压阻传感器进行压力测量，可参考 6.4.1 节低速流场压力测量。由于高速风洞实验时间短，流场压力测量对采样频率要求较高。

9.2.2 压力敏感漆测量技术

这里介绍一种新的光学压力测量技术，即压敏涂料测压技术，文献上一般称为压力敏感漆 (pressure sensitive paint，PSP) 测量技术。和传统的测压技术相比，这种技术是一个革命性的进展。利用涂在被测模型表面上对气流压敏涂料的荧光强度变化，用光学方法测量出被测区域的表面压力及其分布。这种无接触测量大大节省了成本和时间。所获得的压力数据是连续的、大范围的，尤其是可以测得无法装设测压管路区域的压力。

1. PSP 测压原理

PSP 测量技术的基本思路是利用氧分子对荧光的猝灭效应 (简称氧猝灭效应 (oxygen quench effect))，由荧光的亮度变化测量压力。一切原子和分子都有其自身的能级结构，当用适当波长的光照射时，可将其从基态激发到比较高的激发态。激发态是不稳定的，经过一个短暂的瞬间后，处于激发态的荧光物质分子或原子就会自发发射一个光子并跃迁至较低能级，这时发出的光比激发光的波长要长，称为荧光。荧光辐出的能量小于辐照光的能量，也小于吸收光的能量。根据爱因斯坦方程，辐出的光波波长必大于辐照的光波波长，即波长的“红移”现象。在测量中根据“红移”现象，利用带通滤波器，可以从辐照光中分出辐出光。正是这个特性，使压敏涂料测量压力具备了必要条件。氧分子有一种特性，称为猝灭效应，当处于基态的氧分子与处于激发态的荧光物质的分子碰撞时，氧分子会将荧光物质分子多余的能量夺过来使自己变成激发态，而荧光物质分子返回基态且不发射任何光子。氧分子这种效应的群体作用使荧光物质发出的荧光减弱，故称为“猝灭效应”。在光学压敏涂料测压技术中，氧的猝灭效应是其应用的最关键的技术。空气中含有稳定的约 21%的氧气，而氧气接触的荧光物质同氧分子碰撞的概率与氧气的压力有关，压力越高碰撞的概率越大，荧光减弱得越严重。预先将空气压力与荧光物质的荧光光强的关系曲线准确地标定下来，就可以根据测得的某处的荧光光强得到该处的压力。

2. PSP 测压过程

首先，采用氧猝灭效应明显的荧光材料与黏结材料混合配成压敏涂料，涂至被测模型表面上测压区 (图 9-2-1)，其压力与荧光光强关系曲线已预先测定好。用一组适当波长的激励光源，激发压敏涂料发出荧光；用带有只允许荧光通过的窄带滤波器的数字 CCD 摄像机观察被测模型；用计算机采集实验状态下以及静态的荧光图像；经过复杂的图像处理和数据处理即可获得被测压力区的压力分布。荧光强度和压力关系曲线的线性部分可用如下公式描述：

$$\frac{I_{\mathrm{r}}}{I_{\mathrm{em}}}=A+B\frac{p}{p_{\mathrm{r}}} \tag{9-2-1}$$

其中，p_{r} 为不吹风时风洞中某测点的参考压力，p 为吹风时压敏涂料层上对应测点的压力，I_{r} 为不吹风时风洞中压敏涂料层上某测点的荧光辐出度，I_{em} 为吹风时风洞中压敏涂料层上某测点的荧光辐出度，A、B 为校准常数。

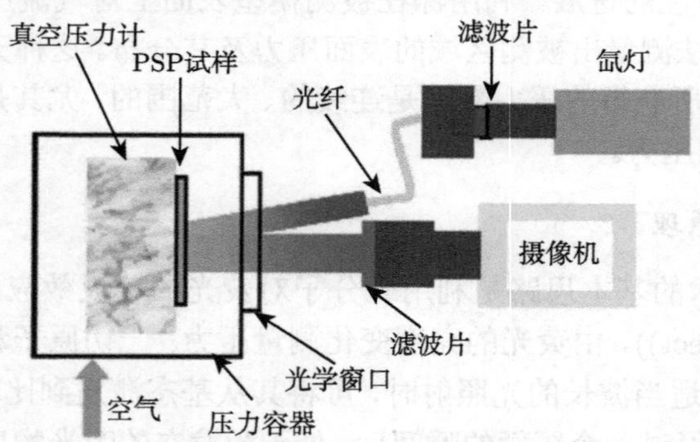

图 9-2-1　典型的压力敏感漆实验系统组成

9.3　热流 (温度) 测量技术

9.3.1　薄膜电阻测温技术

以薄膜电阻温度计 (图 9-3-1) 为例，其建立在一维半无限体热传导模型基础上，金属薄膜满足如下假设：

(1) 厚度很薄，与基底厚度相比可以忽略。

(2) 吸收的热量可以忽略不计，温度可以认为是传感器表面的温度。

(3) 薄膜电阻温度计在一定温度范围内其电阻变化与温度变化成正比，即

$$\frac{\Delta E}{\Delta T}=\alpha E_0=\alpha I_0 R_0 \tag{9-3-1}$$

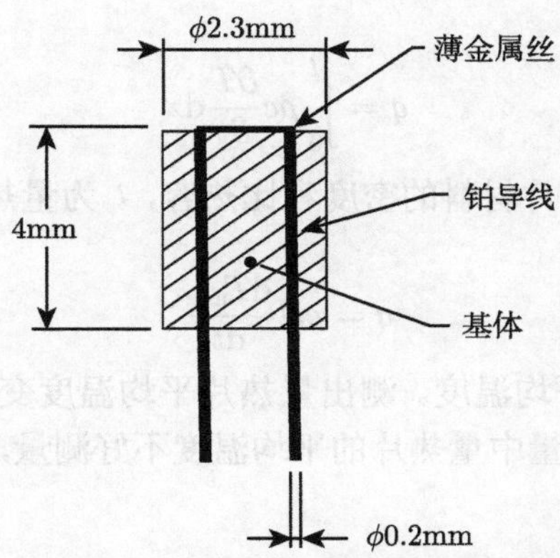

图 9-3-1 薄膜电阻温度计结构图

根据半无限体一维热传导问题的解，非定常传热情况下，热流与表面温度的关系是

$$q_{\mathrm{w}}=\frac{1}{2}\sqrt{\pi\rho ck}\left[\frac{2T_{\mathrm{w}}(t)}{\pi\sqrt{t}}+\frac{1}{\pi}\int_0^t\frac{T_{\mathrm{w}}(t)-T_{\mathrm{w}}(\tau)}{(t-\tau)^{3/2}}\mathrm{d}\tau\right] \tag{9-3-2}$$

其中，q_{w} 为表面热流率，ρ、c、k 分别为座体材料的密度、比热容和热传导系数，T_{w} 为表面温度。

若流过薄膜电阻温度计的电流保持恒定，则式 (9-3-2) 可改写为

$$q_{\mathrm{w}}=\sqrt{\frac{\rho ck}{\pi}}\frac{1}{\alpha E_0}\left[\frac{E(t)}{\sqrt{t}}+\frac{1}{2}\int_0^t\frac{E(t)-E(\tau)}{(t-\tau)^{3/2}}\mathrm{d}\tau\right] \tag{9-3-3}$$

其中，E_0 为温度计两端的初始电压，$E(t)$ 为 t 时刻温度计两端的电压增量。实验中，测量得到 $E(t)$ 之后，即可通过计算机数值积分式 (9-3-3) 得到表面热流率。

根据热系统和电系统所满足的基本方程式，在实验时间不太长 (几十毫秒) 的情况下，经过 RC 组成的热电模拟网络，可将式 (9-3-3) 进一步简化为

$$q_{\mathrm{w}}=\frac{2}{\alpha E_0}\frac{\sqrt{\rho ck}}{\sqrt{RC}}\left[E_0-E(t)\right] \tag{9-3-4}$$

其中，E_0 一般为 1V，精度取决于测热放大器；$E_0-E(t)$ 为热电模拟网络输出电阻上的电位差，由数据采集测量得到。

9.3.2 其他高超声速测温技术

薄片量热计采用量热片作为吸热元件，通过测量量热片内部的温度变化率，按照量热计测量原理，可以计算出量热片表面加载的热流值 (图 9-3-2)。假定量热片背面及侧面绝缘，无热损失，则单位面积量热片在某一时间间隔传入其中的热量应

等于量热片蓄积的热量:

$$q = \int_0^l \rho c \frac{\partial T}{\partial t} \mathrm{d}z \tag{9-3-5}$$

其中，ρ 和 c 分别为量热片材料的密度和比热容，l 为量热计的厚度。当密度和比热容为常数时，有

$$q = \rho c l \frac{\mathrm{d}T_{\mathrm{ave}}}{\mathrm{d}t} \tag{9-3-6}$$

其中，T_{ave} 为量热片的平均温度。测出量热片平均温度变化率，采用式 (9-3-6) 就可以求出热流率。实际测量中量热片的平均温度不好测量，一般测量某一点的温度代替平均温度。

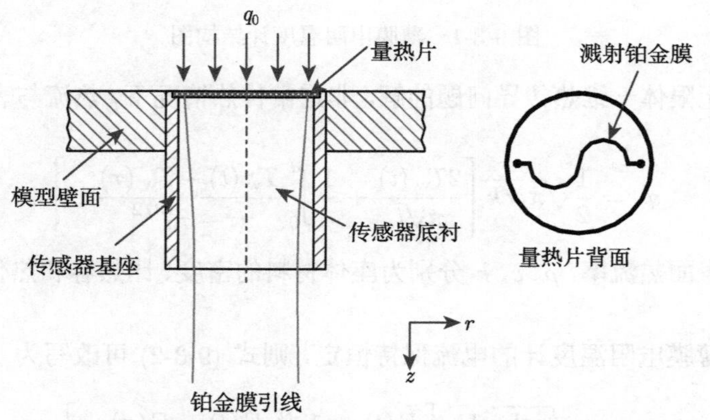

图 9-3-2　瞬态量热型热流传感器的结构示意图

9.4　气体组分测量技术

通常高超声速的飞行经历着从亚声速到超声速，再到高超声速的过程，速度跨度很大。飞行经过的流动区域由连续流到自由分子流。在飞行过程中由于高温化学反应的介入，化学反应从冻结到平衡。以上涉及的相关过程带来高超声速流动特有的物理现象，如电离现象、高温辐射、弛豫和非平衡过程。对这些复杂的物理化学流体力学现象的地面研究，必须考虑很宽范围的 *Ma-Re-Kn-Da* 的组合模拟。单纯的实验模拟很难做到，只有理论模型与计算流体力学结合，并通过实验证实，才成为这个具有挑战性领域的研究方法。

由于现有参数和实验数据是不完备和不确定的，迫切需要对高焓流动的基本特点进行研究。

有关气体组分测量技术，主要是激光测量，包括激光诱导荧光、激光吸收、相干激光拉曼效应、激光瑞利散射、激光拉曼散射等。这些技术的优点在于:

(1) 测量装置不伸入流场，对流场没有干扰。传统的接触式测量技术，如压力传感器和温度传感器，都要和测量的介质相接触。对于高超声速流动，任何深入流场内部的器件都会诱导出很强的激波。气流经过激波后的参数完全不同于波前的参数，因此传感器获得的不是真实的流场参数。

(2) 通过测量光谱特性，可以确定流场组分，并获得该组分的浓度大小，确定化学动力学模型的正确性。高温流动的特点是伴随着强烈的化学反应。对于一些和化学反应相关的过程，如超声速气流中燃料的点火、混合过程，利用光谱可以更加深入地理解这些物理现象。

(3) 通过测量发射光谱和吸收光谱，可以确定热力学定义的组分的平动温度、振动温度。光谱测量方法是研究涉及真实气体效应流动的最有效的方法。飞船和航天飞机的再入过程是高温空气动力学研究中最关心的领域。在这些过程中，正如前面所描述的那样，飞行器周围的流场是非平衡的，它涉及分子内部自由度激发的复杂物理化学现象。传统的压力和温度测量在研究这些现象时所起的作用不是太大。

表 9-4-1 给出了各种非接触光谱测量技术的对比。本节主要介绍可调谐二极管激光吸收光谱和激光诱导荧光技术，其他有关测量方法请读者自行参阅有关书籍。

表 9-4-1 各种非接触光谱测量技术对比

测量技术	测量参数	空间分辨能力	时间分辨率	实验室经验	风洞经验	飞行经验	期望
激光诱导荧光技术	密度、速度、平动温度、转动温度、振动温度	点、一维、二维	高，脉冲工作	中等	中等	无	风洞更多使用，以验证其计算流体力学性能
激光吸收光谱技术	密度、速度、平动温度、转动温度、振动温度	视线	中，连续工作	中等	有些	无	初步用于内流
电子束荧光技术	密度、速度、平动温度、转动温度、振动温度	点、一维、二维	高，连续工作	广泛	有些	8 次飞行	需要发展，将在几年内提供飞行实验
相干反斯托克斯拉曼光谱	密度、速度、平动温度、转动温度、振动温度	点	高，连续工作	中等	有些	无	进一步发展，风洞使用高密度情况
激光瑞利散射光谱	密度、速度、平动温度	点、一维、二维	高，连续工作	有些	很少	无	风洞使用高密度情况
激光拉曼散射光谱	密度	点	高，连续工作	很少	无	无	风洞使用高密度情况

9.4.1　激光吸收光谱技术

和其他激光诊断技术相比，吸收和发射光谱技术历史长，更加成熟。它们是测量及诊断气体温度和组分的很有效的手段，基于流场均匀性假设的积分平均测量，以其定量准确、多参数同时测量能力、重复频率高和实验系统较简单等优点，已广泛应用于多种复杂流动环境。

激光吸收光谱技术应用于燃烧诊断已经有超过 40 年的历史，伴随着激光器的发展而获得进步 [1,2]。由于现有二极管可调谐激光器的波长限制，激光吸收光谱技术主要利用红外波段进行探测，又以波段分为近红外激光吸收光谱 (1~3μm) 技术和中红外激光吸收光谱 (3~20μm) 技术。由于通信技术的带动，近红外分布反馈式激光器以其快速调谐、成本低和易于光纤耦合等特性，促进了近红外吸收光谱技术在各领域的广泛应用 [3]。在超声速燃烧领域，近红外吸收光谱技术已经成为发动机地面实验研究的重要探测手段 [4-11]，为研究燃烧稳定性、评估燃烧效率、验证计算流体力学模型等提供了大量定量信息。在燃烧化学反应动力学研究方面，美国斯坦福大学 Hanson 小组利用激波管开展了大量的基础实验，在温度 500~5000K、压力 1~50bar 范围内对 H_2O、CO_2、C_2H_4、OH 等多种组分进行了测量，获得了精确的燃烧反应速率 [12-19]。此外，近红外激光吸收光谱技术在工业设备燃烧尾气监测方面也有应用 [20-22]。总而言之，近红外吸收光谱诊断技术已经较为成熟，可实现对各复杂流场和燃烧场的多组分 (H_2O、CO_2、CO 等) 诊断。燃烧中常见组分 (如 CO、CO_2、NO 等) 的转动振动光谱多位于中红外波段，其跃迁强度要比它们的近红外倍频谱段高出 2~3 个量级。因此，相比传统的近红外吸收光谱，中红外吸收光谱技术的最大优势在于可以提高 2~3 个量级的探测极限，因此适用于微量组分探测，且测量精度更高 [23]。早期的中红外激光器操作复杂，且波长无法快速调谐，严重制约了中红外吸收光谱技术的应用。近年来，伴随着量子级联激光器 (quantum cascade laser，QCL) 的发展，大量的吸收探测利用了中红外波段 [2]。

基于量子级联激光器的中红外吸收光谱技术，从最初应用于实验室条件，逐步扩展到复杂燃烧环境的在线测量。例如，N_2O、CH_4 等组分的理想条件下的高精度中红外光谱有较多研究 [24-29]，而燃烧研究领域的中红外测试则开展较晚。2014 年，美国斯坦福大学的 Spearrin 等首次利用 4.6μm 量子级联激光器，对超燃冲压发动机燃烧室内的温度和 CO、CO_2 组分浓度进行了测量 [30,31]。Spearrin 等利用 4.8μm 中红外量子级联激光器获得了高压燃气中 CO 组分的浓度 [32]。Chao 等利用 5.2μm 激光器获得了电厂锅炉燃气中 NO 组分的浓度 [33]，同小组的其他研究人员还利用中红外吸收光谱技术，在爆轰发动机、激波风洞等大型设备上开展了复杂、非均匀条件下的燃烧诊断 [34-39]。此外，该技术还应用于城市污染源监控和工

业污染废气监测 [40-42]，NO、NO_2 作为工业废气中主要污染氮氧化物，有人利用量子级联激光器中红外激光吸收光谱技术开展对电厂锅炉尾气的诊断 [43-45]。国内，量子级联激光器对复杂、真实环境进行燃烧诊断的应用还较少，中国科学院力学研究所应用量子级联激光器实现了对 ADN ($NH_4N(NO_2)_2$) 基推力器内流场的在线诊断 [46]。

1. 吸收光谱技术的理论

1) Beer-Lambert 定律

激光吸收光谱技术基于 Beer-Lambert 定律，如图 9-4-1 所示，频率为 ν 的单色激光光束通过待测均匀流场，激光光子被气体分子吸收，透射光强 I_ν 和入射光强 I_0 满足 Beer-Lambert 关系：

$$\frac{I_\nu}{I_0} = \exp\left(-k_\nu L\right) \tag{9-4-1}$$

其中，$k_\nu(\text{cm}^{-1})$ 为频率 $\nu(\text{cm}^{-1})$ 的吸收系数，L (cm) 为光程的吸收长度。吸收系数 k_ν 是压力 P(atm)、待测组分摩尔浓度 X_{abs}、温度为 T(K) 时吸收谱线线强度 $S(T)(\text{cm}^{-1}\cdot\text{atm}^{-1})$ 和线型函数 $\phi(\nu-\nu_0)$ 的乘积：

$$k_\nu = PX_{\text{abs}}S(T)\phi\left(\nu-\nu_0\right) \tag{9-4-2}$$

其中，$\nu_0(\text{cm}^{-1})$ 为谱线的中心频率。将线型函数进行归一化有 $\int\phi\left(\nu-\nu_0\right)\text{d}\nu = 1$。吸收谱线线强度是温度的函数，满足以下关系：

$$S(T) = S(T_0)\frac{Q(T_0)}{Q(T)}\frac{T_0}{T}\exp\left[-\frac{hcE''}{k}\left(\frac{1}{T}-\frac{1}{T_0}\right)\right]\frac{1-\exp\left(-\dfrac{hc\nu_0}{kT}\right)}{1-\exp\left(-\dfrac{hc\nu_0}{kT_0}\right)} \tag{9-4-3}$$

其中，$Q(T)$ 是配分函数，它反映了温度为 T 时吸收跃迁对应的低态粒子数占总粒子数的比值；E'' 为吸收跃迁的低能级能量 (cm^{-1})；h 为普朗克常量；c 为光速；k 为玻尔兹曼常量；T_0 为参考温度，一般取 296K。由于线型函数归一化，对吸收率积分，可以得到积分吸收率：

$$A = \int_{-\infty}^{+\infty} k_\nu \text{d}\nu = PX_{\text{abs}}S(T)L \tag{9-4-4}$$

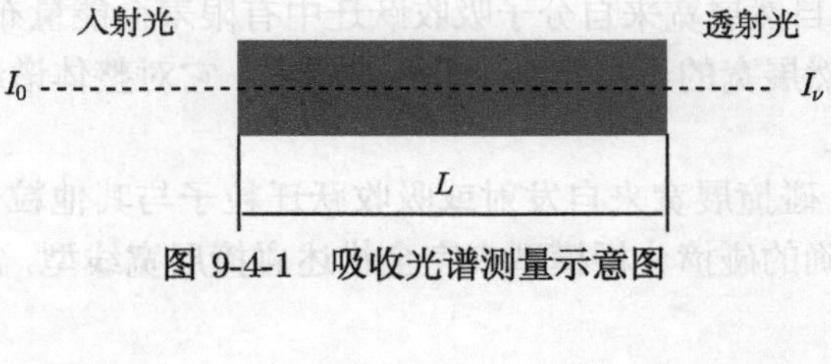

图 9-4-1 吸收光谱测量示意图

2) 线型函数

分子光谱是由分子内部不同能级间的跃迁产生的，分子内部运动总能量 E 分别表示成电子能级能量 E_e、振动能量 E_v 和转动能量 E_r，本书中吸收光谱技术中的中红外光谱一般为转动–振动光谱，对应分子内部振动能级、转动能级间的跃迁。

在理想状态下，不同能级的跃迁对应着分子内部总能量的变化，这个能量变化对应着一个确定的频率 (无限窄)，在实际的吸收或发射光谱中谱线都是有一定展度的，谱线在此确定波长 (即中心波长) 周围的一小段频率范围内的强度分布称为线型函数分布。导致此种谱线展宽的机制有多种，在普通燃烧条件下主要为均匀展宽和非均匀展宽两种，一个特定的吸收跃迁实际上是多种展宽机制的卷积。线型函数提供了与待测介质相关的重要参数，如压力、组分浓度和温度。根据不同的展宽机制，可以把线型函数大致分为三种：Gauss 线型函数、Lorentz 线型函数和 Voigt 线型函数。

(1) Gauss 线型函数。

Gauss 线型函数来自展宽机制中的非均匀展宽，即 Doppler 展宽，是由待测介质的随机热运动引起的。Doppler 展宽的线型函数可以用如下关系式表示：

$$\phi_D(\nu) = \frac{2}{\Delta\nu_D}\sqrt{\frac{\ln 2}{\pi}}\exp\left[-4\ln 2\left(\frac{\nu-\nu_0}{\Delta\nu_D}\right)\right] \tag{9-4-5}$$

其中，Doppler 半高宽 $\Delta\nu_D$ 表示为

$$\Delta\nu_D = \nu_0\sqrt{\frac{8kT\ln 2}{mc^2}} = 7.1623\times 10^{-7}\nu_0\sqrt{\frac{T}{M}} \tag{9-4-6}$$

其中，ν_0 为分子特定跃迁的中心波长，c 为光速，k 为玻尔兹曼常量，m 为分子质量，M 为分子摩尔质量，T 为待测分子的温度。由式 (9-4-6) 可见，Doppler 半高宽与待测分子的温度的平方根成正比。在早期的吸收光谱技术应用中，常通过测量 Doppler 展宽来测温。Doppler 展宽机制极大地简化了实验和数据处理的复杂程度，但其测温精度不如目前常用的双色法。

(2) Lorentz 线型函数。

Lorentz 线型函数是由展宽机制中均匀展宽引起的，它由激发态粒子的集体平均寿命引起，又可以分为自然展宽和碰撞展宽。

① 自然展宽。自然展宽来自分子吸收跃迁中有限寿命能量布居态的不确定性。在一般情况下，自然展宽的半高宽小于几十兆赫兹，它对整体谱线展宽的贡献非常小，通常忽略不计。

② 碰撞展宽。碰撞展宽来自发射或吸收跃迁粒子与其他粒子的碰撞。目前没有一个完整的、精确的碰撞分析模型来完全描述碰撞展宽线型，常用的碰撞展宽线

型函数是由 Lorentz 给出的，可以表示为

$$\phi_{\mathrm{L}}=\frac{1}{\pi}\frac{\Delta\nu_{\mathrm{L}}/2}{(\nu-\nu_0)^2+(\Delta\nu_{\mathrm{L}}/2)^2} \tag{9-4-7}$$

其中，$\Delta\nu_{\mathrm{L}}$ 是谱线在中心频率 ν_0 处的碰撞半高宽。气体分子温度为常数时，碰撞半高宽正比于压力，多组分环境下待测分子半宽可以表示为

$$\Delta\nu_{\mathrm{L}}=P\sum_j X_j 2\gamma_j \tag{9-4-8}$$

其中，X_j 表示特定组分 j 的摩尔浓度，γ_j 表示组分 j 引起的碰撞展宽系数 ($\mathrm{cm^{-1}\cdot atm^{-1}}$)。待测气体温度为 T 时，γ_j 可以表示为

$$\gamma_j=\gamma_j(T_0)\left(\frac{T_0}{T}\right)^{n_j} \tag{9-4-9}$$

n_j 表示温度依赖因子，它是一个经验常数，不同气体组分间碰撞时其值并不相同，通常情况下取值 0.5。

(3) Voigt 线型函数。

实际情况下，气体分子的展宽都是 Doppler 展宽和碰撞展宽的耦合。从前面可以看到，低压情况下碰撞展宽很小，Doppler 展宽占据主导地位，而高压情况下，碰撞展宽变得更为重要。这两种展宽机制的耦合可以用 Vogit 线型函数表示为

$$\phi_{\mathrm{V}}(\nu)=\int_{-\infty}^{+\infty}\phi_{\mathrm{D}}(u)\phi_{\mathrm{L}}(\nu-u)\mathrm{d}u \tag{9-4-10}$$

假设

$$y=\frac{2\sqrt{\ln 2}\cdot u}{\Delta\nu_{\mathrm{D}}},\quad \xi=\frac{2\sqrt{\ln 2}\,(u_0-u)}{\Delta\nu_{\mathrm{D}}},\quad a=\frac{\sqrt{\ln 2}\Delta\nu_{\mathrm{L}}}{\Delta\nu_{\mathrm{D}}} \tag{9-4-11}$$

则

$$\phi_{\mathrm{V}}(\nu)=\frac{\ln 2}{\pi^{3/2}}\frac{2a}{\Delta\nu_{\mathrm{D}}}\int_{-\infty}^{+\infty}\frac{\mathrm{e}^{-y^2}}{a^2+(\xi-y)^2}\mathrm{d}y \tag{9-4-12}$$

a 是 Voigt 线型函数中的重要参数，它反映着 Voigt 线型与 Gauss 线型、Lorentz 线型的相似程度。当 $a\to 0$ 时，Voigt 线型趋近于 Gauss 线型；当 $a\to\infty$ 时，Voigt 线型趋近于 Lorentz 线型。图 9-4-2 计算了 Gauss、Lorentz、Voigt 三种线型的吸收轮廓图。由图可以看到，线型展宽相当时，Voigt 线型在线中心位置附近与 Gauss 线型相近，而在远离中心频率的两翼处与 Lorentz 线型比较接近。

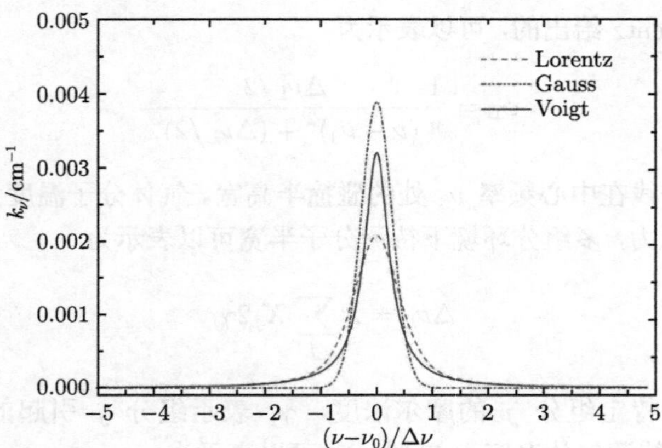

图 9-4-2　水分子 7185.60cm^{-1} 谱线三种吸收线型比较 ($X_{\mathrm{H_2O}}$=0.05，P=1bar，T=1500K)

Voigt 展宽是碰撞展宽和 Lorentz 展宽的卷积，目前没有解析解，一般用数值近似的方法逼近真实的 Voigt 函数。目前可使用文献中的公式表示:

$$\Delta\nu_{\mathrm{V}} = 0.5346\Delta\nu_{\mathrm{L}} + \sqrt{(0.2166\Delta\nu_{\mathrm{L}}^2 + \Delta\nu_{\mathrm{D}}^2)} \tag{9-4-13}$$

在谱线选择中，利用 Voigt 线型函数的中心峰值高度是一条重要标准，可以表示为

$$\phi_{\mathrm{V}}(\nu) = \frac{\beta}{\Delta\nu_{\mathrm{ED}}\sqrt{\pi}} + 2\frac{1-\beta}{\pi\Delta\nu_{\mathrm{L}}} \tag{9-4-14}$$

其中

$$\beta = \frac{\Delta\nu_{\mathrm{ED}}}{\Delta\nu_{\mathrm{L}}/2 + \Delta\nu_{\mathrm{ED}}}, \quad \Delta\nu_{\mathrm{ED}} = \frac{\Delta\nu_{\mathrm{D}}}{2\sqrt{\ln 2}}$$

2. 激光吸收光谱技术的分类

激光吸收光谱技术的常用探测方法有两种：直接吸收光谱和波长调制吸收光谱。直接吸收光谱中又包含波长扫描吸收和固定波长吸收。在吸收光谱发展早期，固定波长吸收光谱应用较多，随着激光器及相关控制器的发展，吸收光谱的主流发展方向是基于波长扫描直接吸收方法和波长调制吸收方法，本书主要对这两种探测方法进行介绍，两种方法均能应用于燃烧场温度和组分浓度在线测量。

1) 波长扫描直接吸收光谱

图 9-4-3 给出了波长扫描直接吸收光谱的实验示意图，激光频率受温度控制和电流控制确定，通过锯齿波型的电压调制信号可改变瞬态电流以调谐输出的激光频率。在实验中，控制激光器频率，扫描某特定跃迁的整个线型轮廓，可以用于获得组分的温度、浓度、速度以及压力等流场参数。

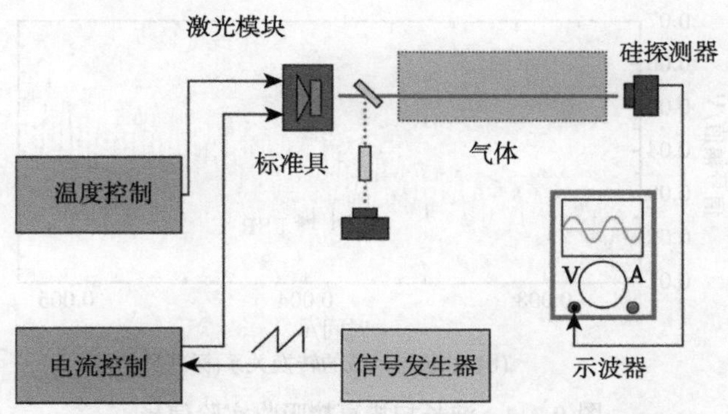

图 9-4-3 波长扫描直接吸收光谱的实验示意图

图 9-4-4 给出了一个扫描周期内的部分光强信号，在燃烧诊断中，多预留探测器背景信号，即输出激光光强为零的探测器采集信号。该背景信号的来源很多，包含探测器偏置、环境光、火焰辐射等。在扫描频率较高时，背景信号往往为常数，仅需在数据处理中直接减除。图 9-4-4(a) 中实线是探测器输出的电压信号，对应透射光的强度。通过多项式拟合非吸收位置可获得光强的基线，对应入射光的强度。这些测得信号的横坐标是时间，需将其转换为频域分布。这一转换多通过 Etalon 标准具实现，图 9-4-4(b) 给出了时域与频域的转换关系，其中自由光谱区 (FSR) (cm^{-1}) 定义为

$$\mathrm{FSR} = \frac{1}{2nd} \tag{9-4-15}$$

其中，n 表示 Etalon 标准具的端面反射系数，d 表示两端面的间距。对于某特定波长的 FSR，可以通过其仪器参数直接计算。

吸收光谱的温度测量，主要有半宽和双色测温两种。对于 Doppler 展宽占据主导的情况，可用 Doppler 半高宽和气体温度的关系得到：

$$T = M\left(\frac{\Delta\nu_{\mathrm{D}}}{7.1623\times10^{-7}\nu_0}\right)^2 \tag{9-4-16}$$

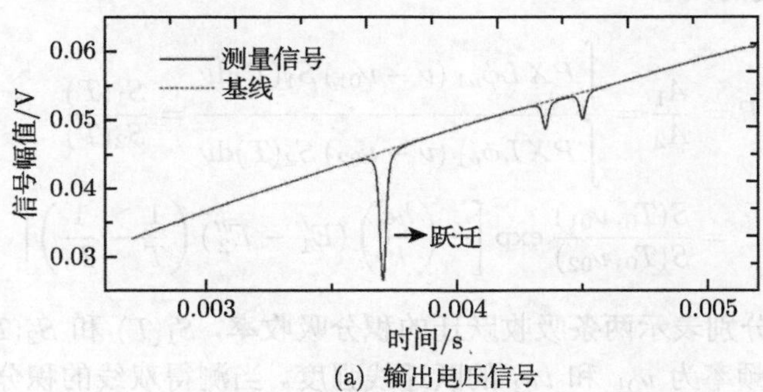

(a) 输出电压信号

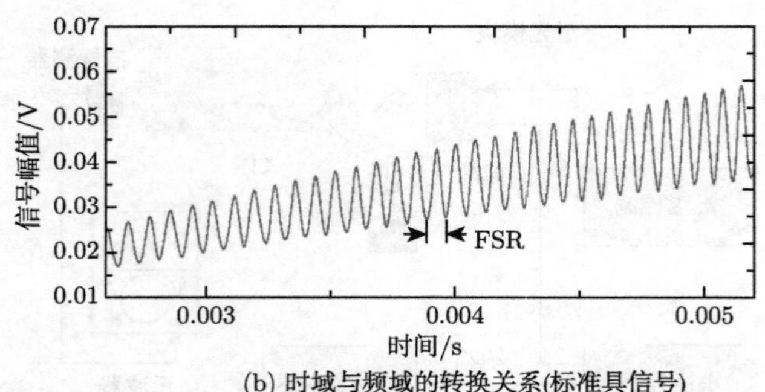

(b) 时域与频域的转换关系(标准具信号)

图 9-4-4　波长扫描直接吸收实验信号

图 9-4-5 给出了 7185.60cm^{-1} H_2O 跃迁在温度从 300K 到 2000K 变化时，Doppler 半宽随温度的变化。

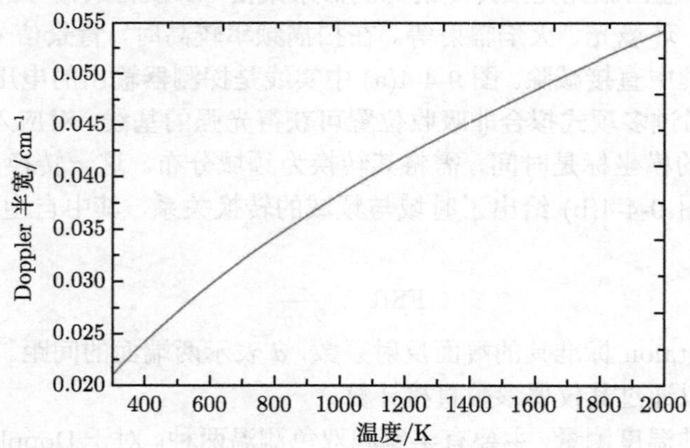

图 9-4-5　7185.60cm^{-1} H_2O 吸收跃迁 Doppler 半宽随温度的变化

大多数情况下，流场不满足上述以 Doppler 展宽为主的假设，测温应使用双色法。通过选取两条对温度敏感程度不同的吸收跃迁，比较两谱线的积分吸收率，可获得比值与温度的关系：

$$
\begin{aligned}
R=\frac{A_1}{A_2}&=\frac{\displaystyle\int PXL\phi_{\nu 1}\left(\nu-\nu_{01}\right)S_1(T)\mathrm{d}\nu}{\displaystyle\int PXL\phi_{\nu 1}\left(\nu-\nu_{02}\right)S_2(T)\mathrm{d}\nu}=\frac{S_1(T)}{S_2(T)}\\
&=\frac{S(T_0,\nu_{01})}{S(T_0,\nu_{02})}\exp\left[-\left(\frac{hc}{k}\right)\left(E_1''-E_2''\right)\left(\frac{1}{T}-\frac{1}{T_0}\right)\right]
\end{aligned}
\tag{9-4-17}
$$

其中，A_1、A_2 分别表示两条吸收跃迁的积分吸收率，$S_1(T)$ 和 $S_2(T)$ 分别表示温度为 T 时中心频率为 ν_{01} 和 ν_{02} 的跃迁线强度。当测得双线的积分吸收率时，可

用式 (9-4-18) 算得气体温度：

$$T = \frac{\dfrac{hc}{k}\left(E_1'' - E_2''\right)}{\ln \dfrac{A_1}{A_2} + \ln \dfrac{S_2(T_0)}{S_1(T_0)} + \dfrac{hc}{k}\dfrac{\left(E_1'' - E_2''\right)}{T_0}} \tag{9-4-18}$$

由式 (9-4-4) 可见，积分吸收率 A 正比于组分分压。将测得温度代入式 (9-4-19) 可计算得到组分浓度：

$$X = \frac{A}{PLS(T)} \tag{9-4-19}$$

波长扫描直接吸收方法是吸收光谱应用最为广泛的探测方法，它的主要优点是通过积分整个吸收线型获得待测参数，排除了线型的展宽效应，无须标定不同压力、组分碰撞下的线型变化。其缺点是由于拟合基线可能存在偏差，当吸收过弱时 (峰值吸收率小于 5%)，测量误差较大。

2) 波长调制吸收光谱

在吸收较弱或者高压导致谱线半宽过大等情况下，难以精准地获得基线，此时应用波长调制方法较有优势 [30,31]。该方法的核心思想是通过调制产生的谐波信号，提取吸收谱的线型“弯曲度”信息。

图 9-4-6 给出了一个典型的波长调制吸收方法的示意图，将低频锯齿波信号和高频正弦调制信号耦合共同调制激光器的输出波长，此时的激光频率可表示为

$$\nu(t) = \overline{\nu}(t) + a\cos\left(2\pi f_{\mathrm{m}} t\right) \tag{9-4-20}$$

其中，$\overline{\nu}(t)$ 为未调制时的激光频率，a 为调制深度，f_{m} 为调制频率。与之相对应，激光器输出光强也会发生周期性变化：

$$I_0 = \bar{I}_0\left[1 + i_0\cos\left(2\pi f_{\mathrm{m}} t + \varphi\right)\right] \tag{9-4-21}$$

其中，$\bar{I}_0$ 为未调制时的激光器输出光强，i_0 为光强调制系数，φ 为波长调制和光强调制相位差。当吸收为弱吸收时，光强透射率可以简化为

$$\tau(\nu) = \mathrm{e}^{-k_\nu L} \approx 1 - k_\nu L \tag{9-4-22}$$

对式 (9-4-22) $k_\nu L$ 中吸收率进行傅里叶级数展开，可表示为

$$\begin{cases} \alpha\left(\bar{\nu} + a\cos\theta\right) = \displaystyle\sum_{n=0}^{+\infty} H_n\left(\bar{\nu}, a\right)\cos\left(n\theta\right) \\ \theta = 2\pi f_{\mathrm{m}} t \end{cases} \tag{9-4-23}$$

其中

$$H_0(\bar{\nu},a)=\frac{1}{2\pi}\int_{-\pi}^{\pi}\alpha(\bar{\nu}+a\cos\theta)\,\mathrm{d}\theta \tag{9-4-24}$$

$$H_n(\bar{\nu},a)=\frac{1}{\pi}\int_{-\pi}^{\pi}\alpha(\bar{\nu}+a\cos\theta)\cos(n\theta)\,\mathrm{d}\theta \tag{9-4-25}$$

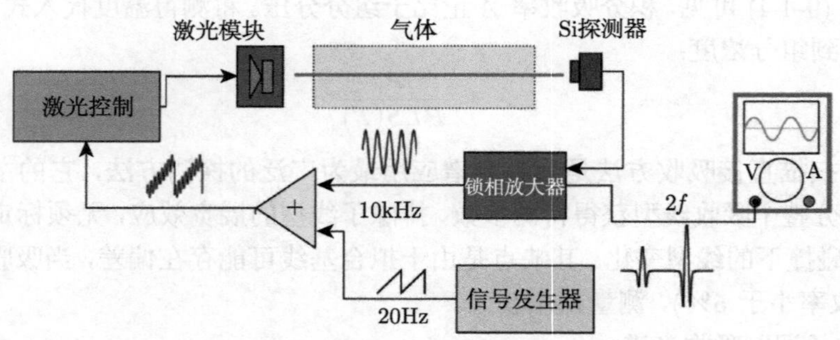

图 9-4-6　波长调制实验示意图

对于弱吸收情况，得到

$$H_n(\bar{\nu},a)=-\frac{SPLX\int_{-\pi}^{\pi}\phi(\bar{\nu}+a\cos\theta)\cos(n\theta)\,\mathrm{d}\theta}{\pi} \tag{9-4-26}$$

在波长调制谐波分析中，多采用二次谐波以获得最大信噪比，根据式 (9-4-26)，二次谐波信号可表示为

$$H_2(\bar{\nu},a)=-\frac{SPLX\int_{-\pi}^{\pi}\phi(\bar{\nu}+a\cos\theta)\cos(2\theta)\,\mathrm{d}\theta}{\pi} \tag{9-4-27}$$

波长调制方法实验中，使用高带宽探测器记录透射光强信号，输入锁相放大器进行二次谐波分析。当对两个不同低能级能量的吸收线分别进行二次谐波探测时，温度可以两条谱线的 $2f$ 峰值高度之比获得，用式 (9-4-28) 表示：

$$R_{2\mathrm{f}}=\frac{I(\nu_1)H_2(\nu_1)}{I(\nu_2)H_2(\nu_2)}=\frac{I(\nu_1)S_1(T)\int_{-\pi}^{\pi}\phi(\nu_1+a_1\cos\theta)\cos(2\theta)\,\mathrm{d}\theta}{I(\nu_2)S_2(T)\int_{-\pi}^{\pi}\phi(\nu_2+a_2\cos\theta)\cos(2\theta)\,\mathrm{d}\theta} \tag{9-4-28}$$

获得温度后，利用式 (9-4-27) 和预先的标定结果可以得出浓度。

对比波长扫描和波长调制方法，前者需要扫描线型并拟合基线，基线拟合得好坏直接影响测量精度。对弱吸收测量，相对于波长扫描直接吸收方法，波长调制吸收方法的灵敏度理论上可提高三个数量级。然而，波长调制吸收方法的缺点也很明显，它需要预先进行标定实验，对频率和强度调制深度、激光器中心频率等参数进行标定，并且系统复杂，数据的处理和理解均更为复杂，同时标定的优劣也会影响测量精度。

3. 激光吸收光谱技术的应用

1) 速度测量

如果光束倾斜穿过一个流速为 V 的气流 (图 9-4-7)，运动的吸收组分分子将使吸收线型产生整体移动，即多普勒频移：

$$\Delta\nu_{\text{Doppler}} = \frac{V}{c}\nu_0 \cos\theta \tag{9-4-29}$$

其中，c 为光速，ν_0 为吸收线的中心频率，θ 为光传输方向与气流速度的夹角。通过测量谱线峰值位置的频率偏移量 $\Delta\nu$ 及光束与气流方向的夹角 θ 即可获得待测流场的流速 V(图 9-4-7)。

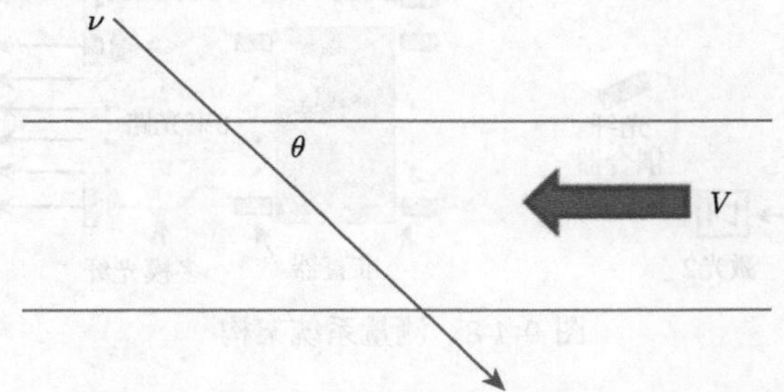

图 9-4-7 激光吸收光谱速度测量原理示意图

2) 超燃燃烧效率评估和燃烧机理研究

超燃冲压发动机的核心问题之一是燃烧室设计。燃烧室要解决的主要问题是在有限的空间 (米级) 和时间 (毫秒级) 内，以高的热效率和较小的压力损失将化学能最大限度地转化为热能。进行燃烧室设计首先需要精确诊断燃烧效率，而为了合理组织燃烧，需要获悉燃烧结构 (流向/截面分布)，这些信息的获知仅凭壁面压力、温度测量是远远不够的，急需有效可靠的新型测量技术。可调谐二极管激光吸收光谱是沿光程的积分测量，适用于准二维燃烧室的诊断。文献 [8] 利用可调谐二极管激光吸收光谱技术，在以乙烯为燃料的超燃直联台上开展了燃烧室气流参数诊断研究；同时定量测量了燃烧室出口的静温、水蒸气浓度和速度；测量了燃烧室内气流的静温和水蒸气分压；并利用位移机构实现了燃烧室出口和凹腔后部某截面的气流参数截面分布测量。根据测量结果，分析了燃烧效率和凹腔附近的流场特征。

图 9-4-8 为超燃直联台的多光路吸收光谱测量系统示意图。使用两台近红外激光器分别对应 7185.597cm^{-1} 和 7444.3cm^{-1} 两激光器的输出激光耦合进光纤分路器，输出的 8 路光纤，第一路通过 F-P 干涉仪，实时标定激光波长变化，另外 6 路利用光纤准直器输出形成 6 路自由光路，通过超燃发动机模型的两侧窗口后，由多模光纤收集后再由探测器探测、示波器记录。

6 束光路的位置如图 9-4-9 所示，光路 1 和光路 2 位于燃烧室进口处，与气流流向方向分别成一定夹角，两光路可分别测量燃烧室进口的静温和水蒸气分压，两光路吸收峰的频移可以推算燃烧室进口气流速度；光路 3 和光路 4 位于燃烧室内，光路 4 垂直于侧壁窗口，而光路 3 前向倾斜一定角度，可探测燃烧剧烈区域的气流温度和水蒸气分压，同时两光路吸收峰频移可以推算凹腔附近的平均速度。光路 5 和光路 6 位于燃烧室出口处。图 9-4-10 给出了利用可调谐二极管激光吸收光谱系统获得的超燃燃烧室的温度、水蒸气分压、气流速度和马赫数分布。

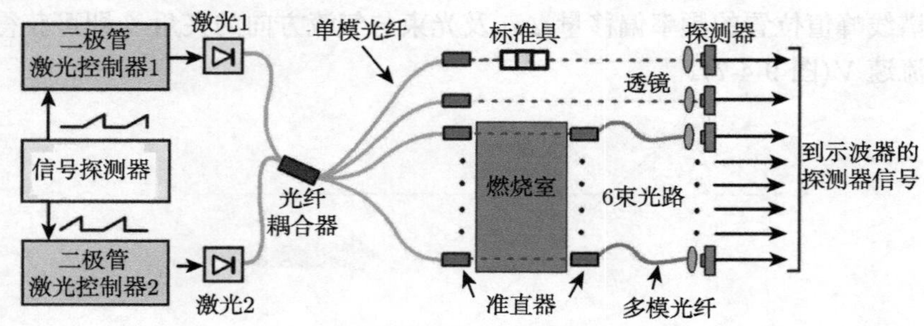

图 9-4-8　测量系统架构

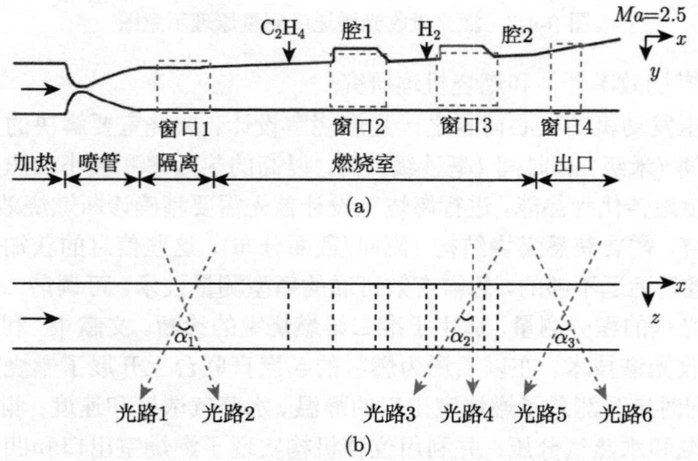

图 9-4-9　超燃直联台多光路吸收光谱测量系统示意图

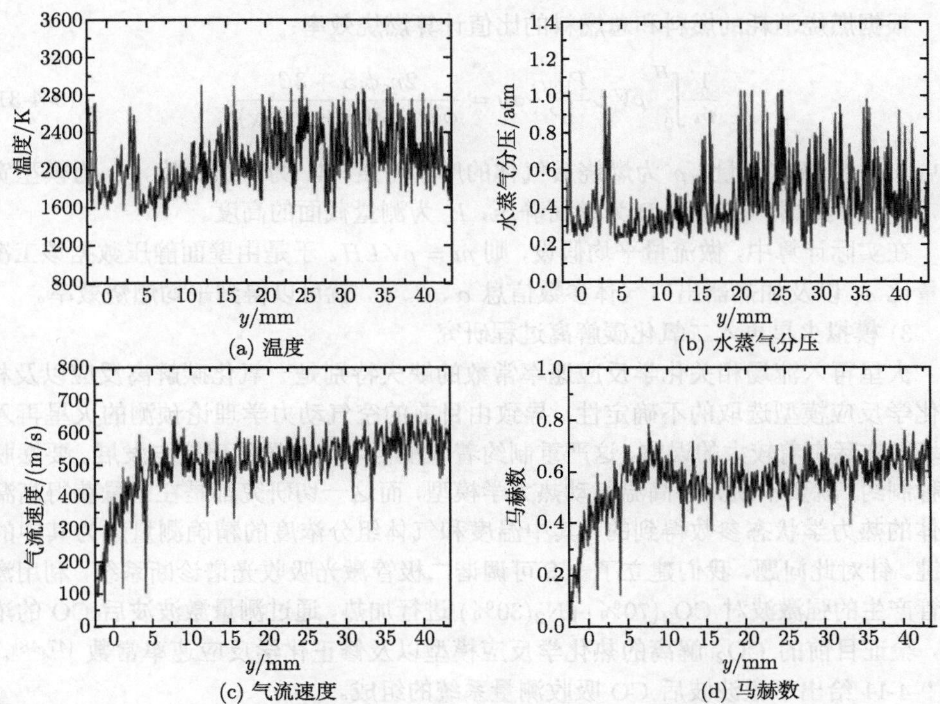

图 9-4-10 利用可调谐二极管激光吸收光谱系统获得的超燃燃烧室的温度、水蒸气分压、气流速度和马赫数的分布 (C_2H_4, 当量比 0.45)

根据可调谐二极管激光吸收光谱测量结果，有两种计算燃烧效率的方法，一种是结合水蒸气分压与壁面静压测量结果，根据燃烧消耗的燃料和总燃料的比值计算燃烧效率；另一种是按照气流静温和速度分布，结合热量进行计算，即化学反应的实际生成热与完全反应的生成热之比为燃烧效率。本书根据第一种方法计算燃烧效率，即在来流气体参数和当量比已知的条件下，气体中水蒸气的摩尔浓度的增加量，直接反映了燃料 (C_2H_4) 的消耗量 (燃烧效率)。在本书的燃烧效率计算中，进入燃烧室的气体参数使用的是加热器的设计参数，它已通过可调谐二极管激光吸收光谱测量证实 [8]。

根据乙烯燃烧的简化化学反应方程式：

$$\begin{aligned}&\phi_i\cdot\alpha C_2H_4+3(\alpha O_2+\beta H_2O+\chi N_2)\longrightarrow\\&\eta_c\cdot 2\phi_i\alpha CO_2+(\eta_c\cdot 2\phi_i\alpha+3\beta)H_2O\\&+\phi_i\alpha(1-\eta_c)C_2H_4+3(\alpha-\eta_c\phi_i\alpha)O_2+3\chi N_2\end{aligned} \tag{9-4-30}$$

其中，ϕ_i 为乙烯当量比，α、β、χ 分别为进入燃烧室的气流中氧气、水蒸气和氮气的摩尔含量，η_c 为燃烧效率。

根据燃烧消耗的燃料和总燃料的比值计算燃烧效率：

$$\frac{1}{\dot{m}}\int_0^H \rho VL\frac{P_{\mathrm{H_2O}}}{P}\mathrm{d}y=\frac{2\eta_{\mathrm{c}}\phi_{\mathrm{i}}\alpha+3\beta}{\phi_{\mathrm{i}}\alpha+3(\alpha+\beta+\chi)} \tag{9-4-31}$$

其中，$\dot{m}$ 为摩尔流量，ρ 为燃烧后气体的摩尔密度，V 为气流速度，L 为模型宽度，$P_{\mathrm{H_2O}}$ 为水蒸气分压，P 为壁面静压，H 为测量截面的高度。

在实际计算中，做流量平均假设，则 $\dot{m}=\rho VLH$。于是由壁面静压数据该工况当量比 ϕ_i 以及加热器出口气体参数信息 α、β、χ，就可以得到平均燃烧效率。

3) 模拟火星再入二氧化碳解离过程研究

火星再入流场相关化学反应速率常数的缺失特别是一氧化碳解离反应以及相关化学反应模型选取的不确定性，导致由目前的空气动力学理论预测的火星再入流场与实际有着较大的误差，这严重制约着火星再入飞行器的研究与发展。要摆脱这种制约，就要不断完善高温气动热力学模型，而这一切研究都是在定量获得高温气体的热力学状态参数得到的，其中温度和气体组分浓度的精确测量成为其中的关键。针对此问题，我们建立了一套可调谐二极管激光吸收光谱诊断系统，利用激波管产生的强激波对 CO_2(70%)+N_2(30%) 进行加热，通过测量激波波后 CO 的浓度，验证目前的 CO_2 解离的热化学反应模型以及修正化学反应速率常数 [47,48]。图 9-4-11 给出了激波波后 CO 吸收测量系统的组成。

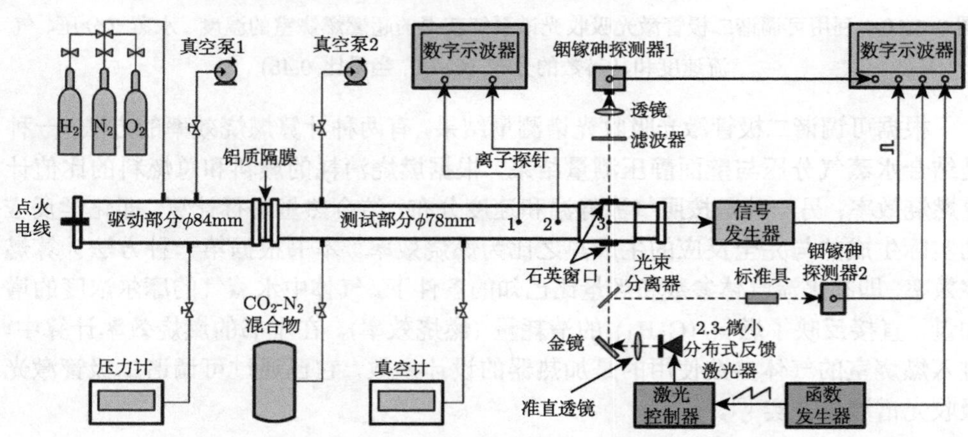

图 9-4-11　激波波后 CO 吸收测量实验方案

考虑到测量时间的限制，在测量时采用直接吸收的策略。监测的波长为 CO 2335.778nm 吸收线。图 9-4-12 为某次实验激波波后有效时间内所获得的吸收信号，图中箭头指示的下凹区域为对应的吸收轮廓，吸收轮廓位于扫描斜坡的偏上位置，这对于比较弱的吸收实验是比较有利的，既能提高吸收信号信噪比，也不会影响基线拟合。从图中还可以看出时间的分辨率在 1μs 量级。

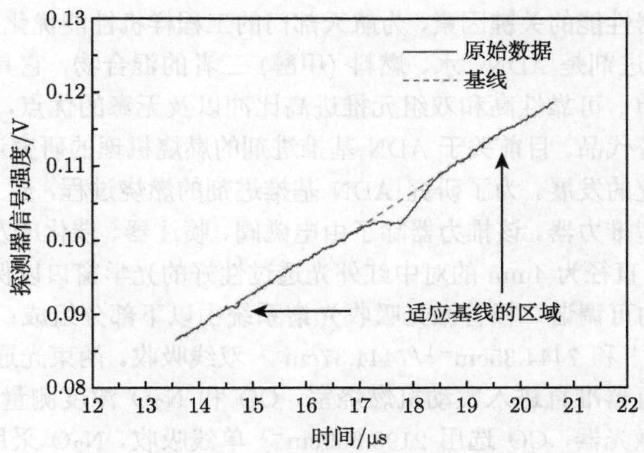

图 9-4-12 透射光强随时间的变化

图 9-4-13 为激波波后温度和 CO 2335.778nm 吸收线积分吸收率随时间的变化。

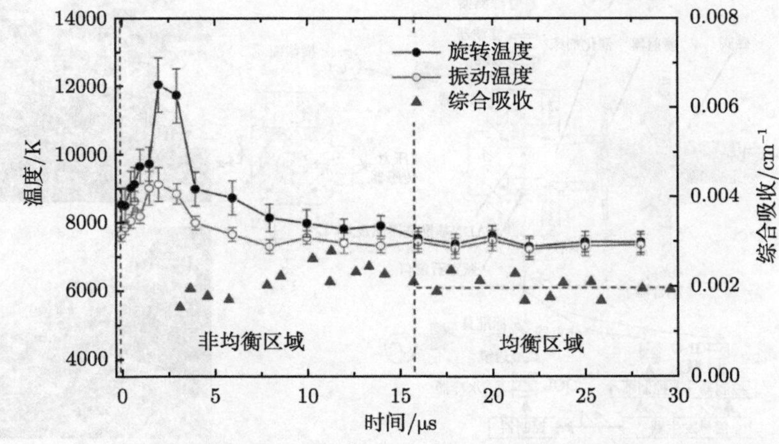

图 9-4-13 激波波后温度和 CO 2335.778nm 吸收线积分吸收率随时间的变化

实验工况：p_1=200Pa，激波速度 V_{shock}=(6.31±0.11)km/s

4) 中红外激光吸收光谱技术研究空间推力器燃烧过程

单组元推力器的性能很大程度上取决于推进剂的催化分解程度。推进剂流经催化床后的催化分解程度与催化床长度、催化剂种类、装填密度以及催化床加热温度紧密相关。长期以来，对实际尺寸模型发动机内部参数的研究缺乏有效手段。对于新一代航天高性能 ADN 基推进器，利用中红外可调谐二极管激光吸收光谱技术，测量实际尺寸、实际工作状态下空间推力器催化床出口 (燃烧室内部) 的参数，分析影响推力器性能的关键因素，为航天部门的工程样机性能优化提供了依据。

ADN 基推进剂是 ADN、水、燃料 (甲醇) 三者的混合物，它具有可实现单组元推进结构简单、可靠性高和双组元推进高比冲以及无毒的优点，被认为是肼类推进剂的理想替代品。目前关于 ADN 基推进剂的燃烧机理的研究还很欠缺，影响对工程样机研究的发展。为了研究 ADN 基推进剂的燃烧过程，建立了推力为 1N 的光学透明模型推力器。该推力器除了由电磁阀、喷注器、催化床及燃烧室、喷管组成外，还包括直径为 4mm 的对中红外光透过性好的光学窗口以保证激光能通过燃烧室。建立的可调谐二极管激光吸收光谱系统由以下部分组成：测温采用 H_2O 的 $7185.597cm^{-1}$ 和 $7444.35cm^{-1}/7444.37cm^{-1}$ 双线吸收。两束光通过光纤耦合为一束，经过准直器准直进入发动机燃烧室，CO 和 N_2O 浓度测量采用 4.6μm 中红外量子级联激光器，CO 选用 $2193.359cm^{-1}$ 单线吸收，N_2O 采用 $2192.48cm^{-1}$ 和 $2193.54cm^{-1}$ 双线吸收，NO 浓度测量采用 5.2μm 中红外量子级联激光器，采用 $1912.7cm^{-1}$ 单线吸收。光束通过发动机燃烧室，另一端用 InSb 探测器接收 (图 9-4-14)。

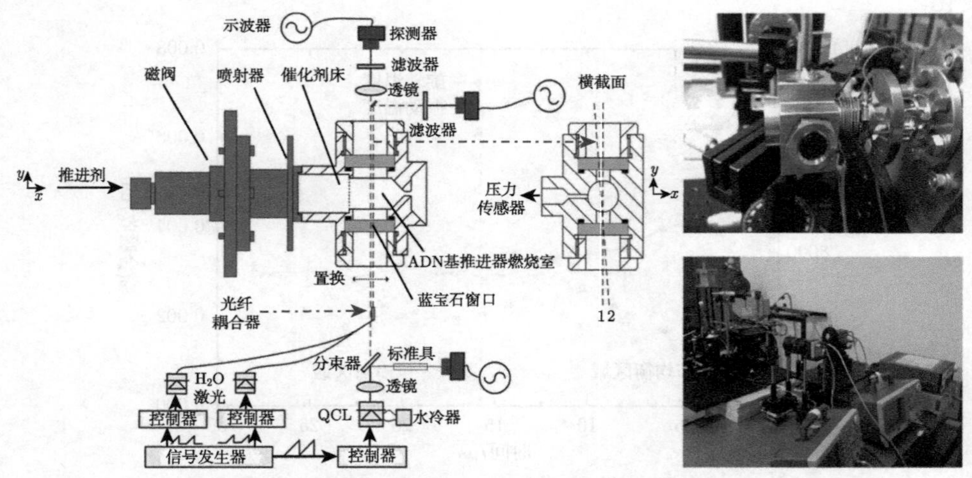

图 9-4-14　ADN 基单组元推力器和可调谐二极管激光吸收光谱系统

实验发现，启动点火开始后，N_2O 和 NO 浓度迅速增加，而后其浓度分别在一定条件后达到最大值，进而浓度达到平衡，对应着推进剂燃烧的催化分解阶段。CO 的唯一来源是燃烧 CH_3OH 与氧化剂的反应，CO 的浓度变化正是推进剂二次燃烧反应的开始时刻，CH_3OH 与推进剂产生的氧化剂，如 N_2O，发生燃烧反应，产生 CO，同时，对应着 N_2O 浓度的急剧下降。通过对不同催化床长度的推进器内部燃烧过程 (稳态和脉冲) 研究，我们优化了催化床的长度，为推进器工程样机的定型提供了基础数据 (图 9-4-15)。

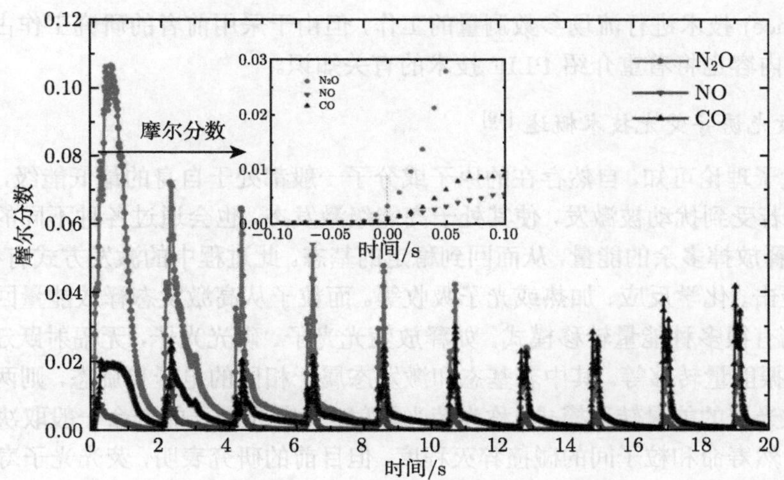

图 9-4-15 喷注压 12bar 时 1N 推力器脉冲工作状态下的 N_2O、NO 与 CO 浓度随时间的变化 (电磁阀闭合时间为 100ms)

4. 小结

可调谐二极管激光吸收光谱诊断技术作为一种非接触的激光光谱诊断技术，因其系统架构简单、数据处理简洁，已经应用于各种涉及化学反应流动的研究中。本节对这一技术的基本原理、系统组成以及应用情况进行了介绍，相信未来该技术在航空航天领域的应用会更广泛。

9.4.2 激光诱导荧光技术

激光诱导荧光技术利用激光诱导的荧光光谱原理，是分子光谱和反应动力学研究的强有力的方法之一。自 1972 年 R.N.Zare 首先报道用此方法测定 BaO 分子的内态布居之后，该方法现已广泛用于不稳定分子和自由基的光谱研究，化学反应中反应物、中间物和产物的内能级分布及浓度的测定，以及对环境污染的监测、生物医学研究、化工生产过程或燃烧过程的诊断等。

由于荧光探测具有其他光学探测技术不能比拟的高探测灵敏度 (实验上可实现单分子荧光测量)，及其光源的多维延展性，目前在燃烧领域，此技术多采用将激发激光扩展为二维片光使用，称为平面激光诱导荧光 (planar laser induced fluorescence，PLIF) 技术。因其非介入、高瞬态性、相对较高的信噪比、能够进行定量的场测量等优点，在国际上被广泛用于反应及非反应流场中一些微量组分的浓度、温度和流场速度测量，同时也被用来解决定量的流动混合问题，如湍流混合、燃料分布等的测量。当然，在燃烧诊断领域同时也存在着采用激光诱导荧光光谱 (laser-induced fluorescence spectroscopy) 和双光子诱导荧光 (two-photon excited fluorescence) 技术进行流场参数测量的工作，但由于采用前者的研究工作占绝大多数，本章内容也将着重介绍 PLIF 技术的有关知识。

1. 激光诱导荧光技术概述 [49]

由量子理论可知，自然存在的原子或分子一般都处于自身的最低能级，也就是其基态。若受到扰动被激发，使其处于高能级激发态，也会通过各种不同的能量转移模式，释放掉多余的能量，从而回到稳定的基态。此过程中的激发方式有很多种，如电子轰击、化学反应、加热或光子吸收等。而粒子从高激发态释放能量回归基态的过程也有很多种能量转移模式，如释放荧光光子、磷光光子，无辐射跃迁，系间窜跃，共振能量转移等。其中若基态和激发态属于相同的电子自旋态，则两者之间通过释放光子的能量转移模式，称为荧光辐射，其荧光光子的寿命一般取决于其上能级的自然寿命和粒子间的碰撞猝灭程度，但目前的研究表明，荧光光子寿命一般处于 $10^{-10}\sim10^{-5}$s 量级内；若基态和激发态属于不同的电子自旋态，则两者之间通过释放光子的能量转移模式，被称为磷光辐射，由于磷光跃迁涉及能级转换，因此物质的磷光寿命一般长于荧光寿命，基本处于 $10^{-4}\sim1$s 量级内。

而本章介绍的激光诱导荧光的产生过程是采用特定光子能量 $h\nu$ 的激光激发受激粒子，使其从其基态跃迁至某一特定激发态，处于不稳定激发态的粒子 (原子或分子) 会通过自发辐射另一个能量为 $h\nu'$ 的荧光，衰减回到较低能级，此过程即激光诱导荧光过程。

激光诱导荧光跃迁原理及过程如图 9-4-16 所示。根据量子力学理论，分子或原子存在一系列的电子能级、振动能级、转动能级。由于这种分立的不连续的能级结构，只有当激光光子的能量 $h\nu$ 刚好为两个能级的能量之差时，处于较低能级的原子或分子才会吸收激光光子能量，刚好跃迁到特定的激发态能级。而后，处于该激发态的原子或分子可以直接辐射荧光 $h\nu'$ 回到较低能级，也有可能先通过碰撞能量交换，以吸收或释放光子的形式或者其他能量转移的模式在振动能级和转动能级之间跃迁，再回到低能级，这个过程使得产生的荧光不仅涉及原始能级之间的跃迁，还涉及新能级之间的跃迁。因此，按跃迁过程中高低能级的不同，荧光可以分为不同类型，具体如下：

(1) 共振荧光。即上述激光诱导荧光跃迁过程中的激发与荧光发射过程中的两个能级完全相同，$h\nu$(激发光光子能量) 等于 $h\nu'$(荧光光子能量)。此类型的荧光在检测过程中容易受到激发光的瑞利散射或米散射光的干扰，导致信噪比较低，因此一般在高灵敏度测量中通常不采用共振荧光。

(2) 斯托克斯荧光。发射的荧光波长大于激发光的波长，即 $h\nu>h\nu'$。此情况的产生包含两种情形，一是粒子吸收光子被激发后，从激发态通过发射荧光回到比基态稍高的某个能级上；另一种是通过涉及的碰撞辅助辐射，若受激粒子的上能级存在一个与其非常邻近且存在相互干扰的稍低能级，则受激粒子可以通过碰撞能量转移，先转移至比激发态稍低的那个能级，再从此能级向下跃迁发射荧光。此类荧光频率低于激发激光，因此可以有效避开激发光的干扰，信噪比好、灵敏度高，只要被测粒子在测量波长范围内有合适的能级结构，常作为高灵敏度检测。

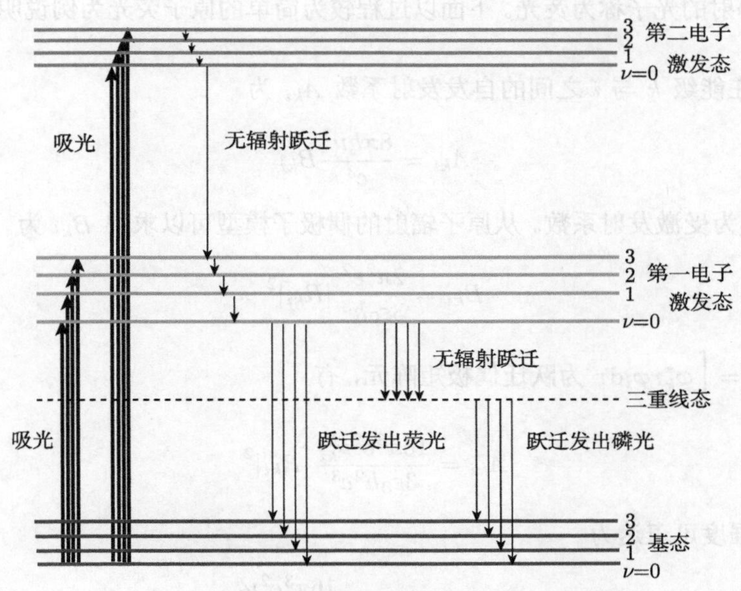

图 9-4-16 激光诱导荧光跃迁原理及过程示意图

(3) 反斯托克斯荧光。此类荧光波长短于激发光的波长，即 $h\nu'>h\nu$。此情况的产生条件是某些粒子的第一激发态与基态间隔减小，且激发态的能级简并度较高，因此在较高温度下可能出现第一激发态的粒子布局数大于基态粒子布局数的情况。此种条件下，第一激发态的粒子或者基态的高振转能级的粒子将被激发，而荧光辐射时粒子布局回到更低的能级，从而造成辐射出的荧光光子能量高于激发光子能量的情况。反斯托克斯荧光检测相对于斯托克斯荧光检测具有更高的灵敏度和更好的信噪比，但由于其产生的能级条件比较苛刻，因此能够实现反斯托克斯荧光检测的粒子并不多。

(4) 双光子荧光。此过程的实现是采用两束激光相继与粒子的两个跃迁过程发生共振激发，将粒子分两步激发至高能级，而后粒子向下跃迁辐射荧光。此处采用的两束激光可以是波长不同，也可以是波长相同的高强度单束激光，这样粒子可以同时吸收两个光子从而被激发至上能级。这种双光子激发测量比较复杂，一般只在其他激发模式很难实现或者除共振荧光外没有其他激发方式的情况下采用。

2. 激光诱导荧光的相关理论基础

1) 荧光辐射理论基础

如前所述，粒子可以通过吸收光子而被激发到能量较高的能级，但处于激发态的粒子是不稳定的，它会通过辐射或者非辐射的方式释放出多余的能量返回较为稳定的低能级。若此过程中粒子通过自发辐射的方式返回相同电子自旋度的低能级，则其辐射的光子称为荧光。下面以过程较为简单的原子荧光为例说明荧光产生的条件。

原子在能级 k 与 i 之间的自发发射系数 A_{ki} 为

$$A_{ki}=\frac{8\pi h\nu^3}{c^3}B_{ki} \tag{9-4-32}$$

其中，B_{ki} 为受激发射系数。从原子辐射的偶极子模型可以求得 B_{ki} 为

$$B_{ki}=\frac{2\pi^2e^2}{3\varepsilon_0h^3}\left|R_{ki}\right|^2 \tag{9-4-33}$$

其中，$R_{ki}=\int\varphi_k^*r\varphi_i\mathrm{d}\tau$ 为跃迁偶极矩阵元，有

$$A_{ki}=\frac{16\pi^3e^2\nu_{ki}^3}{3\varepsilon_0h^2c^3}\left|R_{ki}\right|^2 \tag{9-4-34}$$

因此谱线强度可表达为

$$I_{ki}\propto N_kA_{ki}h\nu_{ki}=N_k\frac{16\pi^3e^2\nu_{ki}^4}{3\varepsilon_0hc^3}\left|R_{ki}\right|^2 \tag{9-4-35}$$

其中，N_k 为能级 k 的粒子布局数，而频率满足 $h\nu_{ki}=\varepsilon_k-\varepsilon_i$。

由此可见，在能级 k 与能级 i 之间是否有荧光辐射取决于跃迁偶极矩阵元是否为零。若为零，则此两能级间就没有荧光辐射。同时上述式子也说明了荧光辐射的两个重要特征：一个是荧光发射是各向同性的，因为自发发射概率与跃迁偶极矩阵元的平方成正比，而与偶极矩的方向无关；另一个是荧光发射概率系数与发射频率的三次方成正比，也就是说荧光发射概率随频率快速增加。由此可知，一般粒子在可见和紫外波段跃迁的荧光发射较强，而在粒子振转的红外波段，荧光辐射一般较弱。由此可知一般粒子的荧光检测多在紫外或可见等高频光谱区，如燃烧诊断领域常用的 OH 或 NO 粒子的荧光分别位于 305nm 和 230~280nm 的紫外波段。

但这些双原子分子荧光其实更为复杂，尽管原理同单原子荧光相同，均为较高能级对较低能级的辐射，但由于分子结构及能级构成都比单原子复杂许多，因此其荧光发射过程及光谱结构都比单原子荧光复杂许多。分子的激发态需要具体考虑到其电子态、振动态和转动态。假定分子的一个电子激发态的一个振转能级

($\nu_{k'}$、$J_{k'}$) 被选择性激发，$\nu_{k'}$ 和 $J_{k'}$ 为此能级的振动量子数和转动量子数，此能级布局的粒子数密度为 N_k，在平均寿命为 τ 时间内，分子要通过跃迁定则允许所有低能级 ($\nu_{i''}$, $J_{i''}$) 自发发射跃迁，发射荧光。此荧光谱带内的那条对应转动量子数 $k-j$ 的荧光谱线强度 I_{kj} 可表达为

$$I_{kj} \propto N_k A_{kj} h \tag{9-4-36}$$

跃迁概率 A_{kj} 正比于跃迁矩阵元的平方：

$$A_{kj} \propto \left| \int \varphi_k^* r \varphi_j \mathrm{d}\tau \right|^2 \tag{9-4-37}$$

在波恩–奥本海默近似下，一个分子能级的总波函数可以写成电子分量、振动分量和转动分量的乘积，即

$$\Psi = \Psi_{\mathrm{e}} \Psi_{\mathrm{vib}} \Psi_{\mathrm{rot}} \tag{9-4-38}$$

则跃迁概率也可分为三个因子：

$$A_{kj} \propto |R_{\mathrm{e}}|^2 |R_{\mathrm{vib}}|^2 |R_{\mathrm{rot}}|^2 \tag{9-4-39}$$

其中，电子矩阵元 R_{e} 描述两个跃迁电子态之间的耦合，振动矩阵元 R_{vib} 的平方称为 Franck-Condon 因子，代表两个振动能级之间的跃迁概率。而转动矩阵元 R_{rot} 的平方则为两个对应转动能级之间的跃迁概率，称为 Hönl-London 因子。

因为荧光的跃迁概率正比于三个因子的乘积，所以只有当这三个因子均不为零时才能出现荧光。而电子自旋性质决定转动跃迁，其选择定则为

$$\Delta J = J_k - J_j = 0, \pm 1$$

因此，由此选择定则可知，一组振动光谱一般可有三支转动谱线，分别为 P 支、Q 支、R 支，但由于分子能级一般都存在自旋分裂及 Λ 分裂，一般的分子光谱还有相当多的伴线支，导致其光谱结构相当复杂。此外，分子一般还存在一定的对称性，而在一定对称性下，分子的转动跃迁还存在跃迁禁止的情况，导致某些谱带出现消失的情况，例如，对于同核双原子分子，若其激发态为 Π 态，基态为 Σ 态，则其光谱结构可能只有 Q 支，也有可能只有 P 和 R 两支，这其中就需要考虑跃迁能级的奇偶对称性情况。而分子能级与分子结构一般都具有指纹性特征，因此不同分子、相同分子的不同能级，甚至不同条件下相同分子、相同能级的光谱都具有指纹性特征。没有一个相同的方法可以将它们统一处理，因此对于分子的荧光的研究异常复杂。针对不同粒子、不同跃迁谱带的不同光谱特征，包括跃迁粒子上下振转能级类别、具体跃迁选择、振转耦合情况、Franck-Condon 因子以及 Hönl-London 因子等

的影响。针对不同的自由基、不同的振转谱带，其具体情况一般都不相同且差异较大，这部分内容涉及比较专业的光谱理论知识，建议感兴趣的读者翻阅 Herzberg 教授据此编写的多卷《分子光谱与分子结构》[49]。目前，针对分子荧光的研究一般仅仅是针对某一粒子、某一特定跃迁的研究，如燃烧诊断领域常用的 OH 自由基的 $A^2\Sigma^+$- $X^2\Pi$ 或 NO 分子的 $A^3\Sigma^+$- $X^3\Pi$ 跃迁谱带等。

若已知粒子的上下能级结构和光谱常数，则可通过理论分析模拟实验中采集得到的分子光谱的方式，将温度作为变量，调整理论光谱与实验光谱一致后，即可得到准确的自由基的转动温度，即火焰的宏观温度。这也是采用激光诱导荧光光谱测量流场温度的原理，具体将在后面的激光诱导荧光光谱测量流场温度部分进行介绍。

2) 荧光的速率方程理论

如上所述，分子和原子具有一系列的电子能级、振动能级和转动能级，为了使激光诱导荧光过程在数学上描述更加容易，下面 3)~5) 部分将介绍分子状态间的能量传输和简化的两能级系统模型，这个简化的模型可以使人们更好地理解激光诱导荧光测量的基本理论和概念，也常常被作为实际测量过程的简化近似。

3) 分子状态间的能量传输

分子通过吸收或释放光子或者分子间碰撞的形式进行能量的传递，伴随着分子能量的变化，即发生能级跃迁。对于激光诱导荧光过程，这些分子能量的传输过程主要包括：

(1) 受激吸收。分子吸收光子的能量，向较高能级跃迁的过程。

(2) 受激发射。处于较高能级的分子可能受到激光的诱导受激发射返回初始能级，即吸收一个光子，然后同时发射两个同样的光子返回初始能级。

(3) 自发辐射。处于原始激发态或者通过碰撞形成的附近的激发态的分子自发发射光子回到基态，这就是我们要测量的荧光信号，荧光信号大小正比于该过程中释放的光子数。

(4) 非弹性碰撞。分子同其他分子发生非弹性碰撞，导致分子发生转动和振动的能量传递，以及电子能的能量传递，前者将导致分子在转动和振动能级上的重新分配，后者导致碰撞猝灭的发生。

(5) 预解离。分子内个别原子间的相互作用会产生内部能量传输和分子解离，分子由稳定排列迅速变成排斥电子排列所产生的解离称为预解离。

(6) 光电离。激发态分子吸收额外的光子上升到更高的能级，包括电离能级。

4) 两能级速率方程

图 9-4-17 为一个简化的光与物质相互作用的两能级系统模型，对于一个两能级的系统，处于低能级 (能级 1) 上的粒子吸收入射激光的能量后，向较高能级 (能级 2) 跃迁，同时较高能级的粒子由于处于不稳定的激发态，通过如图 9-4-17 描述

的过程释放能量。

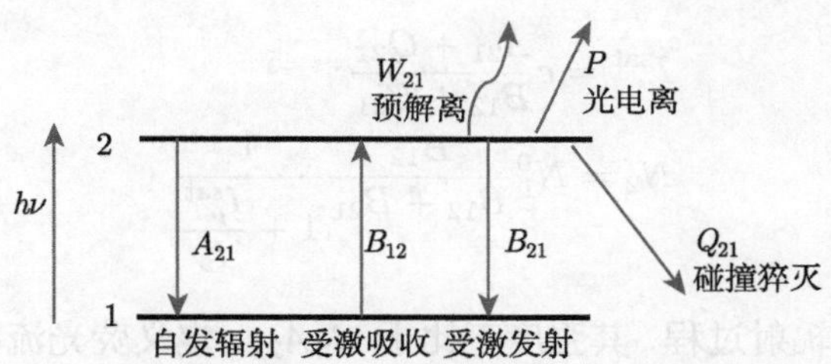

图 9-4-17 简化的光与物质相互作用的两能级系统模型

如图 9-4-17 所示，光与物质相互作用可以分为受激吸收、受激发射和自发辐射三个基本过程，它们对应跃迁的速率系数分别定义为爱因斯坦受激吸收系数 B_{12}、爱因斯坦受激发射系数 B_{21}、自发辐射速率系数 A_{21} (也称为爱因斯坦自发辐射系数)。W_{21} 和 P 分别为预解离过程和光电离过程的速率常数，Q_{21} 代表与其他粒子的非弹性碰撞导致的碰撞猝灭速率系数，一般与温度、压强和碰撞组分有关。

对于如图 9-4-17 所示的两能级系统，用 N_1 和 N_2 分别表示处于两个能级的粒子数密度，则根据如图所示的跃迁，两能级上的粒子数密度随时间的变化过程为

$$\begin{cases} \dfrac{\mathrm{d}N_1}{\mathrm{d}t} = -N_1 b_{12} + N_2\left(b_{21} + A_{21} + Q_{21}\right) \\ \dfrac{\mathrm{d}N_2}{\mathrm{d}t} = N_1 b_{12} - N_2\left(b_{21} + A_{21} + Q_{21} + P + W_{21}\right) \end{cases} \tag{9-4-40}$$

其中，b_{12} 和 b_{21} 分别为受激吸收跃迁速率系数和受激发射跃迁速率系数，对应于 B_{12} 和 B_{21}，关系为 $b=BI_\nu/c$，其中 I_ν 为每激光周期入射激光的辐射能量密度，单位为 $\mathrm{W/(cm^2{\cdot}s)}$，$c$ 为光速。

通常情况下，由于预解离过程只在特殊的粒子特定的能级发生，而光电离过程一般可以忽略，若假设在测量时间内无化学反应发生，则对于一个封闭两能级系统，有

$$\frac{\mathrm{d}}{\mathrm{d}t}\left(N_1 + N_2\right) = 0 \tag{9-4-41}$$

即假设两能级上总粒子数布局不变，为 N_1^0，即能级 1 上的原始粒子数布局，而默认 2 能级上原始布局数为 0，求解上述微分方程可以得到

$$N_2\left(t\right) = \frac{b_{12}N_{\text{total}}}{b_{12} + b_{21} + A_{21} + Q_{21} + P + W_{21}}\left(1 - \mathrm{e}^{-\tau t}\right) \tag{9-4-42}$$

其中，$\tau = 1/(b_{12} + b_{21} + A_{21} + Q_{21})$，当激光脉冲持续时间大于 τ(10~1ns) 时，可以假设上述两能级系统达到平衡态，即 $\mathrm{d}N_1/\mathrm{d}t = 0$，$\mathrm{d}N_2/\mathrm{d}t = 0$，由此可得

$$N_2 = N_{\text{total}}\frac{b_{12}}{b_{12} + b_{21}}\frac{1}{1 + \dfrac{A_{21} + Q_{21}}{b_{12} + b_{21}}} \tag{9-4-43}$$

若定义饱和光辐射能量密度为 I_ν^{sat}，则上能级粒子数密度可表达为

$$
\begin{aligned}
I_\nu^{\text{sat}} &= c\frac{A_{21}+Q_{21}}{B_{12}+B_{21}} \\
N_2 &= N_1^0\frac{B_{12}}{B_{12}+B_{21}}\frac{1}{1+\dfrac{I_\nu^{\text{sat}}}{I_\nu}}
\end{aligned}
\tag{9-4-44}
$$

而荧光产生于自发辐射过程，其强度正比于 N_2A_{21}，定义荧光流率 R_{p} 表示单位时间、单位体积产生的荧光光子数，综合以上表达式可得荧光流率表达式为

$$
R_{\text{p}} = N_2A_{21} = N_1^0\frac{B_{12}}{B_{12}+B_{21}}\frac{A_{21}}{1+\dfrac{I_\nu^{\text{sat}}}{I_\nu}} \tag{9-4-45}
$$

此式又称为荧光流率方程。该方程表明荧光流率与激光的能量密度和吸收态 1 能级的初始粒子数密度有关。对于荧光流率方程，根据激发激光能量 I_ν 与 I_ν^{sat} 可以分为三种特殊适用情形，分别是线性激光诱导荧光激发状态 ($I_\nu \ll I_\nu^{\text{sat}}$)、饱和激光诱导荧光激发状态 ($I_\nu \gg I_\nu^{\text{sat}}$) 以及预解离激光诱导荧光激发状态 ($P \gg Q_{12} > A$)，可以由此将荧光流率方程简化从而减少荧光强度的影响因素，但由于饱和激发和预解离激发在实际应用中相对较少，在此不做详细论述，只针对目前应用较为广泛的线性激发激光诱导荧光情况进行讨论。

5) 线性激光诱导荧光激发

当激光激发能量密度较低时，如 $I_\nu \ll I_\nu^{\text{sat}}$，则式 (9-4-45) 可进一步简化为

$$
R_{\text{p}} = N_1^0 B_{12} I_\nu \frac{A_{21}}{A_{21}+Q_{21}} \tag{9-4-46}
$$

此时，荧光流率线性正比于输入的激光能量密度，称为线性荧光区域。另外，荧光信号还正比于荧光效率 $A_{21}/(A_{21}+Q_{21})$，由于通常情况下 $A \ll Q$，荧光效率一般远小于 1。这里需要注意，荧光信号的大小取决于激光的能量密度，而不是激光的能量。激光的能量等于激光的能量密度乘以激光聚焦面积。因此，在线性激光诱导荧光区域，荧光光子数线性正比于激光在脉冲区间内发射的光子数。

从式 (9-4-46) 可以看出，若要定量测量待测组分，就必须获得猝灭速率常数 Q，而 Q 通常与温度、压强和燃烧组分有关，其表达式如下：

$$
Q = N\sum_i \chi_i\sigma_i v_i \tag{9-4-47}
$$

其中，N 为总的分子数密度；χ_i 为碰撞组分的摩尔分数；σ_i 为碰撞截面，取决于不同的碰撞组分；v_i 为待测组分与碰撞组分之间的有效分子速度，与温度有关。

由式 (9-4-47) 可知，若想得到猝灭率，则需事先得到主要组分、浓度、温度以及分子速度等诸多信息，此方式在实际操作中很难实现。因此，目前实验中更可行的方法是利用更短脉冲长度的激光器，如皮秒激光，由于脉冲长度较特征碰撞时间短，可以直接测量猝灭速率常数，但这种测量存在着很大的局限性，一般在层流火焰和低压燃烧环境进行。因此，研究人员也可以通过饱和激光诱导荧光激发和预解离激光诱导荧光方法避免涉及猝灭速率，前者是利用 $I_\nu \gg I_\nu^{\text{sat}}$ 时 A 和 B 均远大于 Q 来简化式 (9-4-45)，从而从原理上忽略猝灭的影响，但由于激光器工艺的限制，此方法无法保证完全饱和激发，从而影响定量测量的精度。后者是利用粒子特殊能级结构，利用预解离时 $P \gg Q_{12} > A$ 简化式 (9-4-45)，从而忽略猝灭影响。但此方法的缺点是预解离使得产生的荧光效率非常低，大大降低了探测灵敏度，需要使用高能可调谐激光器作为激励源才可能实现，而且若忽略猝灭，还需要将应用限制在较低气压状态的流场测量中。

由于实际上激光激发和吸收线型均不是理想状态下的无限窄的线，而是具有一定宽度的光谱分布。因此，受激吸收跃迁速率系数应修正为

$$b = \frac{B}{C}\int I_\nu(\nu)g(\nu)\mathrm{d}\nu \tag{9-4-48}$$

其中，ν 为光频率；$I_\nu(\nu)$ 为激光线型函数；$g(\nu)$ 为吸收线型函数，取决于吸收跃迁的自然展宽、多普勒展宽、碰撞展宽。若 I_ν^0 为标准化的激光能量密度，$L(\nu)$ 为激光光谱分布函数，若假设激光中心频率 ν 与吸收线型的中心频率重合，并且激光线型半宽 $\Delta\nu$ 较吸收线型足够大，以至于其在整个吸收线型内的变化可以忽略，则受激吸收跃迁速率系数实际上应表达为

$$b = \frac{B}{C}I_\nu^0\int L(\nu)g(\nu)\mathrm{d}\nu = \frac{B}{C}I_\nu^0 L(\nu_0) = \frac{B}{C}I_\nu(\nu_0) \tag{9-4-49}$$

由于碰撞猝灭在大多数情况下无法获得，准确地定量激光诱导荧光测量通常相当困难，通常需要有效的标定方法或联合其他测量手段如吸收光谱等进行标定。

3. 激光诱导荧光技术的应用

1) PLIF 用于流场相对浓度二维分布测量

对于激光诱导荧光测量组分浓度，在线性激发条件下，通常将探测器接收到的信号与实验参数 (温度、压力、摩尔分数等) 之间的关系表达为

$$I_{\mathrm{f}} = \frac{E_{\mathrm{p}}}{A_{\mathrm{las}}}\frac{\chi_{\mathrm{m}}P}{kT}\sum_i (f_{J''}BG)\left(\frac{A}{A+Q}\right)C_{\mathrm{opt}} \tag{9-4-50}$$

其中，将所有的激发跃迁求和，E_{p} 为每一脉冲的激光能量；A_{las} 为激光束或屏的横截面积；χ_{m} 为待测吸收组分的摩尔分数；k 为玻尔兹曼常量；P 为压力；T 为

温度；$f_{J''}$ 为转动量子数 J'' 的吸收态的玻尔兹曼分数；B 为爱因斯坦受激吸收系数；G 为谱线重叠积分；$A/(A+Q)$ 为荧光产率，A 为所有直接或间接激发态自发辐射的速率，Q 为受激态电子碰撞猝灭率；C_{opt} 为与接收光学和探测系统光电转换效率有关的系数。由式 (9-4-50) 可以看出，激光诱导荧光方法中的荧光强度不仅与组分浓度有关，还含有温度和压力的显函数和隐函数。玻尔兹曼分数 $f_{J''}$ 为温度的函数，谱线重叠积分 G 和猝灭率 Q 也是温度和压力的函数。它们的表达式分别如式 (9-4-51)~ 式 (9-4-53) 所示

$$f_{J''}=\frac{hcB_\nu}{kT}(2J''+1)\exp\left[\frac{-hcB_\nu J''(J''+1)}{kT}\right] \tag{9-4-51}$$

其中，J'' 为吸收态转动能级的量子数，B_ν 为转动常数，k 为玻尔兹曼常量，h 为普朗克常量。对于浓度的测量，根据玻尔兹曼分布，通常需要选择对温度不敏感的受激吸收态，而避开温度的影响，当然对于温度的测量，则希望选择对温度敏感的受激吸收态。

$$G=\int_\nu L(\nu)g(\nu)\mathrm{d}\nu \tag{9-4-52}$$

其中，ν 为频率，$L(\nu)$ 为激光光谱分布函数，$g(\nu)$ 为吸收线型函数。一般存在自然展宽、碰撞引起的压力展宽、分子运动引起的 Doppler 展宽三种谱线展宽效应。通常情况下自然展宽可以忽略，而碰撞引起的压力展宽和分子运动引起的 Doppler 展宽多取决于气体压力和温度，在不同情况下需要调整不同的吸收线型以便体现温度与压力的影响。

$$Q=\sum_i n_i\sigma_i\left(\frac{8kT}{\pi\mu}\right)^{\frac{1}{2}} \tag{9-4-53}$$

其中，μ 为折合质量，与碰撞的两分子的分子质量相关。

如上所述激光诱导荧光信号影响因素众多且异常复杂，考虑到激光诱导荧光测量组分浓度时的温度影响，一个测量策略是选择合适的吸收跃迁，使得荧光信号在实验温度范围内对温度的敏感性尽可能低，因为大多数燃烧过程为恒压过程，这样获得的荧光信号近似正比于待测组分浓度。实际上，可以通过选择合适的激发转动能级，使得该能级的分子布居数对温度不敏感。然后，由其他参数组成的比例系数可以通过合理的标定过程获得。但此方法对于激光激励波长以及被测流场的实验状态要求较高，只适合少数流场。因此，目前在燃烧诊断领域，激光诱导荧光方法最普遍的应用方式是直接将其激发光展开为平面激光，从而实现对燃烧流场的高时空分辨的二维流场相对浓度分布测量，此方式无须定量，设备构成简单，一般采用如图 9-4-18 所示的实验系统构成，通常可采用多种荧光示踪粒子同时检测的方式进行，不仅可以实现对常温常压下的流场结构进行测量，也可较为方便地实现高温高

压流场分布的监测。此外，还可以采用与其他方法 (如粒子图像测速或自发辐射等) 联合使用的方式获取流场多方面的信息。典型的实验结果如图 9-4-19 和图 9-4-20 所示。

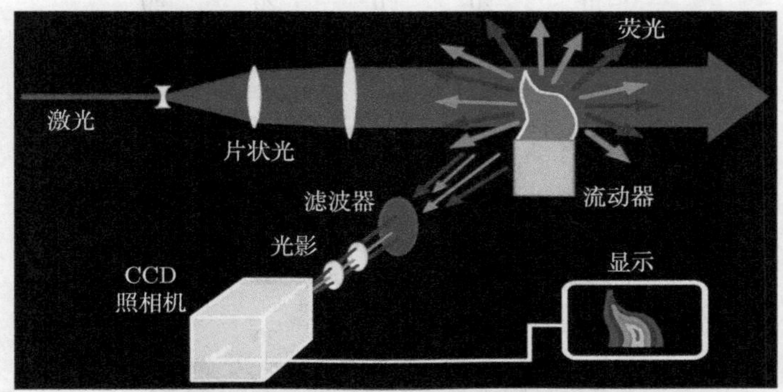

图 9-4-18 典型的 PLIF 用于流场浓度分布测量实验装置示意图

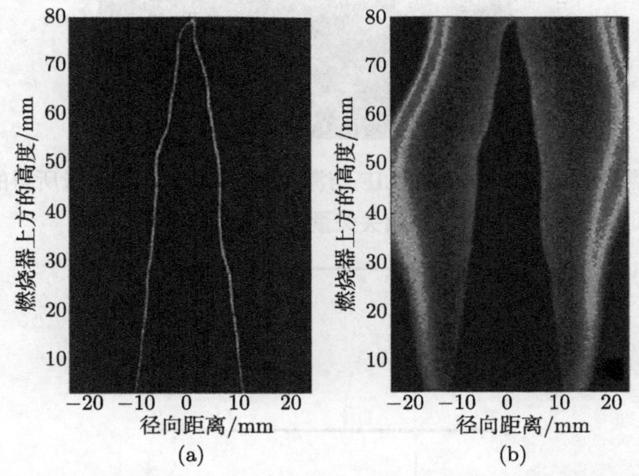

图 9-4-19 预混甲烷/空气火焰中 CH/OH-PLIF 测量所得的流场分布图像 [50]

2) 双线性激发的 PLIF 对流场温度的定量测量

尽管如前所述，激光诱导荧光信号影响因素众多且复杂，导致利用此方法定量测量较为困难，但目前仍有大量的有关激光诱导荧光定量测量的研究工作报道，其中最为多见的是双线性激发的 PLIF 定量测量流场温度。

双线性激发 PLIF 测温方法的原理如图 9-4-21 所示，通过选择两个吸收态，将其激发到同一个激发态，然后分别测量向下跃迁的荧光强度，获得两个能级上的相对粒子数分布，在局部热平衡的假设条件下，根据玻尔兹曼分布获得温度。双线性测温的优点是：将两个低能态粒子激发到同一个高能态，这样的好处是对于每一个跃迁荧光，猝灭和转动/振动能传递可以大致认为相同。因此，通过比值的方法可以将这些变量消掉，简化了标定过程，具体过程如下所述。

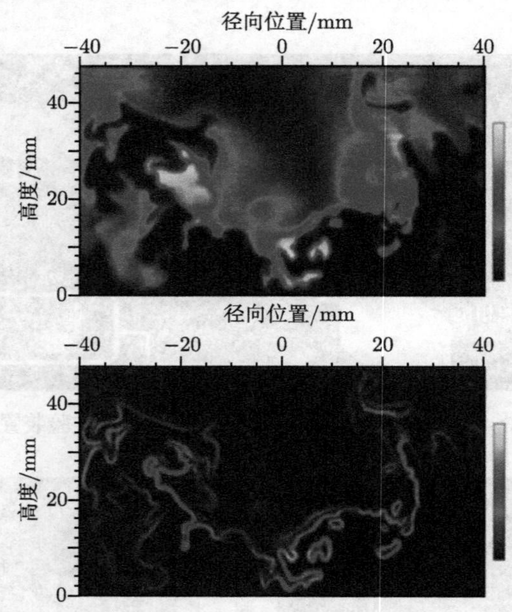

图 9-4-20 旋流燃烧流场中采用 OH-PLIF 与激光诱导荧光结合，测量所得的 OH 分布图及其相关矢量图像 [51]

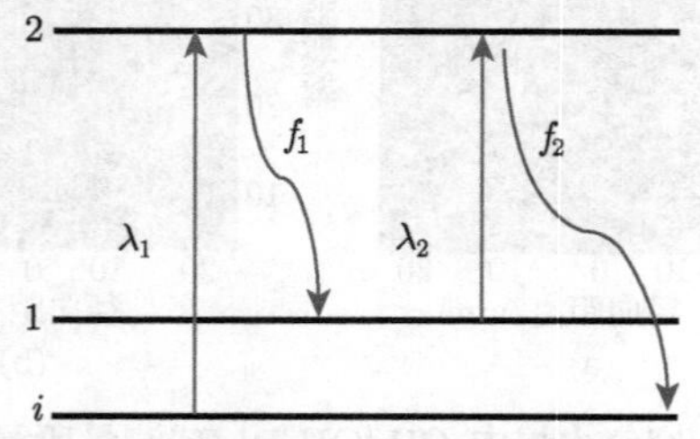

图 9-4-21 双线性激光诱导荧光测温原理

激光能量远小于饱和能量 1，即满足线性激发条件时，从基态 i 被激发至上态 1 而后发出的荧光强度可表示为

$$I_{\text{fl}}^{1}=\eta^{1} n_{i} B_{i1} I_{\mathrm{L}}^{1} g^{1}\left(\nu_{\mathrm{L}}, \nu_{\mathrm{a}}\right) \phi^{1} \tag{9-4-54}$$

从基态 j 被激发至上态 2 后发出的荧光强度可表示为

$$I_{\text{fl}}^{2}=\eta^{2} n_{i} B_{i2} I_{\mathrm{L}}^{2} g^{2}\left(\nu_{\mathrm{L}}, \nu_{\mathrm{a}}\right) \phi^{2} \tag{9-4-55}$$

其中，η 为包括光路和探测器的总收集效率；n 为被测分子的分子密度；B 为爱因斯坦受激吸收系数；I 表示激光的功率密度；$\phi = A/(A+Q)$ 为荧光的产生效

率；$g(\nu_\mathrm{L},\nu_\mathrm{a})$ 为激光谱线线型 g_L 和由于碰撞、多普勒频移及时间展宽等原因引起的吸收线型 g_a 的卷积，它的定义为 $g(\nu_\mathrm{L},\nu_\mathrm{a})=\int_{-\infty}^{+\infty}g_\mathrm{L}(\nu,\nu_\mathrm{L})g_\mathrm{a}(\nu,\nu_\mathrm{a})\mathrm{d}\nu$，式中 ν_L 表示激光器的中心频率，ν_a 表示测量分子共振跃迁线的中心频率。

由于气体中当分子的转动能级处于热平衡状态时，分子在量子态 i 的分子数密度 n_i 服从玻尔兹曼分布，$n_i=n_\mathrm{a}(2j+1)\exp[-E_i/(kT)]$，$k$ 是玻尔兹曼常量，j 代表总角动量，E_i 代表量子态 i 的能量。选择两个不同的激光共振频率激励态 1 和态 2，测出相应激发态的荧光信号 I_fl^1 和 I_fl^2，因此测得的比率 R 与温度 T 满足：

$$R\exp\left[-\left(\frac{E_i-E_j}{kT}\right)\right]=\frac{I_\mathrm{fl}^1}{I_\mathrm{fl}^2}\frac{I_\mathrm{L}^2}{I_\mathrm{L}^1}\frac{\eta^2}{\eta^1}\frac{B_{j2}}{B_{i1}}\frac{g^2}{g^1}\frac{\phi^2}{\phi^1}\frac{2J_j+1}{2J_i+1} \tag{9-4-56}$$

当采用同套仪器、相同激发能量，选择激发角量子数已知的两低态转动态时，由式 (9-4-56) 可以得出温度 T 为

$$T=-\left(\frac{E_i-E_j}{kT}\right)\Big/\ln\left(\frac{I_\mathrm{fl}^1}{I_\mathrm{fl}^2}C\right) \tag{9-4-57}$$

参量 C 可以通过理论计算出来，但更多的是把它作为一个标定常数看待，以消除系统误差；E 为两已知低转动态能量；I_fl 为观测量。根据此式即可由 PLIF 的荧光强度分布来得到温度分布。

如图 9-4-22 所示，双线性激发 PLIF 测温的实验装置系统与图 9-4-18 中典型的 PLIF 用于流场浓度分布测量实验装置相似，只是两套激光器用于激发同一粒子的不同能级。当然，此方法在实施过程中还需要考虑到两套不同的激光器工作模式和两套采集系统的区别与校正。此外，整套实验系统时序控制、激发谱线的温度敏感性、光谱常数等在定量测量的过程中都需要精确确定。

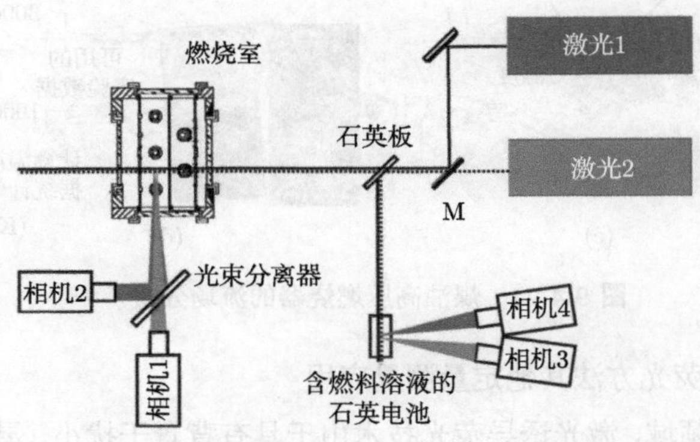

图 9-4-22 双线性激发的 PLIF 测量流场温度的实验装置示意图[52]

Meier 等 [52] 采用 OH 自由基的 $A^2\Sigma^+$- $X^2\Pi(1,0)$ 跃迁谱带中的 $Q_1(1)$ 和 $Q_1(11)$ 两条转动谱线相对强度比在 1400~3000K 范围内与温度线性相关的性质 (图 9-4-23)，测量得到了以煤油为燃料的高压燃烧器的燃料、燃烧及温度分布等结果，如图 9-4-24 所示。

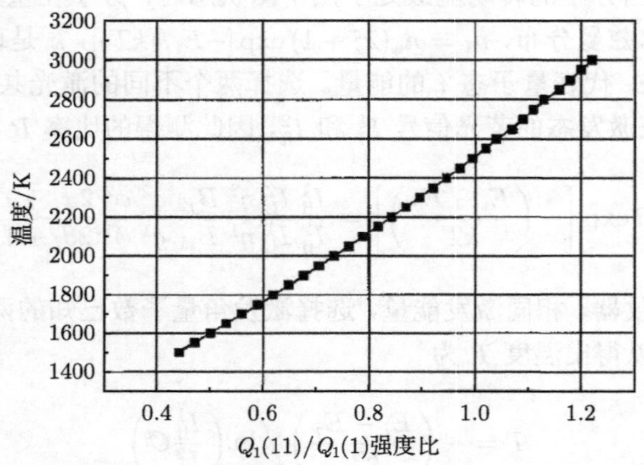

图 9-4-23　OH $A^2\Sigma^+$- $X^2\Pi(1,0)$ 跃迁谱带中的 $Q_1(11)/Q_1(1)$ 强度比与温度的关系 [52]

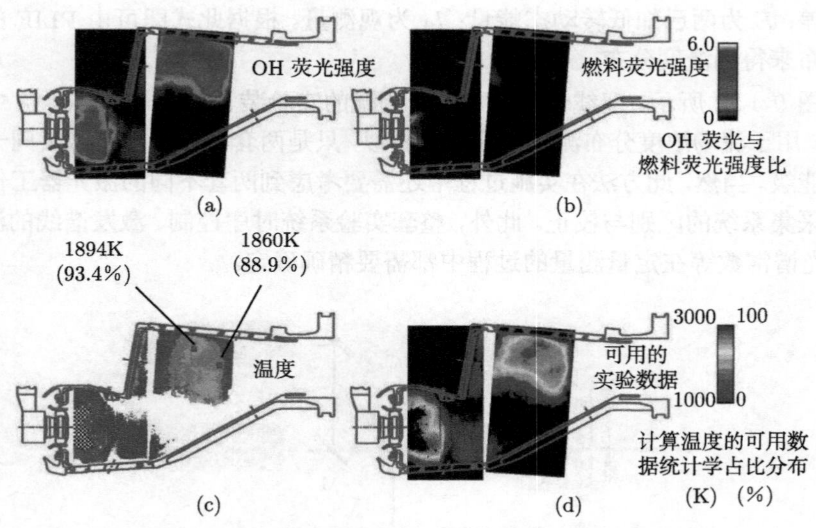

图 9-4-24　煤油高压燃烧器的流场分布 [52]

3) 激光诱导荧光方法其他定量测量应用

在燃烧诊断领域，激光诱导荧光技术由于具有背景干扰小、灵敏度高、物种与能级选择性良好以及时空分辨率高等诸多优点，具有许多其他光学方法不能比拟的优势。例如，与通常的纹影/阴影技术相比，PLIF 可以表征复杂流场、分辨组分特性和提供空间分布信息；与瑞利散射和拉曼散射相比，PLIF 的信号强度较高，且可同时监测多个流场参数；与可调谐二极管激光吸收光谱和相干反斯托克斯拉曼光谱等积分或单点定量技术相比，PLIF 技术具有多维的高时空分辨的功能，因而得到了高速发展，已成为激光诊断技术中最为重要的测试诊断方法之一 [53,54]。除了上述双线性激发测量温度和相对浓度显示应用之外，激光诱导荧光技术还有其他定量测量方法，如利用激光诱导荧光光谱技术测量温度 [55,56] 的方法，利用荧光示踪粒子在一定时间内的位移测量流体速度的分子标记测速法 [57,58] 等多种较为新颖的应用激光诱导荧光技术的方式，受限于篇幅，激光诱导荧光技术的其他应用在此暂不介绍，感兴趣的读者可参考相关文献。

9.5 本章小结

本章主要介绍了基本的光学显示方法，如纹影/阴影的基本原理，还对油流、压力敏感漆测量技术的系统组成做了介绍。基于光谱的非接触测量技术是目前燃烧或者气动测量的前沿研究领域。对可调谐二极管激光吸收光谱技术和激光诱导荧光技术的基本原理、系统组成以及这些技术应用所面临的问题也做了概括性的总结。

思考题及习题

1. 现有一个超声速风洞，利用大气和真空系统的压差实现，设计的喷管出口马赫数为 1.5。在这一风洞实验段进行斜劈表面压力测量实验。现在尝试利用压力敏感漆测量表面压力，请说明测量系统的组成和实验过程，并给出需要选择的具有较高灵敏度压力敏感漆的测压范围。

2. 从 Beer-Lambert 吸收定律说明可调谐激光吸收光谱技术这种非接触测量方法的特点(提示：从空间分辨、测量参数、时间分布、发展成熟度等给出)，并说明利用双线性吸收光谱进行温度测量时需要注意的事项。

参考文献

[1] Hanson R, Kuntz P, Kruger C. High-resolution spectroscopy of combustion gases using a tunable IR diode laser. Applied Optics, 1977, 16(8): 2045-2048

[2] Namjou K. Sensitive absorption spectroscopy with a room-temperature distributed-feedback quantum-cascade laser. Optics Letters, 1998, 23(3): 219-221

[3] Allen M G. Diode laser absorption sensors for gas-dynamic and combustion flows. Measurement Science and Technology, 1998, 9(4): 545-562

[4] Liu J. Near-infrared diode laser absorption diagnostic for temperature and water vapor in a scramjet combustor. Applied Optics, 2005, 44(31): 6701-6711

[5] Schultz I A. Hypersonic scramjet testing via diode laser absorption in a reflected shock tunnel. Journal of Propulsion and Power, 2014, 30(6): 1586-1594

[6] Griffiths A D, Houwing A F. Diode laser absorption spectroscopy of water vapor in a scramjet combustor. Applied Optics, 2005, 44(31): 6653-6659

[7] Rieker G B. Diode laser-based detection of combustor instabilities with application to a scramjet engine. Proceedings of the Combustion Institute, 2009, 32: 831-838

[8] Li F. Simultaneous measurements of multiple flow parameters for scramjet characterization using tunable diode-laser sensors. Applied Optics, 2011, 50(36): 6697-6707

[9] Schultz I A. Spatially resolved water measurements in a scramjet combustor using diode laser absorption. Journal of Propulsion and Power, 2014, 30(6): 1551-1558

[10] Schultz I A. Diode laser absorption sensor for combustion progress in a model scramjet. Journal of Propulsion and Power, 2014, 30(3): 550-557

[11] Schultz I A. Multispecies midinfrared absorption measurements in a hydrocarbon-fueled scramjet combustor. Journal of Propulsion and Power, 2014, 30(6): 1595-1604

[12] Hong Z K. Hydrogen peroxide decomposition rate: A shock tube study using tunable laser absorption of H_2O near 2.5μm. Journal of Physical Chemistry A, 2009, 113(46): 12919-12925

[13] Vasu S S, Davidson D F, Hanson R K. OH time-histories during oxidation of n-heptane and methylcyclohexane at high pressures and temperatures. Combustion and Flame, 2009, 156(4): 736-749

[14] Hong Z K, Cook R D, David D F, et al. A shock tube study of $OH + H_2O_2 \longrightarrow H_2O + HO_2$ and $H_2O_2 + M \longrightarrow 2OH{+}M$ using laser absorption of H_2O and OH. Journal of Physical Chemistry A, 2010, 114(18): 5718-5727

[15] Hanson R K. Applications of quantitative laser sensors to kinetics, propulsion and practical energy systems. Proceedings of the Combustion Institute, 2011, 33: 1-40

[16] Hong Z K, Davidson D F, Hanson R K. An improved H_2/O_2 mechanism based on recent shock tube/laser absorption measurements. Combustion and Flame, 2011, 158(4): 633-644

[17] Ren W, Jeffries J B, Hanson R K. Temperature sensing in shock-heated evaporating aerosol using wavelength-modulation absorption spectroscopy of CO_2 near 2.7μm. Measurement Science and Technology, 2010, 21(10): 105603

[18] Meyers J M, Fletcher D. Diode laser absorption sensor design and qualification for CO_2 hypersonic flows. Journal of Thermophys and Heat Transfer, 2011, 25: 193-200

[19] Ren W, Davidson D F, Hanson R K. IR laser absorption diagnostic for C_2H_4 in shock tube kinetics studies. International Journal of Chemical Kinetics, 2012, 44(6): 423-432

[20] Hanson R K, Davidson D F. Recent advances in laser absorption and shock tube methods for studies of combustion chemistry. Progress in Energy and Combustion Science, 2014, 44: 103-114

[21] Chao X, Jeffries J B, Hanson R K. Real-time, in situ, continuous monitoring of CO in a pulverized-coal-fired power plant with a 2.3μm laser absorption sensor. Applied Physics B: Lasers and Optics, 2013, 110(3): 359-365

[22] Sun K, Sur R, Jeffries J B, et al. Application of wavelength-scanned wavelength-modulation spectroscopy H_2O absorption measurements in an engineering-scale high-pressure coal gasifier. Applied Physics B: Lasers and Optics, 2014, 117(1): 411-421

[23] Sur R, Sun K, Jeffries J B, et al. Scanned-wavelength-modulation-spectroscopy sensor for CO, CO_2, CH_4 and H_2O in a high-pressure engineering-scale transport-reactor coal gasifier. Fuel, 2015, 150: 102-111

[24] Rapson T D, Dacres H. Analytical techniques for measuring nitrous oxide. Trac-Trends in Analytical Chemistry,2014, 54: 65-74

[25] Sajid M B, Javed T, Farooq A. High-temperature measurements of methane and acetylene using quantum cascade laser absorption near 8μm. Journal of Quantitative Spectroscopy and Radiative Transfer, 2015, 155: 66-74

[26] Cao Y C, Sanchez N P, Jiang W, et al. Simultaneous atmospheric nitrous oxide, methane and water vapor detection with a single continuous wave quantum cascade laser. Optics Express, 2015, 23(3): 2121-2132

[27] Bielecki Z, Stacewicz T, Wojtas J, et al. Application of quantum cascade lasers to trace gas detection. Bulletin of the Polish Academy of Sciences: Technical Sciences, 2015, 63(2): 515-525

[28] Couto F M, Cactro M P P, Sthel M S, et al. Quantum cascade laser photoacoustic detection of nitrous oxide released from soils for biofuel production. Applied Physics B: Lasers and Optics, 2014, 117(3): 897-903

[29] Schad F, Eitel F, Wagner S, et al. A quantum cascade laser based mid-infrared sensor for the detection of carbon monoxide and nitrous oxide in the jet of a microwave plasma preheated auto-ignition burner. European Physical Society, The Optical Society, IEEE Photonics Society 2013, Conference on and International Quantum Electronics Conference Lasers and Electro-Optics Europe (Cleo Europe/Iqec), Munich ,2013

[30] Spearrin R, Goldenstein C S, Schultz I A, et al. Simultaneous sensing of temperature, CO, and CO_2 in a scramjet combustor using quantum cascade laser absorption spectroscopy. Applied Physics B, 2014, 117(2): 689-698

[31] Schultz I A, Spearrin R, Goldenstein C S, et al. Multispecies midinfrared absorption measurements in a hydrocarbon-fueled scramjet combustor. Journal of Propulsion and Power, 2014, 30(6): 1595-1604

[32] Spearrin R, Goldenstein C S, Jeffries J B, et al. Quantum cascade laser absorption sensor

for carbon monoxide in high-pressure gases using wavelength modulation spectroscopy. Applied Optics, 2014, 53(9): 1938-1946

[33] Chao X, Jeffries J B, Hanson R K. In situ absorption sensor for NO in combustion gases with a 5.2μm quantum-cascade laser. Proceedings of the Combustion Institute, 2011, 33(1): 725-733

[34] Ren W, Faroop A, Davidson D F, et al. CO concentration and temperature sensor for combustion gases using quantum-cascade laser absorption near 4.7μm. Applied Physics B: Lasers and Optics, 2012, 107(3): 849-860

[35] Caswell A W, Roy S, An X, et al. Measurements of multiple gas parameters in a pulsed-detonation combustor using time-division-multiplexed Fourier-domain mode-locked lasers. Applied Optics, 2013, 52(12): 2893-2904

[36] Liu C, Xu L, Cao Z. Measurement of nonuniform temperature and concentration distributions by combining line-of-sight tunable diode laser absorption spectroscopy with regularization methods. Applied Optics, 2013, 52(20): 4827-4842

[37] Spearrin R M, Schultz I A, Jeffries J B, et al. Laser absorption of nitric oxide for thermometry in high-enthalpy air. Measurement Science and Technology, 2014, 25(12): 125103

[38] Sur R, Sun K, Jeffries J B, et al. TDLAS-based sensors for in situ measurement of syngas composition in a pressurized, oxygen-blown, entrained flow coal gasifier. Applied Physics B: Lasers and Optics, 2014, 116(1): 33-42

[39] Lewicki R, Jahjah M, Ma Y, et al. Mid-infrared semiconductor laser based trace gas sensor technologies for environmental monitoring and industrial process control//Razeghi M, Tournie E, Brown G J. Quantum Sensing and Nanophotonic Devices X, San Francisco, 2013

[40] Lackner M. Tunable diode laser absorption spectroscopy (TDLAS) in the process industries: A review. Reviews in Chemical Engineering, 2007, 23(2): 65-147

[41] Spagnolo V, Kosterev A A, Dong L, et al. NO trace gas sensor based on quartz-enhanced photoacoustic spectroscopy and external cavity quantum cascade laser. Applied Physics B: Lasers and Optics, 2010, 100(1): 125-130

[42] Gong L, Lewicki R, Griffin R J, et al. Atmospheric ammonia measurements in Houston, TX using an external-cavity quantum cascade laser-based sensor. Atmospheric Chemistry and Physics, 2011, 11(18): 9721-9733

[43] Chao X, Jeffries J B, Hanson R K. In situ absorption sensor for NO in combustion gases with a 5.2μm quantum-cascade laser. Proceedings of the Combustion Institute, 2011, 33: 725-733

[44] Chao X, Jeffries J B, Hanson R K. Wavelength-modulation-spectroscopy for real-time, in situ NO detection in combustion gases with a 5.2μm quantum-cascade laser. Applied Physics B: Lasers and Optics, 2012, 106(4): 987-997

[45] Pushkarsky M, Tsekoun A, Dunayevskiy I G, et al. Sub-parts-per-billion level detection of NO_2 using room-temperature quantum cascade lasers. Proceedings of the National Academy of Sciences, 2006, 103(29): 10846-10849

[46] Zeng H, Li F, Zhang S, et al. Midinfrared absorption measurements of nitrous oxide in ammonium dinitramide monopropellant thruster. Journal of Propulsion and Power, 2015, 31(5): 1-5

[47] Lin X, Yu X L, Li F, et al. CO concentration and temperature measurements in a shock tube for Martian mixtures by coupling OES and TDLAS. Applied Physics B: Lasers and Optics, 2013, 110(3): 401-409

[48] Lin X, Yu X L, Li F, et al. Measurements of non-equilibrium and equilibrium temperature behind a strong shock wave in simulated martian atmosphere. Acta Mechanica Sinica, 2012, 28(5): 1296-1302

[49] Herzberg G. Molecular Spectra and Molecular Structure. New York: Van Nostrand, 1950

[50] Nogenmyr K, Kiefer J, Li Z S, et al. Numerical computations and optical diagnostics of unsteady partially premixed methane/air flames. Combustion and Flame, 2010, 157(5): 915-924

[51] Meier W, Boxx I, Stohr M, et al. Laser-based investigations in gas turbine model combustors. Experiments in Fluids, 2010, 49(4): 865-882

[52] Meier U, Dagmar W G, Stricker W, et al. LIF imaging and 2D temperature mapping in a model combustor at elevated pressure. Aerospace Science and Technology, 2000, 4(6): 403-414

[53] Cattolica R. OH rotational temperature from two-line laser excited fluorescence. Applied Optics, 1981, 20: 1156-1166

[54] Elder M L, Zizak C, Bolton D. Single pulse temperature measurement in flames by thermally assisted atomic fluorescence spectroscopy. Applied Spectroscopy, 1984, 38: 113-118

[55] Laux C O. Optical diagnostics and radiative emission of air plasmas. Palo Alto: Stanford University, 1993

[56] Laux C O, Kruger C H, Zare R N. Optical diagnostics of atmospheric pressure air plasmas. Plasma Sources Science and Technology, 2003, 12: 125-138

[57] Lempert W R, Jiang N, Sethuram S, et al. Molecular tagging velocimetry measurements in supersonic microjets. AIAA Journal, 2002, 4: 1065-1070

[58] Danehy P M. Flow-tagging velocimetry for hypersonic flows using fluorescence of nitric oxide. AIAA Journal, 2003, 41: 263-271

第 10 章 实习课题汇编

10.1 超声速流场纹影与阴影显示实验及流场标定

纹影法与阴影法是空气动力学和热力学实验中常用的流动显示方法。1864 年托普勒首次在光学玻璃折射检测中使用了纹影法。目前，基于纹影法与阴影法逐渐发展出彩色纹影、干涉纹影和聚焦纹影等方法，并且从定性向定量测量发展。纹影法和阴影法的相同之处是均由一束光线通过被测流场，根据光线偏移量分析受扰流场的密度和温度的变化，两者的不同之处是纹影法在光路中增加了切光刀口。本实验要求搭建纹影和阴影实验装置并测量超声速流场。

【实验目的】

(1) 熟悉纹影法和阴影法的原理和实验装置。

(2) 掌握纹影和阴影技术，能够清晰捕捉超声速流场结构。

【实验仪器】

马赫数 Ma=2~3 常温空气风洞、超声速气流实验台。氙灯光源，凹面反射镜直径 250mm、焦距 2000mm，平面反射镜，刀口，5000 帧/s 高速相机 (50mm 定焦及 24~120mm 变焦镜头)。

【实验原理】

1. 纹影法基本原理

纹影法原理见 9.1.1 节，此处不再描述。

2. 阴影法基本原理

阴影法由光源、透镜 (或反射镜)、显示屏 (或图像记录装置) 三部分组成 (图 10-1-1)。它与纹影法的区别在于没有刀口部件和透镜 L_2(图 10-1-2)。

如图 10-1-1 所示，光源 S 发射的光线经过透镜 L_1 时被聚成平行光，通过气体折射率分布不均匀的测试段扰动区时，光线发生偏转，在显示屏上呈现出光强不均匀的图像。它反映了扰动区的线位移。

假定被测流场区的气体折射率不均匀性发生在 y 方向，光线穿过长度为 L 的测试段时，在 $y=0$ 处偏转了一个角度 α，在 Δy 处偏转了 $\alpha+\Delta\alpha$ 角度。光线由测试区域 Δy 变成了显示屏的区域 Δy_{sc}。假设原始光强为 I_0，则在屏幕上的光强

I_{sc} 为

$$I_{\mathrm{sc}}=\frac{\Delta y}{\Delta y_{\mathrm{sc}}}I_0 \tag{10-1-1}$$

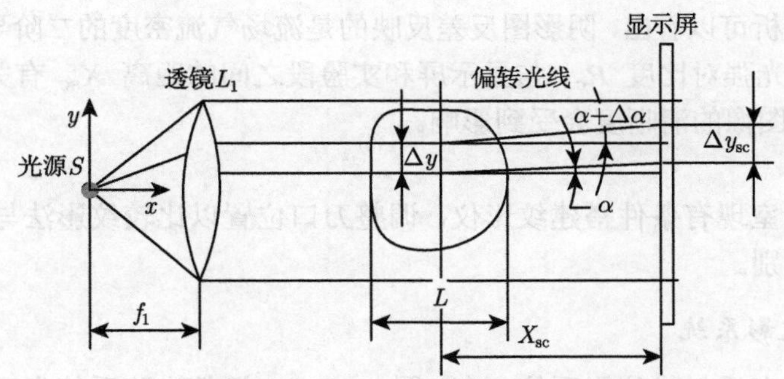

图 10-1-1 阴影法原理示意图

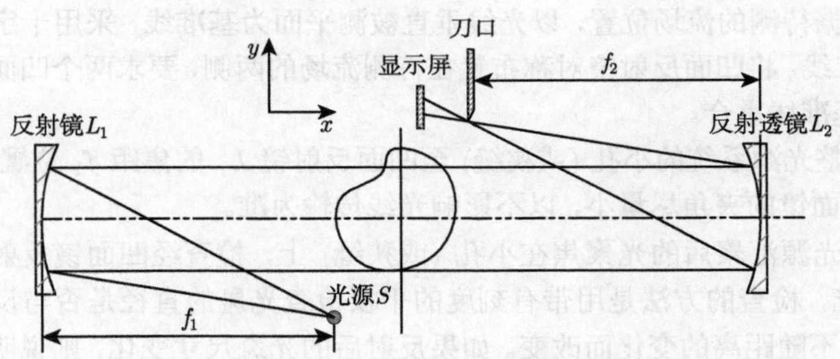

图 10-1-2 反射式纹影构成简图

如果 X_{sc} 是测试段至显示屏之间的距离，则

$$\Delta y_{\mathrm{sc}}=\Delta y+X_{\mathrm{sc}}\Delta\alpha \tag{10-1-2}$$

光强对比度 R_{c} 为

$$R_{\mathrm{c}}=\frac{\Delta I}{I_0}=\frac{I_{\mathrm{sc}}-I_0}{I_0}=\frac{\Delta y}{\Delta y_{\mathrm{sc}}}-1=-X_{\mathrm{sc}}\frac{\Delta\alpha}{\Delta y_{\mathrm{sc}}}\approx -X_{\mathrm{sc}}\frac{\mathrm{d}\alpha}{\mathrm{d}y} \tag{10-1-3}$$

而偏转角 α 与气体的折射率 n 有关，即

$$\alpha=\int\frac{\partial\ln n}{\partial y}\mathrm{d}x \tag{10-1-4}$$

则

$$R_{\mathrm{c}}=-X_{\mathrm{sc}}\int\frac{\partial^2\ln n}{\partial y^2}\mathrm{d}x \tag{10-1-5}$$

当 $n \approx 1$ 时，其可以简化为

$$R_{\mathrm{c}} = -X_{\mathrm{sc}} \int \frac{\partial^2 n}{\partial y^2} \mathrm{d}x \tag{10-1-6}$$

由上述分析可以看出，阴影图反差反映的是流场气流密度的二阶导数。阴影仪的灵敏度，即光强对比度 R_{c}，与显示屏和实验段之间的距离 X_{sc} 有关，距离远则灵敏度高，但图像的清晰度会受到影响。

【实验内容】

利用实验室现有条件搭建纹影仪，调整刀口位置以比较纹影法与阴影法在观测流场上的区别。

1. 调整纹影系统

实验室现有反射式纹影系统一套 (图 10-1-2)。调整光路系统直到获得清晰图像。纹影调试的步骤如下：

(1) 根据待测的流场位置，以光线垂直被测平面为基准线，采用十字激光定位仪显示基准线，将凹面反射镜对称布置在待测流场的两侧，要求两个凹面反射镜中心连线与基准线重合。

(2) 调整光源系统的小孔 (或狭缝) 至凹面反射镜 L_1 的焦距 f_1 位置，小孔 (或狭缝) 与凹面镜的夹角尽量小，以不影响光线传输为准。

(3) 将光源汇聚后的光聚焦在小孔 (或狭缝) 上，检查经凹面镜反射后光线是否是平行光，检查的方法是用带有刻度的平板检查光斑的直径是否与反射镜直径一致，并且不随距离的变化而改变。如果反射后的光斑尺寸变化，则说明小孔或狭缝未在焦点上，要调整小孔或反射镜的位置。同时还要微调反射镜的角度以保证发射光均匀入射到反射镜 L_2，这样就调整好了光源侧。

(4) 调整刀口到反射镜 L_2 的焦距上，微调反射镜的角度和刀口的位置，保持 L_1 和 L_2 两个反射镜的入射光与反射光的夹角一致。

(5) 调整刀口并观察成像的光强明暗变化，使画面光强能够均匀地明暗变化，而不出现条纹或不均匀图案 (注意，此时光路范围内不要有扰动)。如果出现不均匀现象说明刀口未在焦点上，调整刀口位置直到光强均匀。

(6) 以光线全暗为基准，刀口位置沿 y 方向移动的距离可以作为测试切光的强弱对纹影解析程度影响的参数。自行选择几个切光强度参数进行实验。

(7) 调整相机位置及镜头焦距，将成像景深调整到实验位置，保证图像清晰并充满相机有效像素画面。根据光强和实验对象选择相机的曝光时间和采样帧率。

2. 流场测试

在实验设备上安装测量用的模型，检查光路是否有变动，检查成像是否清晰。

用纹影法和阴影法分别测量超声速流场，并比较不同刀口切光程度对流场测量结果的影响。

【注意事项】

(1) 光路的平行度和均匀性是纹影测试的关键参数。光学部件比较脆弱，调整和使用时轻拿轻放，要有耐心。

(2) 高速相机是贵重设备，使用时注意保护相机的安全，将其放在稳定的支架上，不要让强光直接进入镜头。

(3) 风洞运行存在高压和高温气体，注意听老师指挥，保证安全。

【实验数据记录及处理】

1. 实验参数记录

实验记录表见表 10-1-1。

表 10-1-1 实验记录表

实验编号	喷管马赫数	喷管前总压	喷管出口静压	喷管前总温	相机曝光时间	录制帧率	实验时间	刀口方向	切光位置

2. 实验录像记录

实验中主要是通过相机记录纹影或阴影图像。拍摄时间为实验时长。图片根据相机类型一般是黑白灰度图，相机可以将每幅图片保存为非压缩格式，保存图片的原始信息。刀口切光位置根据窗口位置设置，可以设为 5 档以上，研究其对纹影图像清晰度的影响，以及刀口方向对捕捉激波的影响。因此，同样的实验状态要做多组实验。

3. 实验结果分析

根据采集的图像分析激波的角度、激波的清晰程度、激波前后流场的细节变化。

4. 完成实验报告

10.2 拉瓦尔喷管典型流动状态的观测

拉瓦尔喷管通过收缩–扩张通道使气流由亚声速加速到超声速，目前它主要被广泛应用于两个方面：作为地面实验设备以产生超声速气流；应用于飞机发动机、火箭和导弹冲压发动机的尾喷管以产生推力。然而，拉瓦尔喷管气流流态受出口压强与进口总压比的极大影响，空气动力学无黏理论详细分析了典型工作状态的喷管流动。本实验通过观测拉瓦尔喷管在不同下游压强条件下的流动形态，尤其是反压升高到一定条件下激波进入拉瓦尔喷管内的流动，了解拉瓦尔喷管流态及边界层影响，熟悉空气动力学实验常用的测压及纹影测试手段。

【实验目的】

(1) 加深对拉瓦尔喷管典型流态的理解，掌握喷管典型状态的临界参数计算方法，了解具有边界层条件下过膨胀、欠膨胀的流动结构。

(2) 学习压力测量和纹影拍摄的原理及方法。

【实验仪器】

直联实验台本体 (高压气源、调压阀门、流量计、拉瓦尔喷管)、压力采集系统 (高频压力传感器、放大器、数据采集卡及采集计算机)、纹影系统 (氙灯光源、纹影镜组、相机及控制计算机)、实验台控制计算机等。

【实验原理和实验方法】

1. 实验原理

为了在拉瓦尔喷管内实现亚声速向超声速流的连续变化，必须对喷管出口截面下游的环境压强 (外界反压) 作出限制，即满足拉瓦尔喷管工作的力学条件。下面分析外界反压 p_{b} 与进口总压 p^* 之比变化时拉瓦尔喷管内可能出现的几种典型流动状态。

假定喷管进口总压 p^* 不变，反压 p_{b} 改变，声速喉道面积为 A_{t}，且对喷管出口外的流动作平面二维假设。

1) 设计状态

拉瓦尔喷管是用来取得超声速气流的，设计状态是管内无激波，且在出口处于完全膨胀的流动状态，出口马赫数 M_{e} 与设计马赫数 M_{d} 相同，其值由面积比确定：

$$M_{\mathrm{d}} = M_{\mathrm{e}} \tag{10-2-1}$$

$$q(M_{\mathrm{e}}) = A_{\mathrm{t}}/A_{\mathrm{e}},\ M_{\mathrm{e}} > 1 \tag{10-2-2}$$

其中

$$q(M_{\mathrm{e}}) = M_{\mathrm{e}}\left[\frac{2}{k+1}\left(1+\frac{k-1}{2}M_{\mathrm{e}}^2\right)\right]^{-\frac{k+1}{2(k-1)}}$$

在设计状态时，为完全膨胀，出口压强 p_1 和外界反压 p_{b} 为

$$p_1 = p^*\pi(M_{\mathrm{e}}) \tag{10-2-3}$$

$$p_{\mathrm{b}} = p_1 \tag{10-2-4}$$

其中

$$\pi(M_{\mathrm{e}}) = \left(1+\frac{k-1}{2}M_{\mathrm{e}}^2\right)^{-\frac{k}{k-1}}$$

可见在进口总压 p^* 不变时，出口压强 p_1 仅与 A_e/A_t 有关。

2) 非设计状态

图 10-2-1 给出了拉瓦尔喷管在非设计状态下出现的四种流动类型，并分别标以Ⅰ、Ⅱ、Ⅲ、Ⅳ。

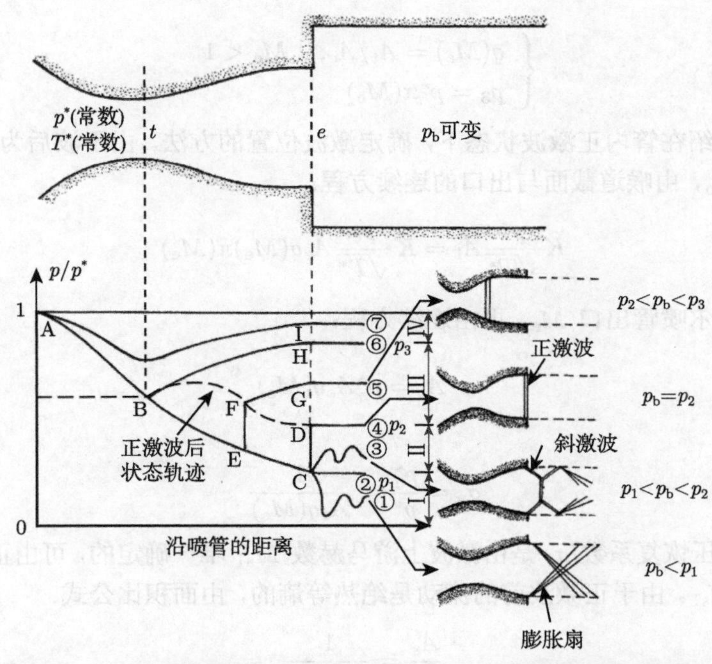

图 10-2-1 拉瓦尔喷管不同工作状态下压强分布及流场结构示意图

(1) 管外膨胀 (Ⅰ)。当 $p_b < p_1$ 时，反压小于出口压强，这种情况称为欠膨胀状态。超声速气流还需在出口外继续膨胀，在出口处产生膨胀波系。由于喷管出口为超声速气流，反压的改变不会影响管内的流动，只改变管外的膨胀波系。这种流动状态曲线为图中 ABC-①。当 $p_b = p_1$ 时，膨胀波消失，如图中曲线 ABC-②所示。

(2) 管外斜激波 (Ⅱ)。当 $p_b > p_1$ 时，反压大于出口压强，气流在出口外要被压缩，在出口处产生斜激波，斜激波的波后压强等于反压，这种情况称为过膨胀状态，如图中曲线 ABC-③所示。反压的增大，使波前后压比 p_b/p_1 增大，激波强度增加，激波角变大。当 p_b 增大至 p_2 时，斜激波成为贴口正激波，如图中曲线 ABCD-④所示，有正激波关系：

$$p_2 = p_1\left(\frac{2k}{k+1}M_e^2 - \frac{k-1}{k+1}\right) \tag{10-2-5}$$

由于 p_1 和 M_e 由 A_e/A_t 确定，所以 p_2 也由 A_e/A_t 确定。

(3) 管内正激波 (Ⅲ)。当 $p_b > p_2$ 时，出口处正激波向管内移动，在管内某位置稳定。p_b 越高，则正激波位置越靠近喉道，波前数 M 越小，激波越弱。这种类型流动情况如图中曲线 ABEFG-⑤所示。

当 p_b 升高到 p_3 时，激波移动到喉道处而消失，这时管内流动除喉道 $M_t = 1$ 外为全亚声速，如图中 ABH-⑥所示，由 $M_t = 1$ 和出口 $M_e < 1$，可由面积比公式求出 p_3：

$$\begin{cases} q(M_e) = A_t/A_e, \quad M_e < 1 \\ p_3 = p^*\pi(M_e) \end{cases} \tag{10-2-6}$$

下面介绍在管内正激波状态下，确定激波位置的方法。由于波后为亚声速流，必有 $p_e = p_b$，由喉道截面与出口的连续方程：

$$K\frac{p^*}{\sqrt{T^*}}A_t = K\frac{p_e}{\sqrt{T^*}}A_e q(M_e)\pi(M_e) \tag{10-2-7}$$

可求出拉瓦尔喷管出口 M_e，再由连续方程：

$$p^*A_t = p_e^*A_e q(M_e) \tag{10-2-8}$$

得到

$$\sigma_s = \frac{p_e^*}{p^*} = \frac{A_t}{A_e q(M_e)} \tag{10-2-9}$$

正激波的总压恢复系数 σ_s 是由激波上游马赫数 M_{s1} 唯一确定的，可由正激波的关系式求得 M_{s1}。由于正激波前的流动是绝热等熵的，由面积比公式：

$$\frac{A_s}{A_t} = \frac{1}{q(M_{s1})} \tag{10-2-10}$$

即确定了正激波的位置。

(4) 全亚声速流动 (Ⅳ)。当 $p_b > p_3$ 时，最小截面不再是临界声速截面，管内为全亚声速流动。由于 $M_t < 1$，出口 M_e 不能用面积比公式确定，而要用 $\pi(M_e) = p_b/p^*$ 确定。

以上是保持 p^* 不变而 p_b 逐渐增大时，喷管流动的变化情况。本质上，流动状态由 p_b/p^* 与 A_e/A_t 来确定，保持 p_b 不变而 p^* 逐渐减小，喷管流动的变化情况也是一样的。

由以上讨论可以看到，p_1/p^*、p_2/p^* 和 p_3/p^* 都是由面积比 A_e/A_t 确定的。在计算拉瓦尔喷管流动时，先要根据喷管的面积比 A_e/A_t 算出三个特征压力比 p_1/p^*、p_2/p^* 和 p_3/p^*，然后由实际压强比 p_b/p^* 判断喷管的流动状态，最后根据流动状态的特点计算喷管流动参数。

以上是空气动力学经典无黏理论，在真实具有黏性边界层条件下，拉瓦尔喷管流态会出现边界层分离流动，使得流态与无黏理论略有不同。

2. **实验方法**

依据特征线法和实际的实验台条件，设计加工了一套匹配已有直联台的 Ma=1.5 的拉瓦尔喷管 (图 10-2-2)，为了更加真实地再现喷管流动，喷管模型的下游出口为完全开放状态：

(1) 由于喷管出口敞开，其背压始终为大气压，因此实验通过对调压阀 + 声速流量计的参数调节来控制喷管总压，来获得不同的喷管工作状态。

(2) 测量获得不同下游反压和来流总压之比下的压力数据及流场纹影照片，并与理论分析结果进行对比。

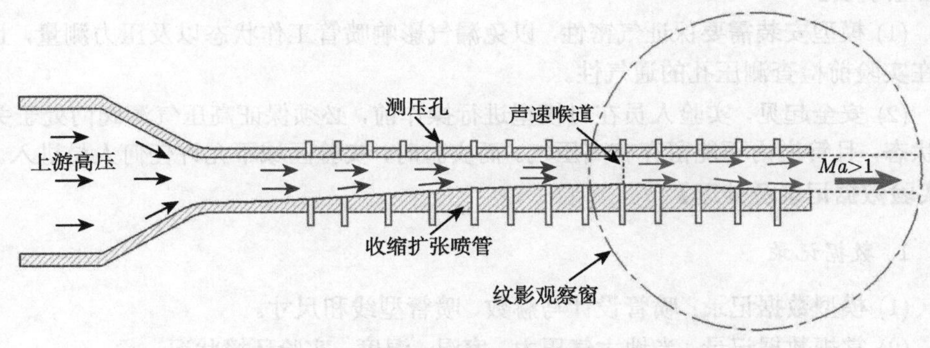

图 10-2-2 实验台示意图

【实验内容和步骤】

1. **喷管实验件安装**

将设计加工好的喷管实验件 (设计马赫数 M_{d}=1.5) 安装于现有的直联实验台架上，喷管上下壁面上布置有动态测压传感器，左右两侧壁面为纹影观察窗。

2. **实验前检查**

在实验前，检查模型的安装状态、测试系统以及控制系统，确保实验相关系统处于正常、安全的待机状态后，开启高压气源和控制气阀门。

3. **流场纹影拍摄和压力测量**

具体实验过程如下：

(1) 喷管两侧侧板安装有光学玻璃，纹影观测区域覆盖了整个喷管喉道、扩张段以及出口。

(2) 依据设定好的喷管来流总压，选择流量计尺寸参数，计算调压阀压力。安装好所需的流量计，并对调压压力和流量计进行记录。

(3) 设定好纹影系统和动态压力采集系统的同步和工作参数，并做好记录。

(4) 开启喷管上游阀门，喷管开始工作，喷管的流场结构及沿程压力分布将分别被纹影系统和动态压力采集系统记录。

(5) 更改调压阀的压力设定值或更换流量计以获得不同的喷管总压，并观测喷管的不同工作状态。

4. 实验台停车

确定获得有效的实验数据后，关闭高压气源阀门，将管道中高压气泄出，并依次关闭所有阀门、阀门控制气以及采集系统。

【注意事项】

(1) 模型安装需要保证气密性，以免漏气影响喷管工作状态以及压力测量，且需在实验前检查测压孔的通气性。

(2) 安全起见，实验人员在对模型进行操作前，必须保证高压气源阀门处于关闭状态，且管道内不能留存有高压气。而实验时，实验区域不允许任何人员进入。

【实验数据记录及处理】

1. 数据记录

(1) 模型数据记录：喷管设计马赫数、喷管型线和尺寸。

(2) 常规数据记录：当地大气压力、室温、湿度、实验环境状况。

(3) 实验设定参数：调压压力、流量计尺寸、压力测点位置。

(4) 采集参数：纹影拍摄参数 (拍摄速度、像素、曝光时间等)、压力测量参数 (采样率等)、同步特性。

(5) 实验采集数据：流量计喷管来流总压、喷管来流总压、沿程压力数据、流场纹影照片。

2. 数据处理

结合压力数据以及流场纹影照片获得喷管在不同工作状态下的流场压力和结构，进而可判断喷管的工作状态。

(1) 依据实验中喷管的背压 p_{b}(环境压力) 和设计马赫数 M_{d} 可计算得到喷管不同工作状态下对应的总压范围，依据实验测得的喷管总压对喷管工作状态进行界定，并借助纹影照片进行辅助判断和验证。

(2) 将不同工况下的压力数据进行平均获得该喷管工况对应下的平均压力，并结合已知的测点位置信息，绘制出各锥位下喷管的压力沿程分布曲线，并在分布曲线中同步附上喷管的型面位置，以辅助分析。

(3) 分析和计算不同锥位所对应的喷管状态，对比有黏条件下流动与理论解的差异。

3. 完成实验报告

【思考题】

(1) 在过膨胀条件下拉瓦尔喷管内部是否出现正激波形态?

(2) 正激波能否在拉瓦尔喷管收缩段停留?

(3) 若要喷管能在更高的马赫数下工作 (假设设计马赫数为 6),还需在现有实验条件下进行何种改进?

(4) 调研现有风洞如何通过改造喷管结构实现跨声速来流条件。

10.3 高超声速模型头部驻点热流测量

高超声速飞行器飞行时,头部区域气流接近滞止状态,动能转化为热能使气体温度远高于飞行器壁面温度,导致巨大热量传入飞行器。一些飞行器的头部温度可高达上万摄氏度,从而引起飞行器变形甚至烧毁。为此,高超声速飞行器飞行前,必须开展气动热的地面实验,为热防护设计提供依据。

一般来说,飞行器的驻点热流最高,并且可以作为其他部位气动热数据无量纲化的特征参数。本实验在马赫数 $Ma=6\sim7$ 的高超声速流场中利用试制的小尺度高精度整体式热电偶测量驻点热流,掌握飞行器表面热流测量原理和方法,并了解驻点热流的影响因素。

【实验目的】

(1) 熟悉激波风洞设备组成以及传感器制作、安装及测控系统操作。

(2) 掌握气动热测量原理和数据处理方法,以及预测驻点热流的 Fay-Riddell 公式。

(3) 通过实验结果分析,了解影响实验结果精度的主要因素。

【实验仪器】

(1) 激波风洞:驱动段、被驱动段、夹膜机、喷管、实验段和真空罐。

(2) 测量系统:热电偶、放大器和采集系统等。

【实验原理和实验方法】

1. 热电偶测温原理

热电偶是一种基于热电效应的温度传感器。在一定温度下,两种不同导体材料中的自由电子密度会有所差异。在它们的连接处,由于自由电子扩散产生扩散电动势,也称为热电动势。热电动势的大小与两种导体材料的性质和接触点的温度有关。

如图 10-3-1 所示,两种材料 A 和 B 形成一个回路,温度高的一端称为测量端或热端,温度低的一端称为参考端或冷端。通常参考端温度 T_0 保持不变,则热电

势只依赖测量端温度 T，即

$$E_{AB}(T,T_0)|_{T_0}=E_{AB}(T) \tag{10-3-1}$$

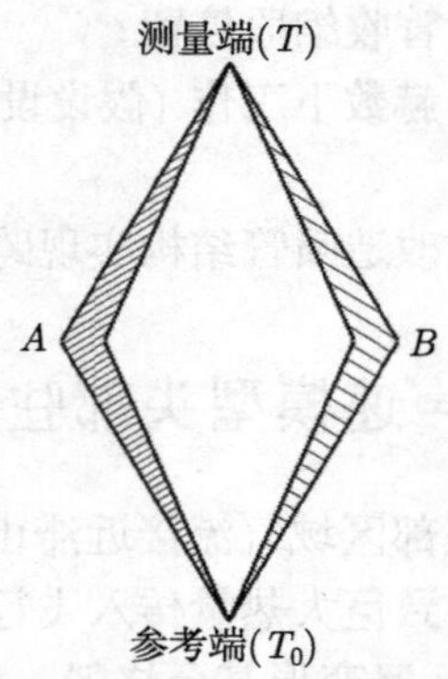

图 10-3-1　热电偶测温原理示意图

2. *表面热流测量方法*

单位时间内加载在单位面积上的热量称为表面热流密度，以 $q_s(t)$ 来表示 (图 10-3-2)。将热电偶测量端安装于模型驻点，根据方程 (10-3-1)，通过热电偶测量得到热电动势，可获得模型驻点表面温度 $T(t)$ 随时间的变化历程。那么如何从温度 $T(t)$ 获得热流 $q_s(t)$ 呢？

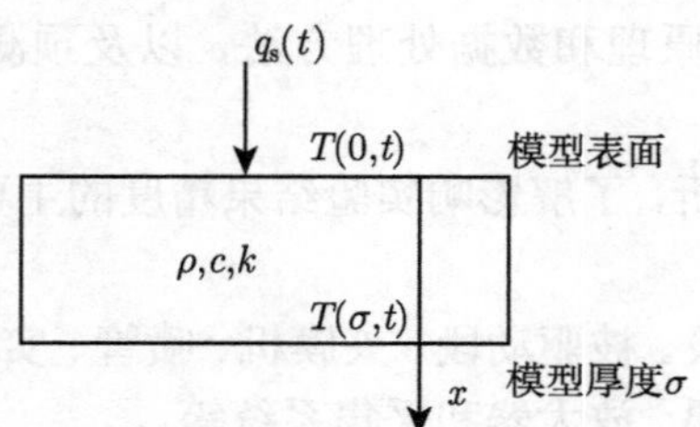

图 10-3-2　模型表面热传导示意图

由于气动加热所引起的模型表面温度变化，可以近似用一维半无限体热传导方程描述，即

$$\frac{\partial^2 T}{\partial x^2}=\frac{1}{\alpha}\frac{\partial T}{\partial t} \tag{10-3-2}$$

其中，α 是导温系数，$\alpha=k/(\rho c)$，k 是模型热传导系数，ρ 是模型密度，c 是模型比热容。设模型厚度为 σ，则边界条件如下：

$$x=0,\ q_s(t)=-k\frac{\partial T}{\partial x} \tag{10-3-3}$$

$$x=\sigma,\ T=0 \tag{10-3-4}$$

得到热流 $q_{\rm s}(t)$ 的解析解为

$$\dot{q}_{\rm s}(t)=\frac{\sqrt{\rho ck}}{2\sqrt{\pi}}\left[\frac{2T(t)}{\sqrt{t}}+\int_0^t\frac{T(t)-T(\tau)}{(t-\tau)^{3/2}}{\rm d}\tau\right] \tag{10-3-5}$$

根据式 (10-3-5) 由测量得到的温度 $T(t)$ 计算出驻点热流 $q_{\rm s}(t)$。

3. 驻点热流预测公式——Fay-Riddell 公式

如何校核测量得到的驻点热流密度 $q_{\rm s}(t)$ 呢？Fay 和 Riddell 通过理论推导提出了在一定实验条件下驻点热流 $q_{\rm w0}$ 的预测公式，即著名的 Fay-Riddell 公式：

$$q_{\rm w0}=0.763Pr^{-0.6}\left\{(\rho u)_{\rm w}^{0.1}(\rho u)_0^{0.4}\left[1+\left(Le^{0.52}-1\right)\frac{h_{\rm D}}{h_0}\right](h_0-h_{\rm w})\sqrt{\left(\frac{{\rm d}u_{\rm e}}{{\rm d}x}\right)_0}\right\} \tag{10-3-6}$$

$$\left(\frac{{\rm d}u_{\rm e}}{{\rm d}x}\right)_0=\frac{1}{R_0}\sqrt{\frac{2(P_0-P_\infty)}{\rho_0}} \tag{10-3-7}$$

其中，ρ 为气体密度，P 为压力，h 为焓，R_0 为模型驻点曲率半径，Pr 为普朗特数，Le 为路易斯数，$h_{\rm D}$ 为气体离解焓。下标“w”表示壁面，“0”表示驻点，“∞”表示来流。式 (10-3-6) 的计算结果可以作为检验本实验结果 $q_{\rm s}(t)$ 的依据。

【实验内容和步骤】

实验过程包括热电偶试制、实验准备、激波风洞运行和数据采集。

1. 热电偶试制

(1) 在驻点处有小孔 (直径 0.12mm) 的不同半径的尖锥和尖楔康铜模块，用酒精清洗干净。

(2) 将带有漆包的镍铬丝 (直径 0.13mm，保证与小孔配合) 穿入康铜模块小孔，注意保证两者绝缘 (图 10-3-3)。

(3) 在模块驻点处切断镍铬丝，用砂纸打磨，形成镍铬和康铜的接点。

(4) 镍铬丝和康铜块分别焊接连接导线。

2. 实验准备

(1) 将制备好的热电偶安置在风洞内的皮托耙上，使测量端正对来流。

(2) 将导线固定，并通过底线盘连接到风洞外的放大器通道和采集通道。

(3) 检测测量系统，并设置放大倍数、采样频率、采样时间和触发电平等参数。

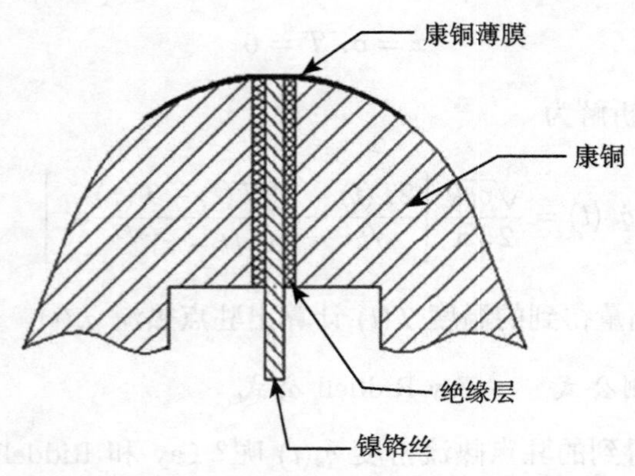

图 10-3-3　热电偶结构示意图

3. 激波风洞运行 (由实验运行人员实施)

(1) 在驱动段、被驱动段和喷管之间加上膜片隔开。

(2) 将驱动段和被驱动段充气至设定压力，实验段抽真空至 20Pa。

4. 数据采集

(1) 在破膜前 3min，平衡放大器。

(2) 破膜前 2min，采集系统处于待触发状态。

(3) 读取热流曲线平直段。根据表 10-3-1 记录各通道数据。

【注意事项】

(1) 热电偶的制作，尤其是接点层的牢靠度和绝缘层的厚度，是驻点热流实验获得可靠实验结果的关键。因此热电偶试制环节须严格按步骤进行。

(2) 实验准备过程中，应小心操作以避免传感器或模型在实验中损坏。

【实验数据记录及处理】

1. 实验数据记录

按照表 10-3-1 记录实验数据。

2. 实验数据处理

根据实验数据，按照式 (10-3-5) 计算不同半径的尖锥和尖楔驻点热流，并与 Fay-Riddell 公式 (10-3-6) 预测结果进行比对，分析实验误差。

【思考题】

(1) 为什么激波风洞测热实验可以采用一维半无限体假设？

(2) 影响驻点热流的主要因素有哪些？

表 10-3-1 驻点热流实验记录和计算表格

<table>
<tr><td>实验名称</td><td colspan="9"></td><td>负责人</td><td></td></tr>
<tr><td>日期</td><td colspan="2"></td><td>实验序号</td><td></td><td>大气压力</td><td colspan="3"></td><td>室温</td><td colspan="2"></td></tr>
<tr><td>Ma</td><td></td><td>Re_{∞}</td><td colspan="2"></td><td>α</td><td colspan="3"></td><td>δ</td><td colspan="2">0°</td></tr>
<tr><td>高压段</td><td colspan="2"></td><td>低压段</td><td colspan="2"></td><td colspan="3">真空压力/Pa</td><td colspan="3"></td></tr>
<tr><td>触发源</td><td colspan="2"></td><td>触发电平</td><td colspan="2"></td><td colspan="3">延迟时间</td><td colspan="3"></td></tr>
<tr><td>文件目录</td><td colspan="11"></td></tr>
<tr><td>采样速率</td><td colspan="2"></td><td>采样长度</td><td colspan="2"></td><td colspan="3">采样全程时间</td><td colspan="3"></td></tr>
<tr><td rowspan="3"></td><td>采集通道</td><td>测点</td><td>电压/mV</td><td>t_1</td><td>t_2</td><td>Δx</td><td colspan="5">计算值</td></tr>
<tr><td></td><td>P5-1</td><td></td><td></td><td></td><td rowspan="2">140</td><td colspan="2">V_s</td><td>M_s</td><td colspan="2"></td></tr>
<tr><td></td><td>P5-2</td><td></td><td></td><td></td><td colspan="2"></td><td></td><td colspan="2"></td></tr>
<tr><td>序号</td><td>采集通道</td><td>头部半径
R/mm</td><td>灵敏度</td><td>传感器
类型</td><td>几何位置
x/mm</td><td>放大
倍数</td><td>电压
/mV</td><td>q_s</td><td>Fay-Riddell</td><td colspan="2">备注</td></tr>
<tr><td></td><td></td><td></td><td></td><td></td><td></td><td></td><td></td><td></td><td></td><td></td><td></td></tr>
<tr><td></td><td></td><td></td><td></td><td></td><td></td><td></td><td></td><td></td><td></td><td></td><td></td></tr>
<tr><td></td><td></td><td></td><td></td><td></td><td></td><td></td><td></td><td></td><td></td><td></td><td></td></tr>
</table>

10.4　声速喷管流量计流量系数标定

在气动实验中，准确地测量气体流量是必要的。测量气体流量通常采用文丘里喷管，也称为声速喷管。根据伯努利原理，在给定临界截面面积的情况下，当入口压力与背压之比保持在特定的范围之内时，声速喷管出口的流量保持恒定值。同时通过调节压力比可实现对流量大小的调节。但是由于边界层效应、摩擦损失及外界因素的影响，声速喷管的理论计算流量与实际流量总会存在一定的误差。因此，要通过实验测量流量系数，以便对流量的理论值进行修订，此过程也称为流量计的标定。

【实验目的】

了解声速喷管流量计流量标定装置的结构和原理。通过测定流量系数，学习声速喷管流量计流量的操作。加深对喷管中气流基本规律的理解，了解临界压力、临界流速和堵塞流量等概念。

【实验仪器】

主要包括临界流文丘里喷嘴、储气罐、计算机、多组压力传感器、温度传感器及多个压力传感器。

【实验原理和实验方法】

1. 临界流文丘里喷嘴

当亚声速气流流经文丘里喷嘴时，喷嘴喉部的气体流速将随上下游的压力差(即文丘里喷嘴入口压力 P_0 与文丘里喷嘴出口压力 P_1 之差) 的提高而增大。当上下游的压力差增加到一定值时，文丘里喷嘴喉部流速达到最大流速 —— 当地声速，即达到临界流。此时，即使 P_0 不变，再减小 P_1，流速将保持不变，也就是说，流速不再受下游压力的影响。此时的文丘里喷嘴称为声速喷嘴 (图 10-4-1)。

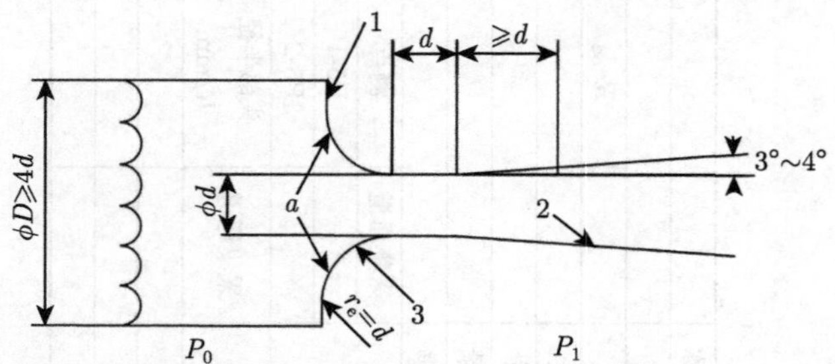

1. 入口平面；2. 锥形扩散段内表面相对粗糙度的算术平均值 R_a 不应超过 $10^{-4}d$；3. 过渡区

图 10-4-1　圆形筒文丘里喷嘴示意图

2. 理想气体流量计算公式

由《气体动力学》(童秉纲、孔祥言、邓国华著，式 (3.4.15)) 可知理想气体流量为

$$q(\text{theory}) = k\frac{P_0}{\sqrt{T_0}}\sigma^* \tag{10-4-1}$$

其中，P_0 为总压，T_0 为总温，σ^* 为喉道面积，

$$k = \left(\frac{\gamma}{R}\right)^{\frac{1}{2}}\left(\frac{2}{\gamma+1}\right)^{\frac{\gamma+1}{2(\gamma-1)}} \tag{10-4-2}$$

3. 实验气体流量计算

实验气体流量计算主要有 PV 法和称重法。

PV 法利用理想气体状态方程，通过测量初始和结束时的压力、温度来得到气体质量变化：

$$P = \rho RT \tag{10-4-3}$$

称重法直接称量压力罐质量的前后变化得到气体质量的变化，不过操作起来有难度。

本实验采用 PV 法，实验流量的计算公式如下：

$$q(\exp) = \left(\frac{P_1}{T_1} - \frac{P_2}{T_2}\right)\frac{V}{R} \times \frac{1}{\Delta t} \tag{10-4-4}$$

其中，P_2、T_2 为实验结束时稳定气体的状态参数，P_1 和 T_1 为实验开始气体的状态参数，Δt 为测量时间。

4. 流量系数

实际流动中存在诸多不可逆因素，如边界层中黏性的耗散、湍流的耗散、温差传热以及喷管的入口效应等都会造成熵增，因此等熵流只是一种理论近似，并非与实际流动完全一致。为了表征喷管中实验测量的流量与理论值的关系，定义流量系数如下：

$$\mu = \frac{q(\exp)}{q(\text{theory})} \tag{10-4-5}$$

其中，$q(\exp)$ 为实验测量的气体流量，$q(\text{theory})$ 为通过理论计算得到的流量，见式 (10-4-1)。由于实际过程中的熵增作用，实际流量应该小于理论值，即流量系数 μ 应该比 1 小。

【实验内容和步骤】

(1) 通过调节从大空气罐到小空气罐之间的手动减压阀，将空气压力调至 50atm，此压力保证气动截止阀正常工作。

(2) 打开针阀，给小压缩空气罐充气，监控小空气罐的压力，压力控制在 15atm 左右。

(3) 安装流量计 (流量计喉道尺寸已通过显微镜测定)。标记为 [流 1] 和 [流 2] 的信号线，分别与气罐压力传感器和流量计上游的压力传感器相连接。热电偶的信号线与数显表相连接。气罐压力、流量计压力和热电偶数值分别显示在热流实验计算机控制柜第一排右侧标记的三块数显表上。接通电磁阀控制线。打开手动截止阀。

(4) 开启热流实验计算机控制柜电源，启动计算机，单击桌面上的程序“流量系数标定.vi”，设定采样率 (一般为 100 个/s) 和实验时间。

(5) 粗设手动稳压阀的压力。将实验时间设为 2s(流量计上游压力需要 2s 从零达到稳定)，并运行程序。实验结束后，单击存储，采集的压力和温度数据保存于“D:\流量系数标定\XXXX.lvm”。调整手动调压阀，使流量计上游压力达到所需要的压力。

(6) 静止 1h 以上，等待气罐内的气体密度达到均衡。通过观测气罐中心的温度变化速度，判定气罐内气体密度是否达到均衡。均衡后记录气罐内气体的温度 T_1 和压力 P_1。

(7) 运行桌面程序“流量系数标定.vi”，设定实验时间，运行程序。

(8) 实验结束后，单击存储，保存文件。

(9) 静止 1h 以上，等待气罐内的气体密度达到均衡，记录气罐温度 T_2 和压力 P_2。

【注意事项】

(1) 充气和放气后需要进行长时间静置，保证气罐内的气体混合充分，温度更加均匀。

(2) 实验中，明确压力和温度传感器的测量精度。

【实验数据记录及处理】

1. 实验数据记录

整个实验过程中，记录的数据有：实验气体为氮气、气罐体积 V、文丘里喷嘴喉部直径 d；实验前气罐内气体压力 P_1 和温度 T_1、实验后气罐内气体压力 P_2 和温度 T_2 随时间的变化，实验过程中气罐内气体温度 T_0 和流量计上游压力 P_0 随时间的变化都由计算机记录。其中，测量的压力值都是表压，在计算过程中需要加上当地大气压，并将实验测量值转换为国际单位制。

2. 数据处理

1) 实测气体流量计算

根据式 (10-4-4) 计算实测气体流量 $q(\exp)$。其中，氮气的气体常数 $R=296.9\mathrm{J}/(\mathrm{kg}\cdot\mathrm{K})$；$\Delta t$ 为实验时间，从实验记录的数据可知。实验前后气罐内压力 P_1、P_2 和温度 T_1、T_2 随时间的变化分别从实验记录数据中获得。

2) 理想气体流量计算

根据式 (10-4-1) 和式 (10-4-2) 计算理论气体流量 $q(\text{theory})$。其中，$k=\left(\dfrac{\gamma}{R}\right)^{\frac{1}{2}}\cdot\left(\dfrac{2}{\gamma+1}\right)^{\frac{\gamma+1}{2(\gamma-1)}}$，对于氮气，$\gamma=1.401$，$R=296.9\mathrm{J}/(\mathrm{kg}\cdot\mathrm{K})$，所以计算得 $k=0.0397486\mathrm{m}^{-1}\cdot\mathrm{s}\cdot\mathrm{K}^{\frac{1}{2}}$。由喉道直径测量值 d，计算喉道截面积 σ^*。式中的 P_0 和 T_0 分别为实验过程中采集的流量计上游压力和气罐内气体的温度。

3) 流量系数计算

根据式 (10-4-5) 计算流量系数 μ。

3. 不确定度分析

4. 完成实验报告

【思考题】

(1) 实验测量过程中能否保证喷嘴喉部速度一直处于声速？

(2) 实验设计主要误差是什么？实验中做了哪些减少误差的处理？有何改进意见？

(3) 标定流量系数时流量计上游压力都小于 60atm，而实际实验中，流量计上游压力一般控制在 30~50atm，标定的结果可以应用到实际工作压力条件下吗？

(4) 本测量方法与标准 (GB/T 21188—2007/ISO 9300:2005) 有何区别？

10.5 爆轰激波管压力与速度测量

爆轰波是激波和化学反应耦合产生的以超声速传播的燃烧波，相比传统的燃烧过程，爆轰波释放能量的速度非常快。不可控的爆轰现象会给人们带来灾难性的后果，而可控的爆轰波则能够为人们带来十分可观的收益，如爆轰驱动的激波风洞，能够很容易获得高温高压的气体。然而，实现这种优势的基础是必须形成充分发展的爆轰波，而如何使可燃混合物直接起始爆轰或短距离形成爆燃到爆轰的转变 (deflagration-detonation transition，DDT) 过程是关键。

【实验目的】

(1) 了解爆轰波基础理论，掌握爆轰驱动激波风洞运行原理。

(2) 熟悉起始爆轰实验的基本操作过程。

(3) 通过压力曲线和爆轰波速度测量判断直接起始爆轰和 DDT 的区别。

(4) 掌握实验数据分析方法，将爆轰后平台压力同理论计算结果作对比分析。

【实验仪器】

(1) 爆轰管起爆装置：爆轰管、氢氧充气系统 (包括氢/氧高压气瓶、过滤器、减压器、单向阀门、临界喉道、开关阀门和气路等)、点火管和点火控制器。

(2) 压力与波速测量系统：压电压力传感器、电荷放大器、高速数据采集器等。

实验装置示意图见图 10-5-1。

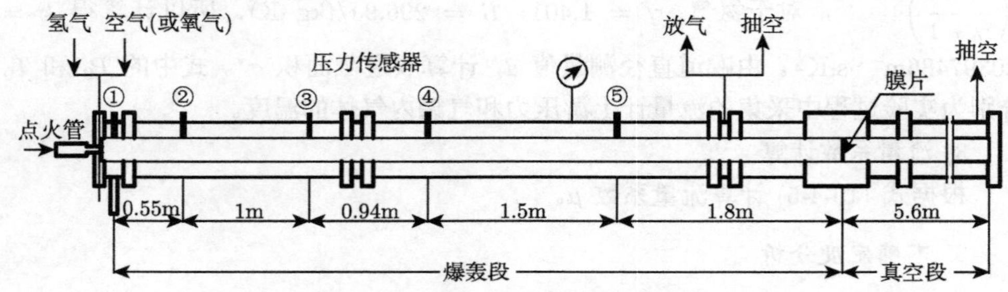

图 10-5-1 实验装置示意图

【实验原理】

1. Chapman-Jouguet 爆轰理论与 Taylor 稀疏波后平台压力计算

爆轰波准周期振荡与沿爆轰波阵面传播的一系列横向波相耦合，精细流场结构非常复杂。然而，由于爆轰振荡与干扰的周期和振幅较爆轰驱动有关的特征参数小得很多，所以理想化的一元 Chapman-Jouguet 爆轰 (CJ 爆轰) 模型满足爆轰驱动特性分析要求。

Taylor 和 Zel'dovich 先后独立地求出封闭管端起始的爆轰波后的流场，该流场由恒速运动的爆轰波以及紧跟其后的自模拟稀疏波 (称为 Taylor 波) 组成。爆轰波后气体压力 p、密度 ρ、温度 T 和速度 u 分布如图 10-5-2 所示。图中 D、x 和 t 分别代表爆轰波传播速度、距离和时间，其中下标 J 表示爆轰波后的 CJ 值，可由 GASEQ 软件直接算出。爆轰燃气通过稀疏波最终减速形成静止且热力学状态参数均匀的区域。在任何时刻，该区长度大约为爆轰波传播距离的一半。

任意 x 距离处压力 p 随时间的变化曲线，可由波后 CJ 参数及跨右行膨胀波的相容性方程推出：

$$u_J - \frac{2}{\gamma-1}a_J = u - \frac{2}{\gamma-1}a \tag{10-5-1}$$

其中，Taylor 波后气体绝对速度 $u_T = 0$。根据等熵关系式：

$$\left(\frac{a_{\mathrm{J}}}{a}\right)^{\frac{2\gamma}{\gamma-1}}=\left(\frac{T_{\mathrm{J}}}{T}\right)^{\frac{\gamma}{\gamma-1}}=\left(\frac{\rho_{\mathrm{J}}}{\rho}\right)^{\gamma}=\frac{P_{\mathrm{J}}}{P} \tag{10-5-2}$$

可以分别获得 Taylor 波后的压力 P_{T} 和温度 T_{T}:

$$P_{\mathrm{T}}=\left[\frac{a_{\mathrm{J}}-(\gamma-1)\,u_{\mathrm{J}}/2}{a_{\mathrm{J}}}\right]^{\frac{2\gamma}{(\gamma-1)}}P_{\mathrm{J}} \tag{10-5-3}$$

$$T_{\mathrm{T}}=\left[\frac{a_{\mathrm{J}}-(\gamma-1)\,u_{\mathrm{J}}/2}{a_{\mathrm{J}}}\right]^{2}T_{\mathrm{J}} \tag{10-5-4}$$

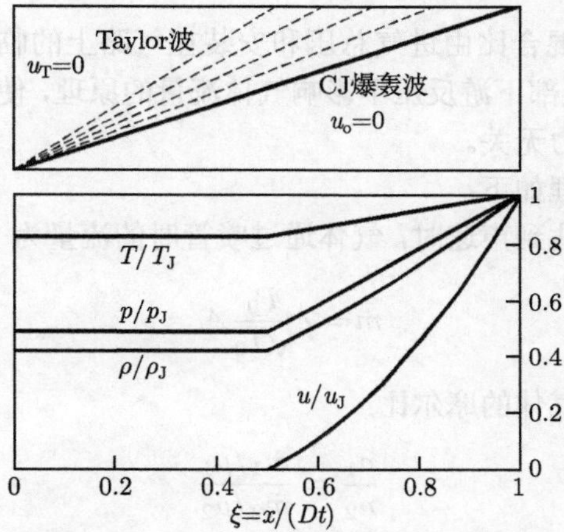

图 10-5-2 CJ 爆轰后气体状态参数变化

以图 10-5-3 示例中的爆轰波实验压力曲线同理论计算结果对比为例，实验结果同 CJ 理论计算的压力曲线符合得很好，判定为直接起始爆轰。

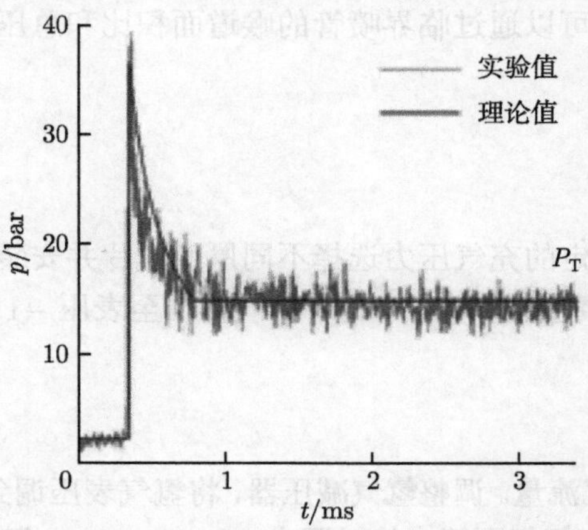

图 10-5-3 爆轰波实验压力曲线同理论计算结果对比示例

2. 充气混合原理

本实验中，进气与混合系统由气源、过滤器、调压器、单向阀门、临界喉道、开关阀门和气路组成。气源采用瓶装压缩气体 (氢气/乙炔/氧气/空气/氮气)，它们通过气路引入调压器，经过调压器稳定降低到设定压力，然后通过临界喷管和开关阀门进入爆轰管。

对于单次爆轰这种静态实验，充气尽可能采取慢充气方式，这样混合比较均匀。气态燃料与氧化剂的引入采用传统的横向交叉 (或对充) 式充气方法，以达到良好的混合效果。

燃料与氧化剂的混合比由进气总压和安装在气路上的临界喉道调节，利用喷管喉部达到声速后，喉部下游反压不影响气体流量的原理，使得充气流量与爆轰管内已经存在的气体压力无关。

混合比的调节原理如下：

当喉部气体速度达到声速时，气体通过喷管时的流量为 (c 为流量系数)：

$$\dot{m} = c\frac{P_0}{\sqrt{T_0}}A_{\mathrm{t}} \tag{10-5-5}$$

气体的混合比为两种气体的摩尔比：

$$\frac{n_1}{n_2} = \frac{\dot{m}_1/\mu_1}{\dot{m}_2/\mu_2} \tag{10-5-6}$$

将式 (10-5-5) 代入式 (10-5-6)，并假定两种气体的总温相等，得到

$$\frac{n_1}{n_2} = \frac{(P_0)_1}{(P_0)_2} \times \sqrt{\frac{\mu_2}{\mu_1}} \times \frac{(A_{\mathrm{t}})_1}{(A_{\mathrm{t}})_2} \tag{10-5-7}$$

两种气体混合比可以通过临界喷管的喉道面积比和总压比来调节，并在实验前进行校准。

【实验内容及步骤】

1. 实验准备阶段

根据实验要求给定的充气压力选择不同厚度膜片并安装在爆轰段和真空段之间 (图 10-5-1)，打开真空泵和阀门，将管内气体抽至表压 −1.00bar，关闭阀门和真空泵。

2. 充气流量标定

(1) 标定氢气充气流量。调整氢气减压器，将氢气表压调到 10.00bar，打开氢气充气阀门，向管内充入氢气至管内绝对压力 0.10~0.20bar，记录压力每变化 0.01bar 时所对应的时间，标定完毕后将管内压力抽至表压约 −1.00bar。

(2) 标定氧气充气流量。调整氧气减压器，将氧气表压调到 20.00bar，打开氧气充气阀门，向管内充入氧气至管内绝对压力 0.10~0.20bar，记录压力每变化 0.01bar 时所对应的时间。标定完毕后向管内充入足量的空气稀释氧气浓度，再将管内压力抽至表压约 −1.00bar。

(3) 根据实验要求给定的氢气和氧气的充气比例，计算实际充气时需要设定的氢气和氧气的表压。

3. 充入实验气体

按照计算的氢气和氧气的表压调整相应的减压器，同时打开氢气和氧气充气阀门，向管内充入气体至实验要求给定的压力值，关闭充气阀门和压力变送器阀门。

4. 爆轰点火及数据采集

确认采集处于待触发状态，按动点火按钮。实验完毕后及时保存实验数据。

5. 实验结束

开真空泵将管内废气抽出，然后向管内充入大气，将膜片拆掉，为下一组实验做准备。

【实验数据记录及处理】

1. 实验记录

根据表 10-5-1 中的爆轰波速度和压力值，判断是否为起始爆轰；将实验测得的压力和爆轰波速度同理论计算结果进行对比分析。

2. 完成实验报告

【注意事项】

(1) 氧气标定完毕后一定要先向管内充入空气，稀释后再打开真空泵，否则有可能引起真空泵油燃烧。

(2) 爆轰点火时，所有人员请勿靠近爆轰管，进入采集间。

(3) 现场实验时会提前给出氢氧充气比例及充气压力值。

【思考题】

(1) 什么是绝对压力和表压？压力表指示的是什么压力？在流量计算和喉道面积校准时充气压力是绝对压力还是表压？

(2) 在校准喷管喉道面积比时，为什么充入爆轰管的氢气特别是氧气绝对压力只需要 0.10~0.20bar？

(3) 从气体的当量比和初始压力的大小判断，氢氧混合气体在什么情况下容易产生直接起始爆轰，什么情况下产生爆燃或 DDT 爆轰？

表 10-5-1　爆轰波压力测量实验记录表 (建立 Excel 表)

实验目的	爆轰激波管压力测量			文件名	
日期	环境温度/°C	环境压力/bar	环境湿度 φ	Pi(bar) 绝对压力	Pi(bar) 表压 (实际值)
充气参数配置					夹膜参数
气体种类	物质的量	表压/bar	喉道长度/mm	平均充压率/(bar/s)	膜片材质
H_2					
O_2					膜片厚度
左 N_2/右空气					
传感器位置	5	4	3	2	1(点火管)
距点火管距离/m					0
传感器灵敏度/(pc/bar)					
电荷放大器倍数					
零读数/V					
平均电压/V					
平均压力/bar					
时间/ms					
速度/(m/s)					平均值 =

(附) 压力传感器的标定

实验气体的压力是通过压力传感器测量得到的，为了确保实验数据的准确和可靠，需要对传感器进行标定。压力传感器的标定是指在输入和输出对应关系的前提下，利用某种标准器具对压力传感器进行校准。标定的基本过程就是将已知的标准压力值输入给待标定的压力传感器，得到输出量。然后将所获得的压力传感器输入量和输出量进行处理和比较，从而得到两者对应关系的曲线，进而得到压力传感器性能指标和标定的校准曲线。

【实验目的】

(1) 了解压力传感器静态标定的原理。

(2) 掌握压力传感器静态标定的方法。

(3) 确定压力传感器静态特性的指标。

【实验仪器】

智能压力发生器、数字压力计、数字电源、六位半数字万用表、测量电路。

【实验内容及步骤】

(1) 将待标定压力传感器安装在智能压力发生器的安装底座上，信号线同测量电路按标记位置连接，输出信号同六位半数字万用表相连，然后打开各个装置的供电电源。

(2) 根据待标定传感器的量程选择合适的数字压力计作为标准源表，设置压力发生器的标定量程以及标定间隔压力和时间。

(3) 传感器预热 20min 后开始实验。按下智能压力发生器上的确认键，开始进行标准数据的采集。

(4) 首先进行正行程的数据采集，然后进行反行程的数据采集，根据实验的需要多次重复实验。

(5) 实验结束，将传感器从标定系统上拆下来，关闭电源。

(6) 处理实验数据给出待标定的压力传感器的标定曲线。

【注意事项】

(1) 为达到传感器的稳定工作状态，传感器需要进行预热至少 20min。

(2) 标定过程中，请勿改动智能压力发生器参数。

【思考题】

(1) 分析传感器的静态基本性能参数，指出造成误差较大的原因。

(2) 在校准传感器时为什么要同时在智能压力发生器上装入标准压力表？

(3) 传感器校准线性度、滞后和重复性是三个单项指标，为什么还要有精度指标？精度值与三项单项指标的值大致是什么关系？

10.6 航空发动机燃气温度的吸收光谱测量技术

新一代航空发动机的研究进展，对发动机出口的温度范围、温度分布的测量都提出了更高的要求。传统的热电偶等测温方法难以完全满足这一需求。借助于非接触的光谱测量方法可以实现高温高速气流的温度测量。本实验利用自行研制的近红外吸收光谱测温系统，在室温下开展空气中水蒸气浓度测量，并在模拟航空发动机的燃烧器 (旋流火焰燃烧器) 上开展测温实验。通过本实验，不仅能加强人们对气流和燃烧光谱测试概念的理解，而且能学习到先进光谱诊断设备的设计方法和应用技巧。

【实验目的】

(1) 了解新型航空发动机的温度测量需求、各测量方法及其适用范围。

(2) 掌握可调谐二极管激光吸收光谱测量方法原理、光谱测温方法。

(3) 熟悉新型光谱测量系统的使用、软硬件操作。

(4) 了解影响实验精度的主要因素和实验结果分析。

【实验仪器】

(1) 主机：吸收光谱测温系统，包括测控计算机、控制箱、激光器、探测器、准直器等。

(2) 其他设备：光纤、放大器、红外显示卡、旋流火焰燃烧器系统、热电偶、多种光机械元件。

【实验原理】

电磁波与物质相互作用时，当其频率与构成物质的分子的某一对能级发生共振时，分子将发生跃迁并伴随着电磁波的吸收或发射。跃迁的强度与气体分子处于跃迁低能级的数目直接相关。而各个能级的分子数目分布可以通过玻尔兹曼方程关联起来。在平衡态情况下，压力和温度直接决定着目标跃迁的低能级分子的数目。通过测量两条低能级能量的粒子数的相对比值，可以获得温度信息，这是吸收光谱测温的基础。如图 10-6-1 所示，当一束频率为 ν、光强为 $I_{\nu,0}$ 的单频光束通过长度为 L 的均匀待测气流时，透射光强 I_ν 与入射光强 $I_{\nu,0}$ 满足 Beer-Lambert 关系式：

$$I_\nu = I_{\nu,0}\exp(-k_\nu L) \tag{10-6-1}$$

其中，k_ν 为频率 ν 下的吸收系数 (cm^{-1})，L 为吸收长度 (cm)。式 (10-6-1) 存在两个假设：首先，吸收介质为均匀介质，沿光程的气流参数相同；其次，入射激光为单一频率 ν。

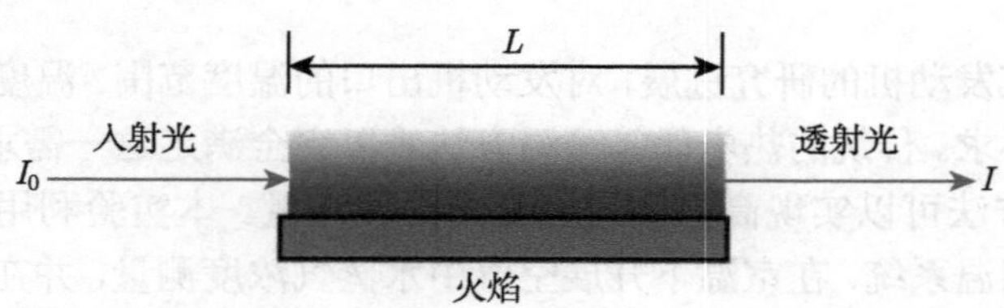

图 10-6-1　吸收光谱原理示意图

吸收系数 k_ν 是静压 P (atm)、吸收组分摩尔浓度 X、吸收线的线强度 $S(T)$ ($\mathrm{cm}^{-2}\cdot\mathrm{atm}^{-1}$) 和线型函数 $\phi(\nu)$ (cm) 的乘积：

$$k_\nu = PX_{\mathrm{H_2O}}S(T)\phi(\nu) \tag{10-6-2}$$

其中，线型函数满足归一化条件，即 $\int \phi(\nu)\,\mathrm{d}\nu \equiv 1$。式 (10-6-2) 中的静压、吸收组分摩尔浓度是气流参数；而吸收线的线强度为吸收线固有参数，它是温度的函数，任意温度下的线强度可以结合已知温度下的线强度由式 (10-6-3) 计算得到：

$$S(T)=S(T_0)\frac{Q(T_0)}{Q(T)}\left(\frac{T_0}{T}\right)\exp\left[-\frac{hcE''}{k}\left(\frac{1}{T}-\frac{1}{T_0}\right)\right]\frac{1-\exp\left(-\dfrac{hc\nu_0}{kT}\right)}{1-\exp\left(-\dfrac{hc\nu_0}{kT_0}\right)} \tag{10-6-3}$$

其中，$Q(T)$ 是配分函数，它反映了在所处温度 T 下，吸收对应低态能级上的粒子数占总粒子数的比值；E'' 为吸收跃迁的低能级能量；h 为普朗克常量；c 为光速；k 为玻尔兹曼常量。式 (10-6-3) 的最后一项为辐射效应项，在波长小于 2.5μm、温度低于 2500K 时一般忽略不计。

吸收系数是压力、温度和频率的函数，如果使用直接吸收波长扫描法，通过对整个吸收线做积分得到积分吸收率即可去除频率的影响，于是，通过同时测量两条吸收线分别获得其积分吸收率，列出两个方程即可得到吸收组分分压 PX_{H_2O} 和温度 T 这两个未知数。这就是波长扫描法测量压力和温度的基本原理。

吸收光谱测温系统在发动机燃烧室出口处的测量示意图如图 10-6-2 所示。大部分硬件设备安装于机柜、盒体内。硬件系统主体为一个主机 (激光器、电路等) 和一套测控系统 (工控机、数据采集器)，此外有光纤耦合器、光纤准直器、探测器 (接收端) 等配件。为实现温度测量，实验中使用两台近红外激光器，分别用于检测 H_2O 的两条吸收谱线。两束近红外激光器经光纤耦合器耦合进一根光纤，并将其传导到测量流场的光学窗口附近，由光纤准直器发射，在对侧由接收端接收并转化为电信号，电信号由采集卡采集并由软件处理得到温度和浓度信息。

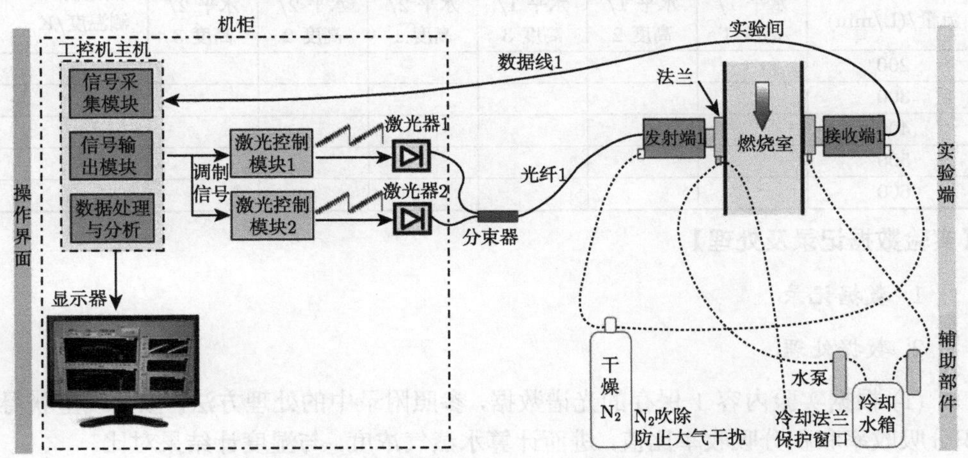

图 10-6-2　吸收光谱测温系统结构及其应用示意图

【实验内容及步骤】

本实验主要开展室温下水蒸气的光谱吸收和吸收光谱的高温燃气测量。

1. 室温下水蒸气的光谱吸收测量

(1) 设备调试与光学调准：开启设备，将光纤、线缆等依序连接。将光纤准直器安装于光学平台上，将光电探测器安装于另一侧。借助于红外显示卡，将光线调节到探测器表面。

(2) 打开调节光路软件，精细调节光学调节架，使得激光全部收集到探测器 (探测器信号最大)。

(3) 改变探测器与准直器间的距离，依次记录光强信号。

(4) 由湿度计记录室内湿度，用于对比光谱测试结果。

2. 吸收光谱的高温燃气测量

(1) 将光纤准直器和探测器安装于旋流器窗口的两侧，打开调节光路软件，精细调节光学调节架，使得激光全部收集到探测器 (探测器信号最大)。

(2) 开启旋流火焰，分别使用波长调制法和直接吸收法，测量燃气平均温度，将测量结果和热电偶测试结果都记录于表 10-6-1 中，重复三次实验。

(3) 改变不同的水平位置，重复上述步骤，记录各测量数据。

(4) 改变不同的流向高度，重复上述步骤，记录各测量数据。

(5) 改变不同的燃烧器流量，重复上述步骤，记录各测量数据。

表 10-6-1 吸收光谱的燃烧器高温测量记录

燃烧器流量/(L/min)	不同位置处，吸收光谱设备的温度测量结果/K						热电偶所测温度/K
	水平 1/高度 1	水平 1/高度 2	水平 1/高度 3	水平 2/高度 1	水平 2/高度 2	水平 2/高度 3	
200							
300							
400							
500							
600							

【实验数据记录及处理】

1. 数据记录

2. 数据处理

(1) 根据实验内容 1 保存的光谱数据，参照附录中的处理方法，拟合线型获得积分吸收率和积分吸收率比值，进而计算水蒸气浓度，与湿度计结果对比。

(2) 根据表 10-6-1 的测量结果，绘制热电偶温度–光谱测量温度的对比图，分析两测量手段的差异来源。

(3) 根据实测的不同水平、流向位置的测点，分析旋流火焰的基本特征，并与高速摄影结果做对比。

【思考题】

(1) 室温下水蒸气的光谱吸收实验中的吸收光谱测量的水蒸气浓度结果为何与湿度计的结果不同，可能的原因是什么，如何减弱各种干扰？

(2) 吸收光谱的高温燃气测量实验中，测温的主要误差来源是什么？

(3) 气流或发动机应用中，吸收光谱测量技术的优缺点是什么，使用中有哪些注意事项？

【附录——波长扫描光谱的数据处理方法】

图 10-6-3 为典型的波长扫描法数据处理过程示意图，图 10-6-3(a) 为原始数据的形式，它与信号发生器的输出三角波信号同频率，图 10-6-3(b) 为基线拟合示意图，图 10-6-3(c) 为 Voigt 线型拟合示意图。由于信号发生器输出的是 1Hz 的三角波信号 (图 10-6-3(a))，上升沿和下降沿分别有一处吸收信号，上面的平直段说明探测器已饱和。吸收测量要求探测器光电效应呈线性关系，因此在探测器设计时要充分考虑激光器的输出光强，使得进入探测器光强处于探测器的线性响应段。下面

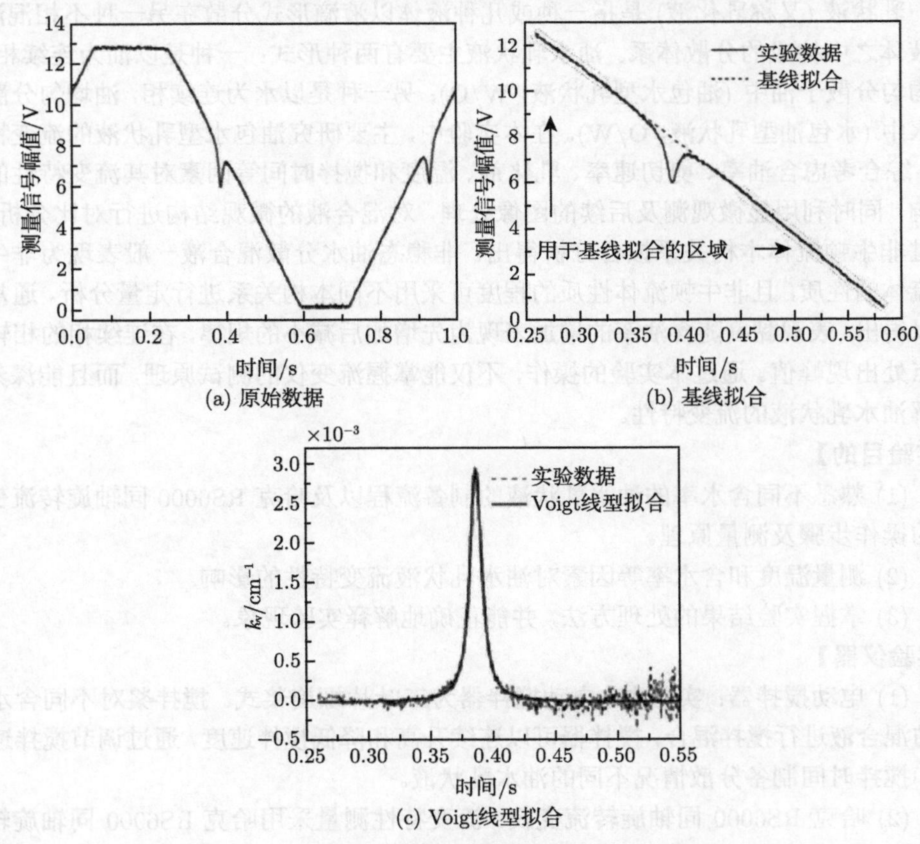

图 10-6-3 吸收信号处理

的平直段为小激光电流时的激光器零输出，其作用是作为背景基线以排除环境光对测量的影响。图中所示的相对时间对应不同的激光频率。直线拟合远离吸收峰的原始数据点可得到基线 (图 10-6-3(b))，这一步是波长扫描法数据处理的重点，应特别仔细地选取拟合点数，用拟合得到的基线归一化整个吸收线型的吸收率，然后用 Voigt 线型进行拟合 (图 10-6-3(c))，就得到了整个吸收线型轮廓，最后进行数值积分可以得到积分吸收率。两条吸收线的积分吸收率之比即 R。

10.7 超稠原油–水乳状液 (W/O 型) 流变特性测量

由于含水原油在开采和集输过程中，油相 (或水相) 常被分割成单独的小液滴，极容易形成油水两相均匀分散流动。这种两相分散流动在集输过程中呈现的流动规律与单相流体不同，且混合液表现为非稳定的状态以及复杂的非牛顿流体的性质，故采用单相流体力学的计算方法进行预测与实际情况偏差较大。

乳状液 (又称乳化液) 是指一种或几种液体以液滴形式分散在另一种不相混溶的液体之中构成的分散体系。油水乳状液主要有两种形式：一种是以油为连续相，水均匀分散于油中 (油包水型乳状液，W/O)；另一种是以水为连续相，油均匀分散于水中 (水包油型乳状液，O/W)。在本实验中，主要研究油包水型乳状液的流变特性，综合考虑含油率、剪切速率、乳化剂、温度和搅拌时间等因素对其流变特性的影响，同时利用显微观测及后续的图像处理，对混合液的微观结构进行对比分析。经过非牛顿流体本构关系拟合分析得出，非稳态油水分散混合液一般表现为非牛顿流体的性质，且非牛顿流体性质的程度可采用不同本构关系进行定量分析。通常可以得出，表观黏度随含油率的增加表现为先增加后减小的规律，在连续相的相转化点处出现峰值。通过本实验的操作，不仅能掌握流变仪的测试原理，而且能深刻理解油水乳状液的流变特性。

【实验目的】

(1) 熟悉不同含水率的油水乳状液的制备流程以及哈克 RS6000 同轴旋转流变仪的操作步骤及测量原理。

(2) 测量温度和含水率等因素对油水乳状液流变特性的影响。

(3) 掌握实验结果的处理方法，并能正确地解释实验现象。

【实验仪器】

(1) 电动搅拌器：实验中，电动搅拌器为三叶片螺旋桨式。搅拌桨对不同含水率的混合液进行搅拌混合，搅拌器可以连续升高和降低搅拌速度，通过调节搅拌速度和搅拌时间制备分散情况不同的油水乳状液。

(2) 哈克 RS6000 同轴旋转流变仪：流变特性测量采用哈克 RS6000 同轴旋转流变仪。溶液被充分搅拌后，样品置于平行板、锥板或同心圆筒转子和夹具之间，由流变仪发动机驱动转子，进而驱动样品产生流动或振动，样品的黏度和弹性与驱动力的大小和应变 (率) 相关，哈克 RS6000 同轴旋转流变仪有其自身的温控系统，可实现 0~100℃ 的温度控制，最终可以得到样品的流动曲线、黏度曲线和黏弹性特性等的流变特性。

(3) 德国耶拿 CCD C5 cool 摄像头：与 Olympus BX43 显微镜配套组成采集系统，用于油水液滴微观结构观测。

【实验原理和实验方法】

1. 实验原理

流变特性的测量主要借助流变仪或者黏度计进行。按照测量方式的不同，流变仪可以分为两种：一种是控制输入应力，测定产生的剪切速率，称为“控制应力流变仪”或者“CS 流变仪”；另一种是控制输入剪切速率，测定产生的剪切应力，称为“控制速率流变仪”或“CR 流变仪”。与 CR 流变仪相比，CS 流变仪能对聚合物内部的结果进行更深入的研究，本实验采用的哈克 RS6000 同轴旋转流变仪拥有 CS 和 CR 两种测量模式。

下面以同轴圆筒转子系统为例介绍流变特性测量的原理，锥板转子系统、平行板转子系统的原理与同轴圆筒转子系统相似，在这里不作介绍。传统的 HAKKE 同轴圆筒测量转子系统如图 10-7-1 所示。转子置于圆筒内，与固定的圆筒保持同轴。当圆筒、圆板或锥板在液体中旋转时，周围的液体做同心状旋转流动，这些部件均将受到基于液体的黏滞阻力产生的力矩作用。若旋转速度等条件相同，则这个力矩大小将随液体的黏稠程度而变化，液体黏度越大，力矩越大，因此测定力矩就可知道液体的黏度。实验样品体积恰当，刚好能填充圆筒底部缝隙以及转子与圆筒之间的缝隙。实验开始时，通过转轴控制转子以设定的角速度转动，同时测量相应的转矩。待测量完成后，根据圆筒内的流动特征，将角速度换算为剪切速率，将转矩换算为剪切应力，进而得到实验样品的流变曲线。

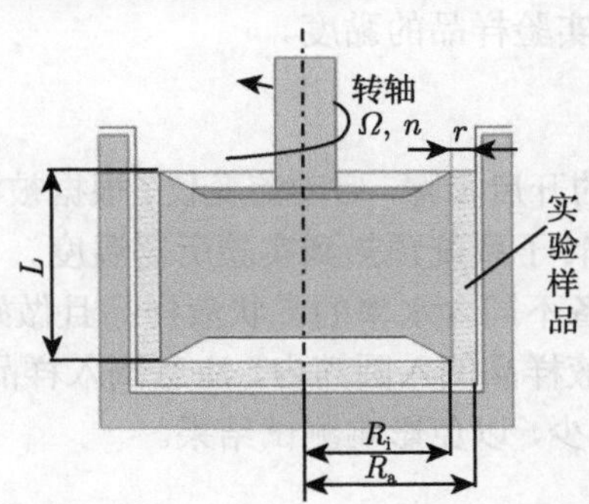

图 10-7-1　传统的 HAKKE 同轴圆筒测量转子系统示意图

图 10-7-1 中，Ω 为转子转动的角速度，单位为 rad/s；R_a 为杯子半径，R_i 为转子半径，L 为转子高度，单位均为 m；n 为转子转速，单位为 r/min；r 为杯子半径和转子半径之差。根据平板 Couette 流动特征可知，转子半径 R_i 处的剪切速率为

$$\dot{\gamma}_i = 2\Omega \frac{R_a^2}{R_a^2 - R_i^2} \tag{10-7-1}$$

引入半径比：

$$R' = \frac{R_a}{R_i} \tag{10-7-2}$$

可得

$$\dot{\gamma}_i = \left(\frac{2R'^2}{R'^2 - 1}\right)\Omega = M\Omega = \frac{\pi}{30}\left(\frac{2R'^2}{R'^2 - 1}\right)n \tag{10-7-3}$$

其中，M 为几何因子或者剪切速率因子，取决于圆筒杯子与转子的半径。则径向坐标 r 处的剪切速率为

$$\dot{\gamma}_r = \frac{R_i^2}{r^2}\left(\frac{2R'^2}{R'^2 - 1}\right)\Omega = \frac{R_i^2}{r^2}M\Omega \tag{10-7-4}$$

在半径 R_i、R_a、R_r 处的剪切应力分别为

$$\tau_i = \frac{M_d}{2\pi L R_i^2 \mathrm{CI}} \tag{10-7-5}$$

$$\tau_a = \frac{M_d}{2\pi L R_a^2 \mathrm{CI}} \tag{10-7-6}$$

$$\tau_r = \frac{M_d}{2\pi L r^2 \mathrm{CI}} \tag{10-7-7}$$

其中，CI 为扭转相关因子，其概括了转子的端面作用；M_d 为测得的转矩。因此，试样的黏度为

$$\eta = \frac{\tau_i}{\dot{\gamma}_i} = \frac{M_d}{2\pi L R_i^2 \mathrm{CI}}\frac{1}{M\Omega} = \frac{M_d}{\Omega}G \tag{10-7-8}$$

由上述分析可知，在几何因子以及扭矩相关因子已知的条件下，只要测定了转子的转矩和角速度，即可确定实验样品的黏度。

2. 实验方法

(1) 首先按照流变仪的开启步骤，启动流变仪。根据被测样品和测量方法选择、安装合适的转子系统，将转子系统预热到实验所需温度。

(2) 按照要求分别制备不同含水率的乳状液样品且做好标记。

(3) 将制备好的乳状液样品倒入圆筒内，注意倒入样品的体积，不要超过圆筒中间的刻度线但也不要过少，以免影响测试结果。

【实验内容及步骤】

实验过程包括乳状液制备和流变仪测试，具体如下。

1. 乳状液的配置

分别配备含水率为 5%、15%、25% 的乳状液各 300mL。控制搅拌时间 (90s、300s 和 600s)，用于测试搅拌时间对油水乳状液流变特性的影响。

2. 流变测试过程

(1) 在开机前，根据测量样品和测量方法选择安装控温夹套以及对应的控温器 SC150。保证电源、流变仪与控温箱设备的正确连接。

(2) 流变仪的开启顺序：开启空压机，检查输出压力表，要求压力为 0.2MPa；开启温度控制器；开启哈克 RS6000 同轴旋转流变仪，等待一起完成初始化自检；开启计算机，单击 RheoWin 软件的 Job Manager 快捷图标进入测试程序。

(3) 开始测试前，根据被测样品和方法选择、安装合适的转子系统，在测试程序中首先选择对应的转子和控温箱，然后打开新建菜单编辑测试步骤和方法，完成后保存为测试方法文件 (JOB)，以便下次测试时调用。

(4) 测试结束后，给实验数据命名并保存。

(5) 打开 RheoWin 软件中的 Date Manager，再打开已保存的测试结果文件，进行数据分析和处理。

(6) 清洗测量系统如测量转子和测量杯，如需进一步实验，请重新装样并从第 (4) 步开始。

(7) 关机程序退出 RheoWin 软件，关闭主机及控温设备，最后关闭空压机。

【注意事项】

(1) 取样要精准，使用搅拌器搅拌时要注意搅拌器叶片与烧杯的距离要适中。搅拌速度不要太高，防止乳状液溅出烧杯。乳状液黏度较大时，要将烧杯固定在搅拌器底座，防止烧杯随着搅拌器一起旋转。

(2) 注意倒入圆筒内样品的体积不要超过圆筒中间的刻度线但也不要过少，以免影响测试精度。

(3) 将样品倒入圆筒内，装好转子之后要将圆筒内的样品预热一段时间。让圆筒内的样品达到预设温度，提高测试精度。

【实验数据记录及处理】

1. 数据记录

按照表 10-7-1 记录实验数据。

2. 数据处理

根据测试得到的数据，绘制不同含水率下的黏度曲线 (图 10-7-2)，油水乳状液的黏度随剪切速率的增加而不断下降，表现为剪切变稀的性质。当油水乳状液为油包水型时，在同样的剪切速率下，乳状液的黏度随着含水率增加而逐渐增大。

表 10-7-1 油水乳状液流变特性测试数据记录表格

实验名称				实验日期		实验人员
样品编号	含水率/%	乳化剂含量/%	搅拌转速/(r/min)	搅拌时间/s	不同剪切速率下混合液黏度/(Pa·s)	
备注:						

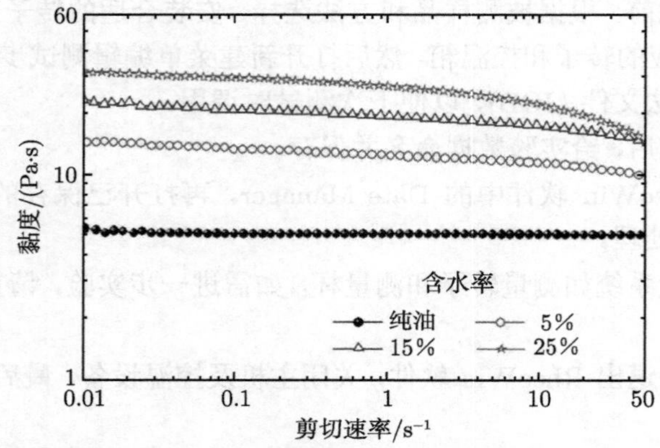

图 10-7-2 不同含水率下的黏度随剪切速率变化曲线

3. 完成实验报告

【思考题】

(1) 随着含水率的增加，油包水型乳状液的黏度逐渐增大的原因是什么？

(2) 添加乳化剂之后的油包水型乳状液的黏度为什么会逐渐增大？

(3) 温度的变化对油水乳状液的黏度产生影响的原因是什么？

10.8 基于电阻层析成像的气液两相流流型识别

在多相流领域中，相是指物理状态和化学性质相同的某种均匀物质。两相在一起共同流动就称为两相流，两相流包括气液、气固、液固、液液两相流。在一定的流道中的两相流动，在各种因素的影响下产生的某些种类的相间界面分布，通常称为流态或流型。在两相流计算中，如果把流型考虑在内，可以得到更准确的结果。

电阻层析成像 (electrical resistance tomography，ERT) 是一种非侵入式的过程成像技术。其通过测量边界电压，推算场内电导率分布，从而获得流场介质分布。采用 ERT 进行流型识别与其他识别方法相比，既具有直接观察法和照相法的图像判断的优点，又不受限于界面结构的反射和折射效应，适用于管壁不透明、高速流动的情况。同时它也克服了压力波动法和辐射吸收法中存在的对复杂信号难以处理分辨的局限。与其他过程成像技术相比，ERT 技术具有绿色无污染、成本低、采集速度高 (时间分辨率高)、测量尺度范围广且限制小、结构紧凑等优点。因此，进行本实验不仅可以增加人们对多相流流型的认识，也可以使人们对流型识别方法有更深入的了解。

【实验目的】

(1) 掌握气液两相水平管流的流型知识。

(2) 了解 ERT 技术。

(3) 调节入口条件在多相流管路中产生各种流型并使用 ERT 系统进行成像与识别。

【实验仪器】

(1)ERT 系统：ITS Z8000 ERT 系统主机、双圈 ERT 电极传感器、图像重建计算机、Z8000 系统软件、MFVAS 多相流可视化及分析系统软件。

(2) 多相流管路：控制台、水箱、油箱、分离装置、有机玻璃管路、空气压缩机、水泵、油泵、气体流量控制器、电磁流量计、齿轮流量计及其他附属设备等。

【实验原理】

1. 气液两相流水平管道内流型

由于重力的作用，在水平管道中液相介质更多地分布在管道的下部，气相介质更多地分布在管道的上部，甚至可能出现气相在上、液相在下的分层流动。当液体流量一定时，随着气体流量的增大，管内可能会出现某几种流型 (参考图 7-5-1)。

(1) 泡状流动：大量小气泡分散在连续的液体中，与竖直管内的气泡流不同的是，气泡趋向于管道的上部，呈不对称的相分布。

(2) 塞状流动：随着气体流量的增大，小气泡聚并成小弹状气泡在管道的上部向前流动，这个气泡之间几乎没有小气泡，这种流动也是间歇的、不稳定的。

(3) 分层光滑流动：随着气体流量的增大，气泡增多增大，当它们连成一片时，便形成气相在上、液相在下的分层流动，气液分界面较平坦。

(4) 分层波动流动：随着气体流量进一步增大，分层流的界面因气流速度的扰动而呈现波浪状。

(5) 弹状流动：随着气体流量的再增大，分界面的波幅增大，波峰涌起的液体润湿上管壁面，液体将上部的气体分割成弹状大气泡 ——“炮弹”。这些“炮弹”

的存在对于实际应用常常造成麻烦 (如产生突然的压力脉动、使管道发生振动等)。因此，如何计算弹状流动的开始点，具有重要的工程意义。虽然从图中比较极端的图例可以清楚地看出塞状流动和弹状流动的差别，但是要区别处于两者之间的差异实际上是很困难的。此外，与竖直管的弹状流动不同，水平管的上壁面几乎没有一层连续的液膜。

(6) 半弹状流动：随着气体流量的再增大，泡沫状的“炮弹”在管道的底部的分层表面上以波的形式出现，但实际上碰不到管子的顶部。

(7) 块状流动：随着气体流量的进一步增大，同竖直管的环状流相似，弹状大气泡失稳、破裂，形成大小不等、形状各异的块状气泡，同时使周围的液膜忽上忽下地振动流动，气泡和液膜间有较大的掺混。

(8) 环状流动：随着气体流量的增大，同竖直管的环状流动相似，在管道中部形成含有雾滴的气柱，气柱与管壁之间形成连续的液膜，但它下厚上薄。

(9) 雾状流动：随着气体流量的再增大，管壁上的液膜全被吹走，在流场中形成液泡组成的雾状流动。

2. 电阻层析成像

ERT 技术是电阻抗层析成像 (electrical impedance tomography, EIT) 技术的一种简化情况，只利用了阻抗中实部 (电阻) 的信息。ERT 是过程成像 (process tomography，PT) 技术的一种，其图像重建算法的数学基础为 Radon 变换，常用的图像重建算法为反投影算法。

ERT 技术的测量原理是：不同介质具有不同的电导率，因此只要探测出敏感场的电导率分布就可以得到物场的介质分布。其工作方式一般为电流激励、电压测量。当场内电导率分布变化时，电场的分布会随之改变，引起场内电势分布的变化，从而导致场边界上的测量电压发生变化。由于测量电压的变化情况反映了场内电导率的变化信息，所以利用边界上的测量电压，通过成像算法，就可重建得到场内的电导率分布，实现可视化测量 (参考 7.5.1 节)。

典型的 ERT 系统结构如图 10-8-1 所示。ERT 系统的控制单元多采用个人计算机，引入并行处理技术后也可采用多微机系统、神经元网络等。控制单元向数据采集单元发出指令，给某一对电极或多个电极施加激励电流，在对象内部建立起敏感场。然后测量边界上的电压信号，将得到的测量数据发送至图像处理单元，以适当的算法重建出对象内部的电导率分布，从而得到介质分布的图像并将其显示在屏幕上。最后进行数据分析，对图像的物理意义加以解释，获得相关的特征参数。

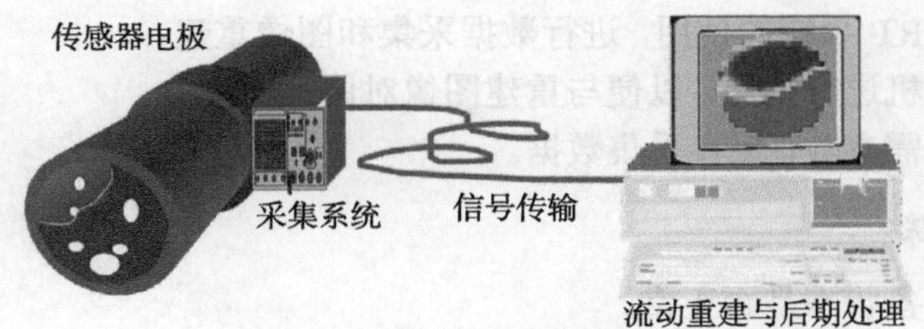

图 10-8-1 典型 ERT 系统结构示意图

【实验内容及步骤】

1. 实验内容

(1) 熟悉多相流管路 (图 10-8-2 和图 10-8-3)。管道为透明有机玻璃管，内径为 50mm，总长约 40m。气相由空气压缩机提供，经流量计和压力表后与液相混合。液相为普通自来水，从水箱由水泵进入管道。气液两相最后进入分离器，空气排出，水则循环使用。

图 10-8-2 实验管路实景图

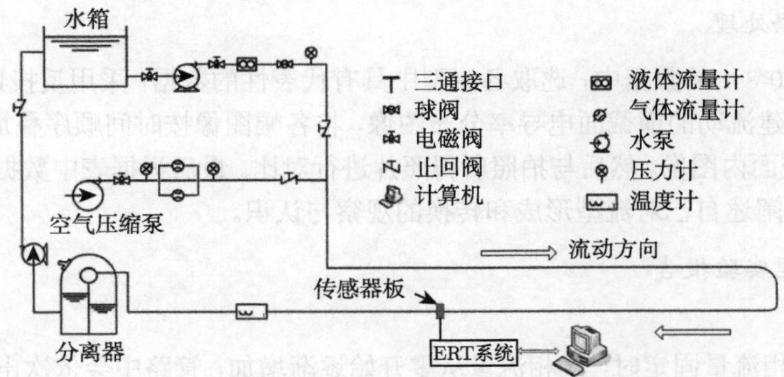

图 10-8-3 实验管路示意图

(2) 学习 ERT 系统的使用，进行数据采集和图像重建。

(3) 使用相机进行拍照，以便与重建图像对比。

(4) 记录所需参数，保存采集数据。

2. 实验步骤

(1) 检查设备状态是否正常。

(2) 连接 ERT 系统，启动测试程序。

(3) 开通水路，让管道充满水；ERT 系统采集基准数据。

(4) 开通气路，调节各流型；记录相关参数，拍照，ERT 数据采集。

(5) 保存数据文件。

【注意事项】

(1) 仔细检查 ERT 电极传感器各电极与线缆的连接情况，确认连接良好且互相之间无干扰。

(2) ERT 的基准数据非常重要，关系到重建图像质量的好坏，必须在全水情况下获得，并且需要仔细检查数据的误差范围。

(3) 流况调节后需稍等一会儿，待流型稳定后再测量。

【实验数据记录及处理】

1. 数据记录

实验数据记录参见表 10-8-1。

表 10-8-1　基于电阻层析成像的气液两相流流型实验数据记录表格

实验序号	观测流态	水相流量 /(m^3/h)	气相流量 /(L/min)	图像采集编号	图像采集速度 /(ms/双幅)

2. 数据处理

从表 10-8-1 的数据中，选取各流型中具有代表性的数据，采用反投影算法 (通过软件) 重建流动的横截面电导率分布图像，将各幅图像按时间顺序叠加排列，截取垂直轴截面内图像。然后与拍照所得照片进行对比。最后根据表中数据绘制简单流型图，并阐述自己对流型形成和转换的观察与认识。

3. 整理实验报告

【思考题】

(1) 液相流量固定时，气相流量从零开始逐渐增加，管路中会依次出现所有流型吗？

(2) 过程成像技术的数学原理与我们生活中熟知的 CT 是相同的，CT 所得的图像与相机所得的图像有什么原理上的本质区别？

(3) 通过 ERT 得到的轴截面图像与使用相机从管路侧面拍摄所得图像在本质上有何不同？

10.9 水槽波浪场的模拟和测量

波浪是具有自由表面的水体在外力作用下，水体质点受到扰动离开原来的平衡位置，在回复力 (表面张力、重力等) 和惯性力作用下做水面起伏运动，并通过周围的水质点向外传播的现象。波浪传播的本质是在水质点之间的能量传递过程，而水质点则围绕平衡位置做周期性振荡。

波浪理论的研究具有重大工程意义。本实验将在波流水槽中测量波浪流动参数，掌握波高仪、多普勒流速仪的使用，了解波浪传播与水质点运动的关系。

【实验目的】

(1) 了解波浪理论及水流边界层理论的基础知识。

(2) 掌握海洋工程波流水槽以及流场测量仪器的使用操作。

(3) 通过实验数据绘制实验水槽中波浪运动及水流的速度剖面。

(4) 了解影响实验结果精度的几个主要因素以及实验结果的计算和分析。

【实验设备与仪器】

1. 实验设备

(1) 波流水槽。本次实验采用国内首座专门模拟“波浪/海流-水中结构-海床土体”流固土耦合的实验设备 (图 10-9-1)，设备长 52m，宽 1m，深 1.5m，设有模拟海床的土箱 (实验段总深 3.3m)。

图 10-9-1 流固土耦合波流水槽

(2) 造波系统。造波系统采用伺服电机驱动滚珠丝杠型式的推板式造波机，由造波板、滚珠丝杠、伺服电机、伺服电源、网络运动控制卡、模拟数字接口及计算机与外设等部分组成。造波系统可以生成规则波、孤立波、破碎波和随机波等。其波浪周期为 1~5s，最大波高为 20cm。

2. 测量仪器

(1) 电容式浪高仪。电容式浪高仪由弓形钢架和漆包线构成一个电容器。由于水的介电常数 ε_1 远大于空气的介电常数 ε_2，则电容器的电容 C_x 为

$$C_x = \frac{\varepsilon_1 S_1}{d} = \frac{\pi\phi\varepsilon_1}{2d} H_x = K H_x \tag{10-9-1}$$

其中，H_x 为入水深度，K 为标定系数。传感器的电容随水面浪高大小变化而变化，且与水中部分的长度成正比。

(2) 超声波多普勒流速仪。超声波多普勒流速仪 (图 10-9-2) 利用多普勒效应，声波发射后，遇到水中粒子会发生反射，发射回来的声波发生多普勒频移 (频率改变)，该频率的变化与水流速度成比例。基本参数为：测量范围 0~4m/s，采样频率 200Hz，测量精度 1mm/s，测量距离 0.02~2m。

(a) 超声波多普勒流速仪照片

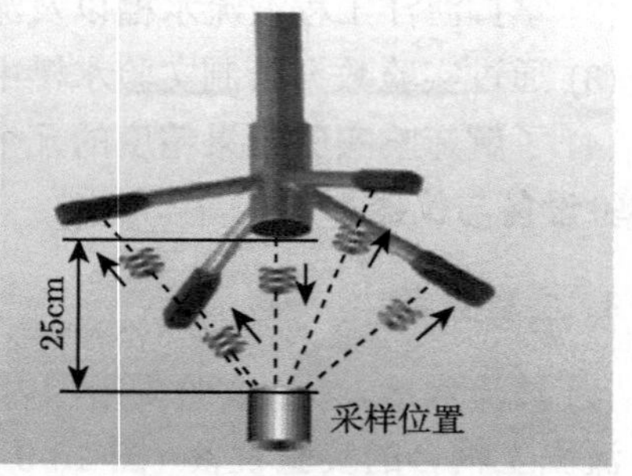

(b) 工作原理

图 10-9-2　超声波多普勒流速仪照片及工作原理示意图

【实验原理】

1. 波浪理论的基本假设

流体是均质和不可压缩的，密度为常数；流体是无黏性的理想流体 (无旋的)；自由表面的压力是均匀的且为常数；海地水平，不可渗透；流体上仅受重力 (表面张力、科里奥利力忽略)；波浪属于平面运动，即在 x-z 平面内做二维运动。

2. 波浪场的数学描述

1) 控制方程

根据流体力学原理，无旋运动下的波浪运动为势波运动，必然存在速度势函数

ϕ，水质点的速度矢量 $\vec{V}$ 为势函数的梯度：

$$\vec{V} = \nabla\phi = \frac{\partial\phi}{\partial x}\vec{i} + \frac{\partial\phi}{\partial z}\vec{k} \tag{10-9-2}$$

如果 u 和 w 为水平和垂向速度分量，则

$$\vec{V} = u\,\vec{i} + w\,\vec{k} \tag{10-9-3}$$

而且

$$u = \frac{\partial\phi}{\partial x}, \quad w = \frac{\partial\phi}{\partial z} \tag{10-9-4}$$

对于不可压缩流体，其连续性方程为

$$\frac{\partial u}{\partial x} + \frac{\partial w}{\partial z} = 0 \tag{10-9-5}$$

由此得到速度势的控制方程为

$$\frac{\partial^2\phi}{\partial x^2} + \frac{\partial^2\phi}{\partial z^2} = 0 \tag{10-9-6}$$

或记作

$$\nabla^2\phi = 0 \tag{10-9-7}$$

流体是不可压缩流体，且流体运动是无旋且有势运动。

2) 边界条件

(1) 海底边界为固壁，水质点垂直速度应为零，即

$$w|_{z=-h} = 0, \quad 即\ \frac{\partial\phi}{\partial z} = 0, \quad z = -h \tag{10-9-8}$$

(2) 在波面 $z = \eta$ 处，应满足动力学边界条件和运动学边界条件。

(3) 动力学边界条件：流体受力仅为重力，且满足能量守恒原理。假设自由水面压力为常数并令 $p = 0$，根据伯努利方程有

$$\left.\frac{\partial\phi}{\partial t}\right|_{z=\eta} + \frac{1}{2}\left.\left[\left(\frac{\partial\phi}{\partial x}\right)^2 + \left(\frac{\partial\phi}{\partial z}\right)^2\right]\right|_{z=\eta} + g\eta = 0 \tag{10-9-9}$$

(4) 运动学边界条件：流体界面具有保持性，不应有穿越界面的流动，即界面上水质点运动与界面运动的法向速度相同。

$$\frac{\partial\eta}{\partial t} + \frac{\partial\eta}{\partial x}\frac{\partial\phi}{\partial x} - \frac{\partial\phi}{\partial z} = 0, \quad z = \eta \tag{10-9-10}$$

(5) 端部边界条件：流体运动在时间和空间上均呈周期性，即

$$\phi(x, z, t) = \phi(x - ct, z) \tag{10-9-11}$$

3) 定解问题

对于小振幅的波浪场，可以忽略非线性项。根据控制方程及边界条件可得水波方程的定解问题，该问题可以用分离变量法求解。对于平面行进波，可得速度势的表达式：

$$\varphi = \frac{gA}{\omega}\frac{\cosh\left[k\left(z+h\right)\right]}{\cosh(kh)}\sin(kx-\omega t) \tag{10-9-12}$$

以及色散关系：

$$\omega^2 = gk\tanh(h) \tag{10-9-13}$$

还可以进一步得到质点的运动轨迹为

$$\left(\frac{x-x_0}{a}\right)^2 + \left(\frac{z-z_0}{b}\right)^2 = 1 \tag{10-9-14}$$

其中

$$a = A\frac{\cosh\left[k\left(z_0+h\right)\right]}{\sinh(kh)},\quad b = A\frac{\sinh\left[k\left(z_0+h\right)\right]}{\sinh(kh)} \tag{10-9-15}$$

根据自由面处 $b=H/2$，可得 $A=H/2$，其中 H 代表波高。

【实验内容和步骤】

1. 实验内容

(1) 掌握实验室条件下模拟水槽内波浪场与水流的基本操作；测量不同波浪周期和波高下的水质点运动速度；描绘波浪场中水质点的运动轨迹。

(2) 测量水流边界层不同位置的流速并进行数据拟合。

2. 实验步骤

波浪流速测量实验步骤主要包括造波、采集数据、数据处理；水流流速断面测量实验步骤包括造流、数据采集、数据处理，简述如下。

(1) 波浪流速测量实验：水槽中加水至 50cm 深；调节好波高仪的位置及超声波多普勒流速仪探头的位置 (探头距水底 15cm、25cm、35cm 共三个位置，被测量点的位置位于探头下方 5cm 处)；打开数据采集程序，采样频率设置为 200Hz，调整数据采集系统处于待命状态；打开造波系统开关，在控制室的主控计算机上打开造波软件；依照实验采用的波浪参数 (如波高 H=12cm、波浪周期 T=2s) 进行凑谱，形成造波文件；开始造波，同时开始采集数据，采样时间大于 60s。

(2) 水流流速断面测量实验：水槽中加水至 50cm 深；调节好超声波多普勒流速仪探头的位置 (探头距水底 10cm、15cm、20cm、25cm、35cm 共五个位置)；打开数据采集程序，采样频率设置为 200Hz，调整数据采集系统处于待命状态；打开造流系统开关，在控制室的主控计算机上打开造流软件；依照实验采用的水流流速开始造波，同时开始采集数据，采样时间大于 60s。

【注意事项】

(1) 水中介质 (如泥沙等微粒) 含量影响超声波多普勒流速仪信噪比，实验中需要注意改进。

(2) 注意比较实验中所造波浪与理论结果的差别。

(3) 测得的原始流速数据必要时需要进行适当的滤波处理。

【实验数据记录及处理】

1. 数据记录

(1) 波浪参数：水深、波浪周期和波高。

(2) 流速数据记录：流速仪高度数据、单点三维流速数据。

2. 数据处理

(1) 绘制波高仪测量得到的波面数据，提取获得各个波浪周期内的实测波高和周期。

(2) 根据实测波高和周期，利用波浪理论计算不同位置处的水质点流速幅值及运动轨迹幅值。

(3) 对波浪流速数据进行滤波处理，提取获得一定周期内的流速幅值，并与理论计算结果进行对比分析。

(4) 对水流流速数据取平均，提取获得水流流速断面分布，并将其与理论计算结果进行对比分析。

3. 完成实验报告

【思考题】

(1) 线性波浪理论有哪些基本假设？哪些情况下该理论可能产生较大的误差？

(2) 如何通过两个波高仪测得波浪波长？对波高仪的位置有什么具体要求？

(3) 试对比波浪边界层与水流边界层的异同。

10.10 水槽流动的粒子图像测速

粒子图像测速 (PIV) 技术是一种瞬态、多点、无接触式的测速方法，能在同一瞬态记录下大量空间点上的速度分布信息，并可提供丰富的流场空间结构以及流动特性。本实验采用二维 PIV 仪在低速水槽中测量模型鱼尾等流场中的二维速度场，并给出速度云图和流线图。

【实验目的】

(1) 了解 PIV 仪通过粒子图像互相关测量二维速度场的基本原理。

(2) 掌握用激光器、柱透镜、汇聚透镜和准直透镜搭建片光光路的过程。

(3) 掌握二维 PIV 测量的实验方法和技术。

(4) 掌握用 Tecplot 对二维速度场进行后处理，获得速度矢量图、等速度云图、涡量云图等。

【实验仪器】

(1) 流体系统：水槽、模型、光学位移台 Physik Instrument。

(2) PIV 光学系统：激光器、凸透镜、柱透镜、光学镜架、200 帧/s 的 CCD(480×320 像素)、高速图像采集卡、PIV 图像处理软件、示踪粒子。

【实验原理】

PIV 仪利用片光源照亮流场中的示踪粒子，用 CCD 拍摄图像。对两幅图像进行自相关或互相关处理，得到流场速度等测量结果。其原理可参考 6.6.3 节。该系统通常包括以下几个组成部分：光源、CCD、同步控制器、示踪粒子、计算机等。测量时，首先在流场中均匀撒布示踪粒子。示踪粒子应不溶解于实验流体，粒子尺寸在几微米到几十微米范围，粒子密度与流体密度相匹配使得粒子跟随性好。通常采用聚苯乙烯小球、镀银空心玻璃球、松花粉等。光源发出的光经过柱状透镜等光路形成片光照明流场。PIV 系统多采用脉冲激光光源或者连续激光光源加斩波器，其发射光的强度可以使散布于流场中的微小示踪粒子也能清晰地被图像记录仪捕捉到，为后期的分析计算提供高质量的图像。通过同步控制器操控 CCD 的拍摄及脉冲激光的发射。拍摄图像后，通过软件进行图像处理和相关计算得到流场参数。

【实验内容与步骤】

1. 实验内容

(1) 搭建 PIV 实验台 (图 10-10-1)，学会光路与相机操作，掌握图像处理软件的使用。

图 10-10-1　PIV 实验台照片

(2) 安装模型鱼尾 (图 10-10-2)，拍摄鱼尾在水槽中摆动所形成的流场，并对比不同摆动幅度和频率下流场行为的变化。

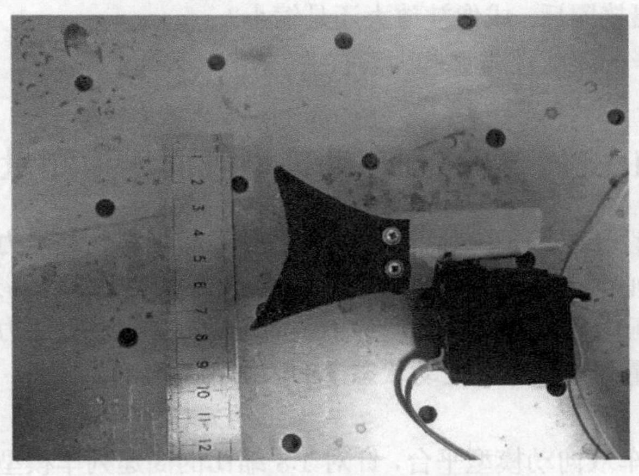

图 10-10-2 模型鱼尾与操控发动机

2. 实验步骤

(1) 安装并调试 PIV 系统。

(2) 将水槽中注入适量的水，撒入示踪粒子，并搅拌均匀。打开激光器，调节光学透镜位置，使其产生片光源，照亮水槽的某个平面。取下 CCD 镜头盖，打开 PIV 图像处理软件，调好焦距和亮度使被照明的截面足够清晰，粒子的对比度较好。

(3) 将剪制的鱼尾安装到舵机上，并使用树莓派系统对舵机的运动进行操控，令鱼尾进行周期摆动。

(4) 用 200 帧/s 的 CCD、高速图像采集卡采集鱼尾拍动形成的尾迹流场，并用 PIV 软件查看拍摄效果。用刻度尺和 PIV 软件对鱼尾尺寸进行标定，以便将像素和真实尺寸进行换算。

(5) 利用 Tecplot 计算得到流场的速度场、流线、涡量场等特性参数，分析流动特征。

【注意事项】

使用激光器时，先加电再将功率调大；使用结束后，先将功率调小再断电。切勿让激光直射眼睛！CCD 数据线拔插需要在计算机关闭的情况下进行。切勿让激光直射 CCD 镜头！调试光路时，要将 CCD 的光圈调至最小。

【实验数据记录与处理】

(1) 数据记录与分析。用 PIV 软件记录鱼尾产生的 9 组不同振幅和不同频率的摆动，用 Tecplot 对每组结果进行分析。

(2) 完成实验报告。

【思考题】

(1) 加入近摄接圈后，成像被放大还是缩小？

(2) 示踪粒子的跟随性与哪些因素有关？

10.11 高速列车动模型表面压力测量

在高速列车设计中，列车表面气动压力的分布与列车气动阻力有关，是优化列车气动外形设计必须考虑的极其重要的设计参数。本实验将在高速列车动模型平台上进行，采用压力传感器测量模型列车壁面压力。首先进行压力传感器的静、动态标定，然后测量列车模型在运动状态下的表面压力分布。

【实验目的】

利用高速列车双向动模型平台，针对 1:8 缩比的高速列车模型，进行明线气动力实验，测量指定运行速度时的表面压力分布。

【实验仪器】

高速列车双向动模型平台、压力传感器、数据采集器、压力传感器静态标定设备、钝头体驻点压力标定设备等。

【实验原理】

1. 高速列车动模型实验平台

高速列车动模型实验平台装置全长 268m，列车模型加速段长 40m，实验段最短长度 50m，减速段最长 90m。列车实验模型加速采用压缩空气驱动加速技术，减速技术采用永久磁铁和铁质地板的阻尼减速。该实验平台可将外形尺寸缩比为 1:8、质量达到 100kg 的列车实验模型加速至最高时速 500km/h，并实现均匀减速至静止。实验平台的工作过程如图 10-11-1 所示, 可开展明线行驶、列车交会、穿越隧道等工况下的列车空气动力学性能实验。

2. 压阻式压力传感器

8530C-15 型压阻式压力传感器是一种微型、高灵敏度的压力传感器，量程为 0~15psi(psi 为英制压强单位，代表磅力每平方英寸，1psi=6.895kPa)，灵敏度为 15.0mV/psi，工作温度范围为 255~366K。这种传感器采用集成工艺将电阻条集成在单晶硅膜片上，制成硅压阻芯片，并将此芯片的周边固定封装于外壳之内，引出电极引线。压阻式压力传感器又称为固态压力传感器，它不同于粘贴式应变计需通过弹性敏感元件间接感受外力 (参考 4.2.1 节)，而是直接通过硅膜片感受被测压力。硅膜片的一面是与被测压力连通的高压腔，另一面是与大气连通的低压腔，因此可以测量压差。压差传感器在使用前需要进行静态和动态标定。

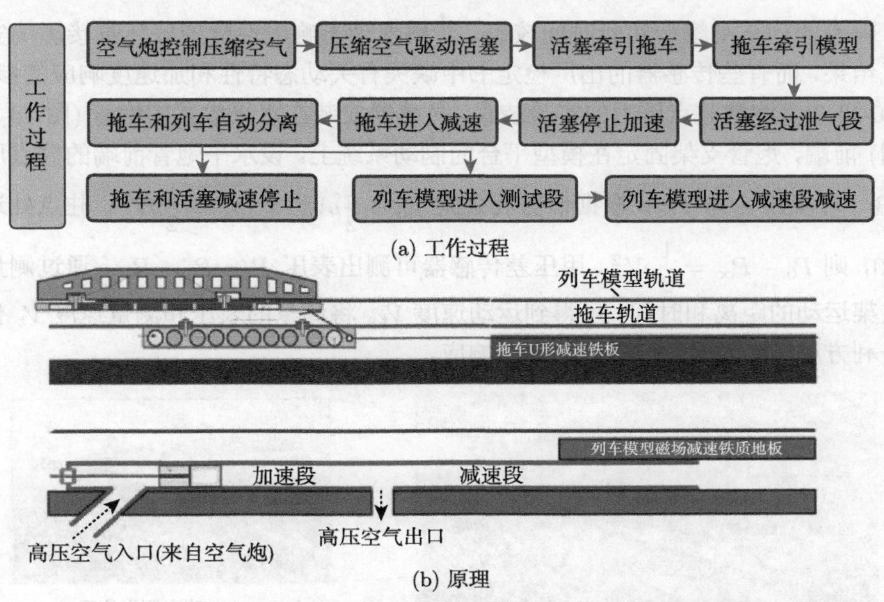

图 10-11-1 高速列车动模型实验平台工作过程及原理图

3. 浮球式压力计

浮球式压力计是一种气动负荷式压力计，可用于对压力传感器进行静态标定(图 10-11-2)。它用压缩空气或氮气作为压力源，以精密浮球处于工作状态时的球体下部的压力作用面积为浮球有效面积。实验初始，将精密浮球置于筒形的喷嘴内部，将专用砝码加载于砝码架，砝码架置于球体的顶端。实验中，喷嘴内的气流作用在球体下部，使浮球在喷嘴内飘浮起来。当专用砝码对浮球的作用力与气压的作用力相平衡时，浮球式压力计便会输出一个稳定而精确的压力值，该输出压力与砝码负荷成比例。

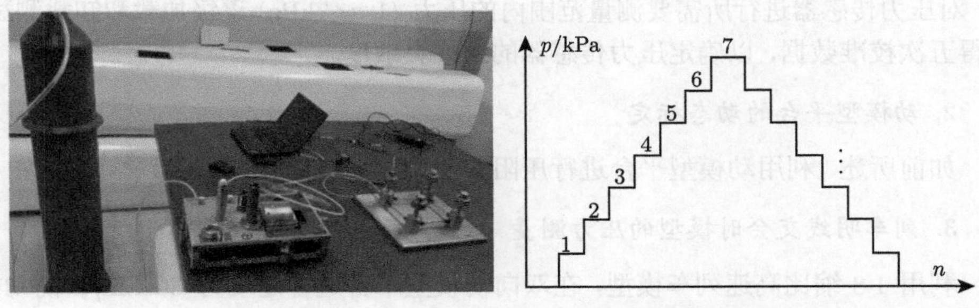

图 10-11-2 浮球式压力计静态标定与加载方式示意图

4. 利用动模型平台进行压阻式压力传感器的动态标定

瞬态的列车动模型实验时间较短，传感器动态响应性能的好坏直接影响实验测试结果，而有些传感器的出厂检定书中缺失有关动态特性和加速度响应的参数。图 10-11-3 为测量驻点压力的实验装置。传感器安装在水平放置的炮管 (图 10-11-3 右图) 前端，炮管支架固定在模型平台的制动系统上。设水平炮管前端的驻点压力为 P_0，环境压力为 P_∞，根据伯努利公式 $P_0+\dfrac{1}{2}\rho V_0^2=P_\infty+\dfrac{1}{2}\rho V_{\rm t}^2$，驻点处速度 V_0=0，则 $P_0-P_\infty=\dfrac{1}{2}\rho V_{\rm t}^2$。用压差传感器可测出表压 $P=P_0-P_\infty$，通过测量炮管支架运动的距离和时间，可得到运动速度 $V_{\rm t}$。将测量的表压和测量速度 $V_{\rm t}$ 代入伯努利方程，校核压力传感器的动态响应。

图 10-11-3　驻点压力测量实验装置

【实验内容与步骤】

在进行动模型实验之前需要对压力传感器进行静态标定，在现场实验环境下对压力传感器进行电压–压力关系的标定工作。这是因为环境的温度、湿度等条件对传感器的分辨率有一定影响，而且由数据采集器提供的供电电压与压力传感器的额定电压不同，不能采用传感器自带的分辨率参数。

1. 压阻式压力传感器的静态标定

利用浮球压力计组成的静态标定系统，通过调整浮球压力计的砝码架上的砝码，对压力传感器进行所需要测量范围内的压力 (1 ～ 7kPa) 逐级加载和卸载测试，获得五次校准数据，以确定压力传感器的线性灵敏度。

2. 动模型平台的动态标定

如前所述，利用动模型平台进行压阻式压力传感器的动态标定。

3. 列车明线交会时模型的压力测量

利用 1:8 缩比高速列车模型，在双向动模型平台进行速度为 300km/h 的动模型气动力实验，使用标定后的压力传感器进行指定点的动态压力测量，并与数值仿真结果进行必要的对比分析。经过现场标定的传感器通过预埋件安装到车体表面，安装压力传感器时需要注意测压孔周围没有毛刺，孔口无倒角，保证传感器表面与车表面平行光滑过渡，略微的角度偏差将对实验结果造成较大的影响。

实验中所使用的压力传感器数量由参试的高速列车模型决定，其中头尾车的压力测点分布差异较大。为了测量和研究高速列车明线运行时的交会压力波，着重记录头尾车车厢和中间车车厢交会内侧的测点压力变化。交会内侧压力测点均分布于车厢侧壁、高度方向中点处；沿列车长度方向等距分布。用于研究交会压力波的压力测点分布于头车、中间车和尾车同一侧车厢壁面处，共计七个压力传感器安装位置。

【实验数据记录与分析】

1. 实验数据记录

(1) 压力传感器静态标定：按照表 10-11-1 内容记录传感器五组加卸载数据。进行线性拟合，获得传感器灵敏度 γ。

表 10-11-1 传感器静态标定实验数据

压力/kPa	电压/mV									
	第一组		第二组		第三组		第四组		第五组	
	加载	卸载	加载	卸载	加载	卸载	加载	卸载	加载	卸载
1										
2										
3										

(2) 记录运行速度为 300km/h 的压力传感器驻点压力曲线。

(3) 记录列车在明线运行时的压力传感器测量数据。

2. 实验数据分析

(1) 根据静态标定实验记录，整理传感器电压–压力关系曲线，线性拟合后给出传感器灵敏度系数。

(2) 根据动态标定数据，判断被测传感器的动态响应、抗加速度灵敏度等动态性能。

(3) 根据车头、车身等不同部位的传感器数据，分析各测点的压力分布并给出压力云图。

3. 完成实验报告

【注意事项】

(1) 进入高铁实验室要听从实验室工作人员的安排，动模型实验时严格按照实验室安全规程操作。

(2) 压力传感器静态标定时需要利用高压气源，要严格遵守操作规程，避免发生意外。

(3) 压力传感器属于易损件，在压力标定和模型测试过程中注意对其探头的保护。

10.12 高速列车动模型的振动特性及气动阻力测量

随着列车速度的提高，气动阻力所占总阻力的比例越来越大，当车速大于 300km/h 时该比例可超过 85%，因此气动阻力是高速列车设计必须考虑的重要参数。列车的模型实验主要采用风洞实验和动模型实验，动模型是相对于风洞实验采用的静模型而言的，采用运动的列车模型更接近实际工况，其不仅可以模拟列车与空气的相对运动，而且可以模拟列车与地面、隧道、列车 (交汇) 等结构物的相对运动对流场及气动力的影响。

一般动模型实验仅局限于车模上离散点气动压力的测量。为了直接测量气动力，本实验采用自制的六分量扩展天平，解决了大的加速度导致的测力量程与测量精度的矛盾，克服了轨道振动的影响。通过动模型测力实验可以让学生了解轨道上高速运动物体的动力学特性 (刚体平动、转动及振动) 及其与气动载荷的耦合现象，掌握测力的基本实验方法。

【实验目的】

(1) 了解高速列车动模型实验平台，熟悉六分量测力传感器及测速系统、多分量加速度计的工作原理、使用操作步骤等。

(2) 掌握动模型气动阻力测量的原理及惯性补偿的理论方法，熟悉动模型气动力测量的实验步骤。

(3) 掌握分离轨道振动影响的实验数据处理方法，了解高速列车气动阻力与车速的相关性。

【实验仪器】

(1) 高速列车动模型实验平台：轨道长 270m，有牵引及制动机构、气动动力结构、控制系统，车速 500km/h。

(2) 动车模：铝合金标准车模，模型缩比 1:8。

(3) 测量仪器：扩展天平 (具有过载保护和隔振功能的六分量测力传感器)、多分量加速度传感器、激光测速系统。

【测量原理和测量步骤】

1. 测量原理

动模型及双扩展天平支撑组成的测量系统安装在牵引滑梁上，因此测量阶段动模型测量结构体系构成一个在轨道上滑动的刚体振子。设直角坐标系为固定的实验室直角坐标系，假设牵引滑梁和车模的振动为小幅振动 (几何线性)，基于 Lagrangian 力学和 D'Alembert 原理，可得到车体相对于滑梁的黏弹性振动的动力学方程：

$$M\left(\ddot{X}_M-\ddot{X}_R\right)+C\left(\dot{X}_M-\dot{X}_R\right)+K\left(X_M-X_R\right)=-M\ddot{X}_R+f_{\mathrm{a}}(X_M,\dot{X}_M,\ddot{X}_M,\cdots) \tag{10-12-1}$$

其中，X_M 和 X_R 分别为车模上的测点 M 和滑梁上的某一参考点 R 在 X 坐标系中的六分量坐标，各包含三个平动坐标以及三个转动坐标，它们分别刻画了车模和滑梁相对于 X 坐标系的位置，其差表示它们之间的相对位置；头上有单点和双点的 X_M 和 X_R 分别表示相应的速度和加速度；M、C 和 K 分别为 6×6 质量、黏性和刚度矩阵；$f_{\mathrm{a}}(X_M,\dot{X}_M,\ddot{X}_M,\cdots)$ 为六分量气动力向量，与车模的运动和姿态有关 (流固耦合效应)。

由方程 (10-12-1) 可得

$$M\ddot{X}_M+F_{\mathrm{s}M}=f_{\mathrm{a}}(X_M,\dot{X}_M,\ddot{X}_M,\cdots) \tag{10-12-2}$$

其中

$$F_{\mathrm{s}M}=C\left(\dot{X}_M-\dot{X}_R\right)+K\left(X_M-X_R\right) \tag{10-12-3}$$

为 M 点的合成支撑力六分量向量，由两个六分力测力传感器测得的各分力求合力并向 M 点取矩得到。

方程 (10-12-3) 给出了六分量惯性力、支撑力和气动力之间的平衡关系，同时也给出了一般动态条件下六分量气动力测量的原理和惯性补偿方法，即同步测量六分量支撑力和车模中某一测点 M 的六分量加速度，包括三个平动加速度和三个角加速度，然后通过质量矩阵获得六分量惯性力，它与支撑点的合成支撑力叠加，即可获得六分量气动力。

对于准稳态 (无列车交汇、无进出隧道) 气动阻力的测量，式 (10-12-3) 可简化为

$$m\ddot{X}_{M\mathrm{d}}-F_{\mathrm{s}M\mathrm{d}}=f_{\mathrm{ad}} \tag{10-12-4}$$

其中，m 为车模振子的质量，$\ddot{X}_{M\mathrm{d}}$ 为车模滑行的加速度 (由于滑轨的摩擦阻力和气动阻力，测量阶段车模存在 $0.3\mathrm{m/s^2}$ 左右的负加速度)，$F_{\mathrm{s}M\mathrm{d}}$ 为天平测得的滑行方向的支撑合力，f_{ad} 为滑行方向的气动阻力。

2. 测量步骤

1) 车载测量系统安装

首先在车模内的箱梁上安装车载气动力测量系统，该系统包括各类传感器及其信号放大和采集仪器，并尽可能均匀对称布置在车模内的箱梁顶面上 (图 10-12-1)，

这里箱梁起到车载测量平台的作用。两个扩展天平的各分力电信号经放大器放大由采集卡记录；六分量加速度计传感单元由一个三分量的线加速度计和三个单分量的角加速度计组成 (本实验只需安装线加速度计)，安装在测点 M 处 (一般取箱梁顶面中心位置)，线加速度计的信号经内置放大器放大或直接输出由采集卡记录。两个采集卡的采集由线加速度计信号同步触发。

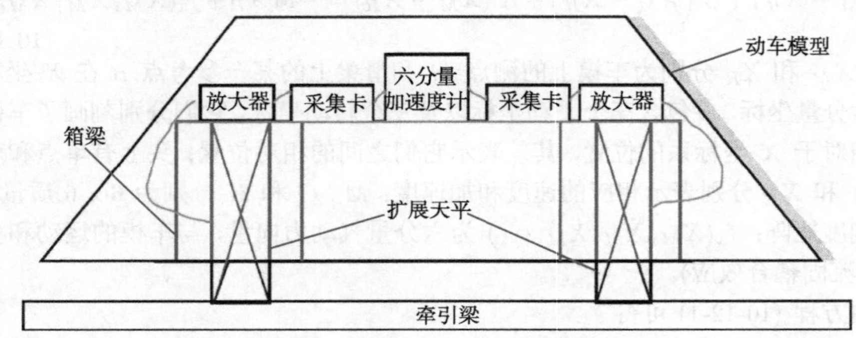

图 10-12-1　车载气动力测量系统

2) 车模及测量系统称重

分别测量车模及扩展天平的质量。

3) 扩展天平和车模安装

首先将两个扩展天平安装在动模型实验平台上的两个滑块上，滑块由滑梁连接，扩展天平的底板与滑块用螺栓连接；然后利用车模的两个安装孔将箱梁及车模坐落在两个扩展天平上，利用螺栓将两个扩展天平的上顶板与箱梁连接实现车模在动模型实验平台上的安装。

4) 动模型实验

利用动模型实验平台将车模驱动加速到实验车速，然后使车模在测试段自由滑行，通过测试段后通过制动装置使车模减速直至停止下来。利用车载测量系统同步测量实验全过程两个扩展天平的六分量支撑力和六分量的加速度；同时在轨道旁的激光测速系统测量测试段的车模速度；实验结束后取出采集卡上的数据卡供数据分析。通过改变发射系统的压力，重复上述实验可获得不同车速下的气动阻力。

【实验数据记录及处理】

1. 数据处理

(1) 惯性补偿：首先基于式 (10-12-4) 获得计及轨道振动影响的气动力。

(2) 滤波处理：应用低通滤波的方法分离高频轨道振动影响。

(3) 确定稳态气动阻力：取测量段过渡段后的准稳定段的均值作为稳态气动阻力。

(4) 确定气动阻力与车速的相关性：由上述获得的实验数据建立气动阻力与车速之间的相关规律，并与相应的理论进行比较。

2. 完成实验报告

【思考题】

(1) 动模型实验与风洞静模型实验的流场有何区别？

(2) 扩展天平在哪些方面对现有天平的功能进行了扩展？

(3) 动模型与风洞静模型气动力的测量原理有何区别？

(4) 动模型无量纲气动阻力系数与车速的相关性有何特点？其实验规律可以按照相似率用于实车吗？

10.13 毫牛级微小推力测试

重力场测试、深空探测等空间研究进展，对卫星推力器 (发动机) 的最小推力、冲量和推力噪声等都提出了更高要求。微小推力测试技术即针对这一需求开展研究，是物理量 (即力) 测量的特殊场合，较为困难。其主要原因是推力器的有效推力与其自身重量的比值 (即推重比)，常在 10^{-4} 量级甚至更小。传感器直接测力几乎不可行，需要间接测力方法。本实验利用自行研制的扭摆式台架，将微小推力、冲量转换为位移和速度进行精确测定，通过砝码标定获得位移–力的比例系数。通过本实验，不仅能加强读者对理论力学相关知识的理解，而且能让读者熟悉卫星推力器及其地面测试技术。

【实验目的】

(1) 了解各主流卫星推力器的原理和推力范围。

(2) 掌握微小推力、冲量测试方法，测力系统的运动方程及各参数的意义。

(3) 熟悉毫牛级测力系统的使用以及测控软硬件操作。

(4) 了解影响实验结果精度的主要因素，对实验结果及计算过程进行分析。

【实验仪器】

毫牛级微推力测试系统包括控制箱、扭摆台架、电磁阻尼器、激光位移计，辅助设备包括真空仓、精密砝码、电子水平仪、模型冷气推力器、高压氮气、减压阀、压力传感器。

【实验原理】

卫星用微型推力器的特点是推力比较小，一般推力在几微牛到几牛之间，难以使用测力传感器直接测量。对于以脉冲形式工作的微型推力器，还必须考虑台架阻尼的影响，因此多通过间接法，设计不同结构的推力台架，将推力测量转化为台架位移或加速度测量。常用的台架结构类型包括单摆、双摆或扭摆等，它可以通过标定静态推力与台架位移/加速度之间的关系，实现推力测量。

1. 微推力测试台原理

本实验所用的扭摆台架如图 10-13-1 所示，包含底座 (22)、固定支座 (7,8)、旋转支座 (20)、摆臂 (1,2,3,5,9,11,12,13)、配重 (4)、阻尼器 (21)、固定螺丝 (6,16) 等。摆臂可以绕着图中心的挠性轴旋转一个较小角度，该轴的阻尼极小，运动阻尼由图中的阻尼器 21 提供。推力器固定于推力台架的右侧支架臂 11 (过渡板) 上。激光位移传感器 (图 10-13-2) 安装在测量支座 23 上，发出的光束信号经过摆臂侧壁反射后被传感器内部的 CCD 记录并处理获得传感器与该金属片的绝对距离。该传感器具有 100kHz 的测量频率，因此能够获得位移 (摆角) 的绝对值及其时间变化曲线，这样可以得到摆的最大位移、最大速度以及加速度历程，结合静态标定 (标定系统配件 10,14,15,17,18,19) 可获得推力器的稳态推力、单脉冲冲量以及加速度变化曲线。

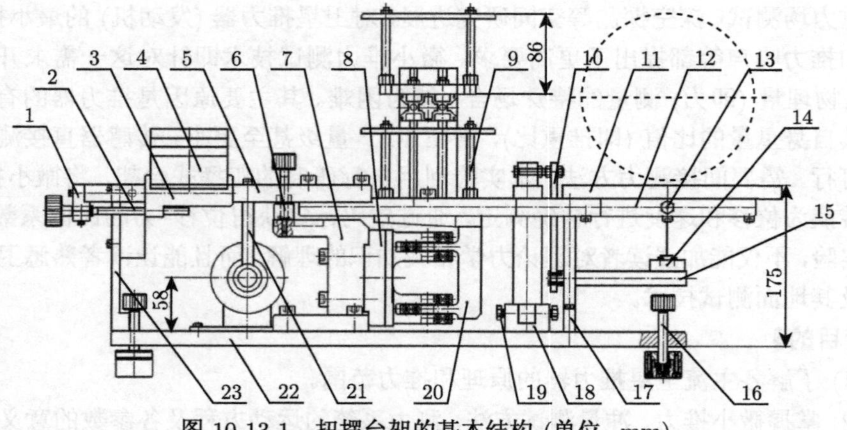

图 10-13-1 扭摆台架的基本结构 (单位：mm)

图 10-13-2 反射式激光位移传感器实物图

扭摆台架是一种二阶阻尼系统，其运动方程可根据扭矩写为如下形式：

$$I\ddot{\theta}+c\dot{\theta}+k\theta=F(t)L_{\mathrm{f}} \tag{10-13-1}$$

其中，θ 为相对于初始参考位置的摆动角度 (rad)；I 为摆臂的转动惯量 ($\mathrm{kg\cdot m^2}$)；c 为阻尼常数 (N·s/m)；k 为回复力对应的等效弹簧系数 (N·m/rad)；$F(t)$ 为作用于台架的外力 (即推力器推力)；L_{f} 为外力的力臂，即力的作用位置与转轴中心的距离；t 为时间。在小角度摆动中，可认为 I、c、k 为常数。在实际应用中摆角较难测量，常用位移传感器测量摆端位移再将其换算为摆动角度，在小角度下有 $\theta\approx\tan\theta=x/L_{\mathrm{p}}$，其中 L_{p} 为位移测量点与摆轴的距离。于是式 (10-13-1) 可改写为

$$I\ddot{x}+c\dot{x}+kx=F(t)L_{\mathrm{f}}L_{\mathrm{p}} \tag{10-13-2}$$

为方便二阶方程的求解，一般将其转换为如下形式：

$$\ddot{x}+2\varsigma\omega_{\mathrm{n}}\dot{x}+\omega_{\mathrm{n}}^2x=F(t)L_{\mathrm{f}}L_{\mathrm{p}}/I \tag{10-13-3}$$

其中，ς 为阻尼系数，且

$$\varsigma=\frac{c}{2}\sqrt{\frac{1}{Ik}} \tag{10-13-4}$$

ω_{n} 为无阻尼系统的自振频率，且

$$\omega_{\mathrm{n}}=\sqrt{\frac{k}{I}} \tag{10-13-5}$$

与此对应，将 ω_{d} 定义为阻尼系统的振动频率，且

$$\omega_{\mathrm{d}}=\omega_{\mathrm{n}}\sqrt{1-\varsigma^2} \tag{10-13-6}$$

2. *稳/动态推力及冲量测量*

稳态推力：稳态推力的测量较为简单，在稳态推力作用下摆动停止后 ($\ddot{x}=0$, $\dot{x}=0$)，测量平衡摆位 ($x=F(t)L_{\mathrm{f}}L_{\mathrm{p}}/k$)，结合台架系数，即可获得稳态推力。

冲量测量：在脉冲冲量 ($I_{\mathrm{bit}}\delta(t)$) 的作用下，式 (10-13-2) 运动方程的初始速度 ($x=0$ 时) 与冲量有线性关系 $\dot{x}=I_{\mathrm{bit}}L_{\mathrm{f}}L_{\mathrm{p}}/I$，测量台架的初始速度，结合台架系数即可测得冲量。

动态推力：若能准确标定 I、c、k 等参数，并且在实验中实时测量位移 (x)、速度 ($\dot{x}$) 和加速度 ($\ddot{x}$)，就能够根据式 (10-13-2) 测量推力器的实时动态推力。

【实验内容及步骤】

本实验主要针对微小推力进行测试，开展：① 等效弹簧系数 k 的标定以及转动惯量 I 和阻尼常数 c 的测试；② 模型冷气推力器的大气推力测试实验；③ 模型冷气推力器的真空推力测试实验。

1. 等效弹簧系数 k 的标定和 I、c 的测试

(1) 底座调平，将电子水平仪安放于摆臂上，利用图 10-13-1 中的三个底座旋钮 16，调整平台架结构，使得 X、Y 两个方向上的角度都小于 $1'$。

(2) 设备调试：检查电缆连接，打开软/硬件系统，轻触摆臂，观察软件中摆的位置曲线，确定其是否变化、变化曲线是否光滑。

(3) 在软件的标定控件中，升起砝码挂钩，加入 1g 砝码，记录停摆后的摆平衡位置；降下砝码挂钩到最低位置，记录停摆后的摆平衡位置，重复三次，数据记录于表 10-13-1 中。

(4) 重复上述步骤，依次放入 2g、3g、5g、10g、15g、20g、30g、40g、50g 砝码，记录升起和降下砝码挂钩摆的平衡位置，每个砝码重复三次，将所有数据记录于表 10-13-1 中。

(5) 重复上述步骤，依次放入 50g、40g、30g、20g、15g、10g、5g、3g、2g、1g 砝码，记录升起和降下砝码挂钩摆的平衡位置，每个砝码重复三次，将所有数据记录于表 10-13-1 中。

2. 模型冷气推力器的大气推力测试实验

(1) 将实验 1 所得的力–位移系数输入软件，重启软件。

(2) 安装模型冷气推力器于摆臂的右端，固定并连接供气管道。

(3) 实验人员依次用口吹供气管道，维持数秒时间，测试最大推力数据并将其记录在表 10-13-2 中。

(4) 用氮气瓶和减压阀、压力传感器连接供气管道，通入 1.5atm 的氮气，稳定数秒后，记录稳态推力数值，重复三次实验，将实验结果记录于表 10-13-3 中。

(5) 重复上述步骤，依次通入 2atm、2.5atm、3atm、3.5atm、4atm、4.5atm 的氮气，每个气压重复三次实验，数据记录于表 10-13-3 中。

3. 模型冷气推力器的真空推力测试实验

将实验 2 的硬件装入真空仓 (图 10-13-3)，并重复测量冷气状态下的真空推力数据并将其记录于表 10-13-4 中。

图 10-13-3　真空仓内的微推力测试系统实物图

【实验数据记录及分析】

1. 实验数据记录

数据记录见表 10-13-1 ~ 表 10-13-4。

表 10-13-1　静态砝码加载实验记录

砝码质量/g	摆臂平衡位置–加载/不加载/mm						位移变化平均值/mm	力–位移系数/(mm/mN)
	加重过程			减重过程				
	1	2	3	1	2	3		

表 10-13-2　人员吹气在大气下的推力测试记录

姓名	推力/mN			平均推力/mN
	1	2	3	

表 10-13-3　模拟冷气推力器在大气下的推力测试记录

供气压力/atm	稳态推力/mN			平均推力/mN
	1	2	3	

表 10-13-4　模拟冷气推力器在真空下的推力测试记录

供气压力/atm	稳态推力/mN			平均推力/mN
	1	2	3	

2. 实验数据分析

(1) 根据表 10-13-1 记录的数据，绘制砝码重量 (mN) 与摆位移 (mm) 曲线，线性拟合获得力–位移系数 (mm/mN)。

(2) 根据表 10-13-1 的数据，评估测力不确定度。

(3) 根据表 10-13-2 记录的数据，利用 $F \approx (P_2 - P_1)A$ 的简单公式，评估人吹气产生的推力器稳压腔气压数值，评估其是否符合常识。

(4) 根据表 10-13-3 记录的数据，绘制大气下的推力和供气压力曲线，用流体力学知识简单分析两者间的关系。

(5) 根据表 10-13-4 记录的数据，绘制真空下的推力和供气压力曲线，用流体力学知识简单分析两者间的关系。

3. 完成实验报告

【思考题】

(1) 本实验中的静态推力测量，误差来源有哪些？如何减弱各种干扰？

(2) 如何提高更小推力 (mN 级) 情况下的测试精度？

(3) 真空和大气下推力测试结果不同的原因是什么？

10.14　金属材料的微结构表征与力学性能测量

金属材料的宏观力学行为与微观组织结构紧密相关。通过实验对金属材料进行微结构表征，同时测量出对应的宏观力学性能参数，可以为研究金属材料的微观变形损伤机理提供实验支持。

本实验随机选择一种金属材料为实验材料；通过金相观察、显微硬度等方法表征材料的显微组织与微观力学性能；设计、加工拉伸实验样品，开展拉伸性能的测试。通过这一实验，可以熟悉固体材料的力学性能测试的基本方法与过程。

【实验目的】

(1) 学习金属材料的金相制样与金相分析技术。

(2) 学习金属材料的基本力学性能 (硬度、应力–应变关系) 的测量方法。

【实验仪器】

(1) 测试仪器：金相磨抛机、光学显微镜、显微硬度计、材料试验机、数字图像相关分析系统、游标卡尺/螺旋测微尺/测量显微镜。

(2) 实验耗材：金相砂纸，每个样品至少 300#~1500#砂纸每种 1 张；化学试剂、无水酒精、抛光布、抛光膏、哑光白/黑油漆少量。

【实验原理和实验方法】

1. 金相制样

通过镶样、磨样与抛光获得镜像的表面，去除由于样品表面粗糙痕迹带来的对微结构的干扰。然后用化学试剂对样品表面进行腐蚀，由于材料微观组织的化学性质存在差异，腐蚀后的样品表面形貌反映出了样品微结构的特征。

2. 拉伸实验

将金属材料制成中间等截面的圆柱或平板状样品，将样品两端固定到材料试验机的上下夹头，利用材料试验机对样品施加拉伸变形，记录力、位移、应变等信息直到样品发生拉伸断裂。通过对材料的应力-应变曲线进行分析，获得材料的弹性模量、屈服强度、断裂强度、均匀延伸率、应变硬化指数等参数。

【实验内容和步骤】

1. 金属材料的金相样品制备

根据样品的尺寸确定是否需要镶嵌样品，一般而言，对于小于 10mm 的样品，应该将样品镶嵌到塑料中以利于磨光、抛光。

对样品观察面从粗到细进行金相砂纸的打磨。注意：每一道砂纸打磨时，要保持打磨方向的固定；每换一道更细的砂纸前，要清洗样品与砂纸；在打磨时，打磨方向与上一道砂纸打磨方向垂直，直到上一道打磨痕迹彻底消失。

利用金相磨抛机安装好抛光布，对样品观察面进行金相抛光，直到获得镜像表面。

化学腐蚀：根据样品的材料类型，选取合适的化学试剂；配好试剂后，在通风橱中对金相样品进行化学腐蚀。

2. 金相观察与分析

打开金相显微镜，在载物台上固定好金相样品，根据操作规程完成对样品表面的聚焦。选择好合适的放大倍率与视野位置，利用 CCD 采集样品的金相照片。

3. 金相样品的显微硬度测量

打开显微硬度计，将金相样品固定到样品台上；聚集后选择好测试位置；在显微硬度软件界面设定好载荷、保载时间等；启动测试，系统自动完成压下压头、保载与抬起压头动作；利用软件完成对压痕的测量；如此反复直到完成足够的压痕。

4. 拉伸实验与数字图像相关系统的数据处理

样品设计与加工：根据原材料的特点与材料试验机的量程设计合理的拉伸样品，画出样品机械图纸并送加工；加工好的样品编号后测量尺寸。

如果利用数字图像相关分析技术进行应变测量，则需要对样品表面制备散斑。一般先清洁样品表面，然后在上面均匀喷上一层哑光白漆，待白漆干透后再喷亚光黑漆，以在白色基底上形成均匀、细小的黑斑。

打开材料试验机，载荷清零后装上样品与引伸计 (若采用数字图像相关分析技术测量应变，则无须安装引伸计)。设定好材料试验机的保护程序、应变率等控制参数，开始实验直到样品断裂。

【实验数据记录与处理】

(1) 金相实验结果：给金相照片加上标尺，进行定量图像分析，获得其组织形态、尺寸等微结构特征。

(2) 硬度实验结果分析。

(3) 拉伸实验结果分析：对记录的数字图像相关数据或照片进行处理，获得应力–应变曲线，进一步分析获得材料的力学性能参数。

(4) 综合分析样品的金相和纤维硬度微观特征与宏观拉伸特性的关联。

(5) 完成实验报告。

【注意事项】

(1) 进入实验室要听从实验室老师的安排，严格按照实验室的规则进行实验，避免发生事故。

(2) 化学腐蚀要注意做好防护，避免受到伤害。

(3) 实验仪器一定要严格按照操作规程来使用，避免损伤仪器，甚至造成人身伤害。

【思考题】

(1) 对于任一金属材料，如何估计其强度？

(2) 对于已知强度值或强度范围的材料，如何根据材料试验机的量程来设计样品尺寸与形状？

(3) 对于各向异性金属材料，如何全面表征其微结构与力学性能？

10.15 金属材料动态压缩实验

研究材料在高应变率加载下的力学响应，对于结构设计和材料研究均具有重要意义。在结构设计中，结构各部分需要满足在不同应变率和温度下的功能需求，需要了解材料的力学性能随不同加载应变率的变化。对于材料研究，不同加载应变率和温度下材料应力–应变曲线的变化不仅反映了其宏观力学行为，而且反映了材料的微观特性。

分离式 Hopkinson 压杆是应用广泛的测试材料高应变率下压缩力学性能的实验装置，它可以用来测试材料在 $10^2\sim10^3\text{s}^{-1}$ 应变率范围内的应力–应变关系。

【实验目的】

(1) 熟悉分离式 Hopkinson 压杆的工作原理，掌握分离式 Hopkinson 压杆动态压缩实验流程。

(2) 掌握动态压缩数据处理方法，分析试样材料在实验应变率范围内是否有应变率效应。

【实验仪器】

分离式 Hopkinson 压杆、超动态应变仪、数据采集系统、测速计时仪、高压氮气瓶、减压阀、游标卡尺、试样。

【实验原理】

1. 分离式 Hopkinson 压杆的工作原理

图 10-15-1 是分离式 Hopkinson 压杆实验系统结构示意图。当高压气枪发射的子弹 (撞击杆) 轴向撞击输入杆时，产生加载脉冲。这个加载脉冲从撞击端分别传入子弹和输入杆。传入输入杆的压缩波到达试样时，压缩试样。当入射压缩脉冲到达输入杆与试样交界面时，由于两者的阻抗不同，一部分脉冲将在界面处发生反射，而剩余部分进入试样并继续进入输出杆。作用在试样上的力和试样两端的相对位移是由贴在输入杆和输出杆上的电阻应变片连续记录的应变–时间历史来获得的。压缩脉冲的幅度近似于常值，正比于撞击速度。其中，压缩脉冲的宽度由子弹的长度来控制，它等于弹性波在子弹中来回传播一次的时间；而撞击速度则是由调节气枪的驱动气体压力来控制的。

2. 应力–应变计算公式

分离式 Hopkinson 压杆在测定试件的应力 (σ)-应变 (ε)-应变率 ($\dot{\varepsilon}$) 关系时，作了三个基本假设：

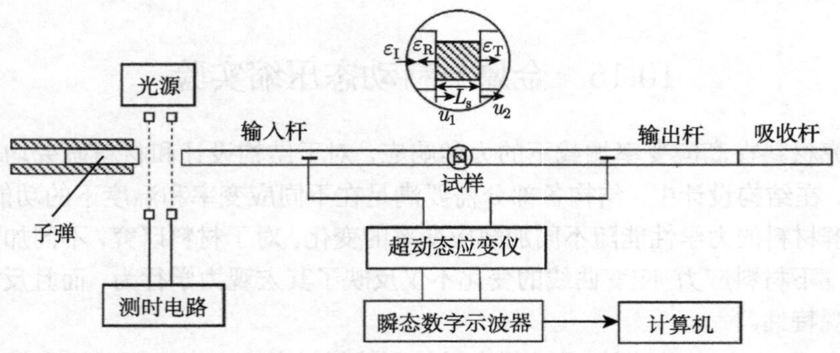

图 10-15-1　分离式 Hopkinson 压杆实验系统结构示意图

(1) 由于入射波的波长 (由子弹长度控制) 比输入杆的直径大很多，可忽略杆的横向振动效应，认为试样满足一维应力条件。

(2) 由于试样较薄，在一维应力条件下，应力波在试样内来回反射几次后，试样两端面的应力达到平衡，试样处于准静态。这种均匀化假设，是忽略应变在试件内传播的时间和由此产生的不均匀分布。

(3) 不考虑输入杆和输出杆与试样端部的摩擦效应。

基于上述三个假定，便可从输入杆和输出杆上的应变片记录测得入射应变 ε_{I}、反射应变 ε_{R} 和透射应变 ε_{T} (图 10-15-2)。

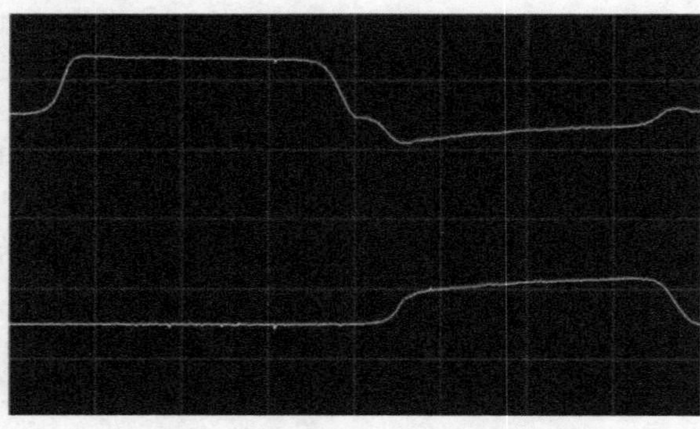

图 10-15-2　典型的实验记录波形

由一维弹性波传播理论可知，建立在时刻 t 的轴向位移 $u(t)$ 与轴向应变历史 $\varepsilon(t)$ 有如下关系：

$$u(t) = c\int_0^t \varepsilon(\tau)\mathrm{d}\tau \tag{10-15-1}$$

其中，c 是杆中的弹性波速。输入杆和试样之间交界面的轴向位移 u_1 是正方向的

入射应变 ε_{I} 和负方向的反射应变 ε_{R} 共同作用的结果，即

$$\begin{cases} u_1 = c\int_0^t (\varepsilon_{\mathrm{I}} - \varepsilon_{\mathrm{R}})\mathrm{d}\tau \\ V_1 = c(\varepsilon_{\mathrm{I}} - \varepsilon_{\mathrm{R}}) \end{cases} \tag{10-15-2}$$

同样，输出杆和试样之间交界面的轴向位移 u_2 从透射应变 ε_{T} 得到

$$\begin{cases} u_2 = c\int_0^t \varepsilon_{\mathrm{T}}\mathrm{d}\tau \\ V_2 = c\varepsilon_{\mathrm{T}} \end{cases} \tag{10-15-3}$$

则试样的名义压缩应变率 $\dot{\varepsilon}_{\mathrm{s}}$ 为

$$\dot{\varepsilon}_{\mathrm{s}} = \frac{V_1 - V_2}{L_{\mathrm{s}}} = \frac{c}{L_{\mathrm{s}}}(\varepsilon_{\mathrm{I}} - \varepsilon_{\mathrm{R}} - \varepsilon_{\mathrm{T}}) \tag{10-15-4}$$

试样的名义压缩应变 ε_{s} 为

$$\varepsilon_{\mathrm{s}} = \frac{u_1 - u_2}{L_{\mathrm{s}}} = \frac{c}{L_{\mathrm{s}}}\int_0^t (\varepsilon_{\mathrm{I}} - \varepsilon_{\mathrm{R}} - \varepsilon_{\mathrm{T}})\mathrm{d}\tau \tag{10-15-5}$$

其中，L_{s} 是试样的初始长度。施加在试样两端的轴向载荷是

$$\begin{cases} F_1 = E_{\mathrm{B}}A_{\mathrm{B}}(\varepsilon_{\mathrm{I}} + \varepsilon_{\mathrm{R}}) \\ F_2 = E_{\mathrm{B}}A_{\mathrm{B}}\varepsilon_{\mathrm{T}} \end{cases} \tag{10-15-6}$$

其中，E_{B} 和 A_{B} 分别为杆的杨氏模量和横截面积。试样两端面处的应力是

$$\begin{cases} \sigma_1 = \dfrac{F_1}{A_{\mathrm{S}}} = \dfrac{A_{\mathrm{B}}}{A_{\mathrm{S}}}E_{\mathrm{B}}(\varepsilon_{\mathrm{I}} + \varepsilon_{\mathrm{R}}) \\ \sigma_2 = \dfrac{F_2}{A_{\mathrm{S}}} = \dfrac{A_{\mathrm{B}}}{A_{\mathrm{S}}}E_{\mathrm{B}}\varepsilon_{\mathrm{T}} \\ \sigma_{\mathrm{s}} = \dfrac{\sigma_1 + \sigma_2}{2} = \dfrac{A_{\mathrm{B}}}{2A_{\mathrm{S}}}E_{\mathrm{B}}(\varepsilon_{\mathrm{I}} + \varepsilon_{\mathrm{R}} + \varepsilon_{\mathrm{T}}) \end{cases} \tag{10-15-7}$$

其中，A_{S} 为试样的横截面积。式 (10-15-4)、式 (10-15-5) 和式 (10-15-7) 是分离式 Hopkinson 压杆实验数据处理的三波法公式。

由试样两端的应力平衡假设 (在子弹速度小于 50m/s 时，此假设完全可靠)，得 $F_1 \approx F_2$，这样就得到

$$\varepsilon_{\mathrm{T}} = \varepsilon_{\mathrm{I}} + \varepsilon_{\mathrm{R}} \tag{10-15-8}$$

则式 (10-15-5) 可简化为

$$\varepsilon_{\mathrm{s}} = \frac{2c}{L_{\mathrm{s}}}\int_0^t (\varepsilon_{\mathrm{I}} - \varepsilon_{\mathrm{T}})\mathrm{d}\tau = -\frac{2c}{L_{\mathrm{s}}}\int_0^t -\varepsilon_{\mathrm{R}}\mathrm{d}\tau \tag{10-15-9}$$

则试样的应变率 $\dot{\varepsilon}_{\mathrm{s}}$ 为

$$\dot{\varepsilon}_{\mathrm{s}}=\frac{2c}{L_{\mathrm{s}}}(\varepsilon_{\mathrm{I}}-\varepsilon_{\mathrm{T}})=-\frac{2c}{L_{\mathrm{s}}}\varepsilon_{\mathrm{R}} \tag{10-15-10}$$

试样中的平均压缩应力 σ_{s} 为

$$\sigma_{\mathrm{s}}=E_{\mathrm{B}}\left(\frac{A_{\mathrm{B}}}{A_{\mathrm{s}}}\right)\varepsilon_{\mathrm{T}} \tag{10-15-11}$$

通过以下公式将工程应力和工程应变转化为真应力 σ_{t} 和真应变 ε_{t}：

$$\sigma_{\mathrm{t}}=\sigma_{\mathrm{s}}\left(1-\varepsilon_{\mathrm{s}}\right) \tag{10-15-12}$$

$$\varepsilon_{\mathrm{t}}=-\ln\left(1-\varepsilon_{\mathrm{s}}\right) \tag{10-15-13}$$

【实验方法与内容】

进行材料三个应变率下的动态压缩实验。取三组试样，每一组试样做一次应变率实验。每组包括五个试样，对这五个试样重复进行相同条件件的动态压缩实验，计算得到材料的应力、应变数据，对多次实验的结果取平均值。考察在实验应变率范围内材料是否具有应变率效应。

【实验操作流程】

(1) 依次打开测速装置、动态应变仪和数据采集系统的电源开关，预热 30min。根据实验要求，设置动态应变仪和数据采集系统的工作参数。

(2) 分别对输入杆和输出杆的应变测量系统进行标定，获得稳定的静态标定值，并记入表 10-15-1。

(3) 根据实验的应变率要求，给数据采集系统设置合适的量程。用分度不大于 0.02mm 的量具测量试样尺寸并记录。对试样进行编号并拍照。

(4) 根据实验的应变率要求，选择子弹 (撞击杆) 长度和撞击速度，估算所需工作压力。打开气瓶减压阀，调节气压至所需工作压力。

(5) 将撞击杆装入气枪发射管中。在试样两端面涂抹润滑脂，将试样装入输入杆、输出杆之间的实验段并保证试样与波导杆的同心度。

(6) 启动测速装置，设置数据采集系统为预触发状态。打开气枪的充气阀门，向气枪气室充气至工作压力，关闭充气阀门。

(7) 再次检查测试系统状态是否正常，若正常，则迅速开启排气阀激发撞击杆。

(8) 根据计时仪读数计算撞击速度并做记录，存储实验数据，对试样进行拍照，然后将其装入样品袋。用干净纱布擦净撞击杆和波导杆端面上的脏物，以备下次实验使用。

(9) 按步骤 (4)~(8) 继续进行下一次实验。

(10) 实验完毕，关闭测速装置、动态应变仪和数据采集系统的电源开关，关闭配电箱开关。

【注意事项】

(1) 一定要保证撞击杆、输入杆、输出杆和卸波杆在一条轴线上。

(2) 一定要保证试样的两个端面的平行度和端面与圆周面的垂直度。

(3) 试样要尽量与波导杆同心。

(4) 注意安全！进行充放气操作的同学在操作之前一定要提醒周围的人。

【实验数据记录及处理】

1. 数据记录

数据记录表见表 10-15-1。

表 10-15-1　数据记录表

波导杆参数							
杨氏模量/GPa			密度/(g/m^3)		波速/(m/s)		
应变仪参数							
串联电阻							
输入杆应变片电阻			标定电阻		标定电压		
输出杆应变片电阻			标定电阻		标定电压		
动态标定							
编号	子弹长度/mm	气压/MPa	撞击速度/(m/s)	入 (透) 射信号时间差/μs	k_1		k_2
试样编号	试样长度/mm	试样直径/mm	子弹长度/mm	气压/MPa	撞击速度/(m/s)	屈服强度/MPa	应变率/s^{-1}

2. 数据处理

(1) 对计算结果 (灵敏度系数、屈服强度、应变率等) 进行统计分析 (图 10-15-3)。

(2) 分别采用两波法和三波法处理数据，比较两种方法的处理结果。

3. 完成实验报告

【思考题】

(1) 如何根据材料的准静态压缩应力–应变结果及实验的应变率设计试样尺寸？

(2) 处理数据时，为了将入射波和透射波的起点对齐，如何计算入射波和透射波的时间差？入射波和反射波的时间差如何对齐？

(3) 动态压缩实验分析得到的杨氏模量是否可用？

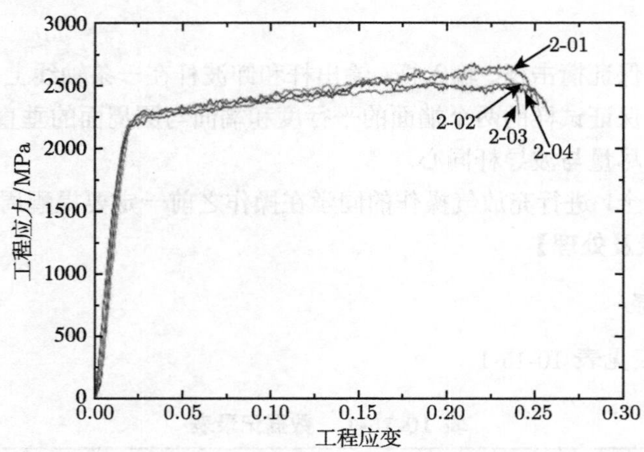

图 10-15-3　工程应力–工程应变曲线 (2-01~2-04 是 4 次实验的代号)

10.16　含损伤的点阵夹层结构动力学测试与损伤识别

结构动力学是研究结构在动力载荷作用下的振动问题。对结构的动力学特性进行实验测试具有重要意义：一方面，复杂环境条件下结构动力学响应是关乎工程结构服役可靠性的重要因素；另一方面，通过结构动力学响应对结构的内部损伤情况进行识别，也是结构健康监测领域中的一个重要研究方向。

本实验针对含有预制损伤的点阵夹层板开展动力学测试与损伤识别实验，兼具基础实验和前沿探索两个方面的特点：其中结构动力学实验属于基本实验内容，希望学生能够对结构振动测试有个直观的认识，了解先进的结构振动测量技术并可实践操作，初步掌握模态分析方法；点阵夹层板损伤识别实验属于探索性实验内容，希望学生能够探索有效途径，通过动力学实验方法识别出点阵夹层板这类先进复杂结构中的内部损伤。

【实验目的】

(1) 了解结构动力学实验测试的基本方法，初步掌握接触式测量与非接触式测量实验原理与测试技术。

(2) 建立结构特征与结构振动特性 (固有频率、振型) 的关系。

(3) 通过动力学实验对点阵夹层板内部的预制损伤进行识别。

【实验仪器】

(1) 主机：3D 激光测振仪、激励器、计算机系统。

(2) 附属设备：电荷放大器、功率放大器、加速度传感器、采集系统。

【实验原理与实验方法】

1. 振动模态分析原理

在动力载荷作用下，结构的平衡方程中必须考虑惯性力的作用，结构的位移、内力、速度、加速度均是时间的函数。运动微分方程为

$$M\ddot{x}+C\dot{x}+Kx=f(t) \tag{10-16-1}$$

对方程进行拉普拉斯变换：

$$\left[Ms^2+Cs+K\right]X(s)=F(s) \tag{10-16-2}$$

其中

$$F(s)=\int f(t)\,\mathrm{e}^{-st}\mathrm{d}t \tag{10-16-3}$$

阻抗矩阵为

$$Z(s)=\left[Ms^2+Cs+K\right] \tag{10-16-4}$$

频率响应函数矩阵可表达为

$$H(s)=\left[Ms^2+Cs+K\right]^{-1} \tag{10-16-5}$$

$$H_{ij}(\omega)=\frac{X_i(\omega)}{F_j(\omega)} \tag{10-16-6}$$

即仅在 j 坐标激振时，i 坐标的响应与激振力之比。令 $s=a+\mathrm{i}\omega$，其中 a 用来表征振动的稳定性，$\mathrm{i}\omega$ 为振动的频率，则阻抗矩阵为

$$Z(\omega)=\left(K-\omega^2M\right)+\mathrm{i}\omega C \tag{10-16-7}$$

因此

$$\begin{cases} H_{ij}(\omega)=\displaystyle\sum_{r=1}^{N}\frac{\varPhi_{ri}\varPhi'_{rj}}{m_r\left[\left(\omega_r^2-\omega^2\right)+\mathrm{i}2\xi_r\omega_r\omega\right]} \\ \omega_r^2=\dfrac{k_r}{m_r},\quad \xi_r=\dfrac{c_r}{2m_r\omega_r} \end{cases} \tag{10-16-8}$$

其中，m_r、k_r 分别为第 r 阶模态质量和模态刚度 (又称为广义质量和广义刚度)，ω_r、ξ_r 和 $\varPhi_r$ 分别为第 r 阶模态固有频率、模态阻尼比和模态振型。

模态分析的最终目标是识别出系统的模态参数，为结构系统的振动特性分析、振动故障诊断和预报以及结构动力特性的优化设计提供依据。

2. *结构损伤动力学识别原理*

当结构发生损伤时，结构刚度 K 发生改变 (通常降低)，由上述模态分析原理可知，振动特征方程 $\left|Ms^2+Cs+K\right|=0$ 发生改变，其各阶特征根也发生改变。因此，含有损伤的结构各阶振型下固有频率 ω_r 和相位 φ_r 发生改变，可根据 ω_r、φ_r 的变化识别损伤。其中：

(1) 固有频率 ω_r 是整体量 (与测点位置无关)，可以反映试件结构是否损伤，但无法对损伤进行定位。类比单自由度简谐振动公式 $\omega=\sqrt{k/m}$ 可知，当损伤出现、结构刚度降低时，结构固有频率降低，以此作为判断结构是否出现损伤的依据。

(2) 相位 φ_r 是局部量 (与测点位置有关)，可以判断试件结构是否损伤，并能对损伤位置进行定位。

对于本实验中的研究对象点阵夹层板来说，其损伤识别的主要难点包括：对于难以获得可供参考历史状态的复杂结构，如何根据结构当前状态识别结构损伤；夹层板内部出现虚焊、芯材损伤时，如何根据面板表面响应信息识别结构内部损伤；面板与夹芯连接点处的高刚度使得结构振型在节点存在奇异性，什么样的标识量才能只凸显结构损伤；不同位置、类型的损伤对结构动态特性影响不同，如何尽可能多地识别结构损伤。根据结构动力学测试结果，采用何种敏感标识量更好地识别出点阵夹层板的内部损伤，至今仍然是一个开放性的课题。

目前基于振动的损伤识别可选用的特征指标有固有频率、位移模态振型、频率模态振型、应变模态、位移 (速度、加速度) 频率响应函数、模态应变能以及基于神经网络的结构损伤识别等。

3. *动力学实验测试方法*

非接触式振动测量采用扫描式 3D 激光测振仪，利用激光干涉多普勒频移原理，测量从物体表面微小区域反射回的相干激光光波的多普勒频率改变，进而确定该测点的振动速度，通过连续扫描获取全场振动云图。图 10-16-1 为实验中采用的 3D 激光测振仪。

接触式测量采用压电式加速度传感器，其原理是：测量时将传感器的基底和试件刚性固定，当试件及传感器受到振动时，由于弹簧刚度大，质量块质量惯性很小，质量块感受与试件相同的振动，并受到与加速度方向相反的惯性力作用，质量块就有一正比于加速度的交变力作用于压电片上，使压电片两表面产生交变电荷，进而由输出端输出电量，电量通过电荷放大器后即可测出加速度。

【实验内容与步骤】

本实验采用事先已知损伤和损伤部位的点阵夹层板作为实验对象，开展动力学行为测试与损伤识别。为了能够得出具有说服力的结果，本实验采用接触式和非接触式两种振动测量技术。

图 10-16-1　扫描式 3D 激光测振仪

1. 接触式测量

通过在点阵夹层板试样上粘贴压电加速度传感器测量激励条件下的结构动力学响应。主要步骤包括：

(1) 将预制损伤的点阵夹层板试样夹持与固定；

(2) 将加速度传感器粘贴到点阵夹层板试样相应的位置；

(3) 有序布线，用匹配的数据线把压电式加速度传感器、功率放大器、激励器、扫频信号源、电荷放大器连接；

(4) 设定激励参数与增益参数，实验测量与数据采集；

(5) 实验数据处理与结果分析。

2. 非接触式测量

利用扫描式 3D 激光测振仪测量激励下点阵夹层板的频率和振型。主要实验步骤包括：

(1) 点阵夹层板试样的夹持与固定，实验仪器设备的排布，如图 10-16-2 所示；

(2) 软件中设置实验参数，划分实验区域，并设置激光扫描的路径，如图 10-16-3 所示；

(3) 设定激励，扫描测量，获取实验数据；

(4) 实验数据处理，获得结构响应数据，进行损伤反演与识别。

【数据记录与处理】

1. 实验数据记录

将实验数据记录于表 10-16-1。

图 10-16-2　实验仪器设备排布

图 10-16-3　激光扫描的路径规划

表 10-16-1

	损伤试样	完好试样
1 阶固有频率		
2 阶固有频率		
...		

2. 数据分析

参考图 10-16-4 和图 10-16-5 分析实验结果。

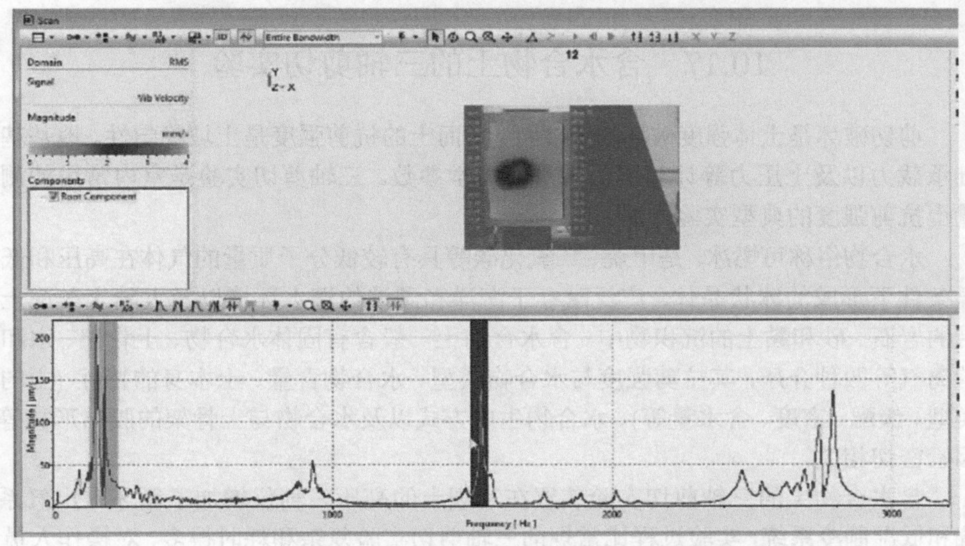

图 10-16-4 振动模态与频率分析

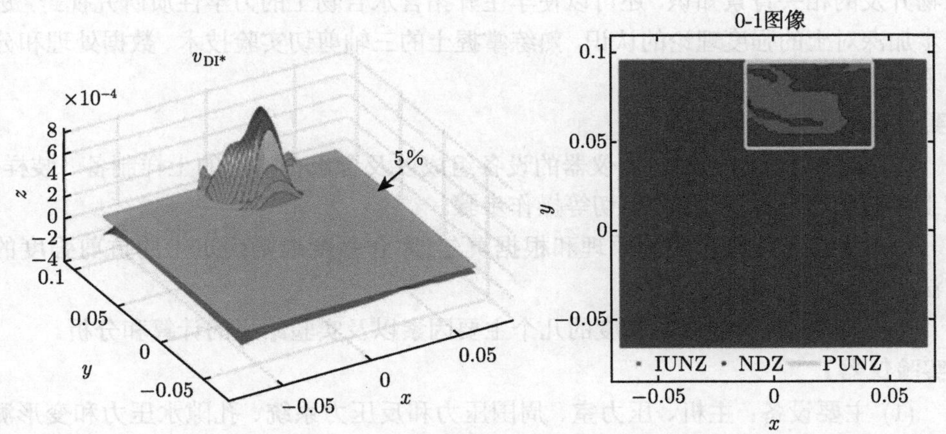

图 10-16-5 损伤反演与识别 (IUNZ 表示确认的无界节点区域，NDZ 表示无损伤区域，PUNZ 表示预制无界节点区域)

3. 完成实验报告

【思考题】

(1) 为什么通过动力学测量能够识别出结构是否有损伤？

(2) 在振动测试中，接触式与非接触式测量各自的优缺点是什么？

(3) 分析测量精度与实验误差，以及实验过程中出现问题的原因。

10.17　含水合物土的三轴剪切实验

剪切破坏是土体强度破坏的重要特点，而土的抗剪强度是土坡稳定性、地基基础承载力以及土压力等计算所需的重要力学参数。三轴剪切实验是室内常用的测量土抗剪强度的典型实验方法。

水合物俗称可燃冰，是甲烷、二氧化碳等具有较低分子质量的气体在高压和低温条件下形成的冰状晶体，广泛赋存于海洋和湖泊的深水环境以及大陆永久冻土带的岩石、砂和黏土的沉积物中。含水合物土一般含有固体水合物、土骨架、水和游离气等四种介质，其抗剪强度与水合物类型、水合物含量、土本身的特性 (土的类型、级配、密度、含水量等)、水合物生成方式以及水合物与土骨架的胶结形式等因素密切相关。

含水合物土的三轴剪切实验装置在常规土的高压三轴仪增加了循环进出气系统和低温制冷系统，实验过程比常规的三轴剪切实验复杂和耗时得多，对操作人员的实验技术水平要求更高。通过本实验，不仅可以了解水合物、含水合物土以及水合物开发的相关背景知识，还可以使学生开拓含水合物土的力学性质研究视野，进一步加深对土的强度理论的认识，熟练掌握土的三轴剪切实验技术、数据处理和分析方法。

【实验目的】

(1) 熟悉可燃冰三轴剪切仪器的设备组成以及含水合物土的土样制备、装样、使土样饱和、加压、固结和剪切等操作步骤。

(2) 掌握三轴剪切实验原理和根据莫尔–库仑强度准则确定土的抗剪强度的方法。

(3) 了解影响实验结果精度的几个主要因素以及实验结果的计算和分析。

【实验仪器】

(1) 主要设备：主机、压力室、周围压力和反压力系统、孔隙水压力和变形测量系统、制冷系统、气体循环系统、计算机控制和测量系统等。

(2) 附属设备：击实器、饱和器、切土器、分样器、切土盘、承膜筒、对开模、天平等。

【实验原理和实验方法】

1. 实验原理

本实验基于莫尔–库仑强度破坏理论，即土体在各向主应力作用下，作用在某一应力面上的剪应力 τ 和法向应力 σ 之比达到某一比值，土体就会沿着该面发生剪切破坏，在此破坏面上，土的抗剪强度 τ_{f} 与法向应力 σ 之间存在着函数关系

$\tau_{\mathrm{f}} = f(\sigma)$。在法向应力变化范围不是很大的情况下，土的抗剪强度可以简化为

$$\tau_{\mathrm{f}} = c + \sigma \tan\varphi \tag{10-17-1}$$

其中，c 为土的黏聚力，φ 为土的内摩擦角。莫尔应力圆圆周上的任意点代表单元土体中相应面上的应力状态。以 $\tau=\tau_{\mathrm{f}}$ 时的极限平衡状态作为土的破坏准则，把莫尔应力圆与库仑抗剪强度线相切时的应力状态作为破坏状态，称为莫尔–库仑强度准则。

2. 实验方法

(1) 取三个土样，分别施加不同的周围压力 σ_3，随后逐渐增加轴向压力直至破坏，分别得到土样剪切破坏时的大主应力 σ_1。

(2) 以土样的大小主应力之差 $\sigma_1-\sigma_3$ 为直径，绘成一组 (三个) 莫尔圆。

(3) 根据莫尔–库仑强度破坏理论，作莫尔圆的公共切线，即土的抗剪强度包线 (参见图 10-17-1)。该直线与横坐标的夹角即土的内摩擦角 φ，直线与纵坐标的截距即土的黏聚力 c。

(4) 根据土样在实验过程中的排水条件，三轴剪切实验可分为不固结不排水剪切实验 (UU)、固结不排水剪切实验 (CU) 和固结排水剪切实验 (CD)。

UU：土样在施加周围应力和随后施加轴向应力直至破坏的整个实验过程中都不允许排水，土的含水量始终保持不变。此实验可以测得土样的总应力抗剪强度指标 c_{uu}、φ_{uu}。

CU：土样在施加周围压力时，允许土样充分排水固结稳定，然后在不排水的条件下施加轴向压力直至破坏。此实验在土样剪切过程中可以测得土样的总应力抗剪强度指标 c_{cu}、φ_{cu} 以及有效应力抗剪强度指标 c'、φ'。

CD：土样在周围压力下排水固结，并允许土样在充分排水的条件下增加轴向压力直至破坏。此实验可以测得土样的有效应力抗剪强度指标 c'、φ'。

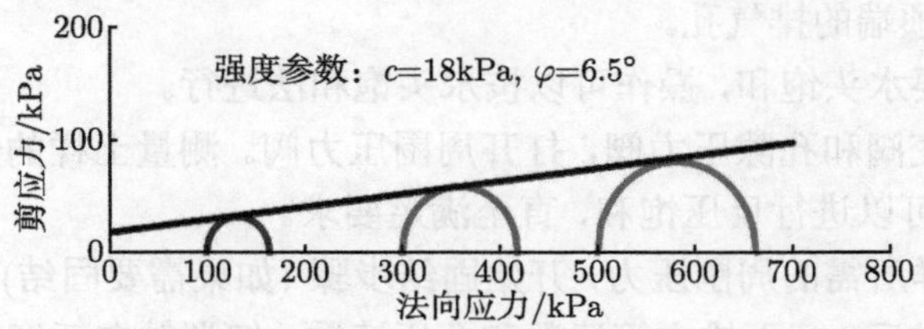

图 10-17-1 基于 CU 实验的莫尔圆和抗剪强度包线图

【实验内容和步骤】

实验过程包括土样制备、使土样饱和、加压、固结、剪切和数据记录，简述如下。

1. 土样制备

土样切成 (或制备) 圆柱形 (直径 39.1mm、高度 80mm)。量测土样上、中、下部位的直径，同时取切下的余土或重塑土，平行测得含水量。

含水合物土的土样制备：根据水合物气源的不同以及含水合物土力学性能实验研究内容的要求，可以有多种制样和合成方法，如原位合成法、混合冰冻法等。

2. 使土样饱和

(1) 真空抽气饱和：将土样装入饱和器，置于真空缸内进行抽气，当真空压力达到 1atm 时，开启管路将清水注入真空缸内，待水面超过饱和器后停止抽气，静止大约 10h 让土样充分吸水饱和。

(2) 水头饱和：将土样装入压力室内，将无气泡的水从土样底座进入，待上部溢出，直至流入水量和溢出水量相等。

(3) 反压力饱和：详见 YS/T 5225—2016《土工试验规程》。

3. 三轴剪切实验步骤

(1) 开孔隙压力阀及量管阀，向压力室底座充水并排气后关阀。将透水石水平滑至压力室底座上，放上湿滤纸和土样，并在土样上端放湿滤纸及透水石。

(2) 将橡皮膜套在承膜筒内，两端翻出筒外，从吸气孔吸气，使膜紧贴承膜筒内壁，然后将其套在土样外面，放气并翻起橡皮膜的两端，取出承膜筒。用橡皮圈将橡皮膜下端扎紧并固定在压力室底座上。

(3) 用软刷子自下向上轻轻刷包裹土样的橡皮膜，以排除土样与橡皮膜之间的空气。将土样帽置于土样顶端，并排除顶端气泡，用橡皮圈将橡皮膜扎紧在土样帽上。

(4) 装上压力室罩，将活塞杆下部轻轻对准土样帽并锁紧。

(5) 打开压力室排气孔，向压力室内注水。当水从排气孔溢出时，立刻停止注水，关闭压力室顶端的排气孔。

(6) 如果需要水头饱和，操作可以按水头饱和法进行。

(7) 关闭体变阀和孔隙压力阀，打开周围压力阀。测量土样的饱和度，如果饱和度不够，此时可以进行反压饱和，直至满足要求。

(8) 施加土样所需的周围压力，开始固结步骤 (如果需要固结)。

(9) 固结完成后，记下排水管读数和孔压读数，细调轴向活塞杆，直至与土样再次接触，并将量力环和轴向位移表调零。

(10) 按照上述不同实验方法 (UU、CU、CD)，开启或关闭排水阀，控制土样排水条件，选好应变剪切速率，开始施加轴向压力进行剪切，同时记录数据。土样达到一定的轴向变形值时 (一般为轴向应变 15%)，停止剪切。

(11) 关闭周围压力阀，打开排气孔，排空压力室内的水，拆除压力室罩。将土样取出，描述土样破坏后的形状，称重并测定实验后的含水量。

【注意事项】

(1) 土样的制备和饱和过程是土样三轴剪切实验最终获得可靠实验结果的关键，须严格按照土工操作规程认真操作。

(2) 土样装样和压力室罩就位过程中，应小心操作，避免不当外力致使土样压扁或挤弯。

(3) 固结标准和剪切速率的选取，应按照土的种类和三轴剪切实验类型 (UU、CU、CD) 确定。

【实验数据记录及处理】

1. 数据处理

根据表 10-17-1 的数据，分别绘制三个土样的 $(\sigma_1-\sigma_3)$-ε 曲线 (图 10-17-2)，并根据土样的破坏准则确定土样的破坏点。以此点的主应力差值大小为直径，以 σ_3 为起点，在 τ-σ 图上分别画出三个总应力莫尔圆和有效应力莫尔圆，并作与其相切的抗剪强度包线，从而确定土样的总强度指标 c、φ 和有效强度指标 c' 和 φ' (图 10-17-1)。

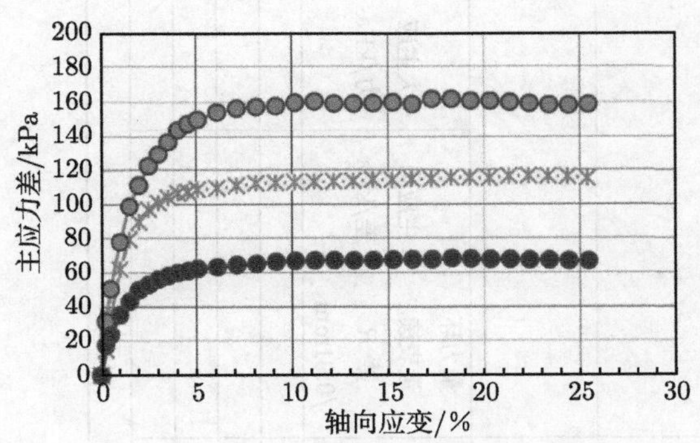

图 10-17-2 土样的应力-应变关系图

2. 完成实验报告

【思考题】

(1) 根据三轴剪切实验结果，如何选取土样的破坏点？

(2) 整理一组 (三个) 土样的三轴剪切实验结果时，三个莫尔圆与抗剪强度包线在什么情况下需要补做实验。

(3) 含水合物土样的常用室内制备和合成方法。

(4) 比较含水合物土与不含水合物土的应力–应变和强度的差别。

表 10-17-1　三轴剪切实验记录和计算表格

土样编号 实验方法 (UU/CU/CD) 实验日期							实验者 计算者 校核者				
周围压力/(kgf/cm^2)① 剪切速率/(mm/min) 量力环校正系数/(kgf/0.01mm)							试样高度/cm 试样面积/cm^2 试样体积/cm^3				
轴向变形读数/0.01mm	轴向应变/%	试样校正后面积/cm^2	量力环量表读数 R /0.01mm	主应力差/kPa	大主应力/kPa	孔压读数压力值/kPa	有效大主应力/kPa	有效小主应力/kPa	有效主应力比	体积压缩量/cm^3	体积应变/%
0											
1200											
试样破损情况描述							备注				

① kgf 为压强的单位，1kgf=9.81N。

10.18 氮化物超硬涂层的制备与表面力学性能测试

物理气相沉积 (physical vapor deposition, PVD) 技术是在真空度较高的环境下，通过加热或高能粒子轰击的方法使靶材逸出沉积物质粒子，使这些粒子在基片上沉积形成薄膜的技术。物理气相沉积技术是一种材料表面改性技术，有较长的发展历史，在材料改性的研究中一直占据着重要的地位。

磁控溅射是物理气相沉积技术的一种，它由二极溅射发展而来。磁控溅射技术在靶材表面建立与电场正交的磁场，在相互垂直的磁场和电场的双重作用下，沉积速度快，涂层致密且与基片附着性好，解决了二极溅射沉积速率低、等离子体离化率低等问题，成为目前镀膜工业主要方法之一。

本实验通过实际参与磁控溅射制备不同类型的氮化物硬质涂层，比较其表面力学性能检测成膜的质量，使学生加深对涂层制备及其特殊检测技术的理解。

【实验目的】

(1) 掌握物理气相沉积的基础知识与涂层表面性能检测技术。

(2) 了解磁控溅射镀膜全过程。

(3) 制备 TiN、TiAlN 和 AlCrN 涂层，检测比较三者的硬度和摩擦性能。

(4) 掌握超硬涂层的应用特点。

【实验设备】

超声波清洗机、磁控溅射镀膜机、显微维氏硬度计、多功能表面测试仪等。

【实验原理】

系统在阴极靶材的背后放置 100~1000Gs 强力磁铁，真空室充入 0.1~10Pa 压力的惰性气体 (Ar)，作为气体放电的载体。在高压作用下，Ar 原子电离成为 Ar^+ 和电子 (e)，产生等离子辉光放电，电子在加速飞向基片的过程中，受到垂直于电场的磁场影响，电子产生偏转，被束缚在靠近靶表面的等离子体区域内，电子 (e_3) 以摆线的方式沿着靶表面前进，在运动过程中不断与 Ar 原子发生碰撞，电离出大量 Ar^+，与没有磁控管的结构的溅射相比，离化率迅速增加 10~100 倍，因此该区域内等离子体密度很高。经过多次碰撞后电子的能量逐渐降低，摆脱磁力线的束缚，最终落在基片、真空室内壁及靶源阳极上。而 Ar^+ 在高压电场加速作用下，与靶材撞击并释放出能量，导致靶材表面的原子吸收 Ar^+ 的动能而脱离原晶格束缚，呈中性的靶原子逸出靶材的表面飞向基片，并在基片上沉积形成薄膜，过程示意图如图 10-18-1 所示。

磁控溅射具有独特的特点，可制备成靶材的各种材料均可作为薄膜材料；在适当条件下多元靶材共溅射方式，可沉积所需组分的混合物、化合物薄膜；在溅射的放电气氛中加入氧、氮或其他活性气体，可沉积形成靶材物质与气体分子的化合物薄膜；控制真空室中的气压、溅射功率，基本可获得稳定的沉积速率，通过精确控制溅射镀膜时间，容易获得均匀的高精度的膜厚，且重复性好；溅射粒子几乎不受重力影响，靶材与基片位置可自由安排；基片与膜的附着强度是一般蒸镀膜的 10 倍以上。本实验将采取反应溅射的方式制备过渡族金属氮化物超硬薄膜。

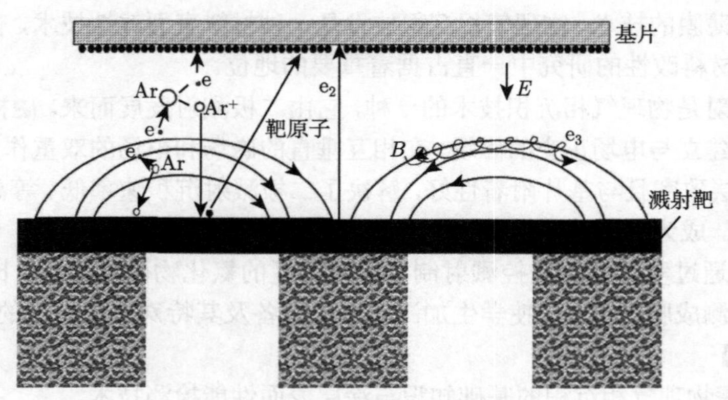

图 10-18-1　磁控溅射原理示意图

【实验内容及步骤】

1. 基片预处理

对待镀膜的基片进行预处理，使用粗糙度从 R400 到 R2000 的砂纸在预磨机上进行打磨，待表面无明显划痕后进行抛光，抛光完成后，先后在丙酮、去离子水、乙醇中进行超声波清洗，以完成去污、过水、脱水的步骤。在乙醇清洗后，使用吹风机将基片吹干待用。

2. 镀膜

将基片装夹在夹具上放入真空室内，关闭真空室，抽真空。打开冷却水，使用机械泵进行预抽真空，在真空度达到 15Pa 左右时通入少量气体 Ar 清洗管道，真空度达到 10Pa 时打开涡轮分子泵。背景真空度达到 5×10^{-3}Pa 即可进行镀膜工作。制备超硬氮化膜需要通入反应气体 N_2 和保护气体 Ar，根据实验要求调整工艺参数，完成镀膜。完成镀膜后，关闭溅射电源，停止通入气体，关闭分子泵，等待分子泵转速降为零后关闭机械泵，打开放气阀，开炉取样。

3. 检测

使用多功能表面测试仪和显微硬度计对样品进行性能检测，比较其硬度、结合力、摩擦性能。

(1) 采用划痕实验检测样品膜基结合力。实验仪上装夹 120° 的金刚石压头，以一定速度加载，同时在样品表面划动。加载过程中若膜层剥落，摩擦力发生突变，同时声信号接收器接收到膜层崩落的信号，结合显微图像观察划痕，将膜层开始剥落的加载力记为膜基结合力。

(2) 采用显微硬度计检测样品硬度。在显微镜下寻找样品无明显缺陷的表面，使用维氏显微硬度计进行硬度检测，通过检测压坑尺寸，可计算出样品硬度。为保证结果准确，一个样品需要在三处不同位置进行检测。

(3) 采用往复摩擦实验检测样品摩擦性能。使用合适的摩擦副，在一定的载荷下，在材料表面进行往复摩擦实验，得到材料摩擦系数。

【注意事项】

(1) 清洗后以及装夹基片时不可用手或皮肤直接接触待镀表面，以免造成油污污染。

(2) 启动涡轮分子泵和磁控溅射电源时必须打开冷却水，以保护电机。

(3) 通入保护气体 Ar 清洗管道的操作必须在打开分子泵前，以避免对分子泵叶片造成损伤。

(4) 检测显微硬度时，由于载荷较小，加载过程中不能接触检测仪和桌面，以免振动造成严重误差。

(5) 摩擦实验时注意样品附近湿度稳定，以免湿度变化造成摩擦系数的波动。

【实验数据记录】

1. 实验记录

实验记录详见表 10-18-1～ 表 10-18-4。

表 10-18-1 TiN、TiAlN、AlCrN 涂层制备与检测汇总表

样品名称	工作气压/Pa	气体流量/(mL/min)		镀膜时长/min	摩擦系数/寿命/min	膜基结合力/N	硬度
		Ar	N_2				
TiN							
TiAlN							
AlCrN							

表 10-18-2 样品硬度记录

检测次数	TiN	TiAlN	AlCrN
第一次检测			
第二次检测			
第三次检测			
平均值			

表 10-18-3　样品摩擦系数

检测样品	加载方式	摩擦系数	摩擦寿命/min
TiN			
TiAlN			
AlCrN			

表 10-18-4　样品膜基结合力　(单位: N)

检测次数	TiN	TiAlN	AlCrN
第一次检测			
第二次检测			
第三次检测			
平均值			

2. 完成实验报告

【思考题】

(1) 磁控溅射根据电源特性可分为哪几种，它们分别具有什么特点？

(2) 对样品进行硬度检测时，检测结果是否是膜层真实硬度？如果不是，由哪些原因带来了误差？如何检测其真实硬度？

(3) 何为反应溅射的靶中毒？为何会发生该现象？如何避免和利用这一现象？

10.19　3D 打印原理及实践

增材制造 (又称 3D 打印) 是以数字模型文件为基础，通过热源熔化原料，以逐点、逐层堆积的方式形成实体。其最大优点是改变了传统成形制造的技术路线，可直接制造形状复杂的构件，大大缩短了制造工艺流程，具有广阔的应用和发展前景。

本实验在阐明增材制造基本原理的基础上， 重点介绍用图形设计软件 SolidWorks 和加工软件 Cura 进行三维作图、分层切片和路径规划，用桌面型 3D 打印机制备自己设计的作品。

【实验目的】

(1) 掌握 3D 打印的基本原理。

(2) 学会使用三维建模软件和分层切片软件。

(3) 学会操作桌面型 3D 打印机，打印出塑料实物。

(4) 根据打印过程中出现的缺陷，分析其可能出现的原因。

【实验仪器/软件】

桌面型 3D 打印机一台，塑料丝材一卷，水溶性胶水一瓶，镊子一个，软件：SolidWorks 和 Cura。

【实验原理】

1. 3D 打印的基本原理

本实验所用的桌面型 3D 打印机如图 10-19-1 所示，其原理是熔融沉积成形(fused deposition modeling，FDM)，即用热源熔化原料，使熔融态的原料逐点凝固、逐层堆积成形。这是由美国学者 Dr. Scott Crump 于 1988 年提出并研制成功的。这种 3D 打印机的机械结构主要包括喷头、送丝机构、运动机构、加热工作室及工作台五个部分，其原理如图 10-19-2 所示。采用热塑性材料或者低熔点金属丝供料。材料在喷头内被加热熔化，喷头沿着零件截面轮廓和填充轨迹运动，同时将熔化的材料挤出；材料离开喷嘴后迅速冷却而凝固，并与周围的材料凝结在一起形成三维实体零件。3D 打印的基本步骤如图 10-19-3 所示。

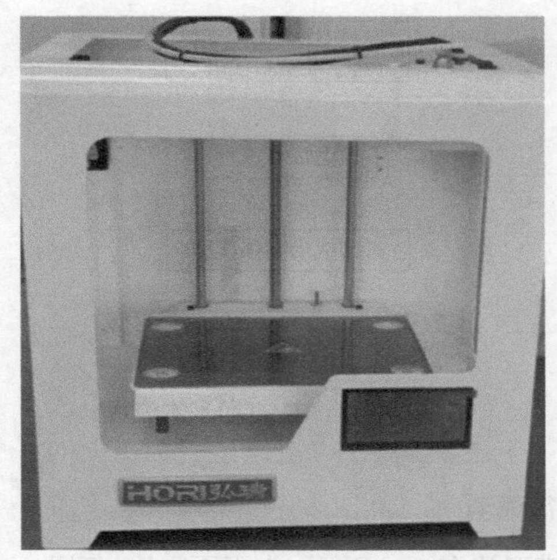

图 10-19-1 3D 打印机实物图

2. 三维建模

3D 打印的第一步是建立要打印的实体模型，通常可选用的建模软件包括 SolidWorks、CATIA、Pro/E、UG、Rhino 等，其中，CATIA、Pro/E、UG、Rhino 等是面向制造业的高端软件，曲面造型功能非常强大，常用于飞机、汽车等复杂曲面的设计，而 SolidWorks 易学易用、功能相对强大，深受初学者青睐。在本次 3D 打印实验课程中，推荐使用 SolidWorks 进行三维建模 (图 10-19-4)。

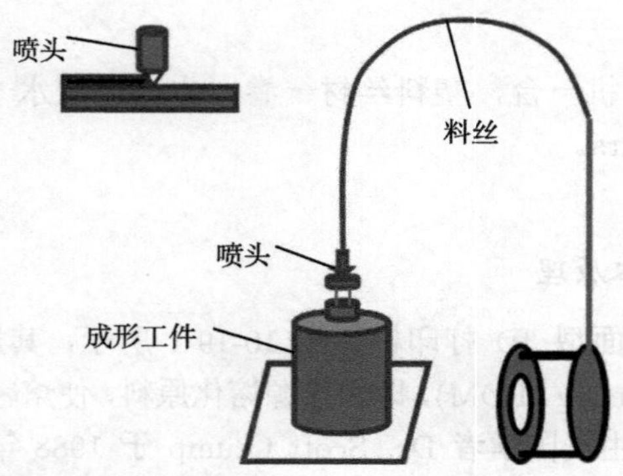

图 10-19-2　FDM 加工原理图

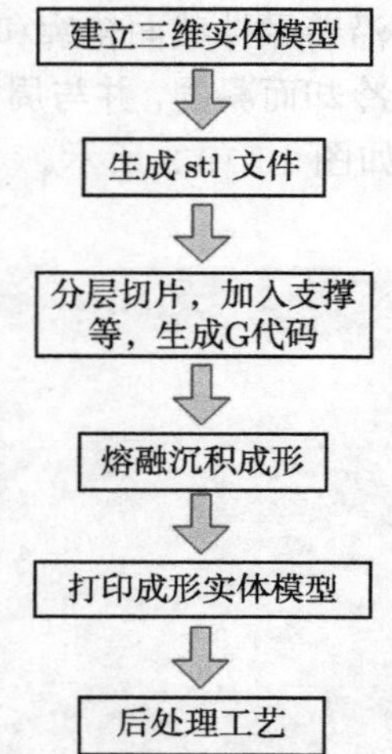

图 10-19-3　3D 打印基本流程

3. *分层切片及路径规划*

分层切片就是把模型放在 x-y 平面 (水平面) 上，每隔一定高度用一个 x-y 平面去截取模型，得到一个二维图形。全部切完后就得到模型在每一个高度上的二维图形。分层的本质是把三维模型转化为一系列二维图形。模型摆放的位置对切成的二维图形有决定性影响 (图 10-19-5)，摆放合理将大大减少打印中出现的缺陷，甚至决定打印的成败。

路径规划是对分层切片得到的二维图形进行填充。每个二维图形可以是一个完整的连通域，如图 10-19-5(a) 所示，也可以由若干连通域组成，如图 10-19-5(b) 所示。每个连通域称为一个组件，对每一个组件，填充 (打印) 的顺序是先走边界再

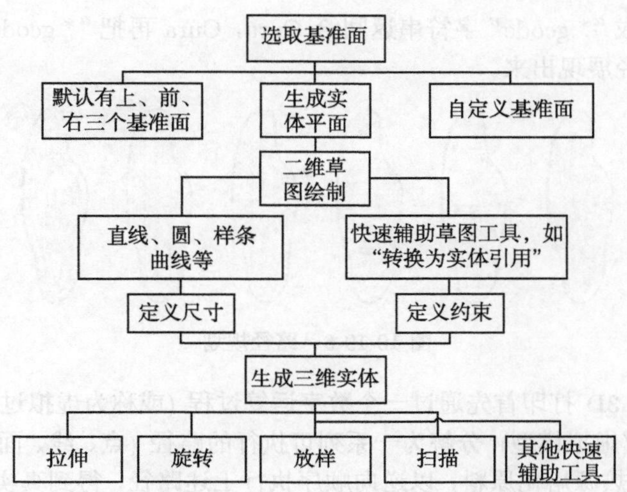

图 10-19-4 SolidWorks 建模的一般步骤

(a) 水平摆放切片(完整的连通域)

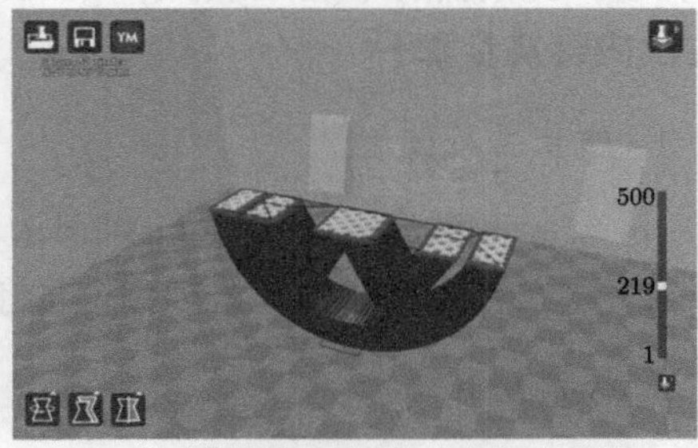

(b) 竖直摆放切片(若干分立的连通域)

图 10-19-5 分层切片

填充内部，打印完一个组件，再打印另一个组件，直至这一层的组件全部打印完。然后 z 轴上升一个层高，重复上述步骤，打印下一层的所有组件，最后打印完所有的层，得到三维实物。

填充的路径原则上有无穷多种，对于图 10-19-6 最左边所示的区域，至少如其图中所示的五种填充方式，究竟采用哪种，与所用的原理、热源特性有密切关系。对于塑料 3D 打印，填充的方式不是很重要，一般选择软件默认的方式即可。

实验中采用的分层切片和路径规划软件是 Cura，这是一款采用 Python 语言编写并使用 Wxpython 图形界面框架的 3D 打印分层切片和路径规划专用软件。Cura 本身并不会进行切片操作，实际的切片工作是由另外一个 C++ 语言实现的 CuraEngine 命令行软件来执行的，在 Cura 界面上主要进行加载模型、平稳旋转缩放、参数设置等操作。CuraEngine 把输入的扩展名为 stl、dae 或 obj 的模型文件切片输出成“*.gcode”字符串返回给 Cura，Cura 再把“*.gcode”在三维界面上以可视化路径展现出来。

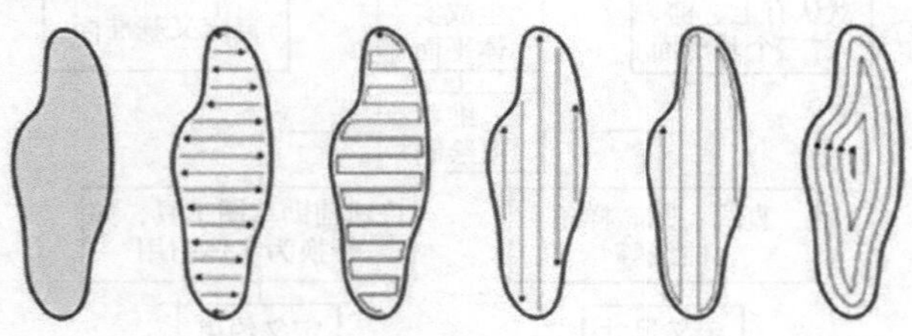

图 10-19-6　路径规划

归纳起来，3D 打印首先通过一个数字运算过程 (或称为虚拟过程)，将设计的三维实体模型 (虚拟模型) 分解为一系列可执行的路径 (点、线、面)；其次，通过 3D 打印机，用热源熔化原料，以逆向顺序执行上述路径，得到真实模型。从文件格式上说，就是将设计图格式，如 *.sldprt、*.dwg 等，转变为通用图形格式 *.stl，再转变为可执行格式 (加工格式)*.gcode。

【实验内容及步骤】

1. 建立三维模型

(1) 安装三维建模软件 SolidWorks，注意断开网络安装，以免安装出现错误。

(2) 建立想要打印的三维模型，并将其以 *.stl 格式输出。

2. 分层切片

(1) 在 Cura 软件中，输入 *.stl 格式的三维模型，调整模型的尺寸和摆放位置。

(2) 设置打印基本参数和高级参数。

(3) 通过几种视图模式预览要打印的模型。

(4) 设定完成后，以 *.gcode 格式输出文件。

3. 打印

(1) 将 *.gcode 文件导入 3D 打印机中。

(2) 把塑料丝通过送料电机插入打印头，使打印头出口 (喷嘴) 能正常进料并打印。

(3) 调节平台与打印头的间隙，将一张 A4 纸放在平台上，单击界面上的 home 键使打印头归位 (回原点)，调节平台下方的四个固定点，使打印头轻压在纸上，通过轻拉纸张，感知其被压紧的程度，要求纸张既不能被拉出，又没有打印头的压痕。重复测试任意三个点纸张的被压程度，即可判断平台与打印头的运动平面是否平行，同时调整好平台与打印头的间隙。

(4) 在平台上涂上少许水溶性胶，保证打印时材料与平台紧固黏结。

(5) 开始打印。

(6) 打印完毕，小心取下实物模型。

【注意事项】

(1) 为确保打印质量，模型不要有过多镂空和支撑，尺寸不要过小或过大。

(2) 保存文件时，文件名用英文和数字编写，不要用汉字。如果包含汉字，在 3D 打印机上读取时，有可能会出现乱码，无法打开。

(3) 打印时不要将手直接靠近打印头，以免烫伤，发现拖丝现象时可用镊子进行辅助操作。

【数据记录与处理】

(1) 记录分层切片的层数、选择的路径方式。

(2) 完成打印样品并撰写实验报告。

【思考题】

(1) 在打印过程中，拖丝是降低打印质量的一个重要因素，造成拖丝的主要原因是什么？如何最大限度地避免或减少拖丝？

(2) 为了提高打印质量，在 3D 打印的不同阶段，可能有不同的工艺要求，如何在 3D 打印过程中实现工艺参数的变化 (如打印速度、流量、温度、风扇速度等)。

(3) 探究 Cura 和 3D 打印机的其他更多的打印功能，分析 3D 打印与传统铸造工艺的区别以及 3D 打印的优势。